ABNORMAL PSYCHOLOGY AND LIFE: A DIMENSIONAL APPROACH (THIRD EDITION)

异常心理学与生活

（第3版）

[美] 克里斯托弗 · A. 卡尼（Christopher A. Kearney）
[美] 蒂莫西 · J. 特鲁尔（Timothy J. Trull）
著

丁树亭　译

電子工業出版社
Publishing House of Electronics Industry
北京 · BEIJING

Abnormal Psychology and Life: A Dimensional Approach (Third Edition)
Christopher A. Kearney, Timothy J. Trull

9787121422775
Cengage Learning Asia Pte. Ltd.
151 Lorong Chuan, #02-08 New Tech Park, Singapore 556741

版权贸易合同登记号　图字：01-2020-5343

图书在版编目（CIP）数据

异常心理学与生活：第3版/（美）克里斯托弗·A. 卡尼，（美）蒂莫西·J. 特鲁尔著；丁树亭译.
—北京：电子工业出版社，2022.1
书名原文：Abnormal Psychology and Life: A Dimensional Approach (Third Edition)

ISBN 978-7-121-42277-5

Ⅰ. ①异…　Ⅱ. ①克…　②蒂…　③丁…　Ⅲ. ①变态心理学　Ⅳ. ① B846

中国版本图书馆 CIP 数据核字（2021）第 239160号

责任编辑：张　昭　　文字编辑：刘　晓
印　　刷：天津图文方嘉印刷有限公司
装　　订：天津图文方嘉印刷有限公司
出版发行：电子工业出版社
　　　　　北京市海淀区万寿路 173 信箱　　邮编：100036
开　　本：850×1168　1/16　　印张：29.5　　字数：1180 千字
版　　次：2022 年 1 月第 1 版（原著第 3 版）
印　　次：2022 年 1 月第 1 次印刷
定　　价：198.00 元

凡所购买电子工业出版社图书有缺损问题，请向购买书店调换。若书店售缺，请与本社发行部联系，联系及邮购电话：（010）88254888，88258888。
质量投诉请发邮件至zlts@phei.com.cn，盗版侵权举报请发邮件至dbqq@phei.com.cn。
本书咨询联系方式：（010）88254210，influence@phei.com.cn，微信号：yingxianglibook。

此，本书中设计的预防材料很有实用性。

文化多元性

心理健康专业人员同心协力，以便在他们的研究中实现更大程度的文化多元性，将实验室中获得的研究结果应用于更多的有精神障碍的人，并对那些传统上缺医少药的人给予了关注。我们在这本书中强调了这一点。除了关于多元性的特别专栏，我们还提供了有关文化综合征方面的详细信息，不同文化群体的症状和流行病学可能有何不同，某些文化因素如何成为各种疾病的风险和保护性因素，如何针对不同的文化群体进行诊断、评估和治疗策略方面的修订，不同的文化群体如何寻求治疗或应对精神障碍症状。

我们对文化多元性的讨论适用于各个民族和种族，但个体的多样性也会以许多其他方式表现出来。我们将重点放在性别差异、性取向、社会文化因素、移民人口，以及人们从童年到青春期到成年期再到成年后期的症状变化。

污名

对精神障碍的多维关注有助于我们推进本书的另一个关键主题，即去污名化。污名是一种败坏的社会信誉，指由于某些行为或属性而使人们在某种程度上被视为不受欢迎的人。例如，患有精神分裂症的人经常被诬蔑为无法正常生活甚至是危险的人。对精神障碍采取多维视角有助于减少不准确的刻板印象，以及与许多刻板印象相关的污名。纵观全书，你还会看到，为实现这一点，我们关注的首先是人，然后才是精神障碍。此外，我们还在书中设计了关于污名的特别章节，以及包含该类信息的专栏，以消除可能对患有精神障碍的人引发消极成见的一些常见误解。

临床病例与叙述

在本书中，我们广泛使用了案例探讨和个人叙述，强化了我们的多维视角及为去污名化而付出的努力。我们在介绍特定精神障碍的章节设计了临床病例，这些临床病例通常与大多数大学生相关。我们在讨论该疾病的特征、评估及治疗策略时，这些临床病例会贯穿整个章节。此外，书中还包括来自患有精神障碍的人的个人叙述，他们用亲身经验讨论其症状及其他特征。所有这些临床病例均强调，许多人在某种程度上都存在精神障碍的症状。

第三版增添的新内容

第三版包含许多崭新的变化。最明显的一个变化是使用最新版的精神疾病诊断与统计手册——《精神疾病诊断与统计手册》（第5版）（DSM-5）。因此，本书融入了最顶尖的研究和引用。本书提供了DSM-5标准及其他信息以帮助读者了解精神障碍的症状，并从不同维度传达各种不同的特征。

第三版还设计了许多专门针对性别、多样性、暴力、法律和伦理的专栏。此外，本书还增加了单独的章节，介绍大学生群体中经常出现的精神障碍症状。关于“污名”章节的更新也说明我们非常重视这一主题，并就其他人对患有精神障碍的人的看法、治疗，以及其他已经制定的旨在减少患有精神障碍的人污名的策略进行了研究。

另一个重要的过程是对材料进行全面审查，以确保为读者持续提供最顶尖的研究和包括流行病学在内的有关精神障碍方面最前沿的思考。因此，本书许多章节都经过了重新设计或加工，以反映最新的数据，并增加了数百个新的引用成果，其中大部分都来自最前沿的研究。

前言

当决定写此书时，我们主要想呈现给我们的学生一些不同的东西。我们希望通过多种方式，使学生了解发生在人身上的各种心理疾病。我们希望避免以“是/否”或“我们/他们”的角度来描述精神障碍的特征，主要关注这些问题如何不同程度地影响人们的日常生活。从本质上来讲，我们想要说明的是，对于我们所有人在生活中所面临的某种程度上的煎熬而言，异常心理学到底是怎么一回事，并将如何予以解释。本书的标题体现了这种导向：异常心理学与生活。

异常心理学是大学校园里最受欢迎的课程之一。学生渴望了解异常行为及如何对这种行为进行解释。许多学习异常心理学课程的学生都渴望学习科学知识，这可以帮助他们为研究生及其他阶段的学习做好准备。另有一些学生之所以学习异常心理学课程，是因为他们对自己或认识的人感到好奇，希望寻求课程信息在日常生活中的应用及相关性。我们的书旨在吸引这两类学生。本书中的材料反映了有关精神障碍的最新思想和研究，但也强调了增加个人相关性的几个关键主题。这些主题包括维度、综合视角和以消费者为导向的视角，并强调预防和文化多元性。此外，本书通过提供更多信息以减少对精神障碍的诋毁，阐述包括生物学、心理学及其他风险因素在内的精神障碍的综合模型，并采用各种教学辅助工具、吸引眼球的教学材料和实用工具来帮助大家理解。

维度和综合视角

本书用各种不同的方式讲述了异常心理学如何成为生活的一个重要部分。一个主要方式是我们关注精神障碍的维度和综合视角。我们相信，在某种程度上，我们所有人都存在与精神障碍相关的思想、情感和行为。例如，每个人都会时不时地经历某种程度的焦虑、悲伤，或出现奇怪的身体症状及对性行为和记忆问题的担忧。我们在各个章节生动地说明了如何在正常、轻度、中度、严重和非常严重的情感、认知和行为问题中发现各种不同的精神障碍。

我们从不同维度对各种精神障碍的风险和保护性因素进行广泛讨论。这些因素包括生物学（例如，遗传、神经化学和大脑变化）、人格、心理（例如，认知、学习和创伤）、人际关系、家庭、文化、进化及其他领域。我们强调了素质-应激模型，并将所有可能的风险因素整合在一起，以呈现各种精神障碍的综合理论模型。

预防

本书的另一个重要主题是预防。大多数人在他们的环境中能够正常地发挥各项身体机能，但事实上每个人都面临一定程度的心理功能障碍或痛苦的风险。因此，我们在全书均强调以研究性方法来预防心理问题的发生。我们设置了有关“预防”的特定章节，并详细讨论了精神障碍的风险因素，以及如何最大限度地减少这些风险因素。此外，我们还讨论了可以在后天生活中培养出来的保护性因素和策略，以便预防各种心理问题。这样的例子包括焦虑与应激管理、情绪调节、应对策略、健康饮食和适应性育儿等。

我们在这方面的大部分讨论都集中在初级和二级预防层面，这对学生十分有吸引力。许多预防项目针对那些尚未患上精神障碍或者由于个人或环境因素可能面临患上精神障碍风险的人。对预防的关注有助于学生了解他们可以做些什么，以避免问题症状出现或在这些症状变得更加严重之前寻求帮助。本书中设计的预防材料还侧重于三级预防和复发预防，因此读者可以了解，即便发生了具有潜在破坏性的精神障碍，人们可以采取哪些措施以维持身体的健康运转。因

目录

4 第四章 精神障碍的诊断、评估与研究

5 第五章 焦虑症、强迫症与创伤相关障碍

谨以此书献给我的妻子金伯利女士和我的孩子德里克和克莱尔，感谢他们的耐心和支持。

——克里斯托弗 · A. 卡尼

谨以此书献给我的妻子梅格，感谢她的爱和支持；同时献给我的孩子们，莫莉、詹尼和妮可，感谢她们为我带来的欢声笑语。

——蒂莫西 · J. 特鲁尔

关于作者

克里斯托弗·A. 卡尼，博士，著名心理学教授，内华达大学拉斯维加斯分校心理系主任，儿童厌学与焦虑障碍门诊部主任。他是美国心理学协会的会员，执业临床心理学家，发表了许多期刊文章，参与编写了大量书籍。此外，他还出版了一部关于普通儿童精神病理学的著作《儿童行为障碍案例集》(圣智出版)，曾经是《咨询与临床心理学》《行为疗法》《临床儿童与青少年心理学杂志》《异常儿童心理学杂志》《精神病理学与行为评估杂志》《焦虑障碍杂志》《赌博研究学报》等期刊的编委。卡尼博士因在研究、教学和指导学生方面的突出成就获得了诸多奖项，其中包括"哈利·里德银奖"(Harry Reid Silver State Research Award)。除了涉足临床和研究，卡尼博士还与学校和心理健康机构密切合作，改进策略，帮助儿童缓解上学压力。

蒂莫西·J. 特鲁尔，博士，密苏里大学哥伦比亚分校心理学教授。特鲁尔在肯塔基大学获得博士学位，并在纽约医院康奈尔医学中心完成实习。他的研究兴趣包括精神障碍的诊断与分类、边缘型人格障碍、物质使用障碍、临床评估、临床心理学专业问题及动态评估方法等领域。特鲁尔博士在教学和指导学生方面获得了多个奖项和荣誉，其中包括"年度最佳教授""罗伯特·S. 丹尼尔斯青年教师教学奖"及"密苏里大学研究生导师奖"。他教授"异常心理学和临床心理学导论"课程。他编写的教科书《临床心理学》在美国乃至全世界的心理学课堂上广泛使用。

第一章　异常心理学与生活 1

章节特色

- 专栏1.1 **聚焦多元化** 情感与文化
- 专栏1.2 **聚焦法律与伦理** 自我救赎：那些自助大师不告诉你的事

C 特拉维斯

案例探讨

特拉维斯，一名21岁的大三学生，最近一直备受煎熬。他和他的女友在两个月之前分手了，他对此一直心怀芥蒂，迈不过这个坎。特拉维斯和自己的女友在一起17个月了，而且这也是他第一段正式的恋爱关系。然而，这对恋人最终日益疏远，几次争吵之后，决定分手。刚分手的时候，特拉维斯看起来还不错，但大约过了一周之后，他开始变得有点忧郁、沉默寡言，并且开始旷课，长时间地待在宿舍，以电脑为伴。

之后，特拉维斯的情况似乎一天比一天糟糕。他很少吃饭，入睡也成了问题，一天的大部分时间都待在床上。他每天玩玩视频游戏、看看电视，或是盯着窗外达数个小时，以寻求精神的解脱。最近几周，特拉维斯瘦了4.5千克左右，脸色苍白，看起来疲惫不堪。他开始过量饮酒。此外，他的课堂出勤率也明显下降，这学期面临着学业不及格的危险。

特拉维斯很少对人提及自己分手及自己的情感。他的朋友想尽一切能想到的办法来帮助他，但最终都是徒劳。他们多次邀请他外出、参加聚会或是约会其他女孩，但特拉维斯都拒绝了。对此，他只是简单地摇摇头。他的朋友担心他可能会做出伤害自己的举动，但他们也无法一直陪着他。于是，他们决定带特拉维斯见见校园心理服务中心的工作人员。

思考问题

1. 你对特拉维斯的哪种情感或行为问题最为关注？为什么？
2. 你认为特拉维斯应该怎么做？
3. 如果你身边的朋友遭遇类似特拉维斯的困难，你会怎么办？
4. 在过去的一年中，你自己或身边其他人遇到过什么情感或行为问题？
5. 当得知自己认识的人遭遇情感或行为问题时，你会感到吃惊吗？为什么？

异常心理学概论

出于多种原因，你和你的同学选择上这门课。可能只是因为本课程是必修课，可能是因为你认为学习异常、偏差或反常行为能激发自己的兴趣，也可能是因为你有意成为一名心理健康专业人员，并且认为本课程有助于为这样一份职业做些准备……无论出于何种原因，你很可能已经了解或最终将了解患有精神障碍的一类人。精神障碍是指能引发悲痛或严重问题的一组情绪（情感）、思维（认知）或行为症状。全世界有29.2%的成人在其一生中遇到过精神障碍（Steel et al., 2014）。上过“异常心理学”这门课的学生经常告诉我，他们至少知道一个患有精神障碍的人。这些学生经常说，他们或他们自己的一位直系亲属，如父母、兄弟姐妹或孩子等，患有精神障碍。人们常常提及的精神障碍是抑郁，也就是特拉维斯经历的问题。

异常心理学是指针对与精神障碍有关的情感、认知与行为问题的科学研究。该科学领域旨在评估、理解、预测和预防精神障碍，并帮助那些身处心理困境的人。异常心理学对我们所有人均有所裨益。每个人都具有情感、认知、行为，而这些对我们本人或我们认识的人而言偶尔会成为问题。本章一开始所介绍的特拉维斯的经历正代表了人们的一些与精神障碍相关的日常经历。我们中的一些人也有可能会被要求去帮助备受精神障碍折磨的朋友或兄弟姐妹。此外，我们所有人均对如何促进我们的心理健康及如何预防精神障碍感兴趣，因为这样可以帮助家人和朋友。

在本书中，我们将帮助你认识心理问题，并理解它们是如何发展的。同时，我们也探究专业人士所采用的方法，以预防和治疗心理困扰与障碍。了解这些知识不仅会使你成为这方面的专家，而且可能会使你成为一个宝贵的资源。的确，我们会提供一些你可以据此做出明智决定并引导自身及他人寻求恰当支持与帮助的信息。例如，基于本书第五章和第七章，你会了解焦虑和抑郁如何影响自身及他人的健康与行为，以及如何应对这些常见问题的方法。

什么是精神障碍

正如我们前面提到的，精神障碍是指能引发悲痛或严重问题的一组情绪（情感）、思维（认知）或行为症状。异常心理学是指针对与精神障碍有关的情感、认知与行为问题的科学研究。乍一看，对问题或异常行为的界定似乎十分直接。难道异常行为可以简单地理解成不正常的行为吗？从某种意义上来说，是的，但我们首先要明白什么是正常行为。我们往往将展现大多数人特征的行为称作正常行为。大多数人具有的一种正常行为是早上离开家去上学或工作，并与他人融洽相处。如果一个人十分害怕离家以至于长达数周或数月闭门不出，就有可能被认为是异常行为，即与大多数人所行之事相悖的行为。

而我们所称的“大多数人”又该如何界定呢？一种行为需有多少人参与才能算得上正常行为呢？我们应该以哪类人为标准来确定正常行为呢？女性、男性，或是某一种族的人，还是每个人？看得出来，界定正常和异常行为比想象的要复杂得多。请看下面的案例。

你可能认为下面案例中特丽华的行为是异常的，但依据呢？为解决这一问题，我们可以考虑以下三个常用于确定一种情感、认知或行为是否异常的标准：（1）偏离常规；（2）适应生活困难或有效运转困难（包括危险行为）；（3）个人的痛苦经历。

偏离常规

当然，特丽华的行为并不是大多数青少年的典型行为。因为特丽华的行为如此有悖于常人、如此偏离常规，所以她的行为会被认为是异常行为。基于某些行为与规范的差异或偏离程度而界定其是否属于异常行为非常常见，并且公众对此也广泛认可。所以，大多数人会同意认定特丽华的行为属于异常行为。你觉得呢？心理健康专业人员也会依据是否“偏离常规”

C 特丽华·特罗恩贝里 案例探讨

特丽华·特罗恩贝里出生于美国得克萨斯州。她的姐妹们将自己的家庭描述为一个充满宁静和爱意的地方，然而在特丽华的眼中，她的家庭却呈现为一幅不同的画面。15岁时，特丽华指控自己的父亲对其进行猥亵。随后她撤销了指控，但被从自己父母家中“赶”走，寄养于别的家庭。17岁时，特丽华从寄养家庭中逃走，独自流浪街头，随后被送往精神病院。一年之后，特丽华搬进一间公寓，但不久便从人们的视线里消失。数年之后，她被温哥华警方以欺诈与伪造罪指控。她的指纹与30年前出生的特丽华·特罗恩贝里完全吻合，但她却声称自己叫布丽安娜·斯图尔特（Brianna Stewart），年仅18岁，并且在过去两年里，自己一直在位于温哥华的常青树高级中学读书，在学校里，所有人都认识她。这也正是她犯有欺诈和伪造罪的依据。

自从特丽华从得克萨斯州消失后，她在全国各地以多个名字行事。在每一个城镇，她最初均以15～16岁离家出走、寻求庇护的身份示人，在年满“18”周岁前，她就会在这个城镇突然消失，然后转移到另一个城镇，故伎重演。她寄养家庭的母亲说，特丽华不会设想年满18周岁以后的生活是什么样子。

特丽华接受了精神科医生的检查，并被发现她完全有能力接受审判。在对她的审判中，特丽华进行自我辩护。她不认罪，因为她坚称自己是布丽安娜·斯图尔特，而不是特丽华·特罗恩贝里。她在法庭上辩称，自己没有精神失常，也没有导致其扭曲事实或伪造身份的精神障碍。然而，尽管她做此辩解，她还是被判定为欺诈罪，并被判3年监禁，而她仍然声称自己就是布丽安娜·斯图尔特。

来界定异常行为，但他们往往采用数据加以支撑，即测量这种行为在人们中发生的频率。低频率或小概率的行为被认为是异常的或在统计学上是偏离的。像特丽华那样，突然从家中消失，并采用一个新的身份，是非常罕见的行为，从统计学角度而言，远不是正常行为。

基于统计学的界定异常行为的客观方法包括确定某一群体的一种行为的概率。注意图1.1中的钟形曲线。该曲线基于某一行为在大量样本中的发生频率，显示了该行为发生的可能性。在这儿，0 ~ 100的等级量表显示了一个10岁儿童样本在30分钟休息时间内的身体活动水平。在该图中，0代表没有身体活动，100代表持续进行身体活动。量表的纵轴表明得到某一身体活动分数的儿童数量：如图所示，几乎所有儿童得到了20 ~ 80分。基于这个分数分布情况，我们可以从统计学角度将那些得分在1 ~ 19或81 ~ 100的儿童的身体活动界定和标注为“异常行为”。注意，那些极低和极高的分数会被认为是异常的。有一些身体活动是正常的，但太少或过多就反常了。因而，心理健康专业人员在他们的科学研究中可能会关注那些活动低下或过度活跃的儿童。

基于统计学的偏离常规研究对研究者们非常具有吸引力，因为这为其识别正常或异常情感、认知或行为提供了清晰的思路。然而，这种方法有一些缺点。其中一个主要的缺点就是，那些与平均分数相差甚远的人从技术层面而言是“异常的”或“不正常的”。但这种评判标准是否对所有行为或特征都适用呢？以智力为例，依据偏离常规标准，那些在智力测验中得分极高的人就会被认为是异常的。显而易见，高智商并不是一种障碍。事实上，人们通常将高智商与成功挂钩，而不是失败。因此，依据偏离常规标准来界定异常行为固然简单，但在最终确定某种行为是否属于异常时可能存在不足。

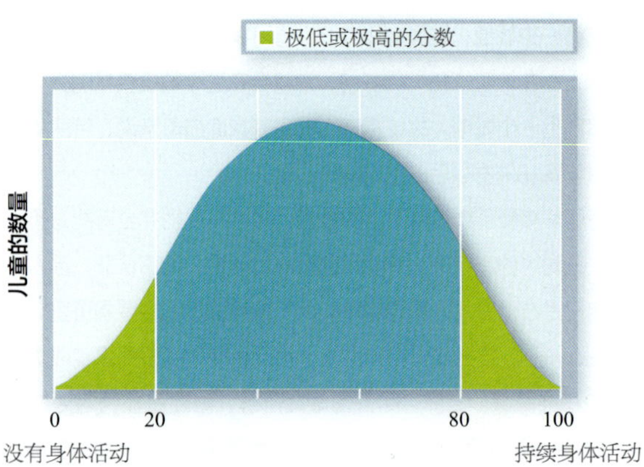

图1.1 定义异常行为的统计学方法（从统计学角度而言，极低和极高水平的活动均属于异常行为）。

偏离常规的另一个缺点是，不同的文化对正常行为的界定是不同的。一种文化可能认为在工作日进行长时间的休息是正常的，而另一种文化可能就不这么认为。同样，不同文化之间对精神障碍症状的描述与认定也是不同的。我们通常将自我批判式评价和悲伤表达视为抑郁的迹象，但在东亚地区，人们并不总是这么认为（见专栏1.1）。在对精神障碍者进行治疗时，这是心理健康专业人员应该考虑的一个重要方面。心理健康专业人员必须认识到自己身处文化中的偏见，并避免将这些带有文化偏见的观点不恰当地运用到来自其他文化的人身上。另外，心理健康专业人员必须理解，随着时间的推移，一种文化中的异常行为标准是会发生改变的，50年以前的异常行为，或许现在就为人所接受了。

关于偏离常规标准的最后一个问题是，确定某种行为属于异常行为的统计分界点可能具有随意性或容易受到质疑。该方法并未告知应该如何得到正确的分界点。再次回到图1.1，如果一名儿童的身体活动分值为81，那么他可能被认为是异常的。然而，实际上属于正常范围的80分和超出正常范围的81分有很大差别吗？分界点应该如何设定呢？我们又如何知道这个分界点是否有意义呢？

适应生活困难

因为偏离常规标准仍存在一些问题，所以在界定异常行为时有时会采用一些其他评判标准。心理健康专业人员通常采用的一种主要评判标准是：该行为是否影响一个人正常生活的能力。有人可能会说，特丽华的行为大大影响了其正常生活的能力。她一再拒绝接受自己成人的角色而以伪造身份行事，最终使其银铛入狱。对本章篇首介绍的特拉维斯而言，他的抑郁使其无法与他人正常交往，甚至可能会引发自我伤害。的确，针对自身或他人的“危险行为”明显影响了此人正常生活的能力。

每个人都偶尔会有悲伤和沮丧的心情，尤其是在经历了诸如分手这样的痛苦之后。然而，尽管经历这样的情感困扰，大多数人最终仍能够专注于学习、工作或家庭，而对于像特拉维斯一样的其他人而言，这种悲伤和沮丧的心情会让他们有些不适应。适应不良能影响一个人的生活，包括自理能力、与他人保持良好关系的能力及正常学习或工作的能力。悲伤和沮丧的心情一开始可能是正常的，但之后可能引发诸如赖床、无法集中注意力或无法进行思考等适应不良行为。

若基于统计学来定义异常行为，阿尔伯特·爱因斯坦会因其高智商而被认为是“异常的”。

以萨莎（Sasha）为例。自从她的母亲去年被确诊为乳腺癌，萨莎就一直非常担忧。目前，她母亲情况良好，癌症似乎有所好转，但她仍然不停地担心母亲的癌症会复发。这些担忧使萨莎备感焦虑和沮丧，以致无法专注于自己的学业，并且她发现自己开始变得急躁、易怒，没有心情花很多时间与朋友们待在一起。萨莎的这种担忧和行为，一开始可以为人们所理解，但时间一长，就成了适应不良行为。根据适应生活困难这一标准，萨莎的行为可能会被认为是异常的。她对于自己母亲健康的种种不间断的猜测与担忧使其无法以一个家人、学生和朋友的身份正常运转。

该判断标准的一个优点是，在学习、工作或人际交往等中出现的问题往往会促使人们寻求治疗。然而遗憾的是，正常运转与适应不良行为之间的差异并非总是这么容易被区分开来。此外，这两者之间的差异也是因人而异的。但这一标准还涉及一个问题，即不同的人可能对某种行为的看法不尽相同。萨莎的家人可能会将她的行为视为一种关切，而她的老师则可能将她的行为视为懒惰。心理健康专业人员在确定一个人的行为是否属于适应不良行为或影响其日常生活方面往往比较纠结。

以适应生活困难为标准的另一个问题是，人们可能做出了一些奇怪的行为，但在日常生活中并未受到多少影响。以亨利为例，亨利是一名电话销售员，独自在位于西雅图市的公寓里生活。由于害怕遭受大气中的放射性物质及中央情报局发布的细菌孢子的污染，他从来不出家门。亨利并不认为自己有什么不正常，因为他在家中工作，通过快递收取相关物品，通过电话和邮件与朋友或家人沟通。大多数人会认为，亨利不出家门，大大限制了自己的选择机会，并且认为他的思想过于怪异，不切实际。然而，如果亨利对于自己的这种生活方式感到开心，乐此不疲，我们能说他不适应生活从而影响了他的日常生活吗？他对自己的环境适应得不是很好吗？他真的需要治疗吗？

个人的痛苦经历

对于像亨利这样的人而言，他们并非总是把适应不良行为当回事儿，因此他们可能也不会寻求治疗。所以，心理健康专业人员用以界定异常行为的另一个标准是个人的痛苦经历。以玛格丽特（Margarette）为例，在开车或乘坐公共汽车时，她对驶入隧道或桥梁具有一股莫名的非理性恐惧。然而遗憾的是，玛格丽特住在曼哈顿公寓，她必须通过隧道或桥梁。她非常迫切想要治疗这种非理性恐惧，因为这给她造成了很大的困扰。就玛格丽特的情况而言，由恐惧造成的极端痛苦或许在界定其行为是否异常方面比较重要。在其他情况下，一种行为可能对其他人造成很大困扰，从而促使其他人开始对有这种行为的人进行治疗。一个在学校里具有高度破坏性的儿童可能不会对自己的行为感到十分苦恼，但可能会被自己的父母送去治疗。

1.1

专栏

聚焦多元化

情感与文化

情感体验和表达显然会受到文化的影响（拉加图塔，2014）。在美国这样一个推崇个人主义文化的国度，对个人成就的赞扬、鼓励及奖励促使了个人傲慢情怀的产生。因此，美国人可能更注重自我，并事事以个人成就为导向。相反，倡导集体主义文化的国家的人更加注重谦逊、社会责任及与他人之间的和谐相处。人们希望融入群体，避免能引发对个人的关注或产生群体冲突的行为。如一名美国学生被邀请在班级里朗读自己出色的一篇论文，她可能会非常痛快地接受，并会邀请自己的朋友到现场观摩。然而，一名日本学生在这方面可能会表现得比较被动。美国学生来自一种宣扬个人成绩与个体识别的文化，而日本学生则来自一种宣扬群体从属性的文化。

再举一个例子。自我批评在东亚文化体系中是一种比较典型的行为，并且这并非一定表明有这种行为的人就患有精神障碍。此外，美国人更可能将抑郁表现标注为异常，而东亚人更可能将生气认定为异常。焦虑表现——尤其在融入群体方面——对东亚人而言可能更为常见或正常，而愤怒的情感表现——尤其在坚持自己的个人权利时——对美国人来说可能更为常见或正常。如果偏离常规标准被用于界定异常行为，那么我们就必须考虑文化认同这个因素。例如，一位美国的心理医生不能以她关于情感表达的标准来衡量来自东亚地区的人。

基于个人痛苦经历来界定异常行为有优点，也有缺点。个人痛苦是很多精神障碍的一个标志性特征，并且往往会促使人们寻求治疗。此外，大多数人可以准确地评估他们是否经历明显的情感和行为问题，并在被询问时能够分享这方面的信息。然而，有些人（如之前提到的亨利）即便在表现出反常行为之后，也没感受到明显的痛苦。而且，即便一个人感到痛苦，在界定一种异常行为方面也没有什么清晰的准则。那么个人痛苦达到什么程度才算过多呢？

异常行为的定义

正如你所看到的，这三种界定异常行为的方法各有利弊。如此看来，一个界定异常行为的成功模式应该融合上述优点，而使相应的缺点最小化（见表1.1）。就这一点而论，界定异常行为，至少需要具备以下三种特征中的一种。在当事人发生以下情况时，我们可以将其情感、认知或行为认定为异常：

- 违反社会规范或统计上显著反常的（如特丽华的反常行为，坚持认为自己是另一个人）；
- 影响生活正常运转（如萨莎的过于忧虑，使其无法正常进行学业）；
- 产生巨大的个人痛苦（如玛格丽特对隧道和桥梁的恐惧）。

在异常行为的定义方面获得认同对于精神病理学家来说十分重要，他们对心理问题进行研究以探究这些症状如何产生、演变及如何预防或治疗。如果在异常行为的定义方面不能达成共识，势必会造成不良后果。以亲密伙伴暴力（IPV）为例，这在美国是一个严重的问题。心理学家及其他心理健康专业人员已经做了很多相关研究，确定了亲密伙伴暴力的诱因，因此得以设计出有效的治疗方案。然而，有些研究者将亲密伙伴暴力定义为一种身体暴力，而另一些人则基于更广义的角度，认为亲密伙伴暴力包括针对亲密伙伴的身体、情感及性的暴力。对亲密伙伴暴力有一个标准或统一的定义十分重要，因为对伙伴实施身体暴力的个体与那些实施情感或性暴力的个体可能是有区别的。同样，对亲密伙伴施加一种暴力的个体或许也有别于那些施加多种暴力的个体。这样的话，对一种类型的作恶者有效的治疗方式就可能对其他类型的作恶者无效了。因而，同一个问题有多种不同的定义能妨碍我们对异常心理学的理解。

表1.1
异常心理学的定义

定义	优点	局限性
偏离常规	1. 可依靠个人的判断或直觉 2. 一旦确定基于统计学的或客观的分界点，便容易操作	1. 不同的文化对于什么是正常行为有着不同的看法 2. “基于统计学的偏差”行为可能是有价值的（如高智商） 3. 分界点的随意性（如80分与81分有什么显著不同吗）
适应生活困难	1. 如果一个人存在该类问题，通常容易观察 2. 存在这种问题的人往往会寻求心理治疗	1. 谁能确定是否有问题或者是否能对问题达成一致看法并不清楚 2. 临界点并不总是很清晰
个人的痛苦经历	1. 许多形式的精神障碍均具有该特征 2. 个体或许能够准确地报告该类问题	1. 有些心理问题与痛苦没有关联 2. 痛苦的临界点或分界点并不总是很清晰

精神障碍的潜在因素与每个人息息相关

至此，我们关于异常心理的探讨可能暗示你，一个人的行为要么是正常的，要么就是异常的，但事实并非如此。同许多研究异常心理学的专家一样，我们看待情感、认知或行为的异常是基于程度方面的，而非种类。换言之，从某种程度上来说，与精神障碍有关的情感、认知和行为在我们每个人身上都是存在的。你可能一开始对这种说法感到奇怪甚至有些吃惊。我们不妨深入探讨一下。异常行为不仅仅是存在或不存在这么简单，某种程度上，它们在每个人身上均作为一个连续统一体而存在。例如，性冲动、动作协调性、焦虑或悲伤等。每个人在不同时期都或多或少存在上述每一个特征。我们都有一定程度的性冲动和动作协调性，并且我们所有人都会偶尔焦虑或悲伤。这些特征或许也会随着时间而改变——相比5岁时候的你，你很可能有更好的动作协调性。不同的人在这些特征方面也会展现出不同的水平，你或许知道一些常常比其他人更加焦虑或悲伤的人。

判定一种行为是否存在偏差或者偏离常规，要看该行为的程度。前面我们探讨了儿童的活动水平，即儿童可能活动低下、过于活跃甚至极度活跃。判定一种行为是否属于适应不良，也要视该行为的程度而定。同样是担心父母健康，有些学生处理得可能比其他人好一些。即便是痛苦体验，也存在不同的程度。有些人在驾车穿过隧道时的紧张程度相比他人要更厉害一些。从某种意义上来说，所有这些差异让我们每个人显得独一无二，这是件好事。重要的是，我们要记住，焦虑、悲伤、愤怒及其他情感与行为可以在一

图中男子两年以来从未离开过自己的家，但他的日常生活十分正常，而且他并不感到苦恼。他的行为是异常的吗？

个连续的尺度区间上被描述，可以清晰地展现极低到极高之间不同的水平。有些时候，我们确实会告知谁"焦虑"或"抑郁"，不过这只是一种语言的表达习惯。这些特征——如所有情感、认知和行为——存在于一个连续统一体上。以图1.2为例，该图全面展现了大学生活中所遇到的问题可能引发的各种情感、认知和行为。思考一下特拉维斯在这个连续统一体中可能处于什么位置。

人们的情感、认知和行为不同程度地存在于一个连续统一体中，这一观点具有重要意义。当心理健康专业人员对一个人的精神障碍症状进行评估时，这三个方面——情感、认知和行为——都非常重要。精神障碍的形式多样，包括焦虑或抑郁等情感，过分担忧等认知及回避他人或极度活跃等行为。

为进一步探究这一连续体的观点，我们看一下图1.3。6个月之前，李嘉图（Ricardo）开始了一份金融分析师的工作。最近3周以来，他一直感到焦虑、担忧、不堪重负。他的整体情绪，或者说情感状态，一直处于高度焦虑中——在吃饭、入睡和与朋友交往方面存在很大困难。他的认知方式可以用"高度担忧"来形容——他几乎所有的认知均涉及他在自己这份新工作中所犯的错误，并担心同事和朋友会发现自己在工作方面的问题。由于焦虑和担忧，李嘉图开始回避同事和朋友。然而，这种回避行为给李嘉图造成了困扰，因为他几乎每天都必须与客户会面。

再来看看洋子（Yoko）。洋子是一位存在诸多焦虑症状的年轻人。读完大学之后，她受聘于一家大型软件公司。洋子的焦虑情绪经常发作，让她疲于应付——她几乎总是感觉到自己"紧张不安"，并且有时会表现为心跳加速、肌肉紧张及流汗等身体症状，使她的身体处于"高度警戒状态"。这些焦虑症状让洋子非常担忧。然而，由于工作性质特殊，洋子可以在家工作，大多数时间无须与外界接触，这对她而言很合适，因为她喜欢自己一个人做事，身边有其他人的时候她从来没有感到非常舒服自在过。她的这份工作只需要她在项目开始和结束时与老板见上一面。对于这样相对不那么频繁的接触，她完全可以轻松应付。因此，大部分时间独处的选择使洋子没有出现很大的问题。

李嘉图身上显示出的各种心理症状具有社会焦虑障碍的特征，这点我们将在本书第五章进行探讨。然而，正如你所看到的，与这一障碍相关联的情感、认知和行为处于一个连续体中。精神障碍囊括的特征在大多数人——如果不能说所有人的话——身上都可以找到。只有当这些特征的水平达到一个临界点，即出现统计学意义上的偏离，与适应不良有关，或造成巨大的痛苦时，才会被认定为是异常的。在某一个时期，你肯定感到过焦虑、有过烦心事或有要独处的欲

图 1.2 情感、认知和行为

	正常	轻微
情感	良好的警觉性与积极的情绪状态。	暂时感到悲伤或失落，但不会持续很长时间。
认知	"这学期我没有得到理想的成绩，但我会继续尝试做到最好。"	"这学期我在学校备受煎熬。我希望我能学得更好，否则我就会失败。"
行为	按时上课、学习，为下一轮测试做好准备。与教授交流。	按时上课，但在学习方面有些问题。与其他人沟通较少。

望等类似的情感或思想，以及伴随这些情感或思想的行为。从某种程度上来说，这种情况在我们所有人身上都会发生。然而，在李嘉图的案例中，在过去的3周中，这些特征的程度却影响了他的日常生活。

图1.3直观地描述了这一观点，并聚焦于异常心理学的几种重要的特征。在这个连续统一体中，异常行为的每一个方面——无论情感（如焦虑情绪）、认知（如担忧强度），还是行为（如回避他人）——都得到了展现。其他与异常行为相关的因素也可以通过三维视角加以理解。例如，一个人苦恼的程度或经历影响日常生活运转等都可以体现在连续统一体上。如图1.3所示，李嘉图和洋子表现出了相似水平的焦虑情绪、担忧及回避行为。在一个0（代表“没有”）到100（代表“极高水平”）的等级表中，他们的焦虑程度评分达到了85（非常高），担忧强度评分达到了50（中等），而回避行为评分达到了70（高）。然而，在洋子的案例中，这些症状与“低水平的苦恼与障碍”（评分分别为45 ~ 50）有关。正如我们所指出的，李嘉图异常的严重程度足以被认定为“社交恐惧症”，这种精神障碍的特征表现为回避社会情境、高强度焦虑及临床上显著的功能障碍。然而，洋子的情况并不能划归为这种情况或任何其他焦虑诊断，因为她的症状并未成为其日常生活正常运转的重大障碍。的确，她完全可以应付自己的症状，所以这些症状并未给她造成巨大的个人痛苦。

你可能会想，这些关于焦虑症的文献与研究是否与李嘉图、洋子甚至具有更低水平的焦虑症状的人有所关联？毫无疑问，答案是肯定的！精神障碍、个人痛苦及其他障碍的特征在本质上都具有三维性或持续性。事实上，研究表明，无论症状程度轻微、中等，还是严重，造成这些焦虑相关症状的原因都是相同的。因为每个人都会经历本书中所探讨的一些症状，或了解一些已经或即将经历这些症状的人，所以，从这个意义上来说，异常心理学与我们每个人都息息相关。异常心理学是生活的一部分。

在你读本书的过程中，对异常心理学是生活中一部分的理解越多，你就会越认同我们所探讨的一些症状和障碍。然而，这并不意味着你或你认识的某个人有精神障碍。例如，一些人极其爱好干净整洁，不喜欢东西摆得杂乱无章。事实上，在东西杂乱或眉目不清时，他们可能会感到不舒服。如果这种情况发生在你或你认识的人身上，你或许很可能认为你或这个人患有强迫症（见第五章）。你或许与患有强迫症的某个人在干净整洁方面兴趣相投，但你很可能可以容忍对整洁与秩序的需求，并能够正常应对，即便你自身无法确保一切安排有序。对在干净整洁等方面要求过高的人而言，他们确实存在患强迫症等健康问题的风险，那些处于高压状态下的人尤为如此。我们希望使

中等	精神障碍（轻度）	精神障碍（重度）
感到悲伤，但类似取得好成绩等特别积极的经历可以提高情绪。	一天当中大部分时间具有强烈的悲伤情绪，在集中注意力方面有些困难，食欲降低。	始终处于极度悲伤状态，在集中注意力方面存在巨大困难，一点食欲都没有。
“这些糟糕的成绩真的让我很受伤。这会让我失望一阵子。我真的很担心。”	“我非常担心自己的成绩，以至于没什么食欲，不知道该怎么办。”	“这些糟糕的成绩恰好表明了我在任何方面都是一个失败者，我算是没希望了，现在我什么都不想做。”
有些时候会逃课，并且在学习方面感觉有些缺乏动机。回避与教授和同学之间的接触。	经常逃课，无法与其他人进行目光交流。严重缺乏动机。	无法起床、吃饭或出门。精神不振，经常哭泣。

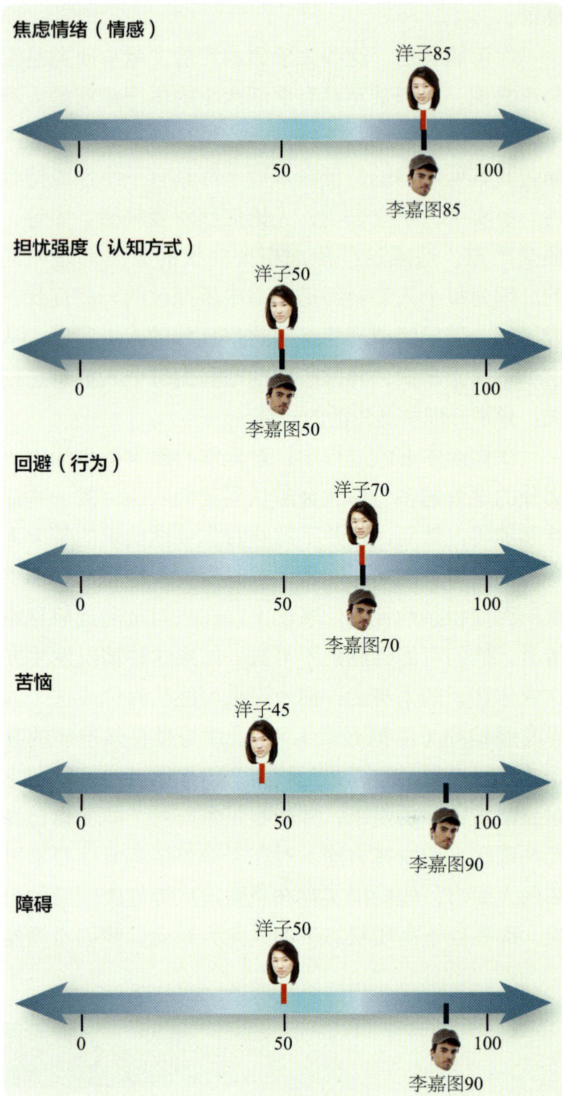

图1.3　李嘉图与洋子。李嘉图和洋子具有相似水平的焦虑情绪、担忧强度和回避行为。然而，他们所承受的痛苦及病症引发的障碍水平是不同的。

你意识到哪些人更容易患精神障碍，以及如何最大限度地保证我们的心理健康。为做到这一点，我们也强调精神障碍的预防，或人们如何降低患精神障碍的可能性。

异常心理学的历史

了解一些关于异常心理学的知识将有助于你更好地理解一些影响我们看待和治疗精神障碍的观点与因素。一个用以理解精神障碍的模型会影响对精神障碍的治疗。纵观历史，在理解心理健康或幸福方面的研究及科学方法并未受到很大的关注。此外，心理健康与障碍方面的观点经常受到社会、政治及经济因素的影响。例如，在政治保守主义或经济困难时期，人们倾向于注重异常行为的个体与外在因素及诸如精神外科手术和药物治疗等生物疗法；相比之下，在经济强劲时期，人们倾向于关注异常行为的环境因素及心理治疗或社会文化取向（Horowitz&Grob，2011）。在以下几个章节中，本书探究了异常心理学的发展历程，这将有助于我们理解现代社会人们对异常心理学的态度、异常心理学的概念及其治疗。

早期的理论

早期埃及、希腊和希伯来的著述对治疗异常行为的模式及关注进行了相关论述。早期的理论家经常将异常行为归因于诸如妖魔鬼怪附体等超自然因素。那时的异常行为被定义为一种精神层面的东西，所以，主要的治疗方式就是驱魔，或试图将附在个体身上的幽灵驱赶出体内。各种形式的驱魔方法得以运用，包括巫术、制造噪声、符咒、祈祷、鞭笞、挨饿及采用医药技术和药水等。这些方法旨在让异常行为者成为幽灵或恶魔的一个不快、不适或痛苦的载体。另一种被称作穿颅术的古老方法，是将这些人的头颅钻开一个孔，以帮助释放对他们有害的幽灵。

早期希腊和罗马的观点

埃及人和希腊人推动了医学和医学概念的发展，以自然理论代替了古代的超自然理论。自然理论摒弃了超自然的力量，转向那些可以观察、了解及测量的因素作为事件的潜在原因。在推动异常心理学领域方面特别有影响力的当属希腊医生希波克拉底（公元前460—公元前337），他被誉为现代医药之父。希波克拉底拒绝将妖魔鬼怪作为异常行为的原因。他认为，大

在全世界范围内，很多人每年都会经历一次精神障碍。此外，从某种程度上来说，精神障碍的特征在我们每个人身上都存在。

脑是人身体的中心器官，异常行为是由大脑错乱或脑功能障碍造成的。

希波克拉底建议将恢复脑功能正常运作作为异常行为的治疗方法，包括采用特定食谱、休息、禁酒、定期运动及禁欲等。希波克拉底的研究成果对后来希腊及罗马的医生产生了巨大影响。在整个希腊和罗马，医生开始注重采用科学的方法来了解异常行为的原因。由于人体解剖学知识及生理学知识十分匮乏——当时针对人类及尸体的解剖是非法的——因此出现了诸如放血、清除异己等一些备受争议的做法。然而，异常行为的治疗主要集中在创建包括健康饮食、定期运动、按摩及教育等在内的理疗环境。这些治疗方法时至今日仍是很好的养生方法。

中世纪时期

在中东地区，科学技术及医学持续发展。然而，罗马帝国的灭亡使欧洲重新返回了超自然理论的时代。妖魔鬼怪附体再次成为异常行为重要的解释，并且治疗也集中于祈祷、前往圣地朝圣、监禁、驱魔等。欧洲群体发疯在中世纪后半叶开始戏剧性地出现，一群个体会同时出现同样的障碍或异常行为。

群体发疯的一个例子，是出现在意大利的毒蛛舞蹈症（tarantism）。毒蛛舞蹈症是指被蜘蛛咬了之后，人会成为塔兰图拉毒蛛“幽灵”的受害者。该幽灵附体后会导致人精神失常、跳跃、跳舞及抽搐等。变狼狂症也在一些群体中得到发展，即相信一个人已经变成了诸如狼人等恶魔般的动物。另一种形式的群体发疯——圣维斯特舞蹈病（St. Vitus's dance），即快速不协调的抽搐性运动，蔓延到德国及欧洲其他地区。造成这些群体发疯的原因尚不明确。其中一种可能性是，处于高度情绪化状态中的人往往容易受到影响。高度的恐惧和恐慌可能会使一些人认为，他们已经被一种外力或幽灵“控制”，并且这些奇怪的行为具有传染性。另一种可能性是，人们不经意间食用了附在食物上的霉菌等物质，从而导致出现奇怪的信念和幻觉。

文艺复兴时期

在中世纪末期和文艺复兴初期，健康和人类行为的自然与科学治疗方式得以复兴。医生重新关注人体的生理机能，并进行医学治疗。此外，瑞士医生帕拉塞尔苏斯（1490—1541）提出了引发异常行为的精神或心理起因的概念，并建议采用一开始被称作人体磁场的治疗方法，该方法后来被称为催眠术。文艺复兴时期另一种治疗精神障碍的新方法是提供被称为收容所的特殊机构。收容所是专门为患有精神障碍的人准备的地方。遗憾的是，最初的收容所是为了将患有精神障碍的人与一般人群分开而设立的，因为这些人无法照顾自己。同样，最初的收容所并不提供太多治疗，而且入住者的生活条件通常较差。

早期对精神障碍的治疗试图让异常行为者成为幽灵或恶魔的一个不快、不适或痛苦的载体。

菲利浦·皮内尔倡导对精神障碍者进行更具人性化的治疗。

活动家多罗西娅·迪克斯在改革美国精神障碍者治疗方式方面做出了重大贡献。

改革运动

在欧洲和美国，收容所或精神病院通常惨不忍睹，需要大刀阔斧地进行改革。改革的一位主要领导者是菲利浦·皮内尔（1745—1826），他是当时一家名为La Bicetre的精神病院的负责人。皮内尔看到患有精神病的人的生活条件后十分震惊，力主引入一种带有改革和实验性质的更富于人性化的治疗方式。他命令员工除去患有精神病的人身上的锁链，将他们安置于充满阳光的房间，允许他们出去运动，并要求员工善待他们。这些改革举措产生了戏剧性的影响，他们的精神状态普遍得到改善，精神病院也恢复了秩序与宁静。

皮内尔在法国的改革方法很快传播到了其他地方。威廉·图克（1732—1822）在英格兰创建了约克疗养院，本杰明·拉什（1745—1813）在美国鼓励对精神障碍者进行人性化的治疗。多罗西娅·迪克斯（1802—1887）在治疗精神障碍者与改变其生活条件方面做出了重大贡献。她提高了公众在这方面的意识，募集资金，并寻求政府的支持，建立了三十多家精神病院。这种强调人本主义的护理模式有时被称为道德疗法，为精神障碍的现代治疗模式铺平了道路。

现代

异常心理学的现代治疗模式将精神障碍者定义为需要专业关注的人；在理解和治疗精神障碍时，采用科学、生物医学及心理学方法。在这方面需要特别注意的是克利福德·比尔斯1908年的著述《一颗自我发现的心灵》中所呈现的心理卫生运动。在该书中，比尔斯描述了自己患精神障碍的亲身经历及后续在一家机构的治疗情况。他关于自己在住院治疗期间被虐待经历的描述在美国引发了心理健康改革运动，该运动随后蔓延至全世界。在康复后，比尔斯1908年在康涅狄格州创立了心理卫生协会，1909年又建立了心理卫生全国委员会。这些组织的建立旨在提高针对精神障碍者的护理质量，帮助预防精神障碍，并向公众传播有关精神障碍方面的信息。时至今日，一如一个世纪之前，这些目标仍然具有重大意义。

克利福德·比尔斯在其自传中详细叙述了自己作为精神障碍者在一家精神病院接受治疗的亲身经历，从而引发了美国的心理健康改革运动。

在19世纪末及整个20世纪，在理解和治疗精神障碍方面形成了几种理论观点。每一种观点在确定精神障碍的病因及适当的治疗方式方面均具有重要的意义。这些理论观点包括体因性（强调引发该行为的身体原因）和心因性两种（强调引发该行为的与心理或精神相关的原因）。关于异常行为的主要理论观点，本书第二章会进行更为细致的探讨。

异常心理学与生活

在制订本书写作计划时，我们想采用针对异常心理学的特定的方法。我们尤其关注异常心理学如何应用于我们的生活。在本书接下来的几章中，你会看到我们尽力使本书中材料的个人相关度最大化。在本书中，我们还采用了一些其他主题，包括异常心理学的维度及预防。我们希望你在阅读、思考和运用本书后面章节中所呈现的材料时能牢记这些主题。

多维视角

你或许记得，我们前面讨论过具有精神障碍特征的情感、认知和行为的维度或连续统一体。在此再次强调这一主题并不为过，因为该主题是指导本书写作的核心原则。多维视角的一个重要含义是，有关情感、认知和行为的研究与我们所有人息息相关。你也许记得，每个人偶尔都会感到焦虑或悲伤，这是正常的。然而，当这些正常的情感或思想变得非常频繁或严重时，可能就产生了精神障碍。许多人有时都会对驾车感到紧张，尤其在一个陌生的地方。然而，如果一个人对此非常焦虑以至于无法去上学，那么这种焦虑可能就不正常了。因而，多维视角是指人们之间的差异仅仅在于他们症状程度的不同。

预防视角

一般来说，大学生的整体状况还是很不错的，不过许多大学生可能面临一些心理功能障碍或精神痛苦的风险。因此，我们在本书中自始至终都强调精神障碍的预防。预防源自心理卫生学的概念或通过教育、早期治疗和公共卫生措施促进心理健康和防止精神障碍的科学。你或许记得，克利福德·比尔斯于一个世纪之前提出并推动了这一方法的发展。预防和心理卫生极大地影响了现代理解和治疗精神障碍的方法。

我们希望通过强调预防机制帮助你清晰地认识精神障碍的各种症状，意识到这些问题的早期预警信号或风险，并采取措施来预防你自身或他人的心理困扰。在接下来的几章中，我们还会发现与特定精神障碍相关的风险与保护性因素。我们将为你呈现应对和解决这些风险因素的策略。

预防途径与促进心理卫生和良好卫生规范以避免疾病的公共卫生模式是一致的。该模式也适用于异常心理学。我们生活方式的许多方面很大程度上造成了我们的身心健康恶化，甚至使我们面临死亡威胁。这方面的例子包括不良饮食、运动不足、社会隔绝及不健康的人际关系等。此外，本书探讨的精神障碍与身体健康的恶化也有关联。因此，这激励了公共卫生执业人员与研究者去解决心理健康与功能问题，以改进人们总体的生活质量。

在第三章中，我们将进一步探讨预防这一重要话题，以及如何将这一概念应用于心理健康。在这点上，我们简要地讨论了如何将预防与异常心理学研究结合起来。从历史角度看，自精神障碍这一概念形成伊始，治疗精神障碍方面就得到了重视。然而，异常心理学领域发展迅速，这使人们发现了能引发许多精神障碍的风险因素。本书呈现了目前在这方面已知的信息。关于风险因素的信息也能告知我们，什么容易引发心理问题，在预防精神障碍的症状方面我们能做些什么，以及如果这些症状的确发生，我们可以采用什么方法来缓解这些症状。

预防类型

在异常心理学中，通常有三种类型的预防。一级预防是指面向大型人群，有时面向尚未患上精神障碍的整个公众群体。旨在减少过度使用精神活性物质的健康提升活动就是一个例子。其他一级预防的例子，包括减少就业歧视、改善学校课程、改进住房、教授育儿技能，以及为儿童提供教育救助的项目等。

二级预防是指在新出现问题仍在可控范围内及在抗拒干预之前加以解决。二级预防的一个典型例子是对有潜在酗酒问题学生的早期发现与治疗。在这方面，着重处理面临某一特殊问题风险的人，以防止他们的问题演变成障碍。

最后，三级预防是指在精神障碍发生后降低精神障碍的严重程度，缩短持续时间及减少负面影响。三级预防与一级预防和二级预防不同的是，其目标是减少已确诊障碍的影响。这方面的例子包括针对精神障碍的各种医学和心理治疗。在本书中，除了针对已存在的精神障碍的治疗，我们还强调一级预防和二级预防。

消费者视角

本书另一个主要的主题是消费者视角。我们的目标是帮助你成为一个在大众媒体经常报道的心理健康科学信息方面更为见多识广的消费者。例如，近期媒体报道表明，在一些备受公众关注的案件中，某些抗抑郁药增加了儿童和青少年的自杀念头。我们希望第七章中呈现的材料会让你了解抑郁的特征、在不同的年龄群体中这些特征会如何变化以及如何运用基于研究的生物学与心理学方法来治疗。我们也希望帮助你识破媒体炒作，并理解各种障碍及其治疗的本质。

本书的另一目标是向你展示如何在自身生活中运用研究信息。例如，通观本书，你会发现改善情绪、亲密关系及应对能力的策略。这些策略与我们之前探讨的预防主题也是一致的。我们也呈现了关于精神障碍具体如何与大学生联系起来的知识。此外，由于对某些心理健康专业感兴趣，你们当中有些人可能已经学过这门课程。如果你已经对不同类型的精神障碍有所了解，第十五章会帮助你在心理健康专业领域寻找自己的方向。与本书消费者主题一样，我们在第十五章中也提供了有关“如果你已经下定决心，就去找治疗师”的材料。

多元性

多元性是指男性与女性、不同种族或民族的人及那些具有不同性取向的人与其他人之间的多样性。最近几年，在理解这些不同群体之间的精神障碍差异方

1.2

专栏

聚焦法律与伦理

自我救赎：那些自助大师不告诉你的事

我们都尝试依靠自己。在像美国这样的西方社会，个人责任的概念非常普遍，即便在心理健康领域也是如此。想象一下，在你看电视、听广播或是在一个书店随意阅读而无须面对来自某某博士关于如何应对家庭或关系问题、压力或者对某种毒品、食物、性或网络的成瘾等方面的建议。但这些所谓专家的建议真的有用吗？有些人认为，在很多情况下，自助这种被动方法应该与更为积极的治疗策略搭配使用。

自助行业宣扬“受害”与“赋权”。受害是指你目前的处境起因于一些超出你自身控制范围的因素。一个常用的范例是将某一问题认定为社会强加于自己身上的一种“病症”。这一观点的一个逻辑性延伸是，你对自己的问题没有个人责任。根据萨莱诺的观点，“受害”在20世纪60年代到80年代期间占据支配地位，并且现在表现为一种归罪文化，即遭遇不幸并非你的错，是这个社会“欠你的”。以“受害”为主题的自助方面的书籍和项目之所以会取得成功，是因为它们让个人对自己的问题不感到那么内疚。相反，自助的“赋权”强调，一切尽在你的控制之中。换言之，你可以凭借自己的毅力做好这件事！该观点强调构建自信，并在过去的10年中主导了美国文化。不妨听听运动员接受采访时说的话——“只要我用心去做，我就会成功”，并看看日益流行的“生活教练”。

采纳这些观点的潜在危害是，“受害”可能使你回避任何个人责任，而“赋权”可能使你对自身能力过于自信。每一种观点都可能导致问题和消极情感出现。如果你在采用自助大师开出的处方（可能本身具有一定的可疑值）后仍不见好转，“受害法”就暗示你仍然是自身问题或病症的奴隶。另外，“赋权法”则暗示你的“失败”反映了你在欲望或努力方面的缺乏。无论哪种情况，你都算是失败了，而这意味着，你需要下一本书、下一个电视节目或项目来弄明白是怎么回事。做与不做均取决于你自己。

面取得了巨大进展。例如，我们了解到，相比男性，抑郁在女性中更为普遍（见第七章），并且某些少数民族的移民群体患有精神障碍的风险越来越高（见第十二章）。多元文化心理学调查文化对人们思考、感觉及行为方式的影响（霍尔，2016）。在理解造成精神障碍的原因及如何更好、更具体地评估和治疗精神障碍方面，多元文化心理学相当重要。

多元性和多元文化心理学是本书的重要内容。对于每一种重度精神障碍，我们均探讨了有关群体差异方面已有的研究成果。此外，在全书中，我们还设有专门的“聚焦多元性”和“聚焦性别”专栏，进一步突出强调文化和性别差异。我们还设有关于精神障碍的文化与社会文化模式的细致剖面（见第二章），精神障碍的性别、种族与文化风险因素（见第三章）及文化与临床评估（见第四章）。我们的目标是帮助读者理解文化、性别及其他集群变异会如何影响精神障碍的表现、评估与治疗。

污名

污名是本书另一个重要的内容，且与异常行为的多维视角相关。污名是被其他人基于某项个体特征而冠以耻辱的一个表征。患有某种医学疾病的人有时会遭到其他人的回避或拒绝，即便患病并非他们自身的过错。同样，患有精神障碍的人也会遭受类似的污名。有听力障碍的儿童有时会受到老师们的另眼相待，患有社交恐惧症的成人有时会被同事取笑。确实，污名也通常是人们宁愿承受精神痛苦也不寻求治疗的原因。这种状况非常令人担忧，所以公共健康项目通常以减少心理问题相关的污名为目标。在全书的特定章节，我们探讨了可能造成污名的因素、污名的影响，以及防止与特定精神障碍相关的污名。

人们将污名与精神障碍联系起来，有多种原因。污名往往源自这样一种成见，即认为患有精神障碍的人反复无常、有危险和暴力倾向、没有能力，或者是由自身命运造成的。然而，如果阅读本书，你会发现这些成见往往是基于一些很少发生的或孤立事件得出的，所以是不准确的。正如精神障碍的多维视角所暗示的，绝大多数患有精神障碍的人与你或你的同学没什么两样。患有精神障碍的人一般没有暴力倾向，并不会反复无常、没有能力或归咎于自身的困境。

在政府或某些制度、政策对那些可能被认为具有威胁性、危险或不应得到支持的人造成负面影响时，污名也会随之产生。这种“结构性污名”的一个例子是，国家法规限制医疗保险在心理健康问题方面的覆盖面。公众关于精神障碍的成见和误解也会来自诸如报纸、电视报道与节目、电影等媒体。媒体对精神障碍消极方面与影响的关注，无论准确与否，都会促成偏见、成见或歧视。相反，媒体对于心理健康福祉的关注则可能有助于防止污名。

污名的影响

污名以多种方式影响着人们（见图1.4）。其中一种类型的污名为公共污名，是指公众对患有精神障碍的人总体上的不理解或不接纳，这往往会导致偏见、成见或歧视。例如，患有精神障碍的人可能会在就业、住房及医疗保险覆盖面等方面遭遇困难。公共污名也会通过限制治疗机会和保险福利阻碍精神障碍的治疗。想想在一个政府机构打算为智力障碍者建一个团体之家时所面临的邻里投诉（第十三章）。从某种意义上来说，公共污名是一种社会不公的体现。

另一种类型的污名是自我污名，是指患有精神障碍的人将公众污名进行自我内化（科里根，2015）。一些人接受这样一种观点，即精神障碍是一种让人感到羞耻的事情；这种观点会影响自尊或使一个人否认问题的存在。自我污名也会导致诸如不愿就医等破坏性行为。自我污名尤其与儿童相关。想象一下，一名儿童被告知患有学习障碍，可能会如何影响其学习的动机？其他人也发现，程度严重的个人污名往往会阻碍大学生因为心理健康问题而寻求帮助。

抵制污名

患有精神障碍的人可以通过两种主要方式抵制污名：教育和促进人际交流。在教育方面抵制污名的举措从分发关于陈述精神障碍事实信息的材料到呈现精神障碍方面的在线和直接课程，多种多样（Corrigan, Morris, Michaels, Rafacz & Rusch, 2012）。尽管长期来看没能提供

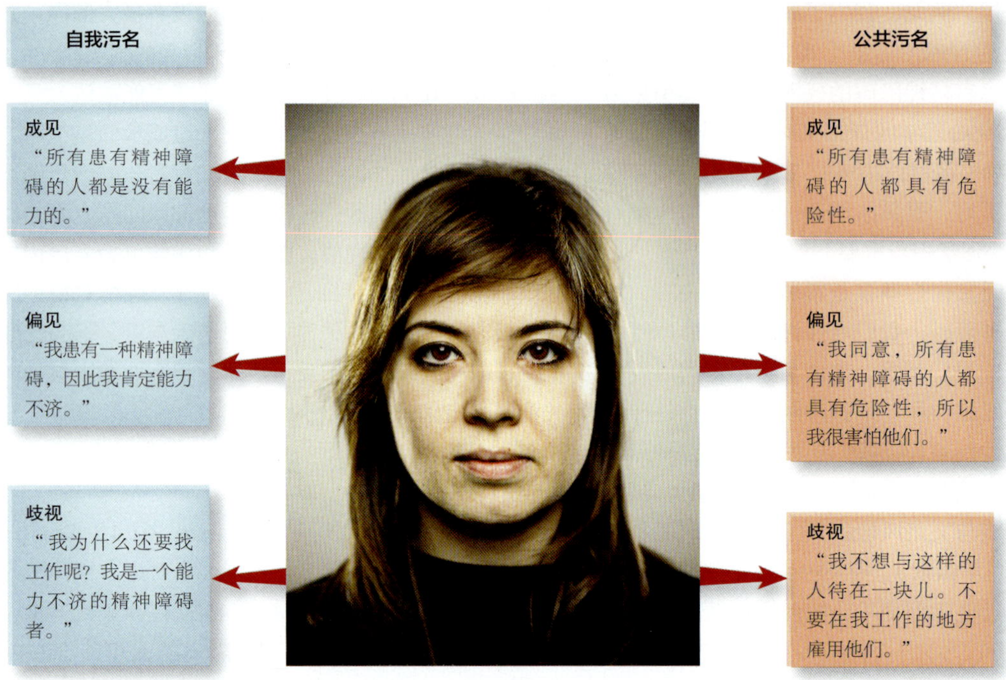

图1.4　公共污名与自我污名。公共污名可能导致一些人不寻求可能对自己有帮助的就医服务以回避精神障碍的标签。自我污名可能导致精神障碍者认为自己没有能力，不值得得到帮助。

足够的支持，但这些举措对参与者的态度确实有短期的影响（Friedrich et al., 2013; Papish et al., 2013）。

促进人际交流包括增加与患有精神障碍的人的交流，以驳斥荒诞的说法和成见。促进人际交流还包括鼓励开展以心理健康为背景的志愿者活动，为身受精神障碍影响的个人提供讲述自身故事的课堂体验。这些接触在改变人们对精神障碍的态度方面具有重要的影响。经证实，通过视频影像与患有精神障碍的人的间接接触也能减少污名，这也是我们配合本书开发许多关于患有精神障碍的人的视频案例研究的原因之一（Nguyen, Chen & O'Reilly, 2012）。

本书力图以多种方式抵制污名。首先，通过提供关于精神障碍的事实信息，我们希望能驳斥有关这方面的荒诞说法。其次，我们强调，从某种程度上来说，精神障碍的症状在我们所有人身上都存在。的确，由于精神障碍如此普遍，本书中所呈现的材料很可能与你的生活或你了解的人的生活相关。再次，我们强调以人为本，精神障碍为其次。在全书中，我们会提及患有精神分裂症的人（而不是“精神分裂症患者”），患有听力障碍的儿童（而不是“听力残疾者”）及患有精神障碍的个人（而不是“精神病患者”）。毕竟，如果你认识的某个人患有癌症，你不会称她为“癌症患者”！我们不应以某个人所患的病症来看待他们，而应依据他们独有的重要特性。

最后，本书的一大特色在于叙述的运用。这些特色文章是以第一人称对自身或家庭成员经历与处理精神障碍症状的叙述。这些叙述的共同主题是，针对精神障碍者的污名是不恰当的，并且我们所有人在维护精神障碍者方面都有着既定的利益。我们相信，这些叙述具有教育意义，让这些情况更具个人相关性，并且激励我们所有人维护精神障碍者的权利与需要。

艾莉森·马尔蒙

个人叙述

18岁时，我的世界崩塌了。大一春假过后不久，我接到了母亲的电话，而这个电话永远改变了我们的生活。“艾莉，布莱恩自杀了，”她说，“他死了。”布莱恩是我唯一的同胞兄弟。他比我大4岁零4天，是个出色的孩子。在上高中时，他跻身于我们学校的顶级水平行列，修完了所有大学预科课程。此外，布莱恩还是辩论队队长、每年一度的复兴摇滚秀的独唱、校足球赛的解说员，以及我们当地一家报纸的专栏作家。他广交朋友，聪明风趣，是我的榜样。

毫无疑问，在布莱恩心中，他想就读于一所位于纽约市的大学——数年以前，他就已经深深爱上了这座城市，下定决心将来某一天在这众多臭名昭著的黑色高大建筑里面拥有属于他的一栋。因此，在我开始读高中时，布莱恩也开始了他在哥伦比亚大学的生活。四年之后，一如他在高中时的卓越表现，他在哥伦比亚大学也取得了非凡的成绩：他加入了一个无伴奏合唱组合，并成为该组合的负责人；他还是哥伦比亚日报的专栏作家、体育版新闻的编辑及哥伦比亚大学音乐和喜剧表演的明星。此外，他每学期都会荣登优秀学生名单，致力攻读新闻学方向的政治学学位，计划就读一所法学院。

因此，在大四的11月的一个周末，布莱恩回家以“缓解压力”，对此我一点也不感到惊讶。但那个周末很快变成了一周，一个月，乃至整个学期。不知不觉，布莱恩待在家里的时间已长达一年，即在我读高四的那一整年，他基本上都待在家里。他开始去看精神病医生，直到那时，我们才发现布莱恩一直患有精神分裂症（第十二章），并且这种病从他在哥伦比亚大学读大一时的二月就开始了。他当时一直听到一些典型的精神分裂症的声音，并且近3年来经历过数次抑郁发作。夜晚，他一直在街道上徘徊，把自己宿舍的东西打包装箱，因为这都是遵照自己冥冥之中听到的声音的指示。由于感到抑郁，他曾一次待在床上数日，并且讨厌离开宿舍。但他从来没有将自己的这种情况告诉任何人。回想起来，他学校的朋友曾记得他“有时会去听放克音乐”，但没有人当面问过他。

在布莱恩回家寻求帮助时，他已经丧失了希望。在本应属于他人生中最美好的时光里，他承受了痛苦、恐惧和完全的与世隔离；无论自己曾尝试过多少理疗和药物治疗，一回到家中，那种痛苦便再也无法忍受。在我就读宾夕法尼亚大学一年级时，布莱恩结束了自己的生命。他年仅22岁。

自从布莱恩离我们而去之后，我甚至不敢描述当时的样子及以后会是什么样。我失去了我的哥哥，我的另一半至亲；我现在成了家里唯一的孩子。我的家庭已经支离破碎，我们的整个家庭架构及架构方式必须重新建立。亲人自杀给我们造成的失落真的只有家中尚且活着的人才能体会。每天我都活在内疚和无尽的凄凉之中，总是一次次地以“假设”拷问自己。随着时间的流逝，不能承受之痛逐渐缓解，我开始能够每天过得稍微轻松一点，但我的生活已经永远不可能与从前一样了。像布莱恩这样一个前景光明的青年，生活中原本有那么多事情等待他去实现。对那些没有机会去尝试人生酸甜的任何人，我实在感到有些悲伤。

布莱恩离世之初，我最为强烈的情感之一便是恐惧。我变得害怕思考。要是我身处布莱恩的境地，在大学阶段就开始患上精神障碍，我很可能会做出和他一样的选择。我会对自己负责，保守秘密，独自默默承受。在我所在的校园里，没有人谈论心理健康问题；没有人开展关于各种障碍迹象和症状的教育。如果那么做的话，精神障碍者可能会去寻求帮助，而且他们可能会变得更好。围绕这些问题的污名使太多人选择屈辱和孤立地自我承受。我知道，如果我也像布莱恩那样保持沉默的话，我的很多同龄人也会选择独自默默承受。

因此，我成立了一个叫“活跃思维”的校园组织，以便在这些问题上帮助同龄人敞开心扉。越来越多的年轻人敞开心扉，分享自己、家人及朋友的经历，这样我们就会打破沉默之墙，并且更多的同龄人可能会自然地接受他们应得的帮助。我们自己承受痛苦，我们也看着自己的朋友在忍受煎熬。是时候了，年轻人应该参与进来，接受关于心理健康问题的教育，并相互告知：“这种问题可能会发生在你身上，因为我自己就切身经历过，但你完全可以寻求帮助，这样你会变得更好。”

这种旨在减少耻辱的教育理念与探讨在我们学校及心理健康团体中受到了大力支持。在宾夕法尼亚大学创建这个校园组织仅18个月之后，我成立了自己的公益组织，目标是将这一理念推广给全国范围内的年轻人。现在，我已经作为“活跃思维”组织的执行董事开展工作，在全国的高中和大学中设立“活跃思维”组织的分部，并提供支持，为患有精神障碍的年轻人代言。每每年轻人分享自己的故事，或者集中精力抵制自己遭遇的污名时，我们的声音便得到了强化。

如果可以，我会倾尽自己所能使我的哥哥布莱恩回到我的身边，然而，这是不可能的。所以，我会尽我所能确保其他年轻人不再像布莱恩那样选择独自默默承受，不再让这些年轻人的妹妹因此而失去自己的哥哥。

第二章　异常心理学理论　2

章节特色

C 玛丽拉 案例探讨

玛丽拉，一名19岁的大一学生，最近一直在不断地追问自己，“最近是怎么了？”“我应该怎么办？”她的状态有些不对。玛丽拉在高中时是一个开朗、聪明、快乐的女孩，而上了大学却有些倦怠、忧郁和悲观。这是她大一的第二个学期，她寻思着自己朋友和家人曾提到的艰难的大学适应阶段按理说到现在应该结束了。难道自己的倦怠和不满情绪只是短暂的忧愁所致的？或者是哪儿出现了严重的问题？

玛丽拉的倦怠和不满在她第一学期早些时候就开始了，在临近期末考试周时开始变得严重。她选修了5门课程，大量的阅读作业、大课堂及快速逼近的截止期限很快让她不堪重负、不知所措。她努力完成作业，经常感觉好像与世隔绝，并且在这个巨大的学习场景下感觉自己那么渺小、不值得一提。玛丽拉认为没有人关心自己是否在上课，她非常想念高中的那段日子，那时自己和老师、朋友关系非常亲密，相处得很融洽。在大学教授的眼里，她似乎就是一个数字，而不是一个学生，她的同学似乎总是非常匆忙，几乎没有时间聊天。

玛丽拉在高中时成绩优异，而现在大学的课程才勉强及格。她在专心读书方面存在很大困难，这导致她的测试成绩较低。回到家后，玛丽拉确实跟她的朋友和家人提过自己的这些麻烦，然而，没有人真正理解她所经历的这些事情。相反，他们只是简单地认为玛丽拉的问题就是简单而且正常的思乡病，很快就会过去。

第一学期临近11月中旬时，玛丽拉开始花更多的时间一人独处。她经常睡觉、看电视、听音乐、上网。看电影、弹吉他这些曾经吸引她的事情，她从中再也找不到什么乐趣。她谢绝他人外出交际的邀请，并且她的舍友发现，玛丽拉看起来有些悲伤、孤独。遗憾的是，没有人抽时间去问她是不是发生了什么严重的事情。

在第一学期，玛丽拉的体重也急剧下降。在她回家过感恩节时，她的家人看到她的样子有些惊讶，倒是她自己，除了偶尔感到有些饥饿，没有发现自己有什么大的变化，但事实上，她已经整整瘦了将近5千克，原先她的体重可是55千克。遗憾的是，对于她外表的变化，家人给予的却是恭维赞美之词，因此，她的悲伤情绪终究没有被人注意到。玛丽拉返回学校完成第一学期的学业，她在专注力和饮食方面的问题继续往坏的方向发展。她费尽气力完成期末考试，勉强及格。

寒假回家让玛丽拉感到非常开心。她希望自己倦怠和不满的情绪只与学校有关。遗憾的是，回到家后，她仍然不开心，上学期丢掉的体重并没有恢复，并且白天的大部分时间她还是在睡觉。玛丽拉害怕返回学校，因为在那儿她感受到来自他人的压力。一月中旬返回学校后，她开始变得十分沮丧。她知道，要想熬过第二学期，自己必须做出改变，但她对此感到困惑，没有信心，又一次扪心自问，“最近是怎么了？”“我应该怎么办？”

思考问题

1. 你认为玛丽拉为什么会有这样的感受？
2. 玛丽拉应该怎么办？换作是你身处她的处境，你会怎么办？
3. 你最关注玛丽拉案例中的哪个方面？
4. 你知道与玛丽拉类似经历的人吗？他们是怎么做的？
5. 玛丽拉的朋友和家人应该怎么做才能帮到她？

导论

如果玛丽拉生活在一个世纪以前，对她这种问题最常见的解释可能是恶魔附体。然而，现在的科学家和心理健康专业人员关注一个人的生理、环境及其他因素以帮助玛丽拉这样的人。科学家和心理健康专业人员开发了一些理论视角或模型——看待事物的方式——来弄清像玛丽拉一样的人产生问题的原因。

理论视角或模型是看待和解释我们在世界中所见景象的系统方法。当试图解释一件商品为什么价格高时，你可能考虑运用供求经济模型得出结论，每个人都想得到这件商品，而该商品的供应是有限的。或者假设你的一个朋友生病了，你考虑运用疾病的细菌理论模型，询问她是否接触过某个病人或者是否吃了变质的食物。心理健康专业人员应用模型帮助解释反常行为或像玛丽拉一样的精神障碍者。本章将介绍五种用于解释精神障碍的主要模型。

- 生物学模型：关注遗传、神经递质、大脑变化及其他身体因素；
- 心理动力模型：关注人的内在个性特征；
- 人本主义模型：关注个人成长、选择与责任；
- 认知行为模型：关注特定的想法与学习经历；
- 社会文化模型：关注外在环境事件，并包括家庭系统视角。

这些模型主导着当今世界的心理健康领域，并且影响着我们思考、评估和治疗心理健康的方式（见图2.1）。每种模型各有利弊，但都为心理健康专业人员提供了理解发生在像玛丽拉一样的精神障碍者身上的事情的方式。在本章中，我们对运用每种模型解释玛丽拉的问题及帮助她的方法进行了说明。许多心理健康专业人员也综合这些模型来研究与解释精神障碍。

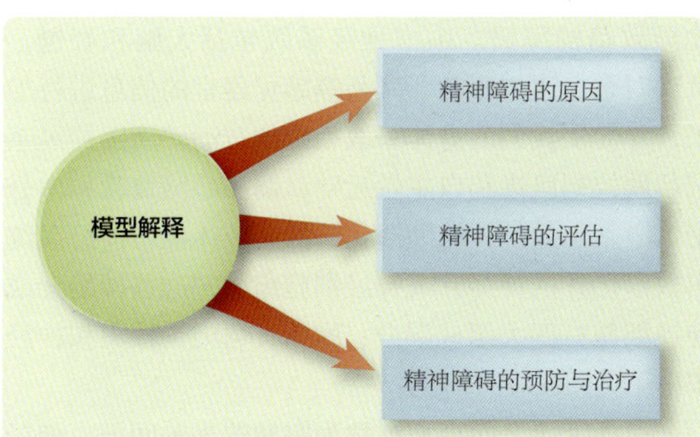

图2.1　模型的应用。理论模型或视角影响我们思考精神障碍的病因、评估方法及预防和治疗方法的方式。

生物学模型

埃米尔·克雷佩林被许多人称为精神疾病分类的先驱，是生物学模型的主要贡献者。

生物学模型基于这样一种假设，即心理状态、情感和行为起因于大脑功能及其他一些物理过程。这个模型已经沿用了几百年，并且在今天比以往任何时候都更为牢固。读读报纸或杂志，看看电视，或者上上网，你会发现借助药物和其他物质治疗精神障碍的文章、纪录片及广告多如牛毛。总会有些药物或草药能够治疗抑郁、焦虑或性功能障碍。然而，尽管这方面的广告源源不断，但包括使用药物在内的精神障碍生物学模型得到了科学研究的支持，这些研究将基因学、神经化学和引发各种心理问题的大脑变化联系了起来。

精神障碍生物学模型由埃米尔·克雷佩林（1856—1926）率先提出，他在人们身上发现了症候或症状集群。玛丽拉的症状集群包括注意力不集中、睡过头、悲伤及减重等。她的症状通常被认为是抑郁症（第七章）。与许多当今的精神病学家及其他心理健康专业人员一样，克雷佩林认为，症候和症状具有生物学因素。克雷佩林提出了两种主要类型的精神障碍：早发性痴呆（与精神分裂症类似，第十二章）和躁狂抑郁症（与双相情感障碍类似，第七章），这两种类型的精神障碍具有不同的生物学因素。

克雷佩林也认为，症候彼此之间是分离的，如腮腺炎和麻疹，并且每种症候都具有各自不同的起因、症状及结果。以玛丽拉为例，她之所以感到悲伤，似乎部分是因为自己离家在外，从而导致了诸如学习成绩差等结果。克雷佩林及许多精神病学家还认为，每种症候都有各自的生物学起因。精神病学家或许认为玛丽拉的悲伤情绪有三个可能的原因：家族遗传的抑郁、化学（神经递质）失衡或某种大脑变化。下面我们对这些生物学因素进行探讨。

遗传

你认为玛丽拉的某些家人也可能存在类似的悲伤症状吗？许多诸如抑郁等精神障碍似乎确实存在家族患病的历史。基因可能使精神障碍的症状由父母传给孩子。基因是指包含在每一个人细胞核中的分子密码（Ahuja, 2014）。基因是承载一个人外在和行为信息的最小单位，如头发及眼珠颜色、体重与身高，甚至是否易患如肺癌等疾病或抑郁等精神障碍方面的信息均由一个人的基因决定。人类基因位于46条染色体上，这些染色体成对排列，呈现出线状组织的形态。一个人的染色体一半来自父亲，另一半来自母亲。

一个人的基因组合被称为基因型，在出生时就已经确定。基因型确定了诸如眼珠颜色等这些不会随时间改变的人体特征。一个人可以观察到的特征被称为细胞表型，这些特征随时间的推移可能发生变化。可观察到的特征包括智力及诸如注意力集中困难等精神障碍的症状。细胞表型之所以能发生改变，是因为它们的产生受基因和环境的影响。一个人智力的高低取决于父母的基因遗传，但也受到童年时期所受教育的影响。科学家们关注的是哪种基因和环境会影响情感、认知和行为的发展（O'Connor, 2014）。这方面的研究被称为行为遗传学。

行为遗传学家关注基因在多大程度上能决定某种精神障碍。遗传可能性是指基于遗传因子的细胞表型的差异程度，通常以0 ~ 1的一个数字进行表征。一些精神障碍，如焦虑相关障碍，具有较小的遗传可能性，但许多重大精神障碍对其今后的发展具有很大的影响（见图2.2）。遗传可能性特别高的障碍包括双相情感障碍和精神分裂症（Pearlson, 2015）。

行为遗传学家也关注哪些特异基因具有遗传性，以及这些基因引发精神障碍的原因。分子遗传学领域的研究者对脱氧核糖核酸（DNA）——基因的分子基础——进行分析，以确定特异基因与精神障碍之间的关系。分子遗传学是一门极具挑战性的学科，理由如下：首先，大多数精神障碍者受到多种基因的影响，而不仅仅是一种。在你看到媒体报道研究者发现了阿尔茨海默病的基因时，请记住：他们很可能只是发现了许多基因中的一种。其次，对不同的人而言，一种

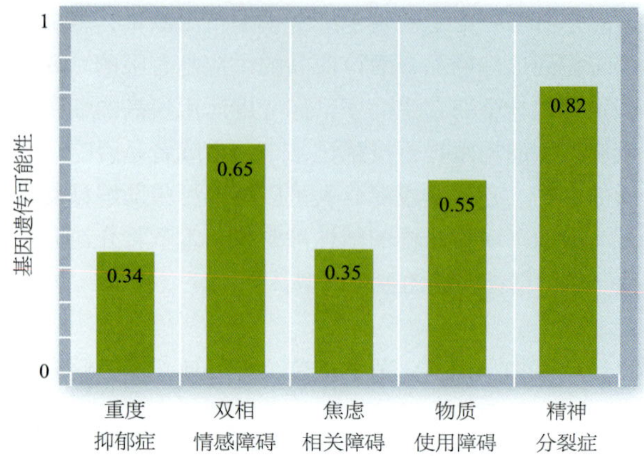

图2.2 主要精神障碍的遗传可能性。

精神障碍的相同症状可能由不同的基因引发。最后，据估计，人身体内有20000 ~ 25000个蛋白编码基因，所以发现与某种障碍相关的特异基因如同大海捞针。尽管存在这些挑战，分子遗传学领域将可能取得一些重要发现，这可以帮助科学家们确定各种障碍之间是否存在基因方面的差异，以及这些基因差异是如何表征的。具备特异基因的知识也能帮助研究者确定基因如何影响人体内的生理变化，本书接下来会就此进行进一步的探讨。

神经系统与神经元

人体的生理结构受遗传基因学的影响，并可能因此导致精神障碍。中枢神经系统包括大脑和脊髓，负责对来自诸如眼睛、耳朵等感觉器官的信息进行加工，并促使我们的身体采取相应的行动。周围神经系统帮助控制肌肉和自主性运动，调控心脑血管和内分泌（激素）系统，协助消化，并调节体温。神经系统由数以亿计的神经元或神经细胞组成，这些神经元或神经细胞有四大组成部分：胞体、树突、轴突和神经末梢（见图2.3）。

在神经元之间存在被称为突触的小的间隙。神经元之间通过在突触间传递神经递质或能携带信息的化学物质进行沟通。并非所有释放到突触的神经递质都会被大脑利用，那些未得到利用的神经递质会经历一个重吸收的过程，重新被吸收和循环利用。药物治疗

就是通过影响神经递质系统来治疗精神障碍。患有抑郁症的人通过服用诸如百忧解或帕罗西汀等药物以提高某种神经递质的有效性，从而提高身体能力，改善心情。本书共探讨了6种主要的神经递质：5-羟色胺、去甲肾上腺素、多巴胺、γ-氨基丁酸、乙酰胆碱和谷氨酸。表2.1列出了与每种神经递质相关的功能。

表2.1

与精神障碍有关的主要的神经递质

神经递质	功能
5-羟色胺	信息处理；情感、认知和行为的调控
去甲肾上腺素	兴奋、情绪、行为及睡眠的调控
多巴胺	影响寻求新奇事物、社交能力、愉悦、动机、协调能力及运动技能
γ-氨基丁酸	情绪调控，特别是焦虑、兴奋及行为
乙酰胆碱	在运动行为、兴奋、奖励、注意力、学习及记忆等方面十分重要
谷氨酸	影响学习和记忆

大脑

大脑是人类最复杂且最重要的器官，包含860亿个神经元（Lent, Azevedo, Andrade-Moraes & Pinto, 2012）。大脑包含两个大脑半球，左右对称。右半球控制身体左侧的运动，对人的空间关系与模式及情感与直觉都有影响。左半球控制身体右侧的运动，影响人的思维及语法和词汇。然而，两个半球之间相互联通。诸如弹钢琴或使用语言等复杂的行为会同时受到两个半球的影响。

大脑皮质覆盖了每一个大脑半球，主要掌管意识、记忆、注意力及其他人体高级功能。大脑本身分成四个主要的脑叶（见图2.4前半部分）。额叶位于大脑的前半部分，具有许多诸如运动、规划、组织、抑制行为或反应及决策等重要的功能。因此，额叶也是许多心理健康研究者的研究焦点。顶叶位于额叶的后面，涉及人的触觉。颞叶位于大脑的底部，与人的听力和记忆有关。枕叶位于顶叶和颞叶的后面，与视力相关。

大脑也可以划分为前脑、中脑和后脑三个部分。

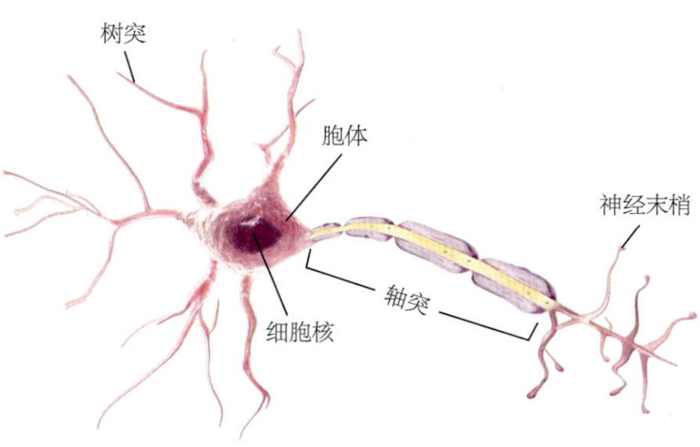

图2.3 神经元的基本组成部分。

前脑包含边缘系统（见图2.4的后半部分），调控人的情绪和冲动心理，并控制口渴、性及攻击性等方面。对于一些精神障碍而言，边缘系统十分重要，相关的结构有海马区、扣带回、伏隔核和杏仁核。前脑下面稍远一点处是基底核，用于控制姿势和运动。丘脑和下丘脑位于前脑与中脑的交叉地带，在前脑和大脑较低区域之间接替传递信息。中脑还包含网状系统，涉及人的兴奋和压力或紧张状态。后脑包括延髓、脑桥和小脑。这些结构与人的呼吸、心跳、消化与运动协调相关。

生物学评估与治疗

如何将遗传、神经递质及大脑变化方面的知识用于评估与治疗患有精神障碍的人呢？精神病学家等基于生物学的心理健康专业人员会首先对有精神障碍的人进行一次诊断会谈，以便更好地了解他们的问题。基于生物学的健康专家也会利用评估方法来获取大脑结构和功能的图像。磁共振成像（MRI）可以提供高质量的大脑图像，以揭示肿瘤、血栓及其他结构异常。图2.5将一个患有孤独症的青少年的MRI图像与一个正常青少年的MRI图像进行了比较。大脑成像的其他方法会在本书第四章进行描述。

一旦完成全面的评估，基于生物学的心理健康专业人员随即会决定进行治疗。精神科药物通常被用来

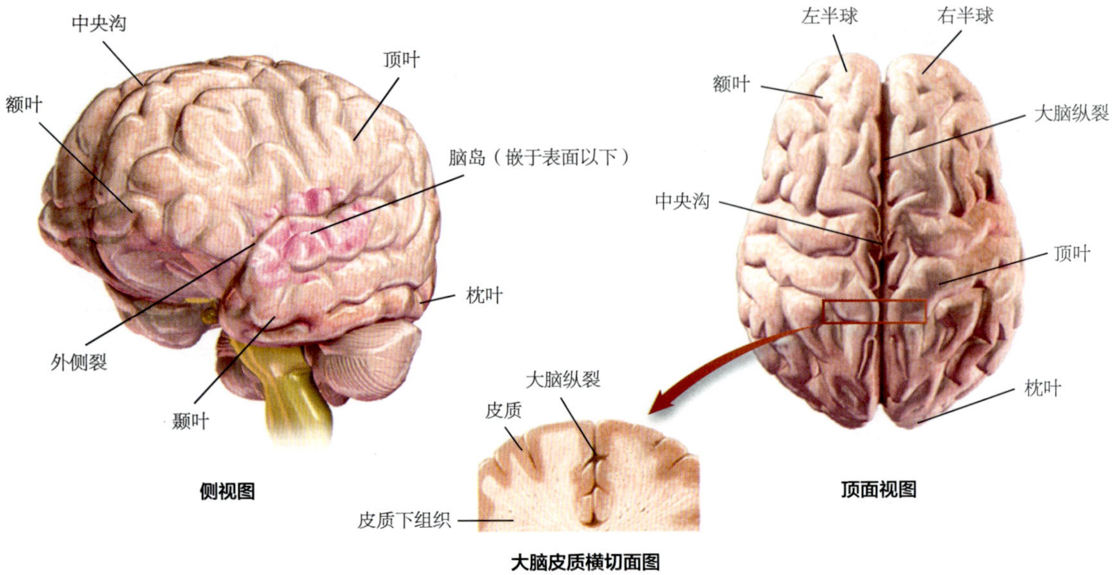

结构	位置与描述
中央沟	位于大脑皮质的深谷区域，将额叶与大脑其余区域分割开来
小脑	位于后脑部位；协调肌肉运动与平衡
大脑皮质	大脑的最外层，覆盖每个脑半球的几乎所有部分；被称为大脑的灰质（该名称基于其显色特征）
额叶	位于大脑的前半区域（中央沟的前部），掌管人体许多非常重要的功能，包括运动控制、规划、组织、抑制行为或反应及决策
左半球	控制身体右侧部位的运动，通常掌管分析思维和语言
右半球	控制身体左侧部位的运动，决定空间关系与模式，并与情感和直觉有关
外侧裂	位于大脑皮质的深谷区域，在颞叶上方
大脑纵裂	位于大脑皮质的深谷区域，将大脑左右半球分开
枕叶	位于大脑顶叶和颞叶后部，与视力有关
顶叶	位于大脑额叶后部，在外侧裂上方，与触感相关
前额叶皮质	注意力与冲动控制，用于问题解决和批判性思维
皮质下组织	位于大脑皮质正下方的脑组织
颞叶	位于外侧裂的下方，与听觉辨别相关

图2.4　人类大脑的主要特征。

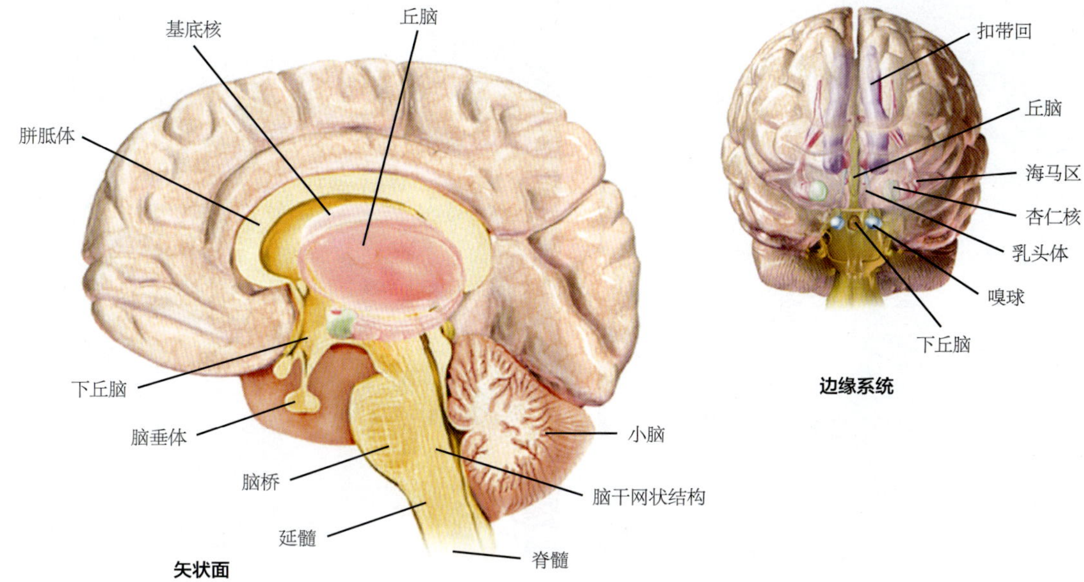

结构	位置与描述
杏仁核	边缘系统的一种结构，与情感和攻击性相关
基底核	控制人的姿势、运动和焦虑水平的脑部结构
胼胝体	一组将大脑两个半球连接起来的神经纤维，使大脑左右两个半球得以相互沟通
后脑	位于大脑的最后方，包含延髓、脑桥和小脑；这些结构负责诸如呼吸、心跳及消化等人体自动进行的重要活动。此外，小脑控制运动协调能力
下丘脑	调控诸如饥饿、口渴及体温等人体基本的生理需求
海马区	边缘系统的一部分，掌管记忆和学习
边缘系统	调控人的情感与冲动情绪，并掌管口渴、性及攻击性等方面。边缘系统包含几个与精神障碍有关的结构：海马区、扣带回、伏隔核和杏仁核
延髓	位于后脑中，与调节呼吸和血液循环相关
脑垂体	调控其他内分泌腺，并控制人的增长，有时被称为“内分泌腺之母”
脑桥	位于后脑中，掌管睡觉和兴奋
脑干网状结构	位于中脑的内部结构，掌管兴奋、压力或紧张
脊髓	在大脑和身体其他部位之间传输信息，控制简单反射
丘脑	在大脑皮质与其他脑部结构之间传递信号

图2.4 **人类大脑的主要特征（续）。**

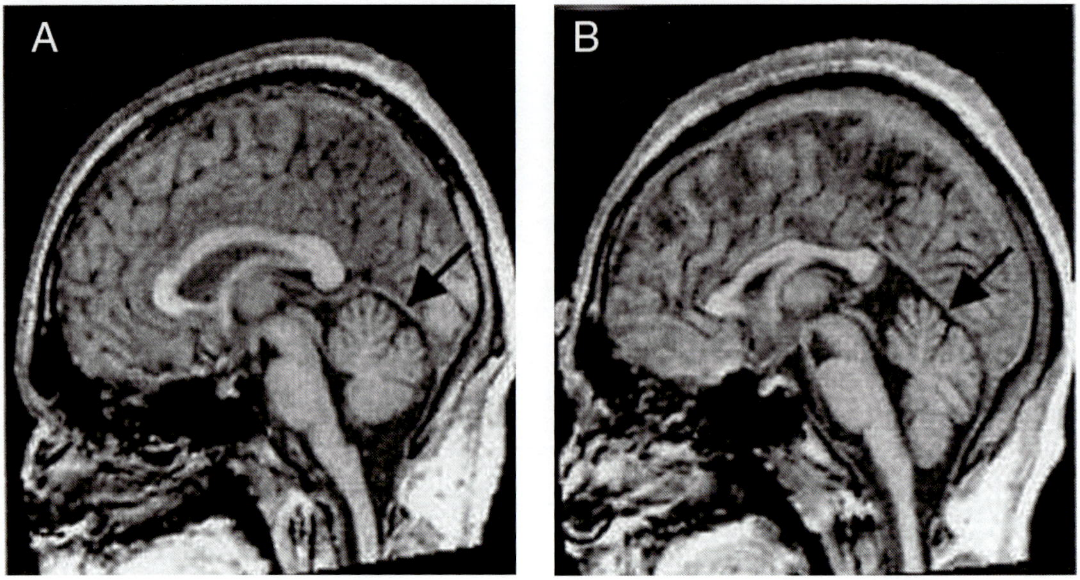

图2.5 **磁共振成像对一名患有孤独症的16岁男孩的小脑区域成像（A）和对一名正常的16岁男孩的小脑区域成像（B）**。可以看到，患有孤独症的男孩的小脑比较小，这可能与孤独症的异常行为和认知缺陷有关。

影响神经递质，从而达到治疗精神障碍的目的。降低多巴胺的药物一般具有抗精神病药物的功效，可以缓解精神分裂症的症状。增加去甲肾上腺素或5-羟色胺的药物通常具有抗抑郁的效果。增加γ-氨基丁酸的药物通常具有抗焦虑的效果。

生物学模型评估

生物学模型之所以得到人们的推崇，是因为遗传学、神经递质和脑区能明显影响诸如焦虑（第五章）、抑郁和双相情感障碍（第七章）、精神分裂症（第十二章）、智力障碍和孤独症（第十三章）及阿尔茨海默病（第十四章）等精神障碍问题。基于这一模型的研究结果使我们更好地理解哪些基因具有遗传性、神经递质和药物如何帮助治疗精神障碍，以及大脑变化如何导致异常行为等问题。本书中的许多材料均涉及生物学视角。

然而，生物学视角也有一些局限性。首先，生物因素并不能充分说明与解释任何形式的精神障碍。有些障碍很大程度上源于遗传因素，如精神分裂症或双相情感障碍，但环境或非生物因素也明显具有很大的影响力。仅仅关注生物因素也会否认有关文化、家庭、压力等其他影响我们所有人的因素的重要信息。其次，我们尚未确切知道生物因素造成精神障碍的方式。我们只能说生物因素看起来是精神障碍的重要风险因素。毫无疑问，生物风险因素也与环境风险因素相互影响，关于这点我们在本书中进行了探讨。

心理动力模型

生物学模型关注与精神障碍相关的内部生理结构。心理动力模型也关注人体的内部结构，不过它与心理有关，而非生理。心理动力模型来自弗洛伊德学说，该学说认为，人的精神状态和行为源自其内在的动机与冲突。“内心”这一术语是指一个人心灵中出现的心理动力，因此，该术语通常被用于描述心理动力模型。心理动力模型是对心理健康领域做出最全面贡献的模型之一；其影响遍布整个文化，以心理动力为导向的词汇或短语，如“自我”“无意识”及“弗洛伊德口误”等，已成为我们的常用话。你甚至可能在艺术、文学、电影和教科书中也碰到过一些彰显弗洛伊德思想的内容。

心理动力学观点包含几个基本原则（Gabbard, 2014）。第一个基本原则是，童年经历塑造成年后的性格。该观点，即儿童期发展影响成年后的行为，得到人们的普遍接受。你很可能会发现，自己童年时期的某种经历造就了今天的你。你是自身生理特征、童年经历及目前正发生的事件综合作用的产物。忽视这些因素的任何一个意味着我们将丢失关于自身性格及与他人之间所发生的点点滴滴的许多信息。假设我们仅关注玛丽拉过去几个月的问题，我们将会丢掉诸如可能影响其目前症状的高中经历等其他方面的信息。

心理动力学观点的第二个基本原则是，人类行为的原因和目的并不总是显而易见的，而是部分出于潜意识的。潜意识是指已经发生但并未达到人们意识层面的心理活动。神经科学等领域的科学家已经发现，某些心理和行为过程似乎不受人的认知控制（MacDonald, Naci, MacDonald & Owen, 2015）。这暗示我们，在情感、认知和行为领域存在一些我们不能意识到的心理活动。这些情感、认知和行为的隐秘区域可能也会影响驱使我们以某些方式行事的动机，这被称作无意识的行为动机。健康行为是指那些人们理解其行事动机的行为（你了解自己为什么做目前正在做的事情吗？）。当我们不能完全理解我们行为的潜意识原因时，我们就会做出不健康行为。因此，心理动力学疗法就是要让我们更加清醒地认识到这种无意识状态。

心理动力学观点的第三个基本原则是，人们利用防御机制来控制焦虑或压力。防御机制是用来应对焦虑或诸如与他人冲突等压力因素的策略。心理动力学理论家认为，大多数人可以通过使用健康的防御机制来适应各种挑战和压力因素。一些患有精神障碍的人过于依赖一些不太有效或不太适合自己的防御机制，从而使自己变得十分焦虑。

心理动力学观点的第四个基本原则是，我们所做的每件事情都有其意义、目的和明确的指向性，这被称作心理决定论。平凡和怪异的行为、梦及口误均在心理动力模型中具有重要意义。事实上，行为可能具有不同的含义。试想一下玛丽拉的减重问题：她之所以有这样的行为，难道是想要减肥？或者这是她需要帮助的一个信号？

2.1

专栏

聚焦暴力

一种更复杂的方法

暴力和攻击性这些复杂的行为用单一模型（如生物学模型）不一定能解释清楚。相反，我们通常需要一种更为复杂且具有发展视角的方法。例如，那些有不良行为或品行障碍的青少年的攻击性行为（第十三章）。一些青少年存在能使他们做出一些攻击性行为的生理原因，当然，并非所有这些青少年一定会变得具有攻击性。那些更可能变得具有攻击性的青少年常常是经历过严酷的家教、情感忽视，缺乏父母教导，或与具有攻击性的同辈发生过冲突。这些经历会与其学习和社会问题相互影响，从而导致其在初中或高中阶段与不良同龄人混在一块。如果这一时期父母的监管不到位，那么他们可能不会习得足够的技能来控制其愤怒和攻击性行为。这种情况涉及生理、心理和社会等许多因素（Hyde, Shaw & Hariri, 2013）。

另外，解释成年期的暴力形式，我们可能也有必要采用一种更具深度的方法。亲密伴侣暴力是大学生中的一个重大问题，但我们却不能仅通过学习或社会文化因素对其进行充分的解释。一群研究者对处于恋爱关系的大学生进行了调查，他们记录了人际暴力及其他行为的日常情况。学生在饮酒、吸食大麻或更为生气、怀有敌意或急躁时（负面情绪）时更可能实施身体或心理上的人际暴力。该研究还揭示了多种因素会以多种不同方式相互影响从而影响不同种类的暴力。例如，摄入酒精量及负面情绪与身体暴力最为相关（Shorey, Stuart, Moore & McNulty, 2014）。

心理动力模型概览

我们接下来概述一下心理动力模型的主要概念，包括对心理结构说的描述，以及对性心理发展阶段和防御机制的解释。

心理结构说

人格和精神障碍的心理动力模型的一个主要部分是心理结构。根据弗洛伊德及其他心理动力学家的观点，人的心理（以下称为人格）由潜意识中的三个基本结构组成，即本我、自我和超我（见图2.6）。本我是人出生时就有的人格。本我旨在寻求即时的满足，并尽可能快地排解压抑与焦虑情绪。这一过程就是快乐原则。本我驱使我们尽快地满足饥饿、口渴、攻击性、性或生理上的愉悦。因此，本我崇尚享乐主义，而没有什么价值观、伦理或逻辑可言。想想一个想要某件东西并且不愿等待而哭闹不停的婴儿。婴儿，还有一些成人具有趋向本我的人格。

在无法获得即刻满足的情况下，本我会采用一种初级过程形态的思维，即营造任意一种能缓解自身紧张状态的幻想或心理意象。例如，你可能想与某个人约会，但确信他会拒绝你，因此你就会幻想与那个人在一起的画面。又比如，你在饥饿的时候可能会想到食物。做梦也是一种初级过程的形式。然而，这些初级过程不能为我们提供类似约会或食物等真实的满足感，因此，我们必须形成另一种基本结构以帮助我们应对现实的需求，这种基本结构就是自我。

自我是一种利用高阶思维过程来获得满足感的有组织的理性系统。自我是性格的执行者，并依据现实原则或需要来延迟满足以适应外在环境。例如，如果你迫切想要拥有一台平板电脑，这时，你的本我可能鼓动你去偷一台，然而，这会让你惹上麻烦，因此，这时自我会通过一种次级过程设法调节本我需求和环境需求。次级过程包含学习、感知、记忆、计划、判断及其他设计规划可行策略的高阶思维过程。自我可能计划在工作中安排一些加班时间赚取外快以购置一台平板电脑。如此一来，本我最终以一种社会所认可的方式得到了其想要的东西。心理动力学家通常认为，一个强大的自我是心理健康的标志。

人格的第三个基本结构是超我。超我形成于儿童早期，表现为社会理想和父母通过奖惩传达的一些价值观念。从根本上来说，超我是指人的一种是非观。惩罚行为会演变为一个人良知的一部分，而奖励行为则会成为一个人自我理想的一部分。良知通过使当事人因为做了某件错事而感到愧疚或一无是处来惩罚他们，而自我理想则通过使其因为做了某件正确的事情而感到自豪或具有自我价值来奖励他们。超我的角色是限制不可接受的本我冲动，给自我施加压力以追求道德而非私利，为至善完美的目标而坚持奋斗。如果你决定偷窃一台平板电脑，你的超我可能通过愧疚、羞耻和焦虑等对你进行惩罚。

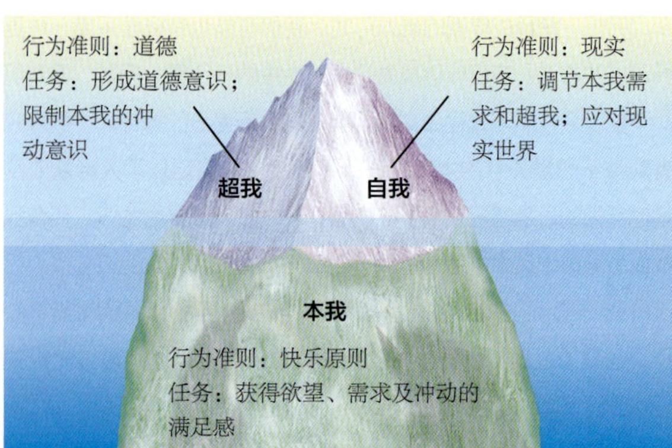

图2.6 弗洛伊德的心理结构说。

心理动力模型的根源可以追溯到维也纳医生西格蒙德·弗洛伊德（1856—1939）生活的时代。

弗洛伊德的性心理发展阶段理论

并非所有心理动力学家都完全拥护弗洛伊德的这些原则，但他们均承认，儿童时期在影响一个人的性格和人格方面是极为重要的。弗洛伊德本人认为，每个人都会经历性心理发展阶段。这些阶段发生于人生早期，其表现特征为性欲区或追求享乐的本我冲动的身体部位。表2.2对每一个阶段进行了描述。

儿童在某一个性心理发展阶段所经历的严重困难可能在以后的生活中表征为精神障碍的症状。这些困难的特征是过多的挫折或在某个性心理发展阶段的过度放纵，并导致异常依恋或延迟性心理发展。经历诸如挫折或过度放纵的这一特定阶段会决定日后症状的性质。一个在口唇期被忽视或缺乏足够教育的儿童，成年后可能会出现诸如吸烟、喋喋不休或酗酒等过度涉及口腔的行为。一个在肛欲期接受厕所训练时受到父母溺爱的儿童，成年后可能会过于注重整洁或有此类的强迫行为。心理动力学家可能会说，玛丽拉对于父母养育和安全的基本需要在其口唇期没有得到满足，因此，她的心理仍然停留在这个阶段；她的抑郁可能是向外界发出的她需要社会关注和安慰的一个信号。

防御机制

在本我驱使自己寻求冲动性满足感或超我使自己感到愧疚和内疚时，自我就会经历焦虑情绪。焦虑是一种痛苦的情感，其警告自我要避开威胁从而保护生物体。自我采用记忆、判断、学习等次级过程来解决问题，并避开外在的威胁。然而，在内部威胁起因于本我或超我时，这些措施就不那么有用了。那么这个时候应该怎么办呢？自我可以利用被称为防御机制的各种策略，这些防御机制是一些用于规避冲突或焦虑的无意识的心理过程。

我们所有人都会使用防御机制。例如，对于那些刚拒绝我们约会邀请的人，我们会对外声称自己并非真的想与其约会。然而，当我们过度使用或仅使用精选出来的少数防御机制时，防御机制的使用就有问题了。如果我们经常拒绝接受现实，持续邀请往往可能拒绝我们的人外出，那么我们可能会变得消沉和压抑。适度和多样性对于心理健康而言十分重要，这其中也包括防御机制。

表2.3列出了心理动力学家提出的许多防御机制。我们对其中主要的几个稍做阐述。压抑是一种基本的心理自我防御机制。当一个人消除自身意识中具有威胁性的情感、认知或行为（如对一个陌生人强烈的性欲望）后，压抑的防御机制就会启动。退化是指退回到之前给予某人很多满足感的阶段。例如，一个身处压力中的中年男子会表现得像个十几岁的少年一样。当一个潜意识冲动以其相反的行为有意识地表现出来时，就会发生反向作用。“我爱你”因而会表现为“我恨你”，这种现象普遍存在于那些喜欢一个人但又害怕被拒绝的青少年身上。当潜意识行为归因于另一个人时，投射防御机制就会启动。一个因不忠于自己丈夫而感到愧疚的妻子可能会指责自己的丈夫不忠。

表2.2
弗洛伊德的性心理发展阶段理论

阶段	年龄	焦点
口唇期	0～6个月	口腔是获得满足感的主要方式
肛欲期	6个月～3岁	注意力集中于排便和排尿
性器期	3～6岁	性器官成为满足感的主要来源
潜伏期	6～12岁	缺乏明显的性活动或性兴趣
生殖期	12岁～成年	在性欲方面有成熟的表现

心理动力学评估与治疗

心理动力学家认为，精神障碍的症状由尚未解决的棘手冲突造成。一位治疗玛丽拉抑郁症的心理动力学方向的临床医学家可能会探讨一下其在丧失重要关系方面的历史。玛丽拉与朋友、家人之间的关系确实因为读大学而受到影响。心理动力学家也认为，我们无意中会对那些我们爱的人心存愤怒和怨恨。一直以来，玛丽拉对并未远离自己且并未充分重视自己问题的朋友和家人或许无意中心生嫉妒或愤怒。或许她通过将这些情感集中于自己身上——怒火转向内心——内化了自己的怨恨情绪。这可能已经导致诸如自卑、

表2.3
防御机制的例子

防御机制	描述
否认	拒绝接受或承认现实
转移	将自己不可接受的情感转移到一个不同的对象或人身上，而不是发泄到真正造成这种情感的目标身上
幻想	依据自身需求，想象一些无法实现的事情
认同	模仿另一个人的行为或偏好，以使自己更像对方
理智化	对创伤或其他情况进行深度的理性分析，不带有情感色彩，从而使自己避开情感上的苦恼
过度补偿	强调自己在某一方面的长处，以平衡自己在其他方面的缺陷，从而减轻自己的自卑感
投射	将自身不可接受的动机或冲动想象成发生在另一个人身上
合理化	为某一行为进行特定的解释和辩护，以使其显得合理，例如为自己没有购买某辆特定的汽车进行辩解
反向形成	通过做出一些与内在动机相反的行为，表达潜意识的冲动
退行	退回到之前能给予自己很多满足感的阶段
压抑	将具有高度威胁的性欲望或攻击性冲动从意识中驱逐出去
升华	将情感、性欲望或攻击性冲动转换成一些社会可以接受的形式，如跳舞、运动或创造性活动
抵消	采用极端方法抵消某种不可接受的行为或想法

悲伤等抑郁症状。玛丽拉的抑郁可能是由这种无意识的情感冲突引发的。

心理动力学家又如何知晓来访者存在什么潜意识呢？心理健康专业人员通常使用投射技术对潜意识的动机和冲突进行评估。投射技术基于投射假说，即人们将潜意识的需要和冲突投射到诸如墨迹等模糊的刺激物上。人们将自身的结构强加于一些非结构式的刺激物上，从而揭示自身的一些东西。如此一来，潜意识得以揭秘。在第四章中，我们探讨了用于获取潜意识的两种主要投射测验：罗夏克墨迹测验和主题统觉测验（TAT）。接下来，我们基于玛丽拉的案例概述一下投射评估的过程。

心理动力学家可能希望像玛丽拉这样患有抑郁症的人参加这种能揭示其潜在愤怒和敌意的投射测验。这些测验结果能够支撑抑郁的心理动力学解释，即抑郁是应对损失而"内化的愤怒"。在罗夏克墨迹测验中，测验人员可能会给玛丽拉看一个墨迹图形，并向她提问，"这是什么？"或者，玛丽拉会被要求基于主题统觉测验中所描述的人物讲述一个故事。这样，玛丽拉可能解释其自身的潜意识，因为她必须将一些结构、组织和解释融入这些模糊的材料之中。作为对墨迹的回应，她可能会说，"那是良知正在打架的熊"，或者，她会基于TAT卡片讲述关于一个对朋友恼火的女人的故事。基于这些反应，即玛丽拉将其愤怒和敌意投射到墨迹这个中性刺激物或TAT卡片上面，心理动力学家可能会得出结论。这种投射的愤怒和敌意被认为是潜意识。

心理动力学家也会采用其他方法来获取潜意识。自由联想是指在整个会话期间让来访者说出任何想到的事情，不进行任何抑制或限制。这并不简单，因为来访者必须停止抑制或筛选那些或许看起来荒唐、具有攻击性、尴尬或与性有关的想法。心理动力学家会从中寻找一些能快速揭示潜意识的口误或弗洛伊德式口误。玛丽拉在自由联想期间可以说话，并"偶尔"会说她总是怨恨母亲逼迫自己在外面做事。

另一种相关方法是释梦。梦被认为能揭示潜意识，因为自我防御在睡眠时减弱。梦的显性梦境是指在梦境中实际发生的事情。例如，显性梦境可能是做梦人看到两个大大的看起来非常可口的冰激凌甜筒。然而，隐性梦境是指其潜意识含义。梦到冰激凌甜筒可能象征渴望回到母亲的怀抱。

心理动力学家如何利用投射测验、自由联想和释梦来对玛丽拉进行治疗呢？心理动力学治疗的一个关键目标是帮助来访者领悟他们当前的问题。所谓"领悟"，是指理解给他们造成问题或痛苦的非理性情感、认知或行为的潜意识决定因素。一旦他们能够直面并理解这些潜意识层面的原因，他们就不再需要防御机制，心理症状也会随之消失。心理动力学家认为，通过理解其抑郁的真正深层原因，包括愤怒情感内化，玛丽拉的情况是可以改善的。

心理动力学家通过诠释过去的经历及从投射评估中获得的信息来帮助来访者实现这种“洞悉”。诠释是心理动力学疗法的基础，据此可以揭示情感、认知和行为的潜意识含义。心理健康专业人员会向来访者解释可能造成其情感、认知或行为等方面症状的原因。有效的领悟或行为上的改变很少能通过一次诠释就得以实现，而是一个缓慢且循序渐进的过程，在这个过程中，某些情感、认知和行为背后的含义在一个又一个的情景中反复得到确认。心理动力学家或许会对玛丽拉童年、青少年及成年时期的经历及其在投射评估中的反应进行解释从而提示她的病因：长期以来，她因他人而生气时，一直克制自己的这种愤怒，从而引发抑郁。同样，在这个过程中，某些梦境和弗洛伊德式口误也具有一定的启发性。

来访者对治疗师的行为也可能解释其内在的潜意识，并揭示其与他人的冲突。移情是心理动力学治疗中的一个重要现象，来访者可能会对治疗师做出反应，把后者当成其童年时期的一个重要人物，这时移情就会发生。积极和消极的情感从而得到转移，源于童年时期的冲突和问题在治疗室内得以重现。终有一天，玛丽拉可能会冲着她的治疗师大喊大叫，以展现她对自己母亲的愤怒。

来访者与治疗师之间的相互影响为判断来访者问题的性质提供了重要的线索，但也为治疗师在紧急情况下认真谨慎地解释移情提供了机会。来访者随后会从观念上认识到移情的非理性本质和渊源，并以更为理性的方式应对这些情感。来访者可以在现实生活环境中控制这些反应，并把它们用作进一步解释和分析的基础。

心理动力模型评估

如上所述，心理动力学观点最具影响力的原则可能是，儿童时期的经历对成年以后的生活具有较大的影响。这一原则的影响在大众媒体及心理学和精神医学领域可见一斑。想想我们对健康、幸福及少儿教育的重视程度就知道了。此外，我们也重视儿童虐待、缺乏家教所造成的负面影响。儿童和成人不同，他们不会处处忍让，小事化了，或者轻松地化解不健全家庭、危险家庭或社区给他们造成的压力。确实，心理动力学帮助我们聚焦于为孩子提供更好的环境。心理动力学的防御机制也会让人产生直觉。我们很多人采用防御措施来避开焦虑情绪，应对我们所处环境中的心理威胁。

严格来看，心理动力学观点透露出一定的局限性。然而，其最大的弱点或许在于，心理动力学涉及的许多主要观点和技术很少有实证支撑。心理动力理论大多形成于事实证据，并且很多诸如本我等概念非常抽象，难以进行测量。如果我们不能可靠且有把握地衡量一个重要变量，那么其有效性就值得怀疑。多年来，因其接受弗洛伊德“简单真实”的观点，心理动力学家一直背负着“反科学”的指控。可以预见，这一立场也将人们分成了两拨：信徒和非信徒。心理动力理论的信徒认为，实证性研究没有必要；非信徒则认为，对该理论进行实证性测试没有任何意义。因此，心理动力理论很大程度上失去了主流层面的青睐，但基于该理论的短期治疗方法仍然受到一些心理健康专业人员的欢迎（Driessen et al., 2015）。

人本主义模型

生物学和心理动力学观点主要聚焦于遗传和潜意识冲突等内在因素。因为这些模型并不强调个人成长、自由意志或责任，因此受到一些理论家的不屑与轻视。生物学与心理动力学家很大程度上专注于遗传和潜意识冲突等因素如何自发地影响人们的行为。然而，其他一些理论学家更多地关注人们如何做出影响其所处环境的选择，以及他们如何为自己的行为负责。

一群注重人类发展、选择和责任的理论学家采纳了心理学中的人本主义模型。人本主义模型形成于20世纪50年代，时至今日，仍有一定的适用性和相关性。人本主义模型主要基于这样一种假设，即人生来是好的，并为个人成长和成就而奋斗。人本主义理论家认为，我们追求创新，使我们的生活富有意义，并且当这一目标受到阻碍时，我们会疏离他人，并可能患上精神障碍。该模型的另一个主要假设是，人们自行做出选择，并为自己的命运负责。因此，患有精神障碍的人可能要通过为自己的行为承担更大的责任，从而加快自身的康复。

人本主义理论学家采用现象学研究法，即假设一个人的行为取决于其对自身和他人的感知。人本主义理论学家相信人们的主观经验，这包括个体对其在所处环境中及与他人相处时如何表现的独立意识。因此，为了全面了解另一个人，我们在看待事情时必须基于该对象的视角，而非我们自身的视角。我们都对影响我们行为的这个世界持有不同的观点。亚伯拉罕・马斯洛、卡尔・罗杰斯和罗洛・梅的著作极大地影响了人本主义理论的形成与发展。接下来是我们对这些理论学家的探究，进一步阐释人本主义模型。

亚伯拉罕・马斯洛

亚伯拉罕・马斯洛（1908—1970）认为，人有基本层次需求，也有在其一生中努力追求的较高层次需求（见图2.7）。最基本的需求是生理需求，包括空气、食物、水、性、睡眠及其他促进体内平衡或维持体内环境的因素。当这些需求得不到满足时，人就会感到焦虑或烦躁，而当得到满足时，就会达到体内平衡，幸福感便油然而生。在满足其他方面的需求之前，这些需求必须很大程度上得到满足。安全需求包括住所、基本健康、就业及家庭和财务安全。爱和归属感需求包括与他人的亲密关系和亲密的友谊，这是一个强大的社会支持网络。尊重需求包括自信、自尊、工作或其他重要方面的成就和来自他人的尊重。这些需求适用于每一个人，甚至已经被应用于重症监护和临终病人的护理领域。

最高层次的需求是自我实现需求，即努力实现最好状态的自己。马斯洛认为，人天生会努力地了解自身所处的环境，追寻美感，融入自然，富有创造力，亲近他人，并完成尽可能多的任务。自我实现者也被

2.2

专栏

聚焦法律与伦理

危险与承诺

判定某个人是否会伤害自己或其他人是非常困难的。猜疑、兴奋、不合作及紧张等行为并不能很好地帮助预测危险的发生。让这一任务变得更加困难的是，绝大多数患有精神障碍的人并不具有危险性（Peterson, Skeem, Kennealy, Bray & Zvonkovic, 2014）。尽管仍然存在误差，但是心理医生在短期内预测危险行为的能力可能比长期要好一些。有一些变量或许有助于预测危险行为，如心理变态（参加第十章）、学校和工作适应不良、过度使用精神活性物质、暴力犯罪历史、早期出现暴力行为、伤害受害者及精神病症状等（见第十二章）(Bonta, Blais & Wilson, 2014; Parry, 2013)。

预测危险性问题涉及强行将某人移交至精神病院进行看管。数百年来，个人的自由权利和保护公众免受危险人物伤害的社会权利一直是个难以解决的问题。将被视为对一般人群具有危险的人拘留并隔离起来已成为一种公认的做法。民事拘禁是指强行将很可能伤害自己或他人的人或生活不能自理的人拘押在精神病院（Slate, Buffington-Vollum & Johnson, 2013）。这方面的拘禁在紧急情况下可以维持数天或者根据法院判令申请更长时间的拘禁。

刑事拘禁是指强行将被指控犯罪的人拘押至医院以确定其是否具有受审能力或以精神失常为由无罪释放。受审能力是指一个人能否有意识地为自己进行辩护并能理解和领会诉讼程序。即便患有智力障碍、精神病性障碍、痴呆或物质滥用等问题的人也通常会受到与该能力相关的问询（Greene & Heilbrun, 2014）。

精神失常是一个法律术语，指犯罪时处于精神上无行为能力的状态，其之所以从事犯罪行为或许是因为其不能辨别对错或无法控制自己的行为。对被判定为精神失常的人的犯罪行为，可免除刑事责任，但可能被认定为危险人物，该认定有时可能持续很长时间。以精神失常为由的辩护一直以来备受争议，但事实上采用该种辩护的被告寥寥无几（约1%）。然而，在刑事司法体系中，患有智力障碍的人数可能使这一状况变得更为复杂。

认为能够理解现实，客观地看待事物。尽管相比自我实现需求，有些人更注重他人的尊重等其他需求，在其他层次的需求得到满足之后，人们通常就会追求自我实现需求。

马斯洛认为，我们应鼓励健康的人追求自我实现需求，并在接受他人、解决问题、寻求自主及培养对他人深层的同情和好感方面变得成熟起来。然而，不健康的人在自我实现方面会遇到一些个人或其他方面的障碍，并可能因此而患上精神障碍。我们可以对比一下蕾切尔和科尔比两人的情况。蕾切尔对于自己感兴趣的课程来者不拒，兴趣浓厚，一心攻读自己的学位，而科尔比在修读课程时承受了父母以择业为导向的压力，而他对此根本不感兴趣。科尔比在个人自我实现方面更可能遭遇挫折，并因此变得抑郁。不妨再来看一下玛丽拉的案例，她也感受到了家人要求其回到学校完成第二学期课程的巨大压力。她的悲伤情绪可能也与偏离自己更理想的生活目标有关。

卡尔·罗杰斯

卡尔·罗杰斯（1902—1987）进一步延续了马斯洛在这一领域的研究，成为心理学人本主义模型的领军人物。罗杰斯也认为，人们会为满足自我实现需求

图2.7 马斯洛的需求层次理论。

而努力，并且在这一过程中所经历的挫折可能造成抑郁等精神障碍。罗杰斯认为，成长于正常环境中的人会致力追求自我实现及一种强烈的自我认知，即感觉自己以一种积极的方式有别于他人。例如，一个人会因自己是家族中第一个大学生而感到自豪。

那么，何为自我实现的正常环境呢？罗杰斯提出了有条件积极关注和无条件积极关注两个概念。有条件积极关注是指其他人为自己的生活设定条件或标准的一种环境。试想一下，对于像科尔比一样的人而言，他们人生中的重大决定是由父母、老师或其他有影响力的人做出的。像科尔比这样的人可能有一种对人生失去控制的感觉，并因而对做出任何改变感到无助。他们对于自我实现和心理健康的内驱力受到阻碍。如此看来，感觉对人生失去控制的人确实面临患上焦虑相关障碍的风险（第五章）。

无条件积极关注是指一个人完全具有自我意识，并能追寻自己的愿望和目标。像蕾切尔一样的人可以自由地选择自己独有的人生方式，相比科尔比可能更容易实现自我实现和心理健康方面的需求。如果玛丽拉的家人认识到她的抑郁征兆，并就她的人生选择主动提供一些不同的看法，那么玛丽拉可能也就不那么悲伤了。

罗杰斯创立的来访者中心治疗很大程度上依赖于无条件积极关注和移情。以来访者为中心的治疗师为来访者营造一个治疗环境，在该环境中来访者被完全接受，并免于评判。治疗中的无条件积极关注是指尊重来访者的情感、认知和行为，并对来访者富有同理心，理解他们的观点。许多以来访者为中心的治疗师让来访者自由畅谈，不加以责怪、批评，甚至对该做些什么也不进行反馈。相反，治疗师专注于尝试站在来访者的角度看待事物，并且通常映射来访者的观点，这样来访者可以想出自己的问题解决方案。我们看看下面以来访者为中心的治疗师与科尔比之间的交流。

科尔比： 我最近一直感到情绪低落，厌倦了自己的生活。

治疗师： 听起来似乎有些烦心事啊。

科尔比： 是的，我父母总想让我将来做名律师，因为

我的父亲和祖父都是律师。

治疗师：听起来确实压力不小啊。

科尔比：是的，有时我实在想告诉他们不要管我，这样我就可以做自己喜欢做的事情。

治疗师：我能理解。跟我详细说说吧。

科尔比：我觉得我需要跟我的父亲进行一次推心置腹的谈话。我实在不能继续这样下去了。

在这段对话中，以来访者为中心的治疗师并没有告诉科尔比应该做什么，相反，治疗师对科尔比表示共情，并允许他自由畅谈而无须顾虑别人的评判。治疗师也映射了科尔比的情感和观点，这样一来，科尔比可以得出自己的解决方案。以来访者为中心的治疗师认为，许多心理问题起因于以他人为中心或对需求、批评及他人的评判过于敏感。科尔比的治疗师把他看作一个负责任的成人，他需要变得更加以人为本，并重新回到自我实现的轨道（Wedding & Corsini, 2014）。以来访者为中心的治疗师认为，来访者是其自身问题的最好专家，并且身体的健康运作需要更多的自主决策。

罗洛·梅

罗洛·梅（1909—1994）采纳了一种与人本主义心理学类似的方法。罗洛·梅提出的存在主义心理学很大程度上基于真实性的概念，或者一个人坚持自己个性的程度。真实的人忠于自己的本性，并在与他人的交往中诚实可信。不真实的人可能为自己营造一种外在假象，而在社会场合行事像另一个人。可能你也了解，有些人看起来很外向，而实际上他是内向的，或者有些人看着合群，其实只是为了迎合别人的喜欢，希望获得别人的认可。不真实的人面临疏离他人的风险。本书第十章中会探讨几种人格障碍，包括通常能导致社会隔离的怪异行为。

存在主义理论学家认为，人们在世界上是孤独的，因此可能产生一种内心对世界的无意义感。内心对世界感到无意义的人和不真实的人可能面临焦虑及其他问题的风险。存在主义理论学家帮助来访者发现他们焦虑的原因，以健康的方式管控他们的焦虑情绪，寻求他人的社会支持，培养强烈的道德价值观念，并在与他人的交往中表现得更加诚实（Spinelli, 2014）。例如，内向的人可以大胆地承认自己在社会场合不太愿意讲话，并通过良好的倾听及其他有助于理解的非语言方式来发展友谊。

人本主义评估与治疗

人本主义理论学家主张采用定性评估模型对来访者进行评估。定性评估关注个体的独特的品质特征，通常还包括其对世界的感知等常见问题。人本主义理论学家不会将来访者集中起来以发现他们的共性，并往往避免正式的心理测试。一个以来访者为中心的治疗师在对科尔比进行访谈时会问诸如“你要怎么跟你的父亲说出自己的担忧呢？”等问题。然而，适用于科尔比的特定问题不太可能用于玛丽拉身上，因为玛丽拉看待世界的方式与科尔比是完全不同的。

基于人本主义视角的治疗是非指示性的，即治疗师不会采用家长式作风或命令式语气进行治疗。精神病医生或许会告诉你要服用哪种药物，心理动力治疗师也可能会向你释梦，但非指示性治疗师不会将她的世界观和观点强加于来访者身上，相反，治疗师会对来访者进行反应式倾听，如此一来，来访者可以自己制订解决方案，放松压力，并且回归自我实现的轨道。非指示性治疗有时会被认为是预治疗，或者说在治疗前首先采取的一些行为以培养与来访者的良好关系。因此，非指示性治疗与大部分其他种类的治疗非常契合。

人本主义模型评估

人本主义模型具有几大优势，特别是在关注人类选择与成长方面。人本主义模型具有乐观性，与现代的积极心理学相互关联。积极心理学研究的是让人们在所处环境中能快乐成长的影响因素。另外，人本主义模型也强调责任意识。生物学家关注精神障碍的疾病模型，因此，治疗通常包括药物或一些能造成行为变化的外部实体。心理动力学家关注精神障碍的人格模型，因此，治疗通常包括在治疗师的帮助下形成更好的见解与认识。然而，人本主义理论学家强调，来访者自身必须为他们的康复负起责任。该种治疗方法似乎对患有焦虑、抑郁及药物滥用等障碍的人有作用。相比那些参与度较小的来访者而言，积极参与治疗的来访者往往会有更好的治疗效果（Weinstein, 2014）。

罗杰斯的来访者中心治疗法为治疗师在治疗期间接近来访者的方式方面做出了极大的贡献。许多治疗师，尤其在治疗的前几个疗程中，为来访者加强自我表露营造一种温和的支持性环境。在本书第十五章我们将探讨有助于治疗成功的几种不同过程变量。过程变量是所有治疗方法共有的可能有利于来访者的因素。其中一个特别有用的过程变量是基于尊重、移情和对来访者表达完全接纳的治疗环境。来访者必须能随意自由表达私人的想法而无须担心遭到拒绝或嘲笑。因此，人本主义治疗师可能对需要倾诉悲痛心声或讨论棘手个人问题的人有所帮助（Piazza-Bonin, Neimeyer, Alves, Smigelsky & Crunk, 2016）。对于那些对治疗师高度不信任或怀有敌意的来访者而言，非指示性治疗可能也是非常有用的。

治疗师在对待来访者时坚持的伦理准则一定程度上反映了人本主义的理论观点（Schneider et al., 2015）。除其他因素以外，治疗师还应克制对来自不同文化、性取向、年龄、性别或政治立场的来访者可能会有的偏见。治疗师应该尊重来访者的尊严与权利，包括自主权。如果治疗师认为他无法对某一来访者采取不偏不倚的态度，并且影响了其进行治疗的能力，那么他就应该将该来访者移交给另一位治疗师。

同样，人本主义治疗方法也具有一些局限性。该理论不合科学，很大程度上缺乏实证性支持。诸如自我实现等概念很难进行界定和测试。除人们对世界的感知外，许多其他因素也影响行为和精神障碍。由于对患有精神分裂症、具有自杀倾向或有疼痛等严重精神障碍的人适用性不强，以来访者为中心的治疗一直以来也备受批评（Angus, Watson, Elliott, Schneider & Timulak, 2015）。该种治疗法对那些善于言辞、爱好社交、富有智慧并愿意对话的人而言也更有效。诸如儿童和患有智力障碍的人等几类人群因而不适合采用这种治疗方式。

认知行为模型

我们目前已经涉及的心理动力学和人本主义观点特别关注内在变量，缺乏实证性支持，换句话说，对许多患有精神障碍的人来说似乎并不怎么适用。精神障碍方面的另一种理论观点既关注内部因素，也关注外部因素，具有良好的实证性支持，并与许多患有精神障碍的人紧密相关。行为观聚焦于外部行为，认知观关注内在的想法。一些理论学家将这几种观点分开讨论，但许多当代的研究者和治疗师认为，仅限于一种模型具有局限性。许多心理健康专业人员现在将这些观点结合起来，组成了认知行为模型。我们接下来将一一探讨这些观点，然后看一下这两种观点的结合是如何很好地解释精神障碍及其治疗的。

行为观

行为观的形成是对20世纪早期主导心理学领域的心理动力理论的回应。许多心理学家认为本我、潜意识等变量难以进行测量，对心理健康结果而言并不重要。而行为观关注环境刺激、行为反应等可以直接观察和测量的变量。行为观基于这样一种假设，所有行为——无论正常与否——都是习得的。行为观之所以能在20世纪中期主导心理学领域，是因为学习原则获得了很多实证性支持，并且适用于许多心理学研究主题。研究者发现，基于行为观的治疗方法对焦虑相关障碍、智力障碍等许多问题也非常有效。行为观主要以学习方式为基础，因此，对主要学习原则的探讨尤为重要。

学习原则

行为观有两大至关重要的学习原则：经典条件反射和操作性条件反射。经典条件反射主要是指联想学习，俄国生理学家伊万·巴甫洛夫（1849—1936）对这方面率先进行了研究。巴甫洛夫对消化系统的研究感兴趣，他以狗为对象进行试验，做了一些有趣的观察。巴甫洛夫反复给狗喂食，使其分泌唾液，他发现狗在听到有人走近时通常会提前分泌唾液。巴甫洛夫对此十分好奇，并就这一反应的性质进行探究。他在给狗喂食前会立即摇铃。这一过程被重复了多次，这导致狗在铃响后但得到食物前分泌唾液。狗学会了对一个外界刺激分泌唾液，在该案例中，这个刺激就是本身不会造成唾液分泌的铃声。狗通过联想认识到：铃声意味着食物。

这个重要的实验最终引导我们发现了经典条件反射（“条件反射”意味着学习）。当条件刺激（铃声）与无条件刺激（食物）配对后，再出现条件刺激（铃声）时就会引起条件反应（唾液分泌），学习行为就此产生。经典条件反射理论也认为，一旦经典条件反射发生，可能就会出现诸如创伤相关障碍等问题。创伤后应激障碍（见第五章）会回避能唤起某人对创伤经历回忆的情景或人。患有该障碍的强奸受害者通常避开城市中与这一攻击性行为相关的某些区域，或者在看到使他们想到攻击者的某个人时可能感到焦虑。这些行为和情感反应通过经典条件反射或许可以这样理解：一个地点或物理特征与一种攻击性行为配对，那么该地点或物理特征就会引发强烈恐惧和回避的经典条件反射（见图2.8）。

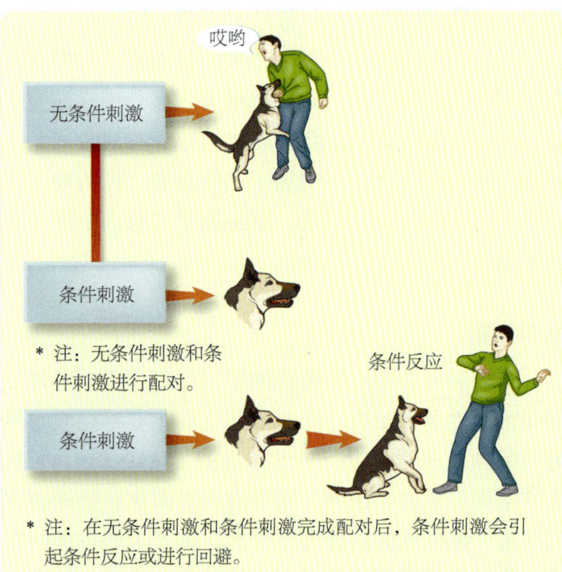

图2.8 经典条件反射的原则。

操作性条件反射基于这样一种原则，经历积极或愉悦结果之后的行为很可能会反复出现，但经历消极结果之后的行为，如惩罚等，不太可能反复出现（McSweeney & Murphy, 2014）。因此，强化是操作性条件反射的一个重要方面。正强化指在发生某一行为之后提供一个令人愉悦的事件或结果。一个因为打扫自己的房间而受到表扬或奖励的孩子很可能会在今后重复这一行为。当患有抑郁症的人得到他人的同情或父母允许孩子缺课并可以玩视频游戏时，正强化也可能会引发适应不良行为。

负强化包括在某一行为发生后移除厌恶事件，这也可能增加该行为今后发生的可能性。你为什么使用体香剂？很可能不是因为你一天当中得到了多少次赞美，而是为了避免他人对自己体味的负面评价！负强化也能解释为什么一些恐惧得以长久保持。害怕蜘蛛的人可能不愿意进储藏室，因为蜘蛛喜欢栖居于黑暗的地方。由于没有遇到蜘蛛，这种规避心理得到强化，因此害怕和厌恶的事件得到移除。该种规避很可能在以后也会持续（见图2.9）。

强化也可能塑造人的行为。学生可能以更活跃的课堂氛围影响教授的教学风格，也可能通过眼神交流、提问问题或当教授讲述各种示例或进行案例讲解时给予“真有趣！”的回应等方式提供有力的强化。你可以想象这些强化可能带来的影响。当学生们不断强化这种生动的教学风格并使之成型时，教授就有能力让课堂变得更有吸引力、新鲜和有趣。如果想在你的教授身上尝试一下该种方法，请不要让他们知道这一观点的出处，也不要让他们完全处于你们的掌控之下！

认知观

认知观产生于行为观，因为人们的表现方式通常与强化关系不大。既然从来没有过涉及高度的创伤经历，托尼又如何产生强烈的恐高情绪呢？如果你了解托尼的想法、认知和情感，可能会更好地解释他的恐惧与逃避行为。并非所有事情都能通过经典条件反射和操作性条件反射等简单原则进行解释。相比之下，认知观表明，情感和行为受我们对自身现在及过去经

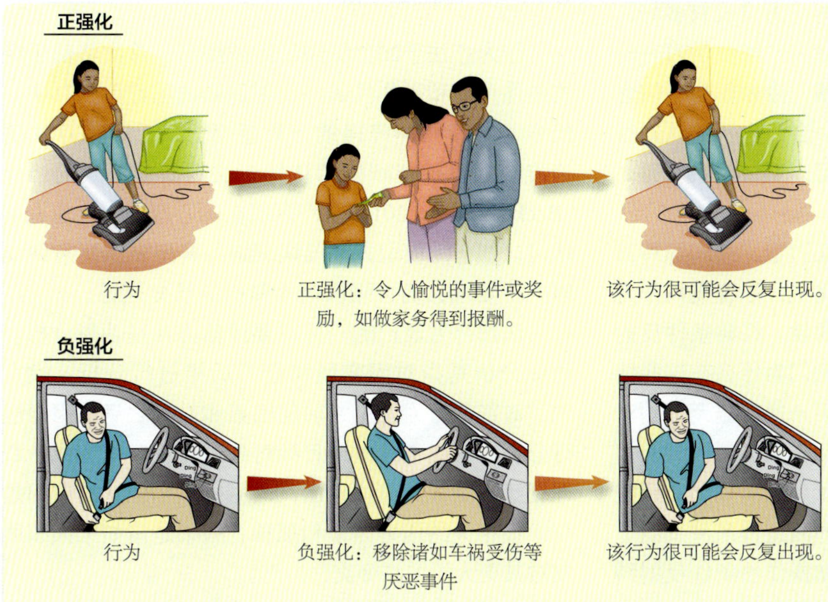

图2.9　**操作性条件反射的原则。**

历的认知和思考方式的影响。学习原则构成了行为观，但其他一些原则构成了认知观。接下来对这些原则进行探讨。

认知原则

我们每个人都积极地对自身的经历进行加工和解释。这种加工和解释受认知图式或代表累积知识网络的信念或期望的影响。很多情况下，我们在做某些事情时对可能会发生什么都有一定的预期。试想一下，在你踏进一家餐馆后，内心会生成怎样不成文的脚本？你会等待入座、点餐、用餐、付款，然后离开。假如某家餐馆打乱了这一顺序，你可能就会有些困惑。我们关于事件的图式或期望影响我们的行为和情感体验。大学生会说他们喝的是含酒精的饮料——事实上他们喝的是无酒精饮料——而且通常会说自己喝醉了。他们大声说话或者行为变得荒唐可笑，好像真的醉了一样。他们对自己醉酒状态的期望会影响他们的行为，即便他们没有饮酒也会如此！

认知偏差是认知观的另一个重要概念，是指人们对环境事件的非理性、不准确的想法。亚伦 • 贝克（Aaron Beck）的认知理论（Beck＆Haigh, 2014）认为，如果一个人对自己（“我什么都不擅长”）、他人（“所有人除了自己谁也不关心”）和未来（“事情对我来说永远不会变得容易”）持有消极的否定态度，就可能形成精神障碍。

认知偏差通常以独断地推论的形式出现，即没有充足且相关的证据就得出结论。一位教授看到课堂上50个学生中有两个在睡觉，她可能会认为自己不是一个好老师。然而，这位教授忽视了更大的证据，即大多数学生确实在课堂上专心听讲，却单单关注那两个上课睡觉的学生。作为教授，我们也会遇到这样的情况，有些学生为所犯的一两个错误而苦恼不堪，却没能看到整个考试或项目的更大价值。

另一种常见的认知偏差是个人化或错误地将某些事件归咎于自己身上。如果某位同事某天拒绝与你说话，你可能会将这一事个人化，你会纳闷自己哪里犯了什么错。然而，你却往往忽视了其他更为合理的解释——可能你的同事刚刚与他的配偶吵了一架，或者正为生病的孩子担忧。认知偏差对诸如焦虑、抑郁、进食障碍、性障碍等许多精神障碍都非常普遍。确实如此，关于这方面的探讨贯穿本书始末。

认知行为模型

认知观强调，信息加工和学习是主动而非被动的建构过程。当代的心理学家通常将行为和认知方法合并为认知行为模型。该模型基于这样一种假设，即学习原则和认知相互作用，共同影响一个人的行为。对于模仿学习而言，即通过观察和模仿他人进行学习，这一假设是显而易见的。人们通常通过观察他人进行学习，如观察他人操作机器或服用药物等。我们对这些信息进行加工，并判断一个人的行为模式有多好，从而决定是否自己“践行”这一行为。模仿学习有时也被称作替代性条件作用。它表明，诸如思想、信念或观念等认知机制能够影响学习。合二为一的认知行为观有助于解释为什么某些行为可以通过观察习得，而通过简单的强化却不可以。

同样，学习原则和认知也相互影响、共同解释某些特定的障碍。许多人害怕乘坐飞机，尽管飞机作为交通工具通常并不具有危险或威胁性。经典条件反射和操作性条件反射或许可以解释人们为什么在这些情境下持续怀有恐惧心理，但人们第一次回避无害的对象或情景是为什么呢？原因是，回避无害刺激的人将回避行为之后的激励或驱动内化了。正因如此，研究者经常提及一种新的学习类型，即回避性条件反射。回避性条件反射将经典条件反射和操作性条件反射结合起来，从而使人体适应了这样一种内部状态，如恐惧成了能影响行为的一种激励或内驱因素。这种内化状态就是恐惧症形成的认知层面。

以肖恩的飞行恐惧症为例（见图2.10），一个中性刺激，如乘坐飞机，和一个令人不愉快的非条件刺激，如晕机（经典条件反射），进行了配对。后来，在已经内化的晕机恐惧的驱使下，肖恩开始回避乘坐飞机。这种导致肖恩日后回避行为的内化状态无法通过简单的经典条件反射或操作性条件反射加以解释。相比之下，内化状态或认知能力却完整地描述了肖恩的恐惧得以持续的原因。

精神障碍的现代理论模型通常综合了学习原则和诸如期望、动机等认知影响。大量的研究结果也支持了认知图式和认知偏差影响精神障碍的形式。行为/学习和认知原则的结合也带动产生了许多重要的评估和治疗策略，我们接下来就其中的一些评估和治疗策略进行探讨。

认知行为评估与治疗

行为疗法于20世纪50年代被提出，首次将基于经典条件反射和操作性条件反射原则的治疗融入其中，代表了治疗精神障碍的一种新奇方式。行为疗法的治疗范围也扩展到诸如认知疗法等其他形式的治疗（Beck & Dozois, 2014）。许多现在的心理健康专业人员认可认知行为模型，不仅认识到经典和操作性条件反射的重要性，而且强调精神障碍的认知理论。

认知行为理论的一种主要评估方法是功能分析。功能分析是指对因变量和行为后果进行分析，换言之，对某些行为发生之前的因素和发生之后的因素进行分析。这通常通过对目标对象进行观察来完成。心理健康专业人员可能指出，玛丽拉抑郁症状的前因是与学校相关的压力因素和孤独，后果是诸如家人和朋友对其更大的关注等奖励措施。

在评估时也必须考虑认知变量。玛丽拉可能存在某些认知方面的偏差，如认为她的学业烦恼与能力缺乏、身边的人对她漠不关心及自身困境在将来不会有任何改观等有关。她的症状可能至少部分是由这类认知图式或与抑郁相关的认知信念造成的。治疗师在进行功能分析时会对这些认知过程进行评估。

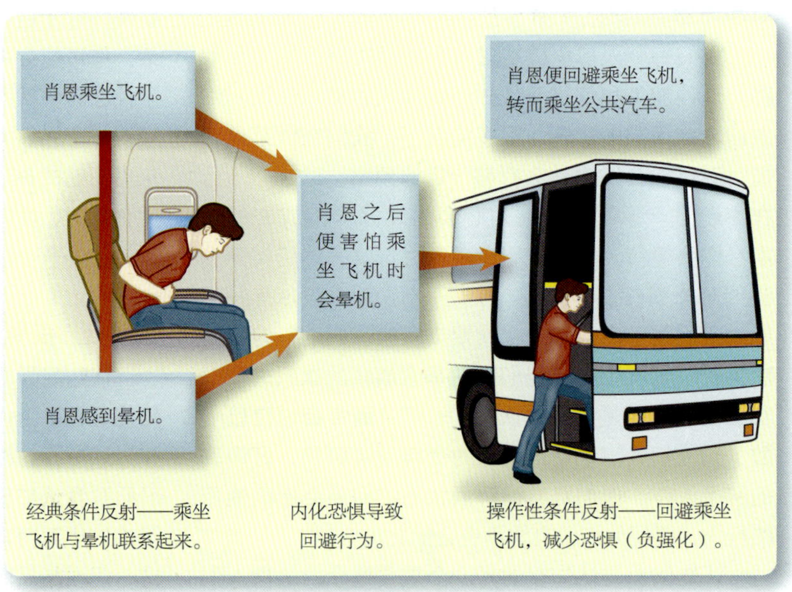

图2.10 回避性条件反射。肖恩回避乘坐飞机。

那么认知行为治疗师会如何治疗玛丽拉的症状呢？认知行为疗法是指众多旨在改变引发来访者问题的思维和行为模式的治疗技术。这些技术具有大量的实证性支持，是最为有效的治疗方式之一。经证实，认知行为疗法等同于或优于针对成人和青少年的其他心理或精神药理疗法（Hofmann, 2013; Nathan & Gorman, 2015）。

亚伦·贝克（Aaron Beck）率先将认知行为疗法应用于各种临床问题中。他开发的模型采用认知和行为技术改变有问题的思维模式。根据这一模型，或许可以采用以下技术治疗玛丽拉的抑郁症状。

1. 安排各种活动以抵消她的惰性和抑郁情绪。玛丽拉可能会被布置“家庭作业”，如和朋友一起去看电影或在众人面前表演吉他。
2. 玛丽拉可能会被要求设想完成一项重要任务的系列步骤，如参加健身班，这样可以发现、预料和应对潜在的困难或障碍。这被称作认知预演。
3. 玛丽拉可以参加自我肯定训练和角色扮演，以改善其社会和对话技能。
4. 玛丽拉可能会被要求确认在抑郁发作之前或期间发生的诸如“我什么都做不好”的想法。
5. 对玛丽拉想法的真实性或准确性表达轻微质疑（“这么说你认为自己什么事都干不好了？”）。
6. 玛丽拉可能会被教导回避无关自己责任的个人化事件。她会被告知，她的同学们的忙碌行为反映了他们自身快节奏的生活，而并非有意拒绝她。
7. 可以帮助玛丽拉找到其问题的替代性解决方案，而不是放弃。

基于这一理论的一种常见的治疗法是认知重塑，换言之，帮助某个人在某些特定情景下更加现实地思考。如何运用认知重塑对玛丽拉进行治疗呢？还记得玛丽拉疏远自己的家人、朋友和开心有趣的活动吗？她感觉她的朋友不理解或不关心自己。治疗师采用认知重塑可能帮助玛丽拉更加现实地看清事情。治疗师可能帮助她认识到，她的朋友并没有回避她，而是她在回避她的朋友。玛丽拉没有给她的朋友支持和关心她的机会，因为她孤立了自己。采用认知重塑的治疗师会对玛丽拉采取直截了当的态度，通过讨论提出玛丽拉看待事情非理性的论点。诸如“我的朋友不关心我”等非理性的观点是没有根据的，并会引起抑郁心理。治疗师也可能尝试教导玛丽拉“改变她的内在观点”。在玛丽拉感到抑郁时，可以教她停顿一下，扪心自问自己此刻的即时想法是什么。随后，治疗师会要求玛丽拉对这些想法做出客观的评价，并进行更正。如此，治疗师可以让她想象特定的问题情境，并要求她在这些情境下更现实地思考。

此外，还有一些认知行为技术被用于治疗精神障碍。系统脱敏疗法是一种用于治疗恐惧相关问题的方法。首先要教来访者学会放松，这通常通过渐进式肌肉放松技巧来实现。随后，治疗师和来访者建构与恐惧刺激相关的情景或对象的层级体系。位于最低层级的事物引起低水平的恐惧，例如，对害怕狗的人来说，这相当于看到电影中的狗。在这个层级体系中还有更多引起恐惧的事物。试想一下，真正让人担心的情况，如养一条狗，则位于最高层级。来访者达到放松状态，并逐个与这一层级体系中的每个对象或情景交锋。如果来访者变得过于害怕，则中止该过程，这样来访者可再次放松。然后，按照这一层级体系的渐进式尝试重新开始。如此一来，来访者就会对以前的恐惧刺激或情景变得不敏感。从经典条件反射的角度而言，来访者已经学会用放松而非过度兴奋的心态对以前的恐惧刺激做出反应。

系统脱敏疗法的一个关键要素是暴露疗法，这涉及直接面对恐惧刺激。做到这一点可以循序渐进，或者，像满灌疗法那样，来访者不能提前得到任何放松训练，反而直接暴露于恐惧刺激之下。采用暴露疗法，可以鼓励来访者想象恐惧刺激的场面或直面现实生活中的恐惧刺激或情景。可以理解，来访者在这些情景中会感到恐惧，但如果他们选择继续面对这些刺激，那么恐惧就会消失。通过反复暴露训练，来访者对以前的恐惧刺激或情景就不会再做出恐惧的反应了。

系统脱敏疗法和暴露疗法建立于经典条件反射原则的基础之上，而其他行为治疗技术则基于强调强化的操作性条件反射原则。一个相对简单的应用是，心理健康专业人员不再强化问题行为，而更多地强化适应性和可接受的行为。或者，治疗师会帮助父母管理孩子，以增加其积极行为，如完成家庭作业，并减少其消极行为，如攻击性。

操作性条件反射原则在该治疗法中也有明显的体现，该方法旨在改变收容于社会福利机构人员的行为，如智力障碍者或患有精神分裂症的人等。代币治疗法是针对某些行为的一种强化体系，被治疗者做出积极的行为会得到代币或积分，这些代币或分数以后可换取有形奖励。患有精神分裂症的人在住院病房可以从事诸如参加集体治疗商谈、淋浴等积极行为以赚取积分。这些积分以后可以换取一些特权，如医院的日票等。此外，代币治疗法也用于提高儿童的学习技能及其他行为。

认知行为模型评估

认知行为模型对我们理解和治疗精神障碍做出了巨大贡献。行为疗法及其对学习原则的重视使精神障碍研究和治疗继心理动力理论之后发生了革命性的变化。该理论模型已经扩大到包括思维过程、期望及其他内部状态。认知行为模型在概念化问题行为的行为与维护方面是最具影响力的模型之一。该模型也为许多精神障碍提供了更多的治疗选择。经证实，这些认知行为治疗模型通常有效且高效，一般仅需要不到20个疗程。

然而，我们也应注意到认知行为模型的局限性。存在的最主要问题或许在于该模型对精神障碍如何首次形成的观念方面。许多认知行为理论学家将抑郁等复杂行为归纳为简单的学习史或认知图式，但这似乎并不合理。许多生理、性格及社会因素也能导致抑郁及其他障碍。同样，“鸡和蛋”的问题也与认知行为主义密切相关：是问题想法、理念或期望导致了玛丽拉的抑郁，还是这些认知模式起因于她的抑郁？

认知行为模型貌似不太可能在问题行为如何首次形成方面提供清晰、全面的历史叙述。认知行为模型似乎更适合用于解释和应对其当前的功能，并重视可以用于治疗的改变目标。该模型对发现需要改变的特定症状方面极具优势，如玛丽拉的孤立行为和认知偏差。

社会文化模型

本章已经讨论过的精神障碍模型——生物学模型、心理动力模型、人本主义模型和认知行为模型——主要关注个体及他们的个人特征。然而，我们并非生活在真空中，许多外部因素也影响着我们的感知、思考和行为方式。生物学、心理动力学、人本主义和认知行为理论承认，环境在心理问题方面确实发挥一定的作用。然而，社会文化模型更强调环境因素的作用，在这方面与上述模型有所不同。该模型的核心假设是，外部影响在造成一个人的心理问题方面发挥主要作用。社会文化模型关注社会制度及其他人对一个人心理健康所造成的影响。

许多社会文化因素潜在地影响着精神障碍的形成、症状表现、评估与治疗。在此，我们以几个有代表性的例子来说明社会文化对心理健康的影响。这并非一个详细清单，但这些实例可以很好地突显这一理论及当前的研究领域。我们首先从具有总体影响的方面开始谈起，如文化、性别和邻里社区等，最后以家庭主题结束。

文化

文化是指一群人共享的独特行为和生活方式。文化由观点、信念、价值观及在礼仪、食物、风俗、法律、艺术、音乐和宗教等方面明显的偏好组成。文化并不是固有的，具有外在性、习得性和传播性等特点。文化与民族不同，民族是指共享文化特征并依据这些特征将其与他人区分开来的一个群体。此外，文化也不同于种族，种族是通常基于身体特征进行划分的一个范畴（Ferraro & Andreatta, 2014）。

民族和种族的一个区别在于，民族群体对自己的民族有认同感。然而，种族的概念源于早期人们基于诸如肤色、发质和脸部特征等身体特征对人进行分类的尝试。然而，对基因物质（DNA）的分析显示，种族群体内部的差异实际上要多于种族群体之间的差异

（Berg, Tymoczko, Gatto&Stryer, 2015）。这强化了这样一种观点，即种族并非依据生理而是通过社会进行划分的。文化包括但不限于民族和种族的概念，文化习得于他人，并薪火相传。

文化可能以多种方式引发精神障碍。首先，文化相对于精神障碍而言可能相距甚远却成为直接原因。文化共享的信念和观点可能导致某些特定形式的压力，这些压力转而会引起一些被称作文化综合征的特定形式的问题。例如，Dhat综合征就是在印度男性身上发现的一种焦虑性病症，即他们会通过梦遗、自慰或排尿流失精液。过度的精液流失会导致疾病，这种文化信念造成了他们的恐惧（Udina, Foulon, Valdes, Bhattacharyya&Martin-Santos, 2013）。

文化可能更容易造成精神障碍，但也可以影响个体应对应激情景的方式。杀人狂和家人集体自杀就是两个例子（Hagan, Podlogar&Joiner, 2015）。杀人狂综合征是一种多发于南亚国家和太平洋诸岛原住民文化的疾病，患有该综合征的人会表现出攻击和试图杀死别人的行为。发现这一疾病的文化通常奉行逆来顺受和不抵抗主义，因此杀人狂被视为应对极端压力的一大失败。英语短语running amok（意为“胡作非为”）就源于这一疾病，尽管其含义并非字面之意。家人集体自杀有时发生于日本文化中，父母和孩子一起自杀。这一行为的产生可能是因为之前欠下巨额债务或遭遇了造成极端压力的耻辱性事件。尽管属于适应不良的范畴，家人集体自杀仍被视为一种应对反应，因为文化价值观不提倡在经历可耻性事件后不光彩地活下去。

文化也可以通过影响症状内容来影响精神障碍。例如，恐人症和脑力衰竭。恐人症，即社交恐惧症，发现于日本文化中，表现为害怕某人的体味、神情紧张、脸红、不敢与人对视。这些症状反映了该文化对自己如何看待他人或他人如何看待自己及自己行为的高度敏感性。脑力衰竭多发于尼日利亚和乌干达文化，表现为智力和视觉障碍及其他身体主诉。该疾病多发于诸如学业考试之前等强化阅读和学习阶段，并受到宣扬以家庭为中心的教育文化的影响。这给学生造成了巨大的压力，即为了家人要获得学业上的成功（Tseng&Zhong, 2012）。

主要发生于西方社会的障碍也包含独特的症状和特征。多重人格障碍，如今被称为分离性身份识别障碍（美国精神病学会，2013），就是一个例子。患有这种障碍的人或许不会像其他文化一样解释为动物或幽灵附体，而会理解为被控制其行为的其他本我或人格附

2.3

专栏

聚焦性别

一种更复杂的方法

运用不同的模型有助于更好地理解精神障碍的症状、原因和治疗方法。然而，在存在性别差异的情况下，仅使用一种模型来阐释精神障碍则容易出现问题。例如，一个公认的研究结果是，女孩和男孩患抑郁症的比例相似，而成年女性患抑郁症的比例则是成年男性的两倍。仅使用心理动力模型或认知行为模型来解释这一研究结果可能存在难度。相反，研究者通常采用综合模型来帮助解释性别差异。一些研究者提出，模型不仅要聚焦于负面生活事件，还要关注生物学、认知和情感因素（Auerbach, Ho&Kim, 2014; Xia&Yao, 2015）。例如，女孩可能在童年时遭受性虐待，形成消极认知方式，生理唤醒增强，并在成年后出现包括抑郁在内的情绪问题。这些因素可能更多地发生于女孩身上，因此，这或许有助于解释成年抑郁的性别差异。

另一个涉及性别差异的问题是过量饮酒。相比女性而言，这一问题更常见于青春期晚期的男性。诸如人本主义或社会文化等单个模型无法全面地对这一差异进行解释。相反，综合模型或许是最佳选择。童年时期，使男孩和女孩倾向于饮酒的某些生理和心理因素是相似的。然而，到了青春期，一些重要的变化可能随之出现。男孩可能变得更加冲动，更愿意寻求刺激，大脑发育成熟相对较晚，并且，与女孩相比，男孩对同龄人的影响更加敏感（库恩，2015）。这些因素可能使男孩更容易出现过量饮酒行为。

文化能影响诸如恐人症等心理问题。

体。因此可以说，文化影响着附体的来源：在非西方文化中，附体或许是由动物或幽灵导致的，而在西方文化中，附体可能是由其他人格造成。

神经性厌食症（见第八章）是指过于担心体重超重从而影响进食，导致威胁人体健康的严重失重障碍。该疾病多发于美国和欧洲，而在食物匮乏或超重被视为一种魅力的萨摩亚群岛及其他太平洋岛屿则相对少见。社会文化理论明确指出，神经性厌食症在强调苗条为“理想体形”的食物富足的社会中更为普遍（Fitzsimmons-Craft et al., 2014）。由此可见，文化以多种方式影响着心理问题的发展（见表2.4）。

性别

精神障碍对男性和女性均有影响，但有些问题似乎在其中一种性别中更为普遍。男性更可能患有反社会人格和物质使用障碍，而女性则更可能患有焦虑相关障碍和抑郁症（美国精神病学会，2013）。这些性别差异或许可以从生物学、性别认同、社会化及男性和女性各自所处的社会情境方面得以解释。性激素方面的生物学差异或许可以解释为什么男性比女性更容易患性障碍（第十一章）。

表2.4
文化如何导致精神障碍

方法	实例
直接原因：文化共享的信念导致压力，然后导致精神障碍的症状	Dhat综合征
影响个体应对压力的方式	杀人狂，家人集体自杀
影响症状内容或症状本身	恐人症，大脑迟钝，多重人格障碍，神经性厌食症

性别认同是指一个人对男性或女性，或者说对男性气质或女性气质的意识。性别认同受父母教养方式和与他人互动程度的影响，可以与精神障碍产生联系。与严格的男性气质或女性气质相比，具有雌雄同体性格特质的人往往具有较少的进食障碍症状（Strother, Lemberg, Stanford & Turberville, 2012）。

此外，相比女性，男性不太可能经历某些情况，尤其是家庭暴力和性侵害的受害者。这或许可以解释，为什么相比女性，男性的焦虑相关障碍较少（见第五章）。我们对男性和女性的期望（或者说社会化差异）在产生精神障碍的症状方面也发挥作用。一般来说，我们认为男性不太善于表达情感。因此，感到焦虑和抑郁的男性或许更可能酗酒或服用其他药物来自行治疗他们的症状，而女性则更可能向朋友倾诉或咨询治疗师。

抑郁症的性别差异非常明显，女性患抑郁症的概率比男性高得多，在这方面，社会支持似乎是一个关键因素。一般而言，在亲密关系的数量及这些关系的亲密程度方面，女性拥有更多的社会支持。然而，如果这种社会支持步入困境，将自身安康更多地依托于社会支持的女性则更容易患上抑郁症（Kendler & Gardner, 2014）。

相比男性，女性或许更可能通过“照料—结盟”模式来应对压力。具体来说，女性通常通过养育和守护后代（照料）或与他人保持亲密关系来减少伤害风险（结盟）。之所以这么做，可能存在进化方面的因素。当面临威胁时，安抚子女和融入环境是一个适应性选择，因为这样的人不会被视为威胁。在遭遇威胁之后，与某个社会群体保持密切联系也能增加受到保护的机会。此外，“照料—结盟”模式也与以依恋他人和看护为特征的神经生物学系统有关，当然，这是女性所特有的。该理论及其相关研究结果说明，理解

根据社会文化模型，神经性厌食症可能多发于强调苗条为“理想体形”的食物富足的社会。

性别差异可以帮助我们理解精神障碍并研发治疗方法。玛丽拉可以主动帮助他人以减少其社会孤立感和抑郁症状。

社区

另一个影响我们心理健康的因素是我们周边的邻里与社区。多个邻里特征与糟糕的心理健康有关（Poole, Higgo & Robinson, 2014）。首先，贫困率高、居住人口流动大及单亲家庭比例大的社区通常在青少年犯罪和童年时期受虐待方面具有较大的比例。其次，生活在物质世界衰退（如废弃建筑、肆意破坏等）和社会退步（如公共场所酗酒，帮派、邻居扰乱等）非常明显的社区的人，通常很大程度上会感到焦虑、抑郁及各种身体不适。最后，噪声、拥堵和污染严重的社区通常会造成较高比例的抑郁、攻击性及其他童年行为问题。

为什么有些社区特征会与心理健康恶化产生联系呢？它们之间一个共同的主题是压力（Senn, Walsh & Carey, 2014）。某些社区会发生许多应激性事件。生活在这些社区的人们在应对这些压力因素时也几乎没什么优势可言，因此他们的应对能力面临沉重压力。当然，在应对这些压力的程度与效果方面也存在个体差异。有些人对这些压力因素具有适应力，并且心理学家对这种适应力的特征与机制给予了更多的关注。对适应力的了解可以帮助心理学家预防消极的心理健康状况，甚至对那些生活在恶劣条件下的人也是如此。本书第三章会从风险和预防方面对适应力进行更详细的探讨。

家庭

许多理论学家认为，积极的家庭关系可以降低心理问题的风险，而家庭冲突则会增加这方面的风险。家庭系统观认为，每个家庭均有各自的规则和组织架构，或者说权威和决策层级。在家庭成员维持这一组织架构并遵守规则时，就会产生一种平衡或稳定感。然而，不健全家庭会经受问题或苦恼，因为该类家庭的组织架构并非处于最优状态（Zvara et al., 2014）。下面探讨一下有问题的家庭关系和环境变量。

有问题的家庭关系

顽固的家庭过于死板僵化，对家庭内外的变化不能很好地适应，这会导致实质性冲突，在儿童到达青春期并谋求更大程度的独立时尤为明显。家庭成员过于介入其他家庭成员的私生活，即任何事情大家都掺和在一起，这样的家庭通常会陷入困境。这会导致家庭成员过于依赖彼此，并使自身情感受制于他人。家庭系统理论提出，神经性厌食症是指一些个体以拒绝进食来回应父母的过度干预与控制，从而达到重新获得自身生活控制权的目的。

自由式家庭的特征是，家庭成员各自独立行事，父母很少监管和介入孩子的生活。这种家庭结构很可能使孩子养成行为问题或惹上官司。此外，家庭也具有三角关系的特征，即父母当着孩子的面不搭理对方或者处理夫妻冲突时孩子全程在场。

有问题的家庭环境

家庭环境是指家庭功能的特征或维度。家庭环境的特征之一是家庭影响，换言之，即家庭的凝聚力、组织程度及多大程度上没有冲突。另一个特征是家庭活动，即家人一起参与文化、娱乐等活动的程度。家庭控制是指家庭在适应新情况或挑战时死板或灵活的程度。

家庭环境似乎的确影响个别家庭成员的心理健康。例如，情感表达是指以过度情感介入、敌意和批评为特征的家庭成员相互影响的程度。高情感表达家庭中的父母可能会对自己的儿子说："你从来不出家门。如果继续这个样子，你什么事也干不了。"尽管这种沟通或许意在激励儿子，但很可能会给他造成压力和自我价值感的负面情绪。患有精神分裂症的人生活在高情感表达（尤其是批评）家庭比生活在低情感表达家庭面临更大的复发风险。因此，研究者研发出一些干预措施以帮助家庭成员理解他们的行为如何会对精神障碍者或面临精神障碍风险的人造成负面的影响。

社会文化评估与治疗

有些学者认为，心理问题的形成很大程度上是因为受到了社会制度及其他人的影响。那么，哪些社会文化因素可能对玛丽拉造成影响呢？玛丽拉接受的是典型的集体主义文化，即不过多强调自我，更多关注诸如朋友、家人等其他人。因此，社会支持对玛丽拉而言很可能非常重要，而她在校期间的孤立或许对她的悲痛和悲观情绪造成了影响。从文化和家庭的角度而言，玛丽拉学习成绩的重要性也是一个重要的考虑因素。为了跟上学习取得好成就，玛丽拉可能本身就面临巨大压力，而这反过来又增添了额外的压力。玛丽拉回家过感恩节时家人对其抑郁症状的不屑一顾或许造成了她进一步的悲观和自我批判情绪。

玛丽拉拉丁裔的身份对其大学经历可能有所影响。相对于拉丁裔男性而言，拉丁裔女性可能更被动，缺乏竞争力。鉴于她的性别，玛丽拉也可能在追求更高一级的学业方面处于一种矛盾心态。总体来说，许多潜在的文化、性别因素和家族问题可能对玛丽拉抑郁症状的形成与持续造成了影响。

因此，临床医生应该对个体文化进行全面的评估。文化评估不仅包括种族，也涵盖一个人对民族的自我定位、社会支持的来源、与各种社会制度的联系和互动等更大层面的世界观因素。一个人在其所处文化背景下的性别角色及重要的邻里与社区因素也应进行评估。对家庭结构、动态及环境的全面评估对理解一个人的心理健康也是必要的。

相比其他精神障碍模型的评估方法而言，社会文化评估方法则没有那么先进。在社会应激源、社会支持及家庭环境方面具有相应的评估方法，但在文化、性别角色及邻里或社区变量方面的评估方法则很少。因此，心理健康专业人员在进行这些方面的评估时可能仅局限于采用非结构性访谈的方法（非结构性访谈作为一种评估工具有其局限性，我们在第四章会对此进行探讨。）

基于社会文化视角的治疗专注于处理一个人在总体和个体层面的困难。总体而言，社会文化干预集中于降低或防止通过性别、种族、年龄或宗教歧视对人造成的压力。以基于种族或民族的歧视为例，这为遭受歧视的人们增加了额外的负担与压力，可能造成这些人的经济困难，并在教育、医疗保健及就业方面的资源极为有限。由于缺乏经济资源，遭受歧视的人也很可能生活在充满压力的邻里或社区，即在失业、贫困、犯罪和药物滥用方面具有较高比例的社区。这些方面长期释放的压力对一个人的心理健康可能产生重大负面影响。在获得身心健康保健方面也存在种族和民族差异（Le Cook et al., 2014）。

显而易见，我们需要制订一个综合解决方案以应对种族和民族歧视对心理健康和获取服务方面造成的影响。这包含一些让社区成员了解这些歧视、公共政策和防止这方面歧视的法律方面的项目，以及为减少就业、住房和经济状况差异而付出的努力。

基于社会文化视角的治疗也聚焦于处理人们在个体层面的困难。家庭治疗或夫妻治疗——多个家庭成员一同约见治疗师——被各类心理健康专业人员广泛采用（戈登堡，2013）。考虑到对家庭问题更好地进行评估，这些疗法提供所有家庭成员进行干预的机会。许多家庭和夫妻治疗专家在对家人说什么方面直接对个体进行指导，并对他们之间的交流进行反馈。

家庭和夫妻治疗专家也会在沟通中发现问题并予以修正。治疗专家强调，家庭或者夫妻双方本身没什么错，他们关注的是家人或夫妻双方之间特定的关系问题或沟通模式。一个家庭成员可能表现出比其他人更多的情感压抑或行为问题，但这反映了整个家庭或夫妻双方之间的问题。因此，所有家庭成员必须参与治疗并改变他们与其他家庭成员之间的交往方式。

社会文化模型评估

社会文化理论对于理解精神障碍具有很大的优势。首先，该理论强调社会对情感、认知和行为影响的重要性。人类作为社会中的存在，确实具有社交属性，因此我们的心理健康显然受到我们周围的人们及各种机构的影响。其次，社会文化理论可以让我们更好地理解对人产生影响的不同压力源，以及人应对压力的方式。压力源可能产生于总体层面，也可能来自个体层面。最后，社会文化理论强调家庭成员在影响心理健康方面的关键作用。

然而，社会文化模型的局限性也应引起我们的重视。首先，与心理健康相关的社会、文化或环境因素方面的证据很大程度上是相互关联的。这些因素是否会导致产生精神障碍症状尚不明确。其次，我们还不清楚受到不利因素影响的人们为什么会有不同的结果：有些人会患上各种心理疾病，而有些人则不会受到任何影响。为什么同为生活在贫困社区不健全家庭的儿童，有的会涉嫌违法犯罪，而有的会变得抑郁呢？为什么有的受到父母虐待的儿童会自杀，而他的兄弟姐妹则成功考入大学且没有受到多少心理影响呢？社会文化理论的确具有很大的优势，但其在心理问题如何形成的解释方面仍有待完善。

在精神障碍的社会文化模型中，家庭治疗是一种常用的治疗方法。

约翰·C. 诺克罗斯博士

一位综合型心理健康专业人员

一场意识形态的冷战盛行于心理疗法出现的早期。临床医生划分成不同的竞争性学派，如生物学、心理动力学、认知行为、人本主义、社会文化等。传统上，临床医生都是基于各自的理论框架诊疗来访者的，通常无视其他替代性概念，以及具有潜在优势的治疗方法。

随着心理疗法的日趋成熟，综合性治疗作为一种临床实践开始出现，并成为最受欢迎的方法。现在，临床医生承认，任何一种理论学派均有不足，并认可许多理论的潜在价值。竞争性治疗体系逐渐被视为合作伙伴而不是对手，是一种互补性关系，而不是矛盾关系。

我从事的实践和研究致力综合各种心理疗法，即不满足于单一学派的方法，跨越学派界限寻找可以对来访者有益的其他治疗方式。这么做的目的是，根据每位来访者的特定需求量身制订治疗方案，强化心理治疗的有效性和适用性。来访者经常需要混合搭配基于各种不同理论的治疗方法。

现在，对所有来访者采用完全相同的治疗方法是不合适的，甚至很可能被认为缺乏职业道德。想象一下，如果一名内科医师对每一位病人均采用同样的治疗方法，那会是什么情形？不同的人应给予不同的治疗和指导。这正是综合的要求。

那么，我们该如何选择治疗方法和关系立场呢？答案是基于研究证据、临床经验和来访者的偏好。例如，相对于马上就着手改变自身行为的来访者而言（行动阶段），拒绝承认有某种明显问题的来访者（动机前期）会得益于一种不同的关系和治疗方法。例如，对问题的童年前因变量拥有较深了解的来访者通过心理动力疗法很可能会得到更好的结果，而使用心理药物治疗（生物学治疗）或特定的技能对思想进行重组（认知疗法）可能效果会不尽如人意。毫无疑问，对外部指导和直接建议（高阻抗）反应消极的来访者需要一种不同的治疗方式，而喜欢外部指导和直接建议（低阻抗）的来访者则无须如此。数十年的研究成果现在已经可以指导我们对各种治疗方法、障碍和来访者特征进行很好的搭配。

综合型心理治疗师首先从跟踪观察来访者开始。治疗师通过移情来实现一种与来访者之间的最佳关系，从而强化合作，取得治疗上的成功。这种最佳关系取决于来访者的偏好，以及治疗师对来访者人格和偏好的了解。例如，如果来访者频繁地出现抗拒，那么治疗师就要考虑是否来访者不喜欢自己推进的方式（偏好），或者来访者尚未准备好做出任何改变（改变阶段），抑或是来访者对命令型风格感到不舒服（阻抗）。

综合通常是指将心理治疗的各种系统综合起来，但我们不必局限于这一点。我们可以将个体、夫妻、家庭和群体等各种治疗模式结合起来。事实上，我们经常将药物治疗和心理治疗结合起来，这也被称作综合治疗。综合使我们跨越了“二选一”，走向“兼而有之”。

实际上，综合型心理治疗师致力整合几乎所有有效、符合伦理的治疗方法，包括综合自助法和心理疗法、西方理论与东方理论、精神疗法与心理疗法等。如果有人问起我从医的理论，我会以此话语予以解释：“任何有助于减轻人类疾苦的东西。”

作为一名讲授异常心理学和临床心理学的大学教授，我发现我的学生很自然地倾向于综合。他们提醒我说，理论的纯粹性仅限于教科书，而非实实在在的人。此外，作为一名兼职独立职业的临床心理学医生而言，我发现我的来访者压倒性地需要一种综合型或折中型治疗方法。我从他们身上得知，单一死板的治疗方式非常糟糕。

综合型疗法将循证的灵活性和移情反应融入每一次问诊谈话。综合型疗法为满足个体来访者的独特需求及其独特的情景提供了研究依据临床的灵活性。基于这些原因，综合将毫无疑问成为21世纪主流的治疗方式。赶紧加入我们吧！

第三章　精神障碍的风险与预防

3

素质–应激模型

流行病学：精神障碍的普遍性

风险、保护性因素与恢复

预防

章节特色

- 专栏3.1 **约翰·斯诺** 流行病学与预防的先驱
- 专栏3.2 **聚焦大学生** 自杀
- 专栏3.3 **聚焦暴力** 谋杀女性的预防
- 专栏3.4 **聚焦法律与伦理** 与精神失常相关的概念

C 德肖恩

案例探讨

21岁的德肖恩是一名主修商业的学生，已在一所大型公立大学就读三年。德肖恩一开始对上大学感到非常焦虑，因为他家里之前没有人读过大学。他认为上大学一开始会很艰难，因为这和自己之前的经历都不一样。实际上，他的大学过渡阶段“喜忧参半”。一方面，德肖恩融入新的班级，可以认识许多新朋友，这使他备受鼓舞。他喜欢和自己的教授互动，期待着顺利毕业，未来还计划攻读MBA学位。

另一方面，德肖恩从来没有参加过这么多派对。他的实际经历远远超出了他对大学派对的预期。他的派对经历始于他的第一个学期，当时德肖恩被邀请到一个新结识朋友的宿舍参加派对。那天晚上的饮料就像一个“垃圾桶冲压机”，味道很不错，但含有大量的酒精成分。因此，德肖恩第二天中午起床的时候感觉非常不舒服，但他还是没有推掉当晚另一个派对邀请。德肖恩不断告诉自己，这种节奏最终会有所减缓，但那已是三年前的事了。德肖恩并不是每晚都喝酒，但他大概每周至少有四个晚上要参加各种派对，每一次体育、校园活动和周末，他们都会举办大型派对。

三年来，德肖恩在这些聚会上结识了许许多多的朋友，但也有明显的负面影响。这些年来，德肖恩的酒量大大增加，只有喝6 ~ 10杯之后才会稍微有点醉意。当然，德肖恩在喝了6 ~ 10杯酒后通常并不会停下来，所以第二天他会感觉很难受。随着时间的推移，他尝试将他的课程安排在下午晚些时候或傍晚，这样他就可以有时间参加他的“社交”活动，但即便如此，他也经常逃课，因为有时候这些课与他的“快乐时光”冲突。德肖恩的学习一落千丈，他在第一学期、第一学年及此后的两个学期几乎都没通过考试。在他就读的三年里，他只积累了三个学期的学分。

德肖恩的父母对他们儿子在学校的表现非常不满意。他尽力隐瞒自己的成绩，但教务长会定期向他的家长通报他学习成绩下降的情况。德肖恩的父母不明白为什么他们的儿子在大学里表现这么差，因为他曾是高中的尖子生。然而，他们并不知道派对的事，而德肖恩自然也不会告诉他们自己的社交生活。德肖恩很少周末回家——因为这样错过的聚会就太多了，并且，谁想回家接受父母的“盘问”呢？但他会给父母打电话和发电子邮件向他们保证，他会更专心学习，并提高成绩。

德肖恩觉得事情都在自己的掌控之中，直到有一天晚上，他从车后视镜中看到了车后闪闪烁烁的灯光。那天晚上他喝了很多酒，在各个车道来回穿梭。他有些困惑，甚至不知道是不是自己不小心撞到了别人。他在警察局接受调查，德肖恩知道他面临很大的麻烦。他该怎么跟父母说自己面临“酒后驾车”的指控呢？他们肯定会大发雷霆。他很难相信眼前发生的一切，但也只能听天由命并接受自己大学时光可能即将终结的现实。

思考问题

1. 你觉得德肖恩有酗酒问题吗？为什么有或为什么没有？
2. 你觉得德肖恩为什么喝这么多酒？
3. 德肖恩应该怎么做？他应该告诉他的父母吗？他应该向谁求助？
4. 你知道有类似经历的人吗？他们是怎么做的呢？
5. 你认为德肖恩的情况可以避免吗？如果可以，需要怎么做呢？

素质-应激模型

为什么像德肖恩这样的大学生会有酗酒的问题，而其他人却没有呢？大学对大多数学生来说压力很大，但并不是每个人都会有酗酒问题。德肖恩是否有某种遗传结构或者口欲期滞留，或者一种能导致其酗酒的不良认知图式？又或者在诸多压力的大学环境中这些因素的某种组合造成了这一问题呢？

我们在第二章中讨论了不同的精神障碍模型，这些模型均有其优势和局限性。此外，我们还引入了素质-应激模型，将各种心理模型结合起来解释精神障碍。素质-应激模型不仅整合了各种理论观点，而且与心理健康和精神障碍的连续体是一致的。因此，本章一开始先详细探讨素质-应激模型，讨论其对研究、治疗和预防精神障碍的意义。

素质、应激与心理健康

素质是一种生理或心理上的障碍倾向。素质往往是遗传的或生理的，但有些素质与心理有关。有些人认为饮酒能使他们更善于交际，也能增添一些乐趣。有这种想法的人比其他人更容易饮酒。因此，这种预期是过量饮酒的心理倾向。德肖恩认为，喝酒会使他更善于交际，所以他更可能出现酗酒的问题。

另一种心理倾向是冲动，或者说轻率处事，不计后果。冲动的人可能容易使自己陷入危险的境地，比如大量饮酒后驾车。认知图式也可以被认为是心理素质或倾向。回想一下第二章中提到的玛丽拉，她对自己、世界和未来的消极观点或图式可以视为她抑郁的一种素质或倾向。

生理或心理素质并不代表一个人一定会患上诸如酗酒或抑郁这样的障碍。素质是一种弱点——你可能容易受到某种障碍的影响，但这并不意味着你一定会患上这种障碍。许多人有肺癌的遗传倾向，但从未患过这种疾病。为什么？因为他们从不抽烟！德肖恩对酒精的预期或玛丽拉的认知图式使他们容易患上某些障碍，但不是说这些障碍一定会出现。必须有一些事物“触发”这些倾向，如吸烟或经历大学生活的压力等。像袭击等创伤经历是与本书探讨的许多精神障碍相关的另一个应激源。

根据素质-应激模型，倾向和压力会共同引发心理问题。压力可能与环境、人际关系或者心理相关，但必须与某种倾向相互作用，才会引发障碍。倾向和应激源也从弱到强（或从低到高）连续地发生。这与目前的研究和本书用于心理健康的维度方法是一致的。为更好地理解素质-应激模型，我们需要从整体（宏观）和更具体（微观）的层面对素质-应激模型进行探讨。

素质-应激：宏观情况

让我们以德肖恩为例来探究一下素质-应激模型的宏观情况。图3.1阐释了连续体上与饮酒相关的倾向、压力和潜在的心理问题。该模型显示了倾向（冲动性）和压力连续的相互作用对饮酒程度产生的影响。冲动性倾向具有连续性，因为人们的冲动性具有不同的程度。有些人甚至可能不显示任何冲动特征（在图3.1中被标记为不存在冲动性倾向）。德肖恩的一个朋友，基拉，对自己的生活非常认真，总是仔细考虑各个决定。基拉并不冲动，即使面对巨大的压力，也不太可能出现酗酒问题。

大多数人都有一定程度的素质或倾向或脆弱性，或高或低。我们大多数人在某种程度上都有一定的冲动性，这在图3.1中进行了说明，因为多条线上均显示了冲动倾向的存在。每条线代表不同的冲动程度。更高程度的倾向——本例中指冲动性——即使面对的压力较小，也会导致过量饮酒。冲动程度较低，即使面对的压力很大，也不会出现过量饮酒问题。然而，强烈倾向和高压力结合在一起，大多数情况下会导致饮酒过量问题。

这个模型有助于我们理解为什么同等程度压力下的两个人，其中一个人会患上某种精神障碍，而另一个人则不会。德肖恩和基拉的大学压力可能是相似的，但他们的酗酒倾向则有很大的不同。阿富汗的许多士兵患上了创伤后应激障碍（见第五章），但许多人没有。为什么？因为士兵（和广义的人们）在创伤后应激障碍的脆弱性方面存在很大的不同。

像冲动这样的素质显然非常重要，但也会与应激源相互作用，这点也可以在连续体图中看出来（见图3.1）。具有相同冲动程度的两个人可能会基于其压力

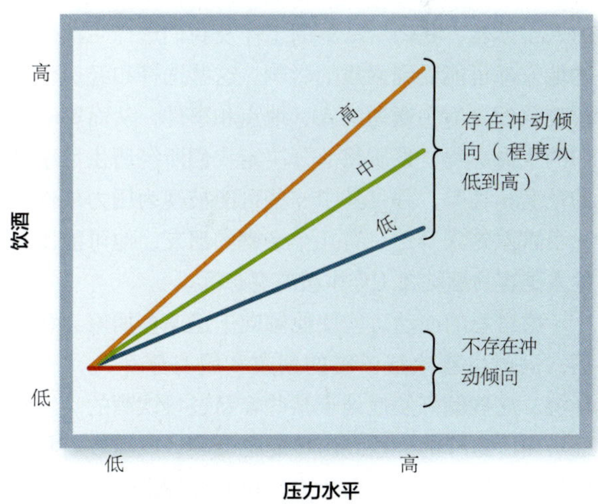

图3.1　与饮酒相关的素质-应激模型。

水平而表现出不同的结果。由于大学的压力触发了她的抑郁倾向，玛丽拉可能会感到十分烦恼。然而，她的朋友吉塞拉（Gisela）也有同种类型的倾向，但她高中毕业后就待在家里，所有并没有表现出抑郁的症状。

素质-应激：微观情况

我们还可以通过说明素质和应激源相互作用的微妙方式来探究素质-应激模型的微观情况。例如，素质或倾向可以影响一个人对压力的感知程度。人们对于压力的认识具有主观性，所以对同一个事件而言，由于素质或脆弱程度的不同，有的人会认为该事件给其造成的压力很大，而有的人则认为该事件对其造成的压力不大。玛丽拉对抑郁的认知倾向——认为整个世界令人失望、无情和缺乏宽容心——很可能会影响她对某一压力事件的内在定义，并且在经历该事件时感到压力的存在。与没有这种世界观的人相比，玛丽拉的排斥性或缺乏朋友的支持更可能被视为压力大的表现，从而导致抑郁。因此，我们必须认识到，压力因人而异，这实际上取决于素质或倾向的程度和类型。

我们的倾向也会影响我们的生命历程和经历的选择。有些具有害羞气质倾向的人随着时间的推移可能会选择少交一些朋友，并更多地参与一些单独的活动。一个人对生活经历的选择至少在一定程度上受到其素质的影响与指导。我们的倾向可能影响我们的偏好和决定。我们选择的朋友或伴侣的类型、我们寻求的人生体验、我们所从事的工作及我们选择生活居住的地方都可能受到素质的影响。这些选择和经历也会影响我们生活中邂逅的人、地点和事件，从而影响我们的生命历程。素质将部分决定我们所经历生活事件的范畴和种类，并且其中一些可能被视为压力事件。一个害羞的人身边只有几个亲密的朋友，他可能比其他人更容易感觉在工作中被有意疏远。

德肖恩的冲动可能使他倾向于迅速参加聚会和饮酒，同时也喜欢结识新的朋友和置身于令人兴奋的环境。这些偏好使他处于某些容易过量饮酒的环境和经历中。这样的一些经历可能也会导致成绩较差和父母管教方面的压力，而压力又可能导致进一步的饮酒行为。高冲动性素质影响着一个人的人生选择和生命历程。反之亦然，即冲动性较低的人不会寻求这些经历，也不会受到这些应激源的影响。

素质-应激模型的内涵

素质-应激模型对于研究、治疗和预防心理问题有诸多意义。其中一个重要意义是，我们必须研究精神障碍的某些素质或脆弱性，以充分了解这些障碍形成的原因和方式。我们必须了解精神障碍的病因或成因。素质-应激模型通过囊括第二章探讨的所有理论模型的各个方面实现了这一点。该模型将所有可能的素质考虑在内，例如遗传、神经化学和大脑变化、潜意识过程、学习经历、思维模式及文化和家庭因素。了解这些素质对精神障碍发生时进行治疗及精神障碍出现前的预防也是非常重要的。

素质或脆弱性是精神障碍的风险因素。本章后面章节及全书所有介绍精神障碍的章节均对风险因素进行了探讨。研究人员通过对出现某一障碍多种症状的人和很少或没有出现该障碍症状的人进行对比来研究危险因素。这些群体之间的差异可能就是引发该障碍的风险因素或脆弱性。像德肖恩这样饮酒过量的人可以与基拉这样饮酒较少的人进行比较。我们可能会发现诸如遗传结构、冲动性和压力等方面的主要差异，并且其中一些差异可能有助于治疗和预防这一障碍。冲动和压力大的大学新生可以参与一项意识计划来减少过度饮酒的情况。风险因素研究与一般人群精神障碍模式的研究是交叉的，这是我们接下来要探讨的主题。

流行病学：精神障碍的普遍性

流行病学研究的是一般人群中疾病或障碍的模式。流行病学涉及任何与儿童和成人的健康不良或致命有关的身体或精神疾病。流行病学家是科学家，他们通过观察、调查并使用其他方法来对公共卫生问题（如精神障碍）的程度进行调查。专栏3.1显示了流行病学的一个著名示例：约翰·斯诺发现了霍乱暴发的原因并随后预防了新的疾病病例。预防是对从流行病学研究中收集到信息的一个重要应用。

3.1

专栏

约翰·斯诺

流行病学与预防的先驱

约翰·斯诺（1813—1858）经常被称为“流行病学之父”。他对灾难的调查在流行病学家中被誉为经典，他的简单干预就是预防方面一个很好的例子。1854年，伦敦暴发了霍乱，这场霍乱主要发生于生活在剑桥街和宽街上的居民中；据报道，在10天里，这一地区有500人死亡。斯诺认为人们是因受到污染的水源而感染霍乱的，所以他从注册总署获得了霍乱死亡的信息。他利用这一信息，调查了死亡现场，确定几乎所有死亡者均发生在距离宽街水泵（这一地区的水源）很近的地方。他去了每一个死者的家，计算出离家最近的水泵的距离，它们通常是宽街水泵。他还确定，一些死者最近喝了这种泵吸上来的水。这些数据支持了他关于霍乱通过水传播的理论，他的结论是宽街水泵的水源受到了污染。斯诺向地方政府提交了他的调查结果，人们移除了水泵的把手，当地暴发的霍乱结束。这是流行病学调查结果引发预防性干预的一个很好案例，这种干预拯救了无数的生命。下方地图显示了伦敦某地区霍乱死亡人数的分布情况。这些圆圈代表了死亡者集中在一个地区的情况，这让约翰·斯诺质疑疫情的源头是否来自那里。

该地图显示了伦敦某地区死于霍乱的人数分布情况。

流行病学家经常关注精神疾病的发病率与患病情况。发病率是指在某一特定时期内（如一个月或一年内）发生的精神障碍新病例在同一时期暴露人数中所占的比例。精神障碍的12个月发病率是指在过去12个月里首次患上该种疾病的人的百分比。患病率是指在一个月或者一年这样的特定时间段内的所有精神障碍病例（包括新的和现有的病例）在同一时期暴露人数中所占的比例。例如，不管抑郁症开始于什么时候，计算该疾病的12个月患病率需要过去12个月内所有已有的抑郁症病例数。

流行病学家还对精神疾病的终生患病率进行了估计。终生患病率指的是在接受评估之前，生命中任何时候均患有某种精神障碍的人所占的比例。终生患病率表示某些疾病在整个生命周期中的风险，而较短的患病时间（如一年）则有助于了解人们最近是否被确诊患有某种特定疾病。这两种患病率都有助于我们理解患有精神障碍的可能性，我们在接下来的章节及全书中将对此进行更详细的讨论。

精神障碍的患病率

流行病学家可以帮助确定精神障碍的患病率。国家发病率研究复测（NCS-R）是一项针对美国人的主要流行病学调查，该调查非常有代表性，对社区内大约1万名18岁及以上的人进行了调查。该调查采用了结构式访谈来评估人们是否患有一些主要的精神障碍，并构成了接下来几个章节的基础。

总体患病率与严重程度

NCS-R数据显示，46.4%的美国人在一生中的某个阶段经历过精神障碍（Kessler, Berglund, Demler, Jin & Walters, 2005）。这一比例似乎很高，但要记住两个要点。首先，并不是每个符合精神障碍标准的人都在接

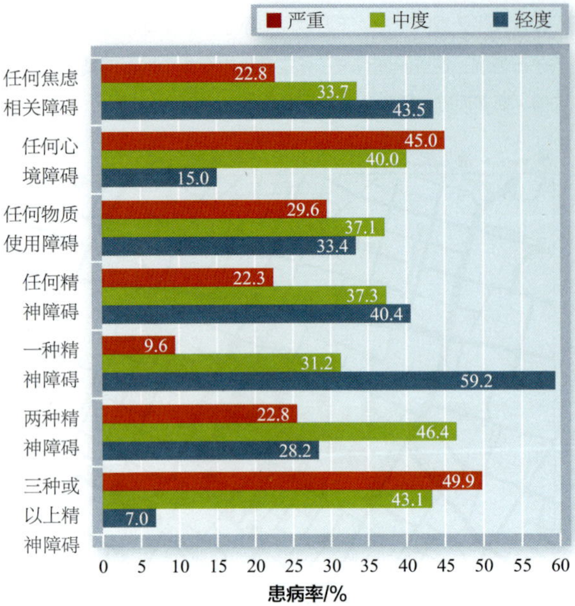

图3.2　12个月内患病的主要精神障碍的严重程度分布情况。图中比例指美国精神障碍者在各个严重程度（严重、中度和轻度）的分布情况。

受治疗。大多数包括大学生在内的有心理症状的人在确诊后的第一年里都不会寻求心理健康专业人员的帮助（Eisenberg, Hunt&Speer, 2012）。朋友、同龄人或家人甚至可能不了解相关症状。诸如悲伤等许多精神障碍的症状并不明显，所以其他人可能不会注意到一个人存在严重的问题。玛丽拉可能就属于这种情况。

其次，精神障碍的严重程度不同，许多人只表现出轻微的症状。这一点重申了本书的一个主要主题：从某种程度上来说，我们所有人均存在一些精神障碍的症状。有某些症状或得到确诊的人与没有症状或没有确诊的人之间没有质的区别。我们所有人都会时不时地感受到玛丽拉那样的抑郁症状。她的症状可能比我们目前的情况更加严重，但这些症状是我们可以识别的。

根据NCS-R提供的数据，精神障碍的严重程度包括严重、中度和轻度（Kessler, Chiu, et al., 2005）。每个水平均是通过与某一精神障碍相关的特定特征界定的。例如，严重症状是由具有致命意图的自杀企图、职业丧失劳动力、精神病性症状或强烈暴力等特征确定的。图3.2展示了一些主要精神障碍中各种严重程度所占的比例。精神障碍一般分为严重（22.3%）、中度（37.3%）或轻度（40.4%）。严重程度最高的是心境障碍（抑郁症和双相情感障碍）(45.0%)。

特定患病率

特定疾病的流行信息至关重要，由此我们可以知道如何分配治疗和预防资源。图3.3概述了一些主要精神障碍的终生患病率和12个月患病率。焦虑相关障碍的终生患病率高达28.8%，其中特定恐惧症的终生患病率为12.5%，社交恐惧症为12.1%。心境障碍（20.8%）也相对常见。物质使用障碍的终生患病率为14.6%，其中尤属酒精使用障碍最高，为13.2%。

NCS-R还提供了12个月患病率，由于时间范围较短，12个月患病率低于终生患病率。研究人员发现，超过1/4的美国人（26.2%）在过去一年中患有一种或多种精神障碍（Kessler, Chiu, et al., 2005）。焦虑相关障碍（18.1%）、心境障碍（9.5%）和物质使用障碍（3.8%）非常常见（见图3.3）。

共病现象

共病现象是指一个人患有两种或两种以上精神障

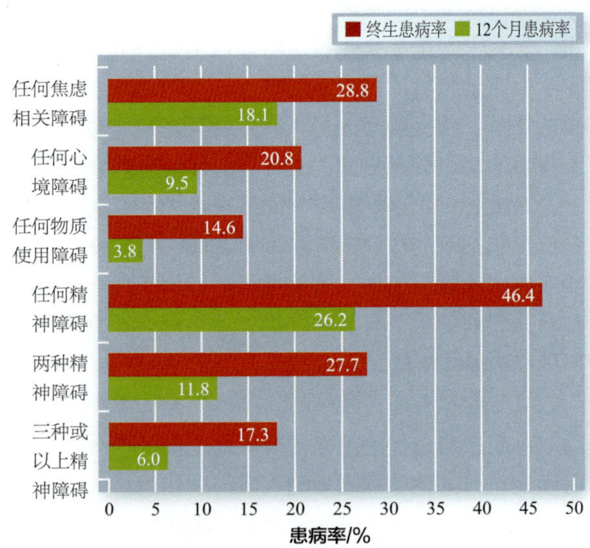

图3.3　主要精神障碍的终生患病率和12个月患病率（图中终生患病率和12个月患病率是患有精神障碍的美国人占总人口的比例）。

碍，这是心理健康专业人员非常关心的一个问题。这是因为患有两种或两种以上精神障碍的人比仅患有一种精神障碍的人康复的可能性要小。根据NCS-R的数据，27.7%的美国人一生中会至少患有两种精神障碍，11.8%的美国人在过去的一年中患有不少于两种精神障碍（Kessler, Berglund, et al., 2005; Kessler, Chiu, et al., 2005）。此外，共病现象也与精神障碍的严重程度明显相关。图3.2中的数据表明，患有三种或以上精神障碍的人中，被归为“严重”程度的比例（49.9%）远远高于仅患有一种疾病的人（9.6%）。

发病年龄

研究人员对精神障碍的发病情况进行了调查。研究人员询问那些在他们生命中的某个时刻被诊断患有精神障碍的人是否还记得他们的症状始于什么时候及他们的症状是如何发展的。他们得到了一些有趣的发现（见图3.4）。首先，精神障碍的平均发病年龄为14岁。其次，焦虑相关障碍的发病年龄（11岁）比物质使用障碍（20岁）或心境障碍（30岁）更早。当然，并不是每个被诊断患有这些障碍的人都在这些确切的年龄发病，但这些预估数据确实表明，许多精神障碍最初出现在青春期或成年早期。

队列效应与儿童

队列效应是疾病表达的显著差异，取决于人口统计学特征，如年龄或性别。与美国老年人相比，年轻的美国人可能更容易患上物质使用障碍。为什么呢？

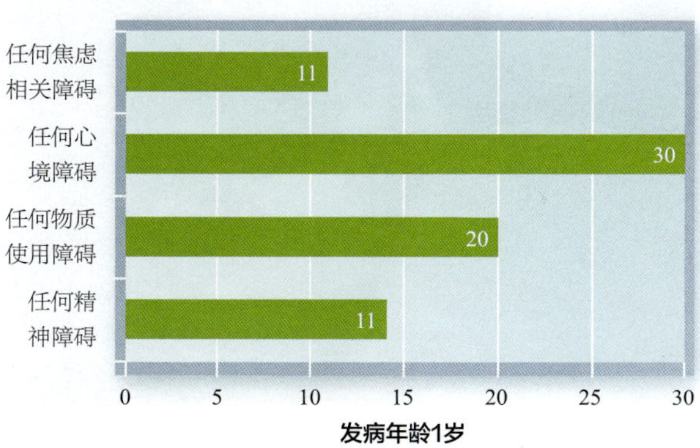

图3.4 主要精神障碍的发病年龄中位数。

一个可能的原因是，30年以前，青少年喝酒可不像现在这么容易。近年来，我们对未成年大学生饮酒的看法也发生了一些变化，与过去相比，当今社会趋于容忍这种行为。注意缺陷多动障碍的诊断也比过去多了。另一个例子是网络赌博成瘾行为（如扑克）。哪个群体存在更多这方面的问题——是计算机专业知识较少的美国老年人，还是在科技时代长大的大学生呢？

图3.5显示了NCS-R按年龄分列的精神障碍数据。在一些主要精神障碍（焦虑相关障碍、心境障碍和物质使用障碍）方面，年龄在18 ~ 59岁的人比60岁或以上的人的终生患病率要高。造成这些年龄差异的原因尚不清楚。年轻人终生患病率较高的原因可能是，他们更愿意承认自己的心理问题，或者随着年龄增长和距离疾病发作时间较长，成人可能会少报或忘记自己的症状。

那么对于青少年而言是一种什么情况呢？流行病学家估计，大约40%的美国儿童和青少年患有精

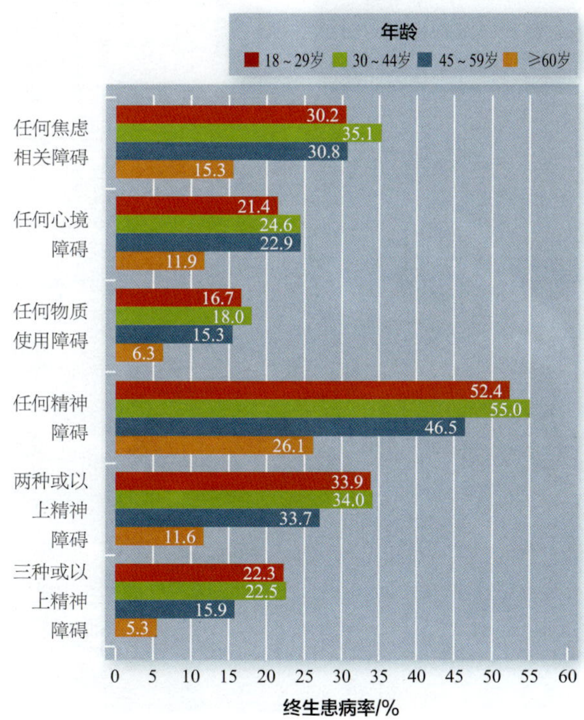

图3.5 按年龄分列的精神障碍终生患病率（图中终生患病率是指患有精神障碍的美国人占美国总人口的比例）。

神障碍。儿童和青少年最有可能被诊断出患有焦虑相关障碍、破坏性行为障碍、情绪和物质使用障碍等（Kessler, Avenevoli, et al., 2012）。此外，许多父母还称他们的孩子有情绪或行为障碍，并且这些问题对他们的家庭、学业和社会生活造成了影响（Sellers, Maughan, Pickles, Thapar & Collishaw, 2015）。

一般而言，我们中一半的人在一生中会受到精神障碍的影响，其中有许多在青春期或成年早期发作。我们中的许多人会经历不止一种精神障碍，而与老年人相比，年轻人的患病率往往更高。精神障碍的严重程度可能有所不同，即使没有正式确诊的人也可能在某种程度上表现出一些症状。精神障碍及其症状是多方面的，这就是异常心理研究是生活的一个重要组成部分的原因所在。精神障碍的高患病率也意味着人们经常要寻求治疗，这就是我们接下来要讨论的主题。

求医

NCS-R研究人员询问了患有焦虑相关障碍、心境障碍或物质使用障碍的人在前一年使用心理健康相关服务的情况（Wang, Lane, et al., 2005）。许多人（41.1%）使用过该类服务，其中21.7%的人使用过心理健康服务，22.8%的人使用过普通医疗服务，13.2%的人使用过诸如替代医疗等非卫生保健服务（有些人使用过两种或以上的服务）。寻求治疗的人一般都是不到60岁的女性，非西班牙裔白人种族背景，以前结过婚，居住在城市地区，生活比较富裕。寻求治疗的人也往往患有更严重的或两种及以上的精神障碍。

许多患有精神障碍的人最终都会寻求治疗。遗憾

流行病学研究表明，诸如酒精使用障碍等精神障碍在年轻人中十分普遍。

在经过多年的延误之后，大多数人最终都会就自己的心理问题寻求治疗。

的是，在障碍发作和首次治疗之间往往会出现较长时间的间隔。只有不到一半的精神障碍者在发病后一年内寻求治疗（Wang, Lane, et al., 2005）。许多障碍在诊断和治疗之间的间隔时间通常为10年或更长时间。心境障碍在治疗方面的延误更少一些，而焦虑相关障碍的延误则更加严重。年轻人更有可能寻求治疗，较晚的发病年龄与更及时的治疗有关。这可能反映了年轻人比他们的父母或祖父母更愿意寻求治疗的态度。

治疗成本

许多人寻求治疗精神障碍，但这种治疗的价格很高。心理健康和吸毒治疗的治疗费用较高。此外，在美国，个人将家庭年收入的10%左右用于心理健康和吸毒治疗（Agency for Healthcare Research and Quality, 2014）。

因此，心理健康和吸毒治疗服务在整个卫生保健行业中占有非常重要的比例。精神障碍的间接成本还包括因残疾和伤残或过早死亡导致在工作、家庭和学业方面生产力的丧失。精神障碍和物质使用障碍导致一些人过早死亡，也使一些人落下残疾（Whiteford et al., 2013）。这种致残率远远超过心血管疾病、呼吸道疾病和癌症的致残率（见图3.6）。

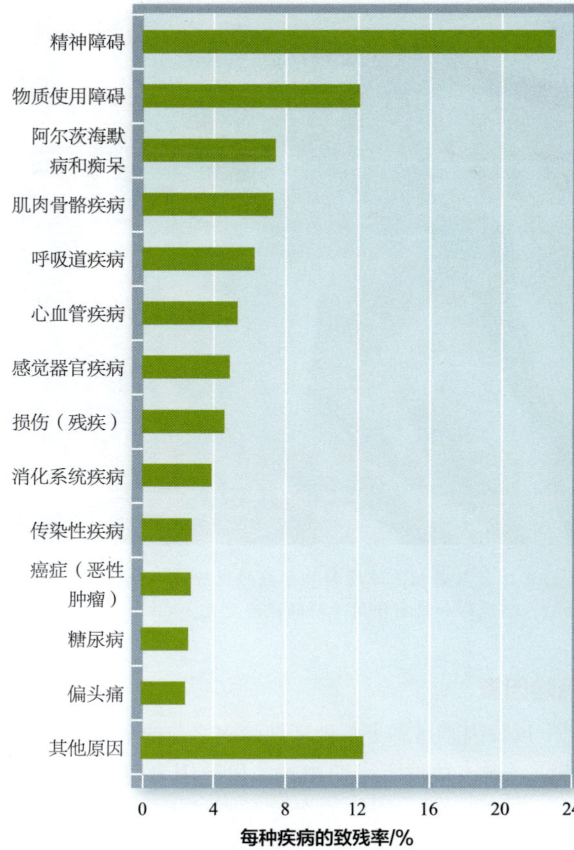

图3.6　精神障碍是致残的主要原因。

C 珍纳　　案例探讨

珍纳是一名22岁的大学生，有着长期的心理问题。珍纳经常感到抑郁和焦虑，难以控制自己的情绪，而且会无缘无故地怒斥他人。这影响了她的人际关系，因为很多人担心与她在一起可能会随时“激怒”她。珍纳面临压力或生自己的气时经常会用刀片割伤自己。珍纳多次寻死，她在过去的10年里多次尝试自杀。她容易做出错误的决定，而且行事冲动，这使她因为商店偷窃和写空头支票而惹上法律麻烦。多年来，珍纳也一直在与酗酒和吸毒做斗争。她的朋友们说，珍纳在生气时经常会“浑然无觉”，这种状态会持续30分钟左右，在这期间，她好像变了一个人一样。这些年来，珍纳看过许多心理医生。当他们问是什么导致了她的问题时，珍纳提到了自己的童年，当时她的一个叔叔对她进行了性虐待。

风险、保护性因素与恢复

心理医生如何理解像珍纳这样的问题呢？素质-应激模型有助于我们理解精神障碍发展的相关因素。一些因素是素质或脆弱性：人的特征或属性。其他因素包括该模型中的“应激”部分，通常被视为“环境因素”：是外在的东西，可能在本质上更为短暂。素质和应激可能是导致精神障碍的风险因素，但正如我们所看到的，并不是每个有精神障碍倾向的人都会患上精神障碍。因此，必须采取措施防止一些人患上精神障碍。我们接下来将进一步讨论风险和保护性因素的概念。

女性患焦虑相关障碍和抑郁症的风险更大；男性患反社会型人格障碍和物质使用障碍的风险更大。

风险因素

风险因素是患上某种精神障碍之前的个体或环境特征，与该种障碍密切相关。风险因素可以是生物学、心理或社会因素。珍纳童年遭受的严重性虐待是她成年后所遭遇问题的一个风险因素。风险因素可能导致患上某种疾病的概率增大，但这并不意味着这些风险因素就是病因。珍纳患有一种叫作边缘型人格障碍的精神障碍。童年的严重性虐待经历在患有边缘型人格障碍的人群中比在一般人群中更为常见。前文曾提到，风险因素通常是通过比较风险因素在患有或没有某种疾病的人群中的流行程度来确定的。对于患有精神障碍的人而言，更常见的风险因素可能是那些使他们置于“风险之中”的因素。

一些危险因素是“固定的”，例如性别或家族病史。其他风险因素是动态的，可以随时间而改变，例如社会支持。风险因素也可能因年龄、性别或文化而异。在酗酒这一风险因素方面，像德肖恩一样的21岁非洲裔美国大学生与45岁的欧洲裔美国商人是不同的。特定的精神障碍也存在许多风险因素，它们之间可能以复杂的方式相互作用，从而影响疾病的发展。

风险因素必定先于病情的发生而存在，所以精神障碍本身是不可能引起风险因素的。我们不认为德肖恩的大学生活困境是其酗酒的一个风险因素。相反，酗酒会导致逃课、学习成绩变差。然而，对许多其他人来说，糟糕的成绩会引发压力，进而导致过量饮酒。那么对这些人而言，成绩差就是一个风险因素。

识别风险因素可以更好地进行治疗和预防（见专栏3.2）。对于像珍纳一样患有边缘型人格障碍的人来说，童年的性虐待经历是一个风险因素，因此那些寻求预防边缘型人格障碍的人可能会把重点放在预防这种虐待方面。这可以通过对父母和孩子进行适当和不适当亲密关系方面的教育及告知父母和孩子在出现问题时可以利用的资源（如美国家庭与保护服务部）来实现。在本章后面章节，我们将讨论识别风险因素如何有助于引导预防工作。接下来，我们将讨论各种精神障碍的几个关键风险因素。

性别

男性和女性患精神障碍的风险是不同的。研究者一致发现，男性比女性更容易患上物质使用障碍、反社会型人格障碍、性功能失调和发育障碍。女性患焦虑相关障碍和抑郁症的风险更大。另外，女性也更可能患上诸如阿尔茨海默病等认知神经障碍，因为她们比男性寿命长。与男性相比，女性在任何时候都更有可能患上一种以上的精神障碍（Eaton et al., 2012; Halladay et al., 2015; Mielke, Vemuri & Rocca, 2014）。

年龄

年龄也是精神障碍的一个重要风险因素，尤其从青春期到成年早期这一阶段（Whiteford, Ferrari, Degenhardt, Feigin & Vos, 2015; Figure 3.5）。例如，75%的焦虑症发生于21岁之前，75%的物质使用障碍发生于27岁之前，75%的心境障碍发生于43岁之前（Jones et al., 2013）。遗憾的是，早期发作疾病的康复机会可能相对较小（Costello & Maughan, 2015）。然而，诸如痴呆等其他疾病往往发生于人生后期（Prince et al., 2013）。

种族和民族

种族和民族在多大程度上是精神障碍的风险因素

3.2

专栏

聚焦大学生

自杀

自杀是年轻人死亡的主要原因之一，对于大学生而言尤为如此（Centers for Disease Control and Prevention, 2015）。原因之一可能是大学的压力，外加消极的生活事件（Rowe, Walker, Britton&Hirsch, 2013）。这种压力可能因离开家庭和同龄人、面对新的学业要求，甚至面临性侵犯而产生。这些压力源可能造成新的精神障碍或者加剧现有的精神障碍。大学生自杀的重要风险因素包括：患有诸如抑郁症等精神障碍，酗酒或吸毒，有创伤史，有重大身体疾病，缺乏社会支持和获得医疗服务的机会，寻求帮助引发的污名，以及被认定为女同性恋、男同性恋或双性恋等。然而，相反，保护性因素包括抗逆力、获得适当医疗服务的机会、家庭和社区支持、良好的解决问题和冲突的技能、对未来的积极信念，以及不倡导自杀的文化和宗教信仰（Shadick，Dagirmanjian&Barbot, 2015; Taub&Thompson, 2013）。关于风险和保护性因素的研究对于制定良好的评估战略及有针对性的预防和治疗工作至关重要（King et al., 2015）。

一直以来难以确定。欧洲裔美国人在焦虑相关障碍、心境障碍和物质使用障碍方面的终生患病率普遍高于非洲裔、亚洲裔和拉丁裔美国人（Holzer&Copeland, 2013）。然而，大多数关于种族和民族的研究都集中在精神障碍更细微的方面。例如，创伤后应激障碍的发病率在非洲裔美国人中往往更高一些，他们可能更容易受到某些创伤事件的影响（Benitez et al., 2014）。此外，西班牙裔青少年心境障碍的发病率往往高于非西班牙裔白人（Avenevoli, Swendsen, He, Burstein&Merikangas, 2015）。酒精使用障碍在美国原住民中最为常见（Grant et al., 2015）。某些特定的差异可能是显而易见的，但我们还不能断定种族和民族是精神障碍的一般性风险因素。我们在本书中详细讨论了每种疾病具体的种族和民族差异。

教育、社会经济地位和婚姻状况

教育程度低、社会经济地位低下和贫困是公认的精神障碍的风险因素（Lund et al., 2011; Reiss, 2013）。婚姻状况也是导致精神障碍的一个重要风险因素。结婚通常会改善一个人的心理健康状况，并减轻痛苦，而离婚和丧偶则与心理健康的大幅恶化密切相关（Umberson, Thomeer&Williams, 2013）。婚姻破裂与焦虑相关障碍、心境障碍、物质使用障碍及自杀的高风险密切相关（Kessler, Berglund, et al., 2005）。表3.1对精神障碍的风险因素进行了概述。

其他风险因素

其他风险因素似乎代表了精神障碍普遍的脆弱性。个体风险因素包括遗传易感性、低出生体重和早产、神经心理缺陷、语言障碍、慢性身体疾病、智力低下及儿童虐待史。家庭风险因素包括严重的婚姻不和谐、过度拥挤或家庭规模过大、父亲犯罪、母亲精神障碍和接受寄养等。社区或社会风险因素包括暴力、贫困、社区混乱、学校资源不足、种族主义、性别歧视及一般性歧视（Curtis et al., 2013）。在第二章中，在讨论精神障碍的生物学、心理动力、人本主义、认知行为和社会文化模型时，我们也讨论了许多其他风险因素。了解这些风险因素对于制订有效的治疗方案和预防精神障碍非常重要。保护性因素也是如此，下文将就这些因素进行探讨。

保护性因素

我们必须确定风险因素，以确定哪些人群容易患精神障碍，但我们也必须确定与降低精神障碍风险相关的保护性因素。保护性因素是风险因素的另一面。缺乏社会支持是抑郁症的一个风险因素，因此，强有力的社会支持可以被认为是一种保护性因素。与缺乏社会支持的人相比，那些得到朋友和家人强有力的社会支持的人往往不容易患上抑郁症。也许你已经获得了一位朋友的感恩，她感谢你在她生命中的困难时刻给予了她关怀与支持。你的支持及其他人的支持使她

表3.1
精神障碍风险因素概述

风险因素	研究发现
年龄	精神障碍发病率最高的时期是青春期和成年早期
教育程度	没有完成高中学业的人比那些完成高中或高中以上学业的人更有可能被诊断出精神障碍，尤其是物质使用障碍
就业情况	失业的人比有工作的人更容易产生心理问题
性别	男性患反社会型人格障碍和物质使用障碍的风险更大； 女性患焦虑相关障碍和抑郁症的风险更大。 与男性相比，女性在任何时候都更有可能被诊断出不止一种精神障碍
婚姻状况	婚姻破裂（离婚或分居）通常会引发精神障碍，尤其是焦虑相关障碍、心境障碍和物质使用障碍
种族和民族	研究表明，总体而言，结果是喜忧参半，但也有一些特定的差异

没有变得极度抑郁。

关于保护性因素的研究不如风险因素方面的研究那样广泛，但表3.2提供了一些例子。与风险因素一样，保护性因素可以是生物学、心理或社会因素，也可以是个人、家庭或社区层面的因素。婚姻幸福的人精神障碍的终生患病率和12个月患病率最低。社会支持或与朋友及其他人的联系及对这些社会联系的满意度也是重要的保护性因素（Holt-Lunstad&Uchino, 2015）。人格和心理因素，例如自我效能感、解决问题的能力、乐观及对正面事件的关注等，也能使人们免受精神障碍的困扰（Johnson&Wood, 2016; Layous, Chancellor&Lyubomirsky, 2014）。

一项流行病学研究发现，与非洲裔美国人和拉丁美洲人相比，欧洲裔美国人焦虑相关障碍、心境障碍和物质使用障碍的终生患病率更高。像这样一些特定的种族差异是显而易见的，但我们还不能断定种族和民族是精神障碍的一般性风险因素。

抗逆力

第二章曾提到，有些人即使在贫困和遭受虐待等恶劣环境下也能很好地工作。这些人之所以能很好地适应这些环境，是因为他们有抗逆力或者是承受和克服极端逆境的能力（Fletcher&Sarkar, 2013）。尽管抗逆力强的人在生活中也会遇到种种困难，但他们可以很好地适应这一局面，并做出正确的选择，从而成功战胜逆境。心理医生对研究与抗逆力相关的因素越来越感兴趣，尤其是对那些由于战争、家庭暴力或贫困等不利环境而面临负面后果风险的儿童（见图3.7）。

表3.2
精神障碍/疾病的保护性因素

个人	正面积极的性格 高智商 较强的社交能力 精神或宗教信仰
家庭	小型家庭结构 与父母的支持性关系 良好的兄弟姐妹关系 父母适当的监督和规则的制定
社区或社会	对学校的承诺 医疗和社会服务的可及性 社会凝聚力

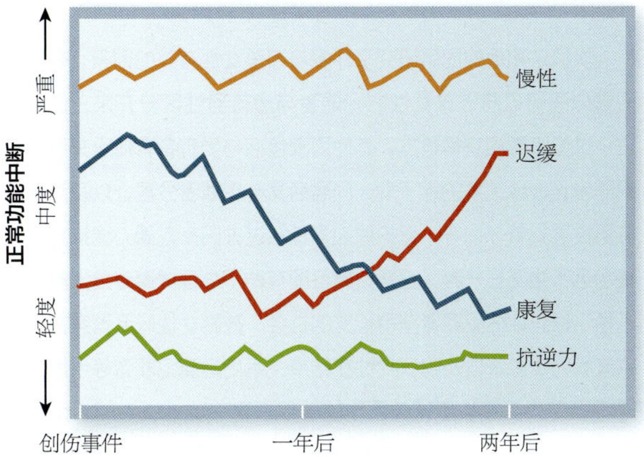

图3.7 创伤事件后正常功能中断的典型模式。

精神和宗教信仰可以作为一种预防心理问题的保护性因素。

抗逆力研究最初以患精神分裂症父母的子女为研究对象。父母患有精神分裂症的孩子面临精神分裂症的遗传和环境风险，但许多存在这些风险因素的儿童并没有患上这种疾病，而且他们对自己身处的环境适应得很好（Hameed&Lewis, 2016）。虽然这些孩子暴露在精神分裂症的几种风险因素中，但他们仍然能茁壮成长。

抗逆力研究已经扩展到包括创伤事件或不利的环境或社会状况。在“9 • 11”恐怖袭击事件之后，许多人表现出创伤后应激障碍的症状。他们变得焦虑、抑郁、失眠，并且难以集中注意力。这些症状使他们非常痛苦，并且导致许多人怀疑他们的心理健康能否有所改善，但并不是所有经受这些悲剧事件的人都会患上创伤后应激障碍。对这样的悲剧事件适应得很好的人有什么特点？他们的抗逆因素是什么？

儿童的关键抗逆因素包括良好的社交和学业能力，以及工作和娱乐环境中的效力。少数族裔群体的关键抗逆因素包括支持性家庭和社区及精神和宗教信仰。精神和宗教信仰也与更高的生活满意度和幸福感有关（Lewis&Rudolph, 2014; Van Cappellen, Toth-Gauthier, Saroglou&Fredrickson, 2015）。非洲裔美国人的宗教信仰程度高于其他种族或族裔，宗教信仰似乎可以防止发生更高比例的心理问题。但是宗教或精神信仰是如何提供优势的呢？也许有强烈宗教或精神信仰的人坚持更健康的生活方式（如不吸烟或饮酒），提供和接受更高水平的社会支持（如教堂社区），或者提倡与信仰相关的积极乐观的信念（Lavretsky，2014）。抗逆因素与好的结果是相关的，但这些抗逆因素是否会产生好的结果尚不清楚。尽管如此，与家庭成员和社区的紧密联系及良好的解决问题和处理问题的能力似乎可以缓冲不利环境对人们的影响。关于抗逆力和能力方面的研究也以几种实用的方式帮助了心理健康专业人员。这些研究指导制定旨在预防或消除风险因素的干预措施、构建资源、加强关系、提高自我效能和自我调节的能力（Khanlou&Wray, 2014; Macedo et al., 2014）。

预防

我们对风险因素和诸如抗逆力等保护性因素的讨论很自然地使我们关注本书的主要主题之一——预防。预防是指在精神障碍发生后阻止后续问题的发展，并且预防可能比个体治疗更有效。那些从事预防工作的人经常利用风险和保护性因素来确定在出现严重问题之前需要更多帮助的人。因此，预防是许多公共卫生项目的一个指导原则。许多预防项目旨在降低精神障碍的发生风险，并增加精神障碍的保护性因素。像珍纳所经历的儿童虐待就是许多精神障碍的一个主要风险因素。因此，许多预防项目试图降低儿童

3.3

专栏

聚焦暴力

谋杀女性的预防

谋杀女性是导致女性过早死亡的一个主要原因。亲密伴侣凶杀案占全世界凶杀案总数的13.5%（Stockl et al., 2013）。美国女性被亲密伴侣杀害的频率比任何其他类型的犯罪更高，而在凶杀案发生之前，男性往往会对女性实施身体虐待。因此，识别虐待关系中的风险因素可能有助于我们了解从身体虐待到杀人的原因。这是预防工作的基础。

坎贝尔和他的同事研究了许多与谋杀女性有关的因素。有几个因素似乎可以将谋杀女性的犯罪者与虐待男性区分开来，包括失业、过量吸毒和获得枪支。其他因素包括与受害者有血缘关系但与犯罪者无血缘关系的继子女、同居后又与犯罪者分居，以及离开虐待男性寻找新伴侣等。保护性因素包括过去因家庭暴力逮捕犯罪者并永远不生活在一起。这些结果可能有助于心理健康专业人员进行干预，通过评估犯罪者获得枪支的机会、鼓励女性联系警察并使用家庭暴力资源，以及建议女性在结束关系后远离犯罪者等手段，也许可以防止女性被虐待关系中的伴侣杀害（Messing, Campbell, Wilson, Brown & Patchell, 2015; Sabri, Campbell & Dabby, 2015）。

虐待的发生率。预防项目也可能以加强保护性因素为目标。针对儿童的保护性因素包括良好的社交和学业能力，以及成长于积极的家庭环境。因此，可以设计预防项目帮助孩子结交朋友，在学校表现良好，并教育家长正确的育儿方法。预防项目通常基于这些特征关注那些在某些疾病方面面临风险的儿童和家庭。

表3.3列出了预防高危家庭儿童遭受虐待的各种技巧。这一特定项目强调了养育和照顾孩子的各个方面，这可能有助于预防儿童受到虐待。该项目在积极育儿、解决问题的技能和愤怒管理方面提供了基础教育和培训。我们希望像这样成功的项目能够减少虐待。

连续性预防

预防的基础是构建心理健康，并在问题发生或恶化之前限制包括心理健康等问题的范围。通过对精神障碍实施的连续性干预，个人确实可以从预防和治疗项目中获益（Nathan & Gorman, 2015）。这一连续体的表现方式如下：在障碍发生前开始预防，在障碍发生后（或出现症状时）开始治疗，而对于症状维持时间很长的人而言，则进行持续关注（见图3.8）。

预防的三种类型

心理健康专业人员采取了三种主要的预防方法。我们在第一章介绍过这些方法，接下来将就这些方法进行更详细的讨论。

一级和全面性预防

一级预防是最纯粹的预防形式，即对没有疾病迹象的人进行干预（Bloom & Gullotta, 2014）。一级预防措施用于防止出现新的疾病病例。这种类型的预防与治疗精神障碍的传统方法截然不同，后者是在出现严重心理问题之后才进行干预。全面性预防与一级预防类似，即针对大量未受特定问题影响的人群进行干预，以减少新的疾病病例（见图3.8）。向公众宣传过量饮酒和吸毒的危害就是一个例子。然而，全面性预防干预的目标群体是所有人，因此成本高昂。此外，也有其他一些一级预防或全面性预防的例子。例如，新生儿定期接受苯丙酮尿症（PKU）筛查，苯丙酮尿症是一种可导致智力障碍的疾病。其他一级预防的例子包括为学龄前儿童提供强制性汽车座椅以防止事故伤亡，以及提供防止儿童虐待的育儿课程等（见表3.3）。一级预防还包括减少就业歧视、加强学校课程、改善住房和帮助单亲家庭儿童等方面的项目。诸如针对校园欺凌的项目等的一级预防项目的效果相当不错（Evans, Fraser & Cotter, 2014）。然而，诸如针对性暴力犯罪的项目等的其他一些一级预防项目却收效

表3.3

预防高危家庭儿童遭受虐待的各种技巧

基本的解决问题能力训练	学会识别和界定典型的生活问题
积极育儿：享受与孩子相处的时光	• 接受有关儿童发育和如何欣赏孩子的成长能力方面的教育 • 通过孩子的眼睛看世界 • 父母和孩子共同参与各种活动：孩子主导的游戏和相互支持
育儿技能	学会以下一般技能： • 如何界定行为和目标 • 如何认识适合发展的目标 • 如何确定前因后果 • 如何确定奖励 • 如何确定合理的控制水平
	学会以下请求技能： • 如何发出请求以确保遵守（阿尔法命令） • 如何提出合理的请求
	学习如何减少不良行为的频率： • 忽视 • 只要不做出消极的行为，就进行奖励 • 实施暂停 • 通过“测试极限”阶段
	学习如何增加孩子可取的行为： • 表扬 • 采用明晰的奖励法：适当的奖励，代币制
拓展育儿	学习有关儿童安全的知识，尤其以下几个方面： • 惩罚与虐待——什么样的惩罚是虐待，虐待的结果 • 选择安全护理人员的责任 • 其他类型的伤害，“儿童防护” • 监督 • 孩子是父母珍视的宝贝：尽心保护
愤怒管理	学会从孩子的角度看待自己： • 回忆自己的父母及父母的愤怒 • 描述成为愤怒焦点的感受
	学会控制自己的情绪： • 将愤怒视为一种感觉、颜色或状态
	学会行为疗法： • 改变你状态的能力 • 放松 • 意识到愤怒的诱因 • 安全阀 • 自尊
	学会将成功的育儿之道视为减少愤怒的方式

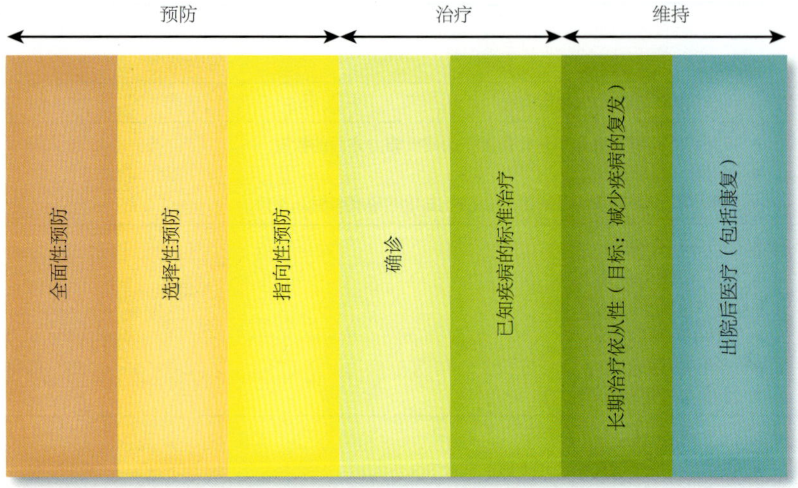

图3.8 预防全程存在于对心理问题的干预中。

甚微项目。

二级预防和选择性预防

二级预防是指在问题可控且对治疗产生更大抗性之前解决问题（Aneshensel et al., 2013）。二级预防的目的是在疾病完全发作之前“将问题扼杀在萌芽状态”。二级预防项目有利于及早发现心理健康问题，并在早期进行治疗以免患上精神障碍。

二级预防方法表明，许多人将接受心理健康问题早期征兆的筛查。这些人不一定会寻求帮助，甚至可能看起来没有危险。该类筛查可由社区服务人员进行，如心理医生、医生、教师、神职人员、警察、法院工作人员、社会工作者或其他人员。每年的5月1日被定为美国焦虑症筛查日，这有助于为那些可能正在最初的恐慌或其他焦虑症状中挣扎的人提供快速评估。当然，在及早发现问题之后，需要进行适当的转介治疗。

选择性预防与二级预防类似，二者均针对有特定问题风险的人群（见图3.8）。选择性预防措施的目标对象是比一般人群更有可能患上某种精神障碍的个体或人群亚组。目标对象是根据与疾病发作相关的生物学、心理或社会风险因素来确定的。选择性预防的一个例子是旨在发现和帮助有精神分裂症易感基因的青少年的项目。尤其对诸如抑郁症和自杀等高风险问题，建议采取选择性预防措施（Okereke, 2015）。

三级预防和指向性预防

三级预防指的是缩短发病后精神障碍的持续时间和减小额外的负面影响。三级预防不同于一级预防和二级预防，因为新的精神障碍病例并没有减少。相反，我们的目标是稳定症状、提供康复服务、防止复发、改善精神障碍者的生活质量，并减少现有精神障碍的影响（Fernandez, Gold, Hirsch & Miller, 2015）。三级预防项目通常侧重于以下几个方面：（1）教育同龄人和家庭成员以减少歧视；（2）提供职业培训以提高能力；（3）教授独立生活技能以帮助精神障碍者更加自食其力。为防止再次入院治疗，从精神分裂症中康复的人可能需要以上这些方面的帮助。三级预防的一个关键目标是防止出现其他问题。三级预防项目与针对精神障碍者的传统治疗没有太大区别。然而，重点仍然是预防其他问题；因此，三级预防确实与一级和二级预防有共同之处。每种预防形式的目标都是在社区或全民基础上减少与精神障碍相关的问题。

指向性预防是针对那些未来有很高的风险出现众多健康问题的个人（而不是群体）（见图3.8）。这些“高风险”个体被认为在某种精神障碍方面具有许多风险因素和很少的保护性因素。与三级预防不同，指向性预防侧重于那些精神障碍尚未全面发病的人。

精神障碍预防项目

在学校适应、学习与健康问题、意外伤害、怀孕和虐待儿童等方面，预防项目已经相当成功或具有良好前景。成效有限的方面包括诸如过度使用精神活性物质、青少年违法犯罪等复杂问题的预防（Gullotta & Bloom, 2014）。预防的一个关键优势是可以节省大量资源，否则这些资源将用于精神障碍者今后的治疗、住院和/或监禁（van Zoonen et al., 2014）。下面介绍了解决年轻人常见问题的预防项目的一些具体实例。

大学校园酒精使用障碍的一级/全面性预防

鉴于如今大学校园里酗酒现象非常普遍，德肖恩在读大学时遇到的问题并不令人惊讶。德肖恩经常进行所谓的“狂饮”，这意味着男性要一次喝五杯酒或更多，女性要一次喝四杯酒或以上。狂饮可导致学习成绩差，发生暴力、身体伤害、危险性行为及健康问题的风险加大等。调查显示，大约39.1%的18 ~ 22岁大学生进行过狂饮（White & Hingson, 2014）。由于大学生狂饮行为非常严重，因此，关于这方面的预防工作是当务之急。

许多大学都有旨在控制过量饮酒或狂饮的校园项目。这些项目可以被认为是一级或全面性预防项目，因为所有学生（而不仅仅是那些有酒精使用障碍的学生）都会受到这些项目的影响。这些项目包括新生入学教育期间的通识教育、诸如“酒精危害宣传周”等学年特别活动及同伴教育项目（学生自己支持同龄人在饮酒方面选择健康的态度和生活方式）（Scott-Sheldon, Carey, Elliott, Garey & Carey, 2014）。

密苏里大学的健康资源中心（WRC）发起了一项针对过量饮酒的预防项目。该项目的主要内容包括制定负责任的决策，并提供有关大学生饮酒量方面的准确信息（被称为社会规范）。同龄人向同学们提供大量关于饮酒及其相关问题的信息。WRC的那些责任重大的决策项目由经过培训的同伴教育者负责管理，他们走进学生宿舍、兄弟会和姐妹会、大学教室及初中和高中学校，宣传酒精及其他毒品问题的危害，并在饮食、锻炼和吸烟方面选择健康的生活方式。例如，同伴在演示会上向参与者介绍虚拟酒吧，这是一个展示酒精对身体影响的交互式计算机程序。参与者决定虚拟角色选择小口啜饮、饮用或者狂饮各种酒精饮品以观察各种饮酒方式对血液酒精含量（Blood Alcohol Content，BAC）的影响。此外，参与者在做出饮酒方面的决定时还要学会考虑时间、酒精含量、性别和体重。另一次演示会关注的是在21岁生日时喝21杯酒这一日益流行的传统。该项目强调了这种行为（酒精中毒与死亡）的危险，并提倡安全、负责任的饮酒行为。最后，学生酒精责任培训（START）是一个在

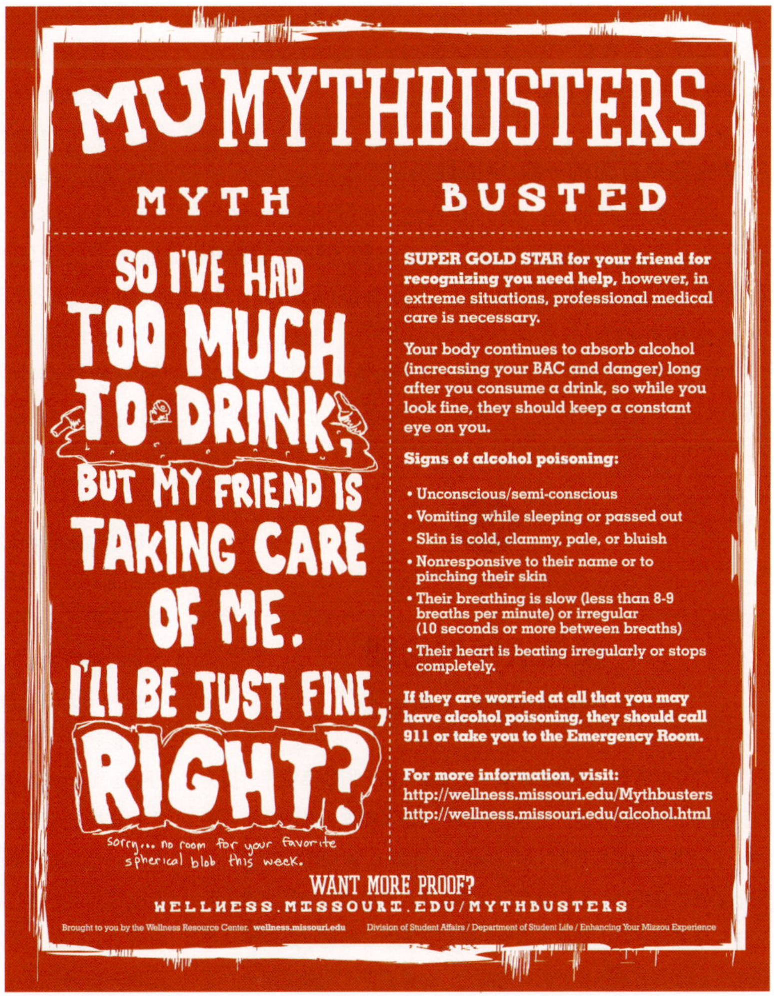

这张来自密苏里大学健康资源中心的截图对关于大学饮酒方面的教育尝试进行了说明。

线培训项目，该项目旨在对参与者策划和举办有趣且安全的聚会进行培训。主题包括聚会活动安全规则、客人饮酒情况、防止未成年人获得酒精和法律责任。社会规范是许多物质使用预防项目的一个重要组成部分。这种方法基于这样一种假设，即学生经常高估其他学生的饮酒量，并且他们认为其他学生喝多少酒，他们也就喝多少酒。像WRC这样的项目通过教育学生了解他们同龄人的实际饮酒量来纠正这种误解。调查数据显示，密苏里大学的学生认为，60%的同龄人每周饮酒三次或以上，但来自学生自己的实际数据显示，只有33%的同龄人如此饮酒。WRC通过每周在学生报纸上刊登广告、在校园内分发书面材料、分发书签及在学生计算机实验室中放置带有这些信息的鼠标垫来纠正学生的饮酒标准。

中学生自杀行为的一级/全面性预防

在本章前面部分，我们看到22岁的大学生珍纳在过去的几年里多次试图自杀。青少年和大学生的自杀行为并不像你想象的那么罕见。自杀是导致15 ~ 24岁青少年死亡的主要原因之一。此外，在过去12个月中，6%的本科生和4%的研究生曾经认真考虑过自杀（King et al., 2015）。因此，早期有效的自杀预防项目是十分必要的。这些项目可能会帮助像珍纳一样有自杀和自残想法的人。自杀迹象测试（SOS）是一个基于学校的预防项目，该项目包含两个主要组成部分（Schilling, Lawless, Buchanan & Aseltine, 2014）。教育内容包括视频回顾和讨论指南。这些资料突出了自杀和抑郁之间的联系，表明自杀行为不是对情感抑郁的一种正常反应，并为识别自己及他人的抑郁迹象和症状提供指导。如果发现同龄人有抑郁的迹象，学生也会被教导采取措施（ACT），具体如下：承认（A）这些迹象，并认真对待，让当事人明白你对他的关心（C），并告诉（T）他一个负责任的成人在这种情况下会怎么做。这段视频包含一些对曾接触过自杀行为的人的采访，并提供了在同伴表现出抑郁或自杀迹象时的应对方式。第二部分涉及自我筛查：个人评估自己是否有抑郁的迹象和自杀的念头，并在必要时寻求帮助。SOS项目在帮

自杀迹象测试（SOS）预防项目有助于防止自杀企图，并增加有关抑郁症方面的知识。

3.4

专栏

聚焦法律与伦理

与精神失常相关的概念

第二章曾提到，精神失常是一个法律术语，指的是犯罪时丧失行为能力。一些关键的历史标准影响并塑造了精神失常的概念。其中一个标准是姆纳坦规则（M'Naghten rule），该规则指的是，如果刑事被告在犯罪时不知道其行为的性质或者不能分辨对与错，那么该刑事被告就可以精神失常为由被判定无罪。姆纳坦规则意味着被告人必须具有辨别是非的认知能力。如果被告不知道这两者之间的区别，例如有人经历了精神病发作或患有严重智力障碍，那么这可能成为为精神失常辩护的基础。另一个重要的历史标准是不可抗拒的冲动或控制规则。在这种情况下，如果一个人因患有精神障碍而在犯罪过程中无法控制自己的行为，那么这个人可以为他的行为进行精神失常辩护。此外，德赫姆规则（Durham rule）提到，如果一个人的犯罪行为是由于“精神疾病或缺陷”造成的，那么他可能就不必为该行为负责。然而，这两种标准都被批评过于宽泛（Kolla & Brodie, 2012）。美国法律协会试图通过融合姆纳坦规则和不可抗拒的冲动这两个概念来解决这一问题。美国法律协会建议，如果一个人的精神障碍妨碍他辨别是非或者无法控制自己的行为，那么该人可以进行精神失常辩护。美国精神病学会后来建议将美国法律协会的定义简化为仅包含第一部分（姆纳坦规则）。时至今天，尽管一些州已经完全取消了精神失常辩护，但许多州和联邦政府均采用美国精神病学会的定义来辨别一个人是否能辨别是非。

助预防自杀行为方面似乎是成功的。与未参与该项目的人相比，SOS项目参与者表现出更少的自杀倾向、更多抑郁方面的知识和更多对抑郁和自杀的适应性态度。该项目也适用于即将步入大学的高中毕业生，强调如何获取校园和社区资源。像SOS这样的项目可以帮助珍纳了解她抑郁和痛苦的迹象，认识到自杀行为不是一个应对抑郁或压力的好方法，并制订一个计划，在她感到不知所措时获得社会支持。这些技能可能减少珍纳的自杀行为。

饮食失调症状的二级/选择性预防

研究人员还评估了针对大学生的二级预防项目。斯蒂斯和他的同事开展了这样一个项目，以预防女大学生出现饮食失调症症状和不健康的体重增加。健康体重是一个选择性预防项目，该项目强调健康的饮食摄入和适当的身体活动，尤其那些担忧自己身体形象的女性。身体形象指的是一个人对自己外表、对其身体的感觉及对自己身体的控制感等方面的信念。对身体形象的担忧可能是饮食失调症的一个风险因素。前文曾提到，二级预防或选择性预防针对的是那些目前没有患上某种精神障碍但有可能表现出该障碍其他症状的人群。因此，研究人员针对的学生似乎存在患上饮食失调症的风险。健康体重是一个四课时的项目，该项目首先教参与者如何对饮食和身体活动进行小而持久的健康改变，以确保他们的能量摄入和输出保持平衡。通过使用诸如开始吃高纤维食物、减少食物分量及在家不吃不健康的事物等适应性的选择鼓励参与者追求健康，而不是单纯的“瘦”。此外，该项目还对计划性和创造性的日常锻炼进行了讨论。为保持追求健康体重的动力，参与者保持记录自己关于饮食和运动方面的日记。还鼓励他们讨论未来在这方面可能遇到的障碍，并找到克服健康行为改变方面的障碍的方法。大多数学生（67%）参加了健康体重项目的全部四个课时（共4小时）。与对照组相比，健康体重干预组的学生表现出较少的饮食失调症状，运动增加，节食次数减少，并且对身体的不满意度也相对更小。间歇性节食通常被认为是饮食失调症的一个风险因素，因此该项目有助于减少可能导致全面发病的行为。干预效果对于那些有更多饮食失调症状和在变瘦方面感到更大压力的学生最为明显。结果表明，对于这样一种破坏性极强的疾病而言，短暂的团体干预是一种强有力的预防策略。因此，预防项目可以成功地“缓冲”年轻人的心理问题。在本书中，我们提供了许多关于精神障碍的一级、二级和三级预防的例子。

第四章　精神障碍的诊断、评估与研究

4

章节特色

- 专栏4.1　**聚焦法律与伦理**　哪些人应成为心理健康研究的对象？

C 史密斯教授

案例探讨

45岁的史密斯教授不明白过去6个月他到底发生了什么事。他全身都有种奇怪的感觉，包括胸痛和头痛。在这段时间里，他感到呼吸短促、头昏眼花、浑身发抖、整个胸部和手臂发热。这些症状出现得很突然，有时甚至在睡眠中出现，但用不了15分钟就结束了。史密斯教授最近遇到了一些挫折，包括未能晋升为正教授，这是他最不愿意看到的事。

到底出了什么问题呢？史密斯教授做了几次医学检查，排除了心脏问题、脑瘤及其他疾病。他的医生向他保证，他的身体没有什么医学上的疾病，但他的这些症状却依然存在。史密斯教授发现自己更难以集中精力工作，他的事业似乎停滞不前了。尽管最后期限临近，他努力迫使自己阅读书籍和期刊，但却难以长时间地集中注意力，连一个段落也写不出来。他在教学上也受到了影响，因为身体症状而取消了几节课。

史密斯教授觉得他需要知道发生了什么事，但还没有确切的答案。更糟糕的是，这些症状和工作上的问题给他的家庭和友谊带来了压力。那些关心的人想要帮助他，却又无法插手，因为史密斯教授变得更加孤僻、沮丧和抑郁。最近，他的抑郁症状似乎恶化了，因为他睡不着觉，一天中大部分时间都感到疲倦，体重减轻了许多。最后，在妻子的不断恳求和医生的建议下，他同意去看临床心理学医生。他对此表示怀疑，但又有什么害处呢？

思考问题

1. 史密斯教授的行为不正常吗？你觉得他有精神障碍吗？
2. 你认识跟史密斯教授有一样问题的人吗？
3. 关于他的疾病方面，还有哪些信息是有用的？
4. 你认为怎样才能最大限度上了解他的问题？你认为面谈、心理评估或其他医学测试会有帮助吗？
5. 什么样的治疗能让史密斯教授松口气？

异常行为与精神障碍的定义

史密斯教授的案例说明了某些症状是如何限制人们舒适生活、维持职业甚至与他人交谈的能力的。这些症状对他来说确实很痛苦，而且似乎很不寻常。为找出问题所在，以缓解自己的症状，史密斯教授咨询了一位心理医生。心理健康专业人员在处理精神障碍者的病例时会怎么做呢？心理健康专业人员对精神障碍进行定义、分类、评估和研究，我们将在本章中就这些方面展开讨论。

维度和类别

心理健康专业人员往往侧重于用维度和类别来定义异常行为和精神障碍。维度方法是指在一个连续体或频谱上定义异常行为。第一章曾提到异常行为的三个定义：（1）偏离常规的行为；（2）与难以适应生活需求相关的行为；（3）伴随个人痛苦经历的行为。每一个定义都具有连续性。有些行为与常规稍有偏差，涉及轻微的适应问题或痛苦，有些行为与常规偏差较大，涉及严重的适应问题和痛苦。第二章曾提到，玛丽拉的抑郁症状在某种程度上反映了她与家人和朋友分开后的一种正常反应，但她的一些抑郁症状似乎有些问题。在第三章中，我们讨论了症状的严重程度：轻度、中度和严重。这些例子基于连续体或维度的视角显示了异常行为。

从维度的视角看待异常行为的一种方法是考虑异

常行为的多种形式。异常行为实际上包括情绪状态、认知方式或思维方式及身体行为。我们可以基于一个连续体或维度视角来观察每一种形式。史密斯教授表现出了情感悲伤、认知担忧和行为回避等问题。他的症状非常严重，但我们所有人都会变得悲伤和忧虑，并不时地回避一些事情。我们在一个强度或古怪的频谱中表现出我们的情感、认知和行为。

另一种定义异常行为或精神障碍的方法是分类法。一类是由一个人表现出来的异常行为或特征构成的经常观察到的综合征（精神障碍）。本书的许多章节呈现了广泛的精神障碍类别，例如焦虑症、抑郁症、精神病性障碍、人格障碍、发育障碍、认知神经障碍等。

抑郁症是一种公认的综合征或精神障碍，通常包括悲伤心境、睡眠和食欲障碍及自杀念头等症状。只有当一个人从分类的角度表现出一定数量的症状时，才能认定该人的行为是异常的。对于抑郁症而言，必须出现9个主要症状中的其中5个。仅表现出3 ~ 4个抑郁症状的人不会被认定为患有精神障碍。基于分类角度的诊断是由一些规则来定义的，这些规则概述了精神障碍的诊断须具有哪些特征及特征的数量。

分类法可以被认为是一种“是–否”的两分法：一个人要么有精神障碍，要么没有。该方法源于一种医学模型，当你考虑诸如麻疹等疾病时，这种医学模型非常有价值。我们可以保证你要么现在就得了麻疹，要么就没有得麻疹（选一个！）。“是–否”两分法适用于身体疾病，但对精神障碍来说效果可能不是很理想。试想一下，一个人去看心理医生，主诉悲伤心境、睡眠困难、有自杀念头，没有任何其他症状，心理医生如何诊断并进行治疗呢？从严格的分类角度来看，此人没有精神障碍，因为他没有表现出足够多的抑郁症状。但话说回来，这个人不是有问题需要治疗吗？

我们在整本书中多次指出，我们最好基于一个连续体来观察异常行为。尽管如此，许多心理健康专业人员仍然采用常见的分类方法来对精神障碍进行分类，我们接下来将介绍一下这种方法。我们贯穿本书的方法将是按一般类别来组织各种精神障碍，但详细解释每个类别的相关方面。

《精神疾病诊断与统计手册》（DSM）

美国和世界大部分地区普遍采用的精神障碍分类方法是《精神疾病诊断与统计手册》（美国精神病学会，2013）。根据《精神疾病诊断与统计手册》，精神障碍的一般特征包括以下几个方面：

- 一个人内在发生的一组情感、认知或行为症状，被称为综合征；
- 这些症状通常与生活活动中的情绪痛苦或缺陷（损害）有关；
- 这种综合征不是简单地对某一特定事件的预期或文化认可的反应，例如亲人去世后的痛苦和悲伤；
- 这些症状被认为反映了心理、生物学或发育过程中的功能障碍。

一种综合征（或精神障碍）包括一组异常行为或大量与痛苦、重要工作或人际关系问题或未来可能出现的问题相关的症状。第一章提到的李嘉图和洋子都患有焦虑症状。李嘉图之所以符合DSM对于社交恐惧症的诊断标准，是因为他的症状干扰了他的日常功能。然而，洋子的焦虑症状并没有伴随明显的日常功能受损，因此她不符合相关焦虑障碍的诊断标准。

这种对综合征或精神障碍的描述结合了第一章和本章中对异常行为的定义。该描述侧重于常规偏离行为、与难以适应生活需求相关的行为及伴随痛苦的行为。DSM对于精神障碍的定义具有限制性，因为该定义侧重于与痛苦或障碍相关的异常行为集群。一些异常行为必须同时出现，并对某人造成严重的干扰，才符合一种精神障碍的诊断。

诊断的优势

然而，诊断确实存在几个优势。诊断的一个主要优势是交流——一个单一的术语就可以表达丰富的信息。一位同事曾把一个被诊断为精神分裂症的人推荐给本书的作者。尽管我们对这个人一无所知，但他立刻想到了一种症状模式：妄想、幻觉、严重的社交/职业功能障碍及至少持续6个月。你可以把诊断看作描述精神障碍特征的“口头速记”。当我们知道一个人的诊断时，我们不必问太多关于他的症状的问题。

诊断的第二个优势是为定义精神障碍和寻找这些障碍的病因提供了标准规则。我们必须根据人们所共有的症状对他们进行分组以研究精神障碍的成因。然后，可以对各组之间的发展特征、个性特征、实验任务表现或其他可以揭示风险因素和成因的变量进行重要的比较。我们在第三章中提到，儿童性虐待是边缘型人格障碍的一个风险因素。然而，首先必须有一种可靠的、系统的界定边缘型人格障碍的方法，才能得出这一结论。使用诊断有助于实现这一过程。

诊断的第三个优势是，因为每个人都使用相同的系统，临床医生可以找到诸如抑郁调查问卷等有用的评估策略，研究人员可以在地方、州和国家层面调查某一精神障碍的患病率。管理医疗机构也依靠诊断代码来补偿人们的心理健康服务。诊断是非常重要的，因为它们可能提示哪种治疗方式是最有效的。例如，精神分裂症的诊断表明抗精神病药物可能比心理动力疗法更有效。然而，通常不止一种治疗方法对精神障碍有效。

因此，诊断具有许多有用的功能，研究人员和医生通常依靠诊断来理解精神障碍。外行人也依靠诊断来了解精神障碍者出了什么问题。如果你被诊断出患有一种听起来有些奇怪的疾病，你可能会在网上搜索这一疾病，以获取更多的信息。在有些地方不对劲时，诊断还可以缓解人们的孤立感或孤独感。史密斯教授得知自己所患的疾病被称为“惊恐障碍”，并且可以得到成功的治疗。你觉得当他得知此事时，会是什么感觉？

异常行为与精神障碍的分类与评估

前文曾提到，心理健康专业人员对精神障碍进行定义、分类、评估和研究。我们已经讨论了定义。接下来要讨论的主题是分类。分类是指根据相似的特征将精神障碍分为几个大类或种类。《精神疾病诊断与统计手册》是一种主要的分类方法，书中列出了精神障碍的诊断标准和研究信息。

由于患病率及媒体的报道，你可能对本书中讨论的一些诊断类别非常熟悉。你可能了解不少关于焦虑症、抑郁症、注意力缺陷/多动障碍、阿尔茨海默病、酒精使用障碍和神经性厌食症等方面的信息，而对于其他一些诊断，比如躯体症状障碍和性欲倒错障碍，你可能就不太熟悉了。几十年来，研究人员以这样或那样的形式对这些疾病进行了研究，由于其患病率及严重程度，这些疾病往往是临床关注的焦点。

《精神疾病诊断与统计手册》（第5版）（DSM-5）根据分类来组织精神障碍，但也鼓励临床医生采用除诊断之外的维度评估方式。一种维度评估可能包括对一个人的症状进行轻度、中度或严重的分级。另一种维度评估可能涉及一个人对其精神疾病的洞悉程度或认知程度。维度评估使临床医生能够考虑到客户症状的波动，跟踪客户的治疗进展，并对客户的所有症状进行评估，而不仅仅是指定诊断的那部分。本书其他章节讨论了其他类型的维度评估。

对于史密斯教授来说，这种分类与维度方法如何才能有效呢？史密斯教授的治疗师根据他的症状做出了两个诊断。初步诊断（最初的治疗重点）是惊恐障碍。史密斯教授的“病情发作”表明他有周期性的恐慌发作，并伴有胸痛、颤抖、呼吸急促、潮热和头晕等症状（第五章）。这些病情发作具有反复性和不可预测性，一直以来，史密斯教授非常担忧这些额外的病情发作及其影响（“我心脏病发作了吗？”）。史密斯教授还收到了重度抑郁症的诊断（第七章）。两周多以来，他表现出悲伤心境、失眠、注意力不集中、疲劳、体重下降及食欲不振等症状。这些都是抑郁症的症状。

史密斯教授的治疗师也使用了维度评估的方法。一种维度评估涉及症状强度等级的连续性（轻度、中度、严重）。例如，史密斯教授的一些焦虑和抑郁症状实质上是轻度至中度。这些症状包括他的头痛和悲伤心境。相反，他的另一些焦虑和抑郁症状在实质上非常严重。这些症状包括呼吸急促、头晕、睡眠困难、疲劳等。

另一种维度评估涉及史密斯教授的症状对其生活的不同领域的影响。史密斯教授的一些症状（如不能集中精力或完成项目）对他的职业生涯有最大的负面影响。他的症状对他的婚姻也有一定影响，但在这段困难时期，他的妻子一直支持他。这些维度评估让治疗师首先集中治疗那些给史密斯教授造成最大痛苦的症状，以及那些看起来最紧急的症状。不难发现，维度方法为简单的诊断增添了大量信息。纵观全书，在探讨精神障碍时，我们会继续强调这种维度方法。

异常行为与精神障碍的评估

精神障碍的定义和分类是涉及详细临床评估的重要任务。临床评估包括评估一个人的优点和弱点，并了解当前的问题以制订治疗方案（Trull & Prinstein, 2013）。这可能包括为来访者提供诊断。在下一章节中，我们将介绍在诊所、医院和心理卫生专业人员办公室实施的评估程序。

临床评估过程从转介开始。有些人——可能是父母、老师、配偶、朋友、法官或者自己——会问这样的问题："为什么萨曼莎（Samantha）对工作感到很头痛？""为什么我孩子的情绪如此不稳定？""为什么我总是感到焦虑？""史密斯教授为什么总是取消他的课程？"等。随后，这些人可能会被转介给一位能够根据DSM-5做出诊断的治疗师，但该治疗师也会对诸如情感、认知、人格及生物学问题等一些必须处理的问题进行诊察。心理健康专业人员试图准确了解客户的需求，并采用一系列广泛的程序和措施来做到这一点。

信度、效度和标准化

心理健康专业人员的一个重要期望是，他们所采用的评估措施在心理测量方面具有强有力的说服力。这意味着这些措施应该是可靠的、有效的和标准化的。我们将对这些概念逐一进行探讨。

信度

信度是指分数或反应的一致性。它有三种类型，分别是重测信度、评分者信度和内部一致性信度（见表4.1）。每种类型的信度都用于检验评估数据的一致性。重测信度是指一个人在不同时间对同一测试项目提供相似答案的程度。如果卡尔（Karl）在连续的两个星期一在同一焦虑调查问卷上得出不同的分数，那么这些数据的信度就可能存在问题。如果我们对某个人进行访谈，发现她的诊断每周都不一样，这就表明该访谈的重测信度较差。前文曾提到，史密斯教授曾被初步诊断为惊恐障碍。如果他下周回来进行后续访谈，不再符合惊恐障碍的诊断标准，那么这种访谈有什么用呢？惊恐障碍是不会像这样招之即来，挥之即去的。

表4.1
心理测验和结构式访谈的信度类型

信度类型	定义
重测信度	在一段时间内测试分数或诊断的一致性
评分者信度	两个或两个以上评分者或评判者对某一特征的程度或某一特征或诊断存在/不存在方面的一致意见
内部一致性信度	测量相同变量的测试项之间的关系

重测信度非常重要，但是分数或诊断的一致性会随着测试和重新测试之间时间的延长自然而然地降低。这可能反映了实际的变化。史密斯教授在两年以后可能不再符合惊恐障碍的诊断标准，但这可能反映出他接受了治疗，不再表现出这种疾病的症状。

评分者信度是指两个评分者或观察者对一个人行为的评分或评判达成一致的程度。评分者信度通常用于检验诊断性访谈的有效性。两位心理健康专业人员可能会在同一天对史密斯教授进行相同的诊断性访谈，并得出相同的诊断。这说明该访谈的评分者信度较高。

内部一致性信度是指测试项目看起来是否在测量同样的东西。你会期望焦虑测试中的项目一般是相互关联的。如若不然，这些项目可能就不是在测量同样的东西，或者可能是在测量其他东西。一些儿童自陈式焦虑测量方法因测量抑郁而非焦虑受到了批评。测试项目应具有高度的内部一致性信度，唯有如此，我们才会认为这种测量方法是可信的。

效度

效度是指评估技术测量其应该测量的东西的程度。效度的主要类型包括内容效度、预测效度、同时效度和构想效度（见表4.2）。内容效度是指测试或访谈项目实际涵盖待研究变量或诊断的各个方面的程度。如果抑郁症测试仅包含关于悲伤心境的项目，那么该测试的内容效度就不高，因为抑郁症还包括问题思维模式和退缩行为。

预测效度是指测试或访谈结果是否能准确预测某个未来的行为或事件。如果孩子目前的成绩与两年后的学业成绩相关，那么说明对学业成绩的测试具有良好的预测效度。

同时效度是指当前的测试或访谈结果是否与当前一个重要的特征或特点有关。对儿童品行障碍的诊断应反映出其目前的不良行为水平。

构想效度是指测验或面试结果是否与其他措施或行为有合乎逻辑的、理论上可以预期的关系。我们在第三章中曾提到德肖恩的冲动和酗酒问题。冲动的有效测试可能与酒精使用障碍、学业或工作方面的问题及神经递质5-羟色胺水平较低的诊断有关。如果这个冲动测试确实体现了这一点，那么该测试的构想效度就更加可信。如果有类似于德肖恩的问题的人在这个冲动测试中得分很高，这也会支持该测试的效度。

标准化

标准化是指对每个人都以同样的方式管理和实施评估措施。你在参加学业能力倾向测验（SAT）或美国大学入学考试（ACT）时，可能注意到了有关考试管理、评分和解释方面的所有规则与指南。监考人员对全国所有的高中生以一种标准化或类似的方式进行考试。

评估措施可以通过多种方式实现标准化。第一，诸如时间限制或项目顺序等相同的测试项目和测试程序可以用于每一个人身上。第二，测试的评分方式对每个人来说都是相同的。每个人的SAT语言成绩都基于相同的评分系统。第三，收集来自不同年龄、性别和种族的大范围群组的常模数据，可以使我们对测试分数的解释达到标准化。因此，我们可以对比这些不同群组成员的测试分数。例如，一名25岁的拉丁裔学生获得的分数可以同该年龄段的拉丁裔学生获得的典型分数进行比较。第四，我们可以通过观察这些分数是否高于或低于参照组成员获得的平均分数来解释这些分数。

信度、效度和标准化对于开发和完善临床评估技术至关重要。接下来我们将探讨不同的临床评估方法。我们首先从访谈开始，心理健康专业人员利用访谈来收集一个人担忧、症状和成长史等方面的信息。

表4.2
常见的效度类型

效度类型	定义
内容效度	测试或访谈项目在多大程度上可以充分测量变量、建构或诊断的各个方面
预测效度	测试分数或诊断在多大程度上可以预测在未来某一时刻观察或获得的行为或测试分数并与其相关
同时效度	测试分数或诊断与一组相关但独立的测试分数或行为的相关性
构想效度	测试分数或诊断在多大程度上与其他措施或行为在逻辑和理论上是一致的

访谈

访谈是最常见的评估方法，用于收集有关精神障碍的广泛信息。访谈者经常询问不同精神障碍症状的频率和性质。访谈问题也集中在症状出现之前的事件或经历，例如儿童虐待或父母死亡。访谈的应用非常广泛，可以很容易地适应一个人的情况。

访谈在两个关键方面有所不同。首先，访谈的目的不同。有的访谈可能旨在评估首次寻求心理帮助的人的病史和担忧，还有的访谈可能仅关注DSM-5诊断。其次，访谈可以是非结构式的，也可以是结构式的。非结构式访谈允许访谈者以任何顺序提出想问的问题。这种类型的访谈的信度往往较低，因为对同一个人进行评估的两个临床医生可能对正在发生的事情有不同的看法。结构式访谈要求访谈者按照特定的顺序提出标准化的问题。访谈者问同样的问题，所以对同一个人进行评估的两个临床医生更可能得出相同的诊断或结论。

目前有几种结构式访谈可供使用。DSM-5临床定式访谈（SCID-5; First, Williams, Karg & Spitzer, 2015）是一种主要针对精神障碍的结构式访谈。SCID-5为访

临床访谈是最常用的评估方法。

谈者提供明确的指示，告诉他们应该问什么问题及按照什么顺序提问。像SCID-5这样的结构式访谈规范了访谈者提问的问题，并帮助他们获得相关信息。结构式访谈适用于各种精神障碍及许多心理和其他变量，如人格、精神障碍的家族史等。

结构式访谈的诊断和评分在评分者之间通常是可靠的，并且具有很高的内容效度，因为它们基于特定的标准。许多结构式访谈似乎也具有很高的构想效度。结构式访谈的诊断或评分通常以预期的方式与其他心理、行为或生物学测试的得分或评分相关。

结构式访谈的一个缺点是需要时间来实施这些访谈并进行评分。这些访谈非常全面，完成这些访谈可能需要花费几个小时。在许多临床环境中，一次仅能约见来访者一个小时，并且通常只能约见为数不多的几次，因此这些访谈作为评估工具可能并不那么有吸引力。因此，结构式访谈在研究环境中特别常见。

智力测验

智力测验可能是访谈之后最为常见的临床评估形式。智力测验评估一个人认知功能和智力能力。心理健康专业人员对评估认知过程非常感兴趣，如记忆、语言、理解、推理及我们处理和解释信息的速度等。许多人将智力测验与学习障碍和大脑功能障碍的评估联系起来，但这些测试提供的信息也可用于理解精神障碍的症状，如精神分裂症或抑郁症。

大多数智力测验包括多个分量表或分测验，以测量诸如记忆、算术、对一般信息的掌握或视知觉组织等认知功能的特定方面。有些分测验要求一个人回答直接问题，有的分测验则要求人们完成任务或解决问题。测试者通常将这些分测验的得分结合起来，与来自相同年龄和性别的人群的常模数据进行比较。这种标准化形式使人们可以将个人的得分解释为偏低、正常或偏高。

韦克斯勒成人智力量表（第4版）（WAIS-IV; Wechsler, 2008）是最流行的智力测验之一。将与算术等特定领域相关的项目放在一个部分（分测验），并按照难度递增的顺序排列；然后将每个分测验的项目得分转换成量表分数，用以代表一个年龄组的标准化分数；最后将量表分数相加，得出智力商数，即智商（IQ），这是衡量智力功能的一般性措施。表4.3介绍了集中WAIS-IV分测验，图4.1对一个WAIS-IV模拟项目进行了说明。

智商通常包括全面智商、言语智商和操作智商。你可能对全面智商最为熟悉，因为它给出了对一个人整体智力的估计。言语智商具体代表语言的运用和理解能力。操作智商具体代表空间推理能力。个人智商是根据常模数据计算出来的。例如，将一名20岁男性的得分与其他20岁男性的得分进行比较。为了使这些得分易于理解，每个年龄组的平均值设定为100，这就确保了各个年龄组的智商量表保持一致。

智力测验的分数可以让心理健康专业人员了解一个人的优点和缺点。这些信息对于心理问题的诊断、评估和治疗非常重要。诸如阿尔茨海默病等一些疾病主要是由认知缺陷来定义的，而这些认知缺陷可能是通过智力测验来评估的。其他疾病具有认知和行为特

表4.3

韦克斯勒成人智力量表分测验模拟实例

词汇	受试者必须对单词下定义。例如，“‘阻碍’（impede）这个词是什么意思？”
相似性	受试者必须解释两个对象之间的相似性。例如，“轮子和滑雪板有什么相似之处？”
数字广度	考官大声读出两串数字。对于第一串数字，受试者必须按照阅读顺序重复这些数字。例如，“2-8-3-9-6”；对于第二串数字，受试者在阅读时必须倒序重复这些数字

图4.1 韦克斯勒氏成人智力量表（第4版）图片完形分测验的模拟项目。你能找出这幅画里缺了什么吗？这些模拟项目与WAIS-IV中的模拟项目类似。

征，智力测验至少可以利用这些特征。因此，在临床和研究环境中，许多来访者都要参加智力测验。

然而，对智力测验分数的解释必须要谨慎。智商分数并不表明一个人有多聪明，而是表明他在未来的学术工作中有多出色。大多数智力测验均侧重于语言和空间能力方面，并不衡量其他形式的能力，如社交技能、创造力和机械能力。智力测验也因为有失偏颇而受到批评，因为不同文化的人思维方式也不同。完全“不考虑文化因素”的测验还没有，但研究人员已经确定了“文化公平”的非语言智力分测验，因为不同种族之间的分数差别较小（Cockcroft, Alloway, Copello & Milligan, 2015）。

人格评估

人格评估可能是你更熟悉的一种临床评估方法。人格评估是指衡量我们性格的不同特征或方面的工具。我们中的大多数人都可以根据我们在书中读到的或在电视节目或电影中看到的内容说出或描述至少一种人格或心理测试。我们很多人都看过一部将“墨迹测验”描绘成一种人格测验的电影或电视节目。然而，还有其他的人格评估方法可供选择。这些人格评估方法可分为客观性测验和投射性测验。

客观性人格测验

客观性人格测验包括使用一组标准的问题或陈述，一个人对这些问题或陈述使用设置选项进行回答。客观性人格测验通常采用“正确/错误”或“是/否”的答题形式，但也有一些客观性人格测验提供一种维度量表，例如，0=强烈不同意，1=不同意，2=中立，3=同意，4=强烈同意。自陈式纸质版调查问卷是测量人格的一种非常流行的客观性人格测验方法，本书讨论了许多种这样的测验。例如，社交恐惧症和焦虑量表（第五章）及贝克抑郁量表（第七章）。这些问卷具有经济、公正、操作性强和评分简单等特点，并且比其他评估方法更加可靠和标准化。

我们在此简要说明一下明尼苏达多项人格测验量表（第2版）（MMPI-2）。该量表已经被临床医生沿用了60多年，目前仍然被认为是最重要的一般人格问卷（Butcher, 2011）。截至目前，数以千计篇使用MMPI/MMPI-2的研究论文已经发表（Friedman, Bolinskey, Levak & Nichols, 2015），并且该量表的得分被用于衡量从精神病到婚姻适宜性等方面。

明尼苏达多项人格测验量表（第1版）的开发人员认为，测试项目的内容并不重要，重要的是患有同样精神障碍的人是否赞同这些相同的项目。例如，与没有患抑郁症的人相比，患抑郁症的人更赞同“我喜欢力学杂志”这一项目吗？如果是，那么该项目可能会出现在抑郁量表上。该项目表面上看似与抑郁无关，但可能因此成为抑郁量表中的一个项目。

MMPI-2包括567个项目，受试者做出“是”“否”的回答或者“不作答”。MMPI-2的测验对象年龄为13岁或以上；至少具有8年级阅读水平；既可以是个人，也可以是团体。另外，MMPI还有青少年版本（MMPI-A）（Williams & Butcher, 2011）。MMPI-2的计分通常运用电脑统计。

诸如MMPI-2等调查问卷的一个潜在问题是数据容

易失真。有些人可能希望自己给人以好的印象，而另一些人则可能“诈病”，以达到他们获得援助、同情或从军队退役的目的。还一些人则对几乎所有的项目都回答“是”，而不管内容如何。如果心理健康专业人员没意识到某一给定来访者的这些反应风格，那么测验可能会被错误解读。下面的MMPI-2效度量表用于检测那些试图以某种方式看待问题的人或者那些在受试时具有防御性心理或粗心的人。

1. Q量表（未答量表）：指受试者未作答的项目；
2. F量表（随机反应量表）：人们很少以某种方式（“是”或“否”）回答这些问题。F的分数高可能表明参加测试的方法异常或者受试者确实存在怪异的情绪状态、思维模式和行为；
3. L量表（装好量表）：赞同这些项目会让人产生非常正向的感觉。然而，人们不太可能赞同太多诸如“我喜欢我遇到的每一个人”这样的项目；
4. K量表（防御量表）：这些项目表明受试者在承认某些问题时具有防御性心理。据称，诸如“他人的批评从来不会困扰我”这样的项目比L量表或F量表的项目更微妙。

效度量表可以帮助我们了解某个人的动机和接受测试的态度。如果受试者试图以一种过于有利的方式来展示自己，那么很可能会被L量表（装好量表）或K量表（防御量表）检测出来，而夸大自己的问题或症状通常会导致F量表（随机反应量表）分数升高。在这些情况下，心理健康专业人员也可能会不采信这次测验的结果。

此外，还要计算10个MMPI-2临床量表的得分。这些量表最初用于识别那些可能被诊断出患有某种疾病的人。尽管该量表自开发以来引入了新的诊断标签，但MMPI-2保留了量表的原始名称。表4.4列出了每个临床量表的简短表述及其英文缩写。

MMPI-2的得分可以提示诊断，但也可以预示各种问题行为和个性类型。那么心理健康专业人员是如何解读MMPI-2数据的呢？以史密斯教授为例，在经受了几个月惊恐症和抑郁症的煎熬后，他同意咨询临床心理医生。临床心理医生要求史密斯教授在第一次治疗之前先完成MMPI-2，并将该信息用于临床访谈。以下摘录部分节选自基于史密斯教授MMPI-2资料的一份报告（见图4.2）。

史密斯教授坦诚地进行了测验，他的回答表明有

表4.4
MMPI-2的临床量表的简短表述和英文缩写

量表	表述
1．疑病量表（Hypochondriasis, Hs）	高分表示受试者过度担忧自己的身体机能（“胃部不适”）
2．抑郁量表（Depression, D）	高分表示受试者情绪悲观、绝望，并且行动和思想缓慢（“工作气氛紧张”）
3．癔症量表（Hysteria, Hy）	高分表示受试者倾向于利用身体和精神问题来避免冲突或责任（“感觉头上有个头箍”）
4．精神病态量表（Pd）	高分表示受试者对社会习俗的漠视、肤浅的情感及无法从经验中获益（“没有过上好的生活”）
5．男性—女性倾向量表（Masculinity femininity, Mf）	该量表上的项目区分了传统的性别角色（“喜欢力学杂志”）。高分表明人们倾向于认可非传统的性别角色
6．妄想量表（Paranoia, Pa）	高分表示受试者反常地多疑，以及夸大或迫害妄想（“有人说我的坏话，粗俗不堪”）
7．精神衰弱量表（Psychasthenia, Pt）	高分反应受试者痴迷、强迫、恐惧、内疚和优柔寡断等特点（“有奇怪的想法”）
8．精神分裂症量表（Schizophrenia, Sc）	高分表示受试者怪异或反常的想法或行为、退缩、幻觉和妄想（“反常的经历”）
9．轻躁狂量表（Hypomania, Ma）	高分表示受试者情绪过度兴奋、思想紊乱和过度活跃（“有时思想奔逸，像竞赛一样”）
10．社会内向量表（Social Introversion, Si）	高分表示受试者羞怯、对他人不感兴趣和缺乏安全感（“在辩论中容易被击败”）

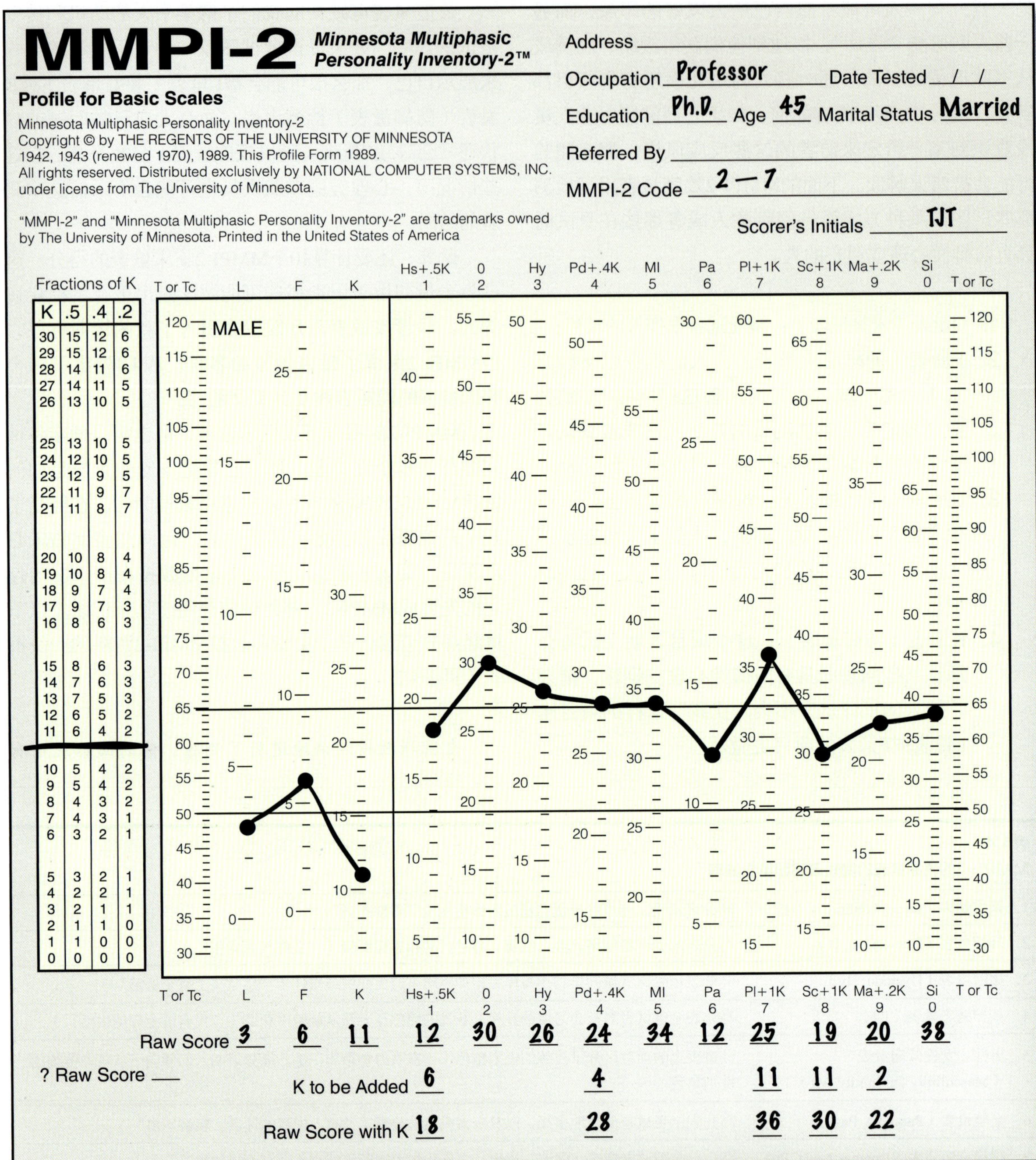

图4.2 史密斯教授预处理期间的MMPI-2临床资料。

关他的MMPI-2资料是有效的。他的分数表明，他对自己目前的精神状态非常担忧，并愿意接受帮助来解决他的问题。MMPI-2临床资料强调了史密斯教授在最初治疗过程中遇到的几个问题和症状。他的回答表明他焦虑、紧张和焦躁。他过于担心，生怕自己将来会出现更多的问题。史密斯教授也担心自己的健康和体魄。他可能会主诉感到疲惫和痛苦。史密斯教授对自己目前的处境感到沮丧、悲观和气馁，可能会感到孤独，缺乏安全感。他很难集中精力工作，并很可能会优柔寡断。史密斯教授可能会为自己目前的问题而自责，并对他人感到内疚，觉得自己令人失望。他的回答也表明，他对生活的热情丧失殆尽，脑子里充斥着自己无法实现个人目标的想法。

看得出来，对MMPI-2的解释并不仅仅依赖某一个得分，而基于所有得分而汇总起来的受试者资料。像史密斯教授这样的资料可以利用特定的指导原则来解释。这些有时被称作“烹饪书”的指导原则概述了经常获得的资料，以及对典型症状、主诉及来访者的特征的描述。

投射性人格测验

并不是所有的人格测验都像MMPI-2那样强调标准化施测、评分和解释。一些测验要求心理健康专业人员运用他们的技能和判断来解释受试者的反应。投射性人格测验是基于这样一种假设的：人们面对墨水斑点等刺激时会“投射”出他们自己的需求、个性和冲突。有的人看着一个特定的墨水斑点时可能会看到一张怪物的脸，有的人可能会看到两个孩子在小溪边玩耍。投射技术与诸如MMPI-2这样的客观问卷大不相同，因为受试者的反应与特定的量表无关，并且受试者的反应被解释为诸如受试者的无意识过程等个体特征。投射性人格测验包括句子完成任务（受试者完成一系列未完成的句子）和绘画完成测验（要求受试者画一个房子或他们的家庭等的图形）。接下来，我们简要讨论一下另外两种流行的投射性人格测验：罗夏墨迹测验和主题统觉测验。

罗夏墨迹测验。赫尔曼·罗夏（Hermann Rorschach）是一位瑞士精神病学家，他尝试将墨迹作为诊断心理问题的一种方法。罗夏墨迹测验由10张从右到左对称的墨迹卡片组成。五张卡片是黑白的（有灰色阴影），五张是彩色的。图4.3展示了一张罗夏墨迹测验的模拟卡片。

罗夏墨迹测验有多种不同的实施方式，但许多临床医生会给客户第一张卡片，然后说，“告诉我你看到了什么——你看它像什么？”所有卡片都是按顺序给客户看的，临床医生会记录下客户说的每一个字。然后，临床医生进入询问阶段：他提醒受试者之前的每一个反应，并询问是什么促使其做出这样的反应的。受试者还指出对每张卡片的各种反应的确切位置，并可能对这些反应进行详细说明或澄清。许多临床医生关注以下这些反应的主要方面：

- 位置是指受试者反应的卡片区域；这样的例子包括整个污点、大细节、小细节或空白；
- 内容指所见物体的性质，如动物、人、岩石或雾；
- 决定因素是指促使受试者做出反应的卡片的各个方

图4.3 类似罗夏墨迹测验图像的卡片。

面，如墨迹的形状、颜色、纹理、运动和阴影。

罗夏墨迹测验的评分涉及计算某些特定反应（如对墨迹有色部分的反应）与反应总数的比例。此外，临床医生还可以计算一组反应与另一组反应之间的比例，例如描述人类运动的反应的数量与描述颜色的反应的数量之间的比例。许多心理健康专业人员并不会正式对罗夏墨迹测验进行评分，而会根据他们对受试者反应的临床印象来评分。

罗夏墨迹测验的效用引起了激烈的争论。研究型心理医生经常质疑罗夏墨迹测验分数的信度和效度。一些罗夏墨迹测验的支持者认为，该测验的评分者信度和重测信度很好，但其他人仍然不相信这一点（Lilienfeld, Ammirati & David, 2012; Viglione et al., 2015）。有证据支持某些罗夏墨迹测验分数在思维障碍、心理治疗预后和依赖性方面的预测效度（Mihura, Meyer, Dumitrascu & Bombel, 2013）。

主题统觉测验。另一个流行的评估动机和人际风格的投射性人格测验是主题统觉测验（TAT）。TAT是一系列图片，如图4.4所示。大多数TAT卡片描述的是处于各种不同情境中的人，但有些卡片只包含物体。临床医生通常会选择6 ~ 12张卡片给受试者，并要求受试者说出图片中现在发生着什么，以及未来会发生什么。不同的临床医生给出的指导不尽相同，但是很多医生都会这样说，“我想让你编一个关于这些图片的故事。告诉我这些人是谁，他们在做什么，他们有什么想法或感受，是什么导致了这一情境及结果如何。”然后，医生会逐字逐句地记录下受试者的故事。

心理健康专业人员可以从这些故事中了解受试者的个性。有人可能会说，图4.4中的一张图片显示了一位母亲担心她离家出走的女儿，但另一个人可能会说一位妇女经常跟她母亲吵架，现在拒绝跟她搭腔。这些不同的故事帮助我们了解受试者与他人的关系。TAT通常不用于获得特定的诊断，而用于对诸如敌意、防御、嫉妒、叛逆等人格主题做出判断。该测验的信度和效度可以通过使用某些编码和评级技术得到强化（Stein et al., 2015）。

图4.4　主题统觉测验卡片。

行为评估

行为评估的目的是测量一个人表现出的显性行为或反应（McCahill, Healy, Lydon & Ramey, 2014）。行为评估师可能也会对史密斯教授授课时的表现进行观察，而不仅仅依赖他在讲课时有多害怕和焦虑的报告。行为评估反映了实际问题行为的一些基本情况。诸如智力或人格测验等传统的评估依赖作为潜在特质或特征间接目标的反应。行为评估依赖尽可能少的解释或推理——观察到的行为是主要兴趣。

行为评估通常涉及行为的功能分析。这涉及理解前因（或行为之前发生了什么）和后果（行为之后发生了什么）。针对史密斯教授的一项功能分析可能揭示，某些学生提出的问题（前因）会给其造成压力，并导致其恐慌发作，而提早下课（后果）有助于缓解这些正在强化的焦虑情绪。后果往往是问题行为的强化刺激。

对前因、行为和后果的详细而准确的描述对功能分析至关重要。通过测量和观察很容易获得的重要前因包括学生提问的问题、课堂讲授时间和课堂出勤率。此外，你还必须对感兴趣行为进行详细说明。例如史密斯教授胸痛的频率和持续时间。通过测量和观察很容易获得的重要后果包括史密斯教授提早下课的分钟数及他放弃上课的次数。此外，你还需要在史密斯教授恐慌发作的其他情景方面获得类似的详细信息，因为行为的前因和后果往往因情况而异。

行为治疗师通常将功能分析扩展到机体变量评估。机体变量包括一个人的生理或认知特征，这些特征有助于治疗师了解问题并确定治疗方案。对于史密斯教授而言，主要的机体变量是对未来出现恐慌发作的担忧，害怕某些身体的感觉预示恐慌发作即将发生。诸如焦虑、认知等机体变量有时也通过自陈式问卷进行评估。

自然观察

行为评估师经常利用观察的方法来进行功能分析，其中一种形式是自然观察，即直接在受试者所处的自然环境中对他进行观察。自然观察可能包括在史密斯教授的办公室、教室和家里对其观察一个星期。不过，自然观察可能不切实际、困难、费时，并且费用昂贵。观察者也无法确定问题行为是否会发生，因此他们有时必须长时间地待在相关场所才能捕捉到特定的行为。

控制观察

控制观察是一种更实际、成本更低的观察形式，包括模拟测试——这些测试所涉及的任务与人们在现实生活中所面临的情况相似，可能会引发某种问题行为（Miltenberger, 2012）。如果一个人对公共演讲感到焦虑，那么可以要求他在心理医生的办公室里向其他人做一个简短的发言。或者可以要求一对有问题的已婚夫妇解决一个假设的问题。在每种情况下，都要对当事人的反应进行观察和分析。这些信息有助于我们理解这个人在别人面前说话时所犯的错误或者这对夫妇在解决问题时所犯的错误。根据这些观察结果，行为治疗师可以制订治疗方案，其中可能包括对焦虑的公众演讲者进行放松和人际交往技巧训练，以及对有问题的夫妇提供解决问题和沟通技巧方面的培训。

自我监测

控制观察比自然观察更实际一些，但很难安排实施。因此，许多行为评估师依赖自我监测，即一个人亲自观察并记录自己的情感、认知和行为。例如，可以要求史密斯教授每天写一篇日记来记录下他恐慌发作的频率、强度和持续时间、相关的思想与情感及恐慌发作的前因和后果。自我监测可以是非正式的，也可以像功能障碍性思维记录那样更加结构式（见图 4.5）。功能障碍性思维记录有助于识别和监控与抑郁等问题相关的状况、思想、反应和结果。行为治疗师和受试者可以因而更好地理解这些问题的前因后果。技术的进步也意味着受试者可以记录他们日常生活中的情感、认知和行为。平板电脑、智能手机和笔记本电脑已经被用于收集自我监测数据（Faurholt-Jepsen et al., 2015）。

生物学评估

第二章曾提到，精神障碍通常涉及大脑结构或功能的异常。许多医学测试可以用于检查一般的中枢神经系统功能障碍，如脑卒中，但是技术的进步已经使人类掌握了神奇的评估技术，可以测量非常具体的中枢神经系统变化。脑成像技术可以对脑结构和功能进行精确评估。接下来，我们将概述一下脑成像技术及用于评估精神病理学的其他生物学测试，这些测试通常用于研究环境或涉及诸如脑卒中等问题引起的明显大脑功能障碍的病例。

脑成像

脑图像可以通过多种方式得到。计算机断层扫描（CT）可以评估脑的结构异常。CT可以发现脑肿瘤及其他结构异常，如脑室扩大或脑空洞，这些结构异常有时在患有精神分裂症或其他精神障碍的人中可见。

说明：当你发现自己的情绪越来越糟时，问问自己，“我现在在想些什么？”并尽快在“自动思维”栏中将这一想法或心理映像记录下来。

日期/时间	情景	自动思维	情感	适应性反应	结果
	1. 是什么样的实际事件或想法、白日梦或回忆导致了这种不愉快的情绪 2. 你有什么（如果有的话）样的身体感觉	1. 你脑子里都有些什么想法和/或形象 2. 当时你多大程度上信任每种想法和/或形象	1. 你当时感受到什么情绪（悲伤、焦虑等） 2. 这种情绪有多强烈（0～100%）	1. （选答）你存在什么认知偏差 2. 使用下面的问题来对自动思维形成适应性反应 3. 你多大程度上信任每种反应	1. 现在你多大程度上信任每个自动思维 2. 你现在感受到什么情绪？这种情绪有多强烈（0～100%） 3. 你打算怎么办（或者你做了什么）
星期五 2/23 上午10点	**和唐娜通电话**	**她肯定不再喜欢我了（90%）**	**悲伤（80%）**	**也许她在为别的事情感到心烦（60%）**	**有点/不那么伤心（50%）/我想问问唐娜她是不是生我的气了**
星期二 2/27 下午12点	**为考试做准备**	**我永远也学不会（100%）**	**悲伤（95%）**	**也许我学不会所有的知识，但我可以学一些（50%）**	**有点/更积极（60%）/我会尽我所能努力学习，并请别人帮助我**
星期四 2/29 下午5点	**在想我明天的经济学课**	**我可能会被点名，但我不会给出一个合适的答案（80%）**	**焦虑（80%）**	**我所能做的就是做到最好（70%）**	**某种程度上/稍微好一点（70%）/我会尽我所能给出最好的答案**
	发现我的心跳加快，注意力难以集中	**我这是怎么了?**	**焦虑（80%）**	**我只是有点紧张，不是心脏病发作（90%）**	**这样的情况少了/心情更加平静（80%）/放松，平缓呼吸**

帮助形成适应性反应的问题：（1）有什么证据证明自动思维是正确的？或不正确的？（2）还有其他的解释吗？（3）可能发生的最坏情况是什么？我能挺过去吗？可能发生的最好结果是什么？最现实的结果是什么？（4）我相信这种自动思维会有什么影响？我改变想法会有什么影响？（5）对此我应该怎么办呢？（6）如果_____（朋友的名字）面对这一情况，并有这种想法，那么我会告诉他什么？

图4.5 功能障碍性思维记录示例。功能障碍性思维记录是一种自我监测日记或日志，用于识别哪些因素可以激发负面情绪及负面情绪的后果是什么。

CT实质上是对脑横截面的X射线扫描。将X射线染料（碘）注射到人体内，CT通过检测穿透组织的移动X射线的放射量来评估脑组织密度。然后，利用计算机对这些信息进行解读，从而提供脑横截面的二维图像。

磁共振成像（MRI）可以在无辐射的情况下产生更高质量的脑图像。MRI虽然昂贵，但在检测脑肿瘤、血块及其他结构异常方面的效果优于CT扫描。一个人躺在一个巨大的圆柱形磁体里，无线电波通过磁场传播。传感器读取信号，计算机整合信息生成高分辨率的脑图像。功能磁共振成像（fMRI）更进一步，它能快速拍摄图像，以评估脑中的代谢变化；因此，fMRI可以用于评估大脑的工作方式。这对理解精神障碍的风险因素具有重要意义。如果fMRI的结果显示，一个人的额叶在决策过程中运作不良，那么额叶功能障碍可能与学习或思维障碍有关。

正电子发射断层成像（PET）是一种评估脑结构和功能的侵入性检查方法。放射性分子被注入血液中，并释放出一种叫作正电子的粒子。正电子与电子

手机、笔记本电脑和平板电脑可用于监控情感、认知和行为。

发生碰撞，光粒子从颅骨放射出来，由PET扫描仪检测到。计算机利用这些信息来构建脑运作方式的图像。PET可以识别癫痫发作，甚至是精神活性药物激发的脑部位（见图4.6）。

神经化学评估

神经化学评估是对特定神经递质系统功能障碍的一种生物学评估。第二章曾提到，神经递质是能够激活或抑制神经元的大脑化学物质，如5-羟色胺、去甲肾上腺素、γ-氨基丁酸（GABA）和多巴胺。精神障碍的许多症状受到脑某些区域的一个或多个神经递质系统功能障碍的影响。

没有任何技术可以让我们直接评估脑特定区域中有多少神经递质，但我们可以通过关注神经传递介质的代谢物来对这方面进行间接评估。代谢物是神经递质的“副产物”，可在尿液、血液和脑脊液中检测到。代谢物的水平低表明相关神经递质的水平低，反之亦然。我们在本书后面的章节会看到科学家如何使用这种方法来评估抑郁症（5-羟色胺水平低）和精神分裂症（多巴胺水平高）。

心理生理学评估

心理生理学评估包括评估可能与某些心理疾病有关的身体变化。当我们高度焦虑时，我们会出现一些身体上的变化，比如心率加快或出汗（是的，有针对出汗的治疗措施！）。这些身体上的变化可以在像史密斯教授这样正在寻求焦虑症治疗的人身上得到检验。

一种常见的心理生理学评估是用于测量心率的心电图。将电极放置在人的胸部，由心跳产生并被每个电极检测到的电脉冲被输入一个测量和整合这些信息的仪器中。心率已被用于评估各种情绪状态和风险因素。例如，那些患有焦虑症（第五章）的人患心血管疾病的风险更大（Chalmers, Quintana, Abbott & Kemp, 2014）。即便史密斯教授没有出现恐慌，我们也可能预计他的心率会升高，因为他对未来恐慌发作的恐惧使他大部分时间都感到焦虑不安。

皮肤电传导是情绪状态的另一个指标。有些情绪状态会加强汗腺活动，从而增加皮肤的导电性（当人出汗时，皮肤中的电流流动得更快）。对于患有焦虑症的人来说尤为如此。然而，有些人的皮肤电导性可能较低。这对于一些患有反社会型人格障碍的人来说是这样的，他们操纵和伤害他人而不会感到一丝内疚（Pemment, 2013）。患有反社会型人格障碍的人对其行为的负面影响的焦虑和恐惧通常较低，因此，他们可能比我们其他人更有可能做出非法或有害的行为。

脑电图（EEG）是对脑活动的一种测量。将电极放置在头皮的不同位置，这样可以评估脑各个区域的电活动。电活动异常可能表明该区域有病变或肿瘤，甚至是惊厥或癫痫发作。在观察到可能异常的电活动后，我们可以行额外的检查，比如MRI。

神经心理学评估

生物学评估是对脑和身体功能进行的直接测量。然而，神经心理学评估是对脑和身体功能进行的间接

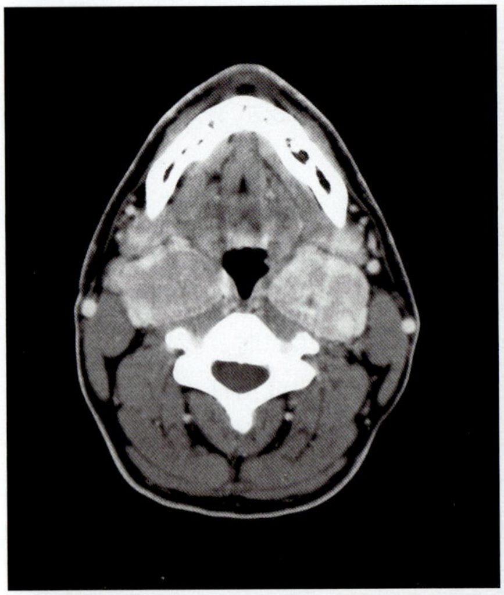

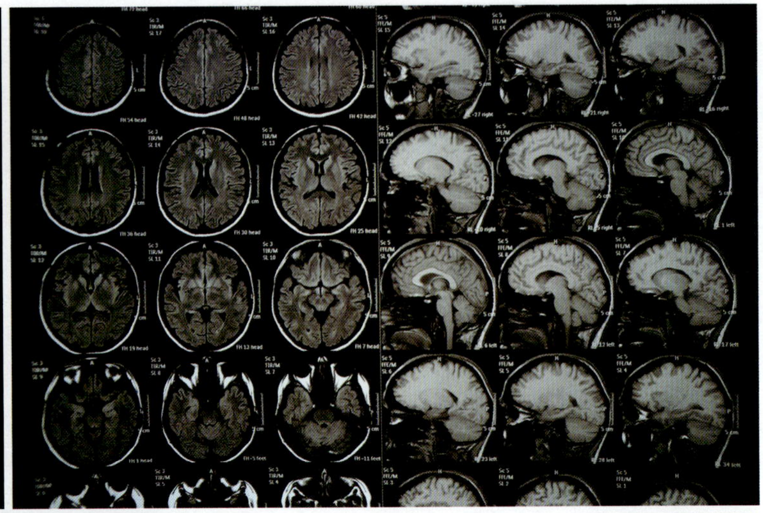

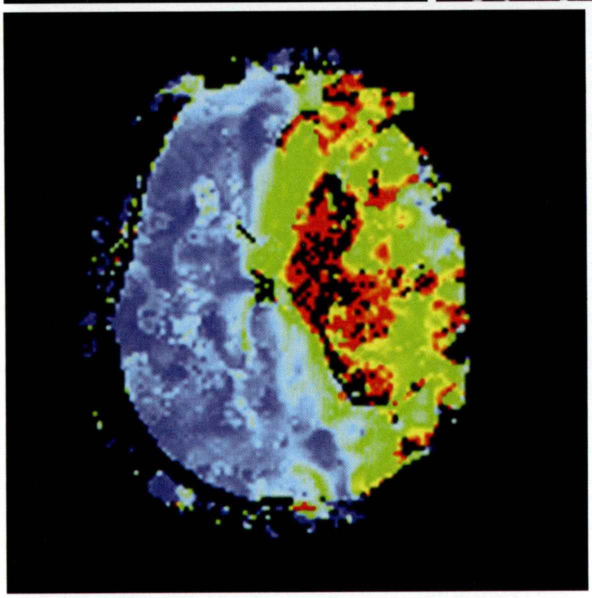

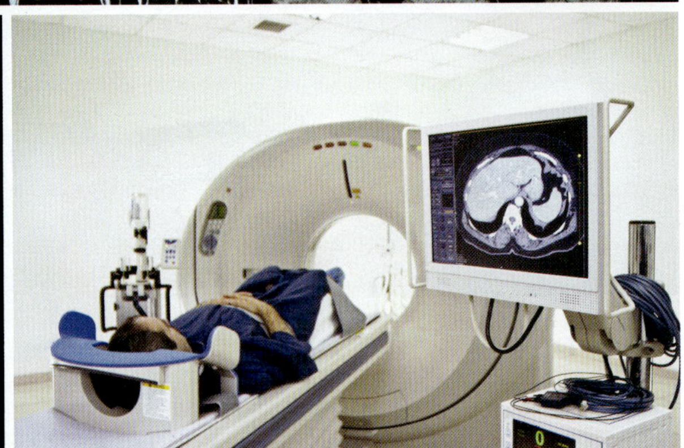

图4.6 脑成像技术示例。几种脑成像技术被用于生物学评估。这里提供了一些示例：（左上）CT；（右上）MRI；（左下）fMRI；（右下）PET。

测量。神经心理学评估是一种无创性的方法，通过一个人在标准化测试和任务中的表现来评估其脑功能，这些测试和任务表明了脑和行为之间的关系（Lezak, Howieson, Bigler & Tranel, 2012）。许多精神障碍都涉及一定的认知损伤，因此神经心理学评估有助于识别或排除身体问题。生物学评估方法具有侵入性，且费用昂贵，因此神经心理学评估常被用作一线筛查措施。如果从这些筛查中发现问题，那么就可能要进行生物学评估。

神经心理学评估通常评估抽象推理、记忆、视知觉加工、语言功能和运动技能。神经心理学评估有两种常用的方法。一种是使用常用的神经心理评估，如霍-里神经心理成套测验。这些神经心理成套测验包括各种各样的分测验。下面是两个霍-里神经心理成套测验分测验的描述。

- 触觉操作测验：受试者被蒙上眼罩，仅凭触觉将10个形状各异的积木放在木板的适当位置。

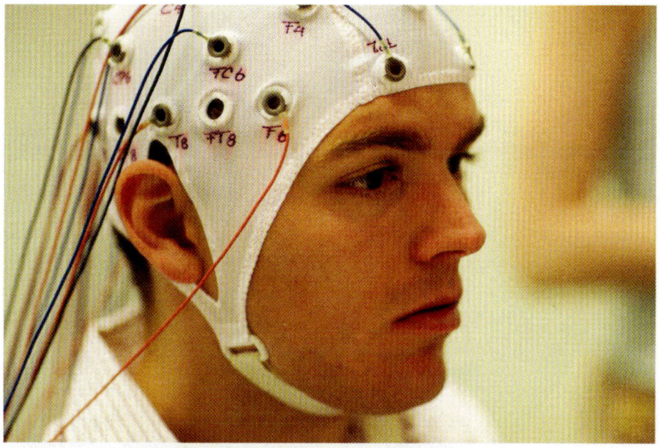

心理生理学评估的一种形式是脑电图（EEG）。

每只手（显性和非显性）做一次，双手做一次。然后，移除眼罩，受试者凭借记忆画出木板和定位块。该分测验评估脑右顶叶及触觉和空间记忆的损伤；

- 音乐节律测验：受试者听30组节奏型声波，并说明这些声波是相同的还是不同的。该分测验评估脑前颞叶和非语言听觉感知的损伤。

神经心理学评估的第二种方法是进行一个或多个标准化测验，以评估脑特定区域的功能。这就是所谓的焦点测验。假设神经心理学家主要关注一个人的记忆功能，那么该神经心理学家可能会实施本顿视觉保持测验，该测验测量图案记忆（见图4.7）。10张卡片，每张展示10秒钟，每次展示完毕后，受试者凭借记忆画出卡片图案，然后神经心理学家查看图中错误的数量和类型。一个相关的测验是班达视觉动作完形测验（Bender-Gestalt II），该测验包含14张刺激卡片，适用于4岁以上的人群（South＆Palilla, 2013）。这些测验评估即时记忆、空间感知和知觉-运动协调等。

文化与临床评估

第二章曾提到精神障碍的社会文化视角，它关注的是社会机构及其他人对一个人心理健康的影响。接下来，我们将讨论评估患有精神障碍时的文化因素这一重要主题，首先从文化如何影响心理问题的发展开始。

文化与精神障碍的发展

正如我们在第二章中所讨论的，文化是指不同群体的独特行为和生活方式。文化代表一种独特的世界观，反映在风俗、法律、艺术和音乐中。文化也可以通过多种方式影响精神障碍的发展（Tseng, 2015）。

1. 文化可能会导致压力和心理问题。文化上的共同信仰或想法可能会导致极端的压力和精神障碍的症状出现。一种精神障碍可能专属于一种文化，因为涉及该精神障碍的特定想法或信念正是该文化的一部分。神经质是拉丁美洲人常见的一种综合征（APA, 2013）。患有这种综合征的人可能会感到失去控制，无法控制地大喊大叫，表现出哭泣和战抖症状，并感到头晕或者想要自杀。这些症状通常是由家庭应激事件引起的。拉丁文化强调家庭的福祉和稳定，因此家庭危机可能会带来极大的压力，从而引发神经质。

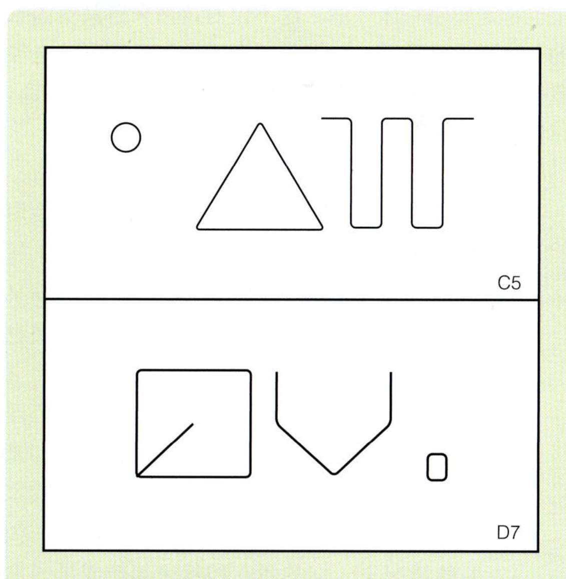

图4.7 本顿视觉保持测试的示例。本顿视觉保持测验中的两张卡片用于评估图案记忆。

2. 文化可能会影响一个人对压力的反应。某些文化可能不赞成对应激事件的某些反应，比如变得抑郁。因此，有些人可能会以有限的方式来应对压力。如果一个日本商人遭遇经济失败，可能会导致其自杀，因为公开承认破产的耻辱对他来说太痛苦了。
3. 文化可能会影响疾病的症状表现。不同文化背景的人的抑郁症症状也不尽相同。在印度尼西亚那样强调“内疚”概念的社会或文化中更可能出现感到内疚的患抑郁症的人。恐惧症或妄想的内容也取决于文化。来自欠发达国家的人们不太可能害怕飞机或不太可能认为他们的思想受到卫星的控制。
4. 文化可能会强化某种形式的精神障碍。某些精神障碍的流行程度因文化的作用而异。一般的生活方式和态度及文化对疾病的接受程度都可能影响该疾病的患病率。神经性厌食症在强调并鼓励变瘦的社会中更为普遍。

文化可以影响心理问题的发展，心理健康专业人员和医生在进行临床评估或体检时必须考虑文化的影响。

文化与临床评估

文化显然影响着精神障碍的发展和表现，因此文化也肯定影响临床评估。这不仅对评估来自其他国家的人来说非常重要，对评估美国国内的不同群体也很重要。然而，这给许多临床医生带来了特殊的挑战。评估时应考虑以下四个主要方面（Tseng, 2015）。

1. 临床医生必须克服语言障碍。必要时，应使用具有心理健康背景的翻译员。当然，这并不是最好的选择，因为人们在向不止一个人透露某些信息时可能会感到不舒服。此外，翻译员也存在误解或误译信息的可能。
2. 临床医生必须了解来访者的文化背景。心理健康专业人员还必须区分文化共有行为和来访者的反应或行为。因此，对于来访者或家庭成员来说，一个有用的问题可能是：“在类似的情况下，你的朋友和社区其他成员通常会如何反应？”
3. 临床医生必须具有文化敏感性。心理健康专业人员必须意识到文化影响情感、认知和行为。心理问题也应该从文化的角度来理解和解释。与西方人相比，许多来自东亚文化的人更保守、说话更温和、更被动。心理健康专业人员必须小心谨慎，不要将这种风格误解为人际关系问题或当作抑郁症的证据。
4. 临床医生必须了解心理问题中的文化差异。心理健康专业人员必须找到精神障碍的文化差异的评估方式及其他材料。DSM-5提供了与文化因素相关信息的一般类别。首先，对于许多精神障碍来说，包括了文化相关诊断问题的描述，例如，文化背景会如何影响症状的起因或表现、“痛苦”的首选术语和/或该疾病的患病率。其次，讨论了文化综合征；这一点贯穿整个教材。再次，针对提问题的文化构想提出了提纲（见表4.5）。

异常行为与精神障碍研究

到目前为止，我们已经讨论了精神障碍的分类、评估和文化因素。心理健康专业人员应依靠科学的方法来研究、描述、解释、预测和治疗精神疾

表4.5

《精神疾病诊断与统计手册》（第5版）（DSM-5）

文化构想

DSM-5提出，对于那些文化背景不同于心理健康专业人员的来访者，心理健康专业人员应在传统诊断配方的基础上辅以一种表现来访者症状的文化构想。获取信息资料的目的是处理以下几个主题。

- **来访者的文化身份：** 注意来访者的民族或文化参照群体及其语言能力及偏好。
- **痛苦的文化理念：** 注意确定的目标文化群体如何解释目前的症状，以及这些症状与文化参照群体所表现出的症状的对照情况。
- **与社会环境相关的文化因素：** 注意文化参照群体如何解释社会压力，以及是否拥有社会支持和其他可能有助于治疗的资源。
- **文化对来访者与心理健康专业人员之间关系的影响：** 指出来访者和心理健康专业人员在文化和社会地位方面可能影响诊断和治疗的差异。
- **整体文化评估：** 总结文化因素与考量可能如何影响来访者的评估和治疗。

病。科学方法有三个基本步骤：生成假设、开发研究设计，以及分析并解释数据以验证假设。我们首先介绍最强有力的科学方法：实验。

实验

实验是一种研究设计，它允许我们对特定的变量或事件得出有因果关系的结论。研究人员通常是从一个假设出发，遵循一条特定的路径来得出这样的结论。

假设

假设是关于一个事件的起因或两个事件之间的关系的陈述。我们可以假设治疗方案A比治疗方案B对抑郁症更有效。假设是基于先前研究而做出有根据的推测，但必须是可检验和可反驳的。这意味着假设必须包含可以测量或观察的构念，以便其他人可以尝试重复该研究。第二章曾提到，对心理动力学理论的一种批评是它的构念是无法测量或观察的。像本我和无意识这样的构念不能直接或准确地测量，因此无法确立这些构念和行为之间的因果关系。

如果我们对抑郁症的治疗提出一个可验证且可反驳的假设，那么我们必须明确我们如何定义抑郁症，以及治疗方案A和治疗方案B的具体内容。我们可以将抑郁症定义为一份问卷的得分或一个人白天的睡眠时间。我们可以将治疗方案A定义为一种特定的药物，如每天服用60毫克的百忧解；将治疗方案B定义为每天服用20毫克的百忧解。我们的假设现在是可以验证的：我们可以测量或观察抑郁症，并提供特定剂量的药物。我们的假设也是可以反驳的：其他人可以清楚地理解我们做了什么，他们可以尝试模拟这些研究。我们也可能发现我们的两个群体之间没有任何差异，这就反驳或否定了我们的假设。

研究设计

科学实验方法的下一步是开发一种能使我们检验假设的研究设计，或者在这种情况下，告诉我们治疗方案A是否确实比治疗方案B更有效。研究设计包括因变量和自变量。因变量是指那些测量研究者试图解释或预测的某种结果的变量。我们实验中的因变量可能包括抑郁症问卷的得分或一个人白天的睡眠时间。自变量是研究人员假设导致结果的操纵变量。我们实验中的自变量是治疗：有些人接受治疗方案A，有些人接受治疗方案B。

一旦我们建立了具有因变量和自变量的一个可检验和可反驳的假设，我们就必须检验这个假设。我们可以从一般人群中选择患有抑郁症的人，并随机将他们分为实验组和对照组。随机取样是指将人分配到不同的组中，如此一来，每个人都有相同的机会被分配到任何一组中。随机取样的目标是确保我们的群体在年龄、性别、文化背景、收入水平或其他能够影响因变量的变量方面代表一般人群。如果我们只研究西班牙裔男性，那么我们的研究结果很可能不会对所有人都有用。

实验组是接受主动自变量的组，在本例中，用药分为两个水平。我们的研究实际上需要两个实验组：一个接受60毫克/天的药物治疗，另一个接受20毫克/天的药物治疗。对照组不接受主动自变量。因此，我们可能纳入那些在药物治疗候补名单上的人，并随着时间的推移对他们进行监测，以查看是否发生了变化。在一段时间内他们将不接受药物治疗，因此我们将观察实验组的变化是否与对照组的变化有显著差异。如果我们的假设是正确的，那么实验组中的操纵自变量会缓解抑郁症症状，而对照组则不会发生这种变化。

在实验中，我们将分配50名患抑郁症的人（参与者）到治疗A组（实验组1：60毫克/天），50名患抑郁症的人到治疗B组（实验组2：20毫克/天），50名患抑郁症的人到对照组（0毫克/天）。实验中的一些对照组（如本组）会接受安慰剂或没有实际疗效的物质或治疗。在本例中，对照组参与者可以得到一粒不含有效治疗成分的药丸。实验人员使用安慰剂来控制偏见，或者接受药物治疗的人之所以出现症状改善仅仅是因为其希望得到改善的可能性。一些实验也使用双盲设计，这意味着无论实验人员还是参与者都不知道谁接受了安慰剂或积极治疗。在这种情况下，也许只有一个独立的药剂师知道谁接受了安慰剂或积极治疗。三盲设计是这样一种实验，在该实验中，参与者、实验者、独立的结果评估者，甚至数据管理者都不知道谁接受了安慰剂或积极治疗。盲法设计是为了尽可能地控制来自不同人的偏见。

在我们的实验中，我们将在几周内对参与者实施检测，检查他们在抑郁测试中的得分，跟踪他们白天的睡眠时间。三个月后，我们可能会发现，实验组1的人的抑郁情绪有了明显的下降，实验组2的人的抑郁情绪有了轻微的下降，而对照组的人的抑郁情绪没有发生变化。这是通过分析和解释数据来实现的，也就是科学方法的第三步。然后我们可以得出结论，我们的假设是正确的：治疗方案A（60毫克/天）确实比治疗方案B（20毫克/天）更有效。我们还可以得出结论，在这些条件下，治疗总比不治疗要好。

这样的结果有力地证明了治疗对于减轻抑郁症症状的因果作用。实验开始时，各组参与者的抑郁程度相似。各组之间唯一的区别就是用药水平。因此，在实验结束时，抑郁症的差异完全可以归因于各组之间的操纵差异——那些接受了更多抗抑郁药物治疗的参与者有了更大的改善。

然而，像这样的结果可能会受到自变量以外的其他变量的影响。如果实验组和对照组之间存在差异，那么我们就很难断定我们的治疗是有效的。试想一下，如果实验组主要是男性非洲裔美国人，而对照组主要是女性欧洲裔美国人，那么我们对这样的结果能有多大信心？诸如此类的因素会影响一项研究的外部有效性，或者影响研究结果推广到整个人群的程度。

如果实验组经历了操作或治疗以外的其他事情，那么我们的结论也会受到影响。试想一下，如果实验组的一些成员除了服药还参加了治疗，但是对照组的成员没有参加。在这种情况下，我们对药物是改善

4.1

专栏

聚焦法律与伦理

哪些人应成为心理健康研究的对象？

人们对心理健康研究中女性及其他各种参与者的相对缺乏表示了极大的担忧。一些人认为，许多研究使用的样本主要是欧洲裔美国男性。这是一个问题，因为欧洲裔美国男性精神障碍的病因和治疗结果可能无法推广至其他人。男女之间存在重要的生物学差异（如激素），这可能会影响心理问题的发展和表达。不同的民族也会受到不同类型和程度的环境应激源的影响，这些差异也会影响心理健康。关于欧洲裔美国男性心理问题及其治疗的结论可能不适用于女性或有色人种。

这些担忧已经提高了临床心理学医生对这些问题的认识，而且现在对美国政府支持的研究有了更正式的要求。美国国家卫生研究院（NIH）制定了一项政策，将女性和少数群体的成员纳入对人类参与者的研究。研究人员还必须提供一项详尽的计划，以便在其研究中扩大和招募女性和少数民族受试者。因此，研究人员应该确定，对男性或欧洲裔美国人的一般性结论是否也适用于女性和其他不同群体。

症状的主要原因又有多大的信心呢？这类因素可能会降低实验的内部有效性，或者降低研究人员对因变量（抑郁症症状）的变化确实是由操纵自变量（药物）引起的确信程度。

这个实验仍然是检验精神障碍假说的最佳策略。遗憾的是，研究人员并不能随心所欲地使用这种策略。实验在时间和资源方面都非常昂贵，需要很多人学习。实验有时也因为不道德而受到批评。让对照组的人等待能够更快帮助他们减轻抑郁的药物治疗可能会引发一些问题。如果我们想研究饮酒对女性及其未出生的孩子的影响，我们就不会刻意将饮酒纳入她们的饮食。由于实验成本高且难以进行，研究人员经常采用相关性研究。

相关性研究

相关性是两个变量之间的关联或关系。相关性研究允许研究人员根据变量以可预测的方式一起变化的程度来陈述变量之间的关联或关系。因变量和自变量可能正向相关，即其中一个的高分与另一个的高分相关联，反之亦然。你可能会发现，在异常心理测试上花费的学习时间越多，成绩就越好。人的身高与体重也密切相关。这些例子表明，两个高度相关的变量呈现正相关——当一个变量升高时，另一个变量也会升高。

因变量和自变量也可能反向相关，即其中一个的低分与另一个的高分相关，反之亦然。你可能会发现，大剂量的药物治疗会降低抑郁量表的得分。这表明，两个高度相关的变量呈现负相关——当一个变量升高时，另一个变量会下降。

两个变量之间的相关性或关联用相关系数表示，相关系数在-1.00 ~ +1.00。系数的符号（+或-）表示变量之间的关联类型。正号表示正相关，负号表示负相关。无论相关系数的符号是正号还是负号，其绝对值的大小都表示两个变量之间的关联强度。

相关性越接近+1.00或-1.00，表明两个变量之间的相关性越强。如果相关系数恰好为+1.00或-1.00，则表明两个变量是完全相关的：一个变量发生变化时，另一个变量也总会跟着变化。因此，如果知道一个人在自变量上的得分，那么我们可以100%准确地预测这个人在因变量上的得分。相关系数如果是0，就意味着这两个变量之间不存在任何关联：即便知道一个人在自变量上的得分，也不能预测出这个人在因变量上的得分。

相关性为+1.00或-1.00很少见。+0.50 ~ +0.99或-0.99 ~ -0.50的相关系数反映了两个变量之间的强关联，+0.30 ~ +0.49或-0.49 ~ -0.30的相关系数反映了两个变量之间的中度关联，+0.01 ~ +0.29或-0.29 ~ -0.01的相关系数反映了两个变量之间的弱关联。图4.8显示了相关系数的示例。

两个变量之间的相关性并不意味着一个变量导致了另一个变量。相关性并不意味着因果关系。相关性研究的一个问题是，我们不能排除两个变量之间关系的其他解释，因为相关性不能控制第三个变量的影响。这是第三变量问题。本书作者之一住在拉斯维加斯，他发现建造教堂的数量与暴力犯罪的数量具有很强的相关性。拉斯维加斯建的教堂越多，谋杀、强奸和抢劫等犯罪就越多！那么，我们能否得出这样的结论：建造教堂导致了更多的暴力犯罪？当然不是。第三变量问题对这种效应做了解释：大规模的人口增长。越来越多的人移居拉斯维加斯，因此会建造更多的教堂，犯罪率也随着人口的增长而变得更高。

相关性研究的另一个问题是方向性。我们知道婚姻纠纷和青少年犯罪之间存在一定的关联。乍一看，这种效应似乎很容易解释——父母经常吵架会增加家庭压力，他们把暴力作为解决问题的一种方式，并且对自己的孩子也疏于监管。然而，相反方向也是可能的：有些孩子在青少年时期就陷入麻烦，这让他们的父母为如何最好地处理这种情况而发生争吵。我们可能会发现这种很强的相关性，但我们不能确定哪个变量是原因，哪个是结果。我们必须通过实验来确定。

准实验方法

实验的另一种方法是准实验方法或混合设计。混合设计不像真正的实验那样随机将人分成实验组和对照组。相反，实验人员对已经存在的组进行检查。已经确诊患有抑郁症的人可以与没有抑郁症的人进行比较。我们可以根据诸如抑郁家族史、应激生活事件等

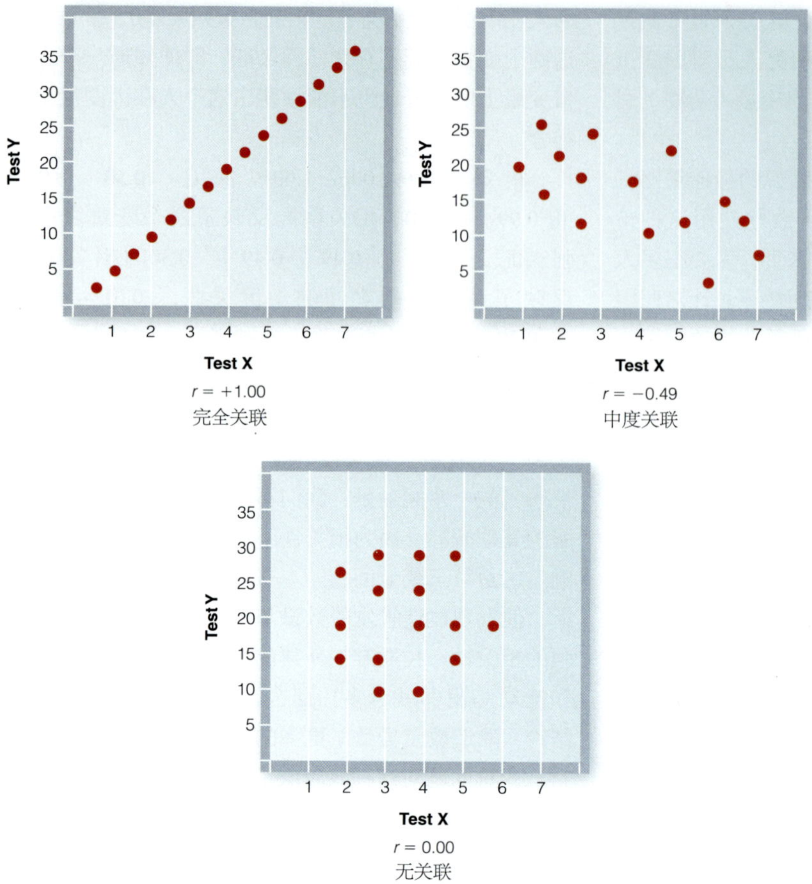

图4.8 散点图显示了不同的强度和相关性迹象。（左上图）完全正相关；（右上图）中度负相关；（下图）无相关性。

不同的变量来比较这些组。我们甚至可以检查抑郁组的亚组，看看他们正在服用什么药物及是否有效果。我们还可以计算抑郁程度与诸如年龄、收入水平、家庭规模等许多其他变量之间的相关性。

准实验方法不涉及随机化，因此使用准实验方法的研究人员必须在研究中尽可能地减少混淆因素。混淆因素是指可能解释因变量上组间差异的因素。如果我们在应激性生活事件方面对有或没有抑郁症的人进行调查，那么我们应该注意其他因素。患抑郁症的人可能比没有抑郁症的人有更多的应激性生活事件，但是患抑郁症的人可能比没有抑郁症的人更容易记住应激性生活事件。诸如此类的混淆因素会影响结果的内部有效性。

研究人员经常试图在许多变量上匹配他们小组中的人，以防出现此类问题。他们可能会努力确保他们的群体在性别、年龄、种族、收入水平和抑郁症等特定疾病的症状方面是相似的。遗憾的是，研究人员无法确定匹配群组和保护内部有效性所需的所有变量。即使在匹配完成后，实验组和对照组在重要维度上仍然可能存在差异。

其他替代性实验设计

其他替代性实验设计也可以作为大规模真实实验的替代方案。自然实验是一种观察研究，自然本身帮助分配群组。回想一下第三章提到的约翰·斯诺，他发现一些因饮用受污染的水而患病的居民在使用一个特定的水泵，而其他没有患病的居民在使用另一个水泵。这里的“自然”自变量是饮用水源。自然实验也经常发生在海啸或飓风等灾害之后。一组研究人员研究了受墨西哥湾深水地平线石油泄漏影响的不同社区。一个社区间接受到影响，而另一个社区则直接受到影响。研究人员发现，与收入更稳定的人相比，因石油泄漏而导致收入损失的人有更重的焦虑和抑郁（Morris, Grattan, Mayer & Blackburn, 2013）。如果没有发生这一悲剧，这样的研究是不可能“创造”出来的。

另一种替代性实验设计是模拟实验，即在受控条件下模拟真实情况。之所以进行这种模拟，是因为重现某些事件或条件是不道德的。莫里纳（Morina）和她的同事（2013）对研究与创伤相关的图像和记忆很感兴趣，但他们显然不能让研究参与者遭受真正的创伤。相反，研究人员进行了一系列模拟实验，参与者观看一段令人痛苦的视频，然后对他们进行监控。该研究提供了可能与创伤后应激障碍相关的各种应对策略方面的宝贵信息（第五章）。

此外，研究人员还使用单一对象实验设计，该设计包括一个人或一小部分在特定条件下接受检查的人。单一对象实验设计仍然用于观察和测量行为的实验和控制条件，但其方式是创新的。单一对象实验设计的一种类型是ABAB或逆向设计。在这种情况下，“A”表示控制条件，“B”表示治疗条件。如果一名研究参与者一直受益于“B”条件而不是“A”条件，那么我们就有一些证据表明这种治疗是有效的。这种设计有时用于研究难以获得大型实验群组的异常行为。逆向设计通常用于检验患有严重发育障碍的人的此类行为治疗（Wine, Freeman & King, 2015）。

发展构想

研究人员还使用发展构想来调查新的参与者或已经存在的群组，以了解某个问题或精神障碍是如何随着时间变化的。发展构想包括纵向研究、横向研究和序贯设计。纵向研究是指在很长一段时间内对同一组人进行调查。研究人员有时会对父母在童年和青少年时期患有精神分裂症的青少年进行跟踪调查，看看哪些风险因素最终会导致这种精神障碍。

纵向研究对于调查行为的变化和发展非常重要，但是你会发现其主要的缺点就是完成研究所需的时间。有些纵向研究持续了20年或更长时间。纵向研究也存在人员流失的风险，即随着时间的推移，一些项目参与者会退出研究，或者研究人员已无法再联系上他们。如果项目开始时有100名儿童，而在青春期结束时仅剩下15名儿童，试问这样的结果有多大用处呢？

纵向研究的一种替代性方法是横向研究，即在同一时间对不同的人群进行研究。如果一名研究人员对研究父母患精神分裂症的孩子感兴趣，那么她可能会找到不同年龄阶段的孩子——比如2岁、7岁、12岁和17岁——然后马上对他们展开研究。横向研究非常有用，但会受到队列效应的影响。这是指不同年龄的孩子成长于不同的年代，这可能会影响他们的功能。想想当今社会科技的快速变化。一个2岁的孩子与一个17岁的孩子很可能有不同的经历。这些差异会在一定程度上反映在他们的行为中。

因此，一些研究人员将纵向研究和横向研究的各个方面融合到序贯设计中。序贯设计从横向研究开始，但在短时间内对各组进行纵向研究。在上面的例子中，父母患有精神分裂症的2岁、7岁、12岁和17岁儿童从现在开始可以接受为期5年的调查。因此，可以检查横向和纵向上的变化。

案例研究

到目前为止讨论的研究设计是有用的，但并不总是实用的。使用案例研究法的研究人员会在一段时间内对一个人进行仔细观察。研究人员可以详细描述与该病例相关的症状类型、评估和治疗。研究人员提供关于一个人的大量数据，但是没有实验操作，也不存在内部有效性。我们也不能将一个人的结果推广至整个人群，因此案例研究法也不存在外部有效性。

案例研究法之所以有用，有几个原因，尤其是在描述罕见现象时。例如，具有多重性格的人太少，无法进行大规模的实验；或者一个人可能有不寻常的症状或家庭背景。案例研究法对于在少数人身上测试新疗法来判断其效果和安全性也非常有用。这些“初步研究”的数据可以为对更多的人进行进一步的研究提供依据。

你可以看到，研究人员使用许多方法来研究精神障碍，每种方法都有其优点和局限性。从每一种方法中得到的信息在本书中均有介绍。

消化媒体报道的研究

我们可以进行许多类型的研究，并且有些类型（例如实验）会得出比其他类型（例如案例研究）更强有力的结论。在阅读一篇媒体关于精神障碍研究发现的报道时，记住这一点非常重要。媒体经常关注研究中耸人听闻的那些方面，尤其是男性与女性之间的差异。当你阅读这些报告时，要密切关注被引用的研究，以及该研究是一项实验还是一项不那么严谨的研究。多读一些原始的研究论文，了解研究人员真正发现了什么，以及该项研究存在哪些不足。不要过于迷恋媒体头条——要明智地消化媒体对心理研究的报道。

第五章　焦虑症、强迫症与创伤相关障碍

5

忧虑、焦虑、恐惧与焦虑症；强迫症；创伤相关障碍

焦虑症、强迫症与创伤相关障碍：特征与流行病学分析

与焦虑症、强迫症和创伤相关障碍相关的污名

焦虑症、强迫症与创伤相关障碍：病因与预防

焦虑症、强迫症与创伤相关障碍：评估与治疗

章节特色

- 专栏5.1　**聚焦大学生**　创伤与创伤后应激障碍
- 专栏5.2　**聚焦性别**　焦虑相关障碍真的有性别差异吗?
- 专栏5.3　**聚焦多元性**　焦虑相关障碍和社会文化因素
- 专栏5.4　**聚焦法律与伦理**　基于接触的训练的激励伦理

C 安吉莉娜

案例探讨

安吉丽娜25岁时被转介至专门治疗焦虑障碍的门诊就诊。她之所以来就诊，是因为最近一次可怕的经历——她差点就发生了车祸。安吉丽娜在驾车通过一座高架桥时，突然感到心跳加速、呼吸急促、视线模糊。这些感觉如此强烈，以至于她自己都认为会撞坏汽车而伤到自己或他人。她挣扎着试图控制自己的症状，努力把车停在了桥上。几分钟后，这些症状似乎稍微减轻了。由于对刚刚的经历仍然感到心有余悸，安吉丽娜又等了20分钟才驾车直奔家中。

治疗师询问安吉丽娜以前是否有过类似的经历。安吉丽娜回答说，她有过几次这种经历，通常发生在她开车或周围有很多人时。安吉丽娜原以为她完全可以应付，然而，这次及后来的两次经历远比之前的感觉要强烈得多。最近她约见了急诊室医生和心脏病专家，以确定她的症状是否有任何潜在的医学病因，但并没有什么发现。然后，安吉丽娜被转介至心理门诊进行治疗。

治疗师更多地了解安吉丽娜这些症状的历史。安吉丽娜认为自己一直属于“紧张和忧虑类型的人”，在上大学后她的焦虑问题开始恶化。每天开车去上学，走进教室，周围坐满了其他人，并且可能注视着她，都让她感到焦虑。因此，安吉丽娜通常坐在教室后面，以防她受不了时可以尽快走出教室，使自己镇定一下。治疗师询问安吉丽娜是否担心会发生什么糟糕的事情。安吉丽娜回答说，她最担心的是上课时教授会看向她，然后提问一个她不知道答案的问题。此外，她也担心其他人会发现她的身体焦虑症状。

一年前，在经历了一些特定的极度焦虑症状之后，安吉丽娜的紧张情绪开始恶化。安吉丽娜说，她第一次“焦虑发作”发生在她走进教室准备参加期中考试时。那时，她的心跳开始加速，呼吸变得急促。当教授发给她试卷时，她身体有些发抖，无法集中注意力。安吉丽娜说，她觉得自己“心根本不在那儿”，而且“所有的一切仿佛都处于慢镜头之中”。更糟糕的是，她觉得自己无法集中精力参加考试。然而，她确实完成了考试，并且得到了“B-”的成绩（她通常得“A/B”）。自那以后，她在上学或即将进入教室时，往往会发生“焦虑发作”的情况。这些情况一般一周发生一次，但周末或她不在学校时不会发生。

在过去的几个月里，安吉丽娜的“焦虑发作”变得更加频繁。安吉丽娜有时无法驾车前往当地的购物中心，并且簇拥在她周围的成百上千的购物者让她感到心烦意乱。对于约会，她也是万分不情愿的，因为她可能会“卡壳儿”，看起来傻傻的。然而，让她更加担心的是，自己可能不得不放弃学业，虽然她已经临近毕业。之所以存在这种念头，是因为在她去上课的路上，她驾车穿过桥梁时，发生了她最糟糕的一次“焦虑发作”。之后的两次发作也让她错过了许多次课，所以她觉得她可能不得不放弃所有的课程。安吉丽娜因此感到十分伤心和痛苦，认为她可能无法重返大学并完成自己的学业。

现在，安吉丽娜待在家中，她的母亲驾车将她送到了治疗师那儿进行治疗。她不愿意去超市或餐馆，宁愿完全避开这些地方。即便跟治疗师交谈也会使她的焦虑评级在0到10级的焦虑等级量表中达到8级。治疗师问她希望在自己的生活中看到什么不同的东西，安吉丽娜回答说，她想成为原来的自己，去上学，见见朋友，约会，享受生活。治疗师问她是否愿意参与全面的评估与治疗，安吉丽娜表示同意。

思考问题

1. 安吉丽娜的哪种症状是大学生的典型症状？哪种看起来又非常不同呢？
2. 安吉丽娜的情绪问题可能是由什么外部事件和内部因素造成的？
3. 你对安吉丽娜的哪些方面感到好奇？
4. 安吉丽娜的焦虑问题有没有让你想起自己或你认识的人的相关情况？原因是什么？
5. 安吉丽娜的焦虑症状会如何影响她未来的生活？

焦虑是指不好的事情可能发生而引起的一种忧虑感。

忧虑、焦虑、恐惧与焦虑症；强迫症；创伤相关障碍

你有没有担心会发生什么坏事？你有没有对即将发生的事感到紧张？你有没有像安吉丽娜那样害怕过什么？有些人对未来可能发生的事情非常忧虑。还有一些人一想到约会、在公共场合发言或参加考试就会变得紧张或焦虑。对一些人来说，一看到蛇或飞机就会紧张且恐惧。对于像安吉丽娜这样的人而言，忧虑、焦虑和恐惧会陷入一种无法控制的状态，从而使他们想要避免包括上学在内的许多事情。然而，忧虑、焦虑和恐惧到底是什么呢？它们之间又有什么不同呢？

忧虑主要是一种认知或“思维”概念，指对未来可能面临的威胁的担忧。存在这种忧虑的人往往会考虑未来及可能发生的痛苦的事情。有的人可能担心未来的恐怖袭击或无法按时支付账单。忧虑并不一定是件坏事，因为它可以帮助人们为将来的事件做好准备并解决问题（Deschênes, Dugas & Gouin, 2016）。如果你下周有场考试，并且还没有做好准备，你可能会感到担心，并开始制订学习计划以避免落败。因此，担忧是正常的，甚至可以说是一种适应性行为。担忧通常是一个渐进的过程，在事件相隔较远时相对轻微（噢，是的，就快要考试了），但随着事件的临近，这种担忧的感觉就越发强烈（哎呀，还是赶紧学习吧）。如果事件越来越近，甚至更具威胁性，因为当考试越来越近，而有的人仍然还没有准备好时，就可能会产生焦虑情绪。

焦虑是一种情绪状态，随着威胁性事件的临近而出现。忧虑从本质上来说更多地属于认知层面，而焦虑则包含三个关键部分：生理感觉、思想和行为。生理感觉可能包括心跳加速、出汗、口干、发抖、头晕及其他不适的症状。思想可能包括一个人会受到伤害或会失去对局势控制的信念。行为可能包括避免某些情形或不断询问他人是否一切正常等（Davies, Niles, Pittig, Arch, & Craske, 2015; Sharp, Miller & Heller, 2015）。如果你明天有一场考试，但还没有复习好，那么你可能会感到肌肉紧张（生理感觉），并认为你不会考好（思想），于是便选择缺考（行为）。和担忧一样，焦虑也是一种正常的人类情绪，这种情绪会告诉我们哪儿出错了或需要做出改变。

焦虑的这三个部分通常会依次出现。以相亲为例，在你第一次与一个陌生人正式见面时，你可能会有些生理性紧张——也许你会出汗，有些发抖，或感受到你的心跳加速。随后，你可能会认为对方会注意到你的症状，自己看起来傻傻的样子，从而得到负面的评价。你也可能担心谈话期间出现尴尬的停顿或者对方会说些什么。由于这些情绪和信念，你甚至可能会缩短约会时间或直接取消约会。许多焦虑的人都会同时具有这些棘手的生理感觉、思想和行为。想想安吉丽娜——她主要的生理感觉、思

人们通常担心与学习或工作相关的任务或财务等日常事务。

想和行为又是什么呢?

恐惧是一种强烈的情绪状态，当威胁即将发生或实际发生时，人就会产生恐惧心理。恐惧是一种明确而直接的特定反应：惊吓、亢奋和无法遏制的逃离冲动（Beckers, Krypotos, Boddez, Effting & Kindt, 2013）。恐惧反应通常具有明确的指向性。如果你参加一个测验，而你并没有学习过这方面的知识，那么你可能会产生剧烈的生理亢奋和恐惧，并会很快摆脱这一情景。许多人害怕蛇。如果有人在附近放了一条眼镜蛇，你可能会立刻感到害怕，产生生理亢奋，并以最快速度跑开。恐惧是人们自古以来就有的一种情绪，这种情绪告诉我们，我们身处危险之中，或许我们必须与眼前任何对我们具有威胁的事物进行战斗或者尽快逃离这一情景（战斗或逃避）。因此，恐惧是正常的，并且保护我们免受潜在的伤害，就像我们看到蛇时立刻跑开一样。

忧虑、焦虑和恐惧之间的差异可以通过一个连续体或维度进行解释（见图5.1）。忧虑是对潜在威胁产生的反应，焦虑是对临近威胁产生的反应，而恐惧是对紧迫威胁产生的反应。忧虑主要是一种认知概念，与焦虑或恐惧相比，涉及较少的生理感觉和回避心理。然而，在诸如考试等威胁性事件临近时，一个人可能会经历更多的生理感觉（亢奋）和更大的回避或逃避欲望。忧虑也往往是一种普遍而缓慢的反应，具有一定的警示性，而中度焦虑或忧虑则更为具体，往往会刺激当事人行动起来（如开始学习！）。恐惧是指一种直接且专注的反应，这样，当事人可以面对或逃离某种情景。

我们也可以从严重性这一维度来看待忧虑、焦虑和恐惧。忧虑、焦虑和恐惧是人类正常的情绪，所以我们所有人一定程度上都会经历这些情绪。我们担心孩子的安全，即将在他人面前表演或进行访谈时会

图 5.1 忧虑、焦虑和恐惧

忧虑	焦虑	恐惧
潜在威胁	临近威胁	紧迫威胁
轻度唤醒（生理感觉）	中度唤醒	严重唤醒
重度认知	适度认知	几乎没有认知
轻度回避	适度回避	严重回避
全身反应和反应迟钝（谨慎）	反应更专注、更迅速（忧虑）	反应非常专注、快速（战斗或逃避）

图 5.2 焦虑相关障碍方面情感、认知和行为

	正常	轻度
情感	具有轻微的生理唤醒，但警觉性较高	具有轻度的生理唤醒，可能会感到有点兴奋，但警觉性较高。
认知	“我今天要去面试。希望他们会喜欢我。我会向他们展示自己！”	“我今天要去面试。不知道他们是否会对我产生什么不好的印象。希望自己的声音不会发颤。”
行为	去参加面试，并且表现得不错。	去参加面试，但有点烦躁不安。

变得焦虑不安，并且在飞机发生严重颠簸时会感到恐惧。这些经历都是生活中的一部分，并且许多人学会成功地应对这些情景。许多人即使紧张也会相亲，他们最终会放松并度过愉快的时光。然而，忧虑、焦虑或恐惧可能会变得更加强烈，以至于当事人难以集中注意力完成任务或使自己放松（见图5.2）。

忧虑、焦虑和恐惧甚至会变得十分严重，并给一个人造成巨大的麻烦——如可能患上焦虑症、强迫症或创伤相关障碍（我们在本章中有时将这些障碍统称为焦虑相关障碍）。像安吉丽娜这样的人患上这类精神障碍时，会持续发生严重的忧虑、焦虑或恐惧，使他们不能做自己平时喜欢做的事情，比如购物、开车、上学或找一份新工作等（见图5.2）。焦虑相关障碍可能不那么严重，例如当事人担心发生车祸而不愿驾车。抑或有另一种情况，焦虑相关障碍可能会更严重，如当事人非常害怕细菌，以至于自己从不离家。患有焦虑相关障碍的人通常会经历忧虑、焦虑或恐惧，这些情绪非常严重，会持续很长时间，并会干扰日常生活。这些焦虑相关障碍给安吉丽娜等许多人造成了巨大的痛苦。我们接下来将介绍几种主要的焦虑相关障碍。

焦虑症、强迫症与创伤相关障碍：特征与流行病学分析

以下章节总结了最常见的焦虑相关障碍的主要特征。本章中的许多障碍都将焦虑列为一个关键部分，并从历史角度将其作为一个诊断组进行研究。在《精神疾病诊断与统计手册》（第5版）中，精神障碍被划分为焦虑症、强迫症、创伤和应激相关障碍等较小的诊断组（我们在本章中略掉了最后一个诊断组）。我们首先讨论惊恐发作的概念，惊恐发作是多种焦虑相关障碍的一个关键部分。

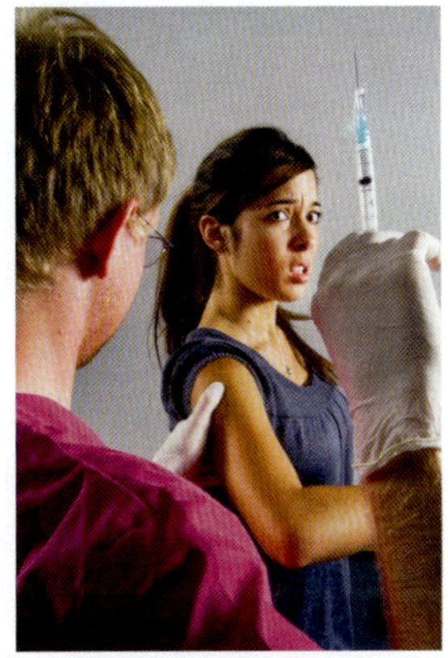

恐惧是某种威胁逼近时产生的一种强烈的情绪状态。

惊恐发作

你有没有无缘无故地感到害怕？或许你只是坐着或站着，突然萌生一种强烈的恐惧感。如果是这样，你可能是遇到了类似安吉丽娜那样的惊恐发作。惊恐

中度	焦虑相关障碍——不严重	焦虑相关障碍——严重
具有中度的生理唤醒，包括颤抖、战栗等，注意力集中方面存在一些困难。	具有强烈的生理唤醒，包括颤抖、眩晕、焦躁不安等，注意力不集中。	具有极端的生理唤醒，伴有眩晕、心悸、颤抖、出汗等症状，在注意力集中方面存在很大困难。
“哇，我对今天的面试太紧张了。我敢肯定这份工作算是没戏了。我在想，自己是不是应该忘记这件事？”	“哦，不，今天有那个采访。我有些不舒服。我认为我应付不了这件事，他们会认为我是个白痴！”	“我不可能做到这一点。我就是一个十足的失败者。既然得不到那份工作，为什么还要多此一举呢？我可不想让别人觉得自己愚蠢！”
为取消面试起草了两封电子邮件，但并没有发送出去。去参加了面试，但看起来有些紧张。	在最终去参加面试之前推迟了两次。面试时表现得十分焦虑不安，无法保持目光接触。	取消了面试，整天待在家里。

发作会持续一段时间，通常为几分钟，在此期间当事人会有一种强烈的恐惧感，担心会发生一些可怕的事情或身体症状。惊恐发作并不是一种诊断，而是患焦虑症的人多发的一个症状。表5.1列出了惊恐发作的特征。

常见的身体症状包括心率加快、气短、胸痛或不适、头晕及窒息感等。惊恐发作的人也常常担心死亡、“发疯”，或对自己失去控制，从而做出一些糟糕的事情。安吉丽娜在她车里的惊恐发作让她觉得她可能会崩溃。惊恐发作还可能使当事人产生这样的感觉，即周围事件不是真实的（现实解体），或者另一个人正在注视着自己的一举一动（去人性化）。安吉丽娜在参加考试时的疏离感就是这种情况。

没有预兆或可预见性而突然发生的惊恐发作都是意料之外的惊恐发作，这可能使惊恐发作显得非常可怕。有些人甚至在睡眠中出现惊恐发作的情况（Boland&Ross, 2015）。时间长了，惊恐发作的人或许能够预测这些发作可能发生的时间。安吉丽娜在她开车或置身于人群中时，往往会出现惊恐发作的情况。意料之中的惊恐发作具有特定的诱因；例如，当事人在公共场合发言时可能会出现严重的恐慌症状。因此，惊恐发作会使人陷入许多令人不安的身体症状和思想，这是之前介绍的焦虑的两个组成部分。

表5.1

《精神疾病诊断与统计手册》（第5版）（DSM-5）

惊恐发作

注意：症状是为了识别是否是惊恐发作；然而，惊恐发作并不是一种精神障碍，不能对其进行编码。在任何焦虑障碍及其他精神障碍（如抑郁症、创伤后应激障碍、物质滥用障碍等）和一些医学疾病（如心脏病、呼吸病、前庭病、胃肠病等）情况下，都可能伴有惊恐发作。当确定是惊恐发作时，应为其标记说明符（如“伴有惊恐发作的创伤后应激障碍”）。对于惊恐障碍而言，惊恐发作包含在该障碍标准内，而惊恐发作本身不用做说明。

强烈恐惧或不适急剧发作，并在数分钟内达到巅峰状态，在此期间会出现以下四种（或更多）症状：

注意：平静状态或焦虑状态下均可能会出现急剧发作的情况。

1. 心悸、心跳加速或心率加快；
2. 出汗；
3. 颤动或抖动；
4. 感觉气短或窒息；
5. 窒息感；
6. 胸部疼痛或不适；
7. 恶心或腹痛；
8. 感到头晕、不稳定、眩晕或无力；
9. 感到寒冷或发热；
10. 感觉异常（麻木或刺痛感）；
11. 现实解体（非真实感）或去人性化（脱离自我）；
12. 害怕对自己失去控制或“发疯”；
13. 害怕死亡。

惊恐障碍

根据表5.2中所列DSM-5标准，经常经历意外惊恐发作的人会产生惊恐障碍。在众多惊恐发作中，至少有一次过后，当事人在随后的一个月或更长的时间里会担心惊恐再次发作，担忧惊恐发作可能意味着什么，或将引起行为上的变化。安吉丽娜确实担心自己会经历更多的惊恐发作，并想知道惊恐发作是否会导致她必须辍学。她的驾驶行为也发生了巨大变化。惊恐发作和惊恐障碍不应该是物质滥用或医学疾病的结果。惊恐障碍与其他焦虑障碍不同，惊恐发作与诸如公共演讲等特定（或预期）情景（如公开演讲）更加紧密相关。

出于多种原因，惊恐障碍是一种令人恐惧的疾病。首先，人们对于何时可能发生惊恐发作往往一无所知。惊恐发作可能在一天当中频繁发生，或者隔几天发生一次。试想一下，你在外出时，总是担心惊恐发作会发生。其次，惊恐发作并不具有伤害性，但许多有惊恐障碍的人对自己内在的头晕、心悸或其他惊恐发作症状感到恐惧。一些有惊恐障碍的人可能认为他们的症状表明了某些严重的疾病，如心脏病晚期。因此，有惊恐障碍的人担心会发生更多次惊恐发作。

有惊恐障碍的人，如安吉莉娜或第四章提到的史

表5.2

《精神疾病诊断与统计手册》（第5版） （DSM-5）

惊恐障碍

A. 周期性意外惊恐发作。惊恐发作是一种强烈恐惧或不适的急剧发作，并在几分钟内达到巅峰状态，在此期间会出现以下四种（或更多）症状。

注意： 平静状态或焦虑状态下均可能会出现急剧发作的情况。

1. 心悸、心跳加速或心率加快；
2. 出汗；
3. 颤动或抖动；
4. 感觉气短或窒息；
5. 窒息感；
6. 胸部疼痛或不适；
7. 恶心或腹痛；
8. 感到头晕、不稳定、眩晕或无力；
9. 感到寒冷或发热；
10. 感觉异常（麻木或刺痛感）；
11. 现实解体（非真实感）或去人性化（脱离自我）；
12. 害怕对自己失去控制或“发疯”；
13. 害怕死亡。

B. 在众多惊恐发作中，至少有一次过后，当事人在随后的一个月或更长时间里会担心下列一种或两种情况发生：

1. 持续担心或忧虑更多的惊恐发作及其后果。
2. 与惊恐发作相关的适应不良行为改变。

C. 这种情绪失常并非由某种物质或医学疾病的生理效应所致。

D. 其他精神障碍并不能更好地解释这种精神失常。

密斯教授，或许会回避可能使他们产生恐慌症状的情景。因此，有些有惊恐障碍的人会被诊断为广场恐怖症。广场恐怖症是指对可能引发恐慌症状的地方感到焦虑，尤其是那些可能难以逃离的地方。广场恐怖症也指回避这些地方或在极度焦虑或恐惧中坚持待在这些地方（见表5.3；美国精神病学会，2013）。尽管广场恐怖症在患有严重或慢性惊恐障碍的人群中更常见，但大约有一半有惊恐障碍的人会出现广场恐怖症（Greene & Eaton, 2016; Nay, Brown & Roberson-Nay, 2013）。

回想一下，回避行为是焦虑的一个重要表现。安吉丽娜之所以不想去餐馆，是因为在那里她可能会出现恐慌症状，并且让自己看起来很愚蠢。许多有惊恐障碍的人经常靠近出口处或回避那些可能造成尴尬的情景。有些人还患上严重的广场恐怖症，以至于连家门都不敢出。这显然会对婚姻、职业、学业及其他方面造成严重的影响。毫无疑问，安吉丽娜就处于这一境地。

社交恐惧症

当着别人的面做事情，你会紧张吗？当在公众场合发言或第一次与某人会面时，你会畏缩吗？许多人在这些情况下会感到紧张，这是正常的。我们关心其他人对我们的看法，要是他们对我们消极地进行回应，可能会有什么后果？然而，大多数人在这些情况下可以控制或忽视焦虑，并且发挥良好。对其他人而言，社交焦虑会造成严重的后果，即使是随便的交谈或其他互动交流都变得极其困难。

社交恐惧症也被称为社交焦虑障碍，表现为对可能令人难堪的社交或表演情境持续地恐惧。社交恐惧症的诊断须遵照表5.4中的DSM-5标准。社交情景包括与他人的互动，如约会、交谈或参加派对等。表演情景包括他人评估，如参加测试、口头陈述或在演奏会上演奏乐器等。患有社交恐惧症的人非常害怕自己的行为方式会在这些情景使自己异常尴尬或蒙羞。

患有社交恐惧症的人或许预料到他们在社交和表演情景中会出现恐慌，并尽可能地回避这些情景。或者他们会在极度焦虑或恐惧中坚持待在这些情景中。安吉丽娜不愿约会，不愿在课堂上回答问题，不愿和别人一起购物和吃东西。在所有这些情景中，她都可能得到别人负面的评价。社交回避显然会干扰一个人正常生活的能力。有社交恐惧症的人发现自己在上学、找份体面的工作及交朋友和维持友谊方面都很困难。

许多有社交恐惧症的人认为，他们会做出一些

"愚蠢"或"疯狂"的事情，而这些事情会让他们在别人面前显得"丢脸"。他们可能会因为恐惧而变得口吃、昏厥，或在他人面前发抖。他们知道自己的恐惧有些反应过度，是不合理的，但他们仍然很难去做一些他们必须做的事情，比如在面试时交谈（Morrison &Heimberg, 2013）。

有社交恐惧症的人甚至可能在简单的事情上也遇到麻烦，例如在商店中使用借记卡、使用公共洗手间，或在商场与朋友聚会。如果有社交恐惧症的人只是害怕在公共场合发言或进行表演，那么这种障碍只会被定性为一种行为表现。

特定恐惧症

我们提到，大多数人都对蛇比较警惕，所以这种恐惧是正常的。然而，对有些人而言，恐惧如此强烈和普遍，以至于干扰了日常的生活。试想一下，对蛇的恐惧如此强烈，以至于有的人都不敢在院子里走路或去公园。一些具有特定恐惧症的人就属于这种情况。

特定恐惧症是对某一特定对象或情景的过度且不合理的恐惧。特定恐惧症的诊断遵照表5.5中的DSM-5标准。具有特定恐惧症的人在遇到狗、飞机、小丑或任何他们害怕的东西时均可能会感到恐惧。特定恐惧症分为以下五种类型：

- 动物恐惧症是指对动物的恐惧，尤其是狗、啮齿动物、昆虫、蛇及其他爬行动物；
- 自然环境恐惧症是指对周围场景和事件的恐惧，如高地、水和雷暴等天气；
- 血液—注射—损伤型恐惧症是指对针头、医疗程序和自我伤害的恐惧；
- 情境恐惧症只是对特定区域的恐惧，例如飞机和电梯里的封闭空间；
- 其他恐惧症是指对特定对象的任何其他强烈的恐惧。这方面比较常见例子有恐毒症（对有毒物质的恐惧），但也有不寻常的例子，如左位恐惧症（对左边事物的恐惧）和长单词恐惧症（对长单词的恐惧）。

表5.3
《精神疾病诊断与统计手册》（第5版）（DSM-5）

广场恐怖症

A. 对以下五种情况中的两种（或更多）表现出恐惧或焦虑情绪：

1. 使用公共交通；
2. 处于空旷的地方；
3. 处于封闭场所；
4. 排队或处于人群中；
5. 独自外出。

B. 个人担心或回避这些情景，是因为想到自己可能很难逃避这些情景或在发生恐慌症状或其他失能、尴尬症状时可能无法得到帮助。

C. 这些广场恐怖症的情景几乎总会引发恐惧或焦虑。

D. 积极避免广场恐怖症的情景需要伴侣的陪伴，或者独自忍受强烈的恐惧或焦虑。

E. 恐惧或焦虑与广场恐怖症的情景和社会文化背景所造成的实际危险是不相称的。

F. 恐惧、焦虑或回避情绪是持续存在的，通常持续6个月或更长的时间。

G. 恐惧、焦虑或回避情绪会引起临床上明显的痛苦，或导致社交、职业或其他重要功能方面的损害。

H. 如果存在其他医学疾病，那么会过度地表现出恐惧、焦虑或回避情绪。

I. 恐惧、焦虑或回避情绪不能通过其他精神障碍来更好地解释——例如，该症状并不限于特定的恐惧症和情境类型；不只包括社交情景（如社交焦虑症）；不仅仅与强迫思维（如强迫症）、外貌的缺陷或瑕疵（如身体畸形障碍）、创伤性经历（如创伤后应激障碍）或分离（如解离性焦虑障碍）有关。

注： 无论惊恐障碍是否存在，都能对广场恐怖症进行诊断。如果个体的表现符合惊恐障碍和广场恐怖症的标准，那么这两种诊断都可以得到认定。

表5.4

《精神疾病诊断与统计手册》（第5版）　（DSM-5）

社交恐惧症（社交焦虑障碍）

A. 对一个或多个当事人可能受到其他人监视的社会情境产生恐惧或焦虑。注意：对儿童而言，这种焦虑在同龄人环境下也可能发生，而不仅仅局限于与成人的交往。

B. 当事人担心自己的行事方式或表现出来的焦虑症状会得到外界负面的评价（例如，当事人会感到羞辱或尴尬；会导致拒绝或冒犯他人）。

C. 社交情景几乎总会引起恐惧或焦虑。注意：对儿童而言，他们可能通过在社交情景中哭泣、发脾气、紧贴、畏缩或保持沉默等来表达他们的恐惧或焦虑。

D. 患有社交焦虑的人会回避社交情景或忍受强烈的恐惧或焦虑。

E. 恐惧或焦虑与社会状况和社会文化背景所造成的实际威胁是不相称的。

F. 恐惧、焦虑或回避情绪是持续存在的，通常持续6个月或更长的时间。

G. 恐惧、焦虑或回避情绪会引起临床上明显的痛苦，或导致社交、职业或其他重要功能方面的损害。

H. 恐惧、焦虑或回避情绪不能归因于某种物质（例如，药物、酒精）的生理效应或其他躯体疾病。

I. 恐惧、焦虑或回避情绪不能通过其他精神障碍来更好地解释，例如身体畸形障碍或孤独症谱系障碍等。

J. 如果存在其他医学疾病，那么会过度地表现出恐惧、焦虑、回避情绪或许与社交焦虑障碍无关。

表5.5

《精神疾病诊断与统计手册》（第5版）　（DSM-5）

特定恐惧症

A. 对特定对象或情景的恐惧或焦虑。

注意：对儿童而言，恐惧或焦虑可能通过哭泣、发脾气或紧贴等表现出来。

B. 恐惧对象或情景几乎总会引起直接的恐惧或焦虑。

C. 当事人会主动回避恐惧对象、情景，或忍受强烈的恐惧和焦虑。

D. 恐惧和焦虑与特定对象和情景所造成的实际危险与社会文化语境是不相称的。

E. 恐惧、焦虑或回避情绪是持续存在的，通常持续6个月或更长的时间。

F. 恐惧、焦虑或回避情绪会引起临床上明显的痛苦，或导致社交、职业或其他重要功能方面的损害。

G. 恐惧、焦虑或回避情绪不能通过其他精神障碍来更好地解释。

广泛性焦虑障碍

你是否曾为大大小小的事情而忧心忡忡？如果是，欢迎来到人类世界，因为大家都是如此。许多人对可能发生的事情非常担忧，特别是在这个威胁随处可见的时代。我们似乎每天都会通过阅读得知一些恐怖袭击、毁灭性天气等可怕事件。了解了这些事件，我们也想知道它们是否有一天会发生在我们身上，这种担忧自然会让我们感到紧张和忧虑。存在这种担忧是正常的。

我们提到，忧虑是一种适应性现象，可以帮助我们做好准备并解决问题。当我们需要集中注意力时，忧虑也是我们大多数人可以控制并暂不考虑的事情。许多人在准备周三晚餐时可以暂且放下对即将到来的周末的担忧。因此，忧虑通常是正常和可控的。然而，对有些人而言，忧虑如此强烈和持久，以至于干扰了他们工作、决策和放松的能力。

广泛性焦虑障碍是指对各种事件或活动的极度担忧。广泛性焦虑障碍的诊断须遵照表5.6中的DSM-5标准。患有广泛性焦虑障碍的人无法控制自己的忧虑，因此，往往在集中注意力、睡眠或休息方面存在困难。患有广泛性焦虑障碍的人往往过分担忧诸如支付账单或按时接孩子等琐事。这种忧虑与实际风险或问题是不对称的。许多人会担忧在他们房屋的还款问题，但是即便不存在财务问题，患有广泛性焦虑障碍的人也可能会担心还款问题。患有广泛性焦虑障碍的人其他常见的忧虑还包括健康问题、家务琐事、守时、与工作有关的任务及不同活动的能力等。

从表5.6中可以看到，患有广泛性焦虑障碍的人通常不会经历惊恐发作，而会出现肌肉紧张、入睡困难或注意力不集中的情况。广泛性焦虑障碍和忧虑主要隶属于认知概念层面，因此，身体和行为症状与恐惧症和社交性及特定恐惧症相比并不常见。患有广泛性焦虑障碍的人不关注恐慌的内部症状，而更多地关注潜在的外部威胁。他们也认为，这些威胁非常危险或者极可能导致可怕的后果。人们可能过于担忧，如果不能提前15天支付账单，信用评级就会受损从而导致自己无法购买新车。

忧虑是广泛性焦虑障碍的一个关键因素，许多人都认为这是一个长久的难题。在一个人可能患上的几种焦虑障碍和其他精神障碍中，广泛性焦虑障碍通常排在首位（Newman, Llera, Erickson, Przeworsk & Castonguay, 2013）。记得安吉丽娜曾说过，她一直属于“紧张和忧虑类型的人”。早期形成的广泛性焦虑障碍与特定的生活事件或诱因通常无关，但后期发作的广泛性焦虑障碍通常与特定的应激源有关，如破产。在主要的焦虑障碍中，广泛性焦虑障碍的诊断可能是最不可靠的。然而，无法控制的过度忧虑、肌肉紧张及扫视环境威胁是区分广泛性焦虑障碍与其他焦虑障碍的关键症状（Prater, Hosanagar, Klumpp, Angstadt & Phan, 2013; Rutter & Brown, 2015）。

许多人都害怕蜘蛛，即蜘蛛恐惧症，这包含了一种强烈的非理性的恐惧。

表5.6

《精神疾病诊断与统计手册》（第5版）（DSM-5）

广泛性焦虑障碍

A. 过度焦虑和忧虑（预期焦虑）至少在6个月内发生的事件或活动中经常会出现。

B. 当事人觉得自己很难控制这种忧虑。

C. 焦虑和忧虑与以下6种症状中的3种（或更多）有关（至少一些症状在过去6个月中经常出现）：

注意： 对儿童而言，以下症状只需出现一种或可与广泛性焦虑障碍有关。

1. 躁动或感到十分紧张或坐立不安；
2. 容易疲劳；
3. 难以集中注意力或失神；
4. 易怒；
5. 肌肉紧张；
6. 睡眠障碍。

D. 焦虑、忧虑或身体症状会引起临床上明显的痛苦，或导致社交、职业或其他重要功能方面的损害。

E. 该障碍不能归因于某种物质（例如，药物、酒精）的生理效应或其他躯体疾病（如甲状腺功能亢进）。

F. 其他精神障碍的症状不能很好地解释这种障碍（如对有惊恐障碍的人出现的惊恐发作的焦虑或担忧等）。

强迫症

我们许多人并没有什么惯例性事情、习惯或强迫性冲动，我们每天都会做一些常规性事情，如保持秩序、检查事项等，但不会达到乔纳森那样的程度。如果你想在一个竞争激烈的工作环境中脱颖而出或者在家中寻找某件东西，那么保持井然有序非常重要。晚上睡觉前检查下门窗还可以防止灾难的发生。然而，对于其他人而言，惯例或强迫行为则与痛苦的想法或强迫观念有关，并且变得过于耗时，令人苦恼并具有一定的破坏力。强迫观念也可能以恒定不变的想法、冲动甚至图像的形式出现。

强迫症包括：（1）强迫观念或令人烦恼的思想、冲动或图像；（2）反复做某些惯例性事情或强迫行为，以减少强迫观念引发的焦虑。强迫症的诊断须遵照表5.7中的DSM-5标准。强迫观念的出现具有自发性、频繁性和侵入式等特征，这表明当事人并不想要这种观念，却又无法控制自己。强迫观念也可能非常怪异——当事人可能产生门把手或硬币上有大量细菌的意象或想法。这是一种怕被污染的强迫观念。其他常见的强迫观念包括以下几种：

- 怀疑心理，如担心房门开着；
- 需要量身定做，如需要按尺寸和类型订购鞋子或按照有效期限购买食品；
- 攻击性冲动，如伤害婴儿等无法容忍的想法；
- 性意象，如内心经常浮现与色情有关的画面。

强迫行为是对某种强迫观念做出回应而出现的行动或心理行为。总是怀疑房门开着的人会反复检查以确保房门关闭并锁好。这一过程可能会连续很多次，以至于当事人当天上学或上班迟到。

除检查之外，强迫行为还包括洗手、点餐、计数、默默地重复单词或短语及寻求他人的安慰等。洗手通常出于怕被污染的强迫观念——当事人可能偏执地认为自己手上有大量细菌，然后用力冲洗，往往想以此来让自己感到好受一点。强迫观念和强迫行为几乎每天都在发生，并干扰一个人集中精力或工作。

C 乔纳森 案例探讨

乔纳森是一名33岁的男子，他的行为最近让他失去了工作，并威胁到他的婚姻。乔纳森说，他有强烈的愿望去检查物品是否摆放妥当。乔纳森说，他会在上班前的3个小时整理他的办公桌、办公室、电子邮件和电脑文件。他还会检查其他办公室，看看植物、废纸篓和键盘等东西是否摆放得很乱。他经常这样做，他的同事们抱怨乔纳森花在他们身上的时间比他在自己办公室的时间还多。乔纳森确实完成了一些工作，但他每天无法集中精力超过3个小时。他因为缺乏工作效率而被解雇。乔纳森说，他经常觉得事情没有章法，这让他感到不安。他告诉他的治疗师，他担心混乱会让他忘记一些重要的信息，比如需要支付哪些账单，应该提交哪些报告。然而，他花了太多的时间来整理工作和家庭的物品，以至于他几乎无法完成其他的事情。他的妻子最近威胁说，如果乔纳森不寻求专业帮助，她就离开。乔纳森还说，他感到沮丧，希望自己“能像正常人一样思考”。

强迫行为可能每天至少发生1小时，但通常持续时间更长。从学校回到家后数数自己的零钱或许是正常的，但是花上数小时数个不停就可能是强迫症了。很少有人不会因为他们的行为而受到干扰，但是有强迫症的人因自己的强迫观念和强迫行为非常痛苦。

强迫症相关障碍

DSM-5包括了与强迫症相关的精神障碍。囤积障碍，是指很难扔掉或摆脱物品，患有该障碍的人认为需要保存这些物品，从而导致生活场所的杂乱。其他相关障碍还包括拔毛症（不断拔出自己头发）、剥皮症（剔皮）等。

本节中的另一种障碍——身体畸形障碍，曾与躯体症状障碍（见第六章）同属一个组别，但现在研究人员认为其与强迫行为更加密切相关。身体畸形障碍的诊断须遵照表5.8中的DSM-5标准。患有身体畸形障碍的人专注于其外表的想象或轻微的“缺陷”。许多患有这种障碍的人过分担心其面部特征、头发、皱纹、皮肤色斑和鼻子或耳朵等身体部位的细微变化。许多

表5.7

《精神疾病诊断与统计手册》（第5版）（DSM-5）

强迫症

A. 存在强迫观念、强迫行为或两者兼有。

强迫观念的定义包括以下两点：

1. 在患有障碍的某个时间经历的反复、持续的想法、冲动或图像具有侵入性和冗余性，并对大多数人而言会引起明显的焦虑或困扰；
2. 当事人试图忽视或压制这些想法、冲动或图像，或以其他一些思想或行为予以抵消（通过强迫行为）。

强迫行为的定义包括以下两点：

1. 在强迫观念或一些必须严格遵守的规则的压力下，当事人被迫做出的重复行为（如洗手）或心理行为（如默默地重复单词）；
2. 这些行为举止或心理旨在预防或减轻焦虑或困扰，或预防某些可怕事件或情景；然而，这些行为或心理与他们旨在抵消或预防或明显过分的行为并没有实际的关联。

注意：少年儿童可能无法阐明这些行为或心理的目的。

B. 强迫观念或强迫行为持续时间非常长，可能会引起临床上明显的痛苦，或导致社交、职业或其他重要功能方面的损害。

C. 强迫症症状不能归因于某种物质（例如，药物、酒精）的生理效应或其他躯体疾病。

D. 其他精神障碍的症状不能很好地解释这种障碍（如广泛性焦虑障碍中的过度忧虑症状）。

人都关心自己的外表，但有身体畸形障碍的人却对此极其在意，以至于他们每天可能会花数小时来检查和修饰自己，甚至他们可能会去看整容外科医生，并接受数次手术，以纠正他们想象的或微小的瑕疵。由于对自身的一些可以感知到的身体瑕疵深感尴尬，患有身体畸形障碍的人可能无法约会或工作。

身体畸形障碍与恐缩症有一些相似之处。恐缩症是发现于西非和东南亚人群身上的一种综合征，他们担心外生殖器和乳头或乳房等身体部位会缩入体内并导致死亡。这种障碍或许与丑貌恐怖症也有些类似，这是发现于一些日本人身上的一种恐惧症，他们担心自己的脸或身体会变形。

创伤后应激障碍和急性应激障碍

目前已经探讨过的精神障碍通常与公共演讲等经常发生的事件相关。诸如创伤后应激障碍和急性应激障碍等其他障碍则发生于特定的创伤事件。DSM-5将这些障碍列为创伤和应激源相关障碍。

你是否曾经处于恐惧、无助或极度脆弱的状态？有些人在他们的生活中经历过创伤事件，这些事件令他们非常不安以至于他们会产生行为和性格上的变化。试想一下那些“9·11”恐怖袭击、卡特里娜飓风、日本海啸、地震的受害者的情况。随着时间的推移，这些创伤事件可能逐渐淡出人们记忆，有些人最

许多患有强迫症的人会比平时更频繁地做某些惯例性行为。例如，图片中这个女人每天都会花数小时拿一把剪刀修剪她的花草。

表5.8

《精神疾病诊断与统计手册》（第5版）　（DSM-5）

身体畸形障碍

A. 专注于一个或多个感知到的外观缺陷或瑕疵，这些缺陷或瑕疵对其他人而言根本观察不到或不显眼。

B. 在患该种障碍期间的某个时间点，当事人反复做出一些行为（如照镜子、过度修饰、抠抓皮肤、寻求安慰等）或心理行为（如将他或她的外表与其他人的外表进行比较），以回应其对自己外表的担心。

C. 这种对外观缺陷或瑕疵的过分关注在社会、职业或其他重要功能领域会造成临床上严重的痛苦或伤害。

D. 对于症状符合饮食失调障碍诊断标准的个体而言，对身体脂肪或体重的担忧并不能更好地解释这种对外观缺陷或瑕疵的过分关注 。

C　马库斯　　**专家视点**

马库斯是一名27岁的男性，在经历了一次创伤事件后针对其症状接受治疗。两个月前，马库斯在即将进入一家购物中心时受到两名男子的持枪威胁，并要他交出钱包。突发的抢劫事件让马库斯一下子蒙了，因此并没有马上交出钱包，这促使其中一名男子击打了他的脸部。随后，马库斯交出了钱包，然后逃走。惊吓之余，马库斯向警方报案，并被带到医院接受治疗。在马库斯接受治疗时，两名攻击者尚未到案。

马库斯说，自那以后，他的睡眠状况一直不好，也无法专心工作。后者特别成问题，因为他是会计师。此外，他还觉得自己的生活好像处于一种“迷迷糊糊的慢镜头下”，而且周围的人似乎离他很远。他越来越多地选择待在家里，不去主要的购物区和大型停车场，尤其是夜间。此外，由于自己的驾驶证被抢，马库斯还担心抢劫犯会凭此再次找上他并实施抢劫。然而，最令其痛苦的是，马库斯的脑海中反复出现那次抢劫事件的景象；他说道：“我实在无法摆脱那个情景。”因此，他尽可能地不去想那次创伤事件，但收效甚微。

终可以应对这些压力因素。然而，像马库斯这样的人，其创伤恢复会是一个漫长而痛苦的过程。

创伤后应激障碍的标志是某一创伤事件通过图像、记忆、噩梦、重现或其他方式频繁再现。表5.9中的DSM-5标准列出了对创伤后应激障碍的诊断。马库斯经常想起自己的创伤情景。他也对让他回想起那次创伤经历的情景，比如晚上穿过一个大型停车场，会感到不安，因此，他总是回避提及这一事件。患有创伤后应激障碍的人可能也会感到与他人疏离，积极的情绪反应比事件发生前减少，并且预计会发生额外的伤害或消极后果。当事人可能认为，别人会因为该创伤而不愿意与其交往。此外，当事人也可能会经常经历生理唤醒，并且睡眠质量低下，无法集中精力或完成日常工作。

创伤后应激障碍的症状必须持续至少1个月才能做出诊断。创伤后应激障碍的某些症状自创伤事件发生时起延迟超过6个月，这是延迟表达。然而，创伤后应激障碍的大多数症状在创伤事件发生后的3 ~ 6个月内发生。DSM-5还列出了适用于6岁及以下儿童创伤后应激障碍的独立标准（见表5.9）。例如，患有创伤后应激障碍的年幼儿童可能会通过游戏表现出再次体验的症状。

如果经历创伤后立即出现了问题，该怎么办呢？急性应激障碍是指在经历创伤后3天到1个月内出现的痛苦回忆和梦境、负面情绪、解离（脱离现实或他人的感觉）、回避和唤起等。急性应激障碍的诊断须遵照表5.10中的DSM-5标准。如果症状持续时间超过1个月，那么患有急性应激障碍的人最终可能会被诊断患有创伤后应激障碍。急性应激障碍是预测创伤后应激障碍的一个不错的指标。

哪些创伤可能会导致急性应激障碍或创伤后应激障碍？这些创伤主要包括攻击、强奸、战争、严重的身体或性虐待、诸如龙卷风或洪水等自然灾害、抢劫、家庭侵害或目睹了可怕的事件等。更常见的事件，如车祸、得知某个亲密朋友或亲戚经历创伤，或第一反应者（如警察、消防人员等）的经历等，也可能造成障碍的发生。然而，并非每个经历过创伤事件的人都一定会患上急性应激障碍或创伤后应激障碍

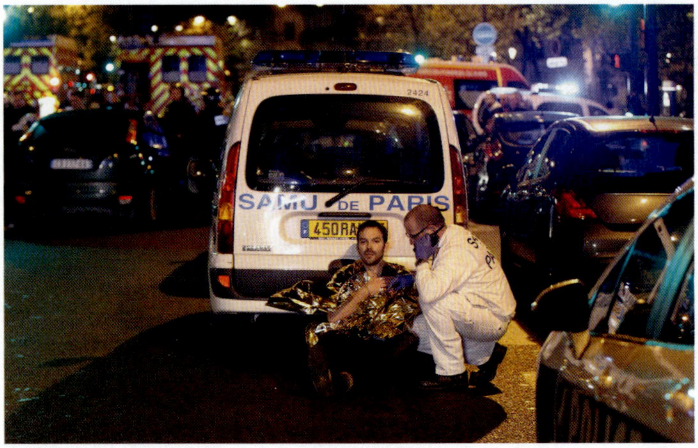

巴黎恐怖袭击后人们的反应。恐怖事件造成的创伤导致一些人出现创伤后应激障碍。

表5.9

《精神疾病诊断与统计手册》（第5版）（DSM-5）

创伤后应激障碍

注：以下标准适用于成人、青少年和6岁以上的儿童。如果是6岁及以下的儿童，请参照相应标准。

A. 被下列一种或多种方式造成重伤或性暴力，或者经历了这样的风险：

1. 直接经历创伤事件；
2. 目睹这些事件发生于其他人身上；
3. 得知这些创伤事件发生在一位亲密的家人或亲密的朋友身上。注：如果家人或朋友发生实际死亡或有这方面危险的案例，则该创伤事件必须是暴力或意外事故；
4. 反复经历或极端暴露于创伤事件的令人作呕的细节中（例如，急救员收集人体遗骸；警察反复接触虐待儿童的细节）。

注：上面第4条标准不适用于通过媒体、电视、电影或图片对该类情景的接触，除非该类接触与其工作相关。

B. 在创伤事件发生后，存在以下一个或多个与创伤事件相关的侵入性症状：

1. 对创伤事件反复和强迫性的痛苦回忆（注：如果是6岁以上的儿童，他们可能表现为反复进行表达创伤事件的主题和相关片段的游戏）；
2. 关于创伤事件的反复而痛苦的梦魇（注：如果是6岁以上的儿童，可能出现无法辨识内容的噩梦）；
3. 解离性反应（如闪回），行动上或者感觉上好像创伤事件再次发生。该反应可能会连续发生，最极端的表现是完全丧失对当前环境的意识（注：如果是6岁以上的儿童，可能表现为特定创伤的重演）；
4. 对象征或类似创伤事件某方面的内在或外在暗示时，会产生强烈或持久的心理痛苦；
5. 对暴露于模拟或象征创伤事件片段的内部或外部暗示时，会产生生理反应。

C. 从创伤事件发生后开始，持续回避与创伤事件相关的刺激，具有以下一项或两项情况：

1. 回避或尽量回避与创伤事件有关的回忆、想法或感觉；

续表

2. 回避或尽量回避能唤起与创伤事件有关的回忆、想法或感觉的外部提醒（如人、地点、对话、活动、对象、情景等）。

D. 与创伤事件相关的认知和情绪的消极改变，在创伤事件发生后开始或恶化，具有以下两项或多项情况：

1. 无法记住创伤事件的某个重要方面（通常归因于解离性遗忘症，而非脑损伤、酒精或毒品等其他因素所致）；
2. 对自己、他人或世界的持续性放大的负面信念或预期（例如，“我很坏”“没有人可以信任”“世界是绝对危险的”“我的整个神经系统永久地坏掉了”）；
3. 对创伤事件的原因或后果持续地扭曲认知；
4. 持续性的负面情绪状态（例如，害怕、恐惧、愤怒、内疚、羞愧）；
5. 对重要活动的兴趣或参与明显减少；
6. 与他人脱离或疏远的感觉；
7. 持续无法体验到积极情绪（例如，不能体验快乐、满足或爱的感觉）。

E. 与创伤事件有关的警觉或反应有显著改变，在创伤事件发生后开始或恶化，具有以下两项（或更多）情况：

1. 激怒的行为和愤怒的爆发（在很少或没有挑衅的情况下），通常表现为对人或物体的语言或身体攻击；
2. 不计后果或自我毁灭的行为；
3. 高度警觉；
4. 反应过激；
5. 注意力集中困难；
6. 睡眠障碍（例如，难以入睡或睡眠不充分）。

F. 这种障碍的持续时间（诊断标准B、C、D、E）超过1个月。

G. 这种障碍引起临床上明显的痛苦，或导致社交、职业或其他重要功能方面的损害。

H. 这种障碍不能归因于某种物质（例如，药物、酒精）的生理效应或其他躯体疾病。

6岁及以下儿童的创伤后应激障碍

A. 对6岁及以下儿童而言，以下列一种（或多种）方式接触实际的死亡、严重创伤或性暴力，或者有这方面的危险：

1. 直接经历创伤事件；
2. 目睹发生在他人身上的创伤事件，特别是主要的照顾者。注：这些目睹的事件不适用于通过电子媒体、电视、电影或图片的接触；
3. 得知创伤事件发生在父母或照顾者身上。

B. 在创伤事件发生后，存在以下一个（或多个）与创伤事件有关的侵入症状：

1. 对创伤事件反复地、非自愿地和侵入性地痛苦记忆。注：自发和侵入性记忆可能不一定会很痛苦，也可能以游戏重演的方式表现出来；
2. 反复做与创伤事件相关的痛苦的梦；
3. 解离性反应（例如，闪回），儿童的感觉或举动好像创伤事件重复出现（这种反应可能连续出现，最极端的表现是对目前的环境完全丧失意识），该类特定的创伤事件可能在游戏中重演；

续表

4. 对创伤事件某方面的暗示会产生强烈或持久的心理痛苦；
5. 对创伤事件的暗示产生明显的生理反应。

C. 持续地回避与创伤事件有关的刺激或与创伤事件有关的消极认知和情绪，至少存在下列一项及以上的情况，且在创伤事件发生后开始或加重：

1. 回避或尽量回避能够唤起创伤事件回忆的活动、地点或具体的提示物；
2. 避免或努力避免唤起对创伤事件回忆的人、对话或人际关系；
3. 出现消极情绪状态（例如，恐惧、内疚、悲痛、羞愧、困惑）的频率显著增加；
4. 显著地减少对重要活动的兴趣和参与；
5. 孤僻行为；
6. 持续减少积极情绪的表达。

D. 与创伤事件相关的唤起和反应性改变，在创伤事件发生后开始或加重，具有以下两项（或更多）情况：

1. 激怒的行为和愤怒的爆发（在很少或没有挑衅的情况下）通常表现为对人或物体的言语或身体攻击（包括大发雷霆）；
2. 高度警觉；
3. 反应过激；
4. 注意力集中困难；
5. 睡眠障碍（例如，难以入睡或睡眠不充分）。

E. 这种障碍的持续时间超过1个月。

F. 这种障碍引起临床上明显的痛苦，或导致社交、职业或其他重要功能方面的损害。

G. 这种障碍不能归因于某种物质（例如，药物、酒精）的生理效应或其他躯体疾病。

（Lawrence Wood, Van Hooff, Baur & McFarlane, 2016）。

解离性焦虑障碍与拒绝上学行为

一些焦虑相关障碍在青少年中更为常见。许多年幼儿童出现的焦虑对其年龄阶段而言是正常的。有一位作家的孩子，2岁的时候，每当早上爸爸将她抱下车送到幼儿园，她都会感到沮丧，这是很正常的。有些学步儿童晚上睡觉时也需要依偎在父母身旁。然而，有些孩子却十分害怕与父母分开，以至于他们拒绝去上学或在朋友家里过夜。对于有些家庭而言，这种行为令其十分头痛，尤其是如果父母上班迟到、发生冲突或者所有人都无法入睡。

解离性焦虑障碍是指，当与一个主要依恋对象分离或预计这种分离将要发生时，会产生很大的痛苦。如果是儿童，这种痛苦必须持续至少4个星期，所以最初有关去上学的痛苦不属于这种情况。此外，解离性焦虑障碍也必定具有发展的不适宜性。这意味着，一个处于小学阶段的孩子有害怕与父母分离的焦虑，而在这一阶段分离本不应该是一个问题。解离性焦虑障碍的诊断须遵照表5.11中的DSM-5标准。一个患有解离性焦虑障碍的孩子通常不愿意去上学或独自睡觉。当父母想去某个地方而没有带他时，他会大发脾气，并且在与父母分离时产生诸如胃痛等身体不适症状。

解离性焦虑障碍的一个症状是“持续性不愿意上学”，但拒绝上学行为也可能由其他原因导致。科尔尼（2016）概述了儿童拒绝上学的四个主要原因：

- 回避会造成巨大痛苦的与学校有关的事情，如老师、公共汽车、欺凌或上课。
- 回避不愉快的社交和/或表演情景，如谈话、表

表5.10

《精神疾病诊断与统计手册》(第5版) **(DSM-5)**

急性应激障碍

A. 以以下一种(或多种)方式接触实际死亡、严重创伤或性暴力事件,或有这方面的危险:

1. 直接经历创伤事件;
2. 目睹发生在他人身上的创伤事件;
3. 得知一位亲密的家人或亲密的朋友身上发生创伤事件。注:如果家人或朋友发生实际死亡或有这方面危险的案例,则该创伤事件必须是暴力或意外事故;
4. 反复经历或极端暴露于创伤事件的令人作呕的细节中(例如,急救员收集人体遗骸;警察反复接触虐待儿童的细节)。

注: 诊断标准A4不适用于通过电子媒体、电视、电影或图片的接触,除非这种接触与工作相关。

B. 存在下面侵入性、负面情绪、解离性、回避和唤起五种类型中任意九种(或更多)症状,这些症状在创伤事件发生后出现或加重。

侵入性症状

1. 对创伤事件反复的、非自愿的和侵入性的痛苦记忆(注:如果是6岁以上的儿童,他们可能表现为反复进行与创伤事件相关的游戏);
2. 反复做内容和/或情感与创伤事件相关的痛苦的梦(注:儿童可能做可怕但不能识别内容的梦);
3. 解离性反应(例如,闪回),个体的感觉或行为好像创伤事件重复出现(这种反应可能连续出现,最极端的表现是对目前的环境完全丧失意识);
4. 暴露于象征或类似创伤事件某方面的内在或外在暗示时,产生强烈或持久的心理痛苦;

负面情绪

5. 持续无法体验正面的情绪;

解离性症状

6. 改变对周围环境或自身现实的感觉;
7. 无法记住创伤事件的重要方面(这通常归因于解离遗忘症,而非脑损伤、酒精或药物等其他因素);

回避症状

8. 尽量回避与创伤事件有关或与之有密切联系的痛苦的记忆、想法或感受;
9. 尽量回避能唤起与创伤事件有关或与之有密切联系的痛苦的记忆、想法或感受的外部提示物(如人、地点、对话、活动、物体、情景等);

唤起症状

10. 睡眠障碍;
11. 激怒的行为和愤怒的爆发(在很少或没有挑衅的情况下),通常表现为对人或物体的言语或身体攻击;
12. 高度警觉;
13. 注意力集中存在困难;
14. 夸张的惊吓反应。

续表

C. 该障碍（诊断标准B中的症状）在暴露于创伤事件后会持续3天至1个月（注：这些症状通常在暴露于创伤事件后立即出现，但需要持续至少3天才能符合诊断标准）。

D. 这种障碍会引起临床上明显的痛苦，或导致社交、职业或其他重要功能方面的损害。

E. 该障碍不能归因于某种物质或其他躯体疾病的生理影响，并无法通过短期性精神失常障碍进行解释。

演或测试等。

- 与父母共度时光或得到父母的关注。
- 在校外获得有形奖励，例如与朋友待在一块儿、看电视或睡懒觉等。

许多孩子因为解离性焦虑障碍等不愿去上学，许多青少年偶尔会翘课去玩耍，但他们最终都毕业了。然而，持续性或习惯性旷课会导致不良行为、辍学及成年后的就业、婚姻等长期的问题。由于上述各种原因而拒绝上学的青少年可能也会面临学业失败或辍学等特定风险。

焦虑症、强迫症和创伤相关障碍的流行病学

焦虑相关障碍普遍存在于一般人群中，28.8%的美国人在他们人生中的某个节点会患焦虑相关障碍，而这一数据在过去的12个月为18.1%。图5.3列出了主要焦虑相关障碍的终生患病率和12个月患病率。社交恐惧症和特定恐惧症尤其常见，8个人中就有约1人患病。

如果将其他事实考虑在内，焦虑的问题更多。首先，许多人出现的焦虑相关障碍的症状不一定达到正式诊断的水平。此外，许多人也出现持续的和虚弱的担忧，而这些担忧可能也不会达到广泛性焦虑障碍的水平。此外，包括大学生在内的许多人在其生活中经历了创伤事件并可能因此显现出各种症状（见专栏5.1）。其次，许多人延误了焦虑相关障碍的治疗。大多数患有惊恐障碍的人在他们二十岁出头到二十四五岁的时候就出现了全面的症状，如安吉丽娜，但是他

表5.11

《精神疾病诊断与统计手册》（第5版）（DSM-5）

解离性焦虑障碍

A. 有关与个人依恋对象分离的不适宜于发育的过分害怕或焦虑，具有以下至少三种情况：

1. 当预期或实际经历离开家或主要依恋对象时，经常发生的过度痛苦；
2. 持续和过度担心失去主要依恋对象或对他们可能造成的伤害，如疾病、伤害、灾难或死亡；
3. 持续和过度担忧自己会遭遇意外事件（例如，迷失）从而导致与主要依恋对象的分离；
4. 由于害怕分离而持续不情愿或拒绝外出、离家、上学、工作或去任何其他地方；
5. 持续和过度担忧或不情愿在家里或其他情境中独处或没有主要依恋对象的陪伴；
6. 持续不情愿或拒绝在家以外的地方睡觉或睡觉时没有依偎在主要依恋对象的身旁；
7. 反复做与分离主题相关的噩梦；
8. 当与主要依恋对象分离时反复出现身体不适症状或预计该类症状会发生。

B. 恐惧、焦虑或回避是持续的，在儿童和青少年中持续至少4周，在成人中持续至少6个月以上。

C. 这种障碍会引起临床上明显的痛苦，或导致社交、职业或其他重要功能方面的损害。

D. 该障碍不能通过其他精神障碍来更好地解释。

许多孩子在年幼时具有解离性焦虑，但有些甚至到了学龄期仍然存在这个问题。

们可能会延误这方面的心理治疗，因为他们首先会去看医生来排除身体方面的疾病。许多有社交或表演焦虑的人一般也会害羞，并且可能不相信他们的病情很严重。

对特定事物的强烈恐惧在普通人群中非常普遍，特别是对蛇和其他动物、高地、乘坐飞机、封闭空间、疾病或伤害、血液、水、死亡、恶劣天气、就医流程和独处的恐惧。前面曾经提到，安吉丽娜害怕周围的人群。很多人说，他们也有这样的恐惧，但大多数人直到这种恐惧达到使他们无法做一些重要事情的程度才会去寻求治疗。

在有焦虑相关障碍的人中，女性比男性更为普遍。专栏5.2列出了一些可以解释这种差异的几个原因。焦虑相关障碍在年轻男孩和女孩之间的患病比例差异不大。然而，在青春期和成年早期，随着这些障碍变得越来越普遍，女性比男性的患病率更高。焦虑相关障碍通常发生于19岁至31岁，社交恐惧症（中位发病年龄为13岁）和解离性焦虑障碍（中位发病年龄为7岁）稍早一些。

在美国的焦虑相关疾病中，很少发现种族差异。然而，一项研究表明，欧洲裔美国人患焦虑相关障碍的风险略高于非洲裔美国人或西班牙裔美国人。此外，非洲裔美国人创伤后应激障碍的患病率可能比其他种族的更高。

一种文化的人可能会因为环境体验而比另一种文化的人更害怕某些刺激。例如，居住在茂密森林中的人可能比生活在大城市环境中的人更害怕动物。焦虑相关障碍表现方式的性质也会有文化差异。以下是全球范围内焦虑相关障碍的案例。

- 恐缩症：对阴茎或乳头缩回身体内部或大小收缩的强烈恐惧（南亚和东亚）；
- 成人恐怖症：对因为自己的体味、拙劣对话或身体畸形而冒犯他人的强烈恐惧（日本）；
- DHAT综合征：对精液丧失的焦虑（印度和斯里兰卡）；

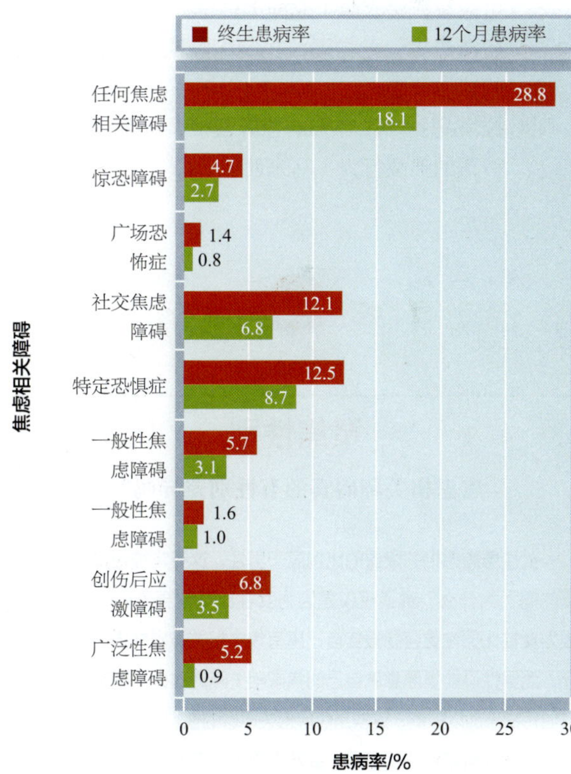

注：这些数据反映了有些人患有不止一种焦虑相关障碍的事实。

图5.3 焦虑相关障碍的终生患病率和12个月患病率。

5.1

专栏

聚焦大学生

创伤与创伤后应激障碍

创伤和创伤后应激障碍在大学生中尤其普遍。里德和他的同事们要求即将入学的准大学生完成一份广泛使用的创伤调查问卷，以评估有多少人曾经历过创伤，以及目前有多少人有创伤后应激障碍（PTSD）的症状。66%的准大学生报告说曾经历过创伤，其中25%经历过三次或更多创伤；9%的人符合创伤后应激障碍的诊断标准。最常见的创伤是危及生命的疾病（35%）、亲人的突然死亡（34%）、意外/自然灾害（26%）、身体暴力（24%）、性侵犯（7%）和打架斗殴（1%）。创伤对于女学生更为普遍，对少数民族学生也比较常见，但程度较女学生群体稍弱一点。除其他问题以外，这样的创伤会导致酗酒及其他药物使用、抑郁和退学等重大问题。

里德和他的同事指出，由于许多准大学生面临与创伤相关的心理问题，高校外联工作应该包括以下几个方面。第一，准大学生应了解现有创伤的高患病率及创伤后应激障碍的概念。第二，对可以帮助学生解决这些问题的校园资源应给予广泛宣传。第三，大学咨询中心应匿名收集准大学生关于创伤类型和创伤次数的信息，帮助发现在创伤后应激障碍方面面临较大风险的学生。第四，对大学生创伤后应激障碍的治疗应着眼于这些学生所面临的特殊学术挑战及其他挑战。

- 怕冷：强烈的寒冷恐惧，即使在炎热的天气也可能穿数层衣服（亚洲）；
- 崩溃边缘：一种无法控制的喊叫、哭泣和颤抖的惊恐状态；
- 拉塔病：一种夸张的惊吓反应，伴随大讲污言秽语的猥亵行为（马来西亚）。

焦虑相关障碍具有高度的共病性或与其他精神障碍相关。换言之，患有某种焦虑相关障碍的人通常也患有另一种焦虑相关障碍。前面曾提到，广泛性焦虑障碍常常会导致其他焦虑相关障碍，并通常与社交恐惧症有关。同一个人也通常会同时患上焦虑相关障碍和抑郁症，因为这两种障碍有许多共同的特征，如易

5.2

专栏

聚焦性别

焦虑相关障碍真的有性别差异吗？

女性患焦虑相关障碍的比例高于男性。这经常被报道，但这是真的吗？为什么？难道仅仅是因为女性比男性更紧张吗？抑或是因为女性比男性更容易报告自己患有焦虑相关障碍并更愿意寻求治疗，而男性可能更愿意就自己的焦虑相关障碍对外保密或用酒精或其他药物来加以控制？这些是焦虑相关障碍的性别差异的常见解释。

仔细观察这种性别差异，会发现更为复杂的解释。女性比男性经历更多的身体和性创伤：几乎三分之二的女性在一生中遭受过身体或性暴力。女性更容易被强奸或受到性侵犯，因此可能容易患上急性应激障碍或创伤后应激障碍、广场恐怖症或其他焦虑相关障碍。

女性也比男性更容易陷入一种令人担忧的沉思，而男性比女性更容易怒火中烧（Johnson＆Whisman, 2013; Nolen-Hoeksema, 2012）。女性比男性报告更多的与社会和工作相关的恐惧，而男性比女性报告更多的与约会相关的恐惧（Xu et al., 2012）。此外，女性在清洁和污染方面也具有更多的强迫观念，而男性则具有更多的与性和对称性相关的强迫观念（Hallion, Sockol＆Wilhelm, 2015）。治疗师的偏见也可能是一个因素。治疗师可能更容易根据关于性别方面的误导性期望或假设做出焦虑相关障碍的诊断（Ali, Caplan＆Fagnant, 2010）。

5.3

专栏

聚焦多元性

焦虑相关障碍和社会文化因素

本章所描述的焦虑相关障碍是DSM中列出的，这本书主要是由美国精神科医师撰写的。不同的焦虑相关障碍有时和不同的文化因素相关。然而，文化没有改变的一件事就是，这些问题给人们生活带来的痛苦。

前面曾提到，恐缩症是一种对阴茎或乳头收缩至身体内部的强烈恐惧。可能影响这种现象的一个社会文化因素是强烈的宗教或道德观念，这种观念认为需要进行性约束，并给人们灌输频繁射精可能带来的危害。因为精液被视为能量或力量的来源，诸如生殖器萎缩等任何这方面的威胁都可能引起焦虑。这样的观念也可能影响DHAT综合征或对精液丧失的恐惧（Aneja et al., 2015）。

成人恐怖症是指对冒犯他人的恐惧，这与西方的社交焦虑症有些不同，后者是指个体害怕自己在别人面前看起来愚蠢。成人恐怖症可能深受日本人重视以适当方式向别人展示自己和关心他人幸福等文化因素的影响（Vriends, Pflaltz, Novianti&Hadiyono, 2013）。此外，许多文化也非常重视表现痛苦或焦虑的身体症状。这种现象可能有助于解释“崩溃边缘”发病的理念，该疾病跟恐慌类似，部分包括痛苦和感觉丧失（Felix, You&Canino, 2015）。

怒、躁动和退缩等。组合型焦虑和抑郁有时被称为负面情感（Cummings, Caporino&Kendall, 2014）。患有焦虑相关障碍的人也有自杀的特殊风险（Bentley et al., 2016）。

焦虑相关障碍和物质使用障碍也可能并存，因为有些有焦虑症状的人使用酒精或其他药物进行自我治疗或寻求缓解他们的症状（Grant et al., 2015）。然而，焦虑相关障碍和物质使用障碍也可能具有共同的遗传和其他因果因素，并且这两个障碍之间的直接关系很可能受到性别或抑郁等因素的影响（Lai, Cleary, Sitharthan&Hunt, 2015）。

此外，焦虑相关障碍也与饮食失调、回避、强迫症和依赖性人格障碍有关（Friborg, Martinussen, Kaiser, Overgard&Rosenvinge, 2013; Swinbourne et al., 2012）。如前所述，强迫症有时与囤积症和拔毛癖有关，拔毛癖是指拔掉自己头发、睫毛、眉毛和其他体毛的强迫行为（Abramowitz&Jacoby, 2015）。解离性焦虑障碍可与诸如恐慌、广泛性焦虑和强迫症等其他疾病相关（Bogels, Knappe&Clark, 2013）。

与焦虑症、强迫症和创伤相关障碍相关的污名

在第一章中曾提到过，本书的一个重要方面是解决污名问题，即基于个体特征而责备他人或冠以耻辱的污名。患有焦虑相关障碍的人在公众面前说话紧张或出现登机困难时可能会遭到来自他人的羞辱或负面评价。研究人员还发现，人们有时对广泛性焦虑障碍持消极态度。一项调查显示，有相当大比例的人认为，患有广泛性焦虑障碍的人是不稳定的（16.7%），广泛性焦虑障碍不是真正的精神障碍（13%），患有焦虑相关障碍的人不适合工作（7.8%）或以自我为中心（6.4%），并且焦虑相关障碍是个人软弱的表现（6%）。另一些人则认为，患有焦虑相关障碍的人懒惰、可耻、危险或因他们的问题而指责他人（Griffiths, Batterham, Barney&Parsons, 2011）。父母患有强迫症的青少年也担忧其他人对他们父母疾病的看法，并因此会感到耻辱（Griffiths, Norris, Stallard&Matthews, 2011）。

感觉被“污名化”的有焦虑相关障碍的人不太可能承认问题或寻求治疗。这在从伊拉克和阿富汗战场归国的士兵中尤其明显，他们经常患有创伤后应激障碍及相关障碍。遗憾的是，他们往往出于自我污名的原因而回避创伤后应激障碍的治疗。格雷登和他的同事试图通过培训“同龄士兵”来解决这个问题，这些“同龄士兵”鼓励这些患病的士兵进行治疗，然后对他们的治疗情况进行监控。该项目的一个关键方面是传达这样一种观点：寻求治疗是力量的象征，旨在消除军事文化障碍，如阻止寻求治疗的污名等。

焦虑症、强迫症与创伤相关障碍：病因与预防

我们已经介绍了焦虑相关障碍的主要特征，并进行了流行病学分析，接下来我们将探讨导致这些障碍的因素。此外，我们还将探讨这些因素如何有助于我们预防焦虑相关障碍。

焦虑症、强迫症与创伤相关障碍的生物学风险因素

为什么人们会产生回避某些情景的强烈生理感觉、奇怪想法和冲动呢？第三章曾提到，我们常常基于素质-应激模型考虑各种精神障碍，该模型将精神障碍的病因归为生物学和环境变量的组合。许多人天生就具有某种性格特征和心理疾病的遗传因素或生物学诱因。这些生物学诱因有时很强，有时很弱，但它们几乎总是受到生活事件的影响或某种程度上的触发。所以，在谈论可能导致焦虑相关障碍的风险因素时，必须考虑它们的生物学诱因和环境事件。有焦虑相关障碍的人的生物学诱因可能包括遗传、脑特征、神经化学特征、行为抑制和进化影响等。

遗传

遗传学研究人员通常依赖于家庭关系的研究。在这些研究中，对人们及其近亲检查是否存在某种精神障碍。如果许多近亲或一级亲属患有这种精神障碍，则认为该障碍可能具有遗传基础。一级亲属包括父母、兄弟姐妹和孩子。此外，研究人员还开展了针对双胞胎的研究，对同卵双胞胎和异卵双胞胎的情况进行了对比。与异卵双胞胎相比，同卵双胞胎之间彼此共享更多的遗传物质。

焦虑相关障碍确实有一定的中等遗传基础。有惊恐障碍的人的一级亲属比对照组人员患惊恐障碍的可能性高3 ~ 17倍（Perez, Otowa, Roberson-Nay & Hettema, 2013）。相关研究表明，惊恐障碍的遗传性为0.55（Kendler et al., 2011）。研究还表明，与对照组相比，亲密亲属患社交恐惧症的情况更为普遍（Shimada-Sugimoto, Otowa & Hettema, 2015）。相关研究表明，社交恐惧症的遗传性为0.57。广泛性焦虑障碍似乎也与家族遗传相关，对于那些患有抑郁症的人尤为如此（Newman et al., 2013）。研究称广泛性焦虑障碍的遗传性为0.51。

此外，特定恐惧症似乎也具有家族遗传的因素：31%的患有恐惧症的人的一级亲属报告自己患有恐惧症，而对照组人员的比例为9%。有研究称特定恐惧症的遗传性为0.55。家庭成员通常也有相同类型的恐惧症。患有动物或血液-注射-损伤型恐惧症的家庭成员比对照组人员更可能有患有该类型恐惧症的亲属（Van Houtem et al., 2013）。家庭数据资料显示，与对照组人员（2.0%）相比，患有强迫症的人的一级亲属患病率更高（8.2%）。患有强迫症的儿童也比对照组人员更可能有患有该病症的父母（Lebowitz, Scharfstein & Jones, 2014; Perez et al., 2013）。关于双胞胎的数据资料也显示，同卵双胞胎比异卵双胞胎在患强迫症方面有较高的一致性。研究称强迫症的遗传性为0.52（Mataix-Cols et al., 2013）。遗传因素对创伤后应激障碍症状的影响似乎并不高，但像马库斯一样遭受暴力袭击或打架斗殴伤害的人与遭受诸如车祸或自然灾害等非攻击性创伤的人相比，这种影响较高。研究报告称创伤后应激障碍的遗传性为0.46（Sartor et al., 2012; Wolf, Mitchell, Koenen & Miller, 2014）。

对于这些不同的遗传学研究，我们可以得出什么结论呢？焦虑相关障碍确实具有一定的家族遗传原因，并且有些人由于遗传因素似乎更容易患有某些焦虑相关障碍。然而，遗传对焦虑相关障碍病因的贡献要小于其他精神障碍，如精神分裂症（见第十二章）。没有单个基因或一组基因会直接导致焦虑相关障碍。相反，遗传可能促成容易造成焦虑相关障碍的大脑特征、神经化学特征或性格，遗传与环境事件相互作用也会使人易于患上焦虑相关障碍。我们接下来探讨一些与焦虑相关障碍相关的潜在大脑特征。

大脑特征

第二章中曾提到过，大脑的几个区域对于某些正常和异常行为非常重要。杏仁核和海马区等脑部区域在增加生理唤醒和焦虑相关障碍方面尤为重要（Desmedt, Marighetto, Richter-Levin & Calandreau, 2015；见图5.4）。

杏仁核是与恐惧反应相关的大脑区域。杏仁核可以通过可怕的面部或附近的蛇等迫在眉睫的威胁来激活，并有助于产生身体症状，如心跳加速和出汗，以及焦虑恐惧和恐惧情绪状态（见图5.5；Garfinkel等，2014）。这有助于一个人应对威胁。

杏仁核的关键变化可能与患有不同焦虑相关障碍的人的过度警觉和惊吓反应有关（Rajbhandari, Baldo &Bakshi, 2015）。因此，这些变化可能与特定恐惧症或社交恐惧症密切相关。此外，患有强迫症或创伤后应激障碍的人在暴露于其创伤提示物或其他引发焦虑的刺激物下时，杏仁核会有显著的激活（Brunetti et al., 2015; Ducharme, Dougherty&Drevets, 2016）。杏仁核的变化可能受某些基因的影响，但在这方面还需要更多的研究予以证实。

杏仁核与大脑其他关键区域的连接与焦虑相关障碍存在密切的联系。其中一个区域是海马区，它可以帮助人们对威胁做出反应，记住并了解能引发高度焦虑的情景（Grupe&Nitschke, 2013）。遗憾的是，即使没有威胁存在，这个区域也可能保持激活状态，因此，患有焦虑相关障碍的人可能对一些没有威胁的事物表现出担忧、焦虑或害怕的情绪，或者像马库斯一样，会持续清楚地记住这些创伤情景。这一区域尤其可能受到抗焦虑药物的影响（John, Kiss, Lever&Erdi, 2014）。杏仁核和海马区也与前额叶皮质和终纹床核相连，这些大脑结构也深入介入焦虑的行为和情绪方面（Krüger, Shiozawa, Kreifelts, Scheffler& Ethofer, 2015）。

其他大脑特征似乎是某些障碍所特有的。患有强迫症的人可能会改变眼窝前头皮质层、基底核、尾状核、前扣带回和丘脑的功能（Ahmari&Simpson, 2013）。患有这种障碍的人可能会出现这些区域的容量（大小），以及活动增加或减少的情况。这些变化可能会导致侵入性思维、重复性运动行为、抑郁症及信息处理中断等情况（Piras et al., 2015）。恐慌发作和障碍与蓝斑核的变化有着特定的联系，蓝斑核是大脑中主要的去甲肾上腺素中枢（Geiger, Neufang, Stein&Domschke, 2014）。这些大脑区域与各种神经递质相互影响。

神经化学特征

第二章曾提到，神经递质会影响一个人的情绪和行为，所以，患有焦虑相关障碍的人会出现明显的神经化学变化。与焦虑相关障碍密切相关的神经递质包括5-羟色胺、去甲肾上腺素和γ-氨基丁酸。这些神经递质和相关系统的变化可能一定程度上是遗传影响的结果。

5-羟色胺与情绪和运动行为密切相关。许多患有焦虑相关障碍的人的身上都发现了5-羟色胺的变化，特别是惊恐障碍、强迫症和广泛性焦虑障碍（见图5.6）。5-羟色胺受体在患有这些障碍的人身上可能特别敏感，从而在大脑的不同部位产生功能亢进的症状。

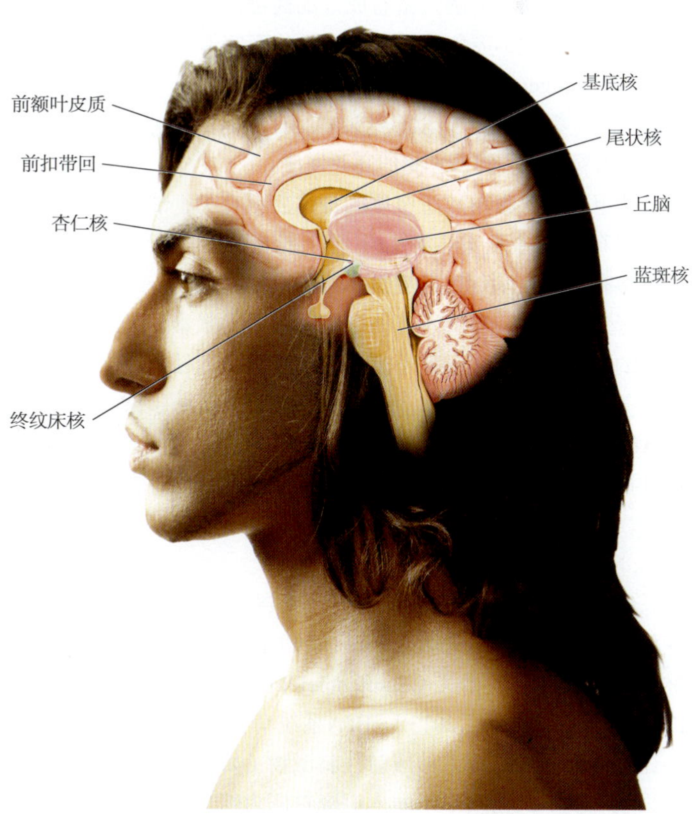

图5.4 与焦虑相关障碍有关的主要大脑区域。

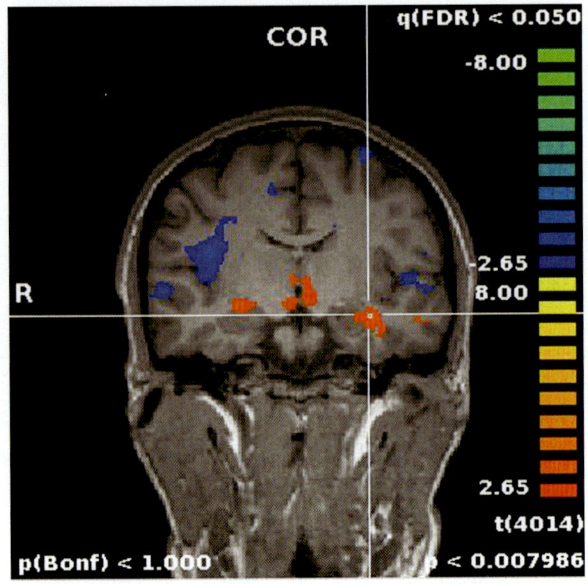

图5.5 恐惧可以通过面部图像（左）和脑部图像（右）来表征。在经历恐惧的人的功能磁共振成像中（右图），其杏仁核处于激活状态。

对患有焦虑相关障碍的人富有成效的药物治疗往往有助于使大脑中的5-羟色胺具有活性，从而使他们镇静下来（Baldinger et al., 2015）。此外，5-羟色胺也与抑郁症有关（第七章），所以，这种神经递质的变化可能有助于解释焦虑和抑郁之间的高并发率。

去甲肾上腺素与焦虑过度的身体症状有关，部分原因是蓝斑核主要集中在去甲肾上腺素的受体上。这对患有恐惧症和创伤后应激障碍的人尤其重要。一些患有焦虑相关障碍的人可能存在去甲肾上腺素调节不良的问题，这可能导致不定时地出现不良活性反应及相关的身体不适症状，比如惊恐发作。r-氨基丁酸（GABA）有助于抑制与焦虑有关的神经细胞。然而，这种神经递质对患有焦虑相关障碍的人而言可能存在缺陷，从而导致过度忧虑和恐慌症状（Lipov&Ritchie, 2015; Nuss, 2015）。

患有焦虑相关障碍的人的另一个重要的神经化学变化与下丘脑—垂体—肾上腺（HPA）系统及一种被称为皮质醇的物质相关（Staufenbiel, Penninx, Spijker, Elzinga&van Rossum, 2013）。HPA系统负责通过释放能让身体面对或逃离某种威胁性刺激物（如打架斗殴或乘坐飞机）的物质来帮助人们应对压力情景。皮质醇就是这样的一种物质，在一个人面临威胁时，皮质醇的水平会升高，但随着威胁的逐渐消失，其水平逐渐降低。你可能会发现，当你的教授进行突击测试时，随着你体内皮质醇水平的升高，你会变得十分激动和兴奋，然而，当你冷静下来并专注于测试时，你的皮质醇水平又会随之下降。

对于一些过度兴奋和患有焦虑相关障碍的人而

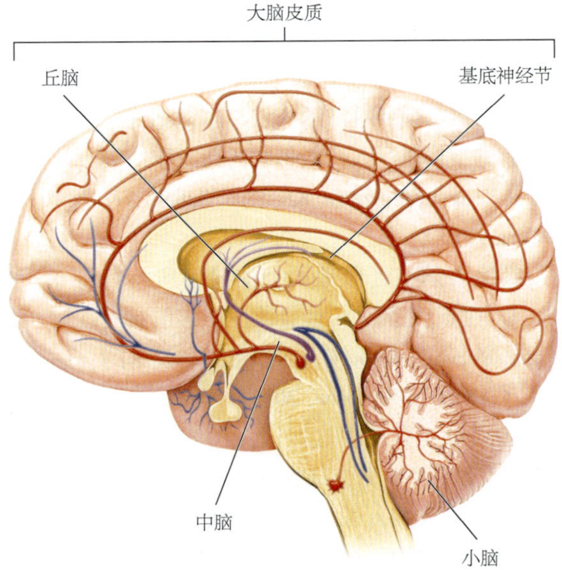

图5.6 大脑的5-羟色胺通道。

言，即便威胁消退，皮质醇水平仍然会很高。因此，他们可能会毫无缘由地感到焦躁不安、焦虑或对威胁十分警觉（Laurent, Gilliam, Wright&Fisher, 2015）。然而，情况并非总是如此。一些患有创伤后应激障碍的人已经抑制了皮质醇的水平（Nijdam, van Amsterdam, Gersons&Olff, 2015）。因此，对于皮质醇在这些障碍的原因方面所起的真正作用，仍需要做大量的工作。

行为抑制

你是否听说过不喜欢新事物或只喜欢接触熟悉的人和情景的人？遗传因素或大脑特征可能会使某个人倾向于表现出某些对焦虑相关障碍产生影响的性格模式或性情。行为抑制或回避陌生/新的刺激就是这样的一种性格模式（Fox, Snidman, Haas, Degnan&Kagan, 2015）。大概10% ~ 15%的人生来就有行为抑制的特性，行为抑制表现为烦躁、羞怯、恐惧、过度谨慎及生理焦虑。具有行为抑制特性的幼儿和儿童趋于沉闷，并会对新人或情景产生恐惧，往往更喜欢依偎在父母身旁。该行为对于很多年幼的孩子来说是正常的，他们最终长大后会克服对新事物的羞怯或恐惧，然而，有些年轻人的行为抑制特性在其整个生命周期中则相对稳定（Henderson, Pine&Fox, 2015）。

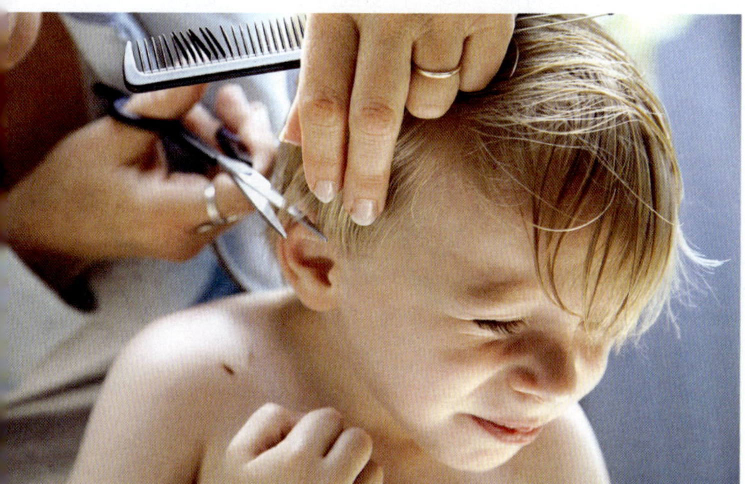

有些儿童对诸如第一次理发等新的情景会自然地产生疑虑甚至害怕。

有行为抑制特性的人有患焦虑相关障碍的风险，这有一定的道理，因为许多患有这些障碍的人总是回避新的情景，喜欢待在家附近（如安吉丽娜），或者会对陌生的环境感到紧张或忧虑。长期研究表明，有行为抑制特性的儿童比对照组更可能患上焦虑相关障碍，特别是社交恐惧症（Perez-Edgar et al., 2014）。患有焦虑相关障碍的成人通常还会报告目前和儿童时期的行为抑制情况（Frenkel, Fox, Pine, Walker, Degnan&Chronis-Tuscano, 2015）。

有些存在行为抑制特性的儿童后期会产生焦虑相关障碍，但大多数有这种抑制特性的儿童并不会。此外，并非所有患有焦虑相关障碍的人都会表现出行为抑制的特性。诸如家人的支持、社交网络等因素可能会使一些人免于产生焦虑相关障碍（Reinelt et al., 2014）。其他人格特征也可能与行为抑制相互作用，从而导致焦虑相关障碍，如神经过敏症或一般性抑郁、回避伤害欲望和焦虑敏感性（Doty, Japee, Ingvar&Underleider, 2013）。

进化影响

进化影响也可能导致焦虑相关障碍。防范准备是指人们生理上对某种刺激物具有相比其他事物更多的恐惧。世界各个文化的人们都特别害怕蛇和蜘蛛，但很少有人害怕树木和花。我们可能已经意识到，随着人类的进化，蛇和蜘蛛代表了真正的威胁，我们通常会避而远之，而树木和花则很少具有威胁性。因此，人们更可能对蛇或蜘蛛感到恐惧，而不会对树木或花恐惧（Van Strien, Eijlers, Franken&Huijding, 2014）。

有人提出，进化理论也适用于其他焦虑相关障碍。社交恐惧症可以通过诱导人们遵守社会标准，形成明确的等级体系并避免冲突来帮助维护社会秩序。诸如检查、囤积或洗涤等强迫行为在寻找和收集食物时可能具有历史的适应性。在经历针头注射等皮肤损伤后发生晕厥可能是对不可避免威胁的一种适应性反应（Kozlowska, Walker, McLean&Carrive, 2015）。

焦虑症、强迫症与创伤相关障碍的环境风险因素

截至目前，我们已经探讨了焦虑相关障碍的一些生物学或早期生活风险因素，接下来我们将转向人一生中都可能存在的环境风险因素。这些风险因素包括认知风险、焦虑敏感性、家庭因素、学习经历和文化因素。

认知风险因素

与焦虑相关障碍密切相关的环境风险因素是消极的思维模式或认知偏差。患有焦虑相关障碍的人通常会持续关注外部事件引发的潜在或实际威胁。我们曾提到，患有广泛性焦虑障碍的人经常会扫一下周边环境以寻找可能的威胁或一些值得担心的事。他们通常会以负面的视角看待发生的事件，或者首先考虑他们可能会受到何种伤害（Newman et al., 2013）。安吉丽娜之所以担心她的教授会关注她，是基于以下假定的：她会被叫起来回答问题，但她并不知道问题的答案，这会使她看起来很愚蠢。她并没有考虑过其他可能性，例如，她是一个很可能知道答案的好学生。其他患有焦虑相关障碍的人会很难接受不确定的结果，即对未知的事物感到恐惧，以及持有“不确定性具有威胁性”的信念（Bomyea et al., 2015）。

患有焦虑相关障碍的人常见的认知偏差包括妄自断定、小题大做和情绪推理。尽管缺乏切实证据的支持，但妄自断定的人仍认为一些不好的事情会发生。一个人可能错误地认为，在一个小组面前发言会导致表现不佳。同样，有人可能会认为，事件会导致可怕但不正确的后果——这是灾难性的。因此，一个在演讲中犯错的人可能会错误地认为她会失去工作。一个人也可能会认为她的身体感受反映了事物的真实性——这是情绪推理。在别人面前说话紧张，并且有强烈的生理焦虑的人可能会错误地认为每个人都可以看出他们有多紧张。

患有焦虑相关障碍的人在判断他们的技能时也会犯错误。许多人低估了他们的社交能力，认为他们技不如人，即便情况并非如此。患有焦虑相关障碍的人也倾向于以一种负面的方式看待社交事件，认为他们的焦虑症状对其他人而言是明显可见的，并且在与他人交往时密切关注自己的错误。参加派对的人可能会觉得他受到了别人苛刻的评判，其他人可以很容易地看出他的紧张或颤抖，以及听出他一次次的口误。大多数人在与其他人交谈时会忽视轻微的错误，但患有焦虑相关障碍的人可能会认为这些错误是非常严重的，具有相当的自我挫败感（Buckner, Heimberg, Ecker & Vinci, 2013; Morrison & Heimberg, 2013; Siddaway, Taylor, Wood，Schulz, 2015）。

许多患有焦虑相关障碍的人会消极地考虑问题，并回避焦虑的情景。在回避这些情景之后，随着生理唤醒的消失，他们随后会感觉好一些，这会进一步促成他们的消极思维和回避。患有广泛性焦虑障碍的人可能认为，担忧有助于预防糟糕事件的发生。因此，随着时间的推移，焦虑相关障碍得以维持。安吉丽娜认为，如果自己惊恐发作，就会发生可怕的事情，因此，她会回避那些可能引发惊恐发作的情景，而当这些可怕的事情没有发生时会感到宽慰。类似这样的思维模式让许多人不再寻求治疗，也使像安吉丽娜这样的人不再去购物、约会和上学。

患有强迫症的人对自己的想法持有极为悲观的信念。乔纳森及其他患有强迫症的人对自己的侵入性和自发性思想感到十分困扰，他们对此感到内疚或者因此而责怪自己。这可能与想法-行动混淆捆绑在一起，在这种模式下，人们认为，出现诸如伤害一个幼儿的想法意味着他是一个可怕的人或者很可能会发生可怕的事情（Bailey, Wu, Valentiner & McGrath，2014）。许多患有强迫症的人也认为，他们的想法是危险的，会增加生理唤醒，并引发更多的强迫观念。患有这种障碍的人也试图压制自己的想法，但这只会导致更多的强迫观念（Allen, Krompinger, Mathes, Crosby & Elias, 2016）。尽量不要在下一分钟想到“蓝狗联盟”。会发生什么情况呢？

焦虑相关障碍的认知理论也侧重于情绪处理，或者一个人思考过去的焦虑发作事件而没有明显焦虑的能力（Jazaieri, Morrison, Goldin & Gross, 2015）。试想一下，一个曾被困在电梯里并感到极度恐惧的人会是怎样一种状况。良好的情绪处理意味着这个人可以事后谈论所经历的事件，倾听其他人对被困在电梯里的

经历的描述，甚至可以没有丝毫担心地乘坐电梯。然而，患有焦虑相关障碍的人往往在处理困难事件时会遇到困难。不良的情绪处理可以解释，为什么即使没有威胁存在，许多形式的焦虑仍然长时间地存在。马库斯继续以噩梦和侵入性想法的形式想起自己经历的创伤事件，他还不能完全处理或消化已发生的事件，因此仍然无法在日常工作中正常运转。

焦虑敏感性

我们许多人很自然地会关心自己的健康，有些人甚至对一些轻微的身体变化也非常担忧。焦虑敏感性是人们对内部感觉的潜在危险性的恐惧（Sandin, Sanchez-Arribas, Chorot & Valiente, 2015）。有人可能会经历心率的轻微改变，并且过度担心他的心脏病会发作。前面曾提到，安吉丽娜去看了急诊室医生和心脏病专家，因为她觉得她的症状非常危险。恐慌症状实际上并不危险，但许多人错误地认为这些症状意味着严重的躯体疾病、精神失常、失控或即将死亡。

患有焦虑症状和焦虑相关障碍（特别是那些患有惊恐发作和惊恐障碍）的儿童和成人通常表现出较高水平的焦虑敏感性（Poletti et al., 2015）。如果你认为曾经惊恐发作的人经常担心会再次发作，并因此出现更糟糕的身体症状，这是有一定道理的。焦虑敏感性是一种可能随着时间的推移而习得的特征，或者它可能是一种在年轻时就出现并与某些生物学倾向有关的气质类型。

家庭因素

家庭因素对焦虑相关障碍也有一定的影响。焦虑孩子的父母可能对孩子过分控制、无情、过度保护、拒绝和苛求。拒绝型父母可能会引发孩子对独自一人没有父母陪伴时的担忧，或担心在没有帮助的情况下应对来自他人的威胁。过度保护或控制型父母可能会限制孩子接触朋友或其他社交场合，或过早地介入孩子的焦虑情景并给予帮助，从而进一步促成焦虑情绪。焦虑孩子的父母也可能会鼓励孩子回避与其他孩子的接触，从而阻碍孩子的亲社会行为（“好吧，你可以不去参加那个生日派对”）。这样的父母自身也倾向于回避或退出各种社交情景（Drake & Ginsburg, 2012; Rapee, 2012）。

焦虑孩子的父母也会过分强调他人的观点和负面评价。焦虑孩子的家庭往往是孤立或不稳定的，并回避许多社交情景。父母也可能成为孩子在焦虑方面效仿的榜样（Ollendick & Benoit, 2012）。患有焦虑相关障碍的父母会回避焦虑情景，显得身体紧张，密切注意内在感觉，或在惊恐发作后不做日常的零星事务。有些孩子可能将这些行为视为应对焦虑情景的方式，并采取同样的做法。另一个重要的家庭变量包括不安全或焦虑/抵抗的依恋模式，该模式通常发生在患有焦虑相关障碍的儿童中（Kerns & Brumariu, 2014）。儿童被虐待是焦虑相关障碍的另一个关键风险因素，创伤后应激障碍尤为如此（Choi & Sikkema, 2015）。

这些父母/家庭的经历如何相互作用从而产生焦虑相关障碍呢？父母的做法、示范和不安全依恋可能会使儿童在不同的社交和评估情境下练习焦虑管理技能的机会减少。与父母紧挨着的要求可能经常会得到奖励，并且儿童和父母可能形成过分依赖的关系，从而阻止了有效的分离。许多儿童因为对社交的焦虑及远离父母或家庭而拒绝上学。有些父母也对这种分离感到担忧，并鼓励儿童待在家中。虐待等因素也会导致大脑发育的变化，从而引发焦虑相关障碍。

学习经历

过度恐惧也可能是一个习得性反应。父母行为示范是一个习得路径，但儿童也可能通过直接学习或信息传递而变得恐惧（Milosevic & McCabe, 2015）。直接学习可能包括经典条件反射和操作性条件反射。经典条件反射源于巴甫洛夫著名的实验，他在该实验中发现，狗在看到或嗅到食物时会本能地分泌唾液（见图5.7）。食物是一种无条件刺激，分泌唾液是一种无条件反应，因为没有学习行为发生——分泌唾液是自发的。巴甫洛夫随后将食物/无条件刺激与铃声联系起来，并最终训练它听到铃声就会分泌唾液。食物/无条件刺激与铃声联系起来，这是一种有条件（或习得性的）刺激。食物和铃的重复配对或关联随后产生有条件刺激（铃）引发条件反应的情景，在本案例中是唾液分泌。

这一过程也可能使人产生恐惧心理。试想一下，一个人在公园里散步，突然被一条狗咬伤。被狗咬伤是一种无条件刺激，因为这会立即引起疼痛和恐惧（无条件反应），不需要进行学习。如果与狗相关的负面经历反复发生，那么任何与狗的接触（现在已成为有条件刺激）都会导致对狗的恐惧（现在已成为有条件反应）。这种恐惧可能会变得泛化，比如一个人会害怕许多狗，即便那些狗并没有咬过她。这一模型通常用于解释恐惧症，但在经历紧张的生活事件之后，人也会出现许多强烈的惊恐发作（Wood, Salguero, Cano-Vindel & Galea, 2013）。

恐惧的直接学习还可能涉及操作性条件反射或对恐惧行为的后续奖励。父母经常强化孩子的某些担忧，比如对身边陌生人的警惕。这一领域的过于强化可能会导致儿童很少与其他同龄人或成人交往，从而不能习得良好的社交或沟通技巧。孩子之后想尝试与其他人交往时，可能会产生社交焦虑，因为方式笨拙而遭到排斥，并引发进一步的社交焦虑（霍夫，2015）。

此外，回避也会强化恐惧心理。如果你对即将到来的牙科预约感到紧张，那么你可能会取消预约。取消牙科预约之后感受到的宽慰对你而言相当受益，这可能会促使你将来取消更多这方面的预约。从诸如此类的经典和操作性条件反射中，一些恐惧由此形成。被狗咬伤的人可能会将狗与痛苦和恐惧联系起来，然后之后再碰到狗都会选择避开。因此，即使没有额外的创伤发生，恐惧仍然存在（Cameron, Roche, Schlund & Dymond, 2016）。

恐惧形成的另一个因素是信息传递。一名儿童可能听到其他儿童或成人讲述有关诸如蜘蛛等某些刺激物的危险性的故事，从而产生对这些刺激物的恐惧。许多人似乎也很容易对某些事物产生恐惧，如蜘蛛、蛇、陌生人、与亲人分离、高地和水等。随着时间的推移，我们或许对某些可能对我们造成伤害的事物逐渐形成一种固有的恐惧感。这有时被称为非关联性恐惧理论，因为这种恐惧不需要任何创伤来表现（Milosevic & McCabe, 2015）。

学习经历也可能导致一个人形成对生活事件缺乏控制或不可预测的感觉（Havranek et al., 2016）。在学校遇到的困难及随后对评估情景的回避可能导致一个人过分担忧自己的能力及在周边环境中的地位。受到父母虐待的儿童不知道他们还可以信任谁，并且可能对他们的环境有一种缺乏控制的感觉。马库斯在经历了严重的安全威胁后，感到未来威胁方面的不可预测性。

文化因素

我们曾提到，世界各地存在许多与焦虑相关的障碍，而且在不同文化中经常以不同的形式出现。尽管如此，一些种族群体由于其生活场所和所经历的困难环境可能更容易受到某些类型的焦虑相关障碍的困扰。例如，相比其他族群，非洲裔美国人患创伤后应激障碍的比例往往更高，这可能与他们经历的负面生活事件有关（Alegria et al., 2013; Lewis, Byrd & Ollendick, 2012）。此外，经历种族/族群歧视的西班牙裔大学生存在发生创伤后应激症状和饮酒适应不良的风险（Cheng & Mallinckrodt, 2015）。

全世界范围内的创伤后应激障碍及其他焦虑相关障碍也与自然灾害、战争、恐怖主义和酷刑等造成的大规模创伤有关。经历过飓风桑迪的人容易出现创伤后应激障碍的症状（Caramanica, Brackbill, Stellman & Farfel, 2015）。遭遇地震、火山喷发、台风及其他自然灾害的人通常

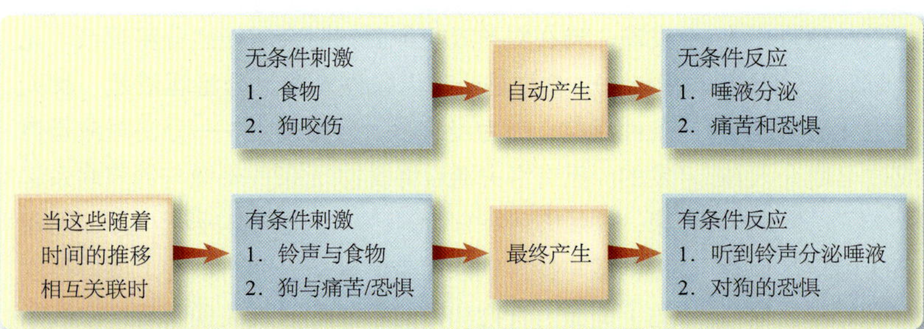

图5.7 恐惧的经典条件反射模型。

也会出现创伤后应激症状和抑郁症（Boden, Fergusson, Horwood & Mulder, 2015; Warsini, Buettner, Mills, West &Usher, 2015）。不同文化下的许多患有焦虑相关障碍的人也表现出不同类型的焦虑症状，通常以躯体症状的形式出现。柬埔寨难民患有常见的恐慌症状，包括睡眠期间和睡后的麻痹感，以及出现夜间有人接近他们的画面（Hofmann&Hinton, 2014）。因此，某些族群由于其生活环境导致他们可能在焦虑相关障碍方面面临特别大的风险。这些研究还表明，临床医师在进行评估和治疗时必须认识到这些问题。

焦虑症、强迫症和创伤相关障碍的病因

现在你了解了焦虑相关障碍的许多风险因素，下面我们来探讨一下这些因素是如何相互作用产生焦虑相关障碍的。研究人员强调综合性、素质-应激模型或路径来帮助解释各种焦虑相关障碍的病因（Vasey, Bosmans&Ollendick, 2014）。这些理论家认为，有些人从生理上看就容易出现高度焦虑状态。有些人具有遗传素质、各种脑部或神经化学特征，这些素质或特征导致他们在负面生活事件发生时会产生生理上的高度兴奋和烦躁。其他人可能有诸如行为抑制等气质，也容易使他们患上焦虑相关障碍。

人们也容易对焦虑相关障碍产生心理脆弱性。有些人仍然有引发焦虑的想法、强化焦虑行为的家庭经历，以及与焦虑有关的学习经历。有些人也可能觉得自己对生活中的许多情景缺乏控制。还有一些人可能会经历引发焦虑的创伤，如虐待、周围的威胁或遭受恐怖主义或自然灾害的伤害等。

图5.8详细说明了青少年患上社交恐惧症的一种可能的发展路径。有些青少年明显天生就具有高度警觉和行为抑制的倾向，尤其在身处全新的情景中时，会表现出恐惧和兴奋。这些倾向可能是遗传素质、大脑或神经化学特征造成的。在婴幼儿时期，他们的父母可能也容易出现焦虑和回避行为。因此，早期的婴儿-父母关系可能表现为对父母过于依恋和社会交往存在问题等特征。当这些婴儿进入幼儿期后，他们可能会孤立自己、独自玩耍，或者受到紧张型父母的影响而趋于社交孤立。父母可能不愿意让孩子参加生日派对、约其他小朋友一起玩耍或上学前班。

如果他们一直处于社交孤立状态，并且与父母的互动过程也存在问题，那么这可能对他们以后的生活造成不良后果。他们可能会模仿父母的回避行为或拒绝融入各种社会情境；如此一来，他们就无法构建自己的社交技能，也不能得到其他人适当的反馈。此外，在不同的社会情境下，他们也将无法控制自己的社交焦虑或培养良好的应对技能。没上学前班或没有和同龄人一起玩耍的儿童，以及那些被忽视或遭受虐待的儿童，可能更容易出现这样的行为。

随着年龄的增长，这些儿童在进入小学和初中后，会面临许多学习、体育和社会方面的需求。青少年要与其他人合作完成学校项目，进行团队合作，并发展友谊。遗憾的是，已经具有社交焦虑倾向及早期

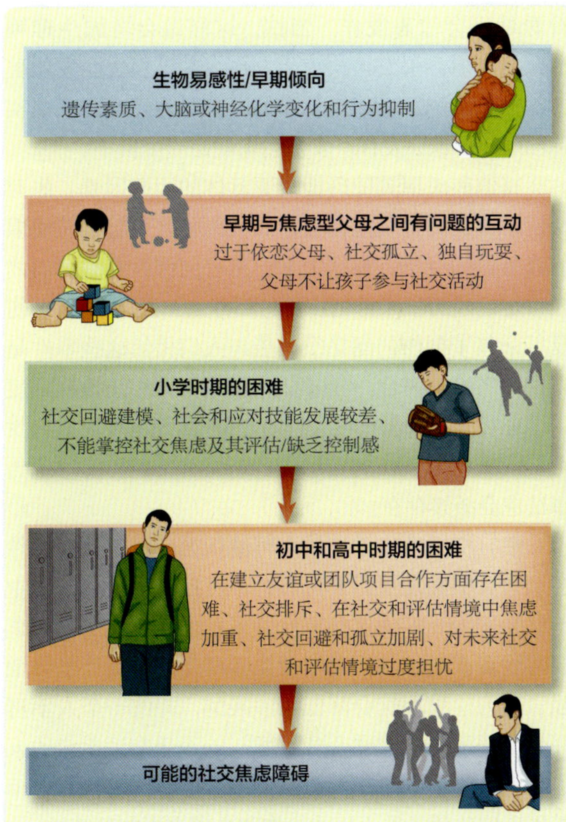

图5.8 社交焦虑障碍的发展路径样本。

孤立和技能开发欠缺的青少年可能会受到其他人的排斥。这种排斥可能导致其他后果，如在社交和评估情境中焦虑加重，回避他人的程度加重，社交技能开发受阻及担忧未来的社会和评估情景。当这些青少年进入高中后，他们的社交焦虑和回避模式可能变得根深蒂固，并可能符合社交恐惧症的诊断标准。

其他焦虑相关障碍也可能包括各种生理和心理上的易感性。有些患有惊恐障碍的人天生具有较高程度的生理唤醒，容易生气或担忧像开始上学等应激生活事件（生物易感性）。这种压力可能会导致意外的惊恐发作，正如安吉丽娜经历的那样。大多数惊恐发作的人认为这不过是一些令人不快的事情，但有些人，比如安吉丽娜，认为惊恐发作是不可控的，会引发车祸等可怕的事情（生物易感性）。于是，他们担心惊恐发作会再次发生，并回避可能引发惊恐发作的情景。此外，人们也可能会监测她的内部感觉，比如心率，看看是否会惊恐发作。当然，这样做会增加生理唤醒，很可能会引发再次惊恐发作，甚至担忧会发生更多的惊恐发作。因此，人们总是担心自己会出现或实际已经出现惊恐发作。安吉丽娜就是一个例子。

其他焦虑相关障碍涉及更具体的因果因素。患有特定恐惧症的人可能会有诸如被狗咬等引起强烈恐惧的直接创伤经历。根据定义，患有创伤后应激障碍的人肯定是经历了某件创伤事件后才会产生障碍。创伤及后来基于创伤的回忆很可能与人们相信这些事件是无法控制的相吻合。当事人可能会继续经历较高程度的生理唤醒（和创伤期一样），并环顾周围环境以寻找可能的威胁或创伤的提示物。一些有关创伤的讨厌的想法也会继续存在。

患有广泛性焦虑症的人可能认为，消极生活事件会频繁、突然发生，并且具有不可控性。这主要集中于认知层面。即便这些事件并未发生，他甚至也可能会寻找可能的威胁。对细微生活事件的担忧可能会增强，因为这种担忧会降低生理唤醒，并使一个人不再去想更严重的情感或恐惧问题。一个患有强迫症的人也可能认为他的思想具有危险性。然而，所有焦虑相关障碍均包括各种不同的生物和心理方面的易感性。

焦虑症、强迫症和创伤相关障碍的预防

针对我们所了解的焦虑相关障碍的风险因素和原因，可以采取哪些措施来进行预防呢？许多恐惧和焦虑相关障碍始于青春期或成年早期，因此，应该在儿童时期和青春期采取相关预防措施。研究人员已经确定了几个可能对预防有重要意义的目标。这些目标的核心是构建孩子控制可能引发焦虑情境的能力。

可以教孩子识别危险和非危险情景之间的差异，让孩子了解哪些情景一定要回避，例如，站在街道中间。此外，还可以教孩子应对诸如欺凌、繁忙道路、游泳池等具有潜在威胁的情景的策略，应涵盖安全规则、告知老师、与朋友结伴等各个方面。当不幸事件确实发生时，也应教导孩子必要的社交和应对技能。对于青少年而言，可以教他们如何应对约会遭到拒绝、挂科或未能入选团队等情况。总的想法是教会他们成功处理应激情景，而不是诉诸回避或控制感丧失等行为。其他重要的预防措施还包括父母示范应对压力的方法、改善对孩子的态度、减少自身焦虑、减少现实中充满伤害的情景，以及确定父母患有焦虑症的儿童，并为其提供治疗。（Corrieri et al., 2014）。

一项针对儿童的焦虑预防计划——FRIENDS 工作手册—— 专注于向儿童传授焦虑相关知识，教他们放松心态，质疑并改变负向自我陈述，应对棘手的情况，奖励自己的趋向和不回避行为，并在现实生活情景中执行这些步骤。FRIENDS是指：

- 感到担忧；
- 放松，感觉不错；
- 内心想法；
- 探索计划；
- 干得不错，所以奖励下自己；
- 不要忘记练习；
- 保持冷静。

鼓励孩子正确认识自己的焦虑情绪，努力控制焦虑引发的生理感觉，想法更现实一些。此外，孩子也要练习诸如社交、表演等各种情景的应对措施，以减少在这些情景下的焦虑。FRIENDS计划确实减少了儿

童焦虑相关障碍的患病率（Barrett, Cooper & Guajardo, 2014）。

焦虑预防策略也适用于成人。针对焦虑大学生、遭受身体和性侵犯的受害者、有公众演讲焦虑症的人及有广场恐怖症或应激性生活方式的人，研究人员已经开展了一些工作以改变他们与焦虑相关的问题情感、认知和行为（Gloster et al., 2015; Pull, 2012; Ratanasiripong, Sverduk, Prince & Hayashino, 2012; Regehr, Alaggia, Dennis, Pitts & Saini, 2013）。这些项目可帮助个人放松、改变想法、培养社交技能，并通过应对一切可能引发焦虑的情景减少回避及其他行为症状。

其他成人预防项目多以政府为基础，关注普通人群。这些项目以基于媒体的教育和筛查焦虑相关障碍的形式出现。基于媒体的教育包括向公众宣传焦虑症状，并教育人们这些症状在恶化之前可以得到成功治疗。这些宣传方法包括热线电话、网站、公共服务公告、印刷材料及与当地精神卫生机构合作等。每年的5月1日被定为全国焦虑障碍筛查日，为遭受恐慌或其他焦虑症状折磨的人提供快速评估服务。那些被认定为患有问题型焦虑的人可以接受专业治疗。

焦虑症、强迫症与创伤相关障碍：评估与治疗

我们已经介绍了焦虑相关障碍的风险因素，接下来将介绍与患有焦虑相关障碍的人最相关的评估和治疗方法。我们之所以从整体上探讨评估和治疗方法，是因为大多数策略适用于每种焦虑相关障碍。然而，对于每种主要的焦虑相关障碍，我们还提供包含特定治疗信息的表格。接下来讨论的评估和治疗方法对于那些遭受严重恐惧和强迫观念困扰的人及本书探讨的其他问题来说非常重要。

对焦虑症、强迫症和创伤相关障碍的评估

我们曾在第四章提到，心理健康专业人员在对人们进行检查时会采用各种方法。对患有焦虑相关障碍的人进行评估或评定的主要方法包括访谈、自陈式量表、自我监测和他人观察，以及心理生理评估。

访谈

你对安吉丽娜、乔纳森和马库斯的哪些方面感到好奇？治疗焦虑相关障碍的心理健康专业人员通常对他们的想法与生理感觉、日常活动与回避、焦虑和恐惧对象及长期目标等感到好奇。这些信息对于了解如何治疗患有焦虑相关障碍的人非常重要，因为心理健康从业人员可以从中发现特定的病患特征并加以解决。例如，安吉丽娜的治疗师能够发现一些有趣的信息，了解她在开车及恐慌发作期间究竟发生了什么。

治疗师：你开车时产生了哪些想法？

安吉丽娜：我想我会撞车，因为我的车一直在车道上转来转去。

治疗师：惊恐发作后，你通常会怎么想，接下来会做什么？

安吉丽娜：我主要关注我的症状，比如心跳或头晕，并试着快速环顾四周，看看能否找个地方把车靠边停下……我想，由于我的不小心，我会撞上某个人。

治疗师：你能够自己把车开到路边吗？

安吉丽娜：是的，我从来没有发生过事故，但谁也说不准下一次我是否会伤害到别人。

必须教孩子认识危险和非危险情景之间的区别。图中这位母亲正在向她的孩子示范如何安全过马路。

佚名 **个人叙述**

自我记事起，我的生活就一直受精神障碍的困扰。从童年时期到青春期，强迫观念和强迫行为对我的大脑和生活造成了严重影响。我萌生过一些毫无理性的恐惧念头，如患上致命的疾病或被外星人绑架等。

这些强迫观念可能导致我大脑的紊乱。我的任何想法都伴随着这种强迫观念。在任何活动中，我都体会不到完全意义的快乐，因为我无法摆脱焦虑状态。我成了自己大脑的囚犯。此外，我还会坚持某些特定的程式性事件，比如在心里算数，或每天按照完全相同的顺序将物品放入口袋。如果我不这样做，我担心会发生一些不好的事情。

随着时间的推移，这些强迫观念和强迫行为在我的生活中定期发生，每次持续几周或几个月。在我高中的最后几年和大学第一年里，这些强迫观念有所减弱，在最坏的情况下，这些症状也都很温和，而且持续时间不会很长。然而，在我大学二年级的时候，这些强迫观念又开始显现，也正是这个时候，我知道自己患上了精神障碍病。我意识到一个正常的大脑不是这样的。我知道，这些恐惧和想法是毫无理由的，但我却什么也做不了。

夏天时，我开始寻求帮助；那时，这种强迫观念已经消失了，但在那个秋季，我开车去学校的时候，我有了一种可怕的感觉。那种感觉在整个学期逐渐恶化，将我生命中的所有力量吮吸殆尽，让我感到毫无乐趣可言，并最终演变成了抑郁症。

后来，我去看了精神病医生，他给我开了精神药物。抑郁症开始缓解了一段时间，但到了冬天，又卷土重来。数月以来，我陷入忧郁的黑暗之中。我无法入睡，无法进食；不久，我开始质疑自己这样还能坚持多久。在此期间，我更频繁地约见医生，过了一段时间，我们找到了能够完全缓解我的症状的适当药物。

从那一刻起，活着的每一天对我来说都是一份礼物。现在如果还说自那以后的每一天都是我生命中最美好的一天，那是谎话。然而，我几近死亡；现在有了全新的生活契机，我更加珍惜生活中的所有事物。

除了崭新的生活，这段经历也对我产生了另一个影响。从那时起，我决定成为一名心理健康的拥护者和支持者。我在我们学校组建了全国精神疾病联盟（NAMI）的分支机构。 我感觉自己好像到鬼门关走了一遭又回来了一样，现在是时候用我的经历来帮助更多的人不再遭受这些痛苦，至少使他们不会孤单地去承受这些痛苦。

在我看来，我一直认为我有义务以自己的精神障碍为例来帮助他人。上帝给予我无尽的眷恋与祝福，帮助我完成学业，成就人生。我知道，如果我告诉别人我患过抑郁症和焦虑症，他们会非常震惊。当然我非常确定的是，认识我的人对我的看法不会有什么不同。所以，我觉得我不会面对太多的污名。不过，这并不是非常简单的事情，但我决定自那时起随身背负这个精神障碍的十字架。我想以此使人们相信，他们也可以成功，像我一样抓住每一次机会粉碎自身的污名，最重要的是，确保没有人会像我一样经受那段凄凉的日子。

精神障碍的污名对人们在社会各个方面造成了影响。由于觉得尴尬或者出于对某些未知因素的恐惧，人们不愿意接受治疗。这损害了经济、医疗卫生体系和教育，最重要的是，这也给人们的个人生活造成了伤害。为了根除这种污名，心理健康从业人员必须不遗余力地抵制这种偏见。那些患有精神障碍的人不应因为自己的精神障碍而感到羞耻；世界上一些最聪明、最富有创造力的人也患有精神障碍。随着越来越多的人走出因污名引起的自我封闭和隔离，污名本身也会消失。

许多治疗师更喜欢非结构式访谈，而结构式访谈通常依赖诊断标准，并包含治疗师询问每位可能患有某种精神障碍的人的问题列表。对患有焦虑相关障碍的人的常见访谈是焦虑障碍访谈提纲（ADIS-5; Brown & Barlow, 2013）。该访谈提纲主要用于对焦虑相关障碍及其他一些障碍进行评估。

自陈式量表

焦虑相关障碍包括许多内部症状，如心跳加速或消极想法增加等，因此来访者经常被要求以问卷形式对其症状进行评定。焦虑敏感指数量表（第3版）用于对人的内部感觉危险性的恐惧进行评估，这是惊恐障碍的一个重要方面。表5.12中展示了从该量表中选定的一些项目。表5.13列出了一些其他针对患有焦虑相关障碍的人的常用问卷调查方法。

自我监测和他人观察

患有焦虑相关障碍的人通常需要每天监测并记录他们的症状（Cohen, Edmunds, Brodman, Benjamin & Kendall, 2013）。这么做出于以下几个目的。首先，每天对症状进行监测可以无须再去回想一周前发生的事情，比如在某件令人忧虑的情境中发生了什么，并且可以为心理咨询提供讨论素材。其次，监测会逐渐提高一个人对惊恐发作等焦虑症状的频率、强度和变化的自我意识。最后，监测有助于让一个人专注于一项任务，如面对焦虑，而不是分心或回避。其他了解来访者的人也可能会记录她诸如回避行为等更明显的焦虑症状。这特别适用于儿童和青少年。

焦虑型来访者通常会被要求记录惊恐发作和/或特定的身体症状、想法和行为（Gee, Griffiths & Gulliver, 2016）。安吉丽娜的治疗师要求她对自己的惊恐发作进行追踪，记录她在每次发作期间和发作后的想法，并对她的心率加快和呼吸困难症状进行评估。有时也可能进行一些行为回避测试，以了解患有焦虑相关障碍的人对某一恐惧情境或对象的害怕程度（Davis et al., 2013）。马库斯的治疗师陪伴他驾车来到他遭受袭击的事发地点，但马库斯没走多远就停了下来。

心理生理评估

有时通过心理生理评估来衡量患有焦虑相关障碍的人身体症状的严重程度。常见的措施包括测量心率、血压等，但研究范畴可能采用更复杂的措施。这些措施包括皮电反应、肌电图（用于检测肌肉张力）和测量血管舒缩活动等。在皮电反应测试中，操作员将电极放置在人的指尖和手腕上，并将一股微弱且不会引发疼痛的电流引入其中一个电极。然后，他们用计算机测量电流从一个电极传输到另一个电极所需的时间。焦虑的人可能比不焦虑的人有更多活跃汗腺，因而传导电流更快一些（Klucken, Kruse, Schweckendiek & Stark, 2015）。一些研究人员在评估过程中也采用生物学质疑程序，这些程序可能包括使用诸如二氧化碳等特定药剂来诱导类似恐慌的症状（如心率增快），以安全地评估一个人通常对焦虑症状的反应（Gorlin, Beadel, Roberson-Nay & Teachman, 2014）。心理生理评估可以揭示来访者的丰富信息，但比较昂贵，而且耗时较长。这种评估最常见于研究或医学范畴。

表5.12
焦虑敏感指数量表-3样本项目

- 不表现出紧张对我来说很重要。
  极少 较少 中等 较多 很多
- 在别人面前颤抖时，我担心别人对我的看法。
  极少 较少 中等 较多 很多
- 我认为在公共场合昏厥是令人恐惧的。
  极少 较少 中等 较多 很多
- 当我的胃不适时，我担心可能病得很重。
  极少 较少 中等 较多 很多
- 我担心其他人可能会注意到我的焦虑。
  极少 较少 中等 较多 很多
- 当我感到胸痛时，我担心我会心脏病发作。
  极少 较少 中等 较多 很多
- 当我的喉咙紧绷时，我担心自己会窒息而死。
  极少 较少 中等 较多 很多
- 当我不能清晰地思考问题时，我担心自己出了问题。
  极少 较少 中等 较多 很多
- 心跳加快会使我害怕。
  极少 较少 中等 较多 很多
- 在他人面前脸红会使我害怕。
  极少 较少 中等 较多 很多

表5.13
评估焦虑相关障碍的常见调查问卷

调查问卷	评估内容
贝克焦虑量表	焦虑的一般症状
儿童显性焦虑量表	忧虑、过度敏感、注意力集中问题和生理焦虑
恐惧问卷	广场恐怖症、血液损伤恐惧症或社交恐惧症引发的回避
儿童恐惧调查表（修订版）	对失败与批评、未知因素、伤害和小动物、危险与死亡及就医流程的恐惧
事件影响量表	创伤后应激障碍的过度唤起、重现和回避/麻木症状
莫兹利强迫症症状分类量表	检查、洗涤、怀疑和迟钝/重复
流动性量表	与广场恐怖症相关的回避行为
儿童多维焦虑量表-2	伤害回避和躯体、分离与社交方面的焦虑
惊恐和广场恐惧症量表	惊恐发作和回避的严重程度、频率和持续时间
宾州忧虑问卷	忧虑的强度
拒绝上学评估量表（修订版）	孩子拒绝上学的原因
儿童社交焦虑量表（修订版）	对负面评价、社会回避与痛苦及广义社会困境的恐惧
社交焦虑量表	对人际交往的焦虑
社交恐惧症和焦虑量表	社交焦虑的身体、认知和行为因素
状态-特质焦虑量表	某个瞬间的焦虑症状和大部分时间都存在的焦虑症状
症状自评量表90-R和犯罪相关创伤后应激障碍量表	创伤后应激障碍的症状

焦虑症、强迫症与创伤相关障碍的生物学治疗

你认为本章中讨论的各个案例中的人应如何治疗他们的焦虑相关障碍呢？前文曾提到，焦虑由三部分组成：生理感觉、想法和行为。因此，治疗焦虑相关障碍可能包括生物学干预或药物治疗以平息生理感觉，并增强趋近行为。

抗焦虑药物已成为治疗患有焦虑相关障碍的人的一种主要方法。表5.14列出了一些最常见的抗焦虑药物。一类特殊的抗焦虑药物是苯二氮䓬类药物或能产生镇静作用的药物。前文曾提到，焦虑相关障碍的一个风险因素是大脑不同区域的过度神经化学活动。苯二氮䓬类药物有助于改变这种过度的活动，让一个人感到更加镇静。这些药物还可能增强大脑氨基丁酸系统以对焦虑产生更多抑制作用。苯二氮䓬类药物常用于治疗患有惊恐障碍的人（Guaiana et al., 2015）。

另一类主要用于治疗焦虑相关障碍的药物是抗抑郁药（另请见第七章），特别是缓解大脑内5-羟色胺水平的药物。前面曾提到，患有焦虑相关障碍的人的5-羟色胺水平并不总能得到良好的调节，所以抗抑郁药有时可以在这方面提供帮助。抗抑郁药常用于治疗社交恐惧症和广泛性焦虑障碍，以及强迫症和创伤后应激障碍（Guaiana et al., 2015; Offidani, Guidi, Tomba & Fava, 2013）。

针对60% ~ 80%患有焦虑相关障碍的成人，药物治疗是有效的，但若伴有其他精神障碍，药物治疗效果便不会太好。一个人停止服用药物后，其复发率也会很高（Kimmel, Roy-Byrne & Cowley, 2015）。药物治疗也会引起一些副作用。苯二氮䓬类药物可能引起的副作用包括运动和记忆问题、疲劳、抑郁、易怒和敌意。抗抑郁药可能产生的副作用包括恶心、嗜睡、头晕和性功能障碍等（Huffman, Beach & Stern, 2016）。尚未发现抗抑郁药会使人成瘾，但突然停药可能导致一

表5.14
适用于患有焦虑相关障碍的人的常见药物

苯二氮䓬类药物
• 阿普唑仑（赞安诺） • 劳拉西泮（安定文） • 氯硝西泮（氯硝安定） • 地西泮（安定） • 氯氮䓬（利眠灵） • 替马西泮（羟基安定） • 奥沙西泮（舒宁）
抗抑郁药
• 氟西汀（百忧解） • 帕罗西汀（百可舒） • 舍曲林（左洛复） • 氟伏沙明（无郁宁） • 西酞普兰（西普兰） • 草酸艾司西酞普兰（依地普仑）

些令人不舒服的躯体症状。然而，使用苯二氮䓬类药物的人可能会对该药物产生依赖性（Sabioni, Bertram &Le Foll, 2015）。

焦虑症、强迫症与创伤相关障碍的心理治疗

心理干预也用于解决焦虑的三大组成部分——生理感觉、想法和行为。你会在本书中看到，这些干预措施中有许多与其他障碍的干预措施类似。多元诊断治疗适用于那些存在各种问题的人，尤其是与焦虑症和抑郁症相关的问题（第七章；Newby, McKinnon, Kuyken, Gilbody&Dalgleish, 2015）。

心理教育与身体控制训练

许多与焦虑相关的障碍包括令人不适的生理唤醒。这种唤起可以以心率增快、头晕、气短、潮热及其他症状的形式出现。患有广泛性焦虑障碍的人也可能出现严重的肌肉紧张。生理上的焦虑会引发一些不愉快的想法，然后产生回避行为，所以治疗的第一步，即开展关于焦虑的三大组成部分及这些组成部分与人们关系方面的教育是十分重要的。这个过程被称作心理教育。表5.15列出了一些例子。

安吉丽娜的治疗师知道她的来访者在惊恐发作时经常会有令人不适且剧烈的身体症状。这些症状会引发人们担忧惊恐发作造成的伤害，并回避可能引发惊恐发作的情景。使患有焦虑相关障碍的人了解他们的症状及他们的生理感觉、想法和行为之间如何相互影响十分重要，这有助于制订良好的治疗计划，缓解对这些障碍的担忧，强调许多人有这些症状，并表明这些症状可以得到有效治疗。来访者有时会接受身体控制练习来解决生理焦虑问题。身体控制练习可以帮助来访者管控生理唤醒，以使其不那么强烈和具有威胁性。常见的身体控制练习包括放松训练和呼吸练习。

在放松训练中，人们被教导收紧和释放不同的肌肉群来缓解紧张情绪（Hayes-Skelton, Roemer, Orsillo &Borkevec, 2013）。治疗师可能会要求来访者坐在舒适的椅子上，闭上眼睛，握紧拳头10秒钟。然后，该来访者迅速松开拳头，并重复这一过程（你可以尝试做一下）。这也适用于其他肌肉群，例如肩部、脸部、胃部及腿部的肌肉群。治疗师鼓励来访者关注紧张肌肉和放松肌肉之间的差异。许多患有焦虑相关障碍的人甚至无法搞清楚自己是否紧张。该过程通常会被录音，来访者可在家中进行练习。

另一种减少生理焦虑感的方法是呼吸练习（Nishith, Mueser&Morse, 2015）。该方法包括让人在焦虑时期改变呼吸方法，即通过鼻孔进行长时间的深呼吸，然后通过口腔排出。鼓励来访者将手指放在其腹部位置来感受膈肌中的呼吸（膈肌呼吸）。呼吸应该缓慢、深入且均衡（你可以尝试几次）。该方法的一个优点是，人们可以在公共场合进行，而无须担心会引起别人太多的关注。

认知疗法

前文曾提到，焦虑相关障碍的另一个方面是负面思维。安吉丽娜担忧惊恐发作可能会对她或其他人造成巨大伤害。治疗师通常采用认知疗法来改变这些负面思维模式。认知疗法包括调查一个人可能会有的负面言论，并鼓励其质疑这种想法（Gregory, Peters, Abbott, Gaston&Rapee, 2015）。认知疗法有助于人们改变他们对环境的推理方式，更现实地思考，既要看到事物的积极方面，也要看到其消极方面。表5.16列出

表5.15
关于患有焦虑相关障碍的人的心理教育和身体控制训练案例

精神障碍	心理教育案例	身体控制训练案例
惊恐障碍	关于典型的惊恐发作症状以及来访者的生理感觉、想法和行为三者之间的发生序列方面的教育	在惊恐发作期间正确呼吸，放松肌肉
社交恐惧症	关于与社交和评估焦虑相关的常见忧虑和回避方面的教育	公共演讲期间的肌肉放松
特定恐惧症	关于恐惧的非理性和过度性，以及回避如何干扰生活质量方面的教育	在面对诸如狗等可怕的刺激物时进行正确的呼吸和肌肉放松
广泛性焦虑障碍	关于过度且无法控制的忧虑、失眠以及其他有形后果方面的教育	睡觉前肌肉放松以过渡到睡眠状态
强迫症	关于核心思想的性质和内容（强迫观念）以及它们如何导致具体的行为（强迫行为）方面的教育	弄脏手后肌肉放松
创伤后应激障碍	关于创伤如何导致重现、生理唤醒以及回避某些地方等症状方面的教育	在创伤发生地附近正确呼吸
解离性焦虑障碍	对家长和孩子就可能发生于某个家长或孩子身上的伤害而引发的忧虑进行教育	在没有父母的陪伴下去上学时放松肌肉

了不同焦虑相关障碍在认知疗法方面的例子。

前文曾提到，许多患有焦虑相关障碍的人会出现认知偏差，如小题大做或错误地认为某一事件之后会发生一些可怕的事情。安吉丽娜在惊恐发作时认为她会失去控制、发疯或者对自己或他人造成伤害。认知疗法的第一步是教育来访者对她的认知偏差形成正确的认识，并让其在接下来的一周内对自己的情况进行跟踪观察（Gregory et al., 2015）。安吉丽娜被要求每天记录下自己的惊恐发作情况以及伴随的想法。同时，她也看到自己的诸多想法引发了她的回避行为。

鼓励来访者通过调查支持和反对某种思想的证据来应对和解决负面想法（Gkika&Wells, 2015）。我们鼓励人们现实地看待发生的事情，而不是在某种情境下采取负面态度。安吉丽娜确信恐慌会导致车祸。她被问到在惊恐发作之前是否经历过车祸，她的回答是“没有”。她还被问到，在她开车惊恐发作时做了些什么，她回答说自己通常会将车开到路边停下。治疗师帮助她检查与惊恐发作情景相关的证据：

治疗师：你之前说过，你认为在惊恐发作时你会发生撞车事故。你有什么证据证明这件事会发生？

安吉丽娜：我有点把控不住方向盘，在车道上转来转去，我认为我必须得靠边停车。

治疗师：但是你之前曾说过你从来没有出过车祸，对吧？那么你有什么证据表明你可能会发生撞车事故呢？

安吉丽娜：嗯，我是一位非常小心的司机，尤其当我感觉这些症状即将出现的时候。我开车较慢，通常行驶在右侧车道，这样我可以随时停到路边。另外，我还从来没有收到过一张罚单。

治疗师：听起来这似乎全都是不支持会发生撞车事故的证据。

安吉丽娜：嗯，我想是这样的，或许我在驾车时可以比我想象中更好地应对这些症状。

治疗师通过几个驾驶案例向安吉丽娜指出，不仅没有证据表明她会在惊恐发作时发生车祸，而且即使她在驾驶过程中确实惊恐发作，她也有能力通过靠边停车来保护自己。在今后惊恐发作时，治疗师让其检查预示伤害事件即将发生的证据迹象，然而，在几乎所有情况下都没有这种迹象。

来访者也可以进行假设检验，看看糟糕事情实际发生的概率（Friedberg&McClure, 2015）。安吉丽娜被要求对其未来一周内“发疯”或因惊恐发作而被收容的可能性进行评估。对此，安吉丽娜经常回答说，这种情况发生的可能性在60% ~ 80%，尽管治疗师预估这种可能性接近1%。随着时间的推移，安吉丽娜逐渐认识到，治疗师的假设比她的假设更加准确，她对灾难发生可能性的估计也下降了。

此外，治疗师还鼓励来访者通过思考某种情景下可能发生的最坏情况以及该情况是否真得如此糟糕来减轻心理负担（Newman, 2015）。由于担心惊恐发作，安吉丽娜害怕去商场购物。治疗师平静地问她，“如果你在购物中心惊恐发作，可能发生的最坏情况是什么？”安吉丽娜说，她害怕自己的身体出现状况。治疗师再次问道：“那么，最糟糕的情况是什么呢？”安吉丽娜对治疗师的镇静感到惊讶，并说她会感到尴尬。治疗师再次提出质疑，“好的，你之前有没有过感到尴尬的情况？”毫无疑问，安吉丽娜当然有这样的经历，并且知道尴尬是让人不舒服但可控的一种临时的心理状态。随着时间的推移，她逐渐明白，即使她惊恐发作，其后果也并不严重，她完全可以应对。

认知疗法的一个主要目标是提高一个人挑战负面想法的能力，并培养对焦虑情景的控制能力。认知疗法可以用于帮助人们控制对症状、负面后果、威胁、强迫观念以及图像或想法重现的恐惧（见表5.16）。许多研究表明，认知疗法是治疗患有焦虑相关障碍的人的一个有机组成部分（Hanrahan, Field, Jones & Davey, 2013; Newman, 2015）。认知疗法通常与基于接触的训练相结合，这也是我们接下来要探讨的内容。

基于接触的训练

直面自己的恐惧。你以前听说过这种说法吗？这是治疗焦虑相关障碍最重要的方法之一。基于接触的训练通常用于引导一个人接近他所担忧或害怕的任何事物（Schneider, Arch & Wolitsky-Taylor, 2015）。当接近可怕的对象或情景时，人的恐惧往往会增加。然而，随着待在该情景中时间的增长，他会逐渐习惯这种情景，恐惧会随之慢慢消退。许多患有焦虑相关障碍的人存在的问题是，随着恐惧的越发严重，他们会回避这一情景或者选择逃避。参加接触性训练的人会被要求待在诸如商场等情景中，体验高水平的恐惧，并了解：随着时间的推移，恐惧最终会减弱，以及人们可以控制恐惧。表5.17列出了适用于不同焦虑相关障碍的基于接触的训练示例。

接触可以是渐进式的或快节奏的。在系统性脱敏

表5.16
适用于患有焦虑相关障碍的人的认知疗法示例

精神障碍	认知疗法示例
惊恐障碍	检查心悸是否真的表明是心脏病发作。探讨在百货商店惊恐发作的最坏情况以及来访者在不进行回避的情况下如何控制恐慌症状
社交恐惧症	对来访者的假设进行测试，即让其打电话给一个同事询问可能惹怒对方并挂掉其电话的信息。让来访者猜测发生这种情况的可能性，然后打电话验证他的预测是否准确
特定恐惧症	如果来访者接触诸如蛇等一些令其恐惧的事物，检查可能发生的最糟糕的情况。探讨诸如被蛇袭击等一些不可能发生情景的真实可能性
广泛性焦虑障碍	对来访者的信念（忧虑本身已成功阻止了灾难发生）进行调查。帮助来访者理解，担忧某些灾难并不会降低灾难发生的可能性
强迫症	思考来访者的担忧，即冒险会引发灾难。来访者可能被说服有意犯错，并意识到这么做并不会引发灾难。或者治疗师可能会告诉来访者诸如反复检查和洗手等强迫行为并不一定能保证安全或完全的清洁
创伤后应激障碍	对来访者的信念（必须抑制所有关于创伤的想法）进行调查。告诉来访者有关创伤的想法是无害的，对这些想法进行全面加工处理有助于来访者康复
广泛性焦虑障碍	引导鼓励年龄较大的儿童或青少年为父母到学校接送自己迟到寻找其他合理的解释。例如，交通堵塞和意外的差事，不一定是车祸这种低概率事件

过程中可能会出现渐进式接触，即一个人在进行放松训练和/或认知疗法时慢慢接近一个恐怖情景（Triscari, Faraci, Catalisano, D'Angelo & Urso, 2015）。这样，焦虑层次（见图5.9）得以确定，其中列出了从易到难的各个项目。随后，来访者首先接触最简单的（位于底部）项目，直到其焦虑水平较低为止。然后，他会依次接触焦虑层次结构中的每一个步骤，直到他达成最终目标。

安吉丽娜的治疗师陪同她进行各种驾车旅行，逛商场和餐馆以及参加学校的课程等（见图5.9）。此外，治疗师还给安吉丽娜布置了家庭作业，让她独自进行这些及其他接触性训练，包括给朋友打电话、约会和驾车穿过高架桥等。在这段时间，治疗师也鼓励她改变自己的想法，并注意她对自身焦虑症状的控制。

治疗师：好的，我们正驾车行驶在高速公路上，你现在感觉如何，在想些什么？

安吉丽娜：我感觉身体有些颤抖，心怦怦直跳，肺部有些收紧。我害怕自己会出现惊恐发作，从而撞车造成我的治疗师死亡。

治疗师：这种情况发生的可能性有多大呢？

安吉丽娜：很低。这不太可能发生。即使之前出现过惊恐发作的情况，我也从来没有撞过车。

治疗师：你的身体感觉如何呢？

安吉丽娜：我可以控制自己的呼吸，并保持稳定。我就知道我是可以做到这一点的！

治疗师：太棒了！我也知道你是可以的。我们继续开车。

现实中的接触是身体接触，但其他的接触可能是想象的。后者可能包括给一个人描述困难或怪诞的故事，并让她思考负面事件。当然，我们不想为患有创伤后应激障碍的人重新创造创伤。许多患有创伤后应激障碍的人继续尝试回避思考这样的事件，这当然会引发更多的回忆和闪回。进行想象接触的人首先会思考关于创伤的一些次要方面，然后会考虑对整个事件更为详细的描述。当人们更多地考虑这一事件并进行谈论时，焦虑趋于消失。

创伤后应激障碍的接触训练可以辅以快速眼动脱敏（EMDR）技术。EMDR是指在人们回忆和处理创伤性记忆时诱导人们的眼球转动。这个过程类似于睡眠期间的快速眼动，并可以帮助减少海马区中的创伤性记忆强度以及杏仁核引发的焦虑（Shapiro, 2014）。然而，EMDR仍然存在一些争议，需要进一步研究（van den Berg et al., 2015）。

另一类型模拟身体体验的接触是虚拟现实疗法，

表5.17

适用于患有焦虑相关障碍的人的基于接触的训练示例

精神障碍	基于接触的训练示例
惊恐障碍	与担心驾车时惊恐发作的来访者一起乘车。整个过程可能包括上车、驾车驶出停车场、在空旷路段行车、在繁忙的道路上行车、驾车在高速公路上行驶
社交恐惧症	逐渐增加一个人预计待在社交场合的时间。让来访者练习基于社交和表演的任务，如介绍自己、进行对话或在公众场合发言等
特定恐惧症	逐渐接近诸如狗之类的恐惧刺激物。可以先从观看与狗相关的电影开始，然后造访宠物商店，然后前往动物收容所，再去公园，最后慢慢接近温顺友好的狗
广泛性焦虑障碍	要求来访者直面而非压制忧虑情绪，考虑这些事件的其他合理解释。此外，练习克制检查、清洁或其他“忧虑行为”
强迫症	要求来访者将他的手插入一堆污垢中，并且不进行清洗；或者让他在垃圾箱附近停车，并要正常呼吸；让他将鞋子随意地扔进衣柜，并且不要摆放整齐；或者只检查烤箱一次后就开车去上班
创伤后应激障碍	逐渐接近发生过创伤的环境或前往一处主要的墓地。参与有关创伤事件的讨论，而非回避有关该创伤事件的提醒物
广泛性焦虑障碍	要求孩子不用父母陪伴去上学，最初每天1小时。在随后的日子里，逐渐再增加15～30分钟，直到就读全日制学校

项 目	焦虑评级（0~10）	回避评级（0~10）
驾车驶过一座高架桥	9	9
去约会	9	9
上课	9	8
在一家大型百货商场购物	9	7
去餐馆吃饭	8	7
沿着平坦道路行驶	7	6
在校园里散步	5	5
去超市	4	3
乘坐别人驾驶的汽车	3	2
进行心理咨询	2	2

图 5.9 安吉丽娜的焦虑层次样本

该疗法要求来访者佩戴耳机，并观看计算机生成的图像。这些图像可能与人们害怕的刺激物有关，如乘坐飞机、待在封闭的空间或站在高处等。同样，也可以为有公众场合发言焦虑的人设置虚拟环境。虚拟现实疗法适用于患有恐惧症的人，尤其是异常或难以治疗的那些人（Diemer, Alpers, Peperkorn, Shiban & Muhlberger, 2015）。

基于接触的训练也可以突出快节奏和高强度，正如满灌疗法那样（Schumacher et al., 2015）。满灌疗法是指使一个人在毫无准备的情况下面对令其恐惧的事物。可以将一个害怕狗的人置于一个有狗的房间（当然，要保证安全），直到其强烈的恐惧消退，并且可以接近狗。除了面对外在事物，基于接触的训练也可以暴露内在感觉。这是指内在感觉暴露，这对于惊恐发作的人最为有用（Boettcher, Brake & Barlow, 2016）。接受内在感觉暴露的人会受到其最可怕的生理感觉的影响，并被要求忍受或进行放松训练。一个害怕心率增加的人可能会被要求在一段楼梯上上上下下持续跑上一分钟，然后平静下来，他会意识到这种症状并不危险，也无须回避。

基于接触的训练对所有焦虑相关障碍均有用，即便是经常诉诸暴露和反应（或惯例）预防的强迫症（Zandberg et al., 2015），也是如此。一个人可能会受到其强迫观念的影响，但不被允许从事强迫行为。有污染强迫观念的人可能被要求将手插入污垢中，并且不能清洗。他的焦虑情绪起初会很高，但一段时间之后，他会意识到，不洗手自己的焦虑情绪也会减轻，而且这也没有害处。患有身体畸形障碍的人的反应预防可能包括限制其检查某些感知缺陷或打扮自己的次数。

此外，患有广泛性焦虑症的人也采用了类似的程序。在焦虑暴露治疗期间，来访者被要求专注于自己的焦虑想法，并尽可能地思考其他合理的解释（McIntosh & Crino, 2013）。一位父亲因为自己的孩子迟迟没有回家而担心她可能出了车祸。这位父亲就属于这种情况，他可以冷静看待自己的焦虑情绪，并给出其他更可信的合理解释——也许他的孩子遇上堵车或者临时去拜访一位朋友了。同时，应鼓励患有广泛性焦虑障碍的人摒弃诸如回避任务、调查亲人或清洁房屋等“忧虑行为”（Newman et al., 2013）。管理时间和对任务进行合理排序（哪些任务应该今天做，哪些应该明天或后天做）也很重要。

基于接触的训练经常与其他行为过程（如建模和生理反馈）相结合。在建模过程中，来访者看到别人从事某种趋向行为，然后自己也会进行相应练习。害怕狗的人看到其治疗师对待狗像对待自己的宠物一样，没有任何恐惧，这为来访者树立了一个良好的示范，来访者逐渐会尝试接触狗。在生理反馈期间，将来访者与一个仪器连接，该仪器可以为来访者提供心率、呼吸频率或脑电波活动方面的视觉反馈。教导来访者通过观察来降低心率和呼吸频率，并控制他们的兴奋。这一过程有时与暴露相关。来访者可能会被要求完成一项压力较大的任务，例如逐一减7向后倒数，然后放松，并注意观察心率和呼吸频率会如何下降（Lydon, Healy, O’Callaghan, Mulhern & Holloway, 2015; Schoenberg & David, 2014）。

正念

传统的认知行为疗法适用于许多患有焦虑相关障碍的人，但并非全部，尤其那些有严重或复杂症状的来访者。因此，临床研究人员设计了一套相对较新的疗法来帮助人们理解并接受他们的焦虑症状，使他们过着正常的生活。治疗师可以帮助来访者培养正念，更好地了解和接受他的症状，以及如何在不出现严重回避或其他损害的情况下体验症状（Gu, Strauss, Bond&Cavanagh, 2015）。

例如像乔纳森这样一个有着严重强迫观念和强迫行为的人，既接受了自己的想法和行为冲动，也仍然能完成自己的工作。治疗师可能会问他是如何做到这一点的。对聚会有社交恐惧症的人可能要接受这样一个现实，即她虽然对此感到焦虑，但仍然需要考虑自己需要说些什么，并且如何与他人搭讪。治疗师利用正念帮助人们认识到他们虽然感到焦虑，但要专注于如何把焦虑情绪“搁置”一边或如何让焦虑思想“穿过自己的身体”，这样他们仍然可以在社交和职业方面正常运转。作为针对患有焦虑相关障碍的人的一种主要治疗方法，正念继续得到人们的重视（Orsillo, Danitz&Roemer, 2015）。

针对患有恐惧症的人的基于接触的训练通常意味着来访者要与恐惧刺激物进行实际的物理接触。

如果我患上焦虑症或焦虑相关障碍，该怎么办

人们经常会接受焦虑相关障碍的筛查，对一些基本问题的回答可能表明是否需要进一步评估甚至治疗。表5.18列出了其中的一些问题。如果你发现自己对这些问题中的大多数都给出了肯定的回答，那么你可能要咨询临床心理医生、精神病医生或其他心理健康专业人士（另请见第十五章）。认知行为疗法和/或药物治疗可能是解决你焦虑问题的最好方法。

如果你觉得自己虽然有不愉快的焦虑感，但并不一定是焦虑相关障碍，那么你要告诉自己保持放松，改变自己的想法，并直面自己的恐惧，这可能是最好的处理方法。与家人和朋友谈谈你的感受或者进行焦虑障碍筛查。患有焦虑症和焦虑相关障碍的人可能非常痛苦；如果你是其中之一，一定要随时寻求更多这方面的信息。

焦虑症、强迫症与创伤相关障碍的长期预后

焦虑相关障碍的长期情况或预后是什么？预测更好治疗结果的因素包括治疗依从性及完成情况、更长的治疗时间（尤其是基于接触的训练）、更好的社交技能和社会支持、更少的抑郁症及其他疾病、更轻的创伤和焦虑症状、更少的负面思维模式以及更少的应激生活事件等。

安吉丽娜的长期预后很可能相当不错，因为她在经历最严重的惊恐发作之后不久便开始接受治疗，并成功完成了整个疗程，她还拥有支持她的朋友和家人，而且除此之外没有诸如抑郁症或药物滥用等其他重大问题。相比之下，乔纳森的预后可能相对较差一些，因为他的症状似乎更加根深蒂固，而且更严重。马库斯的预后可能取决于他直面和解决其所经历创伤的能力。

此外，研究人员还研究了患有焦虑和焦虑相关障碍儿童的长期功能运转情况。童年时期的许多恐惧和忧虑，比如4岁的孩子害怕衣柜里有怪物，都是暂时的。然而，一些与焦虑相关的特征会逐渐更加稳定，这包括行为抑制和害羞。源于这些特征的障碍，如社交恐惧症或广泛性焦虑障碍，随着时间的推移可能会演变为长期的慢性病（Copeland, Angold, Shanahan&

针对患有恐惧症的人的虚拟现实疗法是一种创新的治疗方法，对于疑难病例非常有效。

表5.18

焦虑相关障碍的筛查问题

你认为自己存在本章描述的诸多焦虑症状吗
有没有许多事情你自己想做却因为过于焦虑而没有付诸实施
你对自己的焦虑症状感到十分困扰吗
其他人是否注意到你的焦虑或鼓励你寻求帮助
即使在没有任何压力的情况下，你的焦虑是否会持续很长时间
你的工作、社交生活或睡眠有没有因为焦虑或忧虑而遭受了很多痛苦
你是否因为一些小事而大部分时候感到非常不安
你有没有经历过自己无法摆脱的创伤事件
你会长时间感到悲伤、烦躁、紧张和悲观吗
如果你可以改善自己的生活，那这里面包括减少你的焦虑感吗

Costello, 2014）。我们还提到，如果不及时治疗，解离性焦虑障碍和拒绝上学行为等儿童问题可能会导致长期的问题。解决任何年龄段焦虑相关障碍的最佳方法是早期治疗和全面治疗。

5.4

专栏

聚焦法律与伦理

基于接触的训练的激励伦理

假设你是安吉丽娜的治疗师，要治疗她的惊恐发作和广场恐怖症。假设其中一个治疗疗程包括陪同安吉丽娜前往她几个月都未曾去过的一家当地商场。她非常害怕自己会惊恐发作，但你的任务是让她置身于这一环境，这样她可以意识到自己强烈的焦虑情绪会最终消退，她可以控制自己的恐慌症状。患有惊恐障碍或广场恐怖症的人往往能够成功完成他们的焦虑层次训练。然而，在恐惧情绪非常强烈的情况下，治疗师需要给予来访者很多鼓励，甚至是刺激。

那么到底多大程度的刺激合适呢？难道人们没有权利过自己想要的生活吗，哪怕这意味着需要回避一些地方？另一方面，难道治疗师没有义务结束他们来访者的痛苦吗，即便这意味着来访者需要经历短期的恐惧？美国精神病学会的道德准则规定，心理医生应该“尽力回答来访者的问题，并避免来访者对治疗产生明显的误解”。因此，来访者应该提前知道治疗期间会发生什么，包括对来访者而言比较艰难的现实生活中基于接触的训练，并同意这种做法。这也涉及知情同意权，即接受治疗的人应该充分了解治疗的所有潜在风险和益处。

安吉丽娜对整个基于接触的训练的过程存在诸多犹豫，但治疗师要确保她充分了解可能发生的情况——例如惊恐发作——以及成功治愈后可能带来的好处，例如她可以重返学校。如此一来，安吉丽娜就不会再心存惊讶，并且她会更容易接受治疗。

第六章　躯体症状障碍与解离性障碍

6

章节特色

躯体症状障碍与解离性障碍：历史简介

躯体症状障碍与解离性障碍曾经被认为是相关的两种疾病，但是现在人们认为它们不属于同一类疾病。躯体症状障碍通常涉及身体症状，使人身体上承受很大的痛苦。解离性障碍通常涉及意识、记忆或身份等方面的困扰。

过去，人们认为躯体症状障碍与解离性障碍都是由精神创伤等心理因素造成的。心理动力学理论家认为，奇怪的或癔症的行为是由与个人精神创伤有关的无意识内心矛盾引起的。一个在童年时期被严重忽视的成人可能难以与他人建立联系，他会通过持续的身体不适来寻求关注，或者将痛苦转化为奇怪的、医学上难以解释的感觉运动症状。这些症状可能包括手套麻醉（仅手部麻木）、瘫痪和突然失明或失聪（Brown, 2013 ）。或者一个人可能会对童年时期的创伤事件失去记忆，从而使他能够从这些事件中解脱。

随着心理动力学以外的观点在临床心理学中受到重视，与身体症状相关的障碍和与意识、记忆或身份相关的障碍被区分开来。研究人员现在将躯体症状障碍与解离性障碍分成截然不同的实体进行研究，因此我们在这里将分别介绍这两种障碍，首先从躯体症状障碍开始。

什么是躯体症状与解离性障碍

随着年龄的增长，我们会感受到更多的疼痛。关节、肌肉和肌腱的正常磨损会导致许多额外的疼痛；此外，我们也不会像20岁的时候恢复得那么快，我们需要更长的时间来恢复（再相信我们一次）。因此，随着年龄的增长，我们去医院的次数也会越来越多，而这些都是正常的。我们中的许多人还会定期拜访健康专业人员进行检查和预防保健。

许多人还会有躯体化症状，或者倾向于通过身体症状表达痛苦以寻求这方面的医疗帮助（Garcia Albea, Garcia Parajua, Navas, 2015 ）。许多人开始关注奇怪的症状，这迫使他们去看医生。他们可能会被告知身体没有任何问题，或者问题很小，不值得当回事。医生会为诸如中度背痛等一些模糊的问题开一般性的药方。所有这些都是正常现象。

与吉塞拉（见下页）有同样症状的人经常因为身体原因去看医生，却没有找到明确的生物学原因。医生对这些人要求的就诊次数以及他们想做的手术数量感到震惊。医生一再保证他们身体不存在真正的问题，但这些人并没有因此而感到放心。因此，这些人和医生之间经常有分歧，许多人会去拜访多个医生以寻求帮助或了解他们的问题。许多人拒绝认为他们的身体症状有一定的心理原因，吉塞拉否定了心理医生关于压力或家庭问题导致其症状的说法。

极端躯体化的人可能会有躯体症状障碍（见图 6.1）。存在躯体症状障碍的人会出现一些身体症状，这些症状类似于诸如全身疼痛或身体不同部位的疼痛等轻微不适，包括性欲减退、恶心呕吐和腹胀等。存在躯体症状障碍的人对这些症状非常苦恼。

还有一些疾病与躯体症状障碍有关，在本章中躯体症状障碍一词被用来统称所有这些疾病（美国精神病学会，2013）。例如，有些人过于关注各种身体症状的后果，这些人可能不太关心一般的症状，但他们担心自己会患一些严重的疾病。此外，还有的人症状相当严重，包括突然失明、失聪或瘫痪，这些身体症状

随着年龄的增长，许多人自然会担心各种各样的健康问题，但是过度的担心会成为一个问题。

可能与焦虑和抑郁有关。

心理因素可能导致出现躯体症状障碍。这些因素通常包括压力、冲突、孤立或创伤。你可能听说过“心身症状”这个术语，它用来描述那些身体症状似乎“全在脑子里”的人。一个人可能经常抱怨真实的身体症状或疾病，但这些抱怨似乎有点夸张或牵强。心身障碍和躯体症状障碍并不完全相同，但我们的身体和精神是紧密相连的，因此一个区域的障碍会导致另一个区域的问题。接下来我们介绍一下最常被诊断出的躯体症状障碍。

躯体症状障碍：特征与流行病学分析

《精神疾病诊断与统计手册》(第5版)中的主要躯体症状障碍包括躯体症状障碍、疾病焦虑障碍、转换障碍和做作性障碍。

C 吉塞拉

案例探讨

吉塞拉的医生建议她接受心理治疗。吉塞拉今年29岁，有5年的身体不适史，医学检查对此无法解释。她经常主诉腹部和背部疼痛，但没有具体的身体创伤。吉塞拉每年都要去看几次医生，每次都主诉同一种疾病，但症状稍微有些变化，她要求医生放弃治疗，并提供病历证明以帮助她不参与工作。几年来，医生对吉塞拉多次进行各个方面的检查，但得出的结论是，吉塞拉的持续疼痛是压力、育儿、婚姻问题或其他心理变量引起的。

在两次取消预约后，吉塞拉见了一位临床心理医生，他经常接受其他医生的推荐。吉塞拉在初次问诊时非常激动，她说自己在全职工作期间难以照顾丈夫和两个年幼的孩子。她说她的“下腹部”以及背部的不同部位经常有疼痛感。吉塞拉说不出疼痛的具体部位，她只是说“这两个部位都疼。”治疗师问吉塞拉疼痛发生的时间和频率，但她给出的答案含糊不清，比如“一直都疼”“在工作或在家工作的时候”和“我不太清楚”。吉塞拉补充说，有时她会感到双脚麻木，她偶尔也会恶心呕吐。

这位心理医生问吉塞拉这种疼痛持续多久了，她回答说：“我感觉我这辈子都在痛。”她也无法将自己的症状和任何身体创伤联系起来。例如，她没有发生过车祸，也没有受到罪犯的侵害。这位心理医生认为，吉塞拉的背痛可能是由于照顾两个小孩的生理压力造成的。然而，吉塞拉否认了这一观点，她说这种疼痛不能简单地用抱孩子来解释，因为这种疼痛往往很剧烈、很严重，并使她感到很虚弱。在她疼痛发作时，她感到自己无法完成家务、去上班或者开车。

这位心理医生还探讨了吉塞拉的其他顾虑，比如她担心“我是不是真的出了什么问题”。吉塞拉担心她患有严重的疾病，比如巴尔病毒(Epstein-Barr virus)、狼疮或莱姆病(Lyme disease)。当这位心理医生提到她的医生就这些疾病对她进行了多次检查，结果均正常时，吉塞拉说，她不相信她的医生给予了她足够的照顾。她还透露，她以前也看过其他医生，但是他们都抱怨说，他们似乎不堪忍受病人数量方面的重负，所以没有时间考虑所有可能的症状。

这位心理医生得到了吉塞拉的允许，可以和她的丈夫、医生和老板交谈以了解她的情况。他们都说吉塞拉是一个可爱、正派的人，她真心爱她的孩子和丈夫。然而，每个人都认为吉塞拉非常需要关注，说她经常会出现一些不适症状，并且渴望得到安慰。她的丈夫和老板说吉塞拉是一个控制欲很强的人，她会为了得到自己想要的东西而歪曲事实。她的丈夫说，吉塞拉有时为了逃避责任或获得关注而夸大困难，并主动表示她对性不再感兴趣。

吉塞拉还透露，她经常对自己的身体问题进行评估。她经常记录自己的脉搏、血压以及疼痛发作的次数，并关注自己身体状况的细微变化，这些现象似乎与躯体症状障碍有关。相对于别的心理问题而言，吉塞拉对缓解自己的身体症状更感兴趣，她的心理医生提出了一种包括身体和心理成分的治疗方法。

思考问题

1. 对于那些有家庭和工作需求的人来说，吉塞拉的哪些症状是典型的或者正常的？哪些症状看起来非常不同？
2. 什么样的外部事件和内部因素可能导致吉塞拉戏剧性的身体症状？
3. 你对吉塞拉的哪些方面感到好奇？
4. 吉塞拉有没有以任何方式让你想起你自己或你认识的人？为什么会这样？
5. 吉塞拉的身体不适对她未来的生活有何影响？

图 6.1 **躯体症状障碍**

	正常	轻度
情感	对自己的健康保持乐观态度。	生理唤醒水平较低，对某些身体症状有不确定感。
认知	不担心自己的健康。	看完某篇文章之后也许会有些担心自己的健康。
行为	定期与医生进行预防性检查。	更频繁地检查身体或预约不必要的医生随访。

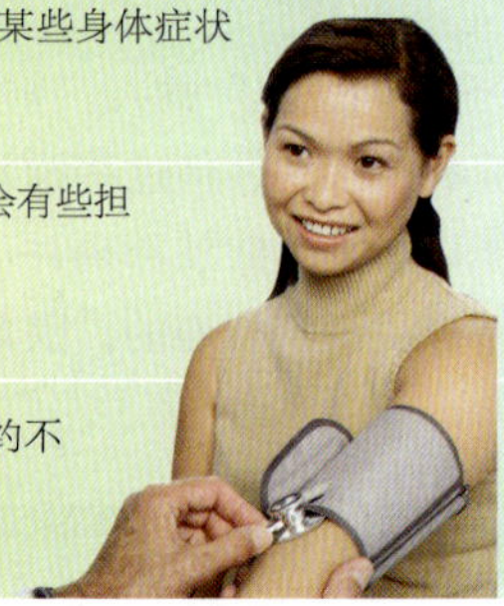

躯体症状障碍

你的身体曾经有过奇怪的、无法解释的感觉吗？很多人都会有，比如突如其来的头疼或腹部阵痛。我们大多数人很少注意这些变化，因为它们并不严重，也不会持续很长时间。像吉塞拉这样的人非常在意这些身体症状，并且抱怨了很多年。因此，躯体症状障碍的诊断可能适用于这些人。

躯体症状障碍包括至少一种身体症状，该症状会给一个人造成巨大痛苦。这种疾病的一个关键点在于，这个人会反复认为这种症状很严重，或者对该症状或自身健康产生焦虑情绪。这个人也可能在这种症状上花费大量的时间和精力，比如去看医生。吉塞拉的症状使她经历痛苦，失去工作，无法做家务。请记住，这个人感觉到的症状是真实存在的——这些症状不是“虚构的”——这些症状可能有医学上的解释，也可能没有。《精神疾病诊断与统计手册》（第5版）中的躯体症状障碍与第4版（DSM-4）中的躯体化障碍和疼痛障碍是相关联的，许多较早诊断的人符合躯体症状障碍的诊断标准（APA, 2013）。因此，许多研究文献均涉及躯体化障碍和疼痛障碍，本章也将对其进行介绍。

躯体症状障碍诊断涉及表6.1所示的DSM-5标准。一些有躯体症状障碍的人会经历明显的疼痛。吉塞拉报告说，她身体的几个部位都有疼痛感。有躯体症状障碍的人可能在一些难以评估疼痛的身体部位主诉疼痛感，常见的部位包括背部、颈部、面部、胸部、盆腔区域、腹部、坐骨神经、泌尿系统和肌肉等。有些人最初会经历身体创伤引起的疼痛，但即使痊愈后也会报告有疼痛感。被烧伤的人即使移植和敷料完成，但他们可能仍会继续报告有疼痛感，但在疼痛方面还没有医学上的解释。还有的人经历了截肢，但仍会报告截肢部位疼痛，这种情况被称为幻肢疼痛，可能有心理和生理上的原因。

表6.1

《精神疾病诊断与统计手册》（第5版）（DSM-5）

躯体症状障碍

A. 一个或多个躯体症状，使个体感到痛苦或导致其日常生活受到显著影响。

B. 与躯体症状相关的过度的想法、感觉或行为，或与健康相关的过度关心，表现为以下至少一项：

1. 与个体症状严重性不相称的和持续的想法；
2. 对健康或症状持续焦虑；
3. 过多地担心这些症状或健康。

C. 虽然任何一个躯体症状可能不会持续存在，但有症状的状态是持续存在的（通常超过6个月）。

标注是否：症状主要涉及疼痛；

标注是否：症状具有持续性病程；

标注症状的严重程度：轻度（1个标准B症状）、中度（2个标准B症状）或重度（2~3个标准B症状，伴有多处躯体主诉或一个非常严重的躯体症状）。

中等	躯体症状障碍——不严重	躯体症状障碍——严重
生理唤醒水平适度，对自己的健康有更大的不确定感。	强烈的生理唤醒被误解为某种可怕的身体疾病的征兆或症状。	极度的生理唤醒，很难集中精力于除身体状态以外的事情。
对疼痛、可能的疾病或外表产生强烈的担忧。大脑中闪过关于死亡或临死的想法。	对身体状态或外表有强烈的担忧，对自己患严重的疾病产生强烈的恐惧，大脑中经常出现一些关于死亡和临死的想法。	对身体状态极度担忧，对自己患严重的潜在疾病产生极度的恐惧，大脑中频繁地出现关于死亡和临死的想法。
预约更多次医生随访，医生每次随访后一般会感到放松。	定期预约医生，并要求进行多种重复性的医学检查，症状几乎没有或根本没有得到缓解。经常检查身体是否存在症状。	回避许多社会活动和工作，定期安排进行手术，到专科诊所就诊，或寻找外来疾病。

其他常见的主诉症状有疲劳、呼吸急促、头晕和心悸等（Vishal, Brahmbhatt & Vankar, 2014）。有躯体症状障碍的人也可能具有特定的人格特征或模式——他们可能寻求注意力、诱惑、依赖，或对家人、朋友和临床医生怀有敌意。他们可能表现出戏剧化或不稳定的人格障碍的一些方面（Laugharne & Flynn, 2013）。

躯体化问题可能是“功能性的”，也可能是“表现型的”。功能性躯体化是指我们刚才所描述的——医学上无法解释的症状，而不是另一种精神障碍。躯体化是指躯体症状通常表现为另一种精神障碍的一部分，尤其是焦虑症和抑郁症（Murray, Toussaint, Althaus & Lowe, 2016）。患有抑郁症的人可能会感到疲劳或性欲低下，但这些身体症状都是抑郁症引起的。功能性躯体化和表现型躯体化之间可能发生重叠。抑郁和应激等心理状况是预测有慢性躯体症状的人是否会寻求帮助的良好指标（Caplan & Buyske, 2015）。

疾病焦虑障碍

其他人对症状的关注少于对某些整体疾病状况的关注。患有疾病焦虑障碍的人被一些严重的疾病困扰，这些疾病可以解释一般的身体变化。患有疾病焦虑障碍的人可能会因为脉搏、出汗或精力水平的微小变化而担心患上肝炎或艾滋病。前文曾提到吉塞拉对莱姆病等疾病的担忧。DSM-5中的疾病焦虑障碍与DSM-4中的疑病症是相关联的，因此，许多文献都涉及疑病症，本章将对其进行介绍。

疾病焦虑障碍的诊断涉及表6.2列出的DSM-5标准。患有疾病焦虑障碍的人可能会担心自己患上某种特定的疾病，即使医学检查证明并非如此。例如，一个人的艾滋病毒检测呈阴性，但仍然担心自己会感染艾滋病。这种想法必须持续至少6个月，并在日常生活中造成巨大的困扰和伤害。疾病焦虑障碍的诊断还可能涉及诸如检测等频繁的医疗护理或回避医生和医院。

有疾病焦虑障碍的人可能还有其他独有的特征。

背部疼痛是患有躯体症状障碍的人最常见的主诉症状之一。

他们关于患病的想法是不变的，这可能类似于强迫症。有疾病焦虑障碍的人也可能对污染和服用处方药有明显的恐惧感。他们非常了解自己的身体机能，许多人能详细描述自己的症状（不像那些有躯体症状障碍的人）。这可能是因为，即使可能没有实际的病症，他们也想帮助医生找到“诊断结果”和“治疗方案”。许多有疾病焦虑障碍的人沉迷于医学信息，并具有自我暗示能力，这意味着阅读或听到有关疾病的信息可能会导致对该疾病的恐惧（Baileretal, 2015）。在互联网时代尤其如此，因为许多网站都提供自我诊断工具。

转换障碍

有转换障碍的人会经历运动或感觉方面的问题，这表明他们患有神经或医学疾病，尽管还没有发现。这样的例子包括突然失明或失聪，身体的一个或多个部位麻痹，身体某个部位感觉疼痛的能力丧失，感到咽喉肿大（癔球症），假性癫痫发作，在大脑没有电中断的情况下出现的诸如抽搐、意识丧失等癫痫类疾病。

转换障碍的诊断涉及表6.3列出的DSM-5标准。与该疾病相关的症状是真实存在的——同样，它们也不是“虚构”的——但也没有医学上的解释。这些症状不是一个人的行为或经历的一部分，也不是一个人的文化的一部分。在不同的文化中，许多宗教和治疗仪式均涉及诸如意识丧失等一些特殊的变化，但这并不是转换障碍。

心理上的压力而非生理上的压力通常会引发转换障碍的症状，比如创伤、冲突和压力。士兵可能会在高度紧张的战时经历中突然瘫痪。心理动力学家可能会说，创伤的恐惧是难以忍受的，因此痛苦会“转化”为一种更容易忍受的感觉运动障碍。你可能会认为，这些症状会造成巨大的痛苦，并明显干扰日常生活。然而，许多有转换障碍的人也可能会对疾病淡然漠视，这意味着他们相对而言不关心自己的症状。这似乎很奇怪，因为如果突然患上严重的残疾，我们大多数人都会心烦意乱，然而，缺乏关注可能意味着其他心理因素在起作用，这可能包括戏剧性的或者旨在寻求关注的行为（Fadem, 2013）。

表6.2

《精神疾病诊断与统计手册》（第5版）（DSM-5）

疾病焦虑障碍

A. 一心想着患有严重疾病。

B. 不存在躯体症状，如果存在，也只是轻度症状。如果存在其他疾病或有发展为某种疾病的高风险，那么这种专注显然是过度或不成比例的。

C. 对健康状况有明显焦虑，个体容易对自己的健康状况感到担忧。

D. 个体表现出过度的与健康有关的行为。

E. 疾病困扰已经存在至少6 个月，但担心的特定疾病可能会在那段时间内发生变化。

F. 与疾病相关的先占观念不能用其他精神障碍来更好地解释。

表6.3

《精神疾病诊断与统计手册》（第5版）（DSM-5）

转换障碍（功能性神经症状障碍）

A. 一种或多种自主运动或感觉功能改变的症状。

B. 临床检查结果提供了其症状与公认的神经疾病或躯体疾病之间不一致的证据。

C. 其症状或缺陷不能用其他躯体疾病或精神障碍来更好地解释。

D. 其症状或缺陷引起临床上的痛苦，或导致社交、职业等方面的损害。

标注症状类型：

急性的（症状出现少于6个月）。

持续性的（症状出现达到或超过6 个月）。

做作性障碍与佯装病

做作性障碍是指故意捏造或产生身体或心理症状的疾病（见表6.4）。有做作性障碍的人可能会编造身体上的不适，比如胃痛，或者心理上的问题，比如悲伤，来扮演生病的角色。有做作性障碍的人可能通过服用药物或引发发烧而故意使自己生病。因此，做作性障碍不同于躯体症状障碍和疾病焦虑障碍，在后两种障碍中，人们并没有故意引发他的症状。

孟乔森综合征（Munchausen Syndrome）是一种做作性障碍，人们会出现症状，并声称自己患有身体或精神疾病。这可能包括模仿癫痫发作或将粪便细菌注射到自己体内。这种疾病在去看妇产科医生的妇女中可能更为常见，包括那些故意导致自己阴道出血的女性。一些患有孟乔森综合征的人可能会经历应激性生活事件，或者出现抑郁，或者出现边缘型或反社会型人格障碍（Bass, Acosta, Adshead&Byrne, 2014）。做作性障碍的患病率为0.5% ~ 2%，孟乔森综合征非常罕见。针对做作性障碍的治疗目前还没有取得很好的进展（Bass&Halligan, 2014）。

表6.4

《精神疾病诊断与统计手册》（第5版）（DSM-5）

做作性障碍

对自身的做作性障碍

A. 假装心理上或躯体上的症状，或自我诱导损伤或疾病，与确定的欺骗有关。

B. 个体在他人面前表现出自己是生病或者受伤害时。

C. 即使没有明显的外部奖赏，也有明显的欺骗行为。

D. 该行为不能用其他精神障碍来更好地解释，如妄想障碍或其他精神病性障碍。

对他人的做作性障碍（代理做作性障碍）

A. 使他人假装心理上或躯体上的体征或症状，或者诱导他人产生损伤或疾病，与确定的欺骗有关。

B. 个体让另一个人（受害者）在他人面前表现出生病或者受伤害。

C. 即使没有明显的外部奖赏，也有明显的欺骗行为。

D. 该行为不能用其他精神障碍来更好地解释，如妄想障碍或其他精神病性障碍。

注：是施虐者，而不是受害者接受这个诊断。

代理性孟乔森综合征（对他人的做作性障碍）是指成人故意诱导儿童患病或疼痛，然后将其送医（见表6.4）。父母通常是肇事者，并且他们往往否认自己知道孩子问题的根源（Burton, Warren, Lapid&Bostwick, 2015）。孩子一旦与父母分开，通常会有所好转。代理性孟乔森综合征的儿童受害者多为4岁以下儿童，而大多数肇事者都是儿童的母亲。这些可怕行为的主要动机是父母能从他人那里得到关注和同情（Ozdemir et al., 2015）。

做作性障碍不存在外部诱因，但佯装病是指在一定的外在刺激下，故意产生生理或心理症状。佯装病并不是类似做作性障碍那样的正式的DSM-5诊断，而是一种可能成为临床关注焦点的附加疾病。一个人可能会主诉背痛或声称他听到了让其逃避工作或服兵役的声音。有时可能会出现症状夸大的现象，尤其是涉及残疾或工人赔偿（30%）、人身伤害（29%）、犯罪（19%）和医疗或精神问题（Bass & Halligan, 2014）。

当报告的症状与病症检测结果不相符时，医生往往需要对此给予足够重视（Zubera, Raza, Holaday&Aggarwal, 2015）。心理健康专业人员可以使用神经心理学测试或诸如明尼苏达多相人格测验量表（第2版）（第四章）等其他测试方法来识别有佯装症的人（Fazio, Sanders&Denney, 2015）。患有佯装症的人有时故意在某些即便严重受损的人也能做到的测试中表现得更差。心理健康专业人员通常会避免做出诸如经济利益等对外的承诺，而是温和地面对这类来访者，使其专注于眼前可验证的问题（Bass&Halligan, 2014）。

躯体症状障碍的流行病学

为保证连续性，本书后续章节将采用DSM-5的诊断标签，但是请记住，该疾病的研究基础主要来自与之类似的DSM-4对躯体化障碍（类似于躯体症状障碍）和疼痛障碍（类似于疾病焦虑障碍）的诊断。许多有躯体症状障碍的人仍然留在医疗系统中，而不是心理健康系统中。许多人的症状很模糊，所以关于流行病学的数据仍然很少。更复杂的是，一些已知的医学疾病包括模糊、不明确的症状，使医生很难判断一个人是否患有真正的身体疾病。这些症状包括纤维肌痛（肌肉和软组织普遍疼痛）、慢性疲劳综合征、狼疮（一种引起器官损伤的自身免疫性疾病）和肠易激综合征（Fadem, 2013）。

许多人表现出适度的躯体化症状，而不是一种正式的躯体症状障碍。在向初级护理医生就诊的人群中，有40.2% ~ 49.0% 的人出现医学上无法解释的症状。然而，正式的躯体症状障碍较少（见表6.5）。躯体症状障碍（躯体化障碍）的患病率为0.8% ~ 4.7%。DSM-4的疼痛障碍（现已为躯体症状障碍的一部分）的患病率为1.9%。据报道，在普通人群中，疾病焦虑障碍（疑病症）的平均患病率为0.25% ~ 1%，尽管在医疗机构中这一比例可能会上升至2%。转换障碍的流行病学研究较少，或者可以说更为罕见。转换障碍的患病率在普通人群中只有0.3%，但这一比例在不同文化中可能有所差异（Dobbelstein, 2015；Haller, Cramer, Lauche &Dobos, 2015）。与躯体症状障碍比例过高相关的因素包括教育程度低、未婚状态、儿童虐待史、其他医学疾病、焦虑和抑郁等（Creed et al，2012）。躯体症状障碍在大学生中也非常常见（见专栏6.1）。

表6.5
主要躯体症状障碍的患病率

躯体症状障碍	0.8% ~ 4.7%
疾病焦虑障碍	0.25% ~ 1.0%
转换障碍	0.3%

在各种文化中，最常见的医学上无法解释的症状是胃肠道问题和诸如烧灼感、蠕动感和麻木感等奇怪的皮肤感觉。与欧洲和北美洲相比，这些症状在非洲和南亚人群中报告得更多。相反，与世界其他地区相比，欧洲人和北美洲人往往更关注与心脏病和癌症相关的症状（Bouman, 2015）。此外，许多非西方国家的人更多的是以躯体的形式而非认知的形式来表达痛苦（抑郁和焦虑）。某些文化可能会在社会方面强化痛苦的躯体表达（Zhou et al., 2015）。

躯体症状障碍与抑郁和焦虑密切相关，与较大的一般性损伤和医疗保健的使用也关系密切（Toussaint et al., 2016）。躯体症状障碍和疾病焦虑障碍具有类似于惊恐障碍、广泛性焦虑障碍和强迫症的特征。躯体症状障碍和疾病焦虑障碍也同时出现在20%的病例中（Lee, Creed, Ma&Leung, 2015）。人们也已经开始关注躯体症状障碍与人格障碍之间的重叠，特别是涉及戏剧型或不稳定行为的人格障碍（Silberschmidt, Lee, Zanarini和Schulz, 2014）。

6.1

专栏

聚焦大学生

躯体化

压力显然是大学经历的一个重要部分（见附录），躯体症状障碍在很多情况下都会伴随着考试压力而产生。在一项研究中，大学生报告了各种躯体症状，这些症状在考试期间（考试当天）急剧增加。增加最多的躯体症状包括头痛、背痛、恶心、胃部不适或胃痉挛、食欲不振和过度疲劳，其他症状也有所增加。包括腹痛和关节疼痛、频繁腹泻和性冷淡。躯体症状的增加主要源于神经质或一种以焦虑、担忧和喜怒无常为特征的一般人格特征（Zunhammer, Eberle, Eichhammer&Busch, 2013）。另一些人发现，大学生躯体症状障碍与完美主义、抑郁、孤独和饮食失调症状有关（Klibert et al.，2014；Soares, Lucas, Oliveira, Roque&Cadima, 2012；Tseng, Gau, Tseng, Hwu&Lee, 2014）。因此，大学的压力似乎加剧了许多以前可能存在的与焦虑和情绪相关的问题。

与躯体症状障碍相关的污名

不同文化背景的人可能会报告不同类型的心理症状，这取决于当地的规范以及是否存在污名。例如，那些来自亚洲文化的人倾向于以躯体主诉来表达抑郁，因为这样做比承认情绪悲伤承受更少的污名（Zhou et al, 2015）。此外，对污名的恐惧可能会延迟一些患有抑郁症和躯体症状障碍的人的治疗（Wang, Peng, Li & Peng, 2015）。事实上，家庭成员、朋友甚至医生可能会把一个有躯体症状障碍的人视为一个麻烦，而不是一个需要心理帮助的人（Noyes, 2014）。

污名也会影响疾病行为。那些具有医学上无法解释的症状的人，比如那些患有慢性疲劳综合征的人，经常会受到他人的指责或被解雇，这些人将他们的症状归咎于情绪问题。然而，这可能会影响他们寻求治疗的决定。因担心污名，患有躯体症状障碍的人也会继续强调对其症状在躯体上的解释，而非心理上的解释（Rohlof, Knipscheer & Kleber, 2014）。这种污名甚至会对患有诸如癫痫等严重疾病的人产生影响（England, Austin, Beck, Escoffery & Hesdorffer, 2014）。

躯体症状障碍：病因与预防

关于躯体症状障碍原因的数据已经慢慢地显现出来。与这些疾病的发展相关的关键因素可能包括遗传、大脑变化、疾病行为和认知、文化、进化以及其他一些因素。

躯体症状障碍的生物学风险因素

遗传

躯体症状障碍可能具有适度的遗传基础，其遗传率预计为44%（Kendler et al, 2011）。疾病焦虑障碍可能也有适度的遗传基础，据报道，其遗传率为54% ~ 69%（Taylor & Asmundson, 2012）。躯体症状障碍通常集中在家庭成员之间，尤其是女性亲属和父母与子女之间（Schulte & Petermann, 2011）。躯体症状障碍的几个方面也有遗传基础，尤其是焦虑、焦虑敏感性、抑郁和述情障碍（Cairncross, Veselka, Schermer & Vernon, 2013）。

大脑特征

躯体症状障碍的另一个生物学风险因素可能是大脑变化，尤其是与情感、知觉和与身体感觉相关的区域的变化。因此大脑的关键部位包括杏仁核和边缘系统、下丘脑、扣带回、前额叶和躯体感觉皮质（见图6.2）。这些区域在一些患有躯体症状障碍的人中可能过度活跃（Perez, Barsky, Vago, Baslet & Silbersweig,

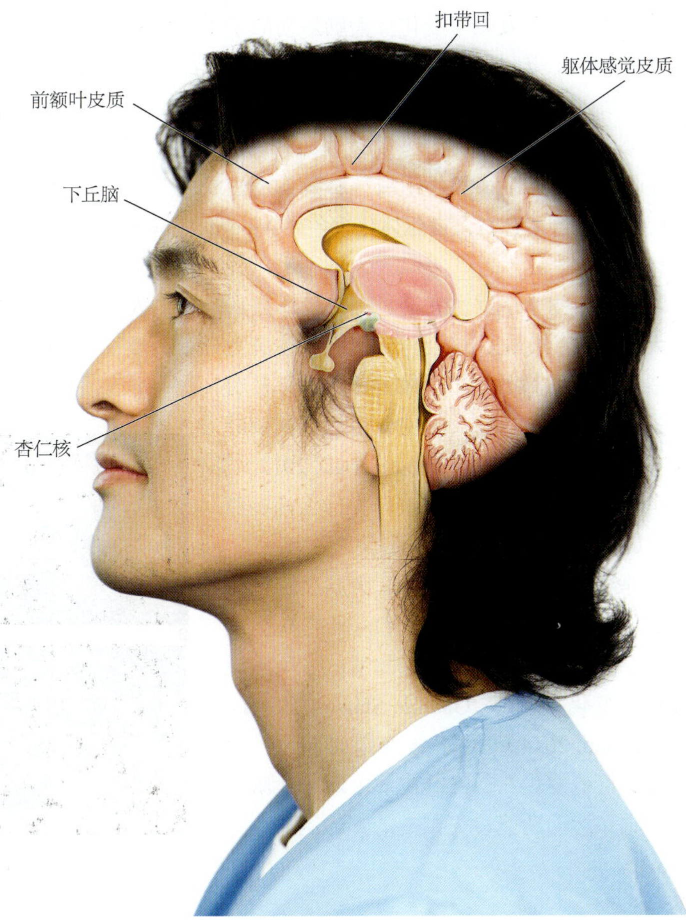

图6.2 与躯体症状障碍相关的大脑区域。

2015）。有些人可能因此而感知或“感觉”到实际上并没有发生一些身体变化。第五章曾提到，杏仁核与可怕的情绪反应以及诸如心率加快、出汗等身体症状有关。因此，杏仁核过度活跃可能有助于解释为什么患有躯体症状障碍的人会经历许多身体变化，并对这些变化感到担忧。

还有人提出，这些大脑区域的变化会干扰抑制行为，促进对症状的高度警觉，并且增加中枢神经系统活动和应激反应（Matthias & Pollato, 2014）。有时大脑和身体之间的通信会中断，因此，一些患有躯体症状障碍的人可能会觉得他们必须不断地检查自己的身体状况指标，如心率、血压等（Klaus et al., 2015）。

再回到我们之前的讨论，有些人报告说在最近截肢的部位有疼痛感。感到幻肢疼痛的人的大脑和躯体感觉皮质似乎发生了变化。大脑最初似乎难以适应肢体的缺失，因为运动和躯体感觉皮质必须经过神经元重组才能适应肢体的缺失（Flor, Diers & Andoh, 2013）。其他研究人员也注意到，在患有冠心病、多发性硬化症、糖尿病、慢性阻塞性肺病、癌症或关节炎等疾病的人群中存在大量躯体化现象（Wiborg & Lowe, 2015）。

其他生物学证据也表明，患有躯体症状障碍的人的大脑会发生变化，这会导致他们的注意力分散，难以适应持续的刺激（如身体的感觉）以及有限的认知功能。这些大脑变化可能包括额叶和右半球的功能障碍（Labate et al., 2012）。右半球的变化可能有助于解释为什么许多躯体主诉往往发生在身体的左侧。

神经影像学证据还显示，大脑关键区域的血液流动可能会发生变化。研究人员发现，患有转换障碍的人大脑皮质的不同区域发生了变化（Burke, Ghaffar, Staines, Downar & Feinstein, 2014）。对于转换障碍而言，血流减少可能发生在前额叶皮质区域和大脑中与感觉和运动功能丧失相关的其他区域（见图6.3）。

躯体症状障碍的环境风险因素

环境风险因素也可能是导致躯体症状障碍的原因，尤其是针对那些对疾病看得很重的人。这些因素包括疾病行为与强化、认知、文化、进化以及其他因素。

疾病行为与强化

疾病行为是躯体症状障碍的一个关键概念，是指人在生病时所做出的行为（Sirri, Fava & Sonino, 2013），例如卧床休息、看医生和服药等。伴侣、家人和朋友可以通过给予同情、关注和安慰等方式来强化这些行为。这可能有助于解释患有转换障碍的人对疾病淡然漠视的现象。一般而言，我们也接受生病是社会上一种适当的逃避义务的方式，因此负面强化也可能产生强有力的效果。对于像吉塞拉这样患有躯体症状障碍的人来说，针对持续性疾病或看医生的社会强化可能有助于解释为什么这些疾病会持续很长时间。这种对注意力的需求也可能与某些人的戏剧型人格结构或障碍交织在一起。

另一种与这个群体相关的安慰形式是寻求保证。我们中的许多人对医学检查和医生的报告感到放心，这些检查和报告给了我们一份“干净的健康清单”，但是患有躯体症状障碍的人可能不是这样的。寻求保

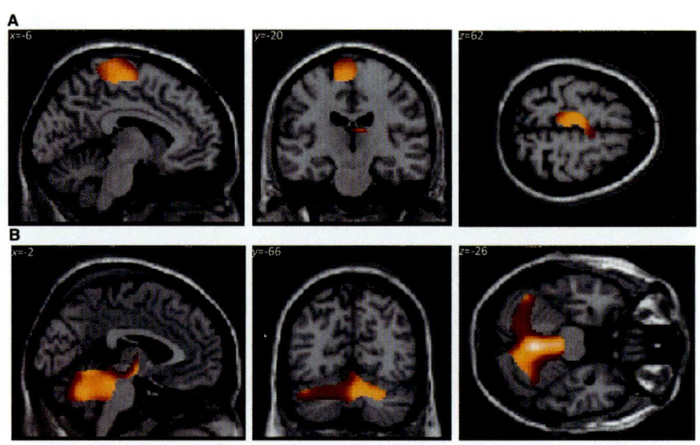

图6.3　患有转换障碍的人血流量减少的脑成像图。

证也是一种短期有效的缓解焦虑的方法。因此，像吉塞拉这样的人可能会进行持续、重复和漫长的医学检查和随访。有些人认为，随着年龄的增长，孩子会效仿父母寻求保证的做法（Alberts&Hadjistav-ropoulos, 2014）。孩子可能会模仿父母经常主诉身体症状，或打电话给朋友以寻求同情。

继发性获益有时是指因身体不适而得到社会强化。心理动力学理论家认为，原发性获益是在无意识地利用身体症状来缓解心理困扰。因此，密切关注轻微身体症状的人会减少对一些外部或内部应激源的关注（Pellicciari, Superbo, Gigante, Livrea&Defazio, 2014）。有些人可能会发现，比起婚姻冲突、经济困难或学业失败等主要的生活压力，人们更容易专注于细微的身体变化。

认知因素

与疾病行为相关的是疾病信念或躯体归因，或身体症状的感知原因。人们可能认为是病毒、心理疾病（如抑郁症）或外界因素（如工作量太大）导致了他们的疾病或身体感觉（Douzenis&Seretis, 2013）。患有躯体症状障碍的人倾向于利用生物学或疾病来解释他们的症状，而其他精神障碍者则采纳心理学的解释。例如，一个人经过一天漫长而艰难的工作回到家中，可能会用身体上的原因来解释他的疲劳（我生病了），而我们很多人对此则会用心理上的原因来解释（我压力很大）。

患有躯体症状障碍的人也认为自己特别容易生病，因此他们会有更多的疾病行为（Sirri、Fava&Sonino, 2013; Toussaint et al., 2016）。焦虑和抑郁的存在也与认知偏差有关，似乎与健康焦虑和内部疾病信念的增加也密切相关（Olatunji et al., 2014）。

躯体症状障碍中的另一个认知因素是躯体感觉意识，或者说一种注意和放大身体感觉的倾向（Perez et al., 2015）。这种状况也出现在那些患有惊恐障碍的人身上。因此，这些变化被放大了，而且似乎比实际情况更为严重。事实上，疾病焦虑障碍和惊恐障碍之间存在重叠（Torres et al., 2014）。你可以尝试一下，集中精力关注你的心率几分钟，看看你是否注意到任何变化，或者感觉你的心脏比以前更“怦怦”地跳。

文化因素

我们提到，非西方国家的人往往比西方国家的人更倾向于把抑郁和焦虑情绪表现为身体症状。在非西方国家，人们对心理疾病有很大的偏见，因此，强调身体症状可能更容易被人接受。许多文化都有“苦恼的文化习语”，这使各种经历显得更加正常（Hinton, Reis&de Jong, 2015）。想想越南文化中“冯式丝锥”（phong tap）这个概念，它指的是疲劳和寒冷引起的全身疼痛和痛苦。把一个人的精神痛苦归咎于无法控制的外部因素是可以接受的。这可能符合我们之前提到的观点，即文化中的社会强化对于人们如何表达他们的痛苦很重要。

进化因素

躯体症状障碍的进化理论很少，但转换障碍的症状可能已经发展成为应对不可避免的生命威胁的一种适应性方式。面临战争或屠杀的人可能会表现出失明等衰弱症状，以此向他人表明自己并不危险；这可能有助于避免受到伤害。对于面临丧失至亲的人来说，躯体主诉症状的表现与社会亲密度和适应性应对有关（Thege, Pilling, Cserhati&Kopp, 2012）。这可能有助于增加来自他人的支持或照顾。

其他一般因素也可能适用于躯体症状障碍。这样的例子包括医疗护理不佳、应激性生活事件和一般的情绪唤醒等（Rief&Martin, 2014）。医疗护理不佳可能包括医生对担心某一特定疾病的人反馈不足或进行不必要的治疗。应激性生活事件与转换障碍症状的严重程度密切相关（Aybek et al., 2014）。这些一般因素对吉塞拉来说似乎是显而易见的。显然，她的生活压力很大，因为她有两个孩子和一份全职工作，并且她很容易变得过于激动。她认为，她的医生似乎不堪忍受病患数量大的压力，她说的可能也有一定的依据。一些人还指出，像恐怖主义等大规模事件可能与医学上无法解释的症状有关（见专栏6.2）。

6.2

专栏

聚焦暴力

恐怖主义与医学上无法解释的症状

恐怖主义袭击和自杀式爆炸是否会使接触这些事件的人发生身体上的变化？躯体化和躯体症状障碍肯定与各种心理因素和个人创伤有关，但有些人声称，即使像恐怖主义袭击这样的大规模创伤，也可能有因果关系。例如，在波士顿马拉松爆炸案发生后的一间急诊室里，躯体化和转换障碍的就诊者非常常见（Guerriero et al., 2014）。在印度孟买恐怖袭击和挪威乌托邦恐怖袭击发生之后，人们也注意到了躯体化现象（Guerriero et al., 2014; Stene & Dyb, 2015）。压力与恐惧会让人产生强烈的生理变化。霍尔曼和西尔弗（Holman and Silver）（2011）对2592名成人进行了调查，这些人在“9·11”事件发生之前完成了一项健康调查，并在“9·11”事件发生后对他们的急性应激反应进行了评估，在“9·11”事件之后的三年内，这些人中患疾病的人数增加了18%。全国各地的许多人因此受到恐怖主义袭击的创伤，并因此出现了医学症状。

躯体症状障碍的病因

不同的因素可能导致躯体症状障碍，但对于这些问题究竟是如何产生的，仍存在许多争议。一些人认为，看待躯体症状障碍的最佳方法是将其视为感知、控制和注意力的变化（Rachman, 2014）。有些人将感官体验误解为一些严重医学问题的真实和危险症状。有的人可能将一般的肠胃不适当成胃癌。患有躯体症状障碍的人也可能认为内在的感官体验是无法控制的，这意味着这些症状超出了她的影响或治疗能力。这使这种感官体验更加可怕。

患有躯体症状障碍的人错误感知内部感觉的方式与一些患有焦虑相关障碍（尤其是惊恐障碍）的人相似。前文曾提到，躯体症状障碍和焦虑相关障碍是密切相关的。这种联系的一种可能性是：诸如心悸或眩晕等身体症状成为后来用于解释轻微身体不适的记忆的一部分（Woud, Zhang, Becker, McNally & Margraf, 2014）。一个焦虑的人可能会胸痛，并（错误地）担心自己心脏病发作了。这个人后期可能视力会有点模糊，并（错误地）担心自己得了脑瘤。

许多有躯体症状障碍的人也过分关注他们身体的微小变化（Wagner & Brown, 2012）。如果你经常密切地专注自己的心率，你可能会注意到一些变化。当然，这些都是正常的。然而，对于一些有躯体症状障碍的人来说，过度关注会提高他们症状的强度，并引发他们对自身的担忧。他们可能会认为自己得了某种严重的疾病。不足为奇的是，这种过度关注在患有焦虑相关障碍和抑郁症的人身上时有发生。所有这些过程——错误知觉、无法控制的感觉和过度关注——都会导致疾病行为、扮演“病态角色”的社会强化、逃避日常活动以及患上躯体症状障碍（Bouman, 2015）。

躯体症状障碍的预防

关于躯体症状障碍预防方面的数据很少，但是关于儿童和青少年疾病的信息可能具有指导意义。有躯体症状障碍的青少年多为女性，她们的父母往往社会经济地位和教育水平较低。应激性生活事件、创伤经历（如虐待）、身体病史、不必要的医疗干预以及诸如焦虑症、抑郁症等其他精神障碍也与青少年的躯体化有关（Basch, Chow, Logan, Schechter & Simons, 2015; Kailish, Mehta & Sagar, 2015）。另有一些人也表示，一些青少年因躯体主诉症状而受到父母的大量关注，这是一种强化刺激（Wilson, Moss, Palermo & Fales, 2014）。

根据这些信息，预防躯体症状障碍发展的策略可能包括几个组成部分。例如，教育儿童和父母了解危险和无危险的身体症状，注意严重但不常见的身体变化，帮助青少年应对创伤事件以及相关的精神障碍，确保孩子得到充分有效的医疗卫生服务以及实施焦虑管理。鉴于躯体症状障碍可能随着时间而持续存在，尽早地解决这些问题的风险因素非常重要。

躯体症状障碍：评估与治疗

我们接下来讨论评估和治疗躯体症状障碍的策略。请记住，对可能患有躯体症状障碍的人进行心理评估时，应结合全面的医学评估。

躯体症状障碍的评估

对像吉塞拉这样患有躯体症状障碍的人进行评估通常包括访谈、问卷调查和人格评估。接下来我们逐一讨论每种方法。

访谈

旨在收集患有躯体症状障碍的人信息的访谈，包括结构式的研究型访谈，例如DSM-5结构式临床访谈、复合性国际诊断访谈表、躯体形式障碍计划表和国际诊断检查表（First, Williams, Karg & Spitzer, 2015; Kessler et al., 2013）。这些访谈涵盖了各种躯体症状障碍的诊断标准。

向吉塞拉这种可能有躯体症状障碍的人提出的问题，应包括身体问题和心理问题的详细历史。躯体症状障碍可能是复杂且长期存在的，往往始于儿童和青少年时期，因此关于一个人历史的问题应该延伸到遥远的过去。相关主题包括早期和近期的生活经历和应激源、药物和物质使用史、其他人对躯体主诉症状的反应、认知偏差、日常功能的干扰以及寻求心理治疗的动机。

吉塞拉对是否要用心理治疗来解决她认为很简单的医疗问题有些犹豫不决。因此，对一个有躯体症状障碍的人进行访谈，需要治疗师与他建立良好的关系。表6.6列出了与躯体症状障碍疑似者沟通的指南。

表6.6
与躯体症状障碍疑似者沟通的指南

承认主诉症状对来访者来说是真实且痛苦的
认可处理躯体主诉的必要性
避免试图说服来访者其症状是由心理原因造成的
继续逐渐温和地提及紧张和压力的作用
讨论各种话题，而不仅仅限于症状
安排不以主诉症状为依据的定期随访
与来访者一起制定目标
讨论症状会如何限制来访者的功能，而不是其身体上可能出现什么问题
与来访者保持共鸣，但对行为加以限制

问卷调查

此外，还有一些筛查工具以识别一个人是否患有躯体症状障碍。常见的筛查工具包括躯体形式障碍筛查量表（SOMS）和躯体形式筛查量表（第7版）（SOMS-7）。这些量表包括诊断标准，并用于测量一个人医学上无法解释的身体症状（Zijlema et al., 2013）。心理因素通常是躯体症状障碍的一部分，所以一些问卷对这些构念进行了评估。例如，躯体症状体验问卷评估健康担忧、疾病经历、与医生交流的困难以及疾病的影响（Herzog et al., 2014）。

其他针对疑病症的调查问卷包括怀特利疑病指数问卷、疾病行为问卷、疾病态度量表和体感放大量表（SAS）。这些量表用于测量诊断症状、对疾病的感知以及对内部感觉的意识（Fava, Sonino & Wise, 2012）。SAS样本项目见表6.7。

人格评估

前文曾提到，躯体症状障碍和不切实际的健康问题有时与某些人格特征或障碍有关。因此，对这一人群的评估可能包括人格量表。明尼苏达多相人格调查表（第2版）（MMPI-2）包括疑病症、躯体主诉和健康问题的临床分量表（Friedman, Bolinskey, Levak, 2015）。一些MMPI-2被用来区分患有佯装症及躯体症状障碍的人和对照组参与者（Myers, Fleming, Lancman, Perrine & Lancman, 2012）。另有人发现，该量表可用于评估这一人群的应对策略、情绪障碍、躯体主诉、低正向情绪和犬儒主义等（Myers, Fleming, Lancman, Perrine & Lancman, 2013）。

表6.7
体感放大量表中的样本项目

我经常意识到身体里发生的各种事情
当我受伤时，伤口会持续很长一段时间不见好
我有时能感觉到血液在我体内流动
我有时能听到我的脉搏或心脏在我耳边跳动
我很快就能感觉到我肚子里的饥饿感
即使是一些很小的事情，比如昆虫叮咬或者刺伤，也会让我感到困扰
我对疼痛的耐受力很差

注：项目评分范围为1～5分（分越高表示症状越明显）。

躯体症状障碍的生物学治疗

有躯体症状障碍的人通常会伴有焦虑症、抑郁症等共病现象，因此针对这些疾病的一个关键治疗方法是药物治疗。针对该人群的最常见药物是选择性5-羟色胺再摄取抑制剂，比如艾司西酞普兰（依地普仑）、氟西汀（百忧解）、氟伏沙明（无郁宁）和帕罗西汀（百可舒）。使用这些药物治疗躯体症状障碍和疾病焦虑障碍有助于改善焦虑和抑郁症状，以及对疾病、症状困扰和整体功能的恐惧（Keinstuber et al., 2014）。抗抑郁药物也有助于减轻疼痛的严重程度（Jaracz, Gattner, Moczko & Hauser, 2015）。然而，在这些药物的剂量、治疗时间、个性化分配以及长期预后方面仍有许多工作要做（Somashekar, Jainer & Wuntakal, 2013）。

躯体症状障碍的心理治疗

躯体症状障碍与有问题的疾病行为和重要的认知因素有关，因此针对这些疾病的心理治疗已经开始引起更多研究者的关注。躯体症状障碍的心理治疗与焦虑相关障碍的治疗类似，对此你可能不会感到惊讶。然而，请记住，许多患有躯体症状障碍的人会抵制心理健康专业人员的治疗理念。像吉塞拉这样的来访者，首先要认识到他们的症状可能有一定的心理基础，但这对他们来说往往并不容易。

认知疗法

焦虑相关障碍的认知疗法包括检查一个人可能做出的不准确的陈述，并鼓励其质疑自己的想法，更加现实地思考。对于患有躯体症状障碍的人来说，这种治疗方法同样有效。患有躯体症状障碍的人首先应该了解他们有问题的想法和身体症状之间的联系。经常担心生病并经常检查身体是否有变化的人可能会放大这些变化，并误认为这些变化是危险的。认知疗法有助于人们检验证据以质疑这个思维过程。他可能会认识到，微小的身体感觉和变化并不危险，因为所有人都有这些感觉，而且这些症状通常是暂时的和可控的。

像吉塞拉这样的人可能经常担心她的身体症状会毁掉她的生活。治疗师可以帮助吉塞拉认识到，她可以有效地应对或控制自己的身体症状以及生活中的额外压力。 生物反馈疗法在这方面是有效的，生物反馈疗法可以让一个人学会有意识地控制诸如心率等身体功能（Mora, Weber, Neff & Rief, 2013）。

各种躯体症状障碍均包括有问题的思维过程，这种思维过程可以通过认知疗法进行治疗。有疾病焦虑障碍的人害怕他们的症状预示着病情严重，认知治疗师可以帮助有疾病焦虑障碍的人探讨支持和反对疾病信念的证据，评估特定身体症状的现实可能性。腹痛的人应该列出所有可能导致腹痛的原因和可能性，包括癌症、胀气、消化不良以及其他常见但无害的情况（Keefer & Mandal, 2015）。基于冥想的正念认知疗法对病情也可能有所帮助（van Ravesteijn, Lucassen, Bor, van Weel & Speckens, 2013）。

行为疗法

针对躯体症状障碍的行为疗法有助于减少诸如检查症状、随访医生等过度行为。行为疗法的目的是减少许多患有身体症状障碍的人过度寻求关注和寻求保证的行为；这些行为会导致其他人进一步强化他们的症状。应急管理包括让家人和朋友了解躯体症状障碍方面的知识，并鼓励他们强化“好的”行为，例如工作、做家务、保持活跃等。这对于治疗患有转换障碍的人似乎尤其重要，其中的重点是消除对异常感觉运动状态的医疗护理和社会关注，对他们实施物理治疗，以帮助他们恢复正常的运动，并学会应对压力和创伤（Hopp&LaFrance, 2012）。

躯体症状障碍的主要行为治疗方法是放松训练、暴露、反应预防以及社交技能和自信训练（Ricciardi &Edwards, 2014）。你可能会注意到，这些治疗方法与第五章中提到的焦虑相关障碍（特别是强迫症）的治疗方法类似。躯体症状障碍通常具有焦虑的成分，因此针对焦虑症的治疗方法可能对这一人群非常有效。放松训练和暴露疗法经常一起进行，以帮助缓解肌肉紧张，从而加重身体症状，并在面对引发焦虑的刺激时减少焦虑。该种刺激通常包括避免诸如社交、约会和工作等情况。吉塞拉的治疗师与她一起建立了一个常规的考勤模式。反应预防包括限制一个人监测身体症状或从事其他过度行为的次数。许多治疗师使用“认知+行为”疗法来治疗患有躯体症状障碍的人。

对患有躯体症状障碍的人的“认知+行为”治疗在很多情况下是非常有用的（Van Der FeltzCornelis, Hoedeman, Keuter&Swinkels, 2012）。一项研究表明，暴露、反应预防和认知疗法对疾病态度和行为以及躯体症状都有显著的改善（Weck, Gropalis, Hiller&Bleichhardt, 2015）。然而，对于患有躯体症状障碍的人来说，成功率通常比患有焦虑症或抑郁症的人要低。这是因为患有躯体症状障碍的人往往长时间出现多种症状（Koelen et al., 2014）。对这一人群来说，最有用的方法可能包括在医疗和心理健康环境下进行药物治疗和综合心理治疗。

如果我或我认识的人患上躯体症状障碍，该怎么办

如果你怀疑自己或认识的人可能患有躯体症状障碍，那么进行全面的医学和心理检查是非常必要的。你也可能会思考与压力、焦虑或抑郁相关的问题，这些问题会加重躯体症状或对某些疾病的担忧（第五章和第七章）。躯体症状障碍会让人担忧心烦，并经常严重地干扰一个人完成简单任务的能力。因此，鼓励那些可能患有躯体症状障碍的人继续保持活跃，并“克服”他的症状也不失为一个好主意。

躯体症状障碍的长期预后

纵向研究表明，许多人（50% ~ 75%）在出现医学原因不明的症状或躯体症状障碍后，症状或障碍会随着时间的推移而有所改善，但10% ~ 30%的人的症状会恶化。患有疾病焦虑障碍的人通常会有一个更长期的过程，50% ~ 70%的人的症状会持续存在。慢性躯体症状障碍的预测因素包括诸如疼痛程度或疾病行为以及身体功能不佳等更严重的症状。其他可能的预测因素包括女性性别、共病情绪问题和对疾病不切实际的恐惧（olde Hartmann et al., 2013）。

解离性障碍

C 埃里卡　　**案例探讨**

埃里卡因为抑郁症和“奇怪的经历”接受了门诊治疗。这名25岁的女孩在与男友分手后接受了为期3个月左右的治疗。她的恋情只持续了几个月，但是冲突不断，偶尔也会有暴力冲突。埃里卡说，她和男友的交往非常“紧张”，因为他们经常发生性行为，但也经常因为在一起的时间、关系进展以及无法口头交流而发生争吵。埃里卡说，她的男友打过她不止一次，但她从未住院治疗，警察也从未介入。埃里卡和她的男友在关系严重恶化后，双方同意分手。

埃里卡说，她对这次分手感到十分沮丧和痛苦，她说自己没有胃口，难以入睡，已经好几天没上班了，只是卧床休息。然而，埃里卡的治疗师能帮助她逐渐掌控自己的生活，并改善情绪。埃里卡在见家人和朋友方面变得更加积极，定期继续工作，考虑新的恋情，并接受认知疗法治疗，以减少其对过去恋情的自责。

治疗在这些领域取得进展，但在其他领域仍然停滞不前。埃里卡常常记不住过去一周甚至前一天发生的事情，在治疗时心不在焉，甚至错过了几次面谈。治疗师有时会问埃里卡是否有什么问题，但埃里卡只会说她最近有一些记忆障碍，觉得“有些奇怪”。当被问及细节问题时，埃里卡说，尽管自己是一个很整洁的人，但有时她回家会发现自己的公寓很乱。她在邮件中还收到两张超速罚

单，但不记得有警察拦过她。埃里卡还说，她有时会忘记这天是星期几。

埃里卡的治疗师试图详细探究这些经历，但收效甚微。让治疗师也觉得奇怪的是，埃里卡通常不愿或不能谈及过去的恋情，甚至是她的童年。当被问及她生活中的这些阶段时，埃里卡变得面色苍白，并说："真的不记得我的生日或关于我童年的任何细节"。在经过几次毫无结果的面谈之后，埃里卡的治疗师决定对埃里卡的过去进行更深入的探讨，这会有助于全面了解她目前的抑郁和人际关系问题。

一天晚上，埃里卡的治疗师打电话给埃里卡，询问埃里卡她能否更详细地了解埃里卡的过去。这可能需要与埃里卡的父母以及认识她很长时间的人聊聊。埃里卡接了电话，听了治疗师的意见后离开了一会儿。治疗师等了大约4分钟，电话里传来一个年轻的声音。治疗师对此感到不解，因为埃里卡一个人住，也没有孩子。电话另一头的年轻声音告诉治疗师，"我不能让你和她谈论那些事情。"治疗师吓了一跳，想让对方解释一下。对方说，"我们不能谈论那些不好的事情，"对方停顿了一下说，"真的不能。"治疗师让对方说出自己的身份，但对方仅回答"是我"，然后就挂断了电话。治疗师重新拨回去，但无人接听。

第二天，埃里卡来进行心理咨询面谈，就好像什么也没有发生过一样。治疗师告诉她昨晚打电话的事情，但埃里卡感到十分困惑，不知道如何回应。治疗师接着问埃里卡她最近几天记不起来的事情，而昨晚的事就是其中之一。治疗师巧妙地向埃里卡解释说，每当应激性事件发生时，她可能会经历解离发作，而埃里卡可能拥有一个独立的人格结构。埃里卡感到很困惑，但听得非常专注，因为治疗师对解离的描述与她之前发生的事情相符。埃里卡有点出乎意料地说，治疗师听到的那个年轻声音很可能来自一个7岁的女孩。她不知道自己为什么会这样认为。埃里卡的治疗师认为，埃里卡很可能有解离性障碍的症状，甚至可能有多重人格。

思考问题

1. 对于像埃里卡这样生活压力大的人来说，她的哪些症状是正常的，哪些症状看起来很奇怪?
2. 埃里卡的奇怪症状可能是由什么外部事件和内部因素造成的?
3. 你对埃里卡的哪些方面感到好奇?
4. 埃里卡有没有让你想起你自己或你认识的人? 为什么?
5. 埃里卡的奇怪症状会如何影响她未来的生活?

什么是正常解离与解离性障碍

你是否经历过这样的应激情景，在该情景下你感觉自己"脱离本体"。也许你是在接受测试或者在一群人面前讲话，突然觉得你正在看着自己完成任务，或者就在你的头顶上飘浮着。这些经历虽然有些离奇，却是正常的，这是解离的表现。解离是指情感、认知、记忆或其他内心体验某种程度上的分离。换言之，我们觉得自己好像分裂了，"另一个你"脱离了你的本体。

这种脱离往往是温和的和短暂的，包括诸如做白日梦、思绪陷入电影情节、发呆，或公路催眠，后者是指一个人驾车走了一段距离，却记不起来他是如何到达目的地的（Barabasz & Barabasz, 2015）。在其他情况下，解离是适度的，即一个人可能会暂时感觉"另一个我"离开自己的身体，或者像在雾中一样穿过走廊。或者一个人可能觉得他无法回忆起某一事件的所有细节（见图6.4）。

这些解离的发作是正常的，因为它们是暂时的，不会影响人们的日常生活。一个人参加一场重要的考试，可能会在最初的几分钟感到解离。她可能会觉得自己好像在看着自己参加考试，难以集中注意力解答问题。然而，这种感觉通常很快就消散了，集中注意力的能力也会恢复。我们可能会觉得我们"回到了考试中来"，并且比以前看得更清楚。一个人可能会看到一场可怕的事故，感觉事情像梦幻般的慢动作一样缓慢推进。然后，一切可能会突然恢复到"实时状态"。轻微的解离可能有助于我们通过保持一定的距离来暂时应对压力。在我们适应了这种应激情景之后，镇静下来，做我们需要做的事情，这种解离感通常就会

诸如人格解体障碍等短暂的解离是常见并正常的。

马特·达蒙在《伯恩的身份》中扮演的角色杰森·伯恩患有解离性遗忘症，这部电影大部分时间都在试图揭秘他的真实身份。

消失。

然而，在某些情况下，解离可能非常严重，并导致解离性障碍。解离性障碍通常涉及意识、记忆或身份方面的干扰（APA, 2013）。一个人可能会在很长一段时间内或者以某种极其古怪的方式经历某种形式的解离。埃里卡通过忘记能使其想起创伤的信息来应对最近或过去的压力。她甚至可能在7岁的时候就已经形成了一种独立的人格。这种人格会“保留”对那段时间的创伤记忆，所以她就不必去想它们了。这种极端的解离可能会随着时间的推移而得到加强，因为它发展得很好——换句话说，这个人不需要处理特定的创伤。遗憾的是，对于埃里卡而言，长期的解离会在社会关系甚至法律地位方面给她造成严重的问题。

解离性障碍：特征与流行病学分析

解离性障碍包括解离性遗忘症、分离性身份识别障碍和人格解体障碍/现实解体障碍。接下来我们将讨论这些疾病的特征。

解离性遗忘症

你有没有无缘无故地忘记事情？你当然有过！我们都会时不时地忘记一些事情，并且随着年龄的增长，这种容易忘事的毛病会逐渐加重。正常的健忘没什么好担心的，因为我们忘记的东西不重要，并且只要给一点提示就很容易记起来。然而，对于像埃里卡这样的人来说，被遗忘的事情是高度个人化的——比如童年经历、家庭成员，甚至诸如姓名等认证信息。因此，这可能就符合解离性遗忘症的诊断（见表6.8）。

表6.8

《精神疾病诊断与统计手册》（第5版）（DSM-5）

解离性遗忘症

A. 不能回忆起重要的个人信息，通常具有创伤或应激性质，且与普通的健忘不一致。

注：解离性遗忘症通常具有对特定事件的局部或选择性遗忘；或对身份和生活史的普遍性遗忘。

B. 这些症状引起有临床意义的痛苦，或导致社交、职业或其他重要功能方面的损害。

C. 这些症状不能归因于某种物质的生理效应、神经病性或其他躯体疾病。

D. 该障碍不能用分离性身份障碍、创伤后应激障碍、急性应激障碍、躯体症状障碍，或重度的、轻度的神经认知障碍来更好地解释。

解离性遗忘症包括忘记高度个人化的信息，尤其是在经历一些创伤事件之后。在发生车祸或袭击之后，一个人可能记不起自己的名字。解离性遗忘症涉

图 6.4 解离与解离性障碍

	正常	轻度
情感	与他人和环境保持良好的联系。	生理唤醒水平较低，尤其在忘记某事时。
认知	不存在健忘方面的担忧。	对考试注意力不集中或者对随着年龄而不断增加的健忘有些担心
行为	偶尔会健忘，但是有提示就能记起来。	上课时做白日梦，在无聊的异常心理学课上有些发呆、走神，轻度健忘。

及的健忘不是由物质使用、神经性或其他精神障碍引起的。然而，这种记忆丧失会造成痛苦，并损害一个人日常生活的能力。试想一下，不记得自己是谁——这会给你造成巨大的压力，显然会妨碍你的工作，甚至会影响自己的生活。

解离性遗忘症可以表现为多种形式。患有解离性遗忘症的人可能仅有一次严重的遗忘症发作或几次较轻或同等严重的遗忘症发作。这可能取决于他们生活中的创伤程度。一些人对重要个人信息的回忆可能会突然恢复，而另一些人则可能会逐渐恢复。奇怪的是，一个人可能会忘记个人信息，却记得历史事件或如何开车。然而，在某些情况下，这种语义或过程记忆可能会丢失（Staniloiu & Markowitsch, 2014）。

解离性遗忘症也可以包括解离性神游症。有些人对个人事件容易健忘，然后突然转移到另一个国家或世界。患有解离性神游症的人无法回忆起他们的过去，有时也不能记住他们的身份，最终其工作和生活远离家人和朋友。这个人经常会有新的身份或者对个人身份非常困惑。解离性神游症通常发生在创伤事件之后。一个即将在丑闻中被公开羞辱的人可能会突然搬到该国的另一个地方，换一个新的名字和新的工作。解离性神游症的特征是解离，所以在这种情况下，这个人并不是有意识地计划搬走。相反，他很可能对过去发生在他身上的事几乎不记得了。解离性神游症最终会消失，一个人可能会恢复他原来的生活，但他对最初创伤的记忆可能仍然很差（Raval, Upadhyaya & Panchal, 2015）。

分离性身份识别障碍

那些患有分离性身份识别障碍的人实际上有两种或更多种不同的人格（这种疾病曾被称为多重人格障碍）。这些人格可能会暂时控制一个人的意识，并在一段时间内主导这个人的人格（见表6.9）。就像埃里卡一样，当发生这种情况时，一个人可能会觉得周围发生了奇怪的事情。该人可能难以回忆起个人信息，并对童年或近期发生的事件产生记忆空白。只有不是由物质使用或医学疾病引起的多重人格，才能被定义为分离性身份识别障碍。身份“分裂”往往是由于创伤事件或一系列事件（如儿童虐待）造成的（Dorahy et al., 2015）。

关于分离性身份识别障碍，不同人格之间可能存在一定的差异。每种人格可能都有自己独有的特征、记忆、姿势、服装偏好，甚至是身体健康状况（Rolls, 2015）！我们需要明白，一个患有分离性身份识别障碍的人不是在假扮另一个人，比如一个成人在行为和言语方面表现得像一个孩子一样。相反，真正的差异存在于其行为及其他特征中，这些行为和特征使得他独一无二。然而，一些研究人员质疑多重人格的

中等	解离性障碍——不严重	解离性障碍——严重
更难以集中注意力，感到与他人和环境更疏远。	难以集中注意力，对他人有强烈的疏离感。	感觉与他人和所处环境完全疏离和分离。
对轻度的解离更加担心，例如坐在去超市的车里，想知道人们是怎么到那儿的。	强烈担心记忆中的实质性解离或记忆“间隙”。	对个人身份或改变了的生活状况可能缺乏洞察力。
公路催眠，遗忘症状更加频繁，或者表现得云里雾里或像在梦中一样。	很少会出现人格解体、极度健忘或错过与他人的约会等情况。	解离、持续性失忆或神游、存在多重人格等症状非常严重，且频繁发生。

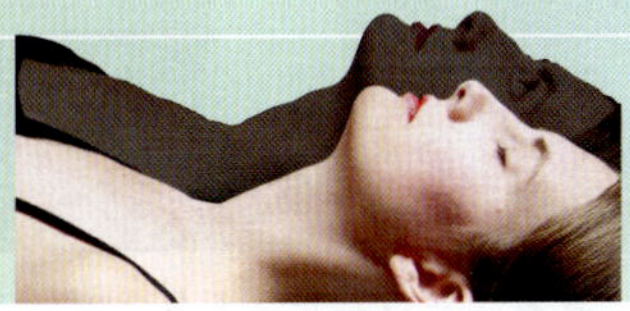

存在，他们认为这只是同一个人在不同情绪状态或社会文化期望方面的表现差异而已（Lynn, Lilienfeld, Merckelbach, Giesbrecht & van der Kloet, 2012）。另一些学者则认为，分离性身份识别障碍的诊断有一定依据，但应该划定更明确的发病症状（Biswas, Chu, Perez & Gutheil, 2013）。

许多患有分离性身份识别障碍的人拥有主人格和潜隐人格。主人格是大多数人所看到的，而且大多数时间都可能表现出来。主人格如同你的一般性格，会不时发生变化，但并没有显著的不同。然而，潜隐人格是一个人内在的、额外的和独特的人格，偶尔会取代主人格并与他人互动。这可能有助于解释为什么患有此类疾病的人会有记忆缺失的情况。就埃里卡来说，一种不同的人格可能暂时主导了她的意识，致使她毁坏自己的公寓、鲁莽驾驶。这就可以解释埃里卡的一些奇怪经历以及她在记忆最近发生的事件方面的困难。潜隐人格也有自己的一套记忆，比如7岁的埃里卡，她可能一直对主人格隐瞒受到严重虐待的记忆。

各种潜隐人格之间以及潜隐人格和主人格之间的关系非常复杂。患有分离性身份识别障碍的人的不同人格之间可能存在不同的关系，包括以下几点：

- 双向失忆关系是指这些人格并不知道彼此的存在；

表6.9

《精神疾病诊断与统计手册》（第5版）（DSM-5）

分离性身份识别障碍

A. 存在2个或更多个以截然不同的人格状态为特征的身份瓦解，这可能在某些文化中被描述为一种被占有的经验。身份的瓦解涉及明显的自我感知和自我控制感的中断，伴随与情感、行为、意识、记忆、感知、认知和/或感觉运动功能相关的改变。这些特征和症状可以被他人观察到或由个体报告。

B. 回忆日常事件、重要的个人信息和/或创伤事件时，存在反复和空隙，它们与普通的健忘不一致。

C. 这些症状引起临床意义的痛苦，或导致社交、职业或其他重要功能方面的损害。

D. 该障碍并非一个广义的可接受的文化或宗教实践的一部分。

注：对于儿童，这些症状不能更好地用假想玩伴或其他幻想的游戏来解释。

E. 这些症状不能归因于某种物质的生理效应（如滥用的毒品、药物）或其他躯体疾病（如癫痫）。

- 单向失忆关系是指一些人格意识到其他人格，但是这种意识并不总会得到回应；
- 相互意识到的关系是指这些人格意识到所有其他人格，甚至可以相互交流（Howell, 2011; Ringrose, 2012）。

显然埃里卡至少没有意识到一种潜隐人格的存在，但是该潜隐人格却知道埃里卡的主人格。这种状况在患有分离性身份识别障碍的人中很常见，尤其是在治疗初期。

人格解体障碍/现实解体障碍

另一种解离性障碍是人格解体障碍/现实解体障碍，该疾病包括持续的身体解离感，就像在梦中一样（见表6.10）。有这种障碍的人保持着一种现实感，但可能会觉得自己漂浮在自己之上，看着自己经历一个事件的全过程，或者感觉自己好像在演电影或者像一个机器人一样。人格解体障碍/现实解体障碍通常伴随现实解体障碍而存在，或者感觉周围的事件不是真实的（Schulz, 2015）。试想一下，你突然醒来，听到一种奇怪的声音——你可能会迷失方向，或者觉得周围的环境有点超现实。

表6.10

《精神疾病诊断与统计手册》（第5版）（DSM-5）

人格解体障碍/现实解体障碍

A. 存在持续的或反复的人格解体或现实解体的体验，或两者兼有：
   1. 人格解体：对个体的思维、情感、感觉、躯体或行动的不真实的、分离的或作为旁观者的体验；
   2. 现实解体：对环境的不真实的或分离的体验。

B. 在人格解体或现实解体的体验中，其现实检验仍然是完整的。

C. 这些症状引起临床上的痛苦，或导致社交、职业等方面的损害。

D. 该障碍不能归因于某种物质（如滥用的毒品、药物）的生理效应或其他躯体疾病（如癫痫）。

E. 该障碍不能用其他精神障碍来更好地解释。

杰弗里·英格拉姆（与妻子合照）在丹佛市中心的人行道上醒来，却不记得他是谁。医生认为他处于游离状态。

人格解体障碍/现实解体障碍的发作时间可长可短，但是一个人可能对这一过程没有任何感觉或情感的体验。这些症状的发作会引起巨大的痛苦，严重干扰日常生活。自我感丧失或现实感丧失的发作不应该因为诸如惊恐障碍、物质使用障碍或医学疾病等其他精神疾病的发生而发生。然而，患有惊恐障碍和其他焦虑相关障碍的人通常会报告自我感丧失或现实感丧失的症状。短暂的人格解体障碍/现实解体障碍在普通人群中很常见，这并不是一种精神疾病。人格解体障碍/现实解体障碍有时也很难区分开来。

解离性障碍的流行病学

研究有解离性障碍的人时，你可以理解研究人是如何面对困难任务的。这些障碍往往是隐藏的，并且许多有解离性障碍的人不寻求治疗。然而，许多接受其他疾病治疗的人也会经历解离症状。埃里卡参加治疗的最初原因是抑郁症。解离症状在创伤后应激、惊恐障碍和强迫症中也很常见（Briere&Runtz，2015；Soffer-Dudek，2014）。在患有其他精神障碍的人中，高达25%的人伴有解离性障碍（Sar, 2011）。解离性

希瑟·佩特 **个人叙述**

希瑟·佩特患有分离性身份识别障碍（DID）。她的治疗师在2002年诊断出佩特患有这种罕见的精神疾病。"她说这就是所谓的多重人格障碍，"佩特回忆道，"我的即时反应是'不，我不是西比尔。'"佩特提到的"西比尔"是一本书和后来以该书为基础拍的一部电影，影片讲述了一个患有分离性身份识别障碍的年轻女性与疾病抗争的故事——这种疾病当时被称为多重人格障碍。专家认为，这是由童年的巨大创伤发展而来的。为了应对这种情况，病人出现人格分裂，或者发展出额外的人格。

佩特估计自己有30多种人格。"当我认为我已经达到了所有这些人格都在的程度，就会有人突然出现。"她解释道。除了希瑟这个大多数时候都在的主人格，她还是一个叫作"小A"的青少年和一对8岁的双胞胎，一个叫"小宝贝"，一个叫"汤米"。

分离性身份识别障碍被污名化了——甚至在心理健康界也是如此。而且，这是一种罕见的精神疾病。专家估计只有百分之一的人受到该病的影响。遗憾的是，对于佩特来说，她在弗吉尼亚中部不认识任何其他患有解离性身份认同障碍的人。"即使有这些声音，还有内在的这些人格，你会认为你不是孤身一人，但事实上你确实感到非常孤独。"

是什么帮助佩特控制了疾病和症状？她接受治疗来整合自己的人格，并通过穿卡通T恤和随身携带含糖饮料来调整自己的外表和习惯，以满足内心的所有年龄。

佩特已经适应了这种疾病，并且该疾病被认为是一种高功能的疾病。她于2002年被确诊，但一直全职工作到2007年，直到2014年才结婚。现在，面对现实是她的使命，她希望成为一名心理咨询师。

"我的生活有一个目标和计划，"她说，"能够与他人风雨同舟，这是一种更好的治疗、鼓励和帮助的方式，也是身心健康的一部分。"

障碍的症状在大学生中也非常普遍（见专栏6.3）。病理性解离的患病率由于评估方法的不同而有所差异，但有时可高达10%。人格解体障碍/现实解体障碍（1% ~ 2%）和分离性身份识别障碍（1%）的患病率较低（Sar, 2011）。然而，解离性遗忘症的患病率仍然存在很大争议。一些研究人员声称，这种现象比较罕见，但是也有人认为这种疾病比想象的更普遍。这种差异源于对成人能否突然回想起儿时被遗忘的往事的争议（见专栏6.4）。

病理性解离在年轻人中可能更常见，男女之间的患病率相当。然而，男性可能更容易患失忆症，而女性则可能更容易患分离性身份识别障碍（Scholzman&

6.3

专栏

聚焦大学生

解离

你有没有在课堂上或学习的时候"走神"？许多学生都经历过轻微的解离和幻想。然而，其他解离的情况可能更严重。一项研究表明，童年或青少年时期有性虐待史并渴望得到解脱的大学生更容易酗酒，男性一次喝6杯及以上即为酗酒，而女性一次喝4杯及以上为酗酒。作者推测，一些大学生想要脱离现实，但并不总是有能力这样做，因此借助酒精来加强这种解离（Klanecky, McChargue &Bruggeman, 2012）。人们还发现，在有非自杀性自伤行为史（如割伤自己）的大学生中，解离性障碍的患病率更高（Karpel& Jarram, 2015）。另一项研究表明，仅有大约38%的大学生为解决因虐待史造成的解离性障碍及其他问题寻求过帮助（Sedlacek, 2015）。如果你发现自己也挣扎于类似事件，那么就从学生咨询中心寻求帮助开始吧。

Nonacs, 2016）。解离性障碍在某些文化群体中可能更常见。北极癔症是一种分离性神游症，症状是人会离家游荡，在严寒气候下脱掉衣物（Paniagua, 2013）。另有人推测，非洲裔美国人利用解离作为少数群体运作的一种应对策略，或者说这一群体更容易受到解离的影响（Anglin, Polanco-Roman, 2015）。但目前这两种推测均没有得到有利证据的证实（见专栏6.5）。

解离性障碍的各个方面似乎与其他精神疾病具有高度共病性，尤其是那些涉及创伤的精神疾病。例如，高达30%的患有创伤后应激障碍的人报告有严重的解离症状（Daniels, Frewen, Theberge&Lanius, 2016）。解离行为在经历过创伤的流浪汉和离家出走的青少年中也十分常见（Bender, Thompson, Ferguson, Yoder&Kern, 2014; Kaur&Kearney, 2015）。

朱蒂·卡斯泰利和她的艺术品。朱蒂被诊断出有44种人格。

与解离性障碍相关的污名

污名可能是解离性障碍中的一个重要问题。一组研究人员对患有解离性障碍及其他疾病的人进行了调查，发现近60%的人认为大多数人不允许有精神障碍的人来照顾他们的孩子，大多数年轻女性不愿意和有精神障碍的男性约会。大多数调查对象还认为，潜在雇主会忽略精神病人的入职申请。此外，大多数被调查者认为，一般人认为精神病人的智商较低，不值得信赖，并且对他们的观点也不予重视（Freidl, 2007）。诸如此类的消极观念可能会导致有解离症状的人即使在解离症状持续存在或恶化的情况下，也不愿意依靠他人的帮助或寻求治疗。

解离性障碍：病因与预防

解离性障碍的病因尚不清楚，但越来越多的证据表明，大脑的主要变化和创伤是重要的风险因素。这些因素可能以素质-应激的方式协同作用，从而

6.4

专栏

聚焦法律与伦理

记忆恢复与暗示感受性

近年来，有媒体报道称，一些在多年前受到过虐待或者家庭暴力的受害人，会忽然记起受侵害事件并指控当时的施害人。然而，在这一领域一个十分有争议的话题就是记忆恢复问题。前文提到，埃里卡的潜隐人格似乎有童年时遭受严重虐待的记忆。在患有解离性障碍的其他人身上，过去虐待的记忆会在治疗过程中随着失忆或神游症状的消失而再现。然而，这些恢复的记忆是否可靠还不清楚。但当检察官决定起诉某人时，这些恢复的记忆就显得至关重要了。

这一争论源于这样一个事实：儿童、青少年，甚至是成人可能容易受到有关过去事件的主要问题的影响，这种现象被称为暗示感受性。在一项研究中，被虐待的儿童被问及关于最近在医院的一次游戏活动的误导性问题。其中的一个问题是，“走廊上没有椅子，是吗？”实际上走廊上是有椅子的。年幼的儿童比年长的儿童和青少年更容易因误导性问题而“出错”（Chae, Goodman, Eisen&Qin, 2011）。

因此，一些人建议按照严格的道德准则来评估有虐待记忆的人。这些准则包括警告来访者恢复的记忆中可能存在虚假记忆，制定保密标准，为恢复记忆进行特殊培训，仅通过确凿证据做出结论，并始终以来访者的最大利益为重（Pope&Vasquez, 2011; Robbins, 2015）。

6.5

专栏

聚焦多元性

解离与文化

尽管许多其他疾病似乎与西方的解离概念有关，但解离在许多文化中是很常见的。一类这样的障碍是附体障碍，即一个人认为他被某种类型的实体所依附（van Duijl, Kleijn & de Jong, 2013）。在日本，人们普遍认为动物及其他灵魂会影响人们的行为。在泰国，菲尔·鲍勃将这种观念理解为：另一个活着的人的灵魂可以进入一个人的身体并引起其行为的变化。一种特殊的伊斯兰信仰认为，神灵或神怪有时会通过依附在人的肉体上从而对人类造成伤害（Lim, Hoek & Blom, 2015）。这些现象强调，在处理解离性障碍的病例时，考虑一个人的文化背景是非常重要的。

某些文化可能更容易受到诸如人格解体障碍等解离性障碍的影响。人格解体障碍在西方国家可能更加普遍（Kerr, 2014）。这是因为在这些国家，一个人的“自我意识”往往标榜高度的个人主义和自主性，因此更容易脱离自己的社会背景。非西方社会重视集体主义，个人与社会更加融合，相互依存。因此，集体主义背景下的个体不易患上人格解体障碍或其他解离性障碍。

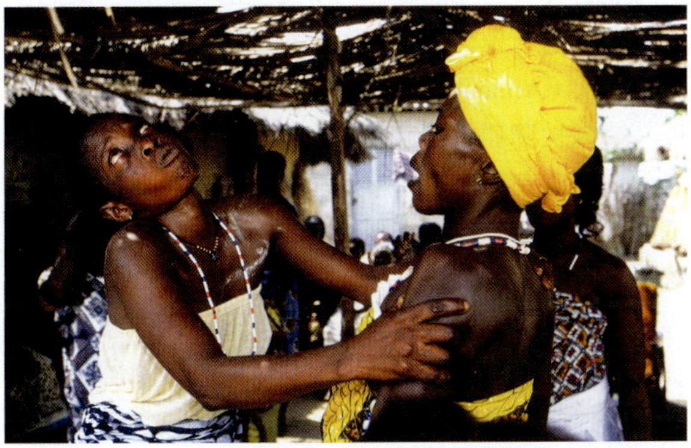

处于恍惚状态的人可能会表现出类似于解离性障碍的行为。

产生解离性障碍。

解离性障碍的生物学风险因素

大脑和记忆改变是解离性障碍的关键风险因素。接下来我们讨论一下这些风险因素。

大脑特征

解离性障碍的一个关键方面是意识、记忆和身份的解体。因此，负责整合输入信息的大脑区域可能会以某种方式发生改变。整合的关键大脑区域包括杏仁核、蓝斑、丘脑、海马区、前扣带回和前额叶皮质（见图6.5）。一些人认为，压力时期的解离或分离会在这些大脑区域产生一个唤醒阈值。达到这个阈值会提高警觉性，但也会抑制诸如焦虑等强烈的情绪反应（Jay, Sierra, Van den Eynde, Rothwell & David, 2014; Lanius, Brand, Vermetten, Frewen & Spiegel, 2012）。

我们可能会把自己从一件可怕的事情中

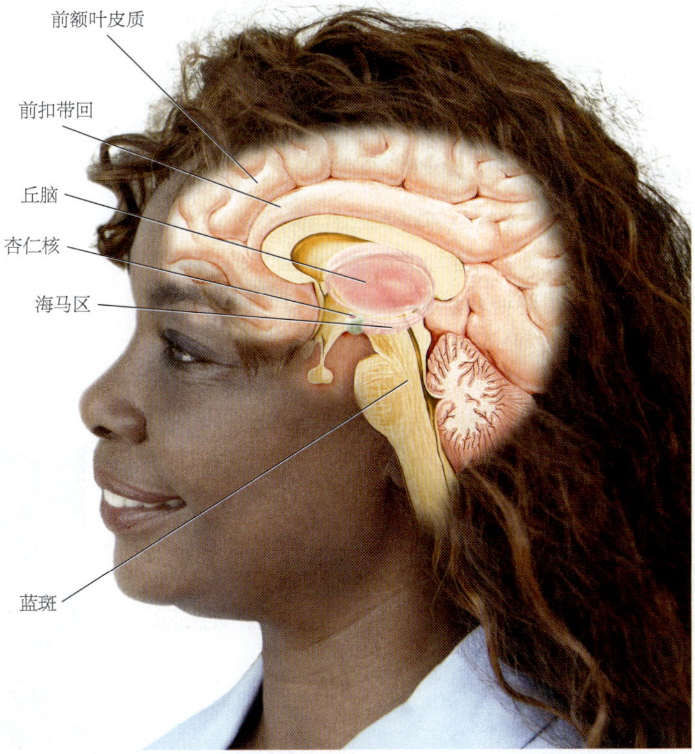

图6.5　与解离性障碍相关的主要大脑区域。

分离出来，这样我们就可以控制自己的行为，并做出适应性反应。在车祸中，一个人可能会觉得自己能漂浮在事故现场的上空，但同时也可以营救其他人，和警察交谈，并给受伤者的家人打电话。她的警觉性提高了，但兴奋情绪和生理唤醒暂时减弱了。这个人之后可能会实实在在地体会到所发生的一切，会做噩梦或闪现车祸场景。患有创伤后应激障碍的人通常会有解离症状（Armour & Hansen, 2015）。

解离性障碍，特别是人格解体障碍/现实解体障碍，也许还有解剖性遗忘症和神游症，也可能是由于不同大脑区域之间的连接出现了问题，特别是感觉系统（视力、听力）和边缘系统之间的连接问题。这些分裂的一个可能后果是，一个人看到了一个事件，尤其是一个强烈的负面事件，但是自己"解离"了，几乎没有任何情绪反应。这种脱节也会导致疼痛的感觉减弱以及无关想法的减少。证据表明，经历人格解体障碍/现实解体障碍的人对刺激的反应迟钝（Owens, David, Low, Mathias & Sierra-Siegert, 2015）。还有人发现内啡肽、内源性阿片样物质和谷氨酸系统的神经化学变化也与人格解体障碍/现实解体障碍有关（Lanius, 2014）。

记忆变化

记忆变化和解离性障碍领域的工作仍在不断发展中，但是有的人认为强烈的负面情绪会导致"分割"信息检索困难（Huntjens & Dorahy, 2015）。暴露于负面事件和强烈的负面情绪中可能会导致大脑的某一部分与其他区域分离或"分割"。埃里卡身上似乎发生过类似的情况——她的治疗师后来发现，埃里卡7岁时的性格改变了她对童年创伤的记忆。"分割"可能有助于解释为什么某些记忆或人格不会被主人格"知晓"。

然而，"分割"可能并不完整。当一种人格学习新信息时，另一种人格的学习会受到干扰。一种人格也可以检索另一种人格学习的信息（Huntjens, Verschuere & McNally, 2012）。这为人格之间的双向意识或单向记忆缺失关系的存在提供了依据。然而，不同人格之间的信息传递可能取决于信息情感或者隐私方面的内容。信息检索困难在患有分离性身份识别障碍和解离性遗忘症的人中也很常见。患有这些障碍的人难以辨别记忆的真假，尤其是童年时期的记忆。他们的短期记忆和工作记忆方面（即在完成另一项任务时保持信息的能力）常常存在缺陷。这些记忆领域的问题可能与情绪唤醒的增加、无关的想法和解离的经历有关（Huntjens, Wessel, Hermans & van Minnen, 2014; Olsen & Beck, 2012）。

当你开车的时候，试着记住别人的电话号码（工作记忆）。如果此时你对某件事情非常沮丧，你可能会暂时忘记电话号码，因为你在考虑其他的事情，并且有点"走神"。患有解离性障碍的人更有可能存在这样的问题。然而，究竟是什么原因导致了这些记忆的改变目前还不清楚。有一种可能是，患有解离性遗忘症和身份识别障碍的人的右额叶皮质的血流量减少了（见图6.6）。过度的压力和创伤可能会导致这些代谢的改变。

解离性障碍的环境风险因素

接下来我们讨论一下解离性障碍的一些重要的环境风险因素，如创伤和文化影响。

创伤

创伤和创伤后应激障碍与解离性障碍密切相关。成人解离通常发生在严重的创伤事件之后，如虐待儿童（Dorahy, 2015）。假设一个4岁的孩子受到父母的严重身体虐待，这个孩子没有多少选择：他不太可能逃跑、杀死父母或自杀。另一种应对策略是从心理上脱离或脱离创伤。这种解离在思考其他事情的时候可能

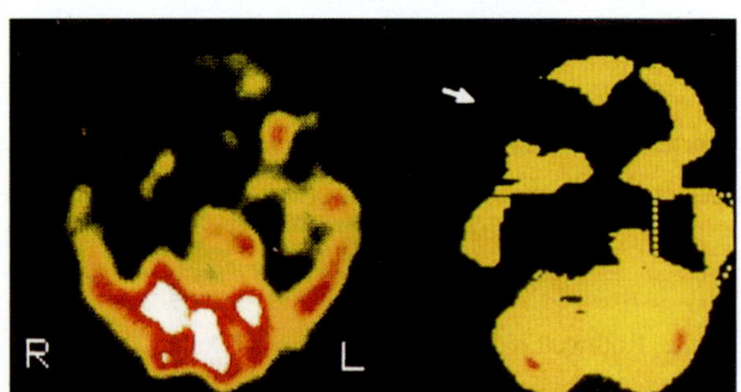

图 6.6　患有解离性遗忘症的人大脑额叶皮质的血流量减少。

是温和的，但在遗忘症甚至一种不同的人格方面可能会更严重。或许埃里卡就属于这种情况。

在其他情况下，创伤性问题可能伴随解离发生。创伤后应激障碍的一个很好的预测指标是创伤事件中的解离（De Soir, 2015）。在创伤事件中解离的人在那种情况下可能不会认真地处理所有的相关刺激。这种回避会促使创伤后应激障碍症状的出现，并且接触创伤提示物是创伤后应激障碍治疗的一个关键部分。一个受到攻击的人可能会在某种程度上解离，甚至向警方描述攻击他的人。然而，他可能会在认知上避免与创伤事件相关的其他刺激，比如发生袭击的停车场。如果她将来走过那个停车场，那么可能会引发创伤后的压力。

因此，解离可能是暂时应对可怕事件的一种方式。对死亡、损失或失控的强烈恐惧尤其可能会引发解离。这种恐惧除了会引发创伤的恐惧，还会增加人们经历长期情绪困扰或创伤后应激障碍的可能性（Solomon, Snir, Fingerhut & Rosenberg, 2016）。 然而，有的研究者反驳了解离与创伤之间的因果关系，因为某个第三变量可能会影响这种关系。诸如激烈的家庭冲突等第三变量可以影响青少年的创伤与解离情况（所以创伤和解离可能并不会互相促成）。患有解离性障碍的人也不能特别准确地记得早期的创伤事件（Ozdemir, Ozdemir, Boysan & Yilmaz, 2015）。

文化因素

文化因素也可能与解离有关，因为分离性身份识别障碍的病例似乎在1920年之前和1970年之后达到高峰。此外，该疾病82%的病例发生在西方国家（Boysen & VanBergen, 2013）。一些人推测，“自我”概念代代相传的变化可能会影响分离性身份识别障碍的患病率（Kihlstrom, 2012）。有些人可能会依靠“另类人格”的解释来逃避某些行为甚至是暴力行为的个人责任。我们有时会用杰基尔博士（Dr. Jekyll）和海德先生（Mr. Hyde）的话来指代我们自己和其他人（见专栏6.6）。

在其他国家，关于解离性障碍的研究很少。研究人员在乌干达发现了解离性遗忘症和人格解体障碍/现实解体障碍，并发现这些疾病多发生于创伤事件之后，这和西方文化中经常发生的解离性障碍如出一辙。然而，人们通常将解离性神游症与分离性身份识别障碍与其他痴呆的局部概念或附体和恍惚障碍的概念混淆（van Duijl, Kleijn & de Jong, 2013）。恍惚障碍（或解离性恍惚障碍）是指一种感觉，一种归因于精神或其他实体的新身份取代了一个人的身份，并控制了这个人的行为，甚至可能控制了他的记忆。这强调，在适用DSM-5诊断之前需要考虑当地的环境和信仰。

解离性障碍的病因

一些人提出，神经发育方法解释了不同的因素，如大脑和记忆变化如何与创伤相互作用，从而导致解离性障碍（Silberg, 2014）。想想在一个积极的童年里通常会发生什么。首先，孩子长大后会形成对其家人及照顾者强烈而积极的依恋、情绪调节和适应性大脑结构。儿童学会与他人建立良好的关系，控制诸如愤怒等过度的情绪，并适应正常的生活变化。

其次，幼儿开始协调思维和情感的不同方面，形成一个统一的自我意识。一个年轻人从不同的情景中获得信息，并学会应用某些规则，并且他对将要发生的事情有一定的控制力。当孩子意识到他们是谁以及这个世界是如何运作的时，他们就会形成自我意识。

第三，慈爱的父母通过制定规则、提供支持和帮助孩子控制情绪和行为来加速这一过程。我们教导孩子认真倾听，在害怕的时候来到我们身边，交流并发展自控能力——“用你的语言！”我们还鼓励孩子探索生活的不同方面，同时保护他们免受伤害。许多父母也为他们的孩子规划日常生活，这样孩子在知道接下来会发生什么时会感到安全。

然而，一个受虐待的孩子可能不会形成一种强大而统一的自我意识。孩子不确定哪些规则适用、该信任谁以及接下来会发生什么。因此，他们缺乏一种完整的自我意识以及对不同生活情景的控制。这可能会导致他们不同人格或解离状态的过度活跃和发展。缺乏统一的自我可能与眶额皮质的变化有关，这是大脑中主要负责记忆和意识的区域（Murray, Debbane, Fox, Bzdok & Eickhoff, 2015）。然而，支持这些观点的实验

6.6

专栏

聚焦暴力

解离性体验与对他人的暴力行为

不同的解离性障碍的一个关键要素是，一个人在人生的某个时候会脱离现实。然而，一个有趣的问题是，处于解离状态的人是否对其他人特别暴力。我们偶尔会看到，被指控犯有暴力罪行的人声称他们不记得自己的行为，或者“他们自己的另一部分”对其罪行负有责任。

在电影《惊魂记》（*Psycho*）中，诺曼·贝茨（Norman Bates）这个人物似乎有着不同的人格；有的人格是温和的，有的人格则是暴力的。

一名“山腰绞杀手”——1977年和1978年在加利福尼亚强奸并勒死了几名年轻女性——后来声称自己有改变人格。像《惊魂记》（*Psycho*）这样的电影也强化了这种印象，即解离性体验与暴力有关。一些人还推测，男人在解离后经常会实施暴力行为，最终入狱，而解离的女性更有可能不那么具有攻击性，并接受治疗。监狱囚犯经常报告有严重的解离性体验（Garofalo, 2014）。

暴力与解离可能以几种方式联系在一起。第一，一个人可能会经历解离/创伤的闪回，认为自己处于危险之中，并对其他人进行猛烈打击。第二，在实施激情暴力犯罪的过程中可能会发生解离。在一次激烈的争论中勒死另一个人的人可能很难理解他行为的严重性，并体会到一种人格解体的感觉。这些可能性强调了在治疗中密切监测一个人的解离症状的重要性（Daisy&Hien, 2014）。

“山腰绞杀手”（Hillside Strangler）肯尼思·比安奇（Kenneth Bianchi）曾一度谎称他有导致其杀人行为的另一种人格。

数据仍然是必要的。

解离性障碍的预防

目前缺乏解离性障碍预防方面的数据，但是预防可能导致解离性障碍的创伤事件可能具有指导意义。一个重要的创伤事件是虐待儿童。没有研究表明减少儿童虐待必然能预防解离性障碍，但这肯定是可能的。防止儿童虐待工作一般集中于以下几个方面：

- 教导孩子通过向他人报告来抵制虐待；
- 教育孩子了解不安全的情况；
- 教育父母了解正常的儿童发育以及经常导致虐待的高风险情况；
- 教导父母运用适当的惩戒措施；
- 实施由护士、医生、社会工作者、辅助专业人员或其他人员组成的家访项目，尤其是在孩子出生后；
- 为父母提供支持小组；
- 鼓励儿科医生、心理医生及其他卫生专业人员报告疑似虐待事件。

包括这些因素的预防项目显现了不同程度的成功。让孩子报告虐待行为是很难做到的。家访项目的长期效果也不清楚（Selph, Bougatsos, Blazina & Nelson, 2013）。尽管如此，帮助父母在一个安全的环境中抚养他们的孩子不仅能提高家庭的生活质量，也许还能防止虐待，甚至能防止某个孩子患上解离性障碍。

解离性障碍：评估与预防

我们已经讨论了解离性障碍的主要特征和原因，接下来我们将讨论评估和治疗这些破坏性疾病的方法。全面的医学检查必须首先排除可能解释这些解离性症状的生物学疾病。具有类似症状的生物学疾病可能包括癫痫、偏头痛、脑损伤或其他疾病等（Lanius, Paulsen＆Corrigan, 2014）。

解离性障碍的评估

评估像埃里卡这样可能患有解离性障碍的人可以通过访谈和问卷调查来完成。接下来我们介绍一下这些评估方法。

访谈

由于几个原因，对患有解离性障碍的人的访谈可能是一项困难的任务。第一，许多患有诸如遗忘症或神游症等疾病的人并不寻求解离的治疗。第二，对解离状态记忆的回忆往往很差。第三，了解一个患有分离性身份识别障碍的人的不同人格是非常具有挑战性的。

尽管如此，我们仍然可以通过访谈来评估解离症状和解离性障碍。其中比较突出的包括临床医生支持的解离状态量表（CADSS）和解离性障碍的结构式临床访谈（修订版）（SCID-D-R; Pomeroy, 2015; Steinberg, 2000）。SCID-D-R是一种针对解离性遗忘症、人格解体障碍/现实解体障碍和分离性身份识别障碍等疾病的症状的半结构式访谈。该访谈还包括这些症状的严重程度及其干扰日常工作的程度。SCID-D-R的样本问题包括以下几个方面：

- 你是否曾觉得自己的记忆中有很大的空白（遗忘症）？
- 你是否有过这样的感觉：你从身体外部的某个角度看着自己，就好像你从远处观察自己，或者像在看自己表演的电影（人格解体障碍）？
- 你是否曾觉得熟悉的环境或者你认识的人似乎不熟悉或不真实（现实解体障碍）？
- 你是否有过内心挣扎的感觉（分离性身份识别障碍）？
- 你是否曾经表现得好像你是一个完全不同的人（人格改变）？

对可能患有解离性障碍的人的访谈应该包括详细的创伤史和急性应激障碍或创伤后应激障碍的症状。回忆一下，许多患有解离性障碍的人在最近或过去都经历过创伤事件。埃里卡的治疗师对她开始了一个漫长的评估过程，包括对埃里卡及其7岁时人格的访谈，该人格自称为埃里卡-巴德（Erica-Bad）。治疗师详细记录了埃里卡-巴德已经去世的父亲对她实施的严重虐待。治疗师还探究了她最近的压力因素（比如埃里卡和男友的分手）以了解埃里卡的潜隐人格为什么会突然出现在治疗师面前。埃里卡的恋情与分手带来的冲突和痛苦似乎触发了其对童年时期遭受虐待的记忆。

问卷调查

问卷调查也可以用来评估解离性症状；一种常用的调查问卷是解离性体验量表（修订版）（DES; Dalenberg ＆Carlson, 2010）。DES包括三类主要的解离性症状：解离性遗忘、专注与想象性参与，以及人格解体/现实解体。专注与想象性参与是指沉浸在幻想中，以至于现实和幻想都是模糊的。

该量表的青少年版本（A-DES）包括解离性遗忘、专注与想象性参与、被动影响以及人格解体和现

表6.11

青少年解离性体验量表的样本项目

我太沉迷于看电视、阅读或玩电子游戏了，以至于我对周围发生的事情一无所知
人们告诉我，我做了或说了一些我不记得做过或说过的事情
我觉得自己云里雾里的，有种昏昏沉沉的感觉，周围的事情似乎不真实
我认不出镜子里的自己
我发现自己在某个地方，但不记得我是如何到达那里的

注：项目的评分范围为0～10，其中“0”表示“从不”，“10”表示“总是”。

实解体等症状（Armstrong, Putnam, Carlson, Libero & Smith, 1997; Silberg, 2014）。被动影响是指不能完全控制自己的身体和身体感觉的体验。DES和A-DES有助于识别解离性症状的不同病理程度。表6.11列出了A-DES量表的样本项目。

其他流行的量表包括与解离性症状相关的项目或分量表。例如，明尼苏达多相人格调查表（第2版）（MMPI-2）中的项目和儿童创伤症状量表中的解离量表（Briere, 2012）。我们通常提倡采用多种方法来评估解离性症状，因为解离性症状通常是复杂的、隐藏的和不可预测的。

解离性障碍的生物学治疗

解离性障碍的生物学治疗主要包括旨在缓解焦虑、创伤后应激障碍、抑郁症以及像人格障碍等相关疾病的共病症状的药物治疗。最常用的药物是抗焦虑药物、抗抑郁药物、抗精神病药物和抗惊厥药物。这一领域的大部分研究均来自病例研究材料，一些患有解离性障碍的人在服用这些药物后症状确实有所改善。然而，其他研究人员报告称该疗法效果甚微（Brand, 2012; Gentile, Snyder & Gillig, 2014）。

使用这些药物治疗解离性障碍的一个问题是，这些药物（尤其是抗精神病药物）的副作用可能包括解离感（Gentile, 2014）。另一个问题是，用于缓解解离性症状的药物是为其他精神疾病设计的，所以关于解离性障碍本身的生物学治疗方面的信息很少（Brand, 2012）。药物治疗可能是解离心理治疗的一种辅助手段。

解离性障碍的心理治疗

解离性障碍的心理治疗通常是为了减少焦虑、创伤后应激和抑郁等共病性问题。我们在第五章讨论的许多认知行为方法也适用于患有解离性障碍的人。这些方法的目标也是一样的：帮助人们应对创伤，培养理性和现实思考的技能，减少对社交及其他活动的回避。创伤后应激障碍症状的认知行为治疗通常是解决患有解离性障碍的人问题的关键（Brand, 2012）。

心理治疗

解离性障碍心理治疗的一个关键目标是帮助一个人重新整合记忆、人格和意识的其他方面。对于解离性遗忘症而言，其目标是帮助来访者以一种支持性和安全的方式回忆以前的某些创伤事件或往事，并让她轻松地回归正常的生活（Sharma, Guirguis, Nelson & McMahon，2015）。对于人格解体障碍/现实解体障碍而言，其目标是帮助来访者将症状重新解释为无威胁性，增加安全行为和减少逃避行为（Gentile, 2014）。

对于分离性身份识别障碍而言，治疗通常非常复杂，可能持续数月到数年（Brand, Loewenstein & Spiegel, 2014）。一些临床医生对这一人群使用了一种心理动力学阶段方法，该方法可能类似于下面所示（Brand, 2012; Kluft, 2012）：

1. 在治疗中创造一个安全的、移情的环境，以构建一个强大的治疗师-来访者关系，其中也包括来访者所有的潜隐人格。
2. 提高一个人在日常生活中发挥作用的能力，也包括与其潜隐人格之间的沟通和合作。
3. 收集所有潜隐人格的详细信息，尤其是他们的个人历史。
4. 讨论和处理与每个潜隐人格相关的创伤事件，有时使用催眠。处理意味着对这些事件进行反复详细的讨论。
5. 在处理这些创伤事件时，鼓励所有潜隐人格之间的合作、同情与沟通。
6. 将潜隐人格整合到一起，也许可以从那些有着相似历史或人格特征的人格开始。追求单一人格，但最终结果可能是减少一些潜隐人格。
7. 学习应对技巧，以此作为解决日常生活中困难事件的一种替代方案，尤其是在社会关系方面。
8. 进行长期跟踪随访以防止解离性症状的复发。

催眠

催眠指的是一种放松而专注的精神状态，在这种状态下，一个人很容易受到暗示。有解离性障碍的人可以通过催眠来增加记忆和身份的连续性。一个人可能会经历催眠，试图找回被遗忘的记忆，接近隐藏的人格，或者整合不同维度的意识（Kihlstrom, 2014）。有些人还利用催眠来获得更多关于导致解离性症状的创伤经历方面的信息（Terhune & Cardena, 2015）。催眠可能有用，但是支持这种方法的数据主要包括案例报告。催眠也可能导致记忆扭曲（Dasse, Elkins & Weaver, 2015）。

其他心理疗法

当有分离性身份识别障碍的人进入重新整合过程并处理过去的创伤时，他们可能会受益于支持性家庭治疗。这些人也可能受益于通过艺术、音乐、舞蹈和诗歌进行的情感表达（Kluft, 2012）。有时也需要一些技巧来解决潜隐人格中的自杀倾向（Ringrose, 2012）。青少年的解离体验可能与持续的虐待有关，因此消除虐待并提供一个安全的环境显然非常重要（Deblinger, Mannarino, Cohen, Runyon & Heflin, 2015）。解离性障碍的心理治疗通常包括帮助来访者在情感、认知和行为方面形成统一的自我意识和日常凝聚力。

埃里卡的治疗师花了两年时间详细讨论埃里卡过去的创伤。埃里卡的兄弟姐妹们参与了治疗，以帮助确认以前的虐待行为，并提供支持。治疗师成功与7岁的潜隐人格埃里卡-巴德建立了良好的工作关系。这个孩子的人格提供了有关过去的一些重要信息，包括埃里卡的父亲和叔叔对她的身体虐待和性虐待。这是一个漫长而痛苦的过程，需要抗抑郁药物和干预来解决埃里卡间歇性的自杀冲动。许多人根据电影《三面夏娃》(*The Three Faces of Eve or Sybil*)，错误地认为，一旦一个人回忆起过去的创伤，其所有的潜隐人格都会消失。

如果我或我认识的人患上解离性障碍，该怎么办

知道你自己或你认识的人是否患有解离性障碍是很困难的，因为这些疾病的症状通常是模糊不清的。应注意持续的健忘、奇怪的经历、与他人的疏离以及其他突然出现的古怪情况。如果你怀疑你认识的人可能患有解离性障碍，那么应该让他进行全面的医学检查。处于解离状态的后果可能是毁灭性的。

解离性障碍的长期预后

对于患有解离性障碍的人来说，其长期预后是可变的，因为意识的整合非常困难，而且这些问题通常从儿童时期就开始了。一些患有解离性遗忘症或神游症的人能够恢复并回到他们过去的生活。其他人在生活中的信息回忆和中断方面仍然存在问题。他们也可能经历更多严重的记忆丧失（Staniloiu & Markowitsch, 2014b）。

许多患有分离性身份识别障碍的人对生物学治疗和心理治疗确实有积极的反应。当来访者处理创伤和整合潜隐人格时，解离、焦虑、抑郁和疼痛均会有所改善（Brand, 2013）。一个人的初始解离程度、其他精神病理学和创伤可能是能否实现完整人格整合的良好预测因素（Brand & Stadnik, 2013; Myrick, Brand & Putnam, 2013）。

埃里卡没有将她的主人格和潜隐人格（埃里卡-巴德）完全融合在一起。然而，随着时间的推移和长期的治疗，埃里卡-巴德这一潜隐人格出现的次数越来越少，埃里卡自己在日常生活中受到的干扰也越来越少。她也感到不那么沮丧了，开始与兄弟姐妹们建立良好的关系，并考虑新的约会机会。

第七章　抑郁症、双相情感障碍与自杀

7

章节特色

C 凯蒂

案例探讨

凯蒂是一名30岁的女性，在精神病医院住过一段时间之后便开始接受门诊治疗。警方在一幢高大建筑的楼顶发现了她，她威胁要从楼顶跳下去，之后凯蒂被送到医院。她当时的行为有点怪异——警方说凯蒂说话时语速很快，并声称自己可以飞行。凯蒂当时的状态让人很难与之沟通，但警察最终说服她离开了大楼边缘，并去了精神病医院。

在医院里，凯蒂说在过去几周里自己一直感到不舒服。她很少睡觉，而总想“结识新鲜有趣的人”。她经常光顾舞蹈俱乐部和酒吧，毫无畏惧地漫步于狭窄小巷与人见面。她的这些行为引发了一些具有潜在危险的情景和交往，尤其凯蒂在穿着上还具有挑逗性，幸好她没有受到任何身体伤害。凯蒂还说她需要快速说话，因为她的“头脑中充满了许多想法。”凯蒂最近丢掉了工作，并且与家人不怎么联系。此外，她也面临失去公寓的危险，因为她将自己的积蓄都用于购买奢华的衣服了。

治疗师询问凯蒂警方发现她的那天晚上发生了什么事。凯蒂说她在一家舞蹈俱乐部喝酒，不记得自己后来怎么到了大楼楼顶。她对那天晚上发生的事情已经没什么印象了，虽然她确实记起一些对话的片段。凯蒂在医院接受了药物治疗，睡了3天左右，说自己现在觉得“正常”多了。

凯蒂说自己一直以来备受情绪化和药物滥用问题的困扰。她说她的“情绪波动”是从与第一任男友分手后开始的，那时她还处于青春期，在大学阶段以及工作后的前几年一直处于这种状态。为应对自己的情绪变化，她经常饮酒，并拼命工作。凯蒂说，她偶尔会通宵达旦地工作两三天，每天只睡一会儿，而这种高强度的活动似乎可以缓解一些自己的悲伤情绪。然而，她仍然摆脱不了变化无常的情绪给自己造成的困扰。

凯蒂说，她几年前有过一次短暂的婚姻，但由于双方都厌倦了彼此，这段婚姻就结束了。自那以后，凯蒂继续干她的法律助理工作，多年来工作顺风顺水。然而，最近几个月她在工作上有些粗心懈怠，而且经常无故旷工。数次警告之后，凯蒂的老板在3个月前解雇了她。凯蒂说她被解雇使自己感到非常焦虑，并引发了她目前接二连三的怪异行为。

凯蒂还说她偶尔会有伤害自己的想法。她在感到不开心的时候通常会有这些想法，但最近这种情况变得愈发严重，因为她的反常行为让她感到压力重重。虽然有些不情愿，但凯特承认，她在大学时曾想要自杀。那个夜晚，她喝了一晚上的酒，非常难过，她在室友的浴室里发现了一些药片（种类不详），于是便有了自杀的念头。她服用了几片药片，第二天早晨醒来后感到眩晕，头痛得厉害。凯蒂说，从那时起，她再没有试图自杀，直到这次警方在大楼顶层发现了她。

在治疗过程中，凯蒂哭了起来，觉得自己的生活一团糟。她没有工作，也没有几个朋友，勉强有个住的地方，已经几个月没有和她的家人说过话了。她最近的情绪状态似乎推动她走向自我毁灭。凯蒂说自己迫切想要重新掌控自己的情绪和生活。凯蒂的治疗师向她保证，如果坚持按时进行药物治疗，她的病情会有很大的改善。

思考问题

1. 凯蒂的哪种症状是年轻人的典型症状？哪种看起来又非常不同呢？
2. 凯蒂的情绪问题可能是由什么外部事件和内部因素造成的？
3. 你对凯蒂的哪些方面感到好奇？
4. 你或你认识的人有过类似凯蒂的问题吗？原因是什么？
5. 凯蒂的情绪变化会如何影响她未来的生活？

什么是正常的情绪变化、抑郁与躁狂

你有没有像凯蒂一样非常伤心或“心情跌入谷底”的时候？你有没有对诸如分手等应激事件反应过度？你有没有觉得无法控制自己的行为或曾有过伤害自己的想法？对于大多数人来说，悲伤是对他们生活中发生的不幸事件的一种自然反应。当成绩不好、与所爱的人发生争吵或者朋友生病时，我们许多人会感到伤心。这种悲伤通常是温和的、暂时的。

其他时候，我们的悲伤可能会更激烈，并持续更长时间。当一个家庭成员去世、与亲人长期分离或者不堪生活的重负时，我们会尤为难过。这种悲伤一般会持续一段时间，但当我们妥善处理之后，这种悲伤最终会逐渐消失。我们经常依靠我们的朋友和家人来帮助我们度过生活中的“难关”。

然而，对于像凯蒂这样的人来说，悲伤会持续很长一段时间，他们会莫名地感到伤心或者悲伤情绪过于强烈，以至于他们很难与别人交往。悲伤经常妨碍一些人在学校或工作中正常生活。一些人可能存在吃饭、睡眠或注意力集中方面的困难；认为对超出自己控制范围的事情负有责任；并且感觉非常疲劳。悲伤或绝望情绪有时会变得非常强烈，以至于他们认为伤害自己或自杀似乎是解除痛楚的唯一方法。这些症状属于重度抑郁（见图7.1）。

悲伤是一种情绪或心情，其反面就是幸福。许多事件和人让我们感到开心，我们所有人也都力争使自己幸福快乐。我们大多数人都会在生活中的小事上找到快乐，比如回家并拥抱自己的孩子、与亲密朋友交谈、实现工作上的重要目标等。有时候，我们甚至会因为我们的快乐而得意忘形，比如在社交场合失声大笑。这样的行为甚至可能会让我们感到尴尬！

有的人有时会经历一种强烈的幸福感，这种幸福感被称作欣快（euphoria）。欣快是一种美妙的感觉，许多人在听到好消息或经历诸如生子等令人高兴的事后会立即产生这样的幸福感。欣快通常是一种短期的感觉，无论什么事情，久而久之，随着一个人慢慢地适应与习惯，这种感觉会逐渐消失——例如，新生儿带来的快乐很快会让位于疲惫不堪！欣快只要是暂时的，通常不会有害。

对某些人来说，欣快可能会持续一段时间。长期感到欣快的人往往有一种“忙个不停”的感觉，思绪在大脑中“穿梭”，有一种滔滔不绝持续讲话的压力感以及长期失眠。正如凯蒂那样，他们也会分心，并做出糟糕的个人决定。一个人也可能会有一种宏大的感觉或者认为他非常强大或才华横溢，而实际上情况并非如此。这些症状可能非常严重从而导致极度烦躁、自我毁灭甚至自杀行为。这些症状指的是躁狂（见图7.2）。

抑郁症、双相情感障碍与自杀：特征与流行病学分析

抑郁或躁狂非常严重以至于影响日常生活的人可能患有抑郁症或双相情感障碍。抑郁症和双相情感障碍有时被统称为情绪障碍。仅患有抑郁症的人可能患有单相（单极）障碍，比如单相抑郁或抑郁障碍。然而，抑郁和躁狂可能发生在同一个人身上，比如凯蒂。这个人可能患有双相（双极）障碍，即双相情感障碍。我们接下来将介绍严重抑郁症和双相情感障碍，这些疾病会让像凯蒂这样的人备受困扰。我们也会探讨通常与抑郁症和双相情感障碍相关的自杀行为。

重度抑郁发作

重度抑郁发作会持续一段时间，一般至少2周，但

患有抑郁症的人经常感到伤心，并孤立自己。

图 7.1 悲伤与抑郁

	正常	轻度
情感	心情不错。	白天有些轻微不适，感觉有点烦躁或沮丧。
认知	会考虑哪天要做什么以及如何计划和组织这一天的工作。	会考虑一天中可能遇到的困难，担心会出现问题。
行为	起床，为一整天的开始做好准备，去上学或上班。	起床用的时间比平常稍长一点，在学校或工作中注意力稍微有些不集中。

通常会更长，在这一期间几乎每天的大部分时间里，重度抑郁发作的人都会感到悲伤或空虚。重度抑郁发作并不是指可能持续一两天或者仅仅一天中一段时间的暂时悲伤；相反，它会持续很长一段时间，在这期间，人在一天中的不同时间段和几乎一周内的每一天都处于抑郁状态。这种悲伤情绪通常非常强烈，以至于影响了日常生活。凯蒂就是这样一个例子。

此外，经历重度抑郁发作的人也无法体会他们以往做事的乐趣。一个人可能总是喜欢与朋友或家人待在一起，从事某种业余爱好或忙自己的工作。然而，在经历了一次重度抑郁发作之后，他可能会退出这些活动或者不会再从中获得很多乐趣。凯蒂就是如此，她逐渐与自己的家庭疏离。我们在其他章节（焦虑相关障碍、躯体症状障碍、解离性障碍）中也看到，精神障碍者通常会回避或退出社交活动。纵观本书，你会发现，许多精神障碍者在与其他人交往时经常会遇到问题。

此外，重度抑郁发作也可能包括食欲、体重以及睡眠等方面的剧烈变化（Harshaw, 2015）。抑郁的人往往选择不吃或者吃得过饱，以弥补自己的悲伤情绪。此外，抑郁的人也存在睡眠问题，每天早上他们可能会醒得很早，但他们会躺在床上，直到需要起床为止。相反，许多抑郁的人都有一种沉重的疲劳感，精力匮乏，从而导致睡过头。这种嗜睡症也可能是逃避

图 7.2 快乐、欣快与躁狂

	正常	轻度
情感	感觉良好	对当天的好消息感到快乐，比如邮件中的意外发现，感觉步伐充满“活力”。
认知	会思考当天令人愉悦的方面。	会思考生活中的美好事物。
行为	正常的日常活动。	充满活力地完成日常任务；非常善于社交，健谈。

中等	抑郁——不严重	抑郁——严重
感到不安和悲伤，也许会有点“热泪盈眶”。	强烈的悲伤情绪，经常哭泣；天天感到心情“沉重”和空虚。	极度悲伤，非常频繁地哭泣，感到空虚和失落，有种强烈的绝望感。
关注一天中的消极方面，例如测试出现的一两个错误或来自同事的冷遇。	会考虑个人的缺陷，对未来有强烈的悲观情绪，并有伤害自己的想法（付诸实施的意图不强）。	有自杀的念头，在某个人死亡的情况下，病人会想到葬礼，并给别人发出一些指令；有伤害自己的强烈意图。
回家就一头扎在床上，不吃晚饭。在床上辗转反侧，无法入睡；集中注意力有些困难。	赖床好多天了，在学校逃课，并回避与他人的接触。	完全无法与他人正常交往，甚至搬离公寓；食欲和体重都有很大的变化；有自杀企图或已付诸实施。

痛苦生活事件或极度悲伤感觉的一种方式。

重度抑郁发作的一个关键特征是“缓慢”感或无法聚集身体的力量。一个人可能只想整天躺在沙发上，在工作时被动地上网或者睡大觉。重度抑郁发作的人可能会过这样一种缓慢的生活，一动不动长达数个小时。尽管抑郁发作在许多方面可能与焦虑相关障碍相似（第五章），但这种缓慢的忧郁感更像是抑郁症的特征（MacKinnon, 2015）。

以下是一位心理治疗师和重度抑郁发作的人之间的对话。

治疗师： 能告诉我你今天的计划吗？

来访者：（停顿了很久之后）好吧……不确定……今天可能会起床吧。

治疗师： 好的，你可能会起床——那你认为接下来你会做些什么？

来访者： 嗯……（很长时间的停顿）

治疗师： 没关系，继续说。

来访者： 我不知道，我真的想不出来……我只想睡觉。

经历重度抑郁发作的人往往会对许多事情感到内疚，包括他们无法控制的生活事件。他们可能会责怪自己没能阻止朋友的离婚。在这个人群中，注意力难以集中或优柔寡断也非常常见，并往往会引发工作或

中等	躁狂——不严重	躁狂——严重
对诸如婚礼或新生儿诞生等一些重大生活事件会产生即时的快感，如同上了“天堂”一般。	长时间处于强烈欣快感的状态中；感到异常激动，自尊心膨胀。	长时间处于极度欣快的状态，有数月之久；有一种自大感，比如认为自己是一个伟大的剧作家。
大脑中充斥着关于生活中的所有变化以及生活多么美妙的想法。	密集如潮的思绪导致注意力分散，精力难以集中。	如潮的思绪几乎从不间断，导致完全无法集中注意力或连贯地跟他人讲话。
快乐情绪导致自己入睡有些困难。	对睡眠的需求减少，有持续讲话的压力感，连续工作数小时。	参加可能会导致损害的娱乐性活动，例如在住宅区街道飙车或花光所有的钱。

学业方面的问题，凯蒂就是一个例子。重度抑郁发作最为严重的症状是死亡或自杀的想法，抑或是实际的自杀企图。许多像凯蒂一样经历重度抑郁发作的人对死亡、自己的葬礼以及割伤或伤害自己都有病态的想法。有了这些想法之后，这些人有时就会做出实际伤害自己的举动。遗憾的是，这些尝试有时是致命的。

重度抑郁发作肯定会影响日常行为，并且不是由某种疾病或物质直接引起的。对于刚刚失去亲人的人而言，治疗师可能并不一定做出重度抑郁发作的诊断，因为这个时候悲伤是人们的一种正常反应。儿童悲伤更加难以确认，因此烦躁的情绪可能会代替明显的不快乐迹象。无法增加体重也可能表明青少年有重度抑郁发作。

重度抑郁症

重度抑郁症（有时被称为重郁症或单相抑郁障碍）通常是指一个人在很长一段时间可能经历多次重度抑郁发作（见图7.3和表7.1）。两次彼此独立的抑郁发作之间一定会有一个2个月的间隔，在这期间人的情绪是正常的。然而，对于仅出现一次或首次发作的抑郁症者而言，他们的重度抑郁发作是可以诊断的。重度抑郁症可能有轻度、中度或严重症状，并可能伴有或不伴有诸如怪异想法或幻听等精神病特征（我们将在第十二章更详细地探讨精神病特征）。抑郁症状也可能出现在围生期或产后阶段，即怀孕期间或小孩出生以后（见专栏7.1）。另外，有些人患有季节性抑郁症，抑郁发作多发生于秋季或冬季。患有季节性抑郁症的人通常会出现精力衰退、缺乏动机、抑郁情绪等症状（Melrose, 2015）。

持久性抑郁障碍（心境恶劣）

另一种类似于重度抑郁症的情绪障碍是持久性抑郁障碍，通常被称为心境恶劣，这是一种至少2年以上的慢性抑郁症（见表7.3）。患有持久性抑郁障碍的人可能并不具有重度抑郁症的所有严重症状，相反，他们一生中的大部分时间都存在各种“轻度”症状。这

表7.1

《精神疾病诊断与统计手册》（第5版）（DSM-5）

重度抑郁症

A. 在同样的2周时期内，出现5个或以上的下列症状，表现出较以往显著的功能变化，其中至少有一项是：（1）心境抑郁；（2）丧失兴趣或愉快感。

注：不包括那些能够明确归因于其他躯体疾病的症状。

1. 几乎每天大部分时间都心境抑郁。既可以是主观的报告（例如，感到悲伤、空虚、无望），也可以是他人的观察（例如，表现流泪）（注：儿童和青少年可能表现为心境易激惹）；
2. 几乎每天或每天的大部分时间，对于所有或几乎所有活动的兴趣或乐趣都明显减少（既可以是主观体验，也可以是观察所见）；
3. 在未节食的情况下体重明显减轻，或体重增加（例如，一个月内体重变化超过原体重的5%），或几乎每天体重都减轻或增加（注：儿童则可表现为未达到应增体重）；
4. 几乎每天都失眠或睡眠过多；
5. 几乎每天都精神运动性躁动或迟钝（由他人观察所见，而不仅仅是主观体验到的坐立不安或迟钝）；
6. 几乎每天都疲劳或精力不足；
7. 几乎每天感到自己毫无价值，或过分地、不恰当地感到内疚（可达到妄想的程度，并不仅仅是因为患病而自责或内疚）；
8. 几乎每天都存在思考能力和注意力减退，或犹豫不决（既可以是主观的体验，也可以是他人的观察）；

续表

9. 反复出现死亡的念头（而不仅仅是恐惧死亡），反复出现没有特定计划的自杀意念，或有某种自杀企图，或有某种实施自杀的特定计划。
B. 这些症状引起有临床意义的痛苦，导致社会、职业或其他重要功能方面的损害。
C. 这些症状不能归因于某种物质的生理效应或其他躯体疾病。
注：标准A~C代表重度抑郁发作。
注：对于重大丧失（例如，丧痛、经济破产、自然灾害的损失、严重的躯体疾病或伤残）的反应，可能包括诊断标准A所列出的症状：如强烈的悲伤、失眠、食欲不振和体重减轻，这些症状可以类似抑郁发作。尽管此类症状对于丧失来说是可理解的或反应恰当的，但除了对于重大丧失的正常反应，也应该仔细考虑是否还有重度抑郁发作的可能。
D. 这种重度抑郁发作的出现不能仅仅用分裂情感性障碍、精神分裂症、精神分裂样障碍、妄想障碍，或其他特定和非特定精神分裂症谱系及其他精神病性障碍来解释。
E. 从来没有躁狂发作或轻躁狂发作。
注：若所有躁狂样或轻躁狂样发作都是由物质滥用所致的，或归因于其他躯体疾病的生理效应，则此排除条款不适用。

些症状包括食欲和睡眠变化、疲劳、自卑、注意力不集中或没有能力做决定以及感到绝望等（Rhebergen & Graham, 2014）。

持久性抑郁障碍还包括每天大部分时间都有强烈的悲伤感，每次症状之间的间隔从来不超过2个月（见图7.4）。有些患有持久性抑郁障碍的人在患病的2年中也经历一次或多次的重度抑郁发作。双重抑郁症是指持久性抑郁障碍和重度抑郁发作同时出现（Hellerstein & Eipper, 2013）。除非来访者已经接受过一段时间的治疗，并且治疗师注意到来访者症状突然或逐渐恶化，否则双重抑郁症很难被发现。

持久性抑郁障碍一定不能由躯体疾病或某种物质引起，并且该障碍对来访者的日常行为肯定会造成明显的影响。根据症状在21岁以前还是在21岁或21岁以后出现，可将该障碍分为早发或晚发两种类型。儿童和青少年的持久性抑郁障碍可在抑郁或易怒情绪持续一年之后得到确诊。

其他抑郁障碍

其他形式的抑郁障碍被添加到《精神疾病诊断与统计手册》（第5版）中。破坏性情绪失调障碍是指年龄在6岁至18岁的青少年反复发脾气，其严重程度与所处情况完全不成比例（见表7.4）。这种脾气爆发每周至少3次，并且孩子经常感到烦躁或生气。该类症状必须存在至少1年，并且出现在多个环境中。发病年龄在10岁以前。这种障碍针对这样一个事实，即许多有这些症状的儿童可能已经被诊断出患有双相情感障碍，并接受相关治疗（本章后面会进行探讨）。关于这一障碍，还需要更多的研究。经前期焦虑障碍是另一种新型的抑郁障碍（见专栏7.1）。

躁狂和轻躁狂发作

你有没有曾经感到欣快或感到似乎有无穷无尽的快乐？我们前面曾提到，短时间的欣快通常不会造成伤害。然而，长时间无法控制的兴奋感则会导致破坏性行为。躁狂发作是一个人感到高度兴奋或烦躁的一个阶段（见表7.5）。在这个高度兴奋阶段，这个人有一些可能导致严重问题的关键症状。他可能有一种自大的感觉或者认为他可以做一些不太可能或不可能做到的事情（Nascimento et al., 2015）。例如，凯蒂认为她可能会飞。经历躁狂发作的人可能会疯狂购物、搞性狂欢活动、进行愚蠢的投资或者高速驾车兜风。许多人在躁狂发作期间会出现注意力极度分散等问题，可能会造成学校或工作上的一些严重问题。

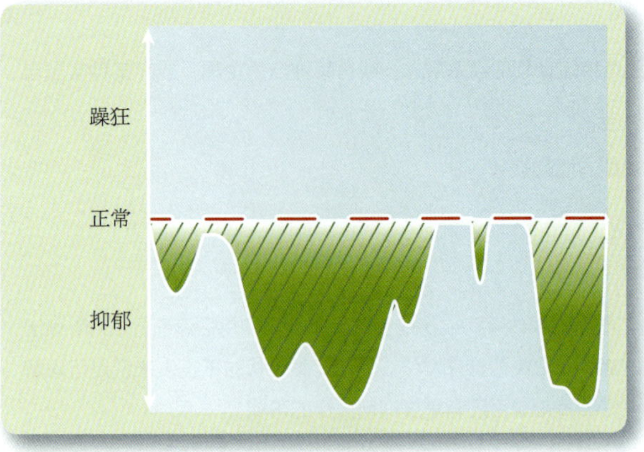

图7.3 重度抑郁症的循环周期。重度抑郁症可能包括一次或多次的重度抑郁发作。

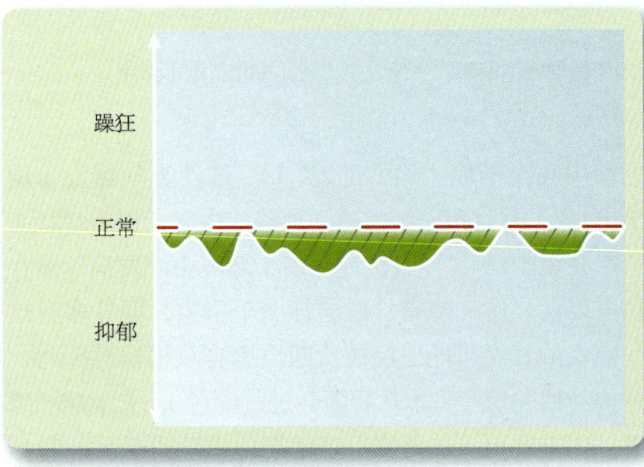

图7.4 持久性抑郁障碍的循环周期。持久性抑郁障碍（或心境恶劣）至少有2年以上轻度的抑郁症状。

经历躁狂发作的人倾向于快速说话，好像他们的大脑中涌现出非常多的想法，他们无法足够快地表达出来，有时候凯蒂也有这种状况。以下是治疗师与来访者之间的一部分对话：

治疗师：能告诉我你今天的计划吗？

来访者：哦，好的！许多事情，许多事情，许多事情！

治疗师：好的，你能……

来访者：（打断）要开车，要飞，要坐公共汽车，还要骑马！

治疗师：（快速插入一句话）你想去哪里？

来访者：任何地方，任何时间，罗马、希腊，无论天涯海角，只要我能去的地方，我都会去！

那些躁狂发作的人可能会表现得高度激动，并以极大的热情去追求某个目标。他们可能会“全身心”地投入一个工作项目中，并且似乎取得了很大的成就，但是仔细检查后却发现该项目漏洞百出。凯蒂工作非常努力，但她的懒散使她丢掉了工作。躁狂发作的人通常只需要很少的睡眠就能恢复状态。躁狂发作持续至少1周，可能会更长，有的会长达数周或数月。躁狂发作肯定会对人的日常生活造成影响，但这并不是由躯体疾病或其他物质引起的。

另外有些人会有轻躁狂。你有没有曾经突然产生强大的爆发力或灵感，对房屋进行彻底打扫或完成一个工作项目？我们许多人已经感受到了类似这样的

患有抑郁症的人经常嗜睡或睡眠不好，并且不喜欢参加很多活动。

凯伦·戈曼蒂

个人叙述

陷入抑郁状态是一个缓慢的过程，看似十分有趣，然而，人们一致认为，这本不该发生。在我很小的时候，没有任何这样的迹象或线索，事实上，我的童年是一段欢乐而刺激的经历。

但到了12岁的时候，我就换了一个样子。我不再是那个在游戏中被称为“女王”的狂野小孩，而是一个内心困惑的青少年，行为、思想和愿望均受到脱离欲望的驱使，并变得麻木不堪。我不确定发生了什么事情或者这一切是如何开始的，但我记得我12岁时开始感受到这样一种内在推力。那时我们全家从特立尼达搬到纽约，没过几个月，我的母亲就从家中搬走了。然而，过去了好几天，任何人都没跟我提过这件事，妈妈不住在这儿了。几天后，父亲把我叫进他的卧室，告诉我妈妈已经走了，他也不知道她什么时候能回来。在我15岁的时候，我的抑郁已经到了非常严重的程度，我几乎无法控制自己的抑郁情绪。

起床，去学校，然后失神地坐在那里，魂不守舍。我确实也听到了老师的声音，但听起来如同失真的杂音，完全无法理解。没过多久，我就开始不做功课；很快，我就开始逃课。我会一路走到学校，站在大楼前，我清楚地知道自己不会踏进那栋大楼，我会转身回家。

我会乘坐地铁直达莱克星顿大道车站，然后在站内搭乘火车返回皇后区，在一家糖果店附近下车，买上一块特趣牌巧克力作为午餐，像个小丑一样四处游逛，最后和一群下了夜班回家的工作人员一起乘车回家。

不知不觉中，父亲走进我的房间，打开灯，让我起床准备上学。我听着他的脚步声，知道他下了楼，在听到门关闭的声音后，我并没有起床，而是翻了个身，继续睡觉。

我想没有人会发现我的整个高中二年级是在自己的房间里度过的。只有在其他人都已经上床睡觉的时候，我才会走出去，纵情于自己深爱的一项娱乐活动——深夜秀。

我的母亲再次回到家里时，我已经17岁。我的世界已全然改变，再也没有往昔的样子。看到我这个样子，我的母亲也毫无办法。我不记得自己后来是如何去上学并返回学校的，这可能与教育委员会的警告有关。

我的第二次重度抑郁发作持续了不到一年时间。之后，我便满怀兴奋和期待地开始了自己的大学生活。然而，我始终有一个打不开的心结。我的丈夫在其他州找了份工作，我十几岁的儿子贾斯汀则更多地与他的朋友待在一起。丈夫不在身边，孩子也不太需要我陪伴，我以为去学校读书会让自己心里舒服一点，以替代自己妻子和母亲身份的缺失。然而，替代并不那么容易。学校并不能掩盖或取代丈夫和儿子疏离自己的冲击。

我坚持了一年，之后，我的决心开始崩塌。我曾在旧金山和科罗拉多大学学过建筑学，所以在蒙大拿州立大学继续选择攻读建筑专业。第二学期后，我的作品开始变得越来越混乱，越来越与建筑不相关了。我画的曲线和线条没有任何秩序，创作的作品超出了作业规定的范围。

此外，我的儿子也面临从青春期边缘失足的风险。他开始与瘾君子和高中边缘人物的小团体混在一起。他开始变得急躁、喜怒无常和叛逆。

到了冬天，我的情况开始让自己大吃一惊。我很激动，脾气暴躁，并且整天闷闷不乐。每天起床，送贾斯汀去上学，然后我自己去上课，但不做功课。几个星期之后，我只上一堂课，并逃掉其他所有的课，疯狂地赶做学校作业，而当实在难以完成时，我就干脆不做了。贾斯汀在16岁的时候搬出去了，之后早上我便不再起床了。

过了几天之后，除了去洗手间或看电视，我基本都待在床上，看电视时我的注意力也就持续1小时左右，之后我会昏昏欲睡，重新回到床上，我就像生活在一个虫茧中一样。贾斯汀有时会过来看我，我便起床，并装成一个母亲该有的样子。我不记得自己的时间都去了哪里；我进入休眠状态，对白天和夜晚没有任何概念。

我开始哭泣，经常地哭泣。当大学的财务主管问我为什么没有支付房租时，我在他面前哭了起来。当时，我非常震惊，以至于无法给出一个礼貌的回答，就未加思索地说错了事情的真相：我不确定自己是否算个已婚人士，我不确定自己的儿子身上到底发生了什么。他为我推荐了一位大学的治疗师。

吉姆墨菲是一位富有同情心且敏感的治疗师。他有一头红发，还留着络腮胡子。我的情绪解读起来很容易：避而不谈——我把自己凌乱的头发塞在棒球帽下面，眼睛一直看着地面或是一副目中无人的样子——我披散着自己浓密而蓬乱的头发，没有梳理，瞪眼看着所有年轻、朝气蓬勃的学生，直视他们的双眼（我对他们充满了嫉妒）。我鼓足勇气坚持让贾斯汀去看医生。医生说他大麻检测呈阳性，除此以外一切正常。

经过四次治疗之后，我开始服用左洛复，并被学校留校察看。我可以重新申请助学金，重返大学校园。

在吉姆的帮助下，我重新思考了自己的未来，并将我的专业从建筑学改为电影学，并在夏季注册了艺术课程，并独自度过了整个春天。我出去长时间地散步，开车外出，跟别人借电影和电视剧的碟片，然后反复地观看。我再次笑了起来。

我的秋天过得比较缓慢，几乎非常感性，每日都会外出。坚定自己不抛弃、不放弃的意向，就像与一种强大的自然力量抗争，不屈不挠。有些时候，看到镜子中的自己，我被瞬间击倒，自我厌恶的情绪扑面而来，而我却无能为力。

我正在进行谈话治疗。治疗室是一个安全的地方，在这里我可以无所顾忌地流露出自己的脆弱，这也许与承认自己恶魔的存在有关。无论出于何种原因，这正是我所需要的。我的情绪不再上下波动，也不再在快乐和悲伤之间来回切换，而更多地处于一种中间状态，保持冷静。在撰写本文时，这种感觉非常可怕。悲伤似乎都会永远存在，而我必须重新进行药物治疗。

这是一个忠实于自己情感的地方，一些非常好且富有同情心的朋友和支持性团体，如全国精神疾病联盟（NAMI），让我摆脱了困境。有时候，我甚至可以记得自己曾是狂野孩子时候的情景，并对那时的自己微笑。

“情感迸发”，尽管这种体验一般也就持续几个小时或一两天。然而，轻躁狂发作包括与躁狂发作相同的症状，但不会对日常生活造成严重损害。与我们许多人偶尔出现的“能量爆发”不同，轻躁狂发作持续至少4天（见表7.6）。

双相情感障碍 Ⅰ 型

双相情感障碍Ⅰ型是指一个人的一次或多次躁狂发作。这种障碍有时被称为双相情感障碍，因为一个人可能会在重度抑郁发作、躁狂发作或轻躁狂发作之间交替转换。凯蒂可能就是这样。然而，双相情感障碍Ⅰ型可能只涉及单一的躁狂发作。患有双相情感障碍Ⅱ型的人通常会出现持续数周或数月的重度抑郁发作，在一段正常情绪的间隔之后，会出现另一次躁狂或轻躁狂发作（见表7.7和图7.5）。另有一些患有双相情感障碍Ⅰ型的人显现了混合特征，即伴有抑郁症状的躁狂发作，但抑郁症状没有达到重度抑郁发作的水平。

经历躁狂发作的人往往会做一些自毁倾向的事情，比如沉迷于无法承受的疯狂购物。

有些患有双相情感障碍Ⅰ型的人出现不同症状的快速循环，即他们频繁地在抑郁和轻躁狂之间反复变换，其间几乎没有正常情绪的间隔。在这些情况下，每年至少有4个循环周期。然而，仍然有一些患有双相情感障碍Ⅰ型的人，特别是女性和伴有精神病症状的人，会出现超快循环甚至持续性（次昼夜）循环，在这段时间内的某一个阶段，他们几乎每天都会出现抑郁或躁狂之间情绪的反复剧烈变化。

双相情感障碍 Ⅱ 型

双相情感障碍Ⅱ型是一种涉及从抑郁到轻躁狂之间情绪变化的精神紊乱疾病。不同于双相情感障碍Ⅰ型的是，它不涉及躁狂症（见表7.8和图7.5）。然而，轻躁狂发作可能恶化，并进一步演变为躁狂状态，因此，双相情感障碍Ⅱ型可能演变成双相情感障碍Ⅰ型。关于双相情感障碍Ⅱ型的诊断方面，该疾病不是由某种躯体疾病或其他物质引发的。轻躁狂发作本身可能不会对身体机能造成明显的损害，但伴有重度抑

7.1

专栏

聚焦性别

女性抑郁的几种形式

女性比男性更容易患抑郁症，这种差异可能是由于遗传因素、紧张的婚姻及其他关系所致的。然而，女性专有的一些疾病也可能有助于解释这种差异。例如，经前期情绪障碍和产后抑郁症。

经前期情绪障碍是一种存在争议的病症，该病是指在过去一年的大多数月经周期中出现的抑郁或其他症状（见表7.2）。这些症状包括抑郁、焦虑或愤怒心境，情绪波动，疲劳，注意力集中困难，进食和睡眠变化，感觉失控以及诸如腹胀或关节疼痛等身体症状。这些症状主要发生在月经前一周，并且会引起痛苦或影响女性的日常生活。3% ~ 9%的女性可能会有这种情况，这可能与改变5-羟色胺水平的激素变化有关。因此，治疗通常包括抗抑郁药物治疗（Yonkers et al., 2015）。

围生期抑郁症或产后抑郁症是指在怀孕期间或分娩后的几周出现抑郁或重度抑郁发作的症状。产后抑郁症不仅仅是指许多女性在分娩后出现的“忧郁”，这可能是由激素变化或社会孤立引起的。相反，产后抑郁症是一种非常严重的疾病，大约有13%的女性在产后会受到该病的影响。产后抑郁症通常与孕期的抑郁和焦虑（围生期）、孕期的应激性生活事件、较低的社会支持以及先前的抑郁史有关（O'Hara & McCabe, 2013）。因此，应该在分娩前后对存在这些风险因素的女性进行密切监测，以免其产生自杀念头。

波姬·小丝从孩子出生以后，一直是位直言不讳的教育家，她非常关注女性产后抑郁症问题。

表7.2

《精神疾病诊断与统计手册》（第5版） （DSM-5）

经前期焦虑障碍

A. 在大多数的月经周期中，在月经开始前一周出现下列症状中至少5个；在月经开始后几天内症状开始改善，在月经结束一周后症状变得轻微或不存在。

B. 必须存在下列一个（或更多个）症状：
  1. 明显的情绪不稳定；
  2. 明显的易激惹、愤怒或人际冲突增多；
  3. 明显的抑郁心境、无望感或自我贬低的想法；
  4. 明显的焦虑、紧张和/或感到烦躁，有站在悬崖边的感觉。

C. 必须另外存在下列1个（或更多个）症状，结合诊断标准B的症状累计符合5个症状：
  1. 对日常活动的兴趣下降；
  2. 主观感觉注意力难以集中；
  3. 无精打采，易疲劳，或明显缺乏精力；

续表

4. 明显的食欲改变、进食过多或对特定食物的渴求；
5. 睡眠过多或失眠；
6. 不知所措，或失去控制的感觉；
7. 躯体症状，例如乳房疼痛和肿胀，关节或肌肉疼痛，感觉“肿胀”或体重增加。

注：在过去一年绝大多数的月经周期中，必须符合诊断标准中A～C的症状。

D. 这些症状与临床上明显的痛苦有关，或干扰了工作、学习、平常的社交活动或与他人的关系。

E. 这种障碍不仅仅是其他障碍症状的加重，例如重度抑郁症、惊恐障碍、持久性抑郁障碍（心境恶劣），或某种人格障碍（尽管它可以与这些障碍中的任何一种同时出现）。

F. 诊断标准A应该在未来至少2个症状周期的每日评估中得以确认（注：在确认之前可以做出临时诊断）。

G. 这些症状不能归因于某种物质（例如，滥用毒品、药物、或其他治疗）的生理效应或其他躯体疾病。

表7.3

《精神疾病诊断与统计手册》（第5版）　　（DSM-5）

持久性抑郁障碍（心境恶劣）

A. 至少在2 年内的多数日子里，一天中的多数时间中出现抑郁心境，既可以是主观的体验，也可以是他人的观察。

注：儿童和青少年的心境可以表现为易激惹，且持续至少1 年。

B. 抑郁状态时，有下列2个（或更多个）症状存在：

1. 食欲不振或过度进食；
2. 失眠或睡眠过多；
3. 缺乏精力或疲劳；
4. 自尊心弱；
5. 注意力不集中或犹豫不决；
6. 感到无望。

C. 在2年的病程中（儿童或青少年为1年），个体从来没有一次不存在诊断标准A 和B 的症状超过2 个月的情况。

D. 重度抑郁症的诊断可以连续存在2年。

E. 从未有过躁狂或轻躁狂发作，且从不符合环性心境障碍的诊断标准。

F. 这种障碍不能用一种持续性的分裂情感性障碍、精神分裂症、妄想障碍、其他特定的或未特定的精神分裂症谱系及其他精神病性障碍来更好地解释。

G. 这些症状不能归因于某种物质（例如滥用的毒品、药物）的生理效应或其他躯体疾病（例如甲状腺功能低下）。

H. 这些症状引起有临床意义的痛苦，或者导致社交、职业或其他重要功能方面的损害。

表7.4

《精神疾病诊断与统计手册》（第5版） （DSM-5）

破坏性情绪失调障碍

A. 严重而反复的脾气爆发，表现为言语和/或行为，其强度或持续时间与所处情况或所受的挑衅完全不成比例。

B. 脾气爆发与其发育阶段不一致。

C. 脾气爆发平均每周3 次或3 次以上。

D. 几乎每天和每天的大部分时间，脾气爆发之间的心境是持续性的，易激惹或发怒，但可被他人观察到。

E. 诊断标准A～D的症状已经持续存在12个月或更长时间，在此期间，个体从未有过连续3 个月或更长时间诊断标准A～D中的全部症状都没有的情况。

F. 诊断标准A 和D 至少在三种（在家、在学校、与同伴在一起）场景的两种中存在，且至少在其中一种场景中是严重的。

G. 首次诊断不能在6 岁前或18 岁后。

H. 根据病史或观察，诊断标准A～E的症状出现的年龄在10岁前。

I. 从未有超过持续1天的特别时期，在此期间，除了持续时间，完全符合躁狂或轻躁狂发作的全部诊断标准。

J. 这些症状不能归因于某种物质的生理效应，或其他躯体疾病或神经疾病。

表7.5

《精神疾病诊断与统计手册》（第5版） （DSM-5）

躁狂发作

A. 在持续至少1周的时间内，几乎每一天的大部分时间里，有明显异常的、持续性的高涨、扩张或心境易激惹，或异常的、持续性的活动增多或精力旺盛（或如果住院治疗，则可短于1周）。

B. 在心境障碍、精力旺盛或活动增加的时期，必须至少符合下述3个（或更多个）症状（如果心境仅仅是易激怒，则为4个），并达到显著的程度，与平常相比，行为有明显的变化。

1. 自尊心膨胀或夸大；
2. 睡眠的需求减少；
3. 比平时更健谈或有持续讲话的压力感；
4. 意念飘忽或主观感受到思维奔逸；
5. 自我报告或被观察到的随境转移；
6. 有目标的活动增多（工作或上学时的社交或性活动）或精神运动性激越；
7. 过度参与那些可能带来痛苦后果的活动。

续表

C. 这种心境障碍严重到足以导致显著的社交或职业功能的损害，或必须住院以防止伤害自己或他人，或存在精神病性特征。

D. 这种发作不能归因于某种物质（例如，滥用的毒品、药物、其他治疗）的生理效应或其他躯体疾病。

表7.6

《精神疾病诊断与统计手册》（第5版）（DSM-5）

轻躁狂发作

A. 在至少连续4天时间里，几乎每天有明显异常的、持续性的情感高涨、扩张或心境易激惹，或异常的、持续性的活动增多或精力旺盛。

B. 在心境障碍、精力旺盛或活动增加的时期，至少符合下述3个（或更多个）症状（如果心境仅仅是易激惹，则为4个），并持续性地表现出与平常相比明显的改变。

1. 自负或浮夸；
2. 睡眠的需求减少；
3. 比平时更健谈或有持续讲话的压力感；
4. 意念飘忽或主观感受到思维奔逸；
5. 自我报告或被观察到的注意力分散；
6. 有目标的活动增多或精神运动性激越；
7. 过度地参与那些可能带来痛苦的活动。

C. 这种发作伴有明确的功能改变，个体无症状时没有这种情况。

D. 这种心境障碍和功能的改变可以明显地被他人观察到。

E. 病情没有严重到使社交或职业功能受到损害或必须住院治疗的程度。如果存在精神病性特征，根据定义，则为躁狂发作。

F. 这些症状不能归因于某种物质的生理效应。

郁发作的轻躁狂发作（双相情感障碍Ⅱ型）确实会对人的日常行为造成明显的影响。

环性心境障碍

环性心境障碍有时被称作循环性情感症，是指至少2年时间内多次出现轻躁狂发作和抑郁发作的疾病（见表7.9）。患有环性心境障碍的人不会出现抑郁、躁狂或轻躁狂的全面发作。相反，轻躁狂和抑郁的一般症状反复循环出现，其间可能为正常情绪，见图7.5（3）。环性心境障碍的诊断需要满足任一无症状期均不超过2个月。对于儿童和青少年而言，环性心境障碍的症状可能持续至少1年以上。环性心境障碍不会由躯体疾病或其他物质引起，但一定会对日常生活产生明显的影响。

自杀

自杀是指自己杀害自己，通常与抑郁症和双相情感障碍有关。自杀不是精神障碍，而是抑郁症和双相情感障碍最为严重的一个症状。患有其他精神障碍或没有精神障碍的人也会自杀。自杀包括自杀意念、

表7.7

《精神疾病诊断与统计手册》（第5版） （DSM-5）

双相情感障碍Ⅰ型

A. 至少一次符合躁狂发作的诊断标准（上述躁狂发作A～D的诊断标准）。

B. 这种躁狂和抑郁发作的出现不能用分裂情感性障碍、精神分裂症、精神分裂症样障碍、妄想障碍或其他特定的或未特定的精神分裂症谱系及其他精神病性障碍来更好地解释。

表7.8

《精神疾病诊断与统计手册》（第5版） （DSM-5）

双相情感障碍Ⅱ型

A. 至少一次符合轻躁狂发作（上述躁狂发作A～F的诊断标准），和至少一次符合重度抑郁发作的诊断标准（上述“重度抑郁发作”A～C的诊断标准）。

B. 从未有过躁狂发作。

C. 这种轻躁狂和重度抑郁发作的出现不能用分裂情感性障碍、精神分裂症、精神分裂症样障碍、妄想障碍或其他特定的或未特定的精神分裂症谱系及其他精神病性障碍来更好地解释。

D. 抑郁和轻躁狂的频繁交替所致的抑郁症状或不可预测性，引起临床意义的痛苦，或导致社交、职业或其他重要功能方面的损害。

自杀行为、自杀企图和自杀成功等几种形态（见图7.6）。自杀意念指的是与死亡、自杀、葬礼有关的想法或与死亡有关的其他病态思想。有自杀的想法并不意味着一个人一定会自杀，但这样的想法可能是一个风险因素。自杀行为有时被称为准自杀性行为或蓄意自我伤害，是指可能会预示死亡意愿的自我毁灭行为。这样的例子包括割伤或烧伤自己。

自杀企图是指一个人试图自杀的严重自我毁灭行为。常见的自杀企图的方法包括使用枪械、上吊、过

表7.9

《精神疾病诊断与统计手册》（第5版） （DSM-5）

环性心境障碍

A. 至少2年（儿童和青少年至少1年）的时间内有多次轻躁狂症状，但不符合轻躁狂发作的诊断标准，且有多次抑郁症状，但不符合重度抑郁发作的诊断标准。

B. 在上述的2年（儿童和青少年为1年）的时间内，轻躁狂期和抑郁期至少有一半的时间，且个体无症状的时间每次从未超过2个月。

C. 从不符合重度抑郁、躁狂或轻躁狂发作的诊断标准。

D. 诊断标准A的症状不能用分裂情感性障碍、精神分裂症、精神分裂症样障碍、妄想障碍、或其他特定的或未特定的精神分裂症谱系及其他精神病性障碍来更好地解释。

E. 这些症状不能归因于某种物质（例如，滥用的毒品、药物）的生理效应，或其他躯体疾病。

F. 这些症状引起有临床意义的痛苦，或导致社交、职业或其他重要功能方面的损害。

度摄入酒精/毒品/药物、一氧化碳中毒以及从高处跳下等。自杀企图可能会导致自杀成功，也可能自杀未遂。自杀的各种形态通常与抑郁症、双相情感障碍及其他精神障碍有关。

一些理论家提出了不同类型的自杀。法国一位非常有影响力的社会学家埃米尔·涂尔干（1858—1917）认为，有些人因与社会融合相关的各种原因而自杀。利己型自杀是指一个人的社会融合能力较弱，所以他认为自杀对其他人来说代价不大。试想一下，针对一个认为没有人关心自己的青少年，社会疏离确实是自杀的一个风险因素（Barzilay et al., 2015）。失范型自杀是指一个人难以适应由诸如经济危机等事件导致的社会秩序瓦解和混乱而自杀的情况。

宿命型自杀是指一个人感受到社会的过度压迫，而他唯一的逃脱途径就是死亡。利他型自杀指的是一个人为了社会或身边其他人的利益而自杀。例如，一个为了拯救自己的同志而在战场中牺牲自己生命的士

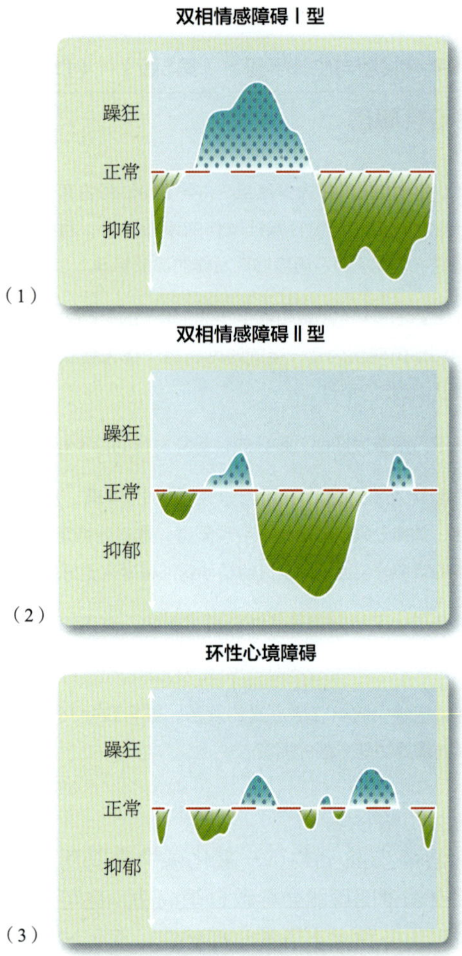

图7.5　双相情感障碍Ⅰ型、双相情感障碍Ⅱ型和环性心境障碍循环周期的比较。（1）双相情感障碍Ⅰ型可能包括躁狂和重度抑郁的交替发作。（2）双相情感障碍Ⅱ型可能包括轻躁狂和重度抑郁的交替发作。（3）环性心境障碍可能包括轻躁狂和抑郁的交替症状。

兵（Braswell & Kushner, 2012）。

抑郁症和双相情感障碍的流行病学

悲伤的一般感受是相当普遍的：多达20%的成人和50%的青少年报告了最近的抑郁症状（Kessler et al., 2014）。悲伤的感受会加剧并导致重度抑郁症或持久性抑郁障碍的诊断。重度抑郁症的终生患病率为16.6%（见图7.7）。持久性抑郁障碍的终生患病率为2.5%（Kessler, Berglund, et al., 2005; Kessler, Chiu, Demler & Walters, 2005）。青少年重度抑郁症和持久性抑郁障碍的终生患病率为8.2%（Kessler et al., 2012）。

女性患抑郁症的概率在青春期开始时显著增加，女性青少年和成人的抑郁症患病率一般为男性抑郁症患病率的两倍（Hankin et al., 2015）。与男性相比，女性可能更愿意承认自己的抑郁症状，但一些研究表明，女性比男性更容易患上首次发作的抑郁症、持续更长时间的抑郁症以及更多反复发作的抑郁症。这种性别差异可能与女性生活中应激及其他事件的频率有关（Hammen, Hazel, Brennan & Najman, 2012; Hilt & Nolen-Hoeksema, 2014; see Box 7.1）。女性在冬天等特定季节也会变得抑郁，并且会比男性更加焦虑不安（Altemus, Sarvaiya & Epperson, 2014）。

世界各地的抑郁症终生患病率不尽相同（见图7.8和图7.9）。高收入国家的抑郁症终生患病率（14.6%）一般高于低收入国家（11.1%）。在美国，抑郁症似乎在欧洲裔和非洲裔美国人中非常普遍，在西班牙裔中居高不下，而在亚洲裔中则较低。这些研究结果揭示了抑郁症方面的跨文化差异（Keeler, Siegel & Alvaro, 2014; Kim, DeCoster, Huang & Chiriboga, 2011）。

重度抑郁症和持久性抑郁障碍通常开始于青春期后期或成年早期（特别是20多岁），但这两种疾病可能发生在任何年龄段。许多人在患有该病数年之后才寻求治疗，并且大多数成人在29～43岁得到确诊（Kessler et al., 2014）。患有持久性抑郁障碍的许多人直到出现严重的抑郁症状才会寻求治疗。还有

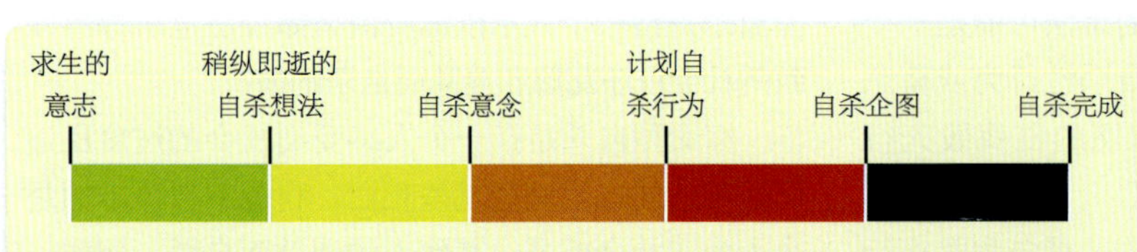

图7.6　自杀倾向的频谱（可以从自杀念头到实际死亡的频谱来观察死亡倾向）。

自杀的常用手段包括服药过量、割腕、上吊、从高处跳下或枪击等。

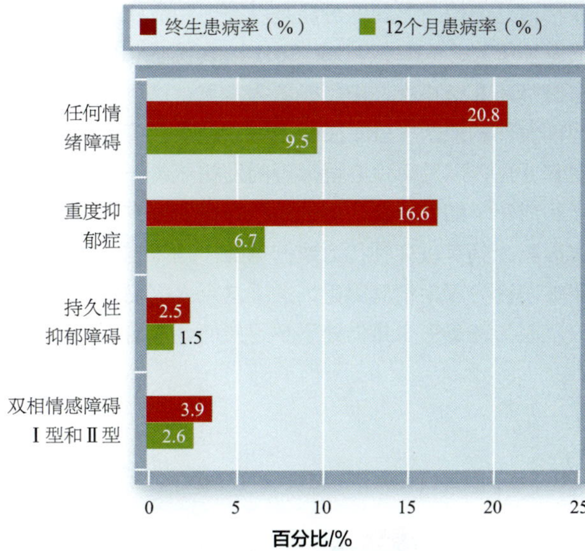

图7.7 重度抑郁症和双相情感障碍的终生患病率和12个月患病率。这些数据反映出有些人患有不止一种情绪障碍。

一些人之所以不会寻求治疗，是因为他们认为抑郁症状是他们害羞或内敛性格的一部分。

重度抑郁症和持久性抑郁障碍与许多其他的精神障碍具有很高的共病性，尤其是焦虑相关障碍、人格障碍及物质滥用问题（Green & Stuart, 2014; Kohling, Ehrenthal, Levy, Schauenburg & Dinger, 2015; Mineka & Vrshek-Schallhorn, 2014）。抑郁症本身也能造成很大的伤害——许多患有抑郁症的人在工作、学习以及人际关系和婚姻关系方面遇到很大的困难（Gadassi & Rafaeli, 2015; Sharabi, Delaney & Knobloch, 2015）。你还记得凯蒂的情况吗?

双相情感障碍比较少见。在美国成人中，双相情感障碍Ⅱ型的终生患病率为3.9%。此外，2.6%的美国成人在上一年度患有这种疾病（Kessler, Berglund, et al., 2005; Kessler, Chiu, et al., 2005）。双相情感障碍Ⅱ型与双相情感障碍Ⅰ型有所不同，因为没有出现躁狂发作，但一项研究表明，17.4%患有双相情感障碍Ⅱ型的人最终会演变为患有双相情感障碍Ⅰ型（Alloy et al., 2012）的人。一般人群中有0.4% ~ 2.5%的人患有环性心境障碍。在这些患有环性心境障碍的人中，1/3 ~ 2/3最终会演变成双相情感障碍Ⅰ型或Ⅱ型（Van Meter, Youngstrom & Findling, 2012）。

双相情感障碍Ⅰ型和环性心境障碍似乎同样存在于男性和女性以及不同文化的人群中（Fountoulakis, 2015）。欧洲裔美国人比非洲裔美国人更容易被诊断为

19岁的陆军一等兵罗斯·麦金尼斯在伊拉克为救四名同志的生命而献出了自己的生命，他自愿扑上一颗投入他们军车的手榴弹。他因此获得了一枚荣誉勋章，他的死亡可以被视为利他型自杀的典型例证。

双相情感障碍，尽管这可能是由护理和症状表现方面的差异所致的（Haeri et al., 2011）。与男性相比，双相情感障碍Ⅱ型在女性中可能更为常见，这可能是重度抑郁发作的原因（Erol et al., 2015）。双相情感障碍Ⅰ型和Ⅱ型，以及环性心境障碍的发病年龄一般在青春期和成年早期，尽管患病的这些青少年中有许多可能被诊断为具有破坏性行为或抑郁症。越来越多的青少年被确诊为双相情感障碍，关于这点人们仍然存在争议，因为许多青少年仍处于学习如何调节自己的情绪的阶段（Sparks et al., 2014）。

患有双相情感障碍Ⅰ型、Ⅱ型和环性心境障碍的人通常会患有几种共病性精神障碍，尤其是物质滥用障碍、进食障碍、焦虑相关障碍和人格障碍（Merikangas & Paksarian，2015）。那些患有这些障碍的人往往会有许多复发性抑郁和躁狂发作，并且这些障碍会导致日常功能方面的严重后果（Vieta et al., 2013）。

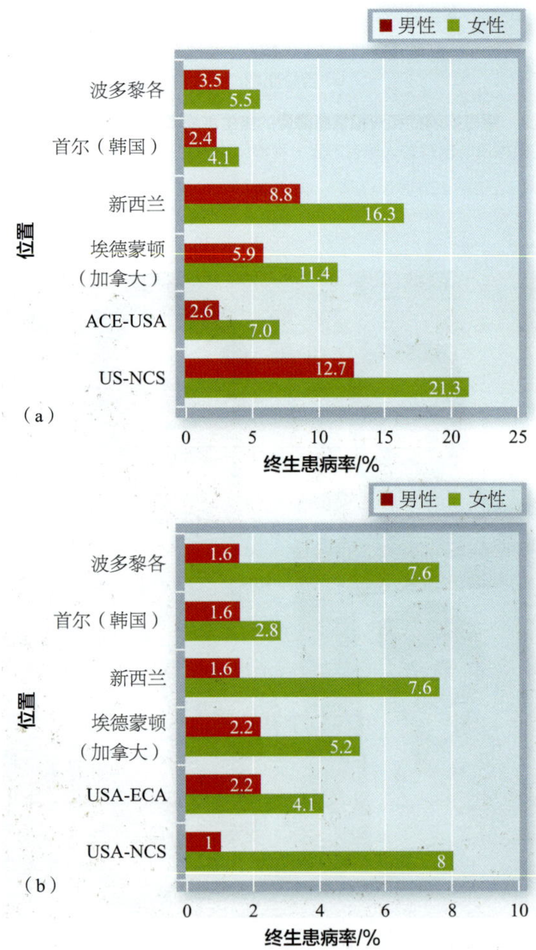

图7.8 按照性别进行的社区调查中的重度抑郁症和持久性抑郁障碍的患病率。重度抑郁症（a）和持久性抑郁障碍（b）终生患病率的性别差异在世界不同地区有所不同。

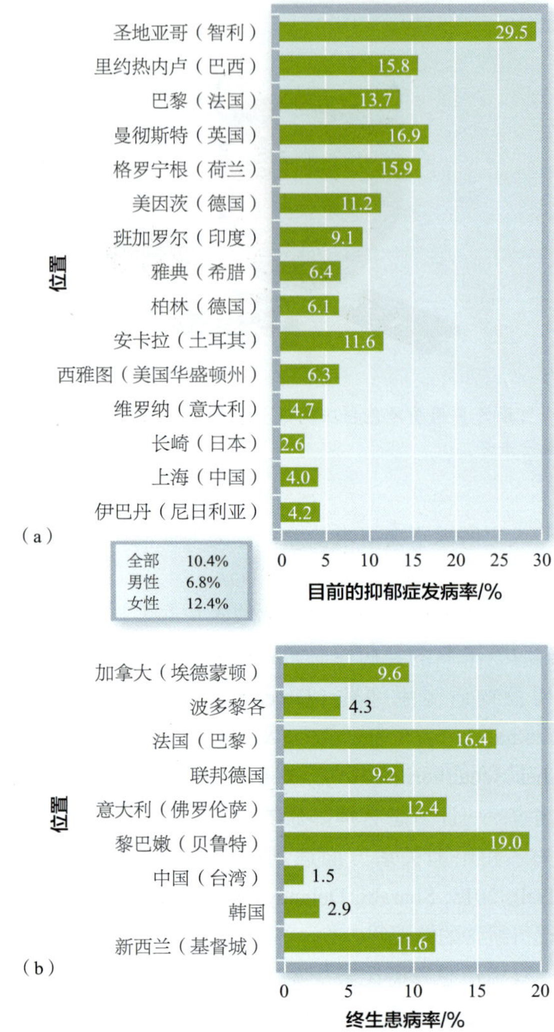

图7.9 抑郁症发病率和终生患病率的跨文化差异。（a）选定国家和地区当前的抑郁症发病率；（b）选定国家和地区的抑郁症终生患病率。

自杀的流行病学

全球每年约有80万人因自杀而失去生命（Katz, Bolton & Sareen, 2016）。美国疾病控制和预防中心报告称，2014年有42,773名美国人自杀，占所有死亡人数的1.6%。总体而言，自杀是死亡的第十大主要原因；在青壮年中，自杀是死亡的第三大原因；在老年人中，自杀也很常见。有1% ~ 12%的人尝试过自杀，并且每年有830万美国人会考虑自杀，尽管只有一小部分人（0.3%）会进一步实施自杀（Crosby, Han, Ortega, Parks & Gfroerer, 2011）。有数据显示，大约有6%的本科生和4%的研究生认真考虑过自杀（Brownson, Drum, Smith & Denmark, 2011）。

大多数自杀者采用枪械、窒息和中毒等手段，当然也有许多人有意在汽车及其他“事故”中自杀，以减轻家人和朋友的过度悲伤。男性比女性更可能采用特别致命的自杀方法，如使用枪械和上吊。因此，男性实际的自杀率是女性的4倍（Callanan & Davis, 2012）。然而，与男性相比，自杀企图在女性中更为普遍，这可能是因为女性尝试自杀的方式需要更长的时间并且有更高的救援机会。这样的例子包括过量服用药物和一氧化碳中毒（Ardani, Naghibzadeh, Hosseini, Asadpour & Khabazianzadeh, 2015）。

东欧的自杀率最高，但美国、韩国、日本、中国及加拿大的自杀率则非常低，拉丁美洲的自杀率最低。自杀在欧洲裔美国人、低技能工作者群体中较为常见，而在已婚、社会融合度高的人群中较少见。在过去的几十年中，青少年的自杀率大幅上升，青少年和成年美洲原住民面临特别大的风险。非洲裔、西班牙裔和亚洲裔美国人及太平洋岛民的自杀率最低（Brown & Johns, 2015; Milner, Spittal, Pirkis & LaMontagne, 2013; Ploderl et al., 2013; Tsai, Lucas, Sania, Kim & Kawachi, 2014）。

患有双相情感障碍的人的自杀风险比普通人群高20 ~ 30倍（Pompili et al., 2013）。此外，15% ~ 20%患有抑郁症的人会自杀（Miret, Ayuso-Mateos, Sanchez-Moreno & Vieta, 2013）。根据采用的评估方法，大约一半患有抑郁症的人有自杀意向（Vuorilehto et al., 2014）。此外，自杀也与精神障碍家族史、绝望、滥用酒精和其他药物以及诸如焦虑症、精神分裂症等其他一些精神障碍有关（Hawton, Comabella, Haw & Saunders, 2013）。

与抑郁症和双相情感障碍有关的污名

鉴于其症状使人衰弱的性质，患有抑郁症和双相情感障碍的人可能会承受严重的污名。拉萨尔维亚（Lasalvia）及其同事（2013）对全世界数百名患有抑郁症的人进行了调查。大多数人（79%）称在至少一个领域遭受某种形式的歧视。此外，许多人表示他们已经不再建立亲密的私人关系（37%）、申请工作（25%），或申请教育和培训机会（20%）。参与者一般还表示，他们隐瞒了自己的抑郁症或不愿透露自己的抑郁症，以免遭到他人的歧视。在患有双相情感障碍的人中也发现了较高水平的耻辱感。据报道，许多人认为公众对精神障碍者持有负面态度（Levy, Tsoy, Brodt, Petrosyan & Malloy, 2015）。

格里菲思（Griffiths）及其同事（2014）发现，抵制污名的活动有一定的效果，特别是与抑郁症相关的污名。在他们的一项研究中，研究人员让患有抑郁症的人浏览两个网站。一个网站包括有关抑郁症方面的教育，例如症状、原因、帮助来源、预防以及寻求治疗的必要性等，该网站还载有患有抑郁症的名人的简短介绍。第二个网站介绍认知行为方法来帮助人们更现实地进行思考、更有效地解决问题，并更好地处理可能引发抑郁症状的相关困难或事件。与未浏览在线材料的对照组参与者相比，网站干预组参与者的感知污名显著减少。该研究为我们在第1章中的论断提供了支撑，即教育是污名的一个强大解毒剂。

抑郁症、双相情感障碍与自杀：病因与预防

接下来我们将注意力转向导致重度抑郁症、双相情感障碍和自杀的因素。此外，我们还将探讨对这些因素的了解如何能有助于预防抑郁症、双相情感障碍和自杀。

抑郁症、双相情感障碍与自杀的生物学风险因素

患有抑郁症和双相情感障碍的人的生物学风险因素包括遗传、大脑特征、神经化学和激素特征以及睡眠不足等。

遗传

研究人员基于家庭和双生子方面的研究来评估遗传对诸如抑郁症、双相情感障碍等心理疾病的影响。家庭研究是指研究人员对精神障碍者的家属进行评估。研究表明，抑郁症存在家庭遗传因素。患有抑郁症的人的一级亲属患抑郁症的概率比普通人群高2.8倍（Levinson, 2013）。与正常父母的孩子相比，抑郁症父母的孩子患情绪障碍的概率比前者高2 ~ 4倍（Gladstone, Forbes, Diehl & Beardslee, 2015）。双相情感障碍也存在家庭遗传因素。双相情感障碍的一级亲属患该病的风险比普通人群高7 ~ 10倍（Sklar, 2013）。

另外，对双生子的研究也表明抑郁症和双相情感障碍有遗传基础。在几项研究中发现，同卵双生子男性和女性的抑郁症患病率分别为40.3%和50.0%，而非同卵双生子男性和女性的抑郁症患病率分别为28.0%和33.5%（Strakowski & Nelson, 2015）。对双相情感障碍方面的研究表明，同卵双生子40% ~ 70%的时间共同存在这一障碍，共患率远高于异卵双生子，为15% ~ 25%（Craddock & Sklar, 2013; Strakowski, 2014）。总体而言，遗传因素占抑郁症状产生原因的37% ~ 50%，但双相情感障碍的遗传性为79% ~ 93%（Sklar, 2013; Sullivan, Daly, O'Donovan, 2012）。

若干基因与抑郁症有关，尤其是第2、第3、第7、第12和第15号染色体上的基因（Levinson, 2013）。许多研究人员认为，抑郁症是由多基因传播引起的，其中一小部分基因相互作用导致了这种复杂的精神障碍（Milaneschi et al., 2015）。双相情感障碍研究人员专注于第1、第5、第11、第12、第13、第17、第22号和X号染色体上的基因（Hart, Brock & Jeltova, 2014）。然而，不同染色体上的基因也可能以多基因方式促使产生双相情感障碍（Kerner, 2015）。

有些人似乎在基因上倾向于患有某些抑郁症和双相情感障碍，尽管没有一个或一组基因可能直接导致这些障碍。遗传可能会有助于产生大脑、神经化学、激素或其他方面的变化，从而引发抑郁症或双相情感障碍或与引发这些障碍的环境事件相互影响。我们接下来探讨一下一些潜在的生物学差异。

大脑特征

在基因遗传的影响下，患有抑郁症和双相情感障碍的人的大脑区域可能存在差异。患有这些障碍的人通常在大脑的前额叶皮质及其他皮质区域出现活动减弱和大小方面的变化（见图7.10）（Arnone, Mumuni, Jauhar, Condon & Cavanagh, 2015）。这种活动减弱与5-羟色胺水平降低有关。经历过脑卒中或影响前额叶皮质的其他脑损伤的人，之后往往也会出现抑郁症（Juengst, Kumar, Failla, Goyal & Wagner, 2015）。

与情绪障碍有关的其他大脑区域包括杏仁核、海马区、尾状核和前扣带回，这些区域可能较小或受损（见图7.11）。年龄较大或有长期抑郁史的人尤其如此，这可能有助于解释老年人患抑郁症非常普遍这一现象（Sexton, Mackay & Ebmeier, 2013）。这些大脑区域与目标导向行为和负面情绪的抑制有关。这些区域活动较弱（抑郁症）的人可能因此无法追求重要的工作目标，并反复出现消极的想法。患有抑郁症的人的记忆困难也可能与这些大脑变化有关（Trivedi & Greer, 2014）。

对某些大脑区域的细微损伤（特别是对脑白质、基底核和脑桥的损害）也可能导致一般情绪障碍，尤其是抑郁症（Serafini et al., 2015）。这些大脑区域可能参与调节注意力、运动行为、记忆力和情绪，对于抑郁症或双相情感障碍者而言，所有这些方面都可能产生

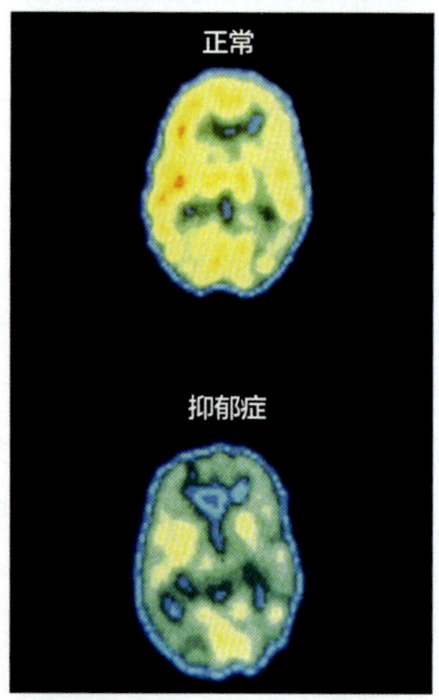

图7.10 对照组参与者大脑（上部）与患有抑郁症的人大脑（下部）的对比图像。患有抑郁症的人的大脑皮质及其他脑部区域的活动较弱（浅黄色）。

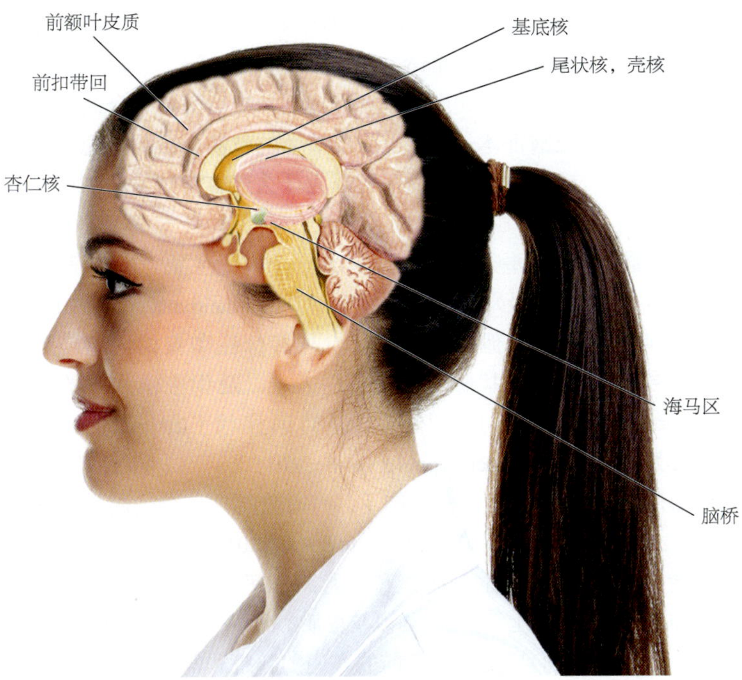

图7.11 与抑郁症和双相情感障碍关系最密切的大脑区域。

问题。

另一方面，双相情感障碍者的这些主要大脑区域可能出现活动增强的情况（见图7.12）。前扣带回活动增强和壳核变大与躁狂有关（Bernstein et al., 2013; Cui et al., 2011）。这些区域与其他大脑结构共同影响运动活动，因此，这些区域的极度活跃可能有助于解释双相情感障碍者的持续不安、运动和目标指向的活动。此外，影响抑郁症的诸如海马区等脑部区域的变化在双相情感障碍者中并非显而易见（Foland-Ross et al., 2013）。相反，诸如杏仁核、海马区等脑部区域似乎完好无损。

一些证据表明，双相情感障碍者的某些大脑区域的尺寸缩小，这些变化可能与患有精神分裂症的人的变化有些相关。事实上，这两种障碍有一些共同的症状（见图7.13）。双相情感障碍者和患有精神分裂症的人的脑白质和灰质可能减少（Anderson et al., 2013）。这种异常可能会影响重要大脑区域之间的联系，这可能会导致患有双相情感障碍和精神分裂症的人出现破坏性思维模式。

抑郁症引发的脑部变化通常涉及皮质—边缘环路，而双相情感障碍引发的脑部变化通常涉及边缘—丘脑—皮质环路。因此，二者明显出现一些重叠（Kim et al., 2013; Price&Drevets, 2013）。这些变化可能源于一些早期效应，例如遗传、妊娠期母体应激和激素水平改变、胎儿血流减少、产前保健不良、孕期使用抗抑郁药物等（Sandman, Buss, Head&Davis, 2015; Sarkar et al., 2014）。然而，并非每个经历

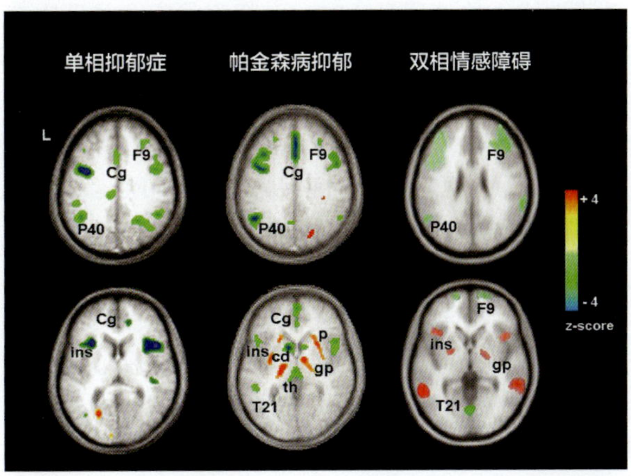

图7.12 与患有单相抑郁症的人的大脑相比，双相情感障碍者的大脑活动增强。

躁狂症：	重叠症状：	精神分裂症：
情绪易激惹	攻击性	阴性症状
夸大观念及夸大妄想	躁动	情感冷淡
情感高涨	焦虑	冷漠
	情绪紊乱	阳性症状
	精神病思维	错觉
	易怒	幻觉
	易冲动	
	自杀倾向	

图7.13 精神分裂症和双相情感障碍的症状重叠。

过这些早期效应的人都会产生情绪障碍。影响抑郁症和双相情感障碍的大脑变化可能与神经化学和激素特征交织在一起，我们接下来将就这一点进行探讨。

神经化学和激素特征

第三章曾提到，诸如抑郁症等精神障碍与某些神经递质，特别是5-羟色胺、去甲肾上腺素和多巴胺有关。这些神经递质与边缘系统及其他影响动机水平和情绪状态的关键大脑系统密切相关。患有抑郁症的人的这些神经递质低于正常水平，尤其是5-羟色胺（见图7.14）（Mahar, Bambico, Mechawar & Nobrega, 2014）。抗抑郁药物通常对情绪障碍者有效，因为它们可以增强大脑的5-羟色胺水平（见后面关于治疗的章节）。

双相情感障碍的神经化学特征并不是很清晰的，尽管可能多巴胺会升高，并可能因此导致与精神分裂症有一些重叠（Whitton, Treadway & Pizzagalli, 2015）。这种升高可能会引发炎症和细胞损伤，尤其是在前额叶皮质区域（Andreazza & Young, 2014）。过量的谷氨酸也可能与一些躁狂症状有关（Ehrlich, Schubert, Pehrs & Gallinat, 2015）。患有精神分裂症的人也会出现过量的谷氨酸，并可能对大脑中的神经元造成严重损伤（Marsman et al., 2013）。诸如锂等用于治疗双相情感障碍的药物有助于降低多巴胺和谷氨酸的水平（Malhi, Tanious, Das, Coulston & Berk, 2013）。

抑郁症和双相情感障碍中也会出现关键性激素变化。患有抑郁症的人和有诸如记忆力问题等认知障碍的人的皮质醇水平通常会升高（Staufenbiel, Penninx, Spijker, Elzinga & van Rossum, 2013），在遭遇应激源后尤其如此。第五章曾提到，皮质醇水平升高以及下丘脑垂体——肾上腺皮质轴的破坏会影响焦虑相关障碍。这可能有助于解释为什么患有情绪障碍和焦虑相关障碍的人会出现类似的症状，如焦虑或不安。皮质醇水平升高可能意味着一个人的生物学抑郁程度更高，最好通过药物进行治疗（Hinkelmann et al., 2012）。

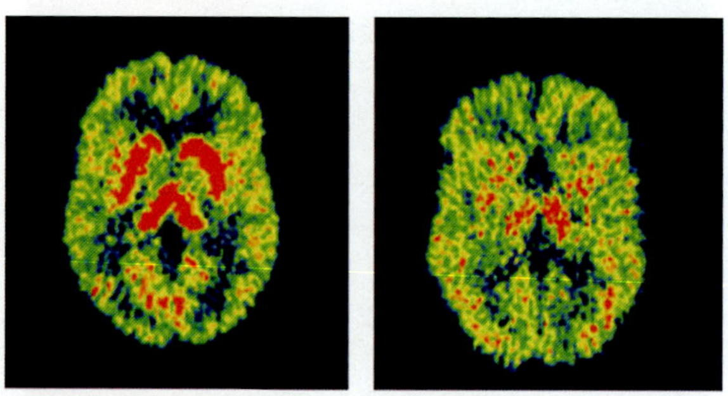

图7.14 患有抑郁症的人（右）与没有患抑郁症的人（左）低5-羟色胺功能的正电子发射计算机断层成像对比图。

其他激素的变化也与抑郁症和双相情感障碍有关。甲状腺功能低下的人（以及相应低水平的甲状腺激素）往往会出现抑郁症状（Ittermann, Völzke, Baumeister, Appel & Grabe, 2015）。三碘甲状腺素可以与5-羟色胺相互作用，有时与抗抑郁药一起使用以缓解抑郁症（Chang, Sato & Han, 2013）。患有抑郁症的人还抑制生长激素和催乳素水平（Faron-Gorecka et al., 2013）。这些缺陷以及皮质醇水平升高可能有助于解释人们特别是绝经前的人们的睡眠和情绪变化。我们接下来介绍一下这些睡眠不足的情况。

睡眠障碍

患有抑郁症和双相情感障碍的人通常在其正常睡眠——觉醒周期中出现中断。患有抑郁症的人通常会有失眠或睡眠过度问题，并且通常会在白天感到疲倦。另一方面，躁狂发作的双相情感障碍者通常睡眠很少。原因是什么呢？患有抑郁症的人倾向于更迅速地进入快速眼动（REM）睡眠状态，并且比正常人显示更少的慢波或深度睡眠（Palagini, Baglioni, Ciapparelli, Gemignani & Riemann, 2013）。抑郁症似乎也与强烈但不稳定的REM睡眠有关。这些因素会破坏睡眠状态，并引起疲劳。睡眠问题影响50% ~ 90%患有抑郁症的人，并可能与遗传因素以及激素和5-羟色胺等神经递质的变化有关（Rosenstrom et al., 2012）。在冬天有清晨早醒习惯或感到抑郁的人，也可能出现昼夜节律或内部睡眠时钟的中断。后者之所以可能发生，是因为冬天阳光不足，无法帮助调节人的生物钟（McEwen & Karatsoreos, 2015）。

双相情感障碍者也可能已经中断了快速眼动睡眠和慢波睡眠。白天社会常规性活动的变化，例如失去

皮质醇水平升高可能有助于解释为什么一些患有抑郁症的人会激动不已。

配偶、跨时区旅行或新生儿出生等，可能会破坏睡眠的生物节律。对于易受内部生物钟影响的人或那些应对能力较差的人来说，这种情况更可能发生。昼夜节律的中断可能失控，并引起躁狂发作（Grierson et al., 2016）。凯蒂可能就属于这种情况，她经常深夜出入游乐场所，这可能会引起躁狂发作。

抑郁症、双相情感障碍与自杀的环境风险因素

接下来我们将注意力转向环境风险因素。随着时间的推移，这些环境风险因素会促使形成抑郁或双相性精神障碍。环境风险因素包括应激性生活事件和认知、人际关系以及家庭因素等。我们也会探讨文化和进化的影响。

应激性生活事件

我们都经历过一些使我们备受煎熬的负面生活事件，但在他人的帮助下我们往往会重新振作起来。然而，对于易患抑郁症的人来说，应激性生活事件似乎更加频繁、痛苦且难以应对（见专栏7.2）。尽管应激性生活事件与所患抑郁症的关系并不十分明显，但其往往先于抑郁症状出现。正如凯蒂的失业一样，应激性生活事件也可能引起躁狂发作（Koenders et al., 2014）。

为什么有些人在经历应激性生活事件后会出现抑郁症，但有些人则不会呢？应激性生活事件的严重性和意义显然非常重要（Espejo, Hammen & Brennan, 2012）。抑郁的人往往会经历一些重大、不可控制、令人生厌甚至对他们而言非常重要的事件。这样的例子包括孩子或伴侣的死亡、失业、婚姻不忠、生意失败和严重疾病等。社会支持和应对负面事件的能力也很重要。如果有一个支持自己的伴侣，并保持规律的饮食和睡眠，一个刚失去亲人的人可能不会感到非常抑郁。人格特质也可能非常重要，包括依赖、沉思、尽责、自觉和自我批评（Klein, Kotov & Bufferd, 2011）。应激性生活事件的影响往往与一个人对这些事件的错误认知

7.2

专栏

聚焦大学生

抑郁？

大约30.6%的大学生得过抑郁症，女大学生和处于早期学习生涯的学生尤为如此。此外，据报告显示，许多大学生称感到非常伤心（37.5%）、非常孤独（36.1%）或无望（25.9%）。最常见的抑郁症状包括睡眠不足、疲劳、精力丧失、食欲改变和自我批评。一些大学生（20%）报告称自己的悲观情绪、内疚和失败感加重，并且许多人以酗酒来应对这种情况（Geisner, Mallett & Kilmer, 2012; Ibrahim, Kelly, Adams & Glazebrook, 2013）。

应激性生活事件往往有助于预测大学生的抑郁症状，包括关系破裂、生病和转校等（Reyes-Rodriguez, Rivera-Medina, Camara-Fuentes, Suarez Torres & Bernal, 2013）。在亚洲裔、非洲裔美国大学生中，种族间的困难和冲突以及成绩压力也会引发抑郁症（Wei et al., 2010）。存在尚未解决的心理健康问题和冲动的大学生也有较高的自杀风险（Dvorak, Lamis & Malone, 2013; Keyes et al., 2012）。

大学生抑郁症的治疗很大程度上是成功的，主要包括认知行为治疗、行为激活和人际关系治疗。如果一对一进行治疗而不是以小组形式进行，抑郁大学生的治疗往往更有效果（Cuijpers et al., 2015）。大学生有时会对治疗感到羞耻，从而延误寻求帮助（Downs & Eisenberg, 2012）。然而，如果你感觉到自己患有抑郁或自杀症状，则强烈建议你尽快寻求帮助，比如可以去你所在学校的心理咨询中心。

之间相互影响，我们接下来将讨论这些风险因素。

认知因素

消极的思维模式或认知偏差是与抑郁症和双相情感障碍密切相关的环境风险因素。我们曾在第五章提到认知偏差，因为许多患有焦虑相关障碍的人对于内部感觉或外部事件的潜在或实际威胁有着不切实际的想法。这些不切实际的想法包括妄下结论、小题大做、感情用事等（见图7.15）。

亚伦•贝克（Aaron Beck）认为，一些患有抑郁症的人对自己、周边世界以及他们的未来产生了过度扭曲和悲观的看法。这是负面认知三角。有些人以消极的态度看待某个事件，并对事件产生不安的想法（Beck＆Dozois, 2014）。这些想法往往是自动化思想，即在一天中不断重复。

维克多（Victor）最近数学考试不及格，他就是负面认知三角的一个例子。在看到成绩后，维克多认为自己不太聪明（自己），认为别人会以为他是一个完全的失败者（世界），并且认为他可能得辍学（未来）。维克多对一个单一的负面事件给予了过多的重视。许多患有抑郁症的人专注于损失、个人失败、不足或毫无价值等方面的主题（Jeon et al., 2014）。

一种类似的抑郁认知理论，即无望（或归因）理论，专注于人们对事件的态度或归因（Liu, Kleiman, Nestor＆Cheek, 2015）。患有抑郁症的人经历一个负面事件，会认为该事件将持续很长时间（稳定），并且认为该事件会影响他们大部分生活。维克多认为，数学考试的一次糟糕表现会导致他整个学期的失败，并会影响其他课程，甚至他的人际关系。

无助感也可能源自内在归因，因为一个人可能因为一次负面事件而过分责备自己，并表现得自卑。无助感之所以会形成，是因为一个人相信无论他做什么，他的努力都是白费的，不会给自己带来任何改变。一个人可能会认为，即便增加学习时间也不会通过考试或大学毕业。这种习得性无助感可能与其对他人的过度依赖有关（McClintock, McCarrick＆Anderson, 2014）。

习得性无助感的概念源自暴露于不可逃避电击的狗的实验。一旦狗“认识到”它们无法逃避电击，它们就只会坐在角落里，被动地接受电击。即使狗以后在明显可以逃脱的情景下，这种习得性无助感仍然会持续。狗可能已经认识到，它们所做的一切对它们的环境没有任何影响（Reivich, Gillham, Chaplin＆Seligman, 2013）。这种信念也可能发生在人身上。抑郁症的认知理论通常与轻度或中度抑郁症有关，或者有时称为非生物性环境抑郁或外源性抑郁症。

认知风险因素对双相情感障碍也很重要。在这方面的认知偏差通常指的是人可能做一些实际上她无法做的事情（例如凯蒂认为她可能会飞），或者认为使用药物会产生危害。这些信念可能导致人们停止使用药物。出现躁狂或轻躁狂发作的人们也将保持一种更无忧无虑的态度，低估风险，过于乐观，强调即时满足感，尽可能减少问题，思绪加快，并且无法集中注意力（Deckersbach, Holzel, Eisner, Lazar＆Hierenberg, 2014）。

人际关系因素

抑郁症似乎与人际关系也有关系，例如社交技能缺陷、沟通不畅、关系或婚姻冲突等。患有抑郁症的人认为自己无法同其他人进行正常的社交。其他人也可能会排斥患有抑郁症的人，并认为他们的社交技能很差。社交技能问题可能包括缺乏眼神接触、面部表

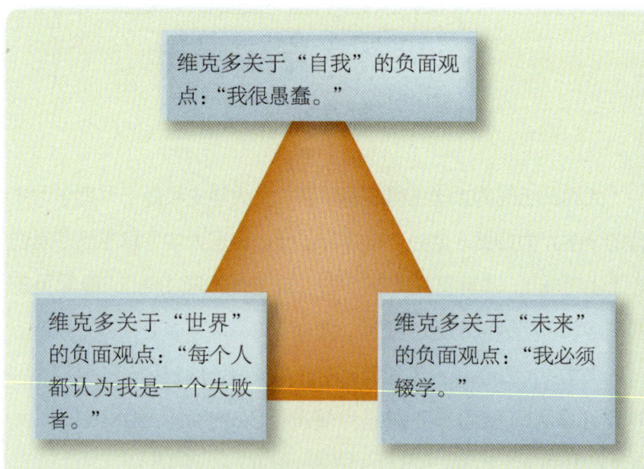

图7.15 涉及对自我、世界以及未来三个方面认知偏差的消极认知三角。

应激性生活事件，例如在全职工作时还要照顾两个小孩，可能会引发抑郁症或双相情感障碍。

情悲伤、头部下垂、没有笑容或缺乏沟通、表达的动机。社交技能问题确实能预测抑郁症的程度（Hames, Hagen & Joiner, 2013）。

患有抑郁症的人也存在沟通问题。他们说话缓慢而轻柔，说话时平淡无力或情绪低落，并且在回应他人之前会停顿很长时间（Segrin, 2011）。患有抑郁症的人还经常寻求安慰，并选择悲伤、负面自我评价（如“我没用”）和个人缺陷（如“我在跟别人相处时显得很笨拙”）相关的谈话主题（Hames et al., 2013）。

抑郁症也会影响许多婚姻关系，尽管这些关系也可能充当保护因素的角色。然而，婚姻不满与抑郁症密切相关，对高度神经质、焦虑依附型、自尊心较低和认为配偶有故意伤害他们感情倾向的伴侣而言，尤为如此。婚姻不满通常会导致更多的冲突和更少的交流，从而增加抑郁风险。抑郁症和婚姻问题可能会共同发生，因为如果一方变得孤僻或生气，二人的性关系就会受到影响，或者问题就得不到解决。然而，婚姻与抑郁症之间的关系很可能非常复杂（Stroud, Feinstein, Bhatia, Hershenberg & Davila, 2014）。

家庭因素

与一般人群相比，患有抑郁症或双相情感障碍父母的儿童更有可能患这些疾病。这方面可能存在一定的遗传因素，但家庭成员之间的问题很可能也是一个原因。其中一个这样的问题与依恋有关。在幼年时期对父母的依恋损伤，特别是焦虑、矛盾或回避性依恋，会导致今后患有过度依赖他人、患得患失、害怕被遗弃、自我价值感较差、自我批评以及对父母和自身的愤怒等方面的抑郁症（Duchesne & Ratelle, 2014; Morley & Moran, 2011）。前文曾提到，凯蒂与她的家人之间几乎没有任何联系。在治疗后期，她还表示，她与父母之间的关系从来没有十分密切过。

母亲患抑郁症也可能是儿童患抑郁症的一个很大的风险因素。抑郁的母亲往往表现出不恰当的育儿习惯，她们往往会疏离孩子，并对孩子表现出许多负面行为。抑郁的母亲可能会退出或忽视那些需要监管孩子的情景，并将重点放在批评而不是对孩子的爱护上。同样，抑郁的父亲也往往内敛、优柔寡断、愤世嫉俗，并且烦躁易怒（Koh, Chui, Tang & Lee, 2014）。因此，儿童可能会模仿他们父母的抑郁症状，并对自身形成过度负面的看法（Kamkar, Doyle & Markiewicz, 2012）。在儿童患有抑郁症的家庭中，父母很少陪伴

习得性无助感的概念源自对受到不可逃避电击后表现出被动性的狗的实验。

孩子，对孩子的支持和抚养严重不足。然而，一些抑郁的父母会更加烦躁不安，并过度干预孩子的行为。这意味着家庭成员经常会打架，但仍深深地介入彼此的生活细节中（Reising et al., 2013）。诸如婚姻问题、虐待、贫穷等家庭应激源也与儿童患有抑郁症有关（Yap, Pilkington, Ryan & Jorm, 2014）。因此，儿童可能会形成认知和归因偏差，并在沟通、解决问题和自信方面具有较差的社交技能。这些问题与人际困难、社交退缩和抑郁症有关（Garber & Rao, 2014）。

父母患有双相情感障碍的儿童也有患该种疾病的高风险。父母还有诸如物质滥用或人格障碍等其他精神障碍的尤其如此。婚姻冲突、缺乏家教、父母心理情感关爱与家庭凝聚力较低等方面与儿童患双相情感障碍密切相关（Nader et al., 2013）。缺乏家教包括对孩子的过度批评及其他负面行为（Ellis et al., 2014）。关于这种父母和家庭问题如何具体引发双相情感障碍尚不清楚。一种可能性是不稳定的父母和家庭行为妨碍了孩子控制自己情绪的能力。

文化因素

我们前面曾提到，抑郁症的患病率在世界各个地区甚至在像美国这样的国家亚组中均有所不同。一种可能的解释是，抑郁症与其他精神障碍的患病率在移民人群中特别高（我们在第十二章就精神分裂症讨论了一个类似的调查结果）。在美国，西班牙裔美国人是人口增长最快的亚组之一。许多拉丁裔美国人都是墨西哥人，他们为了更好的工作条件移民到美国，但他们在健康问题、压力和抑郁症方面具有较高的比例（Saint Onge, Cepeda, King & Valdez, 2013）。在欧洲，移民工人患有抑郁症及其他心理健康问题的比例也较高（Levecque & Van Rossem, 2015）。然而，一些研究人员也认为，更多的文化变迁型移民或那些采用音乐和食物等主流文化实践的人往往比那些不适应文化的人更加抑郁。那些与其他拥有共同文化特征的人保持密切联系的人可能会一定程度上免遭抑郁的困扰（Meyer, Geller, He, Gonzalez & Hinton, 2014）。

不同文化中的人们对双相情感障碍的看法是相当一致的，但研究人员在研究这些障碍的某些特定方面时发现了一些有趣的差异。研究者发现，非洲裔美国母亲的双相情感障碍的患病率（2.5%）高于加勒比黑人母亲该病的患病率（1.2%）（Boyd, Joe, Michalopoulos, Davis & Jackson, 2011）。此外，苏布拉马尼亚姆及其同事（2013）发现，印度人比华裔新加坡人患双相情感障碍的比例更大。这些细微的差异可能是由于各种风险因素造成的，但是一些人群也不太可能在症状早期寻求帮助。例如，最近移民到美国的人往往比那些在美国居住很长时间的人享有更少的服务（Sylvia et al., 2013）。有些人可能隐藏自己的症状或仅在症状严重时才寻求帮助，因此，临床医生对文化差异和精神障碍的表征方式一定要敏感。

婚姻问题可能是引发抑郁症的一个关键因素。

抑郁症母亲的孩子也有很大的风险患抑郁症。

进化影响

进化论也适用于抑郁症和双相情感障碍。一些人认为，抑郁状态的演化可以使某些人无须在社交场合跟人打交道。也许某些人认为他们对于别人的价值较低，而对别人的负担则很重。一个人可能会感到自己被排斥在社交群体之外，从而最大限度地减少与该群体的联系。这可能有助于解释某些抑郁症状，例如对他人的评论敏感以及较低的风险寻求行为（Zeigler-Hill, Welling＆Shackelford, 2015）。此外，抑郁症可能已经演化，因此人们可以反复思考自己的问题直到找到合适的解决方案，因为抑郁行为就是向其他人发出信号表明自己需要帮助，或者抑郁症和退出困境有助于降低压力（Rottenberg, 2014）。

虽然轻躁狂状态可能有助于改善身体健康、提高繁殖概率以及提高入侵或开辟一片新领地的精力，但与躁狂发作相关的进化理论相对较少（Le Bas, Castle, Newton＆O'Loughlin, 2013）。此外，环性心境障碍倾向可能会增加创造力和奢侈感，这有助于性诱惑，并可能增加团体领导力（Fountoulakis, 2015; Vellante et al., 2011）。

抑郁症、双相情感障碍和自杀的病因

综合模型经常用于解释能导致抑郁和双相情感障碍的风险因素的数量（见图7.16）。有些人很可能生来就有患抑郁症或双相情感障碍的生物易感因素。有些人明显具有患抑郁症或双相情感障碍的遗传因素。这些遗传因素可能相互影响或使一个人趋于发生重要的神经化学、激素和大脑变化，这些变化会影响控制情绪和相关行为的能力。

人们也会形成对抑郁和双相情感障碍的心理脆弱性。有些人会经历改变人生的应激性事件，比如幼儿时期失去母亲，逐渐意识到他们对生活事件的控制力不足，并且经历人际困难和家庭问题，从而造成自身的疾病或使他们失去社会支持。

拿抑郁症来说。有些人天生具有患抑郁症的倾向，可能是通过遗传、较低水平的5-羟色胺去甲肾上腺素、大脑前额叶的变化来体验抑郁情绪，并且缺乏动机或精力（生物易感因素）。随着这些儿童的成长，

人们发现，外来务工人员和移民特别容易患上抑郁症。

悲伤情绪和缓慢运动行为可能会与我们前面提到的各种父母和家庭因素相互作用。这些因素包括不良依恋、父母疏离、家庭功能障碍和模拟抑郁行为等。相反，这些因素可能导致孩子在控制情绪、理性解决问题以及与其他人交往时产生问题。

在青春期和成年早期，可能会发生更多应激性事件。这些事件包括家庭变化和冲突、同龄人和其他人的疏离、疾病或学业方面的挑战和问题。如果一个人认为他无法控制这些事件，并且对改变自己的负面经历（认知压力的心理脆弱性）产生无助感，那么他可能就会产生抑郁的认知易感性。有些人可能会尝试通过结婚或早年生个孩子来摆脱抑郁，但这种策略一般行不通。如果一个人没有社会支持，并且过度依赖他人，那么就更有可能患上抑郁症。

有些人对抑郁症有很强的生物易感性，很少的环境触发因素就可能导致其患上抑郁症。患有生物学导向或内源性抑郁症的人往往没有什么明显的理由就会感到悲伤。另有一些人虽然对抑郁症有轻微的生理倾向，但当频繁、压倒性的负面生活事件发生时仍然会变得抑郁。患有环境导向或外源性抑郁症的人之所以感到悲伤，主要是因为他们不能有效应对主要的生活应激源。外源性或反应性抑郁症一般在一些重大事件之后出现。

双相情感障碍者很可能对复发性躁狂或轻躁狂发作具有强烈的生物易感性。遗传易感性和神经化学变化在这一人群中得到了很好的体现，并有据可查。很

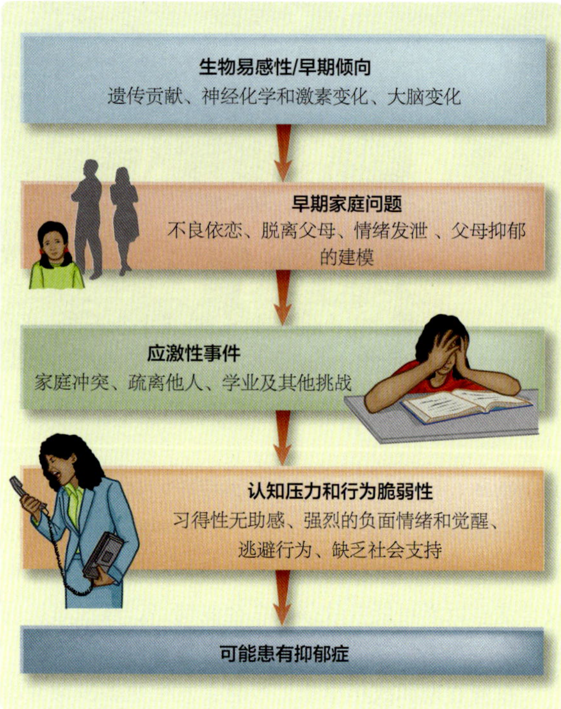

图7.16 抑郁症的形成路径样本。

小的一点环境影响就能引发疾病。一些心理因素与双相情感障碍症状的发作和持续时间有关，包括应激性生活事件、家庭敌意与冲突、缺乏社会支持、认知偏差和人格障碍等（Johnson, Cuellar＆Peckham, 2014）。凯蒂的治疗师发现，凯蒂的母亲也有双相情感障碍的症状，并且凯蒂与她家人之间的关系已经疏远了。

再来看自杀方面。自杀模式也倾向于将各种风险因素整合到一个有组织的框架中。主要的生物变量可能包括强烈反思应激性生活事件的倾向，然后在这些事件之后体验强烈的负面情绪。这些重复性的思维过程和负面情绪会随着时间的推移互相推动和加剧，从而导致人们难以忍受的情绪级联，并可能导致自我伤害（Selby＆Joiner, 2013）。

这些生物易感性可能因环境因素而加剧，例如社会支持不足、无法有效应对压力以及抑郁症或双相情感障碍症状等。达到自杀临界点的人感觉无法摆脱折磨，并感到这种痛苦无法忍受，并会持续很长时间。随着无助感的逐步加重，人们想不到除了自杀以外的其他问题解决方案（Hagan, Podlogar, Chu＆Joiner, 2015）。

抑郁症、双相情感障碍和自杀的预防

抑郁症和双相情感障碍通常始于青春期或成年早期，所以在儿童期和青春期考虑进行预防非常重要。在预防方面，有几个重要的目标领域。这些目标包括应对应激性事件，并处理个人、认知和家庭因素。个人因素包括社交技能和人际关系问题、医学疾病以及学业困难等。认知因素包括自尊心低、归因扭曲和无望等。家庭因素包括婚姻冲突、脱离或敌对父母等（Munoz, Beardslee＆Leykin, 2012）。

抑郁症的预防方案通常涉及：（1）没有任何障碍症状的人；（2）有患上障碍风险的人，如抑郁症家长的孩子；（3）患有抑郁症并希望防止复发的人。对于没有抑郁症症状的人来说，研究人员已经对大量初级或普遍的预防方案进行了评估。伊恩·索海特（Ian Shochet）及其同事开发了一种全员性抑郁干预模式（RAP）的项目；该项目包含两个部分：RAP青少年干预（RAP-A）和RAP家庭干预（RAP-F）。

RAP-A干预方案包括11个阶段的小组治疗，以教会青少年做到以下几点：

- 宣布自己现有的优势，比如是一个好学生或儿子/女儿；
- 在困难的情境下管控压力；
- 修改负面和非理性的想法，更加现实地进行思考；
- 有效解决问题；
- 开发并使用社交支持网络，例如朋友及其他社交团体；
- 制定减少家庭和人际冲突的策略，如商讨解决方案、修复关系等；
- 强化社交技能，并认识他人的观点。

侧重于家长的RAP-F干预方案涉及压力管控、青少年正常发育教育、提升自尊心以及减少家庭冲突的策略等。与对照组相比，RAP-A和RAP-F干预组的抑郁症状和绝望症状均明显下降。该项目一个很好的优势是，项目基于学校进行，这样更多的青少年可以参与到项目中来（Shochet, Montague, Smith & Dadds, 2014）。

对于有患抑郁症风险的人而言，研究人员已经对二级或选定/指明的预防方案进行了大规模评估（Munoz et al., 2012）。一组研究人员对父母有抑郁史的青少年的干预方案进行了评估。青少年参与小组和辅助治疗以识别和挑战不切实际的想法，特别是与他们患有抑郁的父母有关的想法（“我会像我的父母一样患上抑郁症”）。家长们也参加教育课程。参与预防项目的高危青少年的抑郁症患病率明显低于对照组，即便6年之后也是如此（Brent et al., 2015）。这种方法的一个优点是，一个关键的干预因素——认知重组——非常有效。正如我们在第五章中所讨论的，认知重构或认知疗法包括检查一个人可能正在做出的负面陈述，并鼓励这个人质疑这一想法，并且更加现实地进行思考（另请见本章后面关于治疗主题的章节）。

研究人员已经为患有抑郁症的人就复发预防项目进行了评估（Bockting, Hollon, Jarrett, Kuyken & Dobson, 2015）。患有抑郁症的人经常需要外界帮助来识别相关情景，例如使他们面临抑郁风险、处理压力、应对和解决诸如婚姻冲突等困难情景以及增强自信心的孤立环境（Biesheuvel-Leliefeld et al., 2015）。

尽管父母患有这种障碍的青少年自然也面临患病的危险，但是人们在双相情感障碍预防方面所做的研究很少。这一领域的早期预防研究集中于刚开始出现双相情感障碍症状的人或具有该障碍家族史的人（Goldstein et al., 2014）。对于双相情感障碍者来说，预防复发侧重于了解自己的症状、维持药物治疗，并增加家庭和社会支持（Bond & Anderson, 2015）。

预防自杀也是抑郁症和双相情感障碍者的需要重点考虑的事项。预防自杀的一般方案以青少年为重点，包括基于学校的自杀意识项目，筛选有高自杀风险的青少年，加强解决问题和应对问题的技能，教育同龄人和教师识别高风险行为，并为那些有高自杀风险的人进行危机干预。其他自杀预防策略包括社区危机中心和热线。这些项目的确有助于降低青少年的自杀率（Calear et al., 2015）。

成人自杀预防项目也侧重于公众的意识与教育，例如帮助人们了解与自杀相关的风险因素，并减少与精神障碍相关的污名。这些项目也侧重于初级保健医生、神职人员、药剂师及其他“急救人员”帮助认识和治疗前来寻求帮助的人的自杀倾向。帮助确定早期自杀行为的筛查项目是通过药物治疗和心理治疗为病人提供帮助的一个途径。自杀企图后的后续护理对于预防再次尝试自杀也非常关键。这些项目在降低特定群体的自杀率方面也比较成功（Goldney, 2013）。

抑郁症、双相情感障碍与自杀：评估与治疗

评估抑郁和双相情感障碍者的主要方法包括访谈、自陈式调查问卷、自我监测、他人观察和生理测量等。疑似患有抑郁症或双相情感障碍的人也应始终接受全面的体检。例如，与抑郁症相关的医学症状包括神经系统损伤、脑损伤、心血管问题、激素变化、免疫失调和绝症等（见表7.10）。抑郁症和双相情感障碍的症状也可能与药物中毒、回避或副作用有关。如果躯体疾病或某种物质导致人的抑郁或双相情感障碍症状，则需要进行医学治疗或扩展至心理治疗，以解决病症或吸毒问题。

访谈和临床评价

凯蒂的治疗师向其提出了许多问题，特别是关于她白天的行为和想法方面。治疗师也对凯蒂如何看待她的症状以及她在几周或几个月之后想要做的事情感兴趣。本书第五章曾提到，治疗师通常会在非结构式或结构式访谈中提问这些问题以及其他一些问题。结构式访谈通常涵盖诊断标准，并包含治疗师询问每个可能患有抑郁症或双相情感障碍的人的问题。

针对患有抑郁症和双相情感障碍的人的结构式访谈包括情感性精神障碍和精神分裂症的时间表和结构性临床访谈（First, Williams, Karg & Spitzer, 2015）。学龄儿童情感性精神障碍和精神分裂症的时间表也适用于青少年（Bergman, Maayan, Kirkham, Adams & Soares-Weiser, 2015）。其他访谈形式的工具确定一个人症状

表7.10
与抑郁症相关的医学症状

神经系统疾病	系统性疾病
局灶性病变	**内分泌失调**
脑卒中	甲状腺功能减退和甲状腺功能亢进
肿瘤	肾上腺疾病（库欣综合征、阿狄森综合征）
手术切割	甲状旁腺机能失调
癫痫	
区域退变性疾病	**发炎性/感染性疾病**
帕金森病	系统性红斑狼疮
亨廷顿病	神经梅毒
皮克病	艾滋病
Fahr病	肺结核
进行性核上麻痹	单核细胞增多症
暴露于一氧化碳	干燥综合征
威尔逊氏病	慢性疲劳综合征
弥漫性病变	**代谢障碍**
阿尔茨海默病	尿毒症
艾滋病痴呆综合征	卟啉症
多发性硬化症	维生素缺乏症
各种病变	**各种病变**
偏头痛	药物副反应
副肿瘤综合征	慢性疼痛综合征
	睡眠呼吸中止症
	癌症
	心脏病

的严重程度或一个人如何应对治疗。这样的例子包括简明精神病评定量表和汉密尔顿抑郁量表（见表7.11）。

凯蒂的治疗师使用汉密尔顿抑郁量表对凯蒂的抑郁情绪、睡眠障碍、无法进行工作的想法以及激动情绪进行了评估。治疗师发现，凯蒂所说的许多话都包含悲伤或凄凉情绪。凯蒂晚上也感到焦躁不安，脑子里全是有关她所患疾病的想法，使她备受煎熬。然而，幸运的是，尽管凯蒂偶尔确实会质疑活着的意义，但是她并不希望自己死掉。以下是对凯蒂访谈的节选片段：

凯蒂：是的，有时候我发现自己早上很难起床。

治疗师：你早上都想些什么？

凯蒂：这一天将会多么艰难，我必须面对谁，我必须做什么事情——有时候看起来让人难以承受。

治疗师：你是否考虑过如何在白天应对各种事件？

凯蒂：我还真的没往这方面想。有什么区别吗？无论我做什么，这一天都将是一场大灾难。

表7.11
汉密尔顿抑郁量表

说明：对下列每个项目，选择最能表征来访者陈述所对应的编号。

一　抑郁情绪（悲伤、绝望、无助、毫无价值）
0. 未出现；
1. 只在问到时才诉述；
2. 在访谈中自发地描述；
3. 不用言语也可以从表情、姿势、声音或欲哭中流露出这种情绪；
4. 病人的自发言语和非语言表达（表情，动作）几乎完全表现为这种情绪

二　有罪感
0. 未出现；
1. 责备自己，感到自己已连累他人；
2. 认为自己犯了罪，或反复思考以往的过失和错误；
3. 认为疾病是对自己错误的惩罚，或有罪恶妄想；
4. 罪恶妄想伴有指责或威胁性幻想

三　自杀
0. 未出现；
1. 觉得活着没有意义；
2. 希望自己已经死去，或常想与死亡有关的事；
3. 自杀念头或手势；
4. 有严重自杀企图

四　入睡困难
0. 入睡无困难；
1. 主诉偶尔入睡困难，如上床半小时后仍不能入睡；
2. 主诉每晚均有入睡困难

五　睡眠不深
0. 未出现；
1. 病人主诉晚上烦躁不安；
2. 半夜醒来（不包括上厕所）

六　早醒
0. 未出现；
1. 有早醒，比平时早醒1小时，但能重新入睡；
2. 早醒后无法重新入睡

摘选自 Hamilton M. (1967). Development of a rating scale for primary depressive illness, British Journal of Social & Clinical Psychology, 6(4):278-296. 转载已取得英国心理学会授权，翻印已取得约翰·沃特豪斯和英国心理学会授权。

治疗师通常利用非结构式访谈对抑郁症和双相性精神障碍者进行评估。这样的访谈要涵盖以下重要话题：

- 过去和现在的情绪症状；
- 风险因素，比如人际关系和认知因素；
- 病史和治疗记录；
- 目前面临的问题和共病性诊断；
- 改变动机；
- 社会支持；
- 自杀念头和行为（见自杀评估部分）。

凯蒂的治疗师询问了许多关于她的家庭和症状历史的问题。凯蒂的症状已经持续了一段时间，她的母亲有一些强烈的情绪变化。其他问题与凯蒂目前的运作能力以及她可以获得的日常社会支持有关。此外，还有许多问题致力了解凯蒂的思维模式以及她服用处方药物的意愿。

治疗师还必须明白，患有抑郁症和双相情感障碍的人说话的速度经常不同，他们的信息偏向于消极（抑郁）或积极（躁狂）的方式，并且对共享个人信息可能会感到不舒服。因此，与他们之间建立融洽的关系非常重要。此外，治疗师还可以在访谈中诊察来访者的非言语行为，以帮助确定抑郁症或双相情感障碍的症状及其严重程度。例如，抑郁症的一些重要的非言语行为包括面部表情减少、眼神交流较差、动作缓慢、情绪低落、精神低迷以及很少微笑等（Annen, Roser & Brune, 2012）。

自陈式调查问卷

抑郁症和双相情感障碍会引起情绪和思想的严重变化，所以来访者经常被要求填写问卷来进行症状评估。患有抑郁症的人的自陈式调查问卷主要集中于最近的抑郁症状、思想问题及无望感。一个常见的自陈式测量方法是贝克抑郁量表-Ⅱ，该量表测量对自己所持的负面态度、抑郁症引起的损害程度以及躯体症状。该量表也有儿童版本；表7.12列出了一些选定的项目（Beck & Dozois, 2014; Kovacs, 2010）。贝克绝望量表评估对未来的悲观程度，并与自杀行为密切相关（Spokas, Wenzel, Brown & Beck, 2012）。自动思维问卷（修订版）评估了患有抑郁症的人常见的负面思想。

访谈仍然是评估双相情感障碍者的一种主要心理学方法。一般行为量表和轻躁狂人格量表可以评估自我报告的躁狂和轻躁狂症状。一个人所处环境中其他人的报告也可能十分有用，我们接下来将讨论这些方法。

自我监测和他人观察

患有抑郁症和双相情感障碍的人每天可以对自己的症状进行监控并记录。我们在第五章中讨论过，每日自我监测可以减少回忆，并增强对一个人症状的关注和自我意识。对于患有抑郁症和双相情感障碍的人来说，每天记录的重要信息可能包括悲伤或欣快的评级、与他人之间的活动、上班或上学、负面或自杀的想法、饮食和睡眠模式以及不舒适的躯体症状等方面。其他了解情况的人也可以记录他的一些更明显的情绪症状，比如凯蒂一度认为她可以飞。这特别适用于双相情感障碍者——凯蒂的治疗师希望她的家人和朋友能帮助监控凯蒂在治疗期间的情绪和行为。

实验室评估

患有抑郁症的人的激素或神经递质有明显改变，

表7.12
来自儿童版本的贝克抑郁量表的样本项目

选择下列其中一项：
- 我偶尔感到难过。
- 我经常感到难过。
- 我总是感到难过

选择下列其中一项：
- 我没有自杀想法。
- 我想过自杀，但我不会去做。
- 我可能会自杀

选择下列其中一项：
- 没有人真正爱我。
- 我不能确定有人爱我。
- 我确定有人爱我

因此实验室评估技术可能适用于患有抑郁症的人。地塞米松抑制实验（DST）包括为患有抑郁症的人注射地塞米松（一种皮质类固醇）。地塞米松与皮质醇类似，可降低脑垂体促肾上腺皮质激素的释放，从而减少肾上腺皮质醇的释放。前面曾提到，患有抑郁症的人在下丘脑—垂体—肾上腺轴方面与正常人有一定差异。对于大多数人来说，地塞米松的皮质醇水平会随着时间的推移下降，但患有重度抑郁症的人的皮质醇水平会居高不下或得不到抑制（见图7.17）。

一些研究人员发现，DST结果与抑郁症密切相关，但该结果也可以表征患有其他精神障碍、医学疾病或激素失调的人，比如库欣综合征（Lindholm, 2014）。

针对该人群的其他实验室评估还包括神经递质和激素或甲状腺水平的测试以及睡眠研究等。然而，实验室评估费用高昂，并且需耗费大量时间，因此相比临床实践，其在研究中更为常见。

自杀评估

前面曾提到，抑郁和躁狂者的自杀行为非常普遍，凯蒂就是这样一个例子。因此，评估抑郁和双相情感障碍的一个关键领域是自杀念头与行为。治疗师通常会询问来访者是否有伤害自己的想法来处理自杀问题。大多数人会准确地回答这一问题。此外，治疗师还会研究一个人的病史以及当前的风险因素，以确定他自杀的可能性。我们前面提到，自杀的高危因素包括男性、老年人、单身、欧洲裔美国人、失业或社会隔离。

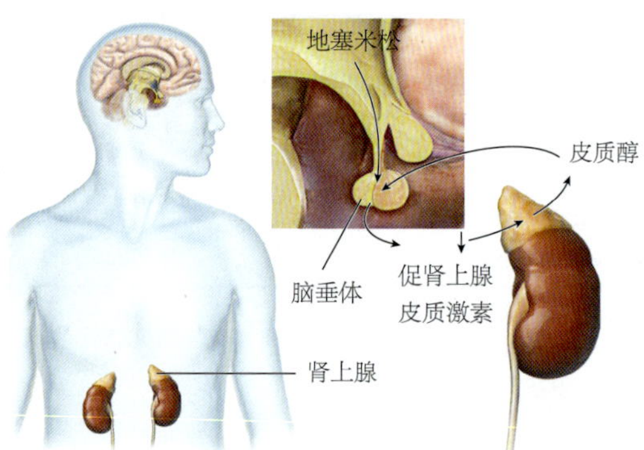

图7.17　地塞米松抑制实验中涉及的主要身体机能。

有自杀行为风险的人往往也患有精神障碍，或最近经历了应激性事件，感受到社交疏离和对他人造成了负担，并且感到不开心、焦虑不安或愤怒（Anestis, Bagge, Tull & Joiner, 2011; Beghi, Rosenbaum, Cerri & Cornaggia, 2013）。那些感受到强烈无望感、对生活中的情景没有选择权或失去控制的人有很高的自杀风险（Hawton et al., 2013）。凯蒂就是如此，尽管她目前并没有伤害自己的想法。尽管如此，她的治疗师在治疗期间都会继续评估她可能的自杀行为。

赫希菲尔德（Hirschfeld）创建了一个自杀评估系统（见图7.18）。考虑到主要风险因素，治疗师会询问来访者抑郁或焦虑的近期症状以及物质使用情况。然后，通过询问有关自杀计划细节的具体问题，来进一步确定风险。有精心设计的自杀计划的人往往自杀的风险较高。治疗师的问题还应包括获得武器、死亡意愿、诸如听到死亡呼唤等精神病症状、以前的自杀企图、家族自杀史以及抵制自杀行为的能力等（Hirschfeld, 2012; Simon & Hales, 2012）。如果一个人面临较高的自杀风险且该风险即将发生，治疗师必须采取强有力的措施来阻止这种行为。我们将在后面的治疗主题部分对这些临床操作做进一步探讨。

研究人员还使用回顾性分析来对企图自杀或自杀成功的人进行诊察。回顾性分析，有时被称作心理解剖，可能涉及与家人和朋友面谈，检查自杀笔记和评估病历等（Norra, Schaub, Juckel & Schmieder, 2015）。回顾性研究经常揭示，身体或精神障碍，人际关系冲突，应激性生活事件，工作、经济、家庭损失，是自杀的主要风险因素（Moscicki, 2014）。

抑郁症、双相情感障碍与自杀的生物学治疗

对患有抑郁症和双相情感障碍的人的生物学治疗包括药物治疗、电休克疗法、重复性经颅磁刺激和光照治疗。

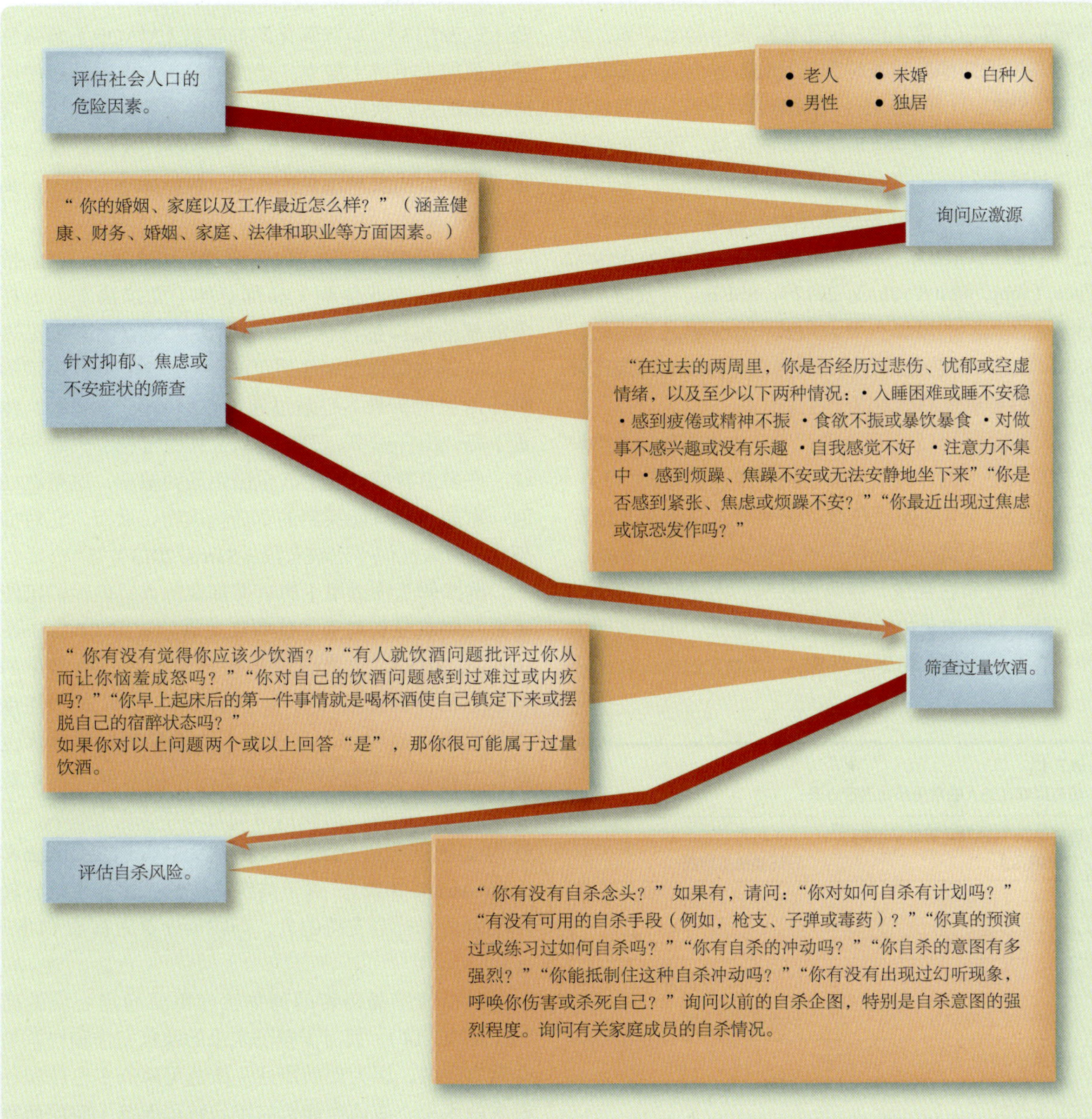

图7.18　自杀评估的图解视图。

药物治疗

抗抑郁药物通常对患者抑郁症的人有用。第二章曾提到，抗抑郁药物通常通过阻断这些神经递质的重摄取以增加大脑中的5-羟色胺和去甲肾上腺素。因此，许多抗抑郁药物被称为选择性5-羟色胺再摄取抑制剂（SSRIs）（见表7.13）。SSRIs非常流行，因为它们特定地影响大脑中基于5-羟色胺的区域，而不影响其他神经递质。

SSRIs的常见副作用包括恶心、头痛、烦躁不安、出汗、胃肠性问题、性功能障碍和失眠（Anderson, Pace, Libby, West & Valuck, 2012）。SSRIs与自我伤害和自杀企图风险的增加有关，儿童和青少年尤为如此。SSRIs可能与自杀企图有关，因为患有抑郁症的人在服用药物后有更多的精力用于自我伤害。

SSRIs已经很大程度上取代了产生相同神经递质效应但具有更多副作用的三环类抗抑郁药（见表7.13）。三环类药物会影响5-羟色胺、去甲肾上腺素及其他神经递质。三环类药物的副作用包括多种心血管疾病、肌肉病、过敏性疾病、胃肠性疾病、内分泌疾病及其他症状。三环类药物和SSRIs都是有效的，但许多医生和患有抑郁症的人更喜欢SSRIs，因为它们的副作用较少（Bet, Hugtenburg, Penninx & Hoogendijk, 2013）。如果一个人对SSRIs反应不佳，可以使用三环类药物。

如果SSRIs或三环类药物无效，可选用其他抗抑郁药（见表7.13）。单胺氧化酶抑制剂（MAOIs）增强酪胺以增加去甲肾上腺素。遗憾的是，这也意味着使用MAOIs的人必须戒掉诸如陈年奶酪等各种食物以及诸如感冒药等物质，否则可能会导致毒性反应。这些药物通常也会引发严重的副作用，包括躁动、虚弱、头晕和恶心等。

除了SSRIs、三环类药物和MAOIs，包括Wellbutrin（安非他酮）和郁复伸（文拉法辛）等在内的其他抗抑郁药也可以增加去甲肾上腺素（见表7.13）。这些药物的副作用可能相当严重：安非他酮的副作用包括头晕、心跳过速（心率过快）、恶心、体重下降、出汗过多、严重头痛、视力模糊、失眠和躁动。许多患有抑郁症的人也服用圣约翰草，这是在任何一家药店都可能买到的草药提取物。然而，它对抑郁症的有效性似乎比较有限（Sarris, 2013）。

抗抑郁药物适用于患有抑郁症的人，但他们可能需要几周或更长时间才能收到足够的效果（Pringle & Harmer, 2015）。过量服用抗抑郁药也是一种常见的自杀方法。因此，当一个人自杀时，可以诉诸使用其他危机管理程序。当一个人的抑郁具有精神病性特征并具有季节性或非常严重时，抗抑郁药物可能不太有效。抗抑郁药物自身的有效率大约是54%，而使用安慰剂的对照组有效率则为37%（Undurraga & Baldessarini, 2012）。对于共病症较少、抑郁症状较轻以及有良好社会支持的人，药物治疗更为有效（Uher et al., 2012）。

双相情感障碍者的药物治疗需要稳定心境的药物（见表7.14）。锂对于预防未来的躁狂发作和自杀是非常有效的，因为如前所述，该药可降低多巴胺和谷氨酸的水平。该药也能影响甲状腺和促肾上腺皮质激素，关于这点在我们之前介绍地塞米松抑制实验时曾提到过（Manna, Roy & Mugesh, 2013）。

锂的毒性很大，因此需要定期进行血液检查。锂的毒性以及一些患有双相情感障碍并且想要保持兴奋的人或缺乏洞察力的人可以遵从用药问题（Sajatovic

表7.13
患有抑郁症的人的常见药物治疗方法

选择性5-羟色胺再摄取抑制剂（SSRIs）	三环类抗抑郁药
西酞普兰（西普兰）	安那芬尼（氯米帕明）
草酸艾司西酞普兰（依地普仑）	盐酸阿密替林（阿米替林）
氟西汀（百忧解）	诺普拉明（去郁敏）
氟伏沙明（无郁宁）	多虑平（多塞平）
帕罗西汀（百可舒）	
舍曲林（左洛复）	
单胺氧化酶抑制剂（MAOIs）	**其他抗抑郁药**
马普兰（异卡波肼）	郁复伸（文拉法辛）
Nardil（苯乙肼）	Wellbufrin（安非他酮）
帕纳特（反苯环丙胺）	瑞美隆（米氮平） 度洛西汀（欣百达）

et al., 2015）。锂的副作用可能包括呕吐、虚弱、心血管和泌尿问题、甲状腺异常、头晕、意识模糊、肌肉震颤和嗜睡等。

如果锂单独使用没有效果，那么也可以使用双丙戊酸钠。双丙戊酸钠是一种可增加γ-氨基丁酸（GABA）水平并产生镇静作用的抗惊厥药物。该药物对于具有快速循环和混合特征的人群可能特别有用（Kemp et al., 2012）。对于严重双相情感障碍者而言，在使用锂和双丙戊酸钠时，可与诸如卡马西平或抗精神病药物等另一种抗惊厥药一起服用（Chapter 12; Ogawa, Tajika, Takeshima, Hayasaka & Furukawa, 2014）。稳定心境的药物的副作用包括消化问题、肌肉震颤和虚弱、头晕、恶心、呕吐、腹泻和血小板减少症（血小板偏低可能导致出血）。

稳定心境的药物对急性躁狂发作者具有46% ~ 58%的有效率，而在安慰剂对照组，该有效率则为30%（Baldessarini, 2013）。锂和卡马西平结合使用似乎比单独使用任何一种药物更有效，拉莫三嗪（另一种抗惊厥药物）在预防躁狂发作之后的抑郁症方面似乎比治疗躁狂本身的效果更好一些（Trankner, Sander & Schönknecht, 2013）。对这些药物反应最好的人的双相情感障碍较轻，并继续服药治疗（Arvilommi et al., 2014）。凯蒂在服用锂和双丙戊酸钠之后，在治疗期间确实显得更加平静。

电休克疗法

对于患有非常严重或忧郁型抑郁症的人来说，一种与众不同但往往有效的治疗方法是电休克疗法（ECT）。ECT有时被称为“冲击疗法”，指在人的头部放置一个或两个电极，有意通过0.5 ~ 2.0秒的电波冲击诱发大脑癫痫发作。他们首先使用镇静药物以防止人产生惊厥。患有移动困难且对药物没有反应的重度抑郁症的人可能会在精神病医院接受ECT治疗。该治疗过程通常需要持续2 ~ 4周，6 ~ 12个疗程，常见副作用包括暂时性记忆丧失与混淆（Charlson et al., 2012）。

表7.14
治疗双相情感障碍者的常见药物

卡马西平片（酰胺咪嗪）
双丙戊酸钠（丙戊酸）
拉莫三嗪（利必通）
锂（碳酸锂制剂）
奥氮平（再普乐）
噻嗪（氯丙嗪）

ECT一般对患有重度抑郁症的人有效，甚至比药物治疗更为有效，在使用两个电极和更高剂量的情况下尤为如此。然而，ECT的复发率可能会很高（Jelovac, Kolshus & McLoughlin, 2013）。躁狂发作者也可以从ECT中受益，特别是对药物治疗无反应的躁狂发作者（Elias, Abidi & Bhat, 2015）。ECT的工作原理还不完全清楚，但一些证据指向与心境有关的大脑回路和神经递质的变化（Anderson & Fergusson, 2013）。ECT是一种常见但仍存在争议的治疗方法（见专栏7.3）。

重复性经颅磁刺激

ECT的替代方案是重复性经颅磁刺激（rTMS），该疗法是指将一个电磁线圈置于人的头皮上，并引入脉动的高强度电流。电流产生持续100 ~ 200微秒的磁场，且与ECT相比，该过程的侵入性较小。rTMS可能会增加大脑葡萄糖和血流向前额叶皮质的代谢，但该种治疗方法仍然存在一些争议，并且与其他治疗方法相比，效果可能较差一些（Fitzgerald & Daskalakis, 2013）。与安慰组（6.8%）相比，患有重度抑郁症的人对rTMS的反应更好（24.7%）（Berlim, Van den Eynde & Daskalakis, 2012）。rTMS对躁狂发作者也可能有效（Pallanti et al., 2014）。

光照疗法

对于患有季节性抑郁症的人，特别是那些主要在冬季感到抑郁的人而言，光照疗法不失为一种创新疗法。光照疗法通常包括让一个人冬季每天在2000 ~ 10 000勒克斯（一种照明单位）的强光下坐30 ~ 120分钟。传统的光照疗法采用大型灯箱，但现代设备包括人们利用计算机阅读或工作时可以看到的小型机箱。该疗

7.3

专栏

聚焦法律与伦理

电休克疗法的伦理困境

电休克疗法对于患有重度抑郁症的人而言是一种有效的治疗方法。尽管如此，它仍然存在争议，因为许多人对这一治疗过程感到恐惧，并且研究人员尚不确定它的工作原理。一位名为麦克斯·芬克（Max Fink）的研究人员为ECT治疗师概述了几项伦理原则。这些原则包括有益原则（该过程是否能帮助这个人）、无伤害原则（该过程是否会以任何方式对这个人造成伤害）、自主原则（这个人是否充分了解该过程的益处和风险）和正义原则（该过程是否维护这个人的尊严）。

这些原则会造成一些道德困境。芬克以一些案例对这些困境进行了概述。一个案例涉及一名患有心血管问题和重度抑郁症的老年女性。即便在这种情况下ECT是治疗的首选治疗方案，但在心血管病的症状可能因此而恶化的风险下是否应该坚持使用ECT疗法呢？在另一个案例中，一名患有重度抑郁症的人在经历一次自杀未遂后住院治疗，他过于悲伤以至于无法与医生交谈。即使ECT可能对他有效，但在他不能以恰当方式明确表示同意接受治疗或对该种治疗方式不理解的情况下，这是一种明智的选择吗？（Fink, Kellner & McCall, 2014）。

其他一些案例也引出了一些附加问题。如果一个人同意接受ECT，但其家人坚决反对，该怎么办？如果ECT可以让一个人具有接受严重罪行审问的法律权利，怎么办？如果一个人拒绝接受ECT但仍然想自杀，怎么办？回答这些问题是困难的，需要对几项伦理原则进行全面评审。在这些情景下，你会怎么做？

法通常在早上或晚上采用，并且可以通过增强光子吸收、调节昼夜节律或褪黑激素水平来发挥作用。患有季节性抑郁症的人通常会对光照疗法产生积极反应，并且该治疗过程对于一些患有非季节性抑郁症的人也可能有效（Oldham & Ciraulo, 2014）。

抑郁症、双相情感障碍与自杀的生物学治疗

心理治疗对于轻度和中度情绪问题非常有效，包括行为激活、认知疗法、正念、人际关系疗法以及家庭和婚姻疗法等。这些治疗方法大多数非常适用于抑郁症的治疗，但也有一些适用于双相情感障碍的治疗。我们接下来探讨抑郁症、双相情感障碍与自杀的生物学治疗。

行为激活与相关疗法

患有抑郁症的人常常将自己与其他人隔离开来，并对以前愉快的活动失去兴趣。其他人可能会对其表示同情和关注，这在社交上会强化患有抑郁症的人的抑郁行为。治疗师凭借行为激活来处理这一过程。行为激活的基本组成部分包括有关抑郁症的心理教育、增加日常活动和锻炼以及奖励进步等。治疗师可能关注的具体活动包括以下一些方面：

- 教育和创造性活动，如学习乐器或从事摄影；
- 家庭活动，如清洁或烹饪；
- 健康和表象活动，如看牙医和购买新衣服；
- 休闲活动，如在公园散步和增加运动；
- 宗教活动，如去教堂做礼拜。

行为激活的总体目标是让一个人更多地参与日常

光照疗法可能对患有季节性抑郁症的人特别有用。

社交活动，这将有助于患有抑郁症的人产生积极的自尊 心（Balan, Lejuez, Hoffer & Blanco, 2015; McIndoo, File, Preddy, Clark & Hopko, 2016）。行为激活也可以与其他行为方法结合起来：

- 应急管理可能涉及教导身边的人不要强化抑郁行为，而是强化积极的亲社会行为；
- 自我控制疗法可能涉及让一个人强化其积极的非抑郁行为；
- 社交技能培训可以帮助一个人（尤其是患有抑郁症的青少年）改善社交方法，包括进行目光接触、微笑以及讨论抑郁症以外的话题等；
- 应对或解决问题的技能培训可用于帮助人们找到问题的有效解决方案，而不是回避问题。

治疗师经常将行为技术与诸如回忆疗法、认知疗法等其他心理学方法相结合（见专栏7.4）。我们接下来介绍一下这些治疗方法。

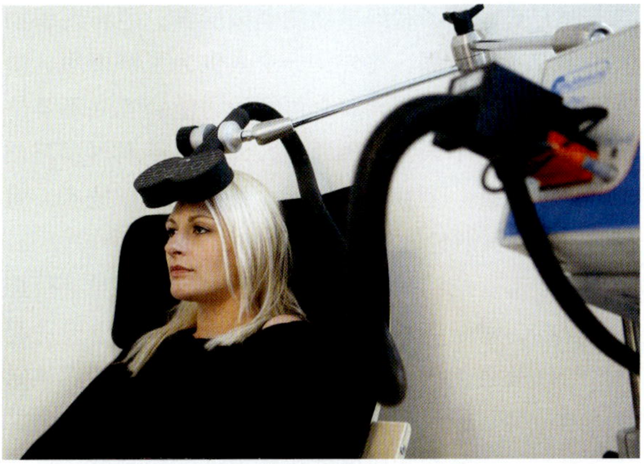

重复性经颅磁刺激（rTMS）是一种治疗抑郁症的方法。

认知疗法

认知疗法是患有抑郁症和双相情感障碍的人的一种主要治疗方法。我们在第五章和第六章中讨论过，认知疗法包括诊察一个人的负面陈述，并鼓励其质疑自己的想法。认知疗法可以帮助人们改变他们对环境

7.4

专栏

聚焦多元性

早期的抑郁

许多人认为，抑郁症是一种主要影响青少年和年轻人的疾病，但是研究人员一直在关注另一个抑郁症患病率较高的人群，即老年人。据估计，75岁及以上人群中有4.6% ~ 9.3%的人患有重度抑郁症，而10.4%的老年人有轻度抑郁症症状（Luppa et al., 2012; Polyakova et al., 2014）。此外，85岁及以上人群中，每10万人中有17.8人自杀，这是所有年龄组中自杀率第二高的人群（Wang & Blazer, 2015）。

由于种种原因，老年人的抑郁问题有时难以发现。第一，许多患有抑郁症的老年人关注他们抑郁症的躯体主诉症状，而不关注自己的情绪。第二，诸如回避或动机性丧失等抑郁症的症状可能被其他人认为是退休期间想要放松的一种意愿或者只是“老年”本来应有的一些迹象。第三，悲伤症状可能被视为对过世朋友的一种简单的丧亲之痛。第四，抑郁症的症状通常与痴呆的症状相似（见第十四章），特别是语言和运动迟钝以及记忆和注意力障碍。最初似乎是阿尔茨海默病的症状，可能实际上是抑郁症症状。

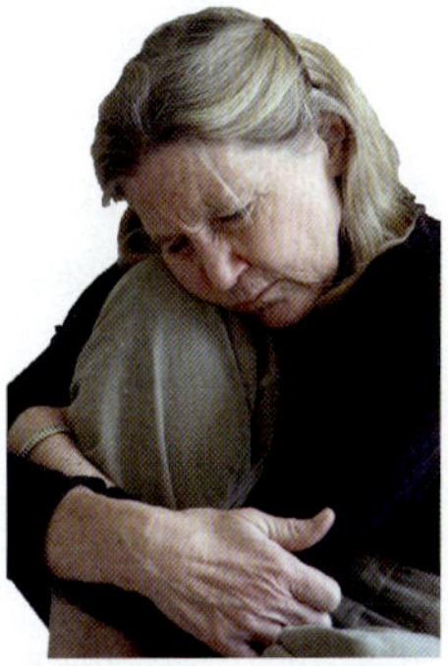

治疗老年人抑郁症往往涉及认知和家庭疗法以及药物治疗。专门为患有抑郁症的老年人设计的一种治疗方法是回忆疗法。回忆疗法包括对一个人从出生到现在的每个生命阶段进行系统地回顾和讨论，重点尝试解决冲突和遗憾。对于患有抑郁症的老年人来说，这种疗法似乎普遍有效，但需要更多的研究才能看出哪些类型的人可能受益最多（Elias, Neville & Scott, 2015）。

的推理方式，除了看到事物的消极层面，还看到事物积极和现实的一面。此外，一个人也会了解思想、情感和行为之间的关系。有人可能认为他会考试不及格从而变得闷闷不乐，并疏离他人，因此便不再学习或为考试做准备。了解这些逻辑，并使用认知技术，将有助于帮助其避免这种灾难性思维和问题行为。

对抑郁症的认知疗法需要诊察支持和反对某种想法的证据，对某些不良事件实际发生概率的假设进行测试，以及避免把事情往最坏情景分析。抑郁症认知疗法的主要目标是提高一个人质疑负面想法的能力，并培养对无法预测和压倒性生活事件的控制感。认知疗法可以帮助那些认为自己在即将进行的测试中失败的人学习如何现实地评估失败是否真的会发生，以及如何正确学习以避免失败的发生。

针对抑郁症的认知疗法肯定要比不治疗好得多，并且似乎有与药物治疗一样的效果。长远来看，认知疗法可能产生比药物治疗更好的效果，因为病人已经学会了抵制抑郁想法的特定技能。在许多临床环境中，药物治疗和认知疗法搭配使用是抑郁症的标准治疗方法，但对于患有重度抑郁症或有积极自杀倾向的人来说，治疗效果可能差一些（Cuijpers et al., 2013）。

认知疗法也适用于双相情感障碍的治疗（Geddes &Miklowitz, 2013）。与抑郁症一样，这种方法的一个主要目标是质疑和改变不切实际的想法。许多患有双相情感障碍的人错误地认为，欣快会改善他们的生活质量，而事实上欣快往往会导致自我毁灭的行为。针对双相情感障碍的认知疗法也集中于提高解决问题的能力、组织、记忆、社会支持和安全行为；避免诸如物质滥用等高风险行为；并认识到躁狂发作的早期预警信号。此外，这也可能包括每日的思考记录、与朋友和家人的协商以及延迟冲动行为的策略等（Muraldidharan, Miklowitz&Craighead, 2015）。针对双相情感障碍的认知疗法也旨在提高用药依从性。

正念

第五章曾提到，正念是一种相对较新的疗法，该疗法可以帮助人们理解并接受他们的症状，并仍然过着正常的生活。治疗师将正念应用于患有抑郁症的人身上，并专注于帮助他们体验现在，而不是沉溺于过去的失败或对未来的负面期望中。治疗师鼓励来访者意识到此时此地他们的身体和运动，并采用冥想及其他实践方法来提高这种意识（van der Velden et al., 2015）。

关于抑郁症的一些最棘手的方面是问题情感、认知和行为。因此，从事正念的治疗师会鼓励来访者将悲伤情绪、想法和躯体感受视为内心闪现的一些事件，而并非现实的指示器（Teasdale, Williams&Segal, 2014）。治疗师会鼓励来访者摆脱习惯性思维，专注于当下的“状态”。治疗师在进行个体或团体治疗时通常会将正念与认知疗法结合起来。正念对于治疗抑郁症十分有效，并且可能对预防复发特别有用（Shallcross et al., 2015）。

人际关系疗法

治疗抑郁症和双相情感障碍的另一种心理学方法是人际关系治疗（IPT）。IPT的基础是一个人对其他人的依恋是心理健康的关键。IPT专注于修复有问题的关系或应对亲密关系的丧失（Weissman, Rabinovitch& Veredeli, 2013）。IPT聚焦于关系障碍的四个主要类别：

- 因为失去亲人而感到悲伤；
- 与配偶、父母、同事或朋友等其他人之间的角色纠纷；
- 角色转换或一个人生活中的重大变化，例如结束一段关系、开始一份新工作、应对疾病或退出职业生涯等；
- 人际关系缺陷，如缺乏社交技巧和不能维持与他人之间的关系等。

人际关系疗法是一种折中方法，或者说是一种采用来自不同理论取向技术的方法，如心理动力学、认知、行为和家庭系统方法等。采用IPT治疗抑郁症的治疗师专注于探究一个人对其他人不切实际的期望，有效地解决人际关系问题，寻找新朋友以及改善良好沟通方法等。如果一个人的抑郁症源于与其他人的问题关系，那么IPT对这些人会特别有用，但IPT也会结合认知疗法和药物治疗进行整体治疗（Lemmens et al., 2015; Markowitz & Weissman, 2012）。此外，IPT也可能适用于双相情感障碍者，当治疗师利用该方法调节正常的睡眠模式时尤为如此（Goldstein et al., 2014）。

家庭和婚姻疗法

抑郁症和双相情感障碍的家庭和婚姻治疗可以在IPT的背景下进行，也可以单独进行。家庭治疗对于高情绪表达或表现出过度敌意、批评和过度介入的家庭尤其有用。家庭治疗尤其适用于患有抑郁症的青少年。家庭治疗师专注于提高家庭成员之间沟通和解决问题的能力。此外，应急管理也是家庭治疗中的一种常见方法，治疗师鼓励患有抑郁症的人积极主动，并与他人交往。表现出退缩行为的父母也可能因为自身的抑郁接受治疗或就抚养孩子方面的问题进行咨询。一般而言，针对家庭成员或父母在抑郁方面的治疗对父母和孩子是有效的（Diamond, Diamond & Levy, 2014）。

凯蒂的治疗确实涉及她的家人，他们为其提供社会和经济支持，并帮助她继续进行药物治疗。凯蒂的母亲也有双相情感障碍的症状，所以凯蒂的家人对这一疾病有所了解，并知道该监控哪些症状。凯蒂最终与她的父母一起参与家庭治疗以帮助稳定她的病情，因此治疗还涉及减少角色冲突，并改善家庭成员之间的沟通。针对双相情感障碍的家庭治疗通常对预防复发非常重要，凯蒂就是这样一个例子（Muraldidharan et al., 2015）。

婚姻疗法也常用于治疗患有抑郁症的人，尤其是女性。婚姻治疗师会尽力提高夫妻双方沟通和解决问题的能力，并增加彼此感到愉悦的亲社会行为，比如安排丈夫和妻子都喜欢参与的活动。此外，治疗师也采用认知行为疗法治疗抑郁。婚姻疗法对抑郁来说是一种有效的治疗方法，在婚姻问题是造成抑郁的主要原因，并且也进行了药物治疗的情况下，治疗效果尤为明显（Hewison, Clulow & Drake, 2014）。包括配偶在内的干预也有助于双相情感障碍者继续进行药物治疗（Reinares et al., 2016）。

针对抑郁症的心理治疗本身就非常有效，但通常会辅以药物治疗。然而，对于双相情感障碍的心理治疗几乎总会辅以药物治疗，凯蒂就是这样一个例子。对于严重的抑郁症和双相情感障碍的案例，通常会首先进行生物学治疗，并且这可能比心理治疗更为有效。

自杀治疗

如果来访者有自杀倾向，治疗师应该怎么办呢？在这种情况下，治疗师通常会确定来访者的自杀风险是否紧迫，即如果独自一人时，该来访者是否可能会自杀。遇到自杀的情况，治疗师与来访者之间保密性的道德问题与来访者安全相比就显得不那么重要了。因此，治疗师必须尽其所能保护来访者的生命。如果自杀行为十分紧迫，就像凯蒂一样，那么治疗师通常会安排来访者到精神病医院接受住院治疗。如果来访者给治疗师打电话，并威胁要自杀，治疗师可能会叫救护车或警察将该来访者送至医院。此外，治疗师通常还会告知来访者的亲属，如配偶或父母等，并与医院工作人员密切合作，帮助来访者应对当前的危机。针对住院期间有自杀倾向者的治疗策略包括药物治疗、团体治疗和持续监督等（Kleespies, Hughes, Weintraub & Hart, 2015）。

如果一个人没有自杀的紧迫风险，但可能在未来几小时或几天内面临该风险，治疗师可能会起草一份非自杀合约。这是一项协议，通常治疗师和来访者都会在该协议上签字。根据该协议，来访者同意在进行任何自我毁灭行为之前与治疗师联系，并进行沟通。合约并不是一个完美的干预措施，但来访者可能会遵守合约，并避免做出冲动行为。其他人则认为，来访者对治疗声明的承诺比非自杀合约更有效。对治疗声明的承诺是指治疗师与来访者之间的协议。依据该协议，来访者将积极参与治疗，保持积极的求生意志，对自杀念头和冲动进行坦诚交流，并在需要时接受紧急护理（Ribeiro, Bodell, Hames, Hagan & Joiner, 2013）。

治疗师还将在一周内频繁联系来访者，并在来访者允许的情况下鼓励其身边的重要人员对来访者进行密切监督，并从家中清除诸如枪支、药物等可能致命的物品。此外，治疗师也会着手解决与自杀念头有关的问题，例如最近的应激性事件或物质滥用等（Jobes,

Au＆Siegelman, 2015）。

如果我感到悲伤、患上抑郁症或双相情感障碍，该怎么办

表7.15中对于一些基本问题的解答可能有助于你决定是否接受进一步评估，甚至对潜在的抑郁症或双相情感障碍进行治疗。如果你发现自己对大多数问题的回答是肯定的，那么你可能需要咨询临床心理学家、精神病医生或其他心理健康专业人员。

如果你认为自己患有抑郁症或双相情感障碍，请咨询专门处理这类问题的心理健康专业人员。不要自行诊断。如果您认为自己感到悲伤或欣快，但并不一定患有抑郁症或双相情感障碍，那么最好积极参与社交活动，改变自己的想法，并解决人际冲突。与家人和朋友谈谈自己的感受，或参加社区组织的抑郁症筛查。然而，如果你认为自己的症状比较严重，请务必向资深治疗师进行咨询。

抑郁症、双相情感障碍和自杀的长期预后

对于像凯蒂这样患有抑郁症和双相情感障碍的人，他们的长期预后会怎么样呢？预测抑郁症良好治疗结果的因素包括更好的治疗依从性及完成情况、更长且更复杂的治疗、从抑郁中早期康复以及较少的重度抑郁发作和残留症状。与良好结果相关的其他因素包括较少的应激性事件与共病性诊断、较少的反刍、更积极的自我形象、高自尊、良好的家庭与婚姻关系以及较大的发病年龄等（Devries et al., 2013; Manicavasagar, Perich & Parker, 2012; Rudenstine, 2014; Sowislo＆Orth, 2013）。

表7.15
抑郁症和双相情感障碍的筛查问题

你是否存在本章所述的任意情绪症状，且程度比大多数你的同龄人都严重
你有没有许多事情自己想做却因为过于悲伤而没有付诸实施呢
你对自己的焦虑症状感到十分困扰吗
其他人是否注意到你的悲伤或欣快情绪或鼓励你寻求帮助
即使在没有任何压力的情况下，你的悲伤或欣快情绪会持续很长时间吗
你在工作、社交生活或睡眠方面有没有因为悲伤或欣快情绪而备受煎熬
你会因为一些小事而长时间地感到焦躁不安吗
你有没有经历过自己无法摆脱的应激性事件
你会长时间地感到悲伤、烦躁、紧张和悲观吗
如果你可以改善自己的生活，这会包括缓解你的悲伤情绪吗

婚姻疗法是一种治疗抑郁症的有效方法，对女性而言尤为如此。

重度抑郁发作平均持续20 ~ 30周。大多数经历重度抑郁发作的人（50% ~ 70%）会在1年内康复，但14% ~ 35%的人会继续经历重度抑郁发作，并且6% ~ 15%的人患有慢性抑郁症，该病会持续很多年。即使在康复后，在经历过一次重度抑郁发作的人中，高达30%的人会再次发作。患有持久性抑郁障碍的人往往会康复（74%），但康复时间很长（52个月）。与没有患抑郁症的人相比，患有抑郁症的人更容易死于心血管疾病及其他问题（Klein, 2016; Lichtman et al., 2014; Richards, 2011）。反复发作的抑郁症与年龄、发病年龄、既往发作次数、上一次发病的严重程度以及诸如虐待等负面童年经历和持续损害有关（Hardeveld, Spijker, De Graaf, Nolen＆Beekman, 2013）。

对于那些正接受双相情感障碍治疗的人而言，类似的预后因素十分明显。对治疗反应良好的双相情感障碍者往往具有更经典的障碍表现形式，循环周期较短。良好的治疗结果与药物依从性与有效性（尤其在患病早期）、更好的认知功能、更少的共病性诊断、较少的家庭情感表达、与心理健康人员的持续接触、良好的职业状态以及女性身份有关（Arvilommi et al., 2014; Ellis et al., 2014; Fountoulakis et al., 2013; Leclerc, Mansur & Brietzke, 2013）。

双相情感障碍的抑郁发作往往持续2.8 ~ 4.3个月，双相情感障碍的躁狂发作通常持续2 ~ 4个月。这些症状发作的持续时间通常随着每次后续发作而减少或变得更快。在双相情感障碍的首次发病者中，约有50%会完全康复，但其余人会经历症状的反复发作。复发性双相情感障碍与较年轻的发病年龄、更严重的抑郁或精神病症状、治疗延误和认知缺陷有关。更好的长期预后与就业、独立生活能力和婚姻有关（Baldessarini et al., 2012; Hulvershorn & Nurnberger, 2014; Merikangas, Jameson & Tohen, 2016）。

再来看看那些因自杀行为入院治疗的人出院后的状况。一项研究指出，出院后2年内，约67%的人再次出现自杀行为，其中有38%的自杀行为带有某种自杀企图，有6%的人自杀死亡。未来的自杀行为是通过较年轻年龄、以往发生自杀行为的次数、童年时期的被虐待经历、糟糕的身体健康状况以及共病性诊断来预测的，而自杀企图则通过较年轻年龄和绝望来预测（Hayashi et al., 2012）。另有研究人员发现，持续数年的自杀行为与男性性别身份、社会经济地位较低、适应不良、家族自杀史以及入院前缺乏门诊治疗等方面密切相关（Isometsa, Sund & Pirkola, 2014; Soloff & Chiappetta, 2012）。与出院者保持反复的后续接触似乎可以降低自杀行为的风险（Luxton, June & Comtois, 2015）。

凯蒂的长期预后尚不可知。从好的方面来说，她目前正在坚持接受治疗，并且似乎拥有良好的家庭支持。然而，从不利方面来说，她的这种精神状况已持续了多年，并且没有得到充分的治疗，曾经饮酒，并有过自杀行为，还丧失了毕生积蓄，丢掉了工作。良好的结果可能包括持续的高强度药物治疗和心理治疗，以及身边重要人的强有力支持。

第八章　饮食失调症

8

体重问题、身体不满度和饮食失调症

饮食失调症：主要特征和流行病学分析

与饮食失调症相关的污名

饮食失调症：病因与预防

饮食失调症：评估与治疗

章节特色

- 专栏8.1　**聚焦大学生**　饮食失调症
- 专栏8.2　**聚焦性别**　饮食失调症为何存在性别差异？
- 专栏8.3　**聚焦法律和伦理**　支持厌食症的网站的伦理道德

C 绍基

案例探讨

绍基是一名19岁的亚洲裔美国大学生，身高164厘米，体重41千克。因为绍基总是穿比较宽松的衣服，所以她的朋友们并没有注意到她在过去的一年体重下降了这么多（11.3千克）。大约一年以前，绍基开始害怕变胖。她深信，体重增加对她而言会是一件糟糕透顶的事情，她的大学生活也将会因此变得一团糟。绍基开始不吃饭，即便吃的时候也仅仅一天一顿或两顿，且只吃一个“色拉拼盘”或其他一些小零食。她的色拉拼盘包括4片生菜叶子、一点胡萝卜、一小片苹果，不加任何辅料。绍基非常注重食物和卡路里。她吃的每一口食物都要经过深思熟虑，并且她还随身携带各种食物的图表，这些图表列出了每份食物所含的卡路里。她只喝水和无糖饮料。

绍基沉迷于自己的体重和外表。她有两个秤：一个放在床边，另一个放在浴室。她每天称重至少10次，有时甚至更多。绍基告诉别人，她的臀部太大，肚子有些松垂。绍基的体重明显低于正常标准，但她还是经常照镜子，以确保自己不会变胖。她的自尊心很大程度上取决于她的体重。当绍基体重超过41千克时，她便对自己不满意，而当自己的体重低于41千克时，她便看起来更有活力。绍基认为减肥是一个了不起的自律成就。绍基的家人注意到她的体重变化，告诉绍基她的体重不足。尽管如此，绍基并不认为自己的饮食和体重偏低存在什么问题。甚至，她还希望减掉诸如苹果、无糖饮料等饮食中的“高脂肪”食物，以进一步减轻自己的体重。绍基最近整天待在宿舍，只有上课的时候才会出门。

思考问题

1. 绍基的哪些症状对于大学生而言比较典型？哪些症状非常不同？
2. 绍基的问题可能是由什么外部事件和内部因素造成的？
3. 你对绍基的哪些方面感到好奇？
4. 绍基有没有让你想起自己或你认识的人的相关情况？原因是什么？
5. 绍基的饮食问题会如何影响她未来的生活？

体重问题、身体不满度和饮食失调症

你是否看过镜中的自己，并担心自己会超重？你是否关注过自己吃多少？对于许多人来说，这些问题非常常见，在这个肥胖症的危险似乎总是接连不断地出现的时代，尤为如此。对体重的担忧是正常的，人们对此也可以适应。实现和维持正常体重对于降低心脏病、糖尿病、脑卒中及其他潜在致命疾病的风险来说非常重要。经常锻炼和良好的饮食习惯也可以改善我们的情绪，并减轻压力。我们大多数人会经常称重，以确认自己的体重是否处于正常水平。

还有一些人对体重的担忧达到了更高的程度。即使自己并没有超重，但存在体重问题的人也常常会感到自己超重，并会对自己的体重产生负面看法。你认识的人中也许有体格瘦弱的人，他会对自己的体重感到心事重重，并会积极地锻炼身体。存在体重问题的人会关注他们在一天中不同时间的体重，并且往往有减重的欲望。如果一个人不存在痛苦情绪，体重保持在正常范围内，并且通过避免过度锻炼来避免身体受到伤害，那么体重问题就算不上什么问题。

一些存在体重问题的人会对他们的体形做出负面的自我评估。身体不满度是指一个人对自己的外表存在不满或苦恼，对自己的外表过于关注，并会回避某些情景或事物，因为这些情景或事物会使他们意识到自己的身体问题（Heider, Spruyt & DeHouwer, 2015）。存在身体不满度的人不仅仅关心自己的体重，对自己的体重总不满意，还会考虑如何才能改变一下自己的外表。他们花了大量的金钱购置运动器材，穿梭于各大健身房，但回避社交及其他情景，因为在那些地方人们可能会对自己的体重指指点点。除了上课，绍基基本不去其他场所。

体重问题和身体不满度是一个维度概念，即我们所有人在某种程度上都具有这些特征。一些人存在严重的体重问题和身体不满度，就会逐渐升级为饮食失

瘦身欲望可能会导致饮食问题或饮食失调症。

调症。患有饮食失调症的人对自己的体重和体形存在很大的担忧。绍基非常害怕自己的体重会增加。体重问题和身体不满度是饮食失调症三大主要组成部分的其中两个。第三个主要组成部分是饮食问题，包括限制进食、过度节食、缺乏进食控制。

限制进食或过度节食是指故意限制食物摄入或改变摄取食物的类型。患有饮食失调症的人会格外关注导致体重增加或减少的食物。这种关注是由体重问题或身体不满度引起的。绍基很少吃饭，并且保持超低卡路里的饮食，因为她认为自己太胖了。

对饮食缺乏控制是指一个人无法克制自己食用大量食物。对饮食缺乏控制的人会摄入过量的食物。因此，该特征涵盖认知（认为一个人对饮食失去控制）和行为（摄入太多食物）两个层面。对饮食缺乏控制的人会快速增加体重，并且相对于和自己同样身高、年龄相仿以及相同性别的人来说，他们会被认为超重。有些人可能会因此患上肥胖症，但人们并没有将肥胖症视为一种饮食失调症。

体重问题、身体不满度和饮食行为如图8.1所示。我们大多数人偶尔会产生体重问题或身体不满度，对此我们可以正常解决或应对。然而，严重的体重问题或身体不满度会导致一些人使用极端手段来控制自己的体重。这些极端手段包括严格限制进食、过度锻炼或服用能导致体重减轻的药物（如泻药）。这些人非常痛苦，限制自己的社交活动，并遭受严重的情感、行为甚至医疗后果。像绍基一样具有这些特征的人会患上饮食失调症。

饮食失调症可能并不那么严重，因为即便人们对自己的体重和外表感到十分困扰，但他们仍会偶尔进食（见图8.1）。然而，当一个人开始绝食，达到想要把自己饿死的程度时，饮食失调症就十分严重了。严重的饮食失调症也包括强烈的痛苦和悲伤情绪。接下来我们将介绍影响诸如绍基等人的主要的饮食失调症。

饮食失调症：主要特征和流行病学分析

本章节总结了一些常见饮食失调症的主要特征，这些饮食失调症包括神经性厌食症、神经性贪食症和暴食症。

神经性厌食症

患有神经性厌食症的人不肯保持最低正常体重，他们对体重增加有一种强烈的恐惧，并且对他们看待自己体形和体重的方式感到焦虑（见表8.1，美国精神病学会，2013）。绍基可能符合神经性厌食症的诊断标准，因为她体重偏低，强烈害怕变胖，并对自己的体形感到困扰。神经性厌食症的严重程度部分取决于体重指数（见表8.1）。

你可能会认为患有神经性厌食症的人没有胃口，但他们并非如此。事实上，患有神经性厌食症的人经常考虑自己的饮食，绍基就是一个例子，她甚至会为其他人精心准备饭菜。遗憾的是，患有神经性厌食症的人对他们的体形具有强烈的不满情绪，因此害怕增重。他们变瘦的欲望很强，并且经常寻找各种办法进行减肥。

患有神经性厌食症的人主要通过减少进食和过度锻炼来减轻体重。他们吃东西时会避免摄入含有过多卡路里的食物。许多患有神经性厌食症的人最初通过杜绝饮用软饮料或食用诸如甜点等高脂肪食物来减肥。然而，久而久之，他们不吃的食物越来越多，并开始逐渐不吃饭。这些限制行为构成了一种神经性厌食症亚型的基础（见表8.1）。绍基就属于这种限制亚型。

其他患有神经性厌食症的人通过暴食（见后面章

节）和清除进行减肥。清除是指通过自诱导的呕吐、滥用泻药或利尿剂或进行灌肠来消除自己体内的食物或体液（从而减轻体重）。暴食和清除构成了神经性厌食症第二种亚型的基础（见表8.1）。

神经性厌食症有一个特别引人注目的特征，即尽管全部证据表明他并不胖，但他仍坚信自己很胖。绍基的体重减了11.3千克，几乎是她体重的1/5，但她仍然认为自己的臀部很大，而且腹部有些松垂。患有神经性厌食症的人对他们的外表有着极度的误解，即使在明显消瘦的时候也会感到肥胖。一个很好的类比是，站在哈哈镜前，人体各个部位的镜像会被拉长或压短。

患有神经性厌食症的人可能意识不到他们体重过低会引起严重的医疗后果。他们会变得消瘦、脱水，并且出现低血压。此外，也可能引发贫血、肾功能障碍、心血管疾病、牙齿问题、电解质紊乱和骨质疏松症等。一些患有神经性厌食症的人因禁食或自杀等最终死亡。

表8.1

《精神疾病诊断与统计手册》（第5版）（DSM-5）

神经性厌食症

A. 在年龄、性别、发育轨迹和身体健康的背景下，因限制能量的摄入而导致明显低体重。明显低体重是指低于正常体重的最低值或低于儿童和青少年的最低预期值。

B. 即使处于明显低体重，仍然非常害怕体重增加、变胖或有持续增加体重的行为。

C. 对自己的体重或体形的体验障碍，缺乏对目前低体重的严重性的认识。

程度：轻度（BMI≥17 kg/m^2），中度（BMI:16～16.99 kg/m^2），严重（BMI:15～15.99 kg/m^2）或极端（BMI < 15 kg/m^2）。

神经性贪食症

你是否曾经因为吃得过饱而伤了胃？饱餐一顿之后，你有没有感到愧疚？我们大多数人都曾在吃自助餐时过量进食，或者意识到自己吃了太多甜食，这都是正常现象。我们通常关心的是，我们吃多少算进食过量，并可能会引发什么后果。我们大多数人都能控制自己的饮食，偶尔也会发生暴食情况。然而，对于像丽莎（见下页）一样的人来说，暴食情况频繁发生，并会导致许多问题。

神经性贪食症的特征是暴食、采用不恰当的方法防止体重增加，以及自我评价严重受到体形和体重的影响（见表8.2）。暴食是指在有限的时间内吃一定量

图 8.1 体重问题、身体不满度和饮食行为

	正常	轻度
情感	自己的情感是积极向上的。	对自己的体形和体重有一些焦虑。
认知	“我觉得自己的体形和体重都非常好。”	“我希望自己更健康，体重更轻一些。也许我可以稍微控制一下自己的饮食。”
行为	吃饭没什么顾虑。	尝试在进食时少吃，可能偶尔会不吃饭。

C 丽莎 案例探讨

丽莎是一名25岁的女性，患有饮食失调症，正在接受治疗。多年来，她一直高度关注自己的体形，并表示，如果感到自己超重，她对学校、朋友或她自身的感觉从来都不会很好。丽莎不瘦，但也从没有超重过——但她总觉得自己好像超重了。丽莎一直试图通过节食来限制自己的饮食和体重。遗憾的是，久而久之，她的食欲慢慢变大，并逐渐演变成大吃大喝的程度。丽莎在自己的房间里存放了蛋糕、冰激凌等食物，并在暴食发作时狼吞虎咽地吃这些食物。当暴食发作时，丽莎感到惊慌失措，并且无法控制自己。

在过去的一年中，丽莎的暴食发作得更加频繁，每周大约五次。这让丽莎更加担心自己的体重会增加。她对自己处理暴食的方式也感到非常难堪，每次暴食之后都会呕吐。她把自己的呕吐物偷偷藏起来以免其他人发现，但她的牙齿很快因此而受到腐蚀。丽莎的暴食和清除一直如此，直到有一天她发现自己的呕吐物中含有大量血液。这时，她意识到自己需要帮助。

的食物，例如2个小时或更短时间，这比大多数人在同样情况下吃的要多得多。暴食通常发生在自己一个人的时候，可能由抑郁、压力或自尊心低下等引发。暴食也伴随有进食时缺乏控制的症状。许多有暴食症状的人都对自己的饮食问题感到羞愧，并会刻意隐瞒自己的症状。

表8.2

《精神疾病诊断与统计手册》（第5版）（DSM-5）

神经性贪食症

A. 反复出现的暴食行为。暴食行为的反复出现有以下两种特征：
   1. 在相似时间或相似环境下，在一些不连续的时间内食用的食物数量比大多数人多得多；
   2. 发作时难以控制饮食。

B. 反复发作的不恰当补偿行为以防止体重增加，如自发呕吐，滥用轻泻药、利尿剂，进行灌肠，绝食或运动过量。

C. 暴食和补偿行为都发生，平均每周至少2次，连续3个月以上。

D. 自我评价受体形和体重严重影响。

E. 此种错乱不只发生在神经性厌食症发作期。

程度：轻度（每周有1～3次不恰当的补偿行为）；中度（每周有4～7次不恰当的补偿行为）；严重（每周有8～13次不恰当的补偿行为）；极端（每周有14次不恰当的补偿行为）。

中度	进食障碍——不严重	进食障碍——严重
对体形和体重感到中度焦虑，并且有些沮丧。	对明显无法减轻体重感到强烈的焦虑和难过。	对自己的体形和体重感到严重的焦虑和抑郁。
“哇，我变胖了。我需要开始减少饮食了。如果再不减少，我会变得更胖。”	“我感觉自己一直都很胖，我希望自己的身体更瘦一些。我必须将所有这些可怕的能量从身体内清除出去！”	“我非常胖，我恨自己的身体！我现在不得不禁食了！没有人会明白。”
经常不吃饭，只吃低卡路里食物。开始经常锻炼以减轻体重。	每天只吃一顿饭，可能在饭后进行清除或服用泻药。	在不得不进食时，吃得很少；过度锻炼，经常进行饭后清除以减轻体重。

基蒂·威斯汀（安娜的母亲）

个人叙述

感觉安娜·塞琳娜·威斯汀的生日就如同在昨天一样。她是一个美丽、健康的宝贝，有着明亮的蓝眼睛、金色的卷发和“玫瑰花蕾般”的嘴巴。她逐渐长大，并成为一个充满生机和爱的年轻女性，她怀揣希望、梦想，拥有一个充满前景的未来，直到患上这种影响数百万人的致命疾病：神经性厌食症。在安娜16岁时，她第一次被诊断出患有神经性厌食症。她在忍受这种疾病煎熬的5年后自杀，她去世时年仅21岁。

我写了关于我与安娜的经历，希望阅读我们故事的人能更好地理解这种疾病的严重性以及它对家庭的影响。但在开始之前，我想说我和我丈夫为安娜抗击疾病所付出的努力感到非常自豪。我们对她患有这种疾病或者她因此而自杀并不感到羞耻。我们都明白，神经性厌食症是一种疾病，而不是一种自主的选择。我们开诚布公地讲述我们的故事，希望消除与饮食失调症和自杀相关的污名和羞耻。既然我们已经决定真诚地谈谈安娜的生与死，那么我们就敞开心扉谈谈我们经常被问及的问题：安娜的症状是什么？第一次发现这些症状是什么时候？

回想起来，在我们认识到这些症状之前，安娜很可能已经表现出饮食失调症的迹象了。在安娜还是一个年轻少女时，她追求完美主义和高度的成就感，要让一切都“恰到好处”。在她遇到困难时，她对自己感到不满，并且不能容忍自己感觉到的那些不完美的东西。她表现出焦虑的迹象，小时候就经历过持续抑郁的阶段。

安娜体形娇小，我记得她在15岁时就开始谈论自己的体形。那天，她从学校回家，看上去非常沮丧，因为一位熟人对她大腿的粗细进行了评论。这可能就是她迷恋瘦身的开始。这一事件发生后不久，她宣布自己决定成为一名素食主义者。当时，我对此并没怎么关注（虽然我当时很困惑她为什么做出这样的决定）。我对她关于这种“生活方式”的承诺表示质疑，而她却向我保证她会保持健康均衡的饮食。我当时不知道这种行为是限制饮食的开始。几个月后，安娜限制了几乎所有的食物。安娜几乎在一夜之间从一个风度翩翩、充满爱心和活力的青少年变成了一个充满敌意和愤怒、孤僻且无法交际的人。她的体重显著下降，她开始回避包括家庭聚餐在内的所有与食物有关的场合。

安娜不断否认自己存在饮食的问题或与她体形相关的问题，但很明显，她患病了，并且越来越重。我们把她带到家庭医生那里做了检查。医生将她送到专业机构那里就饮食失调症进行了评估。安娜被诊断出患有神经性厌食症。

在我们得知女儿的诊断之后，和大多数突然面临照顾重病家庭成员的创伤的家庭一样，我们并没有做好充分准备，并对该如何去面对一无所知。与糖尿病、癌症和心脏病等许多其他问题不同，我们对神经性厌食症几乎一无所知，也不知道该向谁求助。我们不知道该如何去了解厌食症，如何获得支持和指导。我们经常感到困惑，总是害怕，有时甚至十分生气。

安娜在16岁时首次被确诊患有神经性厌食症。她在一家医院的治疗取得了良好效果，似乎完全康复了。当时我不知道神经性厌食症的复发率很高，我们应该多年保持警惕。我真希望当时有人能告诉我诊断和康复的平均间隔时间是7年，这样我就可能会关注神经性厌食症复发的危险，我们也会有针对性地做些准备。

在完成第一次神经性厌食症治疗后，安娜似乎恢复得不错，她顺利从高中毕业，继续读了大学。在接下来的几年里，她陆续经历了几次抑郁和焦虑发作，尤其在感受到压力的时候，情况特别突出，但总体来说她还算健康和快乐。然而，她的神经性厌食症去而复返，而这一次，当我们带她去治疗时，她的病情已经非常严重。我们试图确定她这次病情复发的诱因，但没有得出什么结果，所以我们最终推定，她的生物、化学病理性变化一定是主要因素。我们让安娜参与了专门的饮食失调症治疗项目。因为她第一次的治疗效果非常好，所以我们并没有过于担心，并且对她会全面康复没有丝毫怀疑。

安娜是一个“典型的”患有饮食失调症的人：抗拒、易怒和拒绝治疗。然而，在她参与该项目后，她获得了许多支持，并恢复了健康，她开始意识到自己病症的严重性和治疗的重要性，她开始变得更加合作，并接受治疗。安娜得到了最好的治疗与护理，她所参与的项目采用了医疗团队病患管理模式，包括医生、心理医师、精神病医生、社会工作者、正式护士、营养师、导师、物理治疗家和职业治疗师以及护理管理人员。除了安娜参与的个人治疗和团体治疗，我们还参与了家庭治疗和教育团体。我们终于感觉我们学到了一些真正需要的知识，可以帮到安娜。然而，神经性厌食症对家庭产生的影响是巨大的。我丈夫和我在许多方面发生争执，包括如何以最好的方式面对安娜，而我们的愤怒和沮丧往往针锋相对、互不相让。我们年幼的女儿们无法理解这种疾病，很难接受她们的姐姐患上这种怪病，并可能会死去。我们所有人都如履薄冰，害怕我们一旦做错了什么或者说错了话会让安娜心烦，并使她的病情恶化。什么时候该置身事外，什么时候该介入，这对我们而言是非常棘手的事情。专家建议我们，安娜吃饭的时候不要看她，但安娜的情况是，如果她不吃饭，就会死去，我们还能无动于衷吗？毕竟，对安娜而言，食物就是“药”，难道我们做父母的不应该确保自己的孩子按时服用治疗疾病所需的药物吗？

尽管如此，治疗似乎进展得非常顺利。我们开心地看到，安娜步入了康复的轨道。然而，不久我们便遇上了一个出乎我们意料的“拦路虎”，这使一切都发生了改变。这个“拦路虎”便是我们的保险公司。他们拒绝支付安娜医疗团队建议的大部分医疗护理费用，声称这在医学上并不是必要的。这样一来，我们家便不得不支付这一高昂费用，以便让安娜继续在医院接受治疗。当安娜听到这个消息后，她感到非常内疚，感觉自己就是我们家的一个负担。我们向她保证，她只需要把精力放在治疗上，我们会解决钱的事情，但我觉得她肯定听不进去。几个月后，安娜自杀了。我不会将安娜的死归咎于保险公司。我明白，杀死安娜的是神经性厌食症。然而，保险公司确实促成了她的死亡，因为这让她觉得自己没有存在的价值，加深了她的绝望感。

我们的丧亲之痛无法言表，安娜去世后，我们一直都活在这种悲伤与痛苦的阴霾之下。然而，我们已经能够将一部分强烈的情绪化作积极的动力，我们以安娜的名义创建了一个基金，并且加入了对抗饮食失调症的斗争中。

患有神经性贪食症的人使用不恰当的行为或补偿行为来预防体重增加（表8.3）。丽莎在暴食后诱导自己呕吐，寻求治疗神经性贪食症的人中80% ~ 90%的人采用这种方法。呕吐是一种负强化，因为这可以减轻胃部不适，也可以减轻体重。清除补偿行为包括呕吐、滥用泻药或利尿剂、进行灌肠。非清除性补偿行为包括长达几天的禁食、过度运动（见表8.3）。补偿行为可能会导致严重的并发症；恶性呕吐可能会导致牙齿问题、唾液腺肿胀或食道问题；过度服用泻药和利尿剂可能会引发慢性腹泻或肠道问题。

肥胖虽然是身体不健康的一种表现，但并不被视为饮食失调症。

患有神经性贪食症的人和患有神经性厌食症的人一样，也以体形和体重来评估自己。这些疾病之间的主要区别在于患有神经性厌食症的人的特征在于体重过低，而患有神经性贪食症的人的体重可能是正常的或超重的。神经性贪食症的严重程度部分取决于每周补偿行为的次数。

暴食症

有些人反复暴食发作，但没有进行诸如清除、过度运动或禁食等补偿行为。患有暴食症的人在一段时间内缺乏对进食的控制，从而引发不适（见表8.4）。暴食平均每周发作一次，至少持续3个月，就称为暴食症。暴食症的其他特征包括进食速度快，即使进食时感觉不舒服仍坚持进食，即使不饿也要大量进食；由于担心食用大量食物会引发尴尬，所以患有暴食症的人一般单独进食，并且在暴食后感到恶心、郁闷或内疚。患有暴食症的人对自己的行为感到非常痛苦。他们通常都有不同程度的肥胖，并且可能已经参加了各种体重控制项目。

暴食症与神经性贪食症类似，但有一点区别，即患有神经性贪食症的人经常进行补偿行为以防止体重

表8.3
补偿行为

暴食后预防体重增加的补偿行为包括以下几种：

- 滥用泻药
- 滥用灌肠剂
- 过度运动
- 滥用利尿剂
- 禁食
- 自我诱导性呕吐

增加（Heaner & Walsh, 2013）。患有暴食症的人的暴食行为也会持续一段更长的时间，但他们的暴食可能没有患有神经性贪食症的人的暴食那么疯狂。暴食症的严重程度部分取决于每周暴食发作次数（见表8.4）。

表8.4
《精神疾病诊断与统计手册》（第5版）（DSM-5）

暴食症

A. 反复发作的暴食。一次暴食的发作具有以下两种特征：
  1. 在不连续的时间段中，摄入比大多数人在同一期间、同样场合内所能摄入的数量多得多的食物；
  2. 有一种在发作期间难以控制进食行为的感觉。

B. 暴食发作有以下几个（或更多个）特点：
  1. 比平时进食速度快得多；
  2. 一直吃到感觉撑得难受为止；
  3. 在不感到生理饥饿的情况下进食大量食物；
  4. 独自进食，因为觉得自己吃这么多东西很不好意思；
  5. 感觉讨厌自己，心情沮丧，或吃完之后有强烈罪恶感 。

C. 对于自己的暴食存在明显的痛苦感觉。

D. 平均每天至少进行一次暴食，连续持续3个月。

E. 暴食行为并不伴随着经常采取不当的补偿行为的现象，同时也不是仅仅在神经性厌食症和神经性贪食症的病程中发生。

程度：轻度（每周暴食发作1～3次），中度（每周暴食发作4～7次），严重（每周暴食发作8～13次）或极端（每周暴食发作14次以上）。

饮食失调症的流行病学

饮食失调症并不像我们前面章节中探讨过的焦虑相关障碍和抑郁症那样常见，但它们的确也经常发生，足以引起心理健康专业人士的极大关注。表8.5列出了主要饮食失调症的终生患病率（Smink, van Hoeken & Hoek, 2012）。饮食失调症的症状在青少年及其他患有精神障碍的年轻人中也很常见。饮食失调症的医学并发症也可能非常严重，因此，研究人员非常关注这些问题。

神经性厌食症的发病高峰期为19 ～ 20岁，并且该疾病在工业化国家中更为常见（Stice, Marti & Rohde, 2013）。在许多国家，死亡率与神经性厌食症之间存在显著的相关性，并且在所有主要的精神障碍中，饮食失调症的死亡率最高。高死亡率可能是饮食失调并发症引发的结果，但也包括自杀率的上升（Franko et al., 2013）。神经性贪食症的发病高峰期为16 ～ 20岁，暴食症为18 ～ 20岁（Stice et al., 2013）。

考虑其他相关事实，饮食失调症的终生患病率似乎很低。包括大学生在内的许多人的饮食失调症症状都没有达到正式诊断水平（见专栏8.1）。此外，许多人患上饮食失调症也不寻求治疗，患有饮食失调症的人中只有23.2%寻求心理卫生方面的治疗（Hart, Granillo, Jorm & Paxton, 2011）。人们可能因为感到尴尬或耻辱而回避饮食失调症的治疗。许多患有饮食失调症的人都对自己的症状对外保密，并觉得他们不存在任何问题。绍基认为，限制食物摄入和减肥是一种美德，而不是一个问题，根本不需要自己承认，也不需要接受治疗。

与男性相比，饮食失调症在女性中更为常见。这样的性别差异可能出于以下几种原因（见专栏8.2）：社会文化角色可能导致女性出现饮食失调症症状，一

表8.5
主要饮食失调症的终生患病率

饮食失调症	女性/%	男性/%
神经性厌食症	0.9	0.3
神经性贪食症	1.5	0.5
暴食症	3.5	2.0

8.1

专栏

聚焦大学生

饮食失调症

饮食失调症的症状在年轻人尤其是大学生中尤为突出。一项基于数千名大学生的研究显示，13.5%的女性和3.6%的男性在进行饮食失调症筛查中呈现阳性。女性和男性在以下项目中给出肯定回答的比例如下：“当别人认为你瘦的时候，你会觉得自己胖吗？”（分别为33.8%和9.2%）；“你会担心你失去对自己饮食的控制吗？”（分别为26.4%和8.4%），“你会说食物在你的生活中占主要地位吗？”（分别为16.8%和7.1%），“你会因为吃得过饱而感到恶心吗？”（分别为13.7%和4.3%）。在那些饮食失调症筛查结果呈阳性的人中，许多人报告称最近出现过暴食（54.1%）、重度或其他抑郁症（23.9%）、非自杀性自我伤害（13.1%）以及自杀念头（4.0%）等。遗憾的是，在这些饮食失调症筛查结果呈阳性的人中，只有20%的人寻求过治疗（Eisenberg, Nicklett, Roeder & Kirz, 2011）。

我们在第二章中介绍了一个选择性预防项目，旨在解决大学在校生的饮食问题。其他研究人员也针对大学生饮食问题大致列出了一些治疗规程，这些规程与本章所介绍的治疗技术相似。研究人员建议对饮食问题低风险和高风险的学生进行筛查。低风险学生可以参与在线饮食预防项目，接受有关稳定、减肥以及预防肥胖症等的健康途径方面的教育。高风险学生，尤其是那些特别容易患神经性厌食症的学生，可以参与校园服务项目进行认知行为或人际关系治疗，这样可以解决有问题的饮食限制模式、体重指数、饮食态度、身体形象困扰、社会支持、情绪调节以及暴食等问题（Wilfley, Agras & Taylor, 2013）。如果你觉得自己患饮食失调症的风险很高，那么最好前往咨询中心寻求咨询。

些理论家关注女性的“客体化”、女性瘦身的媒体模式、虐待和性骚扰引发的压力、对成就的不良认知，以及对美丽和体形的过分关注等（Ferguson, 2013）。自我“客体化”、自我监测和饮食失调更为常见，比如芭蕾舞演员（Nascimento, Luna & Fontenelle, 2012）。女演员、模特以及需要瘦身的优秀女运动员也往往会出现饮食失调症的症状（Blasczyk-Schiep, Sokoła, Fila-Witecka & Kazen, 2015）。

患有饮食失调症的男性并没有像女性那样得到充分研究，但已经出现了一些有趣的发现。男性运动员的饮食失调症似乎呈上升趋势，尤其是在体育运动中，消瘦的体形可能会带来竞争优势。这样的例子包括摔跤、划船和赛跑等（Bratland-Sanda & Sundgot-Borgen, 2012）。患有饮食失调症的男性通常会表现出抑郁、自我伤害、物质使用障碍和焦虑等症状（Claes et al., 2012; Strother, Lemberg, Stanford & Turberville, 2012）。

在美国，饮食失调症的种族或民族差距似乎都很小。对于欧洲裔、亚洲裔、拉丁裔和非洲裔的美国女性来说，有诸如害怕发胖、体重和体形困扰，以及暴食等饮食失调症核心症状的比例是相似的（Franko et al., 2012）。目前，美国饮食失调症的种族和民族差异似乎相当微小。

饮食失调症已经被描述为一种文化综合征，或仅在某些特定文化和西方工业化国家出现的问题。然而，更深刻的观察揭示了一个更微妙的发现。神经性厌食症在世界上大多数国家都有过报道，并且不能完全归因于西方国家偏爱瘦身思想的影响。在西方及其他非西方国家，神经性厌食症的发病率差异很小。然而，非西方国家的神经性贪食症病例与西方国家的瘦身思想有关，并且非西方国家的神经性贪食症的患病率低于西方国家。

饮食失调症经常与其他精神障碍共同发生，包括其他进食障碍。大约47.4%患有神经性厌食症的人和42.2%患有神经性贪食症的人患有另一种进食障碍或出现该障碍的症状（Nagl et al., 2016）。饮食失调症还经常与抑郁症、躯体变形障碍、情绪失调、自我伤害行为、自杀共同发生（Lavender et al., 2015; Li et al., 2015; Lule et al., 2014）。像绍基这样患有神经性厌食症的人经常被社会孤立、感到悲伤，并对性生活不太感兴趣。他们经常报告称在与他人接触时存在问题，并会感到羞愧和内疚。患有暴食症的人称他们的

8.2

专栏

聚焦性别

饮食失调症为何存在性别差异？

女性患饮食失调症的比例高于男性，但原因是什么呢？针对饮食失调症性别差异的一个突出解释与性别角色有关。我们的社会重视类似于“女强人”的女性角色，女强人有着伟大的事业、幸福的婚姻和家庭、积极的社交生活和美丽的容颜。由于职业的关系，女强人角色强调消瘦干练、努力追求完美以及在家庭中拥有一定的自主权。努力瘦身、完美主义以及孤独或孤立也与饮食失调症有关，因此这种行为榜样可能会影响一些女性出现饮食失调症的症状（Richards & Barker, 2013）。

此外，女强人的理想也与媒体中描绘的“理想”女性交织在一起，这可能会影响女性对自己的评价方式。通过观察、评估和性别化，女性的身体也更有可能被“客体化”。这强化了瘦身文化，会导致更多的虐待和性骚扰行为，并可能使女性在职业生涯中无法像男性那样取得同样的成就（Dour & Theran, 2011; Howlett, Pine, Cahill, Orakçıoğlu & Fletcher, 2015）。

几乎可以肯定的是，生物因素会导致饮食失调，但这些因素是否会导致饮食失调的性别患病率差异尚不清楚。某些生物易感性可能在女性和男性中有着不同的表征。与男性相比，节食减肥更可能会减少女性的5-羟色胺。5-羟色胺减少与暴食和对低碳水化合物的需求有关。另一个可能的原因与自然的身体发育有关，随着男孩和女孩步入青春期，男孩变得更加强壮，更接近男性的“理想状态”，而女孩增加了体脂和曲线，离女性的“理想状态”越来越远。

是我们在教年轻女孩要瘦身吗？芭比娃娃体现了高挑、纤细和迷人的外表。

暴食经常在他们感到沮丧时发生，之后他们就会感到内疚和羞愧。大约71%患有暴食症的人患有肥胖症（Dingemans & van Furth, 2012）。患有饮食失调症的人通常也会表现出焦虑相关障碍的症状。神经性厌食症通常伴有强迫症的症状，包括对食物和体形的强迫观念以及囤积食物等强迫行为。神经性贪食症中突出的焦虑症症状包括与社交恐惧症相关的症状，如对社交情景的恐惧和被他人评价等（Swinbourne et al., 2012）。

人格障碍和物质使用障碍在患有神经性贪食症和暴食症的人中也很常见。这些障碍很可能交织在一起，因为它们都存在情绪失调和冲动控制问题的症状。患有神经性贪食症的人中患有边缘型人格障碍的比例相对较高，因为该障碍的特征是高度冲动性（见第十章）。患有神经性贪食症的人在过量饮酒和兴奋剂使用方面也具有较高的比例。兴奋剂一开始可以用来控制体重和食欲，但随后使用者会对其成瘾（Sachs & Mehler, 2015）。

与饮食失调症相关的污名

人们对患有饮食失调症或相关疾病的人的态度可能会相当苛刻。一组研究人员要求数百名项目参与者阅读关于患有神经性厌食症、神经性贪食症、暴食症、肥胖症或重度抑郁症的人的材料，并完成一个污名问卷（见表8.6）。阅读材料中患有饮食失调症的人因其病情而受到的指责明显要多于患有抑郁症的人；患有肥胖症的人相比其他人更容易患病。特别是，评估者将肥胖症和暴食症归因于缺乏自律。只有患有抑郁症的人被认为受到了严重伤害（Ebneter & Latner, 2013）。人们经常认为患上饮食失调症是“自找的”，并且这与一个人的意志力有关。我们在第一章曾提到，这样的态度会使其认为自己性格软弱，并且与其他人“不同”。

这些结果在一项对患有饮食失调症的人的调查中得到了验证。那些患有神经性厌食症、神经性贪食症

男性理想体形的变化。（左）演员伯特·兰开斯特（Burt Lancaster），大约1946年。（右）足球运动员大卫·贝克汉姆（David Beckham），2012年。

女性完美体形的变化。（左）演员简·拉塞尔（Jane Russell），大约20世纪50年代中期。（右）演员安吉丽娜·朱莉（Angelina Jolie）。

表8.6
污名陈述

1. 指责/个人责任
______因为他的病情而受到指责。
只要他们愿意，存在像______一样问题的人可以摆脱这一问题的困扰。
像______这样的问题是个人软弱的表现。
只要他愿意，______可以使其重新振作起来。
______的问题并不是一种真正的医学疾病。

2. 损害/不信任
有像______这样问题的人很危险。
如果我知道他们有像______这样的问题，我就不会雇用这个人。
如果我知道一个政治家存在像______这样的问题，我就不会投票给他。
______这个人很难沟通。
有像______这样问题的人的行为不可预测。
______的能力不如同龄人。

（Ebneter＆Latner, 2013）

或相关症状的人被问及蒙受污名的态度、信念及其对个人幸福的影响时，参与者表示，存在两种特别普遍且具有破坏性的信念："我应该能够重新振作起来"和"我本人应对自己的病情负责。"患有神经性贪食症的人更多地认为，他们没有自控力，而男性参与者往往认为他们"缺乏男子气概"。症状较多的人、患饮食失调症时间较长的人、自尊心较低的人以及不愿寻求帮助的人更可能会认可某种形式的污名（Griffiths, Mond, Murray＆Touyz, 2014）。该研究表明，自我污名的强大本质使人们在患有潜在威胁生命的疾病时放弃寻求帮助。

饮食失调症：病因与预防

我们接下来将注意力转向导致饮食失调症的因素，并探讨这些因素可以如何帮助我们预防这些疾病。

饮食失调症的生物学风险因素

前面章节曾经提到，我们通常基于素质-应激模型或各种生物学和环境的组合变量来看待精神障碍。许多人生来就具有某些神经特征或个性特征的遗传或生物学倾向。环境条件或生活事件通常会影响或触发这些生物学倾向。患有饮食失调症的人的生物学倾向包括遗传、大脑特征、神经化学特征以及诸如完美主义、冲动性等人格特征。

遗传

饮食失调症确实有家族遗传的原因。患有神经性厌食症的家庭成员的一级亲属自身患有这种疾病的可能性是常人的7～12倍。此外，患有神经性贪食症的家庭成员自身患贪食症的可能性是常人的4倍（Hildebrandt＆Downey, 2013）。报告称，饮食失调症也具有一定的遗传率（42%）（Kendler et al., 2011）。第1、第2、第4、第10、第13和14条染色体的基因可能会促成这些倾向（Wade et al., 2013）。某些饮食失调症亚型的遗传影响可能会更强，特别是神经性厌食症的限制亚型以及对食欲和能量调节的区域（Clarke, Weiss＆Berretini, 2012）。

然而，没有一个基因或一组基因会直接导致饮食失调症。总体来说，旨在发现饮食失调症遗传标记的研究已经断断续续产生了一些成果，但是瘦身欲望可能与第1、2和13号染色体上的基因有关（Trace, Baker, Penas-Lledo＆Bulik, 2013）。与男性相比，女性尤其

生物构造或不良习惯会导致肥胖症吗？

如此（Shih & Woodside, 2016）。遗传可能为大脑、神经化学特征或气质创造条件，这些特征或气质会引发饮食失调症，或与环境事件相互作用并触发饮食失调症。接下来我们将探讨一下患有饮食失调症的人的大脑特征。

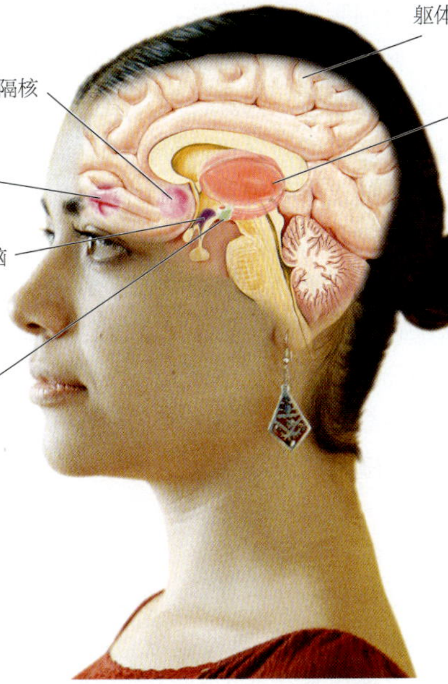

图8.2 与饮食失调症相关的大脑区域。

大脑特征

第二章曾提到，下丘脑是调节饥饿和饮食的大脑结构，与人的食欲有关（见图8.2）。因此，饮食失调症的研究者格外关注这一结构。外侧下丘脑损伤会导致动物体重和食欲发生改变（Stuber & Wise, 2016）。另有一些人则关注外侧下丘脑与杏仁核之间的联系。这种联系似乎与围绕饮食的习得性暗示有关。这些暗示会使一个人不顾自己的饱腹感而更多地进食（Sun et al., 2015）。

伏隔核也与饮食失调症有关，因为这种大脑结构与下丘脑外侧以及食物引发的感官愉悦有关（Smith et al., 2015）。其他大脑区域，如前额叶皮质、眶额皮质和躯体感觉皮质等，与食物的有益方面有关，并且可能在患饮食失调症方面发挥作用（Frank, 2015）。此外，丘脑可能与过量食物摄入也有关系（Urstadt & Stanley, 2015）。

然而，大脑结构和饮食失调症的动物模型可能并不完全与人类有关。前文曾提到，患有神经性厌食症的人确实有食欲，他们只是选择不吃东西而已。动物模型也不能解释与神经性厌食症或神经性贪食症有关的身体意象障碍或害怕变胖。下丘脑、杏仁核以及其他关键大脑区域（图8.2）很可能与饮食失调症有关，但这些大脑的结构或功能问题并不能完全解释这些疾病的症状。

神经化学特征

与饮食失调症关系最为密切的神经递质是5-羟色胺（Bailer et al., 2013）。5-羟色胺能影响情绪调节、强迫性思维、冲动和饮食行为。5-羟色胺也会导致产生饱腹感。患有神经性厌食症的人限制性进食可能会扰乱他们的5-羟色胺功能。患有神经性贪食症和暴食症的人可能具有较低水平的5-羟色胺，这可能会导致身体的饱腹感反馈机制出现故障，从而导致暴食。

神经性厌食症和神经性贪食症的特征是5-羟色胺活性降低，并且患有神经性厌食症和神经性贪食症的人对5-羟色胺刺激药物的反应也很有限（Flament, Bissada & Spettigue, 2012）。5-羟色胺功能障碍还与神经性厌食症或神经性贪食症的常见特征有关，包括自我毁灭行为、冲动性、强迫行为、强迫性思维和抑郁症等。我们在第七章讨论了5-羟色胺如何与抑郁症产生密切的联系。一些研究也表明，神经性厌食症与重度抑郁症之间存在共同的遗传风险（Brandys, de Kovel, Kas, van Elburg & Adan, 2015）。

多巴胺也可能会使人们患上饮食失调症。多巴胺与食物引发的令人愉悦的方面以及获得食物的动机有关（Bailer et al., 2013）。多巴胺系统功能障碍可能导致患有神经性厌食症的人获得食物的动机较少，而患有神经性贪食症和暴食症的人的情况则相反。因此，人们可能会认为患有期神经性厌食症的人与以暴食为特征的其他形式的患有饮食失调症的人的多巴胺功能存在差异。

内源性阿片类药物是一种可以减轻疼痛、增强积极情绪，并可抑制食欲的化学物质。这些化学物质在饥饿期间和剧烈运动之后得到释放，因此它们可能对饮食失调症产生影响。内源性阿片类药物的释放是有益的，因此，这可能会强化神经性厌食症的自我饥饿和过度运动。低水平的内源性阿片类药物会促进人们对食物的渴望，从而可能成为神经性贪食症的特征。对食物的渴望有可能会导致暴食，随后人会出现压力释放或欣快感，从而进一步强化了暴食（Mason et al., 2015）。接下来我们看看一些更可观测的因素，这些因素可能受到神经化学物质的影响，并有助于饮食失调症的形成和维持。

人格特征

完美主义通常被认为是饮食失调症的一个风险因素，对于那些对瘦弱有强迫性欲望的人来说尤为如此。患有神经性厌食症的人对理想体形、补偿性和近乎仪式化的减肥行为有着固定或僵化的思想，并严格遵守某些特定的饮食模式（或者选择不进食）。患有神经性贪食症的人也追求理想的体形，对完美主义的追求经常驱使他们进行节食，从而持久地延续暴食-清除的循环。完美主义似乎与饮食失调症有关，但这并不一定是该病的原因（Boone, Soenens & Luyten, 2014）。

冲动性是被视为神经性贪食症风险因素的另一个人格特征。暴食症通常表现出绝望、紧迫的特性。暴食者认为自身的暴食发作是被动的，而且无法控制。我们还提到，物质使用障碍和人格障碍与饮食失调症（特别是神经性贪食症）会共同发生。这些物质使用障碍和人格障碍的特征是较高水平的冲动性。冲动性不太可能直接导致饮食失调症，但似乎会使某些人容易出现神经性贪食症或暴食症的症状（Schag, Schönleber, Teufel, Zipfel & Giel, 2013）。

饮食失调症的环境风险因素

我们接下来将注意力转向环境风险因素。这些因素包括家庭因素、媒体对“完美瘦身”的推广以及认知和文化因素。

家庭因素

饮食失调症的一系列主要风险因素是家庭中可能发生的各种变化和动态。一些家庭变化，特别是与支持弱化有关时，似乎会容易引发饮食失调症。这些变化包括家庭成员的死亡、生病或住院以及涉及上学、人际关系、家庭和工作的重大变化等（Berge, Loth, Hanson, Croll-Lampert & Neumark-Sztainer, 2011）。研究者发现，父母一方，特别是母亲患有饮食失调症，青春期少女往往会出现身体不满度、体重和体形方面的困扰，而男孩则会节食（Micali et al., 2015）。此外，患有饮食失调症的母亲通常会限制自己的饮食，这可能转化为儿童的饮食问题。饮食失调症的其他主要家庭风险因素包括贫困和缺乏父母教育（Mitchell & Bulik, 2014）。

饮食失调症的另一个家庭因素是家庭成员给予减重的人大力支持，因此，家庭成员也可能为饮食失调症提供温床，并予以激活（Treasure & Schmidt,

完美主义似乎与饮食失调症有关，但并不一定是引发该疾病的原因。

2013）。相反，有患饮食失调症的人的家庭有时被认为具有一定的侵入性、控制性和敌对性，杂乱无章且不体贴。家庭功能障碍与冲突通常也是这一人群的特征（Holtom-Viesel＆Allan, 2014）。患有饮食失调症的人的家人也经常会对体形和体重发表负面的评论（Eisenberg, Berge, Fulkerson＆Neumark-Sztainer, 2012）。

其他家庭因素也会导致饮食失调症以及本书描述的许多其他主要精神障碍。情感表达是一个涉及敌意、冲突和过度干预的概念（第七章），与患有饮食失调症的家庭有关（Schmidt, Tetzlaff＆Hilbert, 2015）。第七章曾提到，不安全的依恋与抑郁有关，似乎也与饮食失调症有关。许多患有饮食失调症的人也报告了童年创伤史，例如忽视、躯体或性虐待。然而，儿童虐待并不一定是饮食失调症的特定风险因素。纵观本书，你会发现，许多患有精神障碍的人在童年遭受虐待的概率较高（Rohr et al., 2015）。

媒体对“瘦身理想”的推广

饮食失调的另一个风险因素是媒体对“瘦身理想”的推广，在西方社会尤为如此。在过去的50年中，美国的选美皇后、模特和《花花公子》的兔女郎变得越来越瘦（见图8.3）。年轻人，尤其是年轻女孩，深受媒体对魅力和理想体形描述的影响——赛琳娜·戈麦斯（Selena Gomez）和泰勒·斯威夫特（Taylor Swift）并不超重。许多名人和运动员的体形似乎为众人设定了一个标准，但在这些“模范”中，有许多人的体重严重不足。在电视和杂志上出现的女性通常比大多数美国女性要瘦得多。

多年来，这种媒体典范与普通女性的体形和体重方面的冲突不断增加。我们许多人在生理上也不倾向于“身形瘦小”。媒体很少提供对自身体重和外观感到舒适的胖女性的例子，因此，一名青春期少女发现媒体描绘的形象与她自己在镜子中看到的存在很大差异。有些女孩（和男孩）试图实现媒体描绘的理想体形，但发现要想做到这一点，只能通过严格限制进食、过度运动或清洗。对年仅5岁的儿童来说，媒体报道就会影响他们的身体不满度和饮食失调症症状（Damiano, Paxton, Wertheim, McLean＆Gregg, 2015）。

认知因素

饮食失调症的主要认知风险因素包括身体不满度和身体意象障碍。我们已经看到，家庭和媒体会对

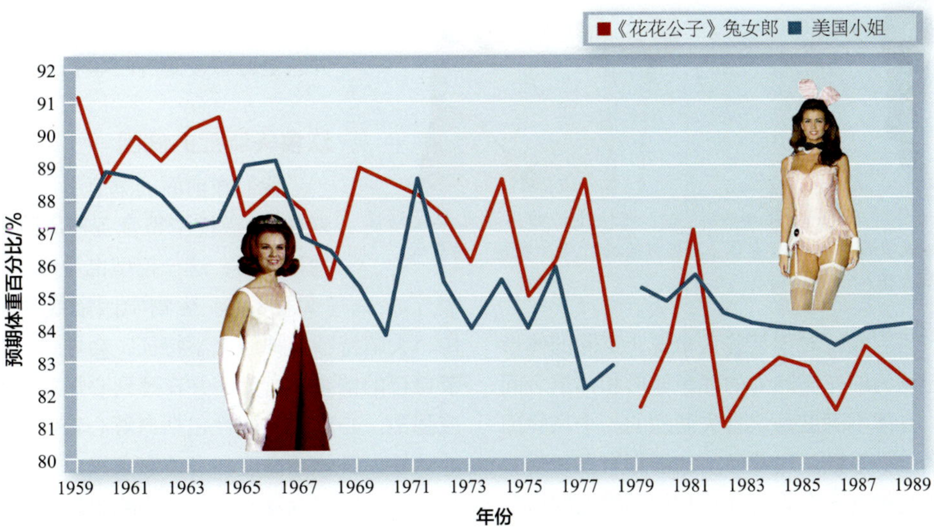

图8.3　预期体重百分比是指实际体重与某一特定身高和年龄女性的标准体重的比例。随着时间的推移，《花花公子》杂志中间插页上的兔女郎和美国小姐参赛选手变得越来越瘦，并且远低于标准体重。

在外表方面感知到的或来自他人的真实的压力可能会刺激过度节食甚至患上饮食失调症。

《天桥骄子》（*Project Runway*）等热门电视节目对一个人身体意象的影响有多大呢？

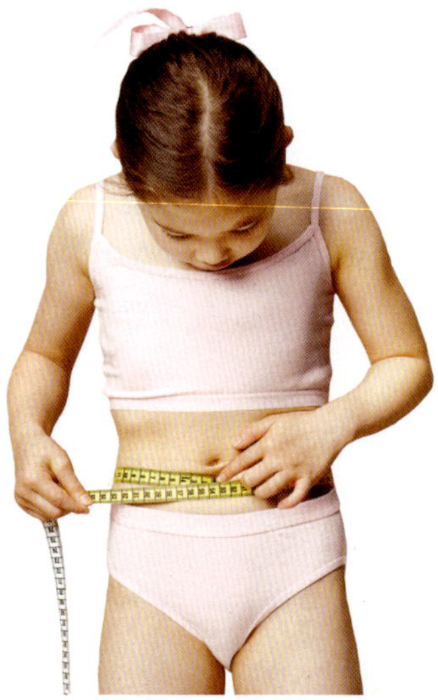

即使年幼的孩子也会受到媒体描绘的“瘦身理想”的影响。

身体不满度产生影响。对于某些人来说，实际的体形和体重与自己认为的充满魅力的理想体形和体重之间会出现偏差。身体不满度是饮食失调症的一个风险因素，也是一个维护系数。尽管当前的证据有些矛盾，身体意象障碍是指对一个人对体重和体形错误的自我评估（Smolak&Levine, 2015）。前文曾提到，绍基认为自己很胖，然而其他人告诉她，其实她的体重低于正常标准。扭曲的自我评估经常导致限制性饮食和食物消耗，绍基就是这样一个例子。

文化因素

我们前面曾提到，世界各地都存在饮食失调症，并且神经性贪食症更多地发生于西方文化中。神经性厌食症在食物稀缺以及“丰满”或略微超重备受推崇的某些国家可能也不太常见。与身体意象扭曲和自我饥饿有关的精神障碍在这些国家也不太可能发生。因此，对饮食失调症文化因素方面的研究在美国非常普遍。

正如我们前面提到的，在美国，很少发现饮食失调症方面的种族或民族差异。在身体不满度方面，欧洲裔美国女性与拉丁裔或亚洲裔美国女性没有区别。然而，欧洲裔美国女性的身体不满度确实高于非洲裔美国女性。这可能反映出非洲裔美国女性对体重和体形有着更大的接受度，并且与其他有色人种相比，非洲裔美国女性更加独立、强壮和自立（Bruns&Carter, 2015）。这可能使非洲裔美国女性不容易受到媒体对“瘦身理想”的推广的影响，并且更愿意接受自己本来的样子。

饮食失调症的病因

我们在前面的章节中讨论了如何使用素质–应激模型整合各种风险因素来解释精神障碍，这一模型也适用于饮食失调症（见图8.4）。生物学因素或易感性包括遗传、大脑特征或神经化学特征，会导致一些人难以调节自己的情绪或行为，并在感到心烦意乱或压力时反应强烈。心理的脆弱性包括自尊心较低、完美主义、冲动性、身体不满度和身体意象扭曲等。诸如儿童虐待、家庭冲突以及瘦身的社会或媒体压力等环境应激因素在这方面也发挥重要作用（Stice, 2016）。

图8.4显示了生物易感性、心理脆弱性、应激源

或社会文化因素之间是如何相互作用从而导致严重限制进食的。随后会出现两条不同的路径——一条导致神经性厌食症，另一条则会导致神经性贪食症。神经性厌食症的两种亚型的特征是限制性进食和暴食与清除。然而，这两种亚型都会导致体重过度减轻。患有神经性贪食症的人也会出现暴食和清除的情况，但其体重会保持在正常标准或以上。因此，饮食失调症包括涉及素因和应激源之间的相互作用。

在一些非西方文化中，超重比瘦身更受欢迎。

饮食失调症的预防

饮食失调症的许多风险因素发生在幼年时期，因此预防这些问题通常始于儿童期或青春期。饮食失调症的预防之所以重要，有两大主要原因。首先，饮食失调症与严重损伤、住院治疗、自杀企图和死亡有关。其次，不到1/3患有饮食失调症的人接受治疗，并且治疗并非对所有患有饮食失调症的人有效。

饮食失调症预防项目强调通过有关饮食失调症及其后果方面的教育、抵制瘦身的社会文化压力、健康的体重控制行为以及互动练习来解决身体不满度等风险因素。全国饮食失调症宣传周包括一项媒体宣传活动，旨在教育人们了解饮食失调症，并在指定诊所对那些备受饮食问题煎熬的人进行快速筛查评估。在饮食方面存在问题或困扰的人们可以接受专业治疗。饮食问题方面的预防通常只表现出适度的影响。对于高风险个体而言，如果身体不满度是关键因素，进行过多次治疗，并且这些努力在本质上具有一定的交叉性，那么预防项目往往会更有效（Stice, Becker & Yokum, 2013）。

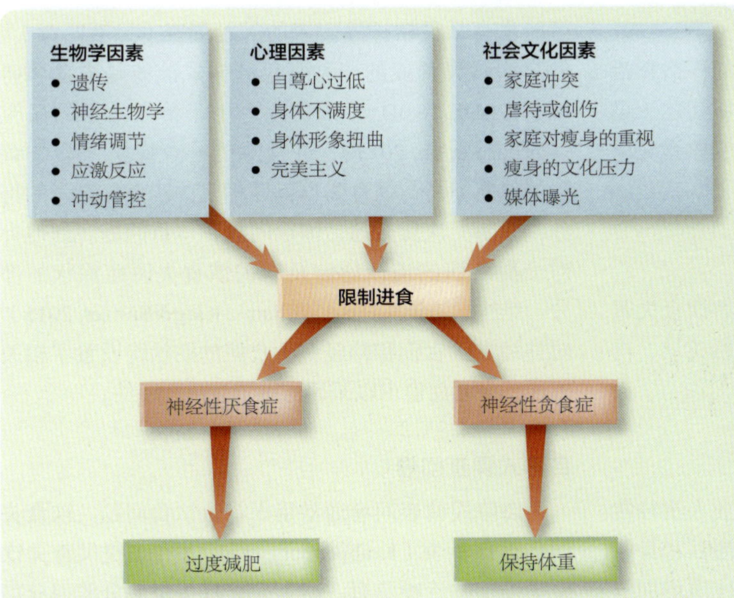

图8.4　饮食失调症的因果模型。

“学生团体”是一个为期8周的项目，通过互联网进行管理（Jones, Jacobi & Taylor, 2015）。该项目将结构式的认知行为课程与讨论组结合了起来。对人们进行风险因素筛查，随后邀请他们参加到项目中。主要目标是减少过多的体重问题和身体不满度。参与者登录一个网站，网站每周都会更新内容。该项目包含阅读、完成作业和参加在线小组讨论。参与者还可以在身体意象的个人日志中进行自我监测，并撰写日志。女大学生报

非洲裔美国女性可能比美国其他女性更不容易受到这种瘦身理想的影响。

告称，该项目确实减少了她们的体重问题（Wilfrey, Agras&Taylor, 2013）。该项目还减少了体重指数升高以及采用补偿行为预防体重增加的人群中饮食失调症的发生比例。类似这样的预防项目有望减少饮食失调症症状的发生率。

饮食失调症：评估与治疗

我们接下来探讨一下饮食失调症不同的评估和治疗方法。这些方法对绍基、丽莎和雷切尔（见个人叙述8.2）等人来说非常重要，他们备受饮食失调症的折磨。

饮食失调症的评估

心理健康专业人士使用各种方法对患有饮食失调症的人进行诊治。他们使用的主要方法包括访谈、自陈式量表、自我监测和躯体评估。

访谈

评估患有饮食失调的人的心理健康专业人士经常询问他们当前的身高和体重、饮食方面的想法和身体感受、对体形和形象的想法和感受、预防体重增加的行为以及长期目标等。这些信息对于了解如何治疗患有饮食失调症的人来说非常重要，因为可以识别和解决特定的来访者特征。丽莎的治疗师在询问她饮食失去控制时的情况时发现了一些有趣的信息。

治疗师：你在暴食时都会吃些什么？

丽莎：我会吃很多甜食，如蛋糕、冰激凌、饼干和糖果等。

治疗师：你在暴食时通常会想些什么？接下来会做些什么？

丽莎：在吃这些东西的时候，我觉得我根本不可能停下来。我因为无法停止进食而生自己的闷气，而且感到十分沮丧。在暴食之后，为了让自己好受一点，我唯一能做的就是使自己呕吐。吐出那么多东西着实令人尴尬，但这确实让我感觉舒服一些。

治疗师：你在呕吐完后通常感觉怎么样？

丽莎：哦，之后，我就会感到愧疚，以为我永远不会变好了。然后，就开始变得抑郁……我不知道自己为什么搞得一团糟。

许多治疗师更喜欢采用非结构式访谈，但结构式访谈通常依赖于诊断标准，并包含治疗师询问每位可能患有某种精神障碍者的问题列表（见第四章）。针对饮食失调症的一种常见结构式访谈是进食障碍检查（EDE 16.0D），该访谈也用于治疗结果的研究（Fairburn et al., 2015）。进食障碍检查提供饮食失调症的诊断以及与饮食失调问题相关的四个分量表的得分：抑制、饮食问题、体形问题和体重问题。其他针对一般疾病的访谈均涉及有关饮食失调症症状的部分。结构式访谈（First, Williams, Karg&Spitzer, 2015）对神经性厌食症和神经性贪食症的症状均设置了相关问题。暴食症也可以采用这种访谈进行评估。

自陈式调查问卷

自陈式调查问卷通常用于筛查饮食问题。饮食失调症诊断量表（Krabbenborg et al., 2012）提供有关饮食失调症的诊断信息。饮食失调症关键部分的得分可以通过计算获得，如身体不满度、暴食等。表8.7列出

雷切尔·韦伯

个人叙述

阿纳（Ana）和米娅（Mia）是对神经性厌食症和神经性贪食症的昵称。

亲爱的米娅：

我们已经一起走过了一段很长的路，但恐怕我不得不请你离开了。你已成为我生命的迷途中最后一个醉酒的客人。我不确定到底是谁邀请了你，每当我差一点就把你推出门外时，你总会去而复返。

在我意识到你的存在之前，你就早早地到了。你暗自躲在角落里，多年的嘲弄和肆虐激起了我心底的自我憎恨，再也不容忽视。那时，你下定决心，我们需要彼此相依。

我需要这样一种方法来应对自己的世界，这样我可以为自己的许多缺点默默地惩罚自己，别人也不会发现。你需要一个你可以诱导和进行洗脑的人。你需要这么一个人，她能相信你的低声耳语。

“你有缺陷。”

“你好丑。”

“你好蠢。”

“你一无是处。”

有趣的是，你告诉我的事情与我每天在学校听到的事情完全一样。我已经相信了有关自己的这些事情，对你来说一定很方便吧。

你使我确信，尽管父母千方百计地想给我一个温馨的郊区童年生活，但其实我苦不堪言。尽管我有许多爱我的家人和支持我的成年朋友，但其实我并不讨人喜爱。尽管我的墙上挂满了游泳奖牌和写作奖状，但其实我并没有什么天赋。尽管我有能力创建自己的事业，但其实我是一个失败者。

基于以上种种原因，你最终留了下来。在我为我要取消的婚礼试穿婚纱之前，你还在等我减肥。你在等我的男朋友抛弃我。你在等我生活落魄，或者只是感到厌倦和疲惫。那天，父母说我很胖，我知道这正式宣布了你的到来。

但我们的时间结束了。在我们所有在一起的日子里，我意识到其实我比你要强大。

我两年前萌生了这一念头，那天早晨，我躺在浴室地板上，神智有些不清，周围散布着自己的呕吐物。那时，你已走得太远。我看到了你的真实面目。

那时，我就下定决心，你必须离我而去。但无论我怎么努力（如擦拭脏了的眼镜片、用吸尘器清理地板、告诉自己早上需要多早起床等），你仍然拒绝离去，你的存在仍然令人费解。

我只知道，你帮我开启了一场与我自己身体的战争。你阻止我享受生活，与我的家人和朋友共度美好时光。你阻止我像一个正常人那样吃饭。你阻止我拥有一个“饥饿—进食—饭饱后停止进食”的正常循环。

我不确定我该怎么做才能切断我们之间的联系。这一切得追溯到我五年级的时候，不是吗？那时，我在学校每天都会受到同学的排斥，否则这一天就不是完整的一天。你伴随我走过了我的青少年时期，我们打情骂俏、一起玩耍，直到你侥幸成功。读大学时，我跟一个家伙约会，我在五年级时对自己的所有认知都得到了证实。

一旦我们彼此熟悉，你就开始瓦解我的肌肉张力，久而久之，我连一袋杂货都提不动，也无法更换我办公室饮水机上的水桶，或者走路超过一两个街区就不得不停下来歇一会儿。你使我的心跳不规律，血压降低，如果我站立太久，就会晕厥。我可以肯定，是你让我生了蛀牙，但我因为太害怕而没有去看牙医。至于是否是你让我患上了骨质疏松症，时间会证实这一切。

不知为什么，过了这么久，我已经变得比你更强大了。我的肌肉已经恢复，准备穿上战靴，在背后给你一脚，把你扫地出门。在这一点上，你需要一个自愿接纳你的主人，而我已不愿继续做你的温床。

所以，请带走你有刺痛感的指尖和有瘀伤的指关节，请带走你凹陷的双眼和干裂的嘴唇，请带走你经久不停的喉咙痛和头痛，请带走你带来的自我怀疑和自我厌恶。

无论你做什么，都不要再回来。因为我比你强大，而且我知道你有多讨厌这些。

了该量表的一些选定项目。表8.8列出了心理健康专业人员在评估患有饮食失调症的人时采用的其他调查问卷列表。

表8.7
饮食失调症诊断量表的样本项目

身体不满度/体重增加的恐惧
在过去的三个月中……
• 你觉得自己胖吗
• 你是否确实害怕体重增加或变胖
• 你的体重是否会影响你对自己的看法（或判断）
• 你的体形是否会影响你对自己的看法（或判断）

注：以上项目中的每一项均可被评为0（“完全没有”）；1、2（“轻度”）；3、4（“中度”）；5或6（“极端”）。

暴食
在你饮食过量或对饮食失去控制时，你有没有出现下列情况：
• 比平时进食速度更快
• 一直吃东西直到过饱而感到不适
• 在不感到生理饥饿的情况下进食大量食物
• 独自一人吃东西，因为你担心别人看见你的食量会觉得尴尬
• 感觉讨厌自己，心情沮丧，或者饮食过量之后会有强烈的愧疚感
• 对自己无法控制的暴饮暴食或由此导致的体重增加感到非常不安

注：以上问题请回答“是”或“否”。

自我监测

患有饮食失调症的人可以监控并记录他们的日常症状和行为。每日记录可能比过去一周一次的回顾性报告更加准确。一个人也可以关注症状或行为出现之前或之后发生的事情。自我监测本身的行为可能减少症状和行为——如果我们在症状或行为每次出现时都进行记录，那么我们的过度行为通常会减少。我们会对自己的行为有着越来越清醒地认识，并可以更好地控制自己的行为。

我们可以使用纸质日记来完成自我监测，以表明诸如暴食、清洗或过度运动等行为的频率、这些行为出现之前的情绪和思想以及诸如压力、安慰或内疚等行为出现之后的后果。纸质日记还可用于跟踪和记录所吃的食物和消耗的卡路里。这些信息对于了解一个人的饮食问题以及规划治疗非常有帮助。

基于高科技的自我监测涉及使用诸如掌上电脑或某些智能手机应用程序等电子日记来记录一个人的行为。绍基可能被要求随身携带电子日记对她的饮食、有关她身体的想法以及对变胖的恐惧等方面进行记录。她还可以在限制饮食以及不吃饭之前或之后表明她的情绪状态。使用电子日记的患有神经性厌食症的女性全天都会出现许多情绪的变化。她们还认可许多饮食失调症症状，比如不吃饭、检查骨关节脂肪以及通过食用流食来抑制自己的食欲。因此，电子日记可以为设计治疗方案的心理健康专业人员提供丰富的数据（Stroe-Kunold, Wesche, Friederich, Herzog & Wil, 2014）。

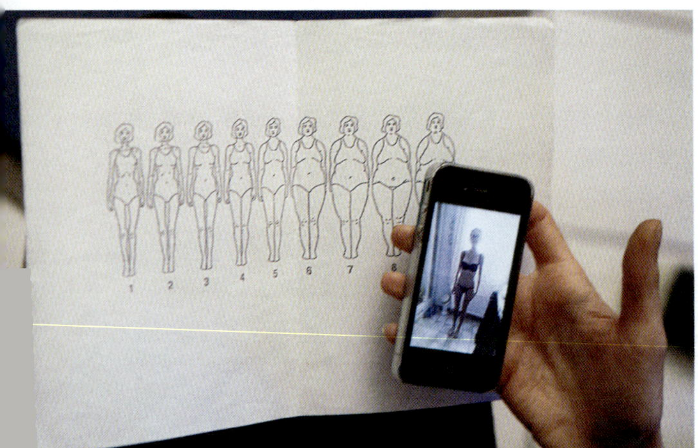

一些饮食失调症预防项目是通过互联网进行管理的。

身体评估

患有饮食失调症的人应该经常进行全面体检。许多饮食失调症状与身体有关，如低体重，饮食失调症可导致严重的医学症状以及危及生命的后果。体检可以关注身高和体重以确定身体质量指数（BMI，表8.9）、心率以及肌肉张力和协调性。身体评估还可以帮助医生和心理健康专业人员确定治疗的入手点。患

表8.8
评估饮食失调症的常见调查问卷

饮食失调症的一般诊断
进食障碍量表-2（EDI-2） 儿童进食障碍调查（KEDS）
身体不满度/身体意象障碍
体形问卷（BSQ） 身体形象回避问卷
饮食约束
荷兰饮食行为问卷（DEBQ） 三因素饮食问卷（TFEQ-R）
暴食
暴食症量表

有神经性厌食症的人若存在严重营养不良，则可能需要住院治疗以插入一个鼻胃管维持进食。用于评估患有饮食失调症的人的常见实验室测试包括以下几种方法：

- 代谢功能检验以评估由于营养不良导致的电解质紊乱；
- 血液计数以检查是否贫血；
- 酶测试以排除严重营养不良情况；
- 血清淀粉酶测试以显示清除行为；
- 骨骼扫描以排除缺钙或骨量减少的情况。

饮食失调症的治疗

前文曾提到，饮食失调症的症状包括情感、认知和行为特征等几个方面。因此，饮食失调症的生物学和心理治疗的一般目标是（Lock & Le Grange, 2013）：

- 恢复健康的体重；
- 治疗身体并发症；
- 增加恢复健康饮食模式的动力；
- 教育人们养成健康的饮食习惯；
- 帮助识别并改变有关饮食失调症的核心问题感受、想法和行为；
- 争取家庭对改变的支持；
- 防止复发。

饮食失调症的生物学治疗

饮食失调症的生物学治疗包括控制体重增加和药物治疗。

控制体重增加

许多患有神经性厌食症的人减掉了很多体重，以至于他们的病情会危及生命。患有严重的神经性厌食症的人在寻求治疗时通常首先会住院治疗，包括控制体重增加和接受营养指导（Suarez-Pinilla et al., 2015）。控制体重增加可以包括夜间插入鼻胃管，以增加基本营养，改善生命机能，并提供少量的能量。患有神经性厌食症的人也可以在工作人员的监督下定期吃一些零食和小餐，并对他们的饮食进行肯定与奖励（Rocks, Pelly & Wilkinson, 2014）。

控制体重增加通常与营养师一起进行，营养师会指导他们如何选择健康的食物。医生和心理健康专业

电子日记可用于监控一个人的情感、认知和饮食行为。

表8.9
身体质量指数（BMI）

BMI (kg/m²)	19	20	21	22	23	24	25	26	27	28	29	30	35	40
身高（英寸）							体重（磅）							
58	91	96	100	105	110	115	119	124	129	134	138	143	167	191
59	94	99	104	109	114	119	124	128	133	138	143	148	173	198
60	97	102	107	112	118	123	128	133	138	143	148	153	179	204
61	100	106	111	116	122	127	132	137	143	148	153	158	185	211
62	104	109	115	120	126	131	136	142	147	153	158	164	191	218
63	107	113	118	124	130	135	141	146	152	158	163	169	197	225
64	110	116	122	128	134	140	145	151	157	163	169	174	204	232
65	114	120	126	132	138	144	150	156	162	168	174	180	210	240
66	118	124	130	136	142	148	155	161	167	173	179	186	216	247
67	121	127	134	140	146	153	159	166	172	178	185	191	223	255
68	125	131	138	144	151	158	164	171	177	184	190	197	230	262
69	128	135	142	149	155	162	169	176	182	189	196	203	236	270
70	132	139	146	153	160	167	174	181	188	195	202	207	243	278
71	136	143	150	157	165	172	179	186	193	200	208	215	250	286
72	140	147	154	162	169	177	184	191	199	206	213	221	258	294
73	144	151	159	166	174	182	189	197	204	212	219	227	265	302
74	148	155	163	171	179	186	194	202	210	218	225	233	272	311
75	152	160	168	176	184	192	200	208	216	224	232	240	279	319
76	156	164	172	180	189	197	205	213	221	230	238	246	287	328

注：1英寸=2.54厘米；1磅=0.45千克。

基于身体质量指数的体重等线

BMI	体重等级
18.5或更低	体重不足
18.5 ~ 24.9	正常
25.0 ~ 29.9	超重
30.0 ~ 34.9	肥胖
35.0 ~ 39.9	非常肥胖
40或更高	极度肥胖

人员确保他们每周仅增加少许体重，并且更专注于身体质量指数而不是体重本身（Redgrave et al., 2015）。开始发胖的患有神经性厌食症的人可能会变得越来越焦虑、抑郁或烦躁，所以这些情绪状态也必须得到控制。因此，控制体重增加通常与接下来要介绍的药物治疗结合使用。

药物治疗

我们提到，5-羟色胺变化会导致饮食失调症，并且与5-羟色胺浓度较低相关的抑郁症经常与饮食失调症同时发生。因此，针对饮食失调症的药物主要包括选择性5-羟色胺再摄取抑制剂（SSRIs），如百忧解等（第七章）。这些药物对患有神经性厌食症的人并没有明显的疗效，因为药物并不一定会增加体重（Mitchell, Roerig & Steffen, 2013）。然而，SSRIs对于治疗共病性抑郁、焦虑、强迫性思维和清除（如果有的话）是有益的。抗精神病药物（第十二章）也可用于有严重强迫性思维或妄想性身体意象障碍的人。然而，用于饮食失调症的抗精神病药方面的研究产生了不同的结果（Dold, Aigner, Klabunde, Treasure & Kasper, 2015）。

SSRIs和心理治疗（在下一章节探讨）可以显著减少暴饮暴食和清除行为，并有助于缓解许多患有神经性贪食症和暴食症的人报告的冲动控制问题（Brownley, Peat, La Via & Bulik, 2015）。食欲抑制剂有时也用于帮助这些人减轻体重。这些药物能减少他们的饮食，但心理健康专业人员必须确保服用这些药物的人自行监测心率和血压（McElroy, Guerdjikova, Mori & O'Melia, 2012）。

饮食失调症的心理治疗

饮食失调症的心理治疗包括家庭治疗和认知行为治疗。

家庭治疗

家庭治疗可用于许多患有饮食失调症的人，但对患有神经性厌食症的青少年尤其有用。对于患有神经

8.3

专栏

聚焦法律和伦理

支持厌食症的网站的伦理道德

一些网站明确鼓励极度的节食行为，并宣称诸如神经性厌食症等饮食失调症是一种生活方式。这些支持神经性厌食症的网站提供有关如何减轻体重的信息，并为患有神经性厌食症的人提供支持，营造社区意识。支持神经性厌食症的网站上的常见功能或内容包括以下几个方面（Rodgers, Lowy, Halperin & Franko, 2016）：

- 旨在促进将极端瘦身作为一种生活方式的诸如瘦身名人、励志名言和作品等视觉形象；
- 诸如泻药、减肥药和禁食等促进减肥的方法；
- 那些渴望减肥的人的创意作品和表达；
- 体重和代谢率计算；
- 留言板或论坛；
- 博客或实时日记。

大多数人都认为，这一趋势似乎有些令人不安，特别是考虑到这对年轻女孩神经性厌食症发展的影响。但这些网站对成人会有什么影响呢？可能造成实际的伤害吗？有些人发现，那些仅浏览支持神经性厌食症网站而不看其他网站的人表现出自尊心下降，认为自身的外貌和吸引力下降，并且负面影响和超重感觉增强。然而，其他人发现这对身体不满度没有影响（Delforterie, Larsen, Bardone-Cone & Scholte, 2014）。一项针对支持饮食失调症网站的用户的调查显示，70%的人出现过清除、暴食或使用泻药来控制体重的行为。此外，24.8%的人体重不足，20.9%的人超重或肥胖，仅有12.9%的人在接受治疗。研究者发现，网站使用水平与更严重的饮食失调症症状有关（Peebles et al., 2012）。因此，支持神经性厌食症的网站可能造成负面的影响，并可能导致用户患上饮食失调症的风险大大增加。

性厌食症的人来说，一种非常流行的家庭治疗形式是家庭体系或莫兹利模型。该方法最初侧重于获得所有家庭成员的合作，对家庭饮食模式和症状进行诊察，并改善饮食，增加体重（Johnston, O'Gara, Koman, Baker & Anderson, 2015）。家庭疗法可最早在患有神经性厌食症的人住院参与体重控制项目时开始。家庭成员对于青少年的体重增加可给予肯定和表扬，避免向其施加瘦身的压力。

患有神经性厌食症的人出院后的家庭治疗可以专注于减少家庭成员之间的冲突，并确保每个人都能保持适当的食物准备和消费模式。家庭治疗师还要处理情绪表达问题，以缓解家庭成员之间的过度干预、批评和敌意（Rienecke, Accurso, Lock & Le Grange, 2016）。最初要鼓励父母控制他们青少年孩子的饮食，但随着时间的推移，这一责任要转移到青少年孩子身上（Robinson, Dolhanty & Greenberg, 2015）。家庭治疗通常持续6 ~ 12个月，并且在短期内往往比长期治疗有着更好的效果（Couturier, Kimber & Szatmari, 2013）。如果与药物治疗或我们接下来要探讨的认知行为疗法结合起来，家庭治疗可能会更有效。

认知行为治疗

前文提到，我们之前将认知行为治疗（CBT）与焦虑相关障碍、躯体症状障碍、抑郁症和双相情感障碍的治疗区分了开来。然而，饮食失调症治疗师通常将认知行为治疗融入我们在此描述的一种独特方法。认知行为疗法是治疗各种饮食失调症（尤其是神经性贪食症和暴食症）的一种主要方法（Spielmans et al., 2013）。认知行为疗法通常专注于暴食、清除周期以及身体不满度的认知层面，过度关注体重和体形，追求完美。该疗法通常与营养和药物治疗项目以及可能的家庭治疗一起进行。

针对神经性贪食症的认知行为治疗依赖于影响症状形成与维持的认知和行为因素（见图8.5）。患有神经性贪食症的人对理想体形和体重拥有严格的认知，这促使他们过于限制食物的摄入以增加自尊心。这种僵硬的立场使得一个人在心理和生理上容易周期性地失去对他们的饮食（暴食）的控制。这些行为得到负强化，因为它们减少了限制性节食的痛苦和负面情绪。之后，人们会被迫进行清除（如呕吐）以防止暴食后体重增加。清除也得到负强化，因为暴食后的焦虑感减少了。遗憾的是，患有神经性贪食症的人经常在经历一个暴食-清除循环后会感到内疚和抑郁，这会再次导致其自尊心降低。因此，这一循环会使他们回到初始状态——过度节食以提高自尊。

丽莎的情况就体现了这一循环的发展过程。丽莎非常在意自己的体重，并且经常通过节食限制她的饮食和体重。节食使她在短期内自我感觉良好，但日常生活的压力和她对体重的持续担忧会导致她压力过高。丽莎通过进食减轻了她的压力，这造成她失去了对自己饮食的控制，并开始过量饮食。暴食之后，丽莎会感觉好些，但后来会惊慌失措，对自己的过度行为感到十分羞愧。之后，她开始诱导自己呕吐以减少痛苦。遗憾的是，第二天，那些压力因素以及她对体重的担忧就又出现了，于是又开始了新一轮的循环。

为打破这一循环，认知行为治疗师尝试做到以下几个方面：①质疑体征美的社会标准；②挑战鼓励严格限制性进食的观点；③养成正常的饮食模式和习惯。鉴于此，以下几种策略得到运用：

- 对自己的饮食、思想、冲动和行为进行自我

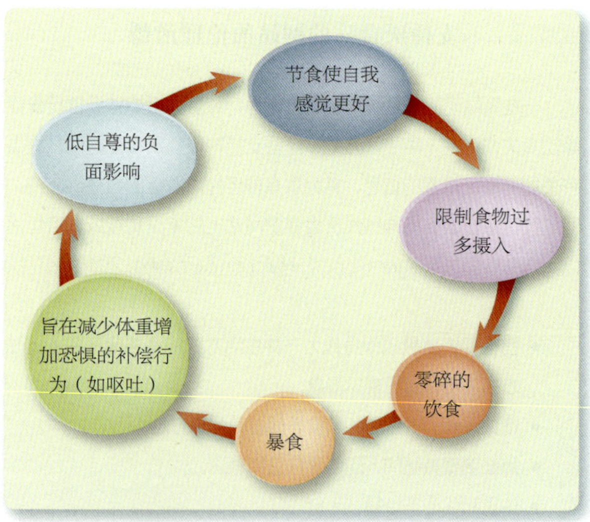

图8.5 神经性贪食症的一个暴食-清除循环。

监测；

- 针对神经性贪食症模型以及革新需要方面进行教育；
- 每周称量；
- 针对体重调节、节食的不良影响以及清除后果方面进行教育；
- 解决问题；
- 改变严格的节食；
- 认知重组以解决饮食、体重和体形方面的困扰；
- 旨在增加体重和体形接受度的光照方法；
- 进行预防复发培训。

神经性贪食症的认知行为治疗通常会强化对个人饮食习惯和困扰的关注，持续20周左右（Fairburn et al., 2015）。在第1阶段，治疗师解释了神经性贪食症的认知行为模型，开始每周称重，并教导他们对自己的饮食、发作时的情景以及相关的想法和感受进行自我监测。图8.6展示了一份典型的监控表。治疗师将在后期疗程对这些监控表以及其他课外作业进行审查。治疗师还提供有关神经性贪食症性质方面的教育，并对饮食以及如何限制清除或呕吐提供反馈。治疗师让丽莎延长暴食和清洗之间的时间，以确保她的痛苦水平会自行降低，而不必呕吐。

天数________________ 日期________

时间	食物	地点	语境
7：35	1个西柚 1杯黑咖啡	厨房	感觉真的很胖
11：10	1个苹果	工作场所	
3：15	2块巧克力 1个面包卷 1块水果蛋糕	商业街 市场	市场里的每个人都在看着我，我失控了。我恨自己，我失声痛哭。
3：30	2个巧克力蛋糕 2个面包卷 $\frac{1}{2}$品脱牛奶	厨房	
5：10	1碗麦片 1碗麦片 1个皮塔饼配奶酪		
6：00	1杯水 1个烤土豆 1罐无糖饮料	外面	称重 减掉了3.6千克，太重了，感觉自己肥胖、丑陋。
9：00	1杯汤	厨房	
9：20	1个冰块 1杯咖啡		我为什么这么做？我想变瘦，我没有办法。
10：00	1杯黑咖啡	客厅	
11：20	1杯黑咖啡 6个酥脆饼干 4块巧克力 1片吐司 1杯水	厨房	称重 减掉了3.2千克，胖，服用了泻药。

图8.6 针对神经性贪食症的认知行为治疗的监控表。

认知行为治疗的第2阶段处理所有形式的节食、体重和体形困扰、完美主义、低自尊以及解决问题的技巧。治疗师教导丽莎为自己准备健康的食物，限制其带回家中的食物种类，商讨除体重外她应关注的方面，以及如何回避能使其置于暴食风险的时间和地点。此外，丽莎还让朋友帮助监控她的饮食行为。第3阶段的目标是防止复发。

可以开发个性化的维护计划，如图8.7所示，这样患有神经性厌食症的人可以预测并规划未来的饮食问题与挫折。营养学家还可以帮助制订结构式膳食计划和锻炼方案，以解决这些阶段的体重控制问题。证据显示，认知行为治疗对暴食有效，但对体重控制的影响较小（Berkman et al., 2015）。

如果我存在体重问题或患上饮食失调症，该怎么办

人们经常接受饮食失调症筛查，对一些基本问题的回答可以表明一个人是否需要做进一步评估甚至治疗。表8.10列出了一些这样的问题。如果你发现自己对大多数问题都回答“是”，那么你可能需要咨询临床心理学家、精神病医生或其他心理健康专业人员（第十五章）。认知行为治疗和/或药物治疗可能是最好的治疗方法。

如果你觉得自己存在饮食问题但并不一定是饮食失调症，那么最好的办法可能是让自己能够更好地掌控自己的饮食习惯，并改变对自己身体的想法。与家人和朋友谈谈你在体重方面的困扰或参加饮食失调症筛查。

饮食失调症的长期预后

饮食失调症的长期预后或预后怎么样呢？患有神经性厌食症的人的情况并不十分乐观。与包括抑郁症在内的其他精神障碍相比，神经性厌食症的死亡率最高——大约有7.5%患有神经性厌食症的人最终死于饥

饮食问题可能会在面临压力时再次出现。你应该把你的饮食问题视为自己的致命弱点：这是你在遭遇困境时倾向于做出的反应；你在治疗期间发现某些方法可以帮助你重新控制自己的饮食；你觉得以下所列方法对你最有帮助。这些方法在下面两种情况下需要重新制订：

1. 如果你的饮食问题越来越严重。
2. 如果你感觉你有复发的风险。

在这两种情况下，通常会有一些潜在的问题。因此，你必须审视生活中发生的事情，并寻找可能相关的任何事件或困难。如果存在任何看似相关的问题，你就应该考虑所有可能的解决方案，以便制订行动计划。此外，你应该使用以下一种或多种策略来处理你的饮食问题：

1. 留出一些时间，这样你可以就目前的情况进行反思。你需要制订一个行动计划，差不多每天都要正式重新评估你的进度。有些策略可能有效，而有些则可能没有效果；
2. 对你吃的一切东西以及何时吃重新开始监控；
3. 将你的饮食固定为每天三餐，外加两份零食；
4. 提前安排好每一天。避免长时间的松散时间和超额预订。如果感觉有失去控制的风险，请详细安排你的饮食以便确切知晓你要吃什么以及何时吃；
5. 确定你最有可能吃得过饱的时间（根据最近的经验和监控表提供的证据），并设计一些与饮食不沾边的其他替代性活动，比如约见朋友、锻炼、洗澡或淋浴；
6. 如果过多地考虑自己的体重，确保称重每周不要超过一次。如有必要，就彻底停止称重。如果你想减轻体重，可以减少每餐饭量，而不是不吃饭或不吃某些食物。请记住，你应该接受一个均重范围，并且最好循序渐进地减轻体重；
7. 如果你过多地考虑自己的体形，这可能是因为你感到焦虑或沮丧。在事情进展不顺利时，你往往会觉得自己长胖了。你应该尝试解决问题，以便了解自己是否可以识别任何目前的问题，并且尝试积极地加以解决，或至少使这些问题的影响最小化；
8. 如果可能，找个自己信赖的人，说说心里话；
9. 为自己设定有限的现实目标。一小时一小时地工作，一次失败并不能证明会导致一系列的失败。无论细微与否，在监控表上记录下你取得的所有进展。

图8.7 针对神经性贪食症认知行为治疗之后的维护计划。

饿或自杀。预示早逝的因素包括过量饮酒、体重指数偏低和社会适应能力差（Franko et al., 2013）。另有30%的人长期受到损伤，症状随着时间的推移而此消彼长。好一点的消息是，许多患有神经性厌食症的人的症状随着时间的推移有改善的迹象，尽管这些症状并不会完全消失（Smink et al., 2013）。绍基最终寻求治疗，但仅在几个疗程之后便放弃了治疗。因此，随着时间的推移，她的预后很可能会发生变化或变得糟糕。

患有神经性厌食症的人的治疗结果各不相同，从良好（20% ~ 35%）到中等（45% ~ 60%）再到差（20%）。然而，大约30%的人最终退出了治疗（Zipfel et al., 2014）。如果在较年轻的时候就接受治疗，那么这些患有神经性厌食症的人的治疗效果一般会更好一些，病情持续时间较短，可以正常工作，不需要服用药物，并且有更好的社会适应能力。诸如抑郁、暴食频率等其他因素也常常会影响治疗结果（Le Grange et

表8.10
饮食失调症的筛查问题

• 你经常考虑自己的体重和食物吗
• 你在严格地控制你的饮食和/或已经减轻了不少体重吗
• 你的体重低于健康体重10%以下吗
• 人们关心你的体重吗
• 你的能量水平下降了吗
• 你经常感到冷吗
• 你饮食过量并感觉对此失去控制吗
• 你有过呕吐、服用泻药或试图禁食来控制自己体重吗
• 你有过度运动行为或其他人认为你的锻炼过量吗
• 你的体重有过剧烈波动吗
• 上述任意一项是否会干扰你的生活、人际关系或日常运作呢

注：这些问题并不用于饮食失调症的诊断。它们仅仅是为了判断一个人在食物、体重等方面是否考虑得过多或者做出了潜在的饮食失调行为。如果对上述问题中的5个以上都给出肯定的回答，这表明当事人可能存在问题，应由专业人士进行评估。

al., 2014）。许多患有神经性厌食症的人最终会患上神经性贪食症或暴食症，并且必须就这些疾病寻求治疗（Utzinger et al., 2015）。

神经性贪食症的情况更乐观一些。患有神经性贪食症的人可能会出现间歇性病程，包括症状反复发作的阶段和无症状期。神经性贪食症的症状经常随着时间的推移而逐渐减少。然而，另有一些患有神经性贪食症的人的病程更为缓慢，但在这期间症状是持续存在的。神经性贪食症症状的缓解率为63%～92%（Nagl et al., 2016）。暴食症的过程也是可变的，复发率为33%（Stice et al., 2013）。暴食症与诸如肥胖症、心血管疾病、新陈代谢、睡眠相关疾病等健康问题有关（Mitchell & Wonderlich, 2014）。

寻求治疗神经性贪食症的人中大约有一半会全面康复，但另一半会表现出稳定的症状。然而，神经性贪食症的治疗脱试率（10.3%）往往低于厌食症（Mitchell & Bulik, 2014; Waller et al., 2014）。

有些人在功能失调性节食、体重减轻和身体意象方面表现出各种改善。认知行为治疗比神经性贪食症的药物治疗或其他心理治疗更为有效（Hay & Claudino, 2014）。如果早期寻求治疗，患有神经性贪食症的人通常会做得更好，他们能更好地控制自己的冲动，并表现出更少的抑郁和补偿行为（Accurso et al., 2016; Lock et al., 2013）。丽莎就属于这种情况。

第九章 物质相关障碍 9

章节特色

C 伊隆 案例探讨

伊隆是一所大型公立学院的学生，他比他的朋友德肖恩（第三章）更喜欢参加派对。德肖恩刚进入大学时还关注学习，而伊隆一进入大学就把全部心思放在了社交上，尽一切可能玩得开心。伊隆是一名18岁的非洲裔美国男性，在高中时成绩优异，并在大学前两年获得过学业奖学金。伊隆在高中课程中的出色表现更多地归功于他的智力天赋，而非他的努力。因此，他能够考入大学，但是他发现自己不堪忍受教授布置的大量的写作项目、阅读作业和口头报告。

伊隆有些冲动，性格外向，也爱好社交。他融入各种派对，结交朋友，并可以轻松找到自己的性伴侣。伊隆在这些派对上过量饮酒，他读高中时有时也这样，并且偶尔还吸食大麻。使用这些物质可以缓解他对学校要求的担忧，并会满足他个人对关注和陪伴的需求。然而，遗憾的是，伊隆在第一学期除了一门课程，其余课程全部挂科。

伊隆受到留校察看处分，并发誓要在第二学期提高自己的阅读和学习成绩。这一决心在前两周有些效果，但伊隆厌倦了课程材料，并再次开始参加校园派对。然而，他也厌倦了他一贯的社交和派对场景，并开始尝试极具创意的性体验以及各种毒品。伊隆开始使用可卡因来提升饮酒的刺激性，并在吸食大量可卡因之后再吸食大麻，以使自己镇静下来。

因为买酒及其他毒品，不久伊隆便把钱花得差不多了。他不再上课，一天大部分时间都在看电视、睡觉和玩电子游戏。到了晚上，伊隆便去参加派对或者去找那些可以向他提供非法毒品的人。他是一个性活跃者，但他在这方面的能力却受到损害。因此，他寻求更强效的毒品和复合毒品以满足他对“兴奋”的需求。

伊隆从他的父母那里拿到一笔钱。他尝试了不同的毒品和复合毒品，PNP（意为“聚会与游玩”）是他的最爱，该复合毒品包括甲基安非他命和西地那非（一种可以帮助男性实现阴茎勃起的药物）。这种复合毒品能使人迅速成瘾，伊隆几乎将他所有的时间都花在了寻求或吸食这种强效毒品上。

尽管因为猥亵行为被逮捕过一次，并且因为癫痫发作（服用毒品的副作用）曾被送往急诊室，伊隆仍然继续吸毒。伊隆的父母终于发现了他们儿子吸毒的事情，他们在市中心的一条小巷发现了正半裸着身体睡觉的伊隆。伊隆对过去几天发生的事情没有任何印象，他的父母带他去了戒毒所。伊隆即将经历痛苦的戒毒过程，并要向父母坦诚发生在自己身上的这一切，这个过程让他更加痛苦。

思考问题

1. 伊隆的哪些症状对于大学生而言比较典型，哪些症状非常不同？
2. 伊隆的问题可能是由什么外部事件和内部因素造成的？
3. 你对伊隆的哪些方面感到好奇？
4. 伊隆有没有让你想起自己或你认识的人的相关情况？原因是什么？
5. 伊隆的吸毒问题会如何影响他未来的生活？

什么是正常的物质使用及物质相关障碍

你知道有多少人定期使用某种药物吗？这一数字可能会让你触目惊心。我们许多人在白天或晚上都会喝一杯葡萄酒、抽支烟、喝碳酸饮料或服用一些止痛药或有助于睡眠的药物。每种物质都含有一些关键的药物——酒精、尼古丁、咖啡因或吗啡衍生物等——这些药物会影响人的行为。许多人在辛苦了一天后会喝点酒、抽支烟放松一下，喝点含咖啡因的饮料提提神，有的人甚至会服用些止痛药物。我们许多人都会卷入物质使用，而这会以某种方式影响我们的行为。类似这样的物质使用行为是正常的，如果我们谨慎使用药物，可能不会导致严重的问题。

而有些人则更频繁地使用物质。你可能会认识这样的人，他每天都会喝几杯酒精饮料或者抽半包烟。这是更大程度的物质使用，但如果他可以停止使用物质或者他没有对该物质成瘾，那这不一定就是问题。经历过艰难时期的人可能会比以前更频繁地喝酒，但并不一定会酒后开车。或者，一个人偶尔会抽烟，但并不会每天都对尼古丁产生渴望。在这种情况下，日常生活不会受到影响，身体也不会受到实质性的伤害。

然而，有些人却继续卷入致瘾物质滥用中。你可能会认识这样的人，他们每周至少醉酒一次以上或者似乎严重依赖镇痛药，日常生活确实受到影响，身体也受到一定伤害。他可能会在醉酒时开车，因为服用镇痛药而与他人打架斗殴，或者早上赖床不愿意去上班。这种情况说明他物质使用的程度可能达到了中等或严重（见图9.1）。

对于像伊隆这样的人来说，物质使用变得非常严重以至于许多生活方面都受到了严重影响。伊隆吸食大量毒品导致其学业失败、财务亏空，并惹上法律麻烦。对毒品成瘾也危及他的生命。伊隆几乎将自己所有的时间都花在寻找和使用各种合法药物和非法毒品上。他一定知道是他毁了自己的生活，但他对此无能为力，因为他已经达到了一种无法控制自己行为的程度。伊隆的物质使用问题已经达到非常严重的程度，或可称为物质相关障碍。

物质相关障碍：特征和流行病学分析

物质相关障碍包括物质使用障碍以及物质中毒和戒断。物质使用障碍结合了物质使用和物质依赖之前的诊断类别。我们接下来探讨一下这些问题。

物质使用障碍

物质使用障碍是指反复使用某种或某些物质以至于问题反复出现。例如，表9.1列出了酒精使用障碍的诊断标准。物质使用障碍通常包括控制受损、社交障碍、危险使用以及耐受性或戒断。

控制受损是指该人难以减少他的物质使用，随着时间的推移，他会使用越来越多的物质，花费大量时间寻找这种物质或从该物质的使用中恢复过来，并且对该物质具有强烈的渴望。德肖恩和伊隆试图减少他们的物质使用，但都没有成功。伊隆最终花了很多时间寻找药物（觅药行为），以至于他放弃了许多学术和社交活动。觅药行为有时与对药物的心理依赖有关，即一个人认为他需要这种药物来维持自己身体的有效运作。一个人可能在工作时服用可卡因，因为他觉得自己需要这种药物，这可以让他在其他人面前表现得

表9.1

《精神疾病诊断与统计手册》（第5版）（DSM-5）

酒精使用障碍

A. 一种问题性饮酒模式，导致临床显著的功能损害或苦恼，在12个月内至少满足如下标准中的2条：

1. 饮酒的量或时间经常超出原有打算；
2. 存在持续戒酒或控制饮酒的欲望，或曾经尝试但不成功；
3. 花费大量时间从事获取酒精、使用酒精或从中恢复；
4. 渴求或强烈渴望饮酒；
5. 反复饮酒导致不能工作、学习；
6. 尽管由于饮酒导致或加重社会或人际关系障碍，仍然持续饮酒；
7. 由于饮酒而放弃或减少重要的社会、职业或娱乐活动；
8. 在具有身体损害的情况下继续反复饮酒；
9. 尽管知道酒精很可能导致或明确导致持续或反复的躯体或心理问题，仍然继续饮酒；
10. 耐受性，定义为符合如下二者之一：a. 为了达到醉酒或所需的效应需要增加酒精使用量；b. 继续使用同样酒精剂量，效果显著降低。
11. 戒断，表现为如下二者之一：a. 出现特征性的酒精戒断综合征；b. 为了减轻或避免戒断症状而饮酒（或使用密切相关物质如苯二氮䓬类药物）。

标注是否为：早期或持续缓解；处于受控环境；当前的严重程度为轻度（2~3个症状）、中度（4~5个症状）或严重（5个以上症状）。

图 9.1 物质使用与物质相关障碍

	正常	轻度
情感	情感稳定。	这一天有些轻微不适；感觉有点烦躁或失望。
认知	不关心物质使用。	思考当天的一些困难，担心工作中会出现问题。
行为	偶尔但适当地饮酒或使用药物。	比平时喝得多一点；依赖服用药物帮助睡眠。

很好或在短时间内完成大量的工作。

社交障碍是指该人因为物质使用而使他的生活遇到一些问题。这些问题可能包括多日旷工或旷课、忽视或虐待儿童、酒后驾驶或操作重型机械、法律纠纷、打架或酒后争论等。伊隆明显患有物质使用障碍，因为他旷课、从老朋友和家人圈子中消失，以及酒后驾车。

危险使用是指该人明知会使自己置于危险境地，仍然继续吸食毒品。尽管他可能知道这样做是有害的，或者这会造成身体或心理上的问题，但仍然继续吸食毒品。伊隆知道自己的生活方式具有破坏性，但他无法停止吸食毒品。

最后，患有物质使用障碍的人通常表现出对物质的耐受性和/或戒断。耐受性是指需要摄取越来越多的毒品以达到同样的效果。经常每天喝三瓶啤酒的人会发现，随着时间的推移，这一数量不会使其感到与之前同样的生理“兴奋”，于是，他必须喝更多的啤酒或换用另一种更强效的毒品来达到同样的效果。戒断是指当一个人停止吸食毒品后出现的适应不良行为。

物质中毒

你是否认识这样一个人，他喝醉了，一夜宿醉之后，当你第二天跟他说话时，他看起来状态还不错？他可能出现了物质中毒，这通常是一种可逆的病症，由于过度使用某种物质所致，如酒精。例如，表9.2列出了酒精中毒的诊断标准。一个醉酒的人会经历适应不良的行为变化——他可能会变得具有攻击性，做出不恰当的性骚扰行为，并表现出判断力下降和情绪的快速变化。判断力下降可能会导致驾驶时判断失误，情绪的快速变化可能会引发抑郁。

醉酒的人也可能难以保持清醒、思维清晰，甚至会影响走路。有些人可能会在短时间内处于醉酒状态，但有些人会继续酗酒，并长时间地处于醉酒状态。伊隆后来向一个药物顾问隐隐约约地回忆到，他曾经连续6天使用过甲基苯丙胺。如果没有出现适应不良的行为变化，醉酒通常不会被视为一种异常行为。在经过一周劳累的工作之后，一个人回到家，喝了几杯玛格丽特酒，然后睡着了，这并不是一种精神障碍。

物质戒断

物质戒断是指在一个人停止使用某种物质后发生的适应不良的行为变化。例如，表9.3列出了酒精戒断的诊断标准。当一个人停止使用某种物质时，可能会发生严重的身体和行为改变。这些变化通常与一种物质的麻醉作用相反，可能包括恶心、呕吐、震颤、发烧、癫痫发作、听到一些实际上不存在的声音或看到一些实际上不存在的东西（幻觉）和死亡；也可能会出现诸如焦虑、抑郁及其他情绪状态。酒精戒断的一

中度	物质相关障碍——不严重	物质相关障碍——严重
压力相当大，非常难过（注意当服用药物时会出现相反的情绪）。	强烈的压力，难过，感到空虚；因为无法获得某种特定物质或各种物质而感到躁动不安。	极端的压力，难过，感到空虚。当得不到物质时感到极度的躁动不安。
细想当天的一些负面事件；担心这会对一个人的工作或婚姻产生威胁。	经常思考使用物质，并担心会对个人健康造成伤害。	思想几乎完全专注于吸毒及一个人生活方式的自我毁灭。
晚上经常喝酒；偶尔会旷工；大量服用药物	经常醉酒以至于经常旷工；因为物质使用问题与配偶发生争吵。	非常频繁地醉酒；丧失工作或婚姻；对毒品成瘾；大多数时间都在寻找或吸食毒品。

表9.2

《精神疾病诊断与统计手册》（第5版）（DSM-5）

酒精中毒

A. 最近饮过酒。

B. 饮酒时或刚饮酒后，出现临床上明显的问题行为或心理改变。

C. 正在饮酒时或刚饮酒后出现下列症状中的一种以上：

1. 言语含混不清；
2. 协调不良；
3. 步态不稳；
4. 眼球震颤；
5. 注意力或记忆力受损；
6. 神志不清或昏迷。

D. 这些症状并非一般躯体情况所致，也不能归结于其他精神障碍。

个众所周知的特征是震颤性谵妄（DT），这包括严重精神失常和自主活动过度引起的出汗、心悸和颤抖等（Schuckit, 2014）。

《精神疾病诊断与统计手册》（第5版）列出了许多种物质包括药物，这些物质的使用者可能会出现问题。然而，并非所有这些物质都一定会导致物质使

表9.3

《精神疾病诊断与统计手册》（第5版）（DSM-5）

酒精戒断

A. 长期重度饮酒后饮酒量突然减少或停止饮酒。

B. 在停止或减少标准A描述的饮酒量后的几个小时到几天内可能至少出现以下8种症状中的2种：

1. 自主神经功能亢进（例如，出汗或脉搏跳动每分钟超过100次）；
2. 手部震颤严重；
3. 失眠；
4. 恶心或呕吐；
5. 短暂性幻觉或错觉；
6. 精神运动性激越；
7. 焦虑；
8. 全身强直—阵挛性癫痫发作。

C. 标准B中的体征或症状会引起临床上显著的痛苦，或导致社交、职业或其他重要功能方面的损害。

D. 这些体征或症状不能归因于另一种医学疾病，并且不能通过另一种精神障碍更好地解释，包括其他物质的中毒或戒断。

表9.4 《精神疾病诊断与统计手册》（第5版）

与物质等级相关的诊断

	精神分裂症	双相情感障碍	抑郁症	焦虑症	强迫症及相关障碍
酒精	I/W	I/W	I/W	I/W	
咖啡因				I	
大麻	I			I	
致幻剂					
苯环己哌啶	I	I	I	I	
其他迷幻剂	I*	I	I	I	
吸入剂	I		I	I	
阿片类药物			I/W	W	
镇静剂、催眠药或抗焦虑药物	I/W	I/W	I/W	W	
兴奋剂**	I	I/W	I/W	I/W	I/W
烟草					
其他（或未知物质）	I/W	I/W	I/W	I/W	I/W

注：

X：该类别在DSM-5中得到认可；

I：该类别可以标注“醉酒期间发作”的说明符；

W：该类别可以标注“戒断期间发作”的说明符；

I/W：该类别可以标注“醉酒期间发作”或“戒断期间发作”的说明符；

P：该疾病持续存在；

*也可标注迷幻剂、持续感知障碍（闪回）；

**包括安非他命类物质、可卡因及其他或未指明的兴奋剂。

用障碍（如咖啡因）、中毒（如烟草）或戒断（如致幻剂）。表9.4列出了一些物质及其相关诊断类别的清单。我们接下来探讨一下这些物质的具体特征。

物质的类型

表9.5列出了过度使用的主要物质，并对其别名和效果做了简要说明。依据物质对行为的影响，可以将它们分为几大类。在前几章中，我们探讨了几个类别，如第五章中的抗焦虑药物和第七章中的抗抑郁药物。我们在本章中讨论的其他主要类别的物质（主要是药物）包括镇静剂、兴奋剂、阿片制剂、致幻剂、大麻等。

抑制剂

抑郁剂或镇静剂等药物能对中枢神经系统产生抑制作用。常见的抑制剂包括酒精、手术用麻醉剂、抗癫痫药物、人们用于使自己镇静的巴比妥类药物以及人们用于帮助入睡的催眠药物。后者的常见例子包括唑吡坦（安必恩）和艾司唑仑（舒乐安定）。

酒精是最为人所知和广泛使用的抑制药物。你可能想问，为什么酒精会被列为一种抑制剂，因为人们在喝了几杯酒之后往往会感到高兴或放松。这是因为酒精最初影响的是最有助于产生抑制作用的神经递质，即γ-氨基丁酸（GABA）。第五章曾提到，GABA的损害可能与以惊恐发作形式出现的过度活动有关，

（DSM-5）

睡眠障碍	性功能障碍	震颤性谵妄	神经认知障碍	物质使用障碍	物质中毒	物质戒断
I/W	I/W	I/W	I/W/P	X	X	X
I/W					X	X
I/W		I		X	X	X
		I		X	X	
		I		X	X	
		I	I/P	X	X	
I/W	I/W	I/W		X	X	X
I/W	I/W	I/W	I/W/P	X	X	X
I/W	I	I		X	X	X
W				X		X
I/W	I/W	I/W	I/W/P	X	X	X

因此，酒精抑制了一种关键的抑制性大脑系统。这个过程具有去抑制作用，因此，一个人可能会做一些他通常不会做的事情，例如健谈、跳舞或性挑逗等。他可能感到一种“兴奋”或幸福感，但实际上他的神经中枢系统的活性正在减少。

酒精产生的影响与血液酒精含量或血液酒精浓度密切相关。表9.6列出了不同体重的男性和女性的酒精摄入量与血液酒精浓度的对应关系。表9.7列出了不同的血液酒精浓度的常见影响。致死剂量（LD）是指一种物质（本案指酒精）可以杀死一定百分比试验动物的剂量。LD1是指1%的试验动物在某种血液酒精浓度下死亡的剂量（McKim & Hancock, 2013）。LD50可以杀死大约一半的试验动物。

一个人在去抑制阶段之后喝更多的酒，随着大脑的兴奋区域变得抑郁或抑制，他的醉酒程度会更高。这些大脑的兴奋区域包括网状激活系统、边缘系统和大脑皮质。你可能会注意到，继续饮酒的人行为和性格方面会出现变化，可能会变得更加粗暴或具有攻击性。反射及其他运动行为也会受到损害，判断和推理变得模糊，并且难以维持自己的注意力和专注力。如果这个人决定开车，可以预见这会后患无穷。

在这一阶段，酒精的其他常见影响包括性欲增强但表现不佳，错误地认为人在清醒的时候有足够的解决问题的能力，有记忆障碍，甚至可能连前一天晚

酗酒会导致很多不良后果。

上喝酒时刚结识的人的名字都记不住。继续饮酒的人也可能将酒精与其他药物混合在一块儿，这样可以降低致死的剂量。这是因为将不同的药物混合起来（复合药物滥用）会产生协同效应，使用效果也会大大提升，而不仅仅是累加。表9.8显示了酒精与其他常见药物的交互作用。

由于酗酒愈加恶化，一个人经常酩酊大醉，其人格和行为会发生很大的变化。许多人变得低迷、恍惚或丧失意识。走路和说话变得困难，并且有的人可能呼吸都有困难。由于酒精会抑制掌管人非自主行为的大脑区域，例如掌管呼吸的延髓，因此人有窒息和死亡的风险。

狂饮是指在短时间内摄入大量酒精，这与许多大学生的死亡有关（Kanny, Liu, Brewer&Lu, 2013）。科罗拉多州立大学的一名大学生在11小时内狂饮大量酒精后死亡（见专栏9.1）。根据美国国家酒精中毒和酒精滥用研究所的规定，在2小时内，男性喝5杯酒或以上视为狂饮，而女性喝4杯酒或以上视为狂饮。哈佛大学公共卫生学院开展的一项大学酒精研究对来自140所美国大学和学院的14,941名学生做了调查。该研究包含以下一些非常重要的发现：

在过去的30天内，22%的学生饮酒10次或以上，45%的学生属于狂饮，29%的学生喝醉3次或以上，而47%的学生喝酒时为醉而醉。

表9.5
常见物质及其别名

毒品	别名
迷幻药（麦角酰二乙胺）	迷幻药、摇脚丸及许多其他别称
俱乐部毒品	三氯代二甲苯、快乐丸（亚甲基二氧基甲基苯丙胺）；氯胺酮、维生素K（克他命）；液体摇头丸、销魂液（GHB）；氟地西泮（洛喜普诺）
可卡因	古柯碱、雪粉、雪花及许多其他别称
摇头丸/快乐丸（甲烯二氧甲苯丙胺）	三氯代二甲苯、快乐丸、亚当丸、亲密药
海洛因	白粉、嗨粉、斯卡、垃圾及许多其他别称
吸入剂	Whippets、亚硝酸异戊酯
大麻	烟罐、大麻花膏、大麻烟卷、大麻及许多其他别称
甲基苯丙胺	快球、脱氧麻黄碱、白垩、冰毒、水晶、玻璃
五氯酚/苯环利定	天使粉、迷幻粉等及许多其他别称
处方药（括号中为别名）	常用的阿片类药物包括羟考酮（奥施康定）、丙氧芬（达尔丰），氢可酮（维柯丁）、氢吗啡酮（盐酸二氢吗啡酮）、哌替啶（德美罗）和地芬诺酯（复方苯乙哌啶片）；常见的中枢神经系统抑制剂包括巴比妥类药物[例如戊巴比妥钠（耐波他）]、苯二氮平类药物[如地西泮（安定药）、阿普唑仑（赞安诺）等]；兴奋剂包括右旋安非他命（右苯丙胺）和哌甲酯（利他林）

资料来源：美国药物滥用研究所，美国酒精滥用和酒精中毒研究所。

表9.6
性别、体重、酒精消耗和血液酒精浓度之间的关系

无水酒精（盎司）	饮料摄入*	血液酒精浓度（mg/100mL）					
		女性（100磅）	男性（100磅）	女性（150磅）	男性（150磅）	女性（200磅）	男性（200磅）
1/2	1盎司烈酒 1杯葡萄酒 1罐啤酒	0.045	0.037	0.03	0.025	0.022	0.019
1	2盎司烈酒 2杯葡萄酒 2罐啤酒	0.090	0.075	0.06	0.050	0.045	0.037
2	4盎司烈酒 4杯葡萄酒 4罐啤酒	0.180	0.150	0.12	0.100	0.090	0.070
3	6盎司烈酒 6杯葡萄酒 6罐啤酒	0.270	0.220	0.18	0.150	0.130	0.110
4	8盎司烈酒 8杯葡萄酒 8罐啤酒	0.360	0.300	0.024	0.200	0.180	0.150
5	10盎司烈酒 10杯葡萄酒 10罐啤酒	0.450	0.370	0.30	0.250	0.220	0.180

注：*1小时以内。

对酒精成瘾（酗酒）的人显然存在患其他疾病的风险。戒断症状可能特别严重，并包括前面提到的震颤性谵妄。酗酒也会提高自杀、他杀、无防范措施的性行为、性侵犯、交通及其他事故的风险（Brady & Li, 2014; Branas, Han & Wiebe, 2016）。长期酗酒的人通常也会发生肝硬化，肝脏中的瘢痕组织会取代肝脏组织从而导致肝脏功能丧失，甚至可能死亡（Rehm, Samokhvalov & Shield, 2013）。科尔萨科夫综合征也是本书第十四章要探讨的一个问题，症状包括意识模糊、记忆丧失和协调方面的障碍等，这些是由于长期饮酒引起的硫胺素缺乏所致的（Oudman, Nijboer, Postma, Wijnia & Van der Stigchel, 2015）。

酗酒的有害影响十分广泛，包括酗酒者的孩子也会受此影响。这些儿童被忽视或遭受其他虐待的风险较高，并在以后的生活中可能面临与物质相关的问题（Park & Schepp, 2015）。一些新生儿（1%）因为怀孕期间母体饮酒而患有胎儿酒精综合征。胎儿酒精综合征会导致新生儿面部畸形（见图9.2）、身体发育迟缓，并在整个小学期间都会有认知障碍以及学习问题（Roozen et al., 2016）。孕妇饮酒，特别是酗酒，也可能产生更普遍的胎儿酒精综合征。

兴奋剂

兴奋剂可以激活或刺激神经中枢系统。常见的兴奋剂包括用于缓解呼吸和治疗哮喘的支气管扩张剂、治疗注意力缺陷/多动障碍的哌甲酯（第十三章）以及我们这里关注的一些药物：咖啡因、尼古丁、可卡因和安非他命。

当然，咖啡因是一种合法的药物，常见于苏打水、咖啡、茶和巧克力中。许多人使用咖啡因来增加

表9.7
血液酒精浓度及预期行为

血液酒精浓度	行为
0.01	没有明显效果，有些稍微放松的感觉
0.03	轻松，稍微有些兴奋，视觉追踪能力减弱，心理功能稍微受损
0.05	感觉放松、热情，压抑情绪得到一定程度的释放，有些缺乏判断力，警觉性降低，精细动作技能略有下降，视觉能力轻微下降
0.06	轻微放松，精细动作技能轻微受损，反应时间增加，言语不清，肌肉控制不佳，情绪夸张
0.08	有醉酒和酒后驾车的法定证据；视力受损，运动功能持续丧失，可能走路蹒跚不稳
0.09	判断现在变得模糊，减少抑制和自我克制，降低视觉和听觉敏锐度，增加运动技能的难度
0.10	反应时间减慢，言语不清，嗜睡，恶心，协调不足，运动功能受损，难以集中注意力和判断移动目标
0.15	身体和心理功能严重受损，站立、行走和说话存在困难；感觉不安，视力模糊，反应时间大幅增加，嗜睡，呕吐
0.20	感觉和运动功能明显下降，心理混乱，整体运动只能通过辅助手段才能完成，无法保持直立姿势，言语不连贯，行走需要辅助，难以保持清醒，呕吐
0.25	严重的运动障碍，感觉知觉大大受损，走路蹒跚不稳，以及出现血液酒精浓度为0.20时可能出现的行为
0.30	昏迷但尚有意识，精神严重错乱，对刺激难以做出反应，通常抑制自己的情感，对正在发生的事情理解不足，呼吸困难，大脑功能严重减弱，经常摔倒、昏倒，可能会昏迷
0.40	感觉几乎完全缺失，反应减弱，呼吸和心跳可能停止，失去知觉，可能会死亡
0.50	完全没有意识，即便未死，也深度昏迷
0.60	很可能死亡；抑制控制心率和呼吸的大脑中枢

能量，大街小巷随处可见的星巴克咖啡店提供大量诸如红牛、魔爪等高咖啡因饮料，由此可见一斑。咖啡因有助于释放肾上腺素和去甲肾上腺素，因此情绪、警觉性和心血管活动会升高。适量摄入咖啡因并不会造成危险，但长期摄入大量咖啡因的人容易出现各种戒断症状，包括头痛、烦躁、嗜睡、焦虑、呕吐、肌肉紧张和疼痛（Meredith, Juliano, Hughes & Griffiths, 2013）。

人们通常通过香烟及其他烟草制品摄取尼古丁。大多数香烟都含有一定量的尼古丁，其中大约10%在吸烟过程中会被吸收。尼古丁是一种极其致命的毒药——如果摄入30 ~ 60毫克的纯净尼古丁，你会在几分钟内死亡（Mayer, 2014）。尼古丁对大脑的影响类似于咖啡因，许多吸烟的人发现自己的心血管活动和运动性震颤会增加，但也感到放松。之所以感到放松，可能是因为摄入尼古丁之后5-羟色胺增加的缘故。尼古丁是一种极易成瘾的物质，可以产生躁动、烦躁、注意力集中和睡眠问题的戒断症状。根据全国药物管制政策办公室发布的数据，在过去的一个月内，吸烟大学生的比例为21.3%。其他替代产品的盛行率包括可溶性烟草（0.4%）、电子烟（3.1%）、小雪茄（5.0%）和水烟（10.8%）（Latimer, Batanova & Loukas, 2013）。

可卡因是一种强效的兴奋剂。人们可能将可卡因与其他药物混合在一起，如酒精或海洛因，与海洛因混合的混合剂被称为“速度之球”。可卡因会刺激多巴胺、去甲肾上腺素和5-羟色胺，从而使人产生欣快

表9.8

酒精与其他药物的相互作用

药物	规定用途	交互作用
麻醉剂（例如异丙酚、乙氟醚、氟烷等）	在手术前使用，以使被治疗者失去意识，并对疼痛不敏感。	• 引起意识丧失所需增加的药物量 • 肝脏损害风险增加
抗生素	用于治疗感染性疾病	• 降低药物的有效性 • 恶心/呕吐 • 头痛 • 抽搐
抗抑郁药（例如盐酸阿米替林）	用于治疗抑郁症及其他形式的精神障碍	• 增加镇静作用 • 可能降低抗抑郁药的效果 • 可能导致血压升高到危险程度
抗组胺药（例如苯海拉明）	用于治疗过敏症状和短期失眠	• 强化镇静 • 过度头晕
抗溃疡药物（例如西咪替丁、甲胺呋硫）	用于治疗溃疡及其他胃肠性问题	• 酒精效应延长 • 副作用风险增加
麻醉镇痛药（例如吗啡、可待因、达尔丰、德美罗）	用于缓解中度至严重疼痛	• 强化镇静 • 致命剂量的可能性增加
非麻醉镇痛药（例如阿司匹林、布洛芬、对乙酰氨基酚）	用于缓解轻度至中度疼痛	• 胃出血风险增加 • 抑制凝血风险增加 • 饮酒效应增加注：饮酒期间或饮酒后服用对乙酰氨基酚可能会显著增加肝脏受损的风险
镇静剂和催眠药（例如安定、盐酸氟西泮、劳拉西泮、安眠药）	用于缓解焦虑和失眠	• 严重嗜睡 • 心脏和呼吸功能降低 • 昏迷或死亡风险增加

感，类似于躁狂发作时的高能量、怪异、偏执以及偶尔暴力的行为。高剂量可导致心脏病发作、呼吸衰竭和死亡。可卡因可能会让人成瘾，并且对药物产生强烈的心理依赖。可卡因的戒断会导致严重的抑郁、暴饮暴食和睡眠问题。根据国家药物滥用研究所的数据，在过去一年中，5.1%的大学生尝试过可卡因，而2.7%的大学生已经对此成瘾了。

安非他命也是一种强效兴奋剂，主要会增加多巴胺和去甲肾上腺素。目前大约90%的安非他命使用过量涉及甲基苯丙胺或脱氧麻黄碱（见专栏9.2）。甲基苯丙胺可以通过鼻吸或吸烟摄入，并突然产生可持续数小时的“兴奋感”。一个人可能觉得自己像伊隆那样能够轻松做许多事情，或者感到自己刀枪不入，无懈可击，性欲也可能会增强。只需几剂，一个人就可能在心理上或身体上对甲基苯丙胺成瘾。我们有时可通过“冰毒嘴”认出对甲基苯丙胺成瘾的人。“冰毒嘴”的特征是牙齿严重腐烂或脱落（Rommel, Rohlede, Wagenpfeil, Haertel-Petri&Kesting, 2015）。

甲基苯丙胺使用者为获得更多剂量经常诉诸武力；对于他们而言，暴力和盗窃与焦虑、意识模糊、失眠和偏执一样常见。在拉斯维加斯，本书其中一个作者的故乡，绝望的甲基苯丙胺使用者有时会在沙漠中苦苦等待废弃的甲基苯丙胺实验物，这样他们可以收集一些毒品的残余物。甲基苯丙胺使用者的孩子也经常被忽视。甲基苯丙胺的戒断可能十分严重，其常见症状包括抑郁、焦虑、疲劳、偏执以及对该毒品的

9.1

专栏

萨姆·斯帕迪的案例

科罗拉多州立大学的一名本科生在11小时内狂饮了大量啤酒和烈酒后死亡。这位名为萨姆·斯帕迪（Samantha Spady）的学生曾获封返校节女王，是一名啦啦队队长，在高中时曾是一名荣誉学生。她是一个有着雄心壮志的学生，主修商科专业，但她并没有实现这些目标，而成为每年因酒精相关事件死亡的1825名18～24岁大学生中的一员。她的故事现在被制作成DVD纪录片（《酒精杀手：萨姆·斯帕迪的故事》）发布到网上以纪念萨姆并教育其他人有关暴饮的危险。该网站还列出了一个人在暴饮后可能酒精中毒并需要紧急救助的一些关键症状：

- 无意识或半昏迷状态；
- 每分钟呼吸少于10次或不规律（每2分钟检查一次）；
- 寒冷、湿冷、脸色苍白或皮肤呈蓝色；
- 不能通过挤压、刺激或喊叫等方式叫醒；
- 在醒来之前呕吐。

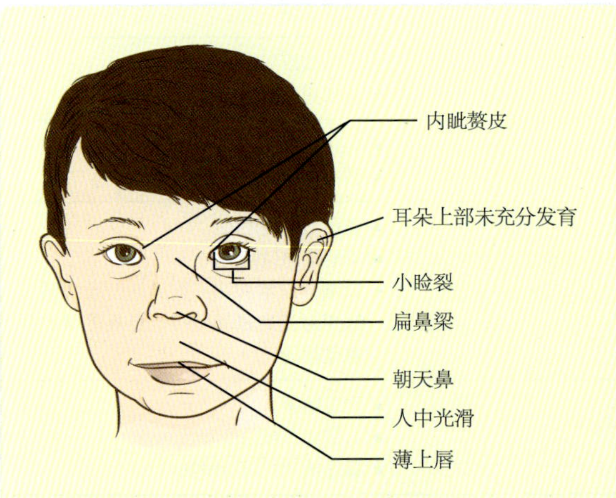

图9.2 **患有胎儿酒精综合征青少年的面部特征。**

强烈渴望。根据国家药物滥用研究所发布的数据，0.9%的大学生尝试过甲基苯丙胺，而0.4%的大学生在过去的一年中使用过该毒品。

阿片制剂

阿片制剂（有时被称为麻醉剂或阿片类药物）是常用于缓解疼痛或咳嗽的药物，例如吗啡或可待因。吗啡和可待因可能被大量使用，而一种相关的阿片制剂——海洛因，往往更多地被过度使用。海洛因是一种吗啡的衍生物，一般以注射方式摄入。该药物会使人突然产生精神上的愉悦，随后会时而倦怠，时而清醒。阿片制剂通过刺激海马区、杏仁核、丘脑和蓝斑等大脑区域中的不同类型的阿片受体来发挥作用。海洛因极易使人成瘾，并可导致躁动、畏寒、嗜睡、痉挛、呕吐、出汗和腹泻等严重的戒断症状。根据美国药物滥用研究所发布的数据，0.4%的大学生吸食过海洛因，而0.3%的大学生在过去的一年吸食过该毒品。

现在的止痛药也与吗啡有关，并且可能极易使人产生依赖性。诸如奥施康定、达尔丰、维柯丁、对乙酰氨基酚和复方羟考酮等药物都是基于麻醉的药物，只需几剂即可引起成瘾。处方药物的使用正成为增长最快的物质相关障碍之一。根据国家药物滥用研究所

可卡因通常以快克的形式被吸食。

9.2

专栏

流行病：甲基苯丙胺

在美国的“毒品战争”中，许多药物引起了人们的关注，但也许最危险的莫过于甲基苯丙胺了。根据物质滥用和精神健康服务管理局发布的数据，在过去的一个月中，有569,000名美国人使用了甲基苯丙胺，这比服用诸如快克、海洛因等其他药物的更多。遗憾的是，专门用于甲基苯丙胺的治疗设施并不像其他药物那样普遍。因此，许多像伊隆一样迫切需要甲基苯丙胺的人会涉嫌非法活动，并最终入狱。

为什么使用甲基苯丙胺会成为一种流行病呢？甲基苯丙胺具有非常强烈的愉悦效果，包括强烈的欣快感、性冲动和持久力增强以及性抑制作用降低。该药物有助于刺激大脑中的愉快中枢从而释放大量的多巴胺。在美国各地，获得这种药物也变得越来越容易。然而，使用甲基苯丙胺会对身体造成大量非常严重的不利后果，包括脑和肝损伤、营养不良、皮肤感染、免疫系统问题、惊厥、脑卒中和死亡。然而，许多像伊隆一样使用甲基苯丙胺的人能体验非常强烈的兴奋快感，以至于他们会完全忽略这些对身体的影响。

州	甲基苯丙胺	可卡因和海洛因	州	甲基苯丙胺	可卡因和海洛因
亚利桑那州	3301	1691	内华达州	3257	1932
阿肯色州	4072	2926	北达科他州	373	43
加利福尼亚州	60235	54956	俄克拉荷马州	3876	2281
夏威夷州	2381	433	俄勒冈州	8561	3948
爱达荷州	2299	142	南达科他州	668	146
艾奥瓦州	5563	2125	犹他州	3665	1816
蒙大拿州	1185	192	怀俄明州	878	88
内布拉斯加州	2065	735			

发布的数据，4.4%的大学生在过去的一年中使用过维柯丁，而2.3%的大学生在过去的一年中使用过奥施康定。

致幻剂

致幻剂是能引发诸如幻觉（看到或听到实际并不存在的东西）、思维混乱、感知怪异和谵妄（一种混乱并有记忆障碍的认知状态）等精神病症状的药物。致幻剂的使用通常是指使用皮约特或麦角酸二乙基酰胺，后者似乎能够刺激大脑中的多巴胺（该现象也与精神分裂症等精神病有关）。另一种药物——摇头丸，既可作为兴奋剂，也可作为致幻剂。根据美国药物滥用研究所发布的数据，8.1%的大学生使用过摇头丸，而5.3%的大学生在过去的一年中使用过该药物。

致幻剂会产生强烈的感知变化，一个人可能“听到”颜色或以光的形式体验各种声音。然而，致幻剂的许多心理影响是非常独特并不可预测的。对麦角酸二乙基酰胺耐受性的产生和消散都很快，因此大多数该药物的使用者也只是偶尔使用。虽然有使用麦角酸二乙基酰胺历史的人可能会出现类似药物诱发状态的突然“闪回”，但通常不会出现戒断症状。根据国家药物滥用研究所发布的数据，7.8%的大学生使用过致幻剂，而4.5%的大学生在过去的一年中使用过致幻剂。

大麻

大麻中含有一种被称为四氢大麻酚的活性成分。大麻通常是熏制而成的，但也可以烘烤成可食用的糕点。大麻会刺激大脑中的大麻素受体，尤其是大脑

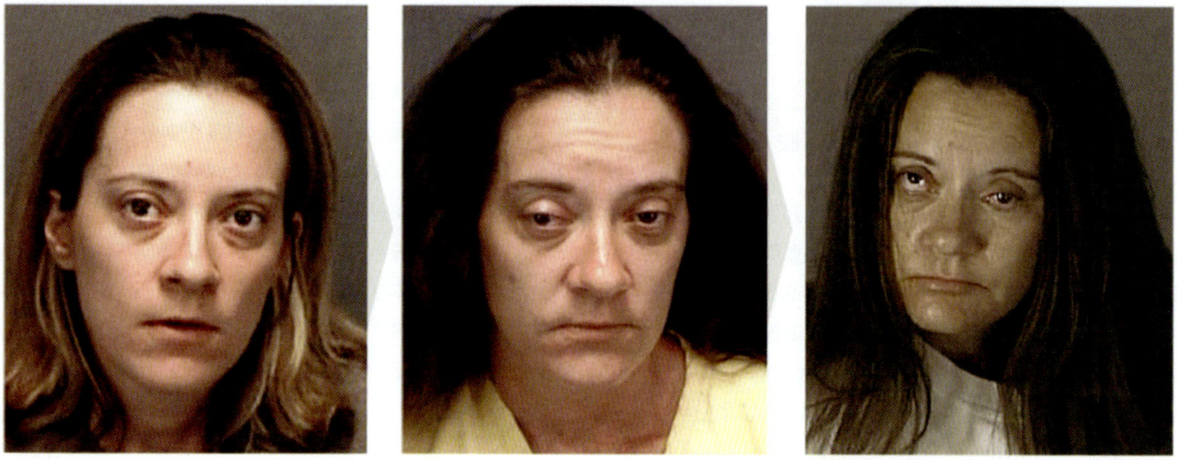

1 年龄：33岁　　2 年龄：37岁　　3 年龄：39岁

这是因使用甲基苯丙胺而被捕的一名女子的照片。

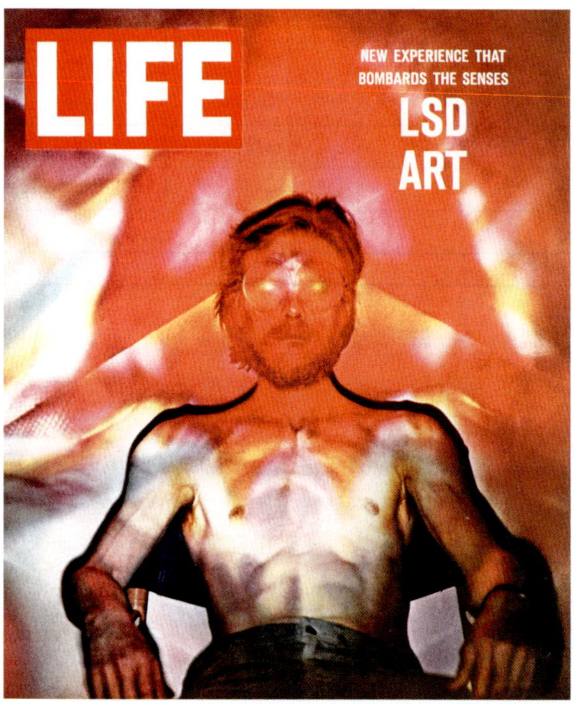

许多麦角酸二乙酰胺服用者报告称会经历鲜艳颜色和形状为特征的幻觉。正如本期《生活》杂志所渲染的那样，一些艺术家试图以艺术毒品来展现他们的经历。

安杰尔·赖奇（Angel Raich）在位于加利福尼亚州奥克兰的家中正看着一些大麻芽。她的医生向她建议，大麻可以缓解其无法手术的脑瘤引发的疼痛，之后她开始吸食大麻。

皮质、海马区、基底核和下丘脑。大麻使人产生快乐、幸福、幽默和梦幻般的感觉；会让人经常感到时间扭曲；注意力、警觉性和短期记忆力减弱；创造力增强；运动行为受损。长期使用也会导致不孕不育症（Gundersen et al., 2015）。

并非所有人都会对大麻成瘾，因为耐受性并非总存在，但对大麻依赖程度较高的人风险更大。他们可能会出现诸如睡眠问题、焦虑、烦躁等轻微的戒断症状。大麻在医学上可用于治疗青光眼，可以减轻恶心、呕吐、抽搐和疼痛。根据美国药物滥用研究所发布的数据，47.7%的大学生吸过大麻，而35.5%的大学生在过去的一年中吸过大麻。吸食大麻可能成为吸食其他毒品的开门砖，当然生活压力也是一个促成因素（Hurd, Michaelides, Miller & Jutras-Aswad, 2014）。

其他药物

其他药物也与过度的物质使用有关：

- 策划药或俱乐部药物是指人们对精神活性药物进行提纯改良的药物，如安非他命和海洛因。苯环利定（PCP）会诱导使用者产生强烈的感知扭曲，并会做出高度暴力和危险的行为。俱乐部药物也可能包括约会强奸药物（见专栏9.3）。
- 吸入剂是存储在容器中的挥发性液体，可释放出强烈的烟雾；使用者吸入烟雾后会产生欣快和头晕目眩的感觉。这样的例子包括胶黏剂、喷漆、清洁剂，油漆稀释剂和汽油。根据美国药物滥用研究所发布的数据，4.3%的大学生尝试过吸入剂，而0.5%的大学生在过去的一年中使用过吸入剂。
- 类固醇是一种合成物质，可增强肌肉生长和第二性征，但有时青少年和运动员为取得竞争优势也过量使用。根据美国药物滥用研究所发布的数据，0.8%的大学生使用过类固醇。

物质相关障碍的流行病学

可以看到，物质使用在大学生中非常普遍。在一般人群中，诸如酒精、烟草等合法药物的使用也很常见。根据美国卫生与公共服务部的统计，目前有52.7%的12岁或以上的美国人饮酒，其中23.0%在过去的30天内有过暴饮行为。最近，男性饮酒（57.1%）比女性（47.5%）更普遍，欧洲裔美国人饮酒（57.7%）比西班牙裔美国人（43.0%）、非洲裔美国人（43.6%）、美洲印第安人/阿拉斯加原住民（37.3%）以及亚洲裔美国人（34.5%）更普遍。此外，10.9%的美国人最近有过酒后驾驶行为（见图9.3）。一些孕妇（9.4%）也饮酒，其中2.3%的人在过去的一个月有过暴饮行为。

烟草使用也非常常见。在12岁及以上的美国人中，25.2%的人使用一些烟草产品（其中82.5%是吸烟）。这一比例在18 ~ 25岁的成人（35.0%）中有所上升，男性为31.1%，而女性为20.2%。吸烟在美洲印

9.3

专栏

聚焦性别

约会强奸药

根据美国妇女健康信息中心发布的信息，约会强奸药可引起头晕、迷失方向、失去抑制和意识，从而使女性可能遭受性侵犯。女性在处于药物发作状态时，也可能遭遇诸如抢劫等其他罪行。约会强奸药通常包括氯胺酮（“克他命”）、氟硝西泮（“魂飞”）和丙种羟基丁酸盐（γ-羟基丁酸或“液体摇头丸”）。这些药物通常无色、无味，可以溶解到饮料中。酒精还会强化这些药物的作用，并可能导致严重的身体问题，例如心率减慢、血压下降等。

那么，你怎样才能保护自己呢？美国妇女健康信息中心建议，自己打开所有容器，不要与他人分享饮品或接受他人的饮品，不要喝如大酒杯等开口容器中的饮品 ，与不喝酒且值得信赖的朋友待在一起，并且自己的饮品始终要随身携带，即便去洗手间也是如此。如果你必须把饮料放下，那么做好最坏的打算，不要再喝这瓶饮品。如果你感觉自己被下了药并被强奸，那么马上报警或尽快前往急诊室。尽快向医生提供自己的尿液样本（药物可能仍残留在你的泌尿系统中），在得到帮助之前不要小便、洗澡或换衣服。

第安人/阿拉斯加原住民（36.5%）中比非洲裔美国人（23.0%）、欧洲裔美国人（22.7%）、西班牙裔美国人（16.8%）和亚洲裔美国人（8.5%）中更常见。受教育程度和收入较高的人吸烟少一些。生活在中西部各州的人吸烟率最高（24.6%）；生活在西部各州的人吸烟率最低（17.6%）。

根据卫生与公共服务部的报告，目前12岁及以上的美国人中使用违禁药物的比例为10.2%。在违禁药物的使用方面，男性（11.5%）比女性（7.3%）更普遍，在18 ~ 20岁的人群中也非常常见（见图9.4）。最近，与非洲裔美国人（10.5%）、欧洲裔美国人（9.5%）、西班牙裔美国人（8.8%）和亚洲裔美国人（3.1%）相比，违禁药物使用在美洲印第安人/阿拉斯加原住民（12.3%）中尤为常见。大麻是最常用的一种违禁药物，但这种药物也经常被应用于非医学用途（见表9.9）。

在这些统计数据方面，人们特别感兴趣的是过去12个月内初次使用的违禁药物类型（见图9.5）。初次尝试的药物经常包括处方药和大麻。图9.6概述了人们初次使用某些药物的平均年龄。青少年往往选择吸入剂和大麻等违禁药物，而年龄大一些的人往往选择使用处方药。然而，所有药物使用在12 ~ 30岁的人群中十分常见。

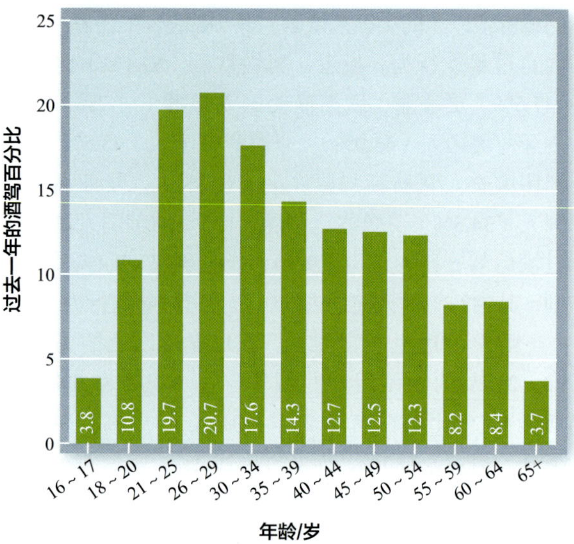

图9.3 过去一年中16岁及以上人群的酒驾情况。

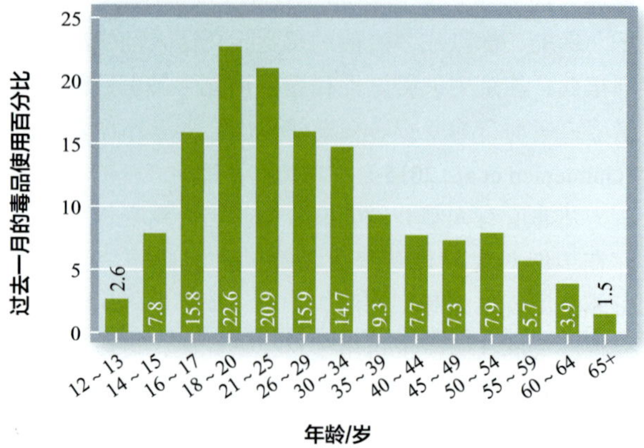

图9.4 过去一个月中12岁及以上人群的毒品使用情况。

任何物质相关障碍的终生患病率为14.6%，12个月患病率为8.1%。在所有主要的物质相关障碍中，酒精使用障碍的终生患病率和12个月患病率最高。根据卫生与公共服务部发布的数据，物质相关障碍在男性中（10.8%）比女性（5.8%）更普遍，在18 ~ 25岁人群中的比例为16.3%。与多种族个体（10.9%）、西班牙裔美国人（8.6%）、欧洲裔美国人（8.4%）和亚洲裔美国人（4.6%）相比，美国印第安人/阿拉斯加原住民（14.9%）的物质相关障碍更高一些。此外，患有物质相关障碍的人更可能处于失业状态，往往找不到全职工作。

物质相关障碍经常与许多其他精神障碍共同发生，尤其是焦虑相关障碍、抑郁症和人格障碍。物质相关障碍也与严重的心理应激密切相关，18 ~ 25岁的人群尤为如此。与没有重度抑郁发作经历的人相比，有过重度抑郁发作经历的人更容易患上物质使用障碍。过度使用某种药物的人也常常会过度使用另一种药物（使用多种物质）。大约三分之二（67.0%）患有物质相关障碍的人仅使用酒精，但12.1%患有物质相关障碍的人既使用酒精，又使用违禁药物。

与物质相关障碍相关的污名

患有物质相关障碍的人在就业、住房和人际关系方面经常面临社会歧视，受到其他人的排斥。

表9.9

12周岁及以上人群在终生、过去一年和过去一个月内使用毒品的类型

药物	终生患病率/%	12个月患病率/%	1个月患病率/%
毒品	48.6	15.9	9.4
大麻和印度大麻	43.7	12.6	7.5
可卡因	14.3	1.6	0.6
快克	3.4	0.2	0.1
海洛因	1.8	0.3	0.1
致幻剂	15.1	1.7	0.5
麦角酸二乙基酰胺	9.4	0.4	0.1
苯环己哌啶	2.5	0.0	0.0
摇头丸	6.8	1.0	0.3
吸入剂	8.0	0.6	0.2
心理疗法的非医学用途	20.3	5.8	2.5
镇痛药	13.5	4.2	1.7
奥施康定	2.7	0.5	0.2
安定剂	9.0	2.0	0.6
兴奋剂	8.3	1.3	0.5
甲基苯丙胺	4.7	0.5	0.2
镇静剂	2.9	0.2	0.1
除大麻以外的毒品	29.8	7.6	3.3

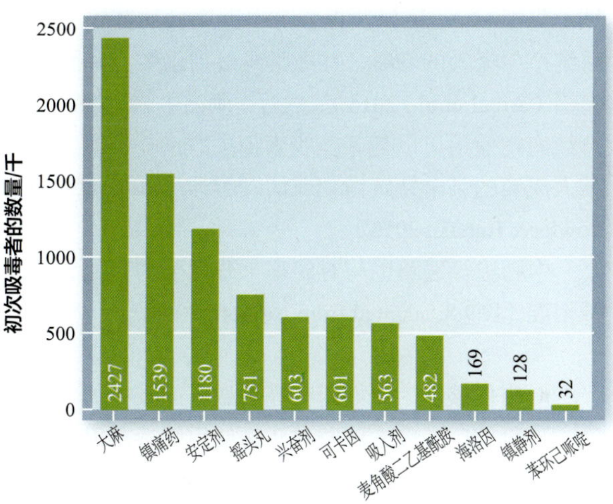

图9.5 过去一年初次吸毒者的数量及使用药物的类型。

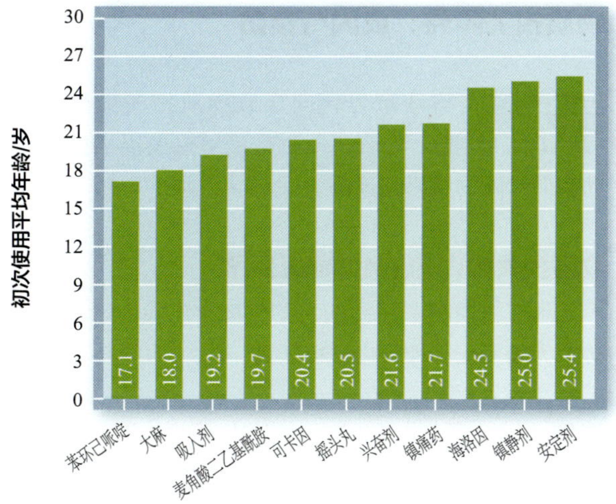

图9.6 初次使用毒品的平均年龄。

一项对患有物质相关障碍的人的调查显示，许多人感受到来自他人的污蔑。样本中的许多人认为，一旦其他人知道这个人的物质使用问题，他们就会给予他们不公平的对待（60%）或者对他们产生畏惧（46%）。此外，他们还认为，有些家庭成员放弃了他们（45%），有些朋友排斥他们（38%），并且雇主支付给他们相对较低的工资（14%）。参与调查的人报告称，听到别人说些不利于或冒犯了正接受物质相关障碍治疗的人的一些话是一种常见的污名化体验。另有一些人也发现，针对患有物质相关障碍的人的污名对其获得并享受治疗服务会产生负面影响（Luoma, Kulesza, Hayes, Kohlenberg & Larimer, 2014; van Boekel, Brouwers, van Weeghel & Garretsen, 2013）。

研究者设计了一些干预措施来减少与物质相关障碍有关的污名。这些干预措施通常包括了解物质相关障碍，接受令人痛苦的复杂情感，强调人与人之间的相互联系和认同，更多地关注思维过程（思考思维的产生方式）而非聚焦于负面思想，探索生活中的目标和价值，传播与患有物质相关障碍的人相关的体现正能量的故事，并提高就业技能。研究者已经发现，该类干预措施可有效减少患有物质相关障碍的人的自我性污名、羞耻和社会孤立，并可改善公众对这一人群的态度（Livingston, Milne, Fang & Amari, 2012）。

物质相关障碍：成因与预防

我们现在将注意力转向导致物质相关障碍的因素。同时，我们还要讨论了解这些因素能否帮助我们预防物质相关障碍。

物质相关障碍的生物学危险因素

患有物质相关障碍的人的生物学风险因素包括遗传、大脑特征和神经化学特征。

遗传

遗传会对物质相关障碍产生影响，尤其是酗酒。酗酒的遗传率预计大约为49%（Verhulst, Neale & Kendler, 2015）。早期家庭研究显示，与没有酗酒家族史的人相比，家中有成员酗酒的人，其本人酗酒的可能性是前者的3 ~ 4倍。然而，早期家庭研究的一个问题是，这一结果也可能受到环境的影响。儿童可能会模仿父母的酒精滥用，而不是受这一问题的遗传因素影响。男性的遗传影响可能比女性强，并且严重酗酒者的遗传影响比酗酒不严重的人强。酗酒很可能是许多基因共同作用的结果（Nieratschker, Batra & Fallgatter, 2013; Schuckit, 2014b）。

酗酒的遗传模型是适度的，但与酗酒相关的变量可能具有更强的遗传效应。遗传因素可能会影响一个人的酒精代谢——有些人消化酒精的速度比其他人更快，并且可能不太容易酗酒（Rietschel & Treutlein, 2013）。遗传因素也可能影响一个人对酒精的敏感度。遗传因素影响人们对酒精的低水平反应，而这可以作为预测酗酒者的后代是否酗酒的一个指标（Schuckit, 2014）。对酒精反应低的人必须喝更多的酒才能达到相同的心理效应，因此，他们比一般人群更容易酗酒。遗传因素也可能影响大脑的神经化学反应，以诱导人们对酒精的渴望或增加对酒精的去抑制作用和敏感性（Agrawal et al., 2013）。

那么，其他物质又是什么情况呢？对可卡因和诸如海洛因或奥施康定等处方止痛药的依赖的遗传可能性最大（Bryant, Guido, Kole & Cheng, 2014）。研究发现，与对照组参与者相比，患有物质相关障碍的人的亲属患上物质相关障碍的可能性是前者的8倍。阿片制剂、可卡因以及大麻尤其如此。许多基因很可能是造成这一影响的原因（Merikangas & McClair, 2012）。基因可能影响增加对某些药物反应性的受体，例如阿片受体（Bruchas & Roth, 2016）。基因也可能影响与物质相关障碍有关的关键大脑结构的发育。我们接下来探讨一下这些大脑特征。

大脑特征

许多大脑特征与物质相关障碍有关。物质相关障碍引起的大脑变化与强迫性用药的几种诱因相吻合：引发、药物线索、渴望和压力（Hone-Blanchet, Ciraulo, Pascual-Leone & Fecteau, 2015）。引发是指单次药物剂量（例如，喝一口酒或吸一口可卡因）引发的无法控制的放纵状态。药物线索是指与药物使用相关的刺激，例如朋友、钟爱的场所以及刺激进一步用药的其他因素。渴望指的是对药物使用的一种强迫性驱动，就像伊隆为满足自己寻找并使用药物的欲望而几乎放弃了所有的其他活动一样。压力是患有物质相关障碍的人复发的常见原因。前文曾提到，药物使用通常与焦虑和抑郁有关。

中脑边缘系统是主要的多巴胺通路，并且与快感、奖励和欲望的感觉密切相关。老鼠会不断压控制杆来刺激与该通路相关的大脑区域（Bardo, 2013）。中脑边缘系统通常始于大脑的腹侧被盖区，延伸至伏隔核（见图9.7）。诸如快克、可卡因这样的药物会对该系统产生极大的刺激，并经常导致启动效应和强烈的渴望（Areal et al., 2015）。然后，刺激中脑边缘系统的持续药物使用可以与某些线索相关联——例如，促成某人成瘾的某个特定酒吧或朋友群体（Volkow, Wang, Fowler & Tomasi, 2015）。

中脑边缘通路也与对成瘾十分重要的其他大脑区域相连（图9.8; adapted from Adinoff, 2004）：

- **杏仁核** 为诸如药物等刺激分配较高的“奖励价值”，应力诱发对药物使用的追求以及调节药物使用的地点偏好，就像城镇的某个特定区域；

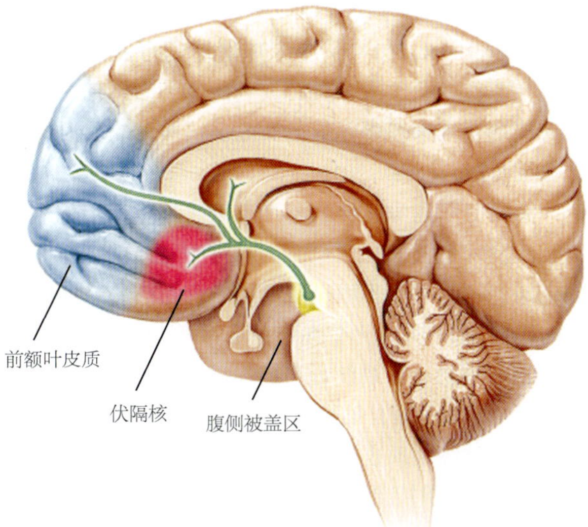

图9.7 大脑中的中脑边缘系统通道。

- **前扣带回** 涉及自控力和解决问题，可能与情绪显著或对特定药物的过度关注尤其相关（Marhe, Luijten, van de Wetering, Smits&Franken, 2013）；
- **终纹床核** 第五章曾提到，终纹床核与应激反应有关，并可能寻求药物以应对压力（Stamatakis et al., 2014）。杏仁核和终纹床核是下丘脑—脑垂体—肾上腺轴的关键区域，因此容易受到焦虑相关障碍的影响。这可能有助于解释物质相关障碍和焦虑相关障碍的高度关联性；
- **海马区** 参与获取新信息并形成新的记忆，可能有助于存储有关药物使用等激发情感的刺激方面的强大记忆（Han et al., 2015）；
- **岛叶皮质** 或称脑岛，与疼痛处理有关，对该区域的刺激与药物渴望有关（Droutman, Read&Bechara, 2015）；
- **前额叶皮质** 参与高级的认知过程，如控制和调节，可能会因药物使用发生改变从而导致对药物的持续渴求和使用。前额叶皮质也可能对预测药物有效性的刺激物变得极其敏感（Jasinska, Chen, Bonci&Stein, 2015）；
- **眶额皮质** 参与在不可预测或不确定的情境下的决策，其中药物诱导的变化可能导致冲动性行为，后者明显与药物使用有关（Smith et al., 2015）。

这些发现得到了神经影像学研究的支持。图9.9是有可卡因过量使用历史的人的脑部扫描和没有该病史的人的脑部扫描对比图。对于过度使用物质的人来说，前额叶皮质的血流量会减少，如图中较明亮颜色所示。欣快感经常伴随该领域的较少活动，因此人们在醉酒时可能不会进行高层次的思考和推理。然而，在周围的刺激物可预测药物的可及性时，前额叶皮质确实会受到高度刺激，这很可能归因于前额叶皮质与

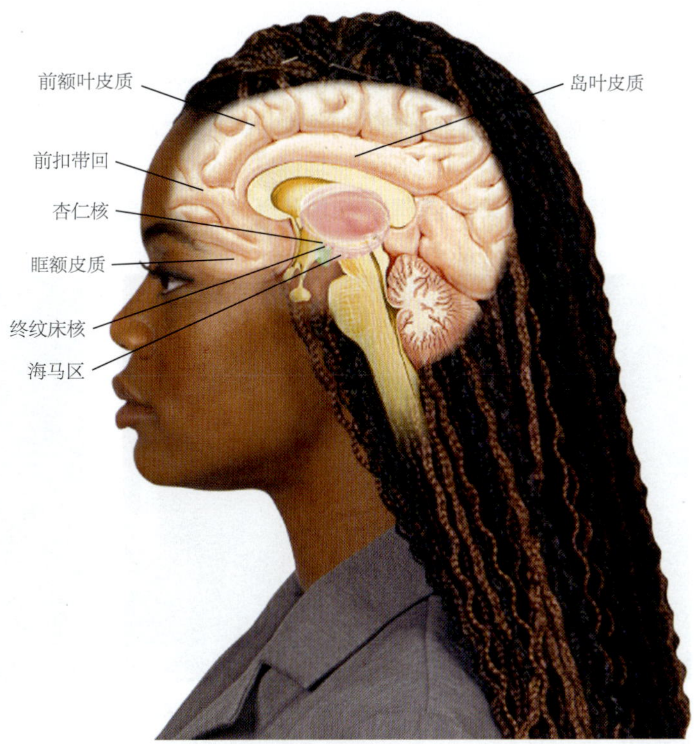

图9.8 与物质相关障碍有关的主要大脑区域。

中脑边缘系统和伏隔核之间的强烈联系。结果是，有些人很少关心除药物外的刺激，并且其大脑的兴奋性反应得不到很好的控制。因此，渴望和寻求药物的行为得到加强，但减少药物摄入量的能力受到损害（Volkow et al., 2015）。

长期过度使用物质的人的大脑会变小，大脑活动会发生改变（见图9.10）。随着年龄的增长，这可能会导致比正常人更大的认知和记忆力的下降。本书探讨的其他严重认知障碍也有大脑变小的情况，如精神分裂症（第十二章）和阿尔茨海默病（第十四章）。随着时间的推移，过量饮酒也会引起大脑的变化，这会导致运动、视觉和语言方面的问题。

如果母亲在怀孕期间摄入大量酒精，她们患有胎儿酒精综合征的孩子的脑功能也会发生变化。胼胝体、基底核和小脑的损伤可导致该群体出现大量认知和学习问题（Muralidharan, Sarmah, Zhou & Marrs, 2013）。患有胎儿酒精综合征的新生儿的大脑尺寸普遍偏小（图9.11）。

神经化学特征

中脑边缘系统通路似乎是许多药物增强效应的主要神经基础，特别是酒精、兴奋剂、阿片制剂和大麻。这些药物通过刺激D2（一种特异性多巴胺）受体或阻断多巴胺的再摄取来增加伏隔核中的多巴胺释放。有些患有物质相关障碍的人的D2受体较少（Volkow & Baler, 2014）。这意味着他们可能无法从日常生活事件中获得太多奖励，因此他们会诉诸药物使用等极端行为来获得足够的奖励。这被称为奖励缺乏综合征（Blum et al., 2015）。

海洛因和吗啡这样的阿片制剂直接作用于伏隔核以及大脑和脊髓其他区域。伏隔核中过量的多巴胺释放也与药物复发和不顾一切地觅药行为有关（Moreira & Dalley, 2015）。前面曾提到，压力可能激活前额叶皮质，它与中脑边缘系统通路的关键部分——腹侧被盖区和伏隔核——具有很强的联系。

其他神经递质也会影响物质相关障碍，这些神经通路也会影响中脑边缘系统中的多巴胺释放。谷氨酸、r-氨基丁酸、乙酰胆碱、5-羟色胺和去甲肾上腺素与中脑边缘系统具有兴奋性或抑制性的联系（Volkow & Baler, 2014）。r-氨基丁酸似乎对中脑边缘系统中的多巴胺释放具有抑制作用。因此，抑制这种具有抑制作用的药物，如酒精或吗啡，可能有助于刺激多巴胺的释放（Setiawan et al., 2014）。请记住，这些数据大部分来自动物研究，因此，将这些结果类推到人类身上可能存在问题。

多巴胺释放是一个很有力的奖励（欣快感），因而提供了增加和维持药物使用的动机。多巴胺释放还能促进与奖励有关的学习，因此一个人经常会寻求药物

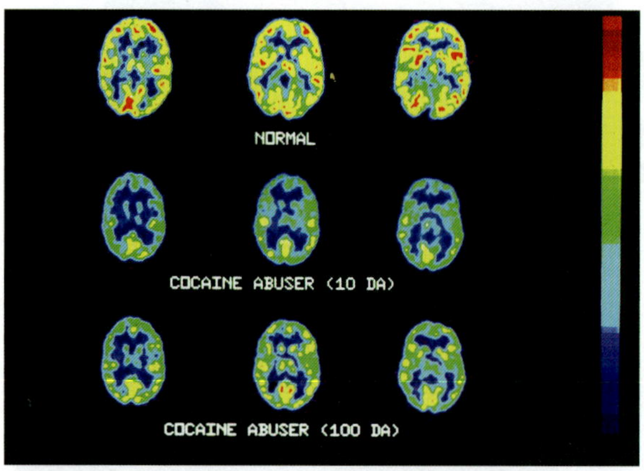

图9.9 过量使用可卡因的人的大脑扫描图与正常对照组的大脑扫描图的对比。使用药物者的正常代谢活动减弱，如图中亮红色和黄色所示。

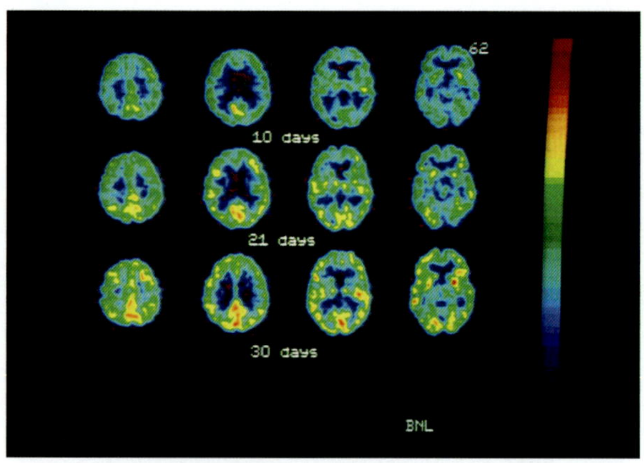

图9.10 进行脱毒的酗酒者的大脑扫描图。酒精是一种镇静剂。随着不饮酒时间的增加，大脑活动也会增加（图中黄色部分）。

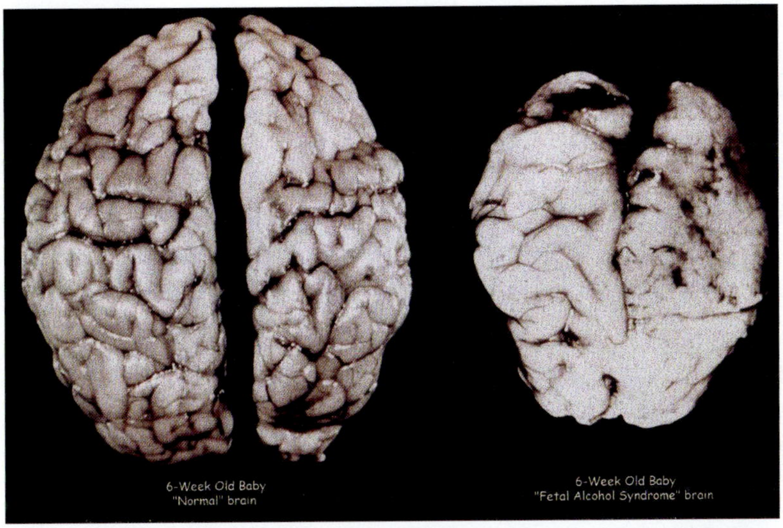

图9.11 患有胎儿酒精综合征的新生儿的受损大脑图像与正常对照组新生儿大脑图像的对比。

等奖励（Barker, Torregrossa & Taylor, 2013）。这种调节或学习或许可以解释伊隆在寻求和使用甲基苯丙胺方面的极端行为。随着时间的推移，奖励制度逐渐变得与特定药物的可获得性契合起来。这有助于解释为什么戒毒多年的人可以轻松快速地再复吸。

物质相关障碍的环境风险因素

我们接下来介绍物质相关障碍的环境风险因素。这包括压力、认知因素、学习、人格因素和家庭因素。我们还会讨论文化和进化的影响。

压力

压力是我们在本书中探讨的许多精神障碍的一个重要触发因素；对于物质相关障碍而言，尤其如此。压力可以明显引发物质使用障碍，例如人们喝杯葡萄酒、抽根烟放松一下或者吸一口可卡因提升下情绪。前文曾提到，焦虑和抑郁的人经常使用物质来应对各种应激因素，例如与他人交往和感到难受时。持续使用物质来应对应激因素会导致物质的过度使用。过度使用物质与早期的身体和性虐待、缺乏父母和社会支持以及慢性痛苦密切相关（Sinha & Jastreboff, 2013; Widom, Horan & Brzustowicz, 2015）。

压力对于物质相关障碍的复发也很重要，例如，当一个人已经戒酒一段时间但又退回到以前的饮酒或吸毒习惯时（“旧瘾复发”）。

应激诱导的复发涉及激活与压力相关的某些大脑物质，例如促肾上腺皮质激素释放激素和皮质醇，这些物质有助于我们应对并增加中脑边缘系统通路中的多巴胺活性。压力还会增加去甲肾上腺素，这有助于刺激中脑边缘通路的关键部分：终纹床核、伏隔核和杏仁核（Belujon & Grace, 2015）。因此，环境压力会引发大脑的双重反应：应对和渴望奖励。也许这就是我们在有压力时渴望获得巧克力的原因！

压力也可能会以其他关键方式诱导物质相关障碍的复发。压力下的谷氨酸增加可能会因多巴胺耗竭而产生悲伤情绪，从而通过使用药物引发对多巴胺增加的渴望（Bauer et al., 2013）。慢性压力也可能通过对前额叶皮质造成伤害而削弱一个人有效应对困难情景的能力（Volkow et al., 2015）。一个人保持注意力、回忆在治疗中学到的适当的应对技巧以及抑制诸如饮酒、驾车等适应不良反应的能力可能会受到损害。

认知因素

我们在前面几章中探讨过，认知偏差或偏见是焦

人们经常使用物质来缓解压力和抑郁。

虑相关障碍和抑郁症的风险因素。这些认知偏差或偏见指的是人们对自己和周围世界的错误信念，这可能导致适应不良。认知偏差也是物质相关障碍的一部分。在患有物质相关障碍的人当中，一种常见的误解是对各种物质的影响和对负面影响最小化的积极预期增加。一个人可能会低估或质疑药物的成瘾性质，并声称他"可以随时随地停用药物"。

有些人认为，使用某些物质会带来丰富的经历或生活变化，例如强化个人或社会功能。一个人可能会错误地认为，药物使用会增加他与女性交往的技巧或促进他在工作上的成就。对酒精的积极预期也很明显。大学生经常对饮酒有一些积极的预期，包括增强社交能力、勇气、性欲和冷静等。然而，这些预期与社交聚会或活动之前的危险酒精使用密切相关（McBride, Barrett, Moore & Schonfeld, 2014）。

第三章曾提到，许多患有物质相关障碍的人（特别是大学生）中存在的另一个误解是，其他人使用酒精和其他物质的数量和他们类似或比他们更多（Miller & Prentice, 2016）。对于德肖恩和伊隆来说，这种误解似乎十分明显，他们认为他们的初次饮酒与典型的大学经历没什么两样。然而，这种误解强化了一个人的信念，即他的饮酒或其他使用药物行为并不是一个问题。

酗酒者也选择性地注意一些表明附近有饮酒机会的线索，比如看到一个特别玩得来的酒友。

酗酒者或有其他物质相关障碍的人更长时间地专注于一些描述与物质相关构念的文字和图片（Dickter, Forestell, Hammett & Young, 2014）。这种选择性注意力与我们之前讨论过的大脑和神经化学特征有关，并且似乎与对某些药物强烈的情感渴望特别相关。这可能导致进入一个难以打破的循环，其中选择性注意力、情绪渴望和多巴胺释放相互加强。

认知会影响物质使用，但也要考虑到严重的物质使用本身可能会通过改变前额叶皮质而产生认知的改变。酒精及其他药物可以在大脑中产生巨大的变化，这些变化会影响人的注意力、感知、判断、记忆、解决问题、决策及其他更高的认知过程。酗酒者经常会出现大脑短路的情况，他们在大量饮酒后会不记得任何事情；或者有时会局部失去知觉，即他们在大量饮酒后，只有当有人提醒他们或者他们再度大量饮酒时，他们才能记起一些事情（McKim & Hancock, 2013）。

学习

第五章曾提到，许多人通过经典条件反射和操作性条件反射以及模仿其他人的行为习得严重的焦虑感。这些学习过程也适用于物质相关障碍。经典条件反射主要是指通过联想学习，并且许多患有物质相关障碍的人将某些环境线索与药物使用联系起来。如果一个人总是在当地的公园与朋友一起使用甲基苯丙胺，那么他将来在接触这些线索时更有可能使用该药物。因此，物质使用障碍的治疗可能非常困难——一个人在药物康复中心时可能不再接触药物，但一旦回到以前的物质使用暗示强烈的地方，就会很快复发。

经典条件反射的一个令人震惊的例子是美国越战退伍军人海洛因成瘾的大规模缓解。20世纪60年代和70年代，许多参加越战的美国士兵对海洛因成瘾，这引发了人们的担忧，一旦他们返回美国会怎么样？然而，值得注意的是，这些士兵的成瘾率在他们回国后大幅下降。一种解释是，一旦士兵返回家园，围绕海洛因使用的线索——例如强烈的压力、完全不同的

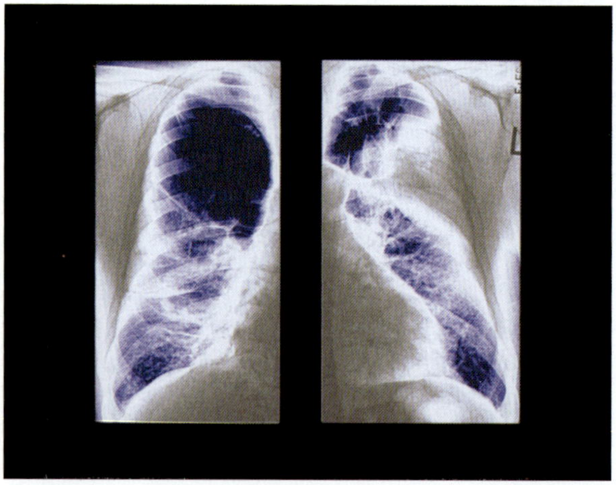

吸烟者经常轻视的长期后果是肺气肿。彩色增强胸部正面X射线显示有肺气肿，肺部着色为蓝色。胸腔（右）被感染，并充满积液。

地理环境以及某些同伴群体——就会消失。然而，这个故事的结局并非完全令人满意，因为许多越战退伍军人仍然遭遇着一些其他问题，例如创伤后应激障碍（Marmar et al., 2015）。

当然，药物使用也有有益的一面。因此，可以通过操作性条件反射加以维持。前文曾提到，大脑的奖励中心受到药物使用的高度刺激，人们可能对药物刺激变得十分脆弱。药物使用的积极强化作用还包括融入同龄人、有一种愉悦和无懈可击的感觉，以及感到自己的性能力增强，伊隆就是这样一个例子。由于应激、压力、抑郁和戒断症状的减弱，药物使用也可以作为一个强有力的负强化物。负强化物是渴望和复发的强有力指标（Wise&Koob, 2014）。

此外，物质使用的负面影响或惩戒往往非常遥远。吸烟的人可以立即感到舒缓和放松，但可能对诸如肺癌和肺气肿等一些长远后果只是稍微感到担忧。特别是尼古丁也可能与其他非药物奖励相关（Bjork, 2015）。在某些令人愉悦的情景中，比如吃大餐、喝酒或性生活之后，你知道有多少人会抽烟吗？

模仿他人的行为也可能是物质相关障碍的一个重要学习因素。人们通常不会点燃一支皱巴巴的香烟或者给自己注射一支海洛因，但通常会模仿其他人的行为。模仿可能与青少年特别相关。过度使用物质的青少年倾向于与使用物质的不良同龄群体混在一起，如果父母监管较差，则这种情况尤为严重（Van Ryzin&Dishion, 2014）。同龄人之间的药物使用也促进了社会交往并形成了一种归属感。

人格因素

你听说过“成瘾人格”的说法吗？媒体经常采用这个词语，一般是指强迫性地寻求某些事物的人——如食物、性、购物、赌博、毒品——以提高自己的情绪。物质相关障碍方面的研究者确实关注人格特质，尽管“成瘾人格”这个词语尚未得到研究成果的证实。我们在第三章中曾讨论过，冲动性是与物质相关障碍密切相关的一个人格特质。冲动性一般是指勇于冒险、缺乏计划、生活方式混乱、渴望即时满足和爆发性。寻求冲动感觉尤其与青少年饮酒过量有关（Stautz&Cooper, 2013）。

研究人员还通常将物质使用障碍、冲动性攻击与家庭暴力、暴力犯罪，特别是自杀联系起来。然而，这两个方面孰先孰后，物质使用还是暴力，目前尚未确定（见专栏9.4）。精神病态也与物质相关障碍密切相关。精神病态是指反社会行为、对攻击性行为缺乏悔意，并需要得到即时的满足。患有物质使用障碍的人一般不太可能抑制他们的行为，并延迟满足自己（Ashe, Newman&Wilson, 2015）。

为什么精神病态或冲动性攻击可能与物质相关障碍有关呢？患有精神病或物质相关障碍的人可能通过激进地面对感知到的威胁或通过使用药物来应对威胁，从而快速或冲动地对应激源做出反应。两个组别在某些大脑变化方面也可能类似（Yang et al., 2015）。另一种可能性是，具有反社会和冲动倾向的人对诸如过度冒险、物质使用等异常行为的阈值较低（Alcorn et al., 2013）。

过度使用物质似乎也与去抑制性、抑郁和焦虑的人格特征有关（Pihl&Shakra, 2015）。第五章和第七章曾提到，患有焦虑相关障碍、抑郁症以及双相情感障碍的人通常使用酒精等物质来缓解一般的压力，特别是患有社交恐惧症的人。压力也是患有物质相关障碍的人病情复发的一个关键因素（Xu et al., 2013）。

家庭因素

家庭因素在物质相关障碍的发作和维持中发挥着重要作用。如果父母患有物质相关障碍，其孩子相比一般人群更有可能使用该物质。吸烟的父母也会增加孩子吸烟的风险（Kandel, Griesler&Hu, 2015）。在父母吸烟的家庭中成长的孩子在与二手烟相关的健康问题方面的风险也大大增加，例如慢性耳部感染、哮喘、支气管炎、肺炎、火灾相关伤害以及婴儿猝死综合征（Chen, Clifford, Lang&Anstey, 2013）。

随着父母对药物使用态度的放任，孩子具有物质使用障碍的风险会增加。父母对酒精使用的许可和批准往往会使大学生喝得更多（Varvil-Weld, Turrisi, Scaglione, Mallett&Ray, 2013）。此外，根据卫生与公共服务部发布的数据，5.1%的青少年表示他们的父母

9.4

专栏

聚焦暴力

酒精与暴力

酒精和暴力似乎确实是紧密联系的。根据美国疾病控制和预防中心发布的数据，大约40%的暴力和非暴力犯罪是在酒精的影响下犯下的，并且40%被判犯有强奸罪和性侵犯的人声称他们作案时喝了酒。此外，72%的大学校园强奸案发生时，受害者均已喝得烂醉，无法表明同意或拒绝性行为。近50%的儿童虐待案件与父母吸毒有关，并且三分之二的家庭暴力受害者表示，这些暴力事件与酒精有关。大约23%的自杀死亡也归因于酒精。在急诊室的袭击者中，52.3%的病例与酒精有关。

关于这些影响的趋向的资料不多。饮酒可能先于家庭暴力袭击，但也可能发生在婚姻问题之后。此外，还存在其他因素，例如其他精神障碍、武器的可及性、压力等。尽管如此，一些研究以及极端家庭暴力案件的媒体报道确实指出酒精滥用是一个重要的缓解因素（Ferrari et al., 2016）。例如，最近加利福尼亚州的一名男子在与他的妻子发生争吵之后——后院散落着许多空酒瓶——杀死了他的四个孩子，然后自杀身亡。同一天，在缅因州波特兰市，一名男子在他17岁的儿子拒绝为他购买更多啤酒后杀死了他的妻子。尽管有关酒精和家庭暴力因果关系的研究证据相互矛盾，但是这些事件清楚地表明需要采取更广泛的教育和预防措施。

冲动是与物质相关障碍相关的一个关键人格特质。

强烈反对他们吸食大麻，而他们在过去一个月内吸食过大麻。相比之下，30%的青少年表示他们的父母对他们吸食大麻只是有点不太赞成或者既不赞成也不反对，而他们在过去一个月内吸食过大麻。

与青少年吸毒密切相关的另一个家庭因素是父母精神病理学，尤其是物质使用障碍和反社会行为。父母如果没有很好地介入孩子的生活，在监管孩子方面做得较差，并且与他们的孩子之间没有亲密的互动，也会使他们的孩子面临更高的物质使用障碍风险（Calafat, Garcia, Juan, Becona & Fernandez-Hermida, 2014）。家庭冲突还可以预测青少年的过度物质使用问题（Telzer, Gonzales & Fuligni, 2014）。

大众媒体特别迷恋与物质相关障碍相关的一个特定的家庭因素，你或许听说过这个术语：互相依赖。互相依赖通常指的是配偶、儿童及其他人参与的功能失调行为以应对家庭成员患有与物质相关障碍的压力。互相依赖关系通常涉及对患有物质相关障碍的人进行高强度特别护理从而损害了自身的健康。酗酒父亲的配偶和子女可能要经常帮助他睡眠或给他的工作单位打电话解释他旷工的原因，因此，家庭成员无意中奖励了酗酒者的行为。处于互相依赖关系的人也可能认为是自己导致了一个人的物质使用问题，并严格控制他们与他人的关系，以避免遭到排斥，因此，通

互相依赖是与物质相关障碍相关的一个家庭因素。

常认为互相依赖关系是不健康的。

如果父母过度使用药物，那么他们的孩子在成年后会出现严重问题吗？许多文献都集中在父母酗酒的孩子身上，在某种程度上，这个问题的答案似乎是肯定的。酗酒父母的子女成年后在过度使用物质、反社会行为（如攻击行为）、焦虑相关障碍和痛苦、抑郁、低自尊以及家庭关系困难方面的风险明显加大。酗酒父母的成年子女在养育子女期间往往会有更多的婚姻冲突和压力，其社会支持和家庭凝聚力都较低。这个群体也倾向于在较年轻的时候结婚，并且比一般人群的离婚率更高。然而，这些结果并不适用于所有酗酒父母的成年子女。许多酗酒父母的成年子女，尤其那些正读大学的成年子女，声称他们并未遭遇什么困难（Stone, Becker, Huber & Catalano, 2012）。这些发现对互相依赖概念的有效性和实用性提出了质疑。

文化因素

除美国印第安人/阿拉斯加原住民外，欧洲裔美国人、非洲裔美国人、西班牙裔美国人和亚洲裔美国人的物质使用障碍的比例基本相当。一些美洲印第安人/阿拉斯加原住民物质相关障碍的发病率居高不下的原因尚不完全清楚。该人群的物质使用障碍可能与其高创伤率有关（Heart et al., 2016）。另有一些人提出，第12、15和18号染色体上的“渴求酒精”基因可能是该群体某些成员所特有的（Ehlers, Gizer, Gilder & Wilhelmsen, 2011）。

如前所述，欧洲裔美国人、非洲裔美国人和西班牙裔美国人的药物使用比例相似。然而，非洲裔美国人和西班牙裔美国人比欧洲裔美国人更容易遭受药物使用造成的严重后果，尤其是那些注射毒品的非洲裔美国人和西班牙裔美国人，他们的监禁率和感染艾滋病毒的概率过高（Barskey, Surendera Babu, Hernandez & Espinoza, 2016）。非洲裔美国人和西班牙裔美国人比欧洲裔美国人更有可能注射毒品，他们也可能更容易患上乙型和丙型肝炎、病毒感染等方面的疾病（Des Jarlais, McCarty, Vega & Bramson, 2013）。由于极度贫困和失业，更容易获得酒精及其他毒品，学校糟糕以及获得心理健康服务的机会有限等因素，少数民族社区可能更容易遭受药物滥用的困扰（Cummings, Wen, Ko & Druss, 2014; Molina, Alegría & Chen, 2012）。

世界各地的饮酒和酗酒率也各不相同。饮酒态度以及一种文化中的成员是否经常大量饮酒都与这些差异有很大关系。有些文化将酒精融入日常生活和膳食中，如地中海地区的国家。其他文化表现出对酒精的节制以及日常消费的减少。每日消费量的增加或减少可能会影响人们酗酒的频率，但这一观点目前尚未得到证实。在欧洲和美洲，重度饮酒的情况往往更多（世界卫生组织，2014年）。

纵观历史，亚洲一些文化的酗酒率较低，尤其是日本、中国和韩国。饮酒时，亚洲人往往会出现面部潮红以及其他一些令人不快的身体反应，这容易抑制他们对酒精的渴望（Lee at al., 2014）。面部潮红和对酒精的敏感与乙醇水平升高有关。亚洲人的遗传基因可能导致乙醇迅速产生并在体内停留更长时间。这一过程产生并延长了令人不快的身体反应，并因此保护饮酒者避免出现乙醇中毒的情况（Gross et al., 2015）。

进化影响

有些人提出了物质相关障碍方面的进化理论。一种进化理论认为：中脑边缘系统不是一种基于奖励的系统，而是与生存动机息息相关的系统。将化学物质视为对其生殖能力有威胁的人通常倾向于避免这些物质，而将化学物质视为能提高其生殖能力的人则会接受这些物质（Newlin, Regalia, Seidman & Bobashev,

2012）。许多像伊隆这样的人之所以依赖饮酒及其他物质，是因为他们认为这会增强他们的社交需求以及对他人的吸引力。

关于成瘾的另一种进化观点是，社会中的个体通常追求支配和服从的定位，以维持社会秩序。服从存在一些优点，例如避免攻击性行为，但这种定位也会导致压力，因为这样的人随时都可能被排除出团体资源之外。应对这种压力可能会参与吸毒，这可能是弱势社区毒品使用量较高的一个因素。服从也可能导致形成与支配个体的社会依赖关系，这可能导致虐待以及因物质使用缓解而产生的抑郁情绪（Lende & Downey, 2012）。

物质相关障碍的病因

在有助于引起问题的风险因素方面，物质相关障碍相当复杂。为了将风险因素纳入一般的成瘾模型中，许多理论家和研究人员采用了生物-心理-社会方法。

成瘾的综合模型通常将生物和环境风险因素分为远端因素或近端因素（Feingold, Capaldi & Owen, 2015）。远端因素是间接影响一个人的背景因素，通常可能会导致精神障碍。与物质相关障碍相关的生物学远端因素包括遗传素质，也许还包括诸如冲动型人格等方面的气质。环境远端因素包括与不良同伴的关联、问题家庭关系、父母吸毒、文化以及早期的学习和吸毒经历等。

近端因素是直接影响一个人的即时因素，更具体地说，是导致精神障碍的因素。生物近端因素包括药物使用时多巴胺的激活。环境近端因素包括压力、抑郁、同伴压力、对物质使用的积极预期以及物质的可及性。近端因素可能还包括药物使用的后果，既有积极后果（例如，情绪提升、压力缓解等），又有消极后果（例如，不良的身体影响、职业和法律问题等）。

各种影响因素似乎膨胀成一场“完美风暴”，为伊隆过量饮酒及其他药物使用奠定了基础。他的远端生物风险因素包括冲动性人格和酒精使用缓解引发的高水平唤醒。此外，也可能存在酗酒家族史的因素。近端风险因素包括考入大学以及严格的学术要求造成的大量压力。伊隆也非常喜欢性和吸毒为其带来的愉悦，而这明显刺激了诸如中脑边缘系统等大脑的关键区域。伊隆后来扩大了吸毒范围，增加了吸毒量，并且除了觅药行为，对其他什么都不关心。许多患有物质相关障碍的人会遇到一种被他们称为“低点”的现象，即他们的大脑功能和行为几乎都是针对寻找和使用毒品而运转的。这种破坏性影响突出了预防的必要性，我们接下来将介绍一下在这方面我们应做的一些工作。

物质相关障碍的预防

鉴于长期吸毒造成的不良后果，针对物质相关障碍的预防工作受到了很多关注。预防工作包括针对成人、儿童和青少年的预防。我们在第三章曾讨论过密苏里大学健康资源中心赞助的一个预防项目。该项目的内容包括促进可靠的决策，并提供有关大学生饮酒的准确信息。一旦关于学生饮酒的程度和可接受性方面的错觉得到纠正，暴饮和酗酒行为通常会下降（见专栏9.5）。

预防项目还旨在减少孕妇的酒精及其他药物的摄入量，以防止新生儿患上胎儿酒精综合征。这些项目的重点是筛查酒精及其他药物，教育孕妇使用这些物质会造成的不良影响，管控压力和减少抑郁，增加社会支持，并对孕妇进行家访（Shannon, Alberg, Nacul & Pashayan, 2014）。类似的技术有助于减少老年人、医疗保健专业人员、暴力受害者和犯罪者以及共病性精神障碍者的过度使用物质问题（El-Guebaly, Carra & Galanter, 2015; Kuerbis & Sacco, 2013）。其他预防项目针对儿童和青少年，因此吸毒不会从发育期就开始。这些项目通常侧重于：

- 减少毒品的可及性；
- 增加吸毒的法律后果；
- 旨在教育青少年并改变其对毒品的态度；
- 旨在使青少年摆脱觅药机会、增加工作和休闲机会；
- 基于同伴的旨在强化对毒品推销说“不”的项目。

针对物质使用障碍的预防工作的目标受众通常是

9.5

专栏

聚焦大学生

物质使用

针对有饮酒问题的大学生的治疗是相对成功的。许多项目采用动机访谈、酒精教育、规范比较和缓解策略等方法。为大学生量身定制的项目还包括改变有关饮酒的积极预期，并增加使用代驾。大多数研究显示，在酒精相关知识、饮酒态度、饮酒的规范性信念以及减少酒精摄入量的意图方面有了明显的改善（Scott-Sheldon, Carey, Elliot, Garey & Carey, 2014）。关于一个人饮酒的个性化反馈对于因社交原因饮酒的人和重度饮酒者而言似乎特别有效（Palfai, Winter, Lu, Rosenbloom & Saitz, 2014）。

鉴于饮酒可能导致的大量不良后果，对大学生饮酒问题的治疗显得非常重要。泰勒（Tyler）及其同事（2015）对数百名大学生的饮酒行为、对酒精带来的社交与身体愉悦预期以及性受害情况进行了调查。性受害情况通常与儿童性虐待、经常吸毒和大量饮酒有关。较大的酒精预期往往会造成女性的性受害，包括强迫性接触或性行为，在女学生联谊会上尤为常见。此外，那些经常吸毒并有许多酗酒的亲密朋友的男性更有可能大量饮酒，并遭到性侵害。因此，有关酒精会增加快乐或力量并因而大量饮酒的信念会导致许多破坏性后果。

公众。例如，提高最低饮酒年龄，降低酒后驾车的法定速度，播放抵制毒品的广告，禁止在某些媒体上播放烟草广告，在工作场所进行药物检测以及对酒精和烟草制品征收重税，等等。然而，这些减少药物使用政策的综合效果相对较小，对儿童和青少年尤为如此（Agabio et al., 2015）。

对于药物成瘾者而言，预防其长期健康问题的一种备受争议的方法是，为其提供新的、干净的针头或注射器，减少针头共用。针具交换和降低危害项目为静脉吸毒者提供未使用过的针头和注射器、诸如漂白剂或皮肤软膏等清洁原料、关于艾滋病等传染病方面的教育，以及心理健康服务等。一些人批评针具交换项目可能会使人们保持过度的吸毒习惯，但该项目确实有效地减少了血液传播疾病以及与艾滋病相关的风险因素（Abdul-Quader et al., 2013）。

预防复发也是减少患有物质相关障碍的人继续吸毒的一种关键方法。预防复发包括减少接触酒精及其他药物，提高继续禁欲的动机，自我监测日常情绪和诱惑情况，识别和恰当应对药物渴求，减少焦虑和抑郁，改变对药物使用的非理性思想以及在再次饮酒或使用其他药物的情况下制订危机计划。旨在降低某种特定药物愉悦性的药物治疗和定期参加自助小组会议对于复发预防也可能有效果（Humphreys & Finney, 2013）。复发预防策略通常可有效延迟再次使用物质的时间，并减少药物使用和酗酒的天数（Bowen et al., 2014）。

物质相关障碍：评估与治疗

物质相关障碍是本书中讨论的最危险的精神障碍之一。这些障碍可以摧毁整个家庭。因此，对这些障碍的准确评估和有效治疗至关重要。我们接下来将介绍一些用于评估物质相关障碍的关键方法，例如访谈、心理测试、他人观察以及实验室检测等。

访谈

访谈是用于评估许多精神障碍的一种常用手段。针对物质相关障碍的常见访谈类型包括筛查性访谈和动机性访谈。筛查性访谈专门用于评估物质使用方面的近期和终身问题。一种常用的筛查性访谈是成瘾严重程度指数。成瘾严重程度指数包含关于医疗状况、就业、社会支持、酒精和其他药物使用以及法律、家庭和精神状况等方面的结构性问题。该指数的综合得分对于物质使用障碍具有显著的预测作用（Denis, Cacciola & Alterman, 2013）。动机性访谈是一种评估和治疗策略，涉及获取有关某人物质相关问题的信息，并提供反馈，以帮助提高他对变化的准备程度。访谈者要换位思考，说明访谈对象目前在做的与他的长期目标之间的差异，并帮助其相信他是可能做出改变的。采用动机性访谈的临床医生会询问一些开放性问题，仔细倾听并反映信息，提供治疗选择，概述与当前药物使用相关的问题，支持病人想要改变的陈述以及设定具体的治疗目标。一个动机性访谈者会积极提供建议，并会强化一个人改变当前行为的意愿。动机性访谈可有效减少访谈对象的饮酒量（Riper et al., 2014）。

伊隆在药物康复机构的最初几天接受了一次关于其药物使用的动机性访谈。以下是访谈中的一个小插曲：

伊隆：我真的不知道自己是否可以做出改变。我用的这个东西……我无时无刻不在想着使用这种东西。

治疗师：如果你愿意，你是可以改变的，但如果你继续走这条路，你还会是你。

伊隆：我明白，有时候我确实也想回到自己原来的样子。

治疗师：这是一个明智的选择，而且我们有很多不同的方式帮助你恢复正常。

伊隆：只是好像我现在吸毒的时间太长了……

治疗师：我们谈谈你生活中不使用毒品但在学校仍然做得很好并与你的朋友相处得不错的某些时候。

心理测试

治疗师还使用心理测试来对吸毒情况进行筛查和评估。一个著名的测试是我们在第四章中讨论过的明尼苏达多相人格量表（第2版）（MMPI-2）。MMPI-2有三个评估药物使用的分量表。成瘾确认量表上的项目旨在检测愿意承认该类物质使用的人的物质使用情况。使用物质的人通常比不使用物质的人会更多地认可成瘾潜力量表上的项目。麦克安德鲁酗酒量表（MacAndrew Alcoholism Scale）上的项目是综合性的MMPI-2项目，有时用于测量冲动性的物质使用情况（Gizer et al., 2012）。

我们将在第十章详细讨论的另一个量表是米隆临床多轴量表（第4版）。该量表用于评估人格障碍，但其有两个测量酒精依赖度和药物依赖度的分量表。这些分量表上的项目以诊断标准为中心，涉及药物使用以及与药物使用有关的行为。这些分量表成功预测了药物使用增加或减少的风险（Hopley＆Brunelle, 2016）。

其他常用的筛查措施包括密歇根州酒精中毒筛查试验和CAGE酒精中毒量表。这些量表对于评估近期以及严重酗酒情况特别有用。密歇根州酒精筛查测试是一项包括24个项目的量表，包括饮酒习惯、与饮酒有关的人际关系和法律问题以及酒精中毒的治疗等。CAGE酒精中毒量表共有四个项目，包括以下或类似的问题。对以下问题中的两个及以上给出肯定回答则表示存在物质相关障碍的高风险（Brousse et al., 2014）：

- 你有没有觉得自己需要减少饮酒？
- 有人因对你的饮酒提出批评而让你心烦吗？
- 你是否曾对自己的饮酒行为感到糟糕或愧疚？
- 为了舒缓神经或摆脱宿醉，你是否曾认为早上起来第一件事应该是先喝上一杯酒？

他人观察

过量使用药物往往是一个隐蔽性问题，许多人并没有准确报告他们的酒精或其他药物使用情况。因此，治疗师可以进行观察，并征求其他人的报告。家庭成员、伴侣、同事和朋友都可以帮助监控一个人的行为，并报告旷工天数、离开家的时间、家庭关于药物使用的争吵以及暴饮暴食等事项。做这些事情必须非常小心谨慎，并且必须让患有物质相关障碍的人知晓并征得他的同意。这类观察通常是针对患有物质相关障碍的人的家庭治疗的一部分（见本章后面的“治疗”章节）。

实验室检测

实验室检测包括分析尿液、血液、气息、头发、唾液或汗液以检测最近的药物使用情况。潜在的使用者和药物治疗机构经常采用这些措施以确定毒瘾是否戒断。尽管不同毒品的检测周期不尽相同，尿液筛查可能是最近物质使用的最常见的实验室检测方法（见表9.10）。诸如苯环利定等一些药物可在使用后8天内检测到，但诸如酒精等药物超过10小时可能就无法检测到了。

尿液筛查可以检测某些药物存在与否，这是一种很好的初步筛查方法。尿液筛查的缺点是经常会出现误差，因此该检测做完之后可能还会进行其他一些实验室检测。

尿液筛查包括以下过程：

- 用色谱法将化学品分离成各自独立的部分；
- 用光谱测定法确定某些化学品的确切分子结构，通常在色谱法之后进行；
- 用谱相方法检测各种药物在荧光灯下发出的某些荧光；
- 免疫测定用于评估某种物质产生的抗体。

血液检验还可以评估最近的药物使用情况，特别是酒精。对于青少年和药物康复中心的人而言，如果其记忆力或思维能力表现出受损的状况，可采用血液酒精检验来确定其是否存在酒驾情况。之前我们提供了一份关于不同血液酒精浓度以及与这些浓度相关的典型行为的表格（表9.7）。

表9.10
尿液分析检测违禁药物的周期

药物	检测周期
酒精	6～10小时
安非他命	1～2天
巴比妥类药物	2～10天
苯二氮䓬类药物	1～6周
可卡因	1～4天
可待因	1～2天
海洛因	1～2天
麦角酸二乙基酰胺	8小时
大麻	1天～5周
二亚甲基双氧苯丙胺（摇头丸）	1～2天
麦司卡林	2～3天
美沙酮	1天～1周
甲基苯丙胺	1～2天
吗啡	1～2天
尼古丁	1～2天
苯环利定（PCP）	2～8天
四氢大麻酚（THC）	1天～5周

评估最近饮酒和血液酒精浓度的一种更快的方法是对一个人的气息进行检测，警察经常使用毒物喷酒测定器或体内酒精测定器进行酒精浓度检测。现在有几种手持式体内酒精测定器可供使用，因此一个人可以在开车前对自己进行测试。例如某位女性，喝过烈酒，酒量很大（比如每小时至少喝一杯），体重减轻，年纪大了，最近没怎么吃东西，正在服用其他毒品或药物，或者为加速吸收将酒与碳酸饮料混合起来饮用，血液中的酒精浓度往往会上升得更快。对于某些人来说，在饮酒时和饮酒后喝大量的水会减缓酒精的吸收，并使他们避免严重宿醉。但是，喝大量的水和大量的酒精仍然会使你严重受损。

头发分析正在成为药物检测的一种首选方法，因为有的人可以在摄入药物几个月以后检测出违禁药物的使用。对接近头皮的几根头发进行分析可以检测过去几个月的药物使用情况（Xiang, Shen & Drummer, 2015）。头发分析非常受欢迎，因为隐藏药物使用的物质不容易对结果产生影响。头发检测的缺点是，无法明确确定一个人服用的药物量及其服用药物的时间。种族偏见也可能是一个因素。研究者还开发了针对药物使用的唾液和汗液检测。基于司机唾液检测的研究表明，常见的药物是大麻、可卡因和甲基苯丙胺。

物质相关障碍的生物学治疗

你可能认为这很奇怪，其他物质或药物怎么也可以用于物质相关障碍的治疗呢？现在许多人认为，药物治疗和心理治疗结合起来可以更好地解决比较棘手的物质相关障碍。用于治疗这些障碍的药物包括激动剂、对抗剂、部分激动药和厌恶药。

激动剂

激动剂是与过量使用药物具有相似化学成分的药物。因此，激动剂药物治疗利用了交叉耐受性，即对从未服用过药物的耐受性。激动剂药物治疗的一个很好的例子是利用美沙酮治疗对海洛因、吗啡或羟考酮等相关阿片制剂成瘾的人。美沙酮与阿片制剂的化学成分类似，可抑制大脑中的阿片受体。当一个人减少阿片制剂的使用时，对其进行美沙酮治疗，这样其对阿片制剂的渴求及戒断症状就不会太严重。一旦一个人彻底清除成瘾药物，美沙酮的用药剂量也要相应减少。另一种药物是左旋-阿尔法-乙酰基-美沙醇（LAAM），这是一种美沙酮的衍生物，其在人体内持续时间更长，与美沙酮的每日剂量相比，该药可能每周只需服用三次。因此，LAAM比美沙酮更能有效地帮助人们终止对阿片制剂的成瘾。

激动剂也可用于对尼古丁成瘾的治疗。尼古丁替代疗法是指在不吸烟的情况下摄取安全剂量的尼古丁。其他替代性摄取方式有尼古丁贴片、口香糖（尼古清咀嚼锭）、吸入器或鼻腔喷雾剂等。尽管贴片摄取方式使用起来最容易而吸入器最难，但所有这些摄取方式的效果相差不大。这些装置还有助于减少对成瘾药物的渴求及其戒断症状，并且它们的药力可以逐渐减少，直到一个人不再成瘾（Stead et al., 2012）。

对抗剂

对抗剂是阻断成瘾药物的愉悦效果的药物，以期减少人对成瘾药物的渴求。一个很好的例子是环丙甲羟二羟吗啡酮（纳曲酮），该药物可以阻断大脑中的阿片受体（特别是伏隔核），以减少人们对酒精的渴求，并减少其愉悦效果。该药物可有效减少酒精消耗及对酒精的渴求。将纳曲酮与阿坎酸结合起来也可作为一种具有一些对抗剂特性的药物，这对于预防酒精中毒者的复发也是有效的。

手持式呼气测醉器可用于自行测试酒精指标。

部分激动药

部分激动药是可以用作激动剂或对抗剂的药物，这取决于神经递质的产生数量。多巴胺与物质相关障碍密切相关。因此，当大脑中该神经递质的数量不高时，部分激动剂会提高多巴胺的水平；而当该神经递质在大脑中的数量很高时，部分激动剂会降低多巴胺的水平。

针对物质相关障碍的一种常见激动剂是丁基原啡因（丁丙诺啡），其可作为某些阿片受体的激动剂以及其他一些阿片受体的对抗剂。该药物通过抑制主要的阿片受体来帮助控制对阿片类药物的渴求，但与美沙酮等纯激动剂相比，该药物具有较少的副作用。丁丙诺啡也几乎与美沙酮同样有效。因此，如果使用美沙酮治疗效果一般或者作为美沙酮和戒断之间的一个过渡，可以使用该药物。

厌恶药

厌恶药是那些使摄入成瘾药物非常不舒服的药物。一个很好的例子是双硫仑（安塔布司）。

在一个人服下该药物后，除非喝酒，否则他不会有任何不良影响。在摄入酒精后，他会出现恶心、呕吐、腹泻以及血压变化，从根本上对其饮酒进行惩罚或产生一种习得性味觉厌恶。试想一下，如果你在一家餐馆吃东西后生病，你会怎么做——你很长一段时间不会再去那家餐馆吃饭了！

双硫仑是一种醛脱氢酶抑制剂，这意味着可以迅速地积聚高浓度的乙醇。我们之前对文化因素的探讨中提到，高浓度的乙醇可能会引起一些令人不快的症状，并阻止某些人摄入酒精。酗酒者不会每天服用双硫仑，但他可能会在诸如外出度假或假期等“高风险”时段服用这种药物。双硫仑对治疗可卡因使用问题也有疗效。一种名为氰氨化钙（滕普西尔）的相关药物具有与双硫仑相似的疗效，但效果更温和一些。

另一种厌恶药物是醋酸银，这是一种置于口香糖、锭剂或漱口水中的物质。单独使用时，醋酸银没有重大的副作用。然而，如果与尼古丁混合使用，当人们在使用漱口水后抽烟时，黏膜会受到刺激，并在人的口中产生一股恶臭。因此，关键是能产生惩罚反应

（吸烟）或一种习得性味觉厌恶。只有当一个人有充分动机去使用这些物质来阻止酒精和烟草使用时，双硫仑和醋酸银才会有效。

其他药物

我们在第五章和第七章已经探讨过，其他药物也可用于治疗物质相关障碍，尤其是抗焦虑药和抗抑郁药。这些药物可以对抗可能导致过量饮酒及其他药物使用的焦虑和抑郁症状，并且这些药物甚至可能帮助患有该类障碍的人自行减少酒精和可卡因的消耗。加速药物代谢以迅速清洁身体的药物以及治疗物质相关障碍方面的疫苗方面的研究仍在继续。将药物治疗与心理治疗方法结合起来可能是治疗物质相关障碍的最佳方法。我们接下来将就这方面进行探讨。

物质相关障碍的心理治疗

物质相关障碍的心理治疗通常包括住院和寄托治疗、短期干预、认知行为疗法、家庭和婚姻疗法、集体治疗和自助小组等。

住院和寄托治疗

在服用了大量药物并经历了诸多危险行为之后，伊隆最终进入一家药物康复机构接受治疗。喝醉酒或依赖某种特定物质的人通常必须首先接受住院或寄托治疗，其首要任务是脱毒和康复治疗。脱毒是指在医生监督下进行药物戒断，其中可能包括先前提到的药物。通过使用美沙酮和镇静剂来平息强烈的戒断症状，一个人可能逐渐戒断海洛因。脱毒还包括提供良好的营养、休息、运动以及轻松的环境以清洁身体内所有成瘾药物。伊隆被要求做低温桑拿，更换在过去的几个月中因其饮食中缺失的维生素和矿物质，多喝水，并坚持正常的生活作息，按时睡觉和起床。住院或寄托治疗下一阶段的目标是药物康复。患有物质相关障碍的个人经常与专业人士及其他居民分享他们的经历，并直面他们目前面临的问题。伊隆最终意识到其行为的全部后果，例如被学校开除以及他给父母造成的巨大痛苦。对于患有严重物质相关障碍的人、共病性精神障碍者以及社会资源较少的人来说，寄托治疗项目往往更有效（Blonigen, Finney, Wilbourne & Moos, 2015）。

短期干预

对物质相关障碍的短期干预包括在有限的时间内尽可能多地改变行为的短期策略。短期干预包括我们之前探讨过的动机性访谈技巧，其中包括提供有关一个人过度使用物质方面的反馈以及谈判和设定改变目标等。治疗师可能会试图让来访者承诺仅在周末饮酒，或允许家庭成员及可信赖的同事对其在家或工作时的饮酒情况进行监控。短期干预的时间长度可以短至5 ~ 15分钟。

短期干预还侧重于识别过度使用物质的高风险情况，特别是当一个人感到压力、孤独、无聊或沮丧的时候。探索物质使用的利弊，提供有关物质使用及其负面后果方面的信息以及加强社会支持也十分重要。短期干预的目标并不一定是实现彻底禁戒，而是为了尽可能稳定或减少一个人的物质使用，以便她可以追求我们接下来要讨论的更全面的治疗类型。短期干预通常用于初级保健医疗环境，特别是男性，但对于那些患有严重物质使用障碍的人来说效果可能差一些（O'Donnell et al., 2015）。

认知行为疗法

我们已经讨论了焦虑相关障碍、躯体症状障碍、抑郁症、双相情感障碍以及饮食失调症的认知行为治疗的各个方面。认知疗法本质上是指针对既定情景挑战和改变非理性的想法。前文曾提到，大量饮酒的人（特别是大学生）通常会犯的一个认知错误就是认为其他人喝的和他们喝的一样多，甚至比他们喝的还多。因此，纠正这种错误认知非常重要。认知疗法还可能涉及改变我们在第五章和第七章讨论过的认知偏差，尤其是那些与灾难性疾病相关的认知偏差。患有物质使用障碍的人可能会错误地认为，如果她不服用某种药物，如可卡因，她在工作中的表现将会非常糟糕，并且她会被解雇。因此，认知疗法对于解决心理依赖十分重要，并且通常被纳入行为治疗技巧中。

行为疗法是指改变与某一特定障碍相关的学习模

式及其他适应不良行为。技能培训是针对物质相关障碍的一种关键的行为治疗方法。技能培训包括帮助一个人了解药物使用的前因后果，并认识到哪些情景代表重新吸毒的高风险。学习压力是伊隆吸毒的一个强烈触发器或者前因，而快乐和性能力则是其强有力的后果。他也逐渐发现，某些情景对他来说风险很大，特别是与酒友和大学派对有关的一些情景。

在此之后，鼓励一个人避免高风险情景或以某种方式有效地应对这些情景（刺激控制）。在高风险情景中，可以教一个人如何适当地拒绝饮酒或拒绝服用其他药物的提议，理解一个人的界限并严格遵守，在一定时间内离开这一情景（如派对），让朋友帮助监控酒精或其他药物的使用情况，或思考使用的负面影响。人们还可以学习为紧急事件制订计划，例如在受到毒品诱惑时应该联系谁，以及控制与毒品渴求相关的生理唤醒和强烈情绪。患有物质相关障碍的人也必须明白，即使是小事件，例如开车时转错弯看到一个酒类专卖店，也会对其产生强烈的渴求，从而需要适应性反应，比如给朋友打电话（Witkiewitz, Bowen, Douglas &Hsu, 2013）。

技能培训还可能包括自我监测，一个人不断记录自己所服用的药物剂量或导致吸毒欲望的各种情景和情绪。该理念是让一个人尽可能地了解药物使用的前因以及实际的药物使用情况——我们越了解我们的过度行为，我们参与其中的可能性就越小。治疗师可能将技能培训与线索暴露疗法结合起来，即一个人接触诸如酒精或香烟的视觉和嗅觉线索，然后使用诸如放松或讨论之类的技能来成功地减少药物使用（Unrod et al., 2014）。治疗师使用技能培训来防止过度药物使用的复发，并可能将训练与诸如正念等其他方法结合起来（Ury, Flack&Dakwar, 2015）。

物质相关障碍行为疗法的一个关键方面是应急管理，或通过家人、朋友和亲密伙伴的表扬及其他强化物来奖励积极的行为。在接受定期药物筛查以后，伊隆的父母见证了他的禁戒情况，并给予了奖励。应急管理还可能包括激励措施，即治疗师在做完无药物尿液或其他筛查以后会提供各种商品和服务的凭证。应急管理对减少阿片制剂、尼古丁、酒精、可卡因和大麻的摄入量特别有效。然而，应急管理有一个缺点，即如果不能持续给予外在奖励，那么其效果可能会减弱（Benishek et al., 2014）。

物质相关障碍的一个社区强化方法与应急管理比较相似。患有物质使用障碍的人不仅会因为禁戒而得到其他人的奖励，而且还被鼓励改变他所处环境中的条件——例如工作、家庭和娱乐中的条件——从而使它们变得比物质使用更有价值。治疗师经常将这种方法与凭证、药物以及正在进行的药物检测结合使用。该方法有助于提高治疗过程中的禁戒和参与度（Blonigen et al., 2015）。

家庭和婚姻疗法

物质相关障碍会对家庭成员造成极大的伤害。对于患有这些疾病的人来说，更好的治疗结果通常与良好的婚姻和家庭环境有关。因此，家庭和婚姻疗法是治疗的重要组成部分。这些治疗涉及伴侣或患有物质相关障碍的人的其他家庭成员。他们可以帮助激励患有物质相关障碍的人寻求治疗，增加家庭内的积极沟通，有效地解决问题，并对他们的物质使用情况进行监控。这些技术的总体目标是培养一种有助于防止过度饮酒或其他药物使用复发的生活环境，并减少我们之前讨论过的“启用”行为（O’Farrell&Clements, 2012）。

电影和真人秀节目有时会刻画家庭成员对有物质使用问题或其他问题的人进行“干预”的情节。这种干预通常包括背着患有物质相关障碍的人突然召开家庭会议，对他们的问题进行讨论，集思广益，并鼓励他们在物质使用问题方面寻求帮助。遗憾的是，这一策略相比其益处危害更大，因为“被识别”的人可能会感觉受到威胁或被列为家庭或婚姻问题的“替罪羊”。

临床医生经常采用家庭疗法来治疗有物质使用障碍题的青少年，多维家庭疗法是一种非常流行的形式。多维家庭疗法包括一项为期12周的项目，该项目的重点是培养强大的亲子关系，提高谈判和解决家庭问题的能力，改善对青少年的监管，并纠正学习和校本问题。经证实，该疗法与旨在改善家庭凝聚力和同伴关系以及减少未来逮捕次数和过度使用物质的认知行为疗法一样有效或更加有效。建立强大的亲子关系似乎对家庭成员保持治疗和成功完成项目至关重要（Liddle, 2014）。

集体治疗

对于患有物质相关障碍的人来说，集体治疗一直是一种非常流行的治疗方法。该小组成员一起与治疗师会面，目的是帮助减少酒精和其他药物的使用。根据治疗师的研究方向，集体治疗方法可能有很大差异，但常见的做法包括提供有关药物过量使用后果方面的教育，鼓励改变的承诺，加强社会支持，认识能导致过度使用物质的线索，重组破坏性的生活方式和关系，并找出应对压力的替代性方法。集体治疗的有效性并不一定比个体治疗更好，但如果解决了诸如边缘型人格障碍等共病性精神问题，那么集体治疗的效果可能会有所改善（Blonigen et al., 2015）。

自助小组

自助小组与集体治疗相似，因为几个患有物质相关障碍的人会相互支持，并鼓励彼此进行禁戒。因此，自助小组是一种极具成本效益的手段，可以帮助患有物质相关障碍的人。大多数自助小组并不是由专业治疗师领导的，其领导者往往是具有特定物质使用障碍的人。嗜酒者互诫协会或许是最著名的自助小组，该自助小组依赖12个步骤和12个传统项目，（希望）在小组发起人或资深会员的指导下进行禁戒。嗜酒者互诫协会的一般理念是酗酒是一种仅能通过彻底禁戒才能控制的疾病。

如果他们的饮酒程度特别严重，并且如果他们有赞助商并参加更多会议，人们更有可能从嗜酒者互诫协会中受益（Kelly & Yeterian, 2013）。女性、非洲裔美国人、与宗教和社会活动有关的人以及那些接受过更多教育和性格外向的人往往不太可能退出嗜酒者互诫协会（Krentzman, Robinson, Perron & Cranford, 2011）。相关的12步小组包括戒毒互助所、可卡因互戒协会，以及针对家中有酗酒或患有其他物质相关障碍的人的家庭成员的小组，包括家庭互助会、父母嗜酒青少年互助会等。

如果我或我认识的人患上物质相关障碍，该怎么办

如果你或你认识的人想要减少饮酒或吸烟，那么与家人一起监督你或他的物质使用情况，参考自助手册并发现应对压力及其他触发因素的方法可能就足够了。然而，与物质相关的问题可能是毁灭性的，并且很容易导致严重的后果，例如车祸、被捕或失去工作等。如果你或你认识的人有严重的物质相关问题，例如可卡因、甲基苯丙胺或酒精，那么应尽快寻求医疗和心理帮助。建议咨询专业的物质使用治疗方面的专业人士。

物质相关障碍的长期预后

针对患有物质相关障碍的人的治疗可能非常复杂，涉及许多药理和心理因素。复发在这一人群中也十分常见。与其他干预措施相比，应急管理和认知行为疗法似乎更加有效。然而，研究显示，治疗的成功率相差很大，为30% ~ 100%（Timko, Moos & Finney, 2016）。

患有物质相关障碍的人的长期预后如何呢？大部分研究文献都集中在酗酒者身上。纵向研究表明，几十年来酗酒的缓解率为27% ~ 69%。每年有4% ~ 5%的患有酒精使用障碍的人的症状得到缓解（Timko et al., 2016）。重大疾病和死亡率与慢性酒精使用有关。对酒精的长期依赖与对酒精的强烈渴求、酗酒家族史、更多的酒精摄入、其他药物使用的历史、与饮酒有关的法律及其他问题密切相关（Schuckit & Smith, 2011; Trim, Schuckit & Smith, 2013）。

对静脉吸毒人群的长期随访表明，许多人或者停止吸毒，或者持续使用并复发。那些早期戒烟者往往使用单一药物，注射频率较低，并最终接受治疗（Ahern & Leslie, 2014）。大麻依赖者的缓解率为70% ~ 97%。使用可卡因、阿片制剂或安非他命的人往往也会得到缓解，尽管大约4%的人表现出持续使用的迹象（Timko et al., 2016）。那些物质相关障碍的症状得到缓解的人往往在社会交往方面更加稳定，拥有更多的社会和婚姻支持，消耗的药物更少，生活压力更小，并且很少通过回避来应对困难（Finney, Moos & Timko, 2013）。

Mineral Water

第十章　人格障碍

10

什么是人格特征、异常人格和人格障碍

人格障碍的结构

古怪/怪异型人格障碍：特征与流行病学分析

戏剧型人格障碍：特征与流行病学分析

焦虑/恐惧型人格障碍：特征与流行病学分析

与人格障碍相关的污名

人格障碍：病因与预防

人格障碍：评估与治疗

章节特色

- 专栏10.1　**聚焦大学生**　人格障碍
- 专栏10.2　**聚焦暴力**　人格障碍与暴力
- 专栏10.3　**聚焦性别**　人格障碍的镜像
- 专栏10.4　**聚焦法律与道德**　人格与精神失常

C 米歇尔

案例探讨

23岁的米歇尔在两年内第6次企图自杀后被送到精神病医院。她告诉前男友自己吞了一瓶阿司匹林，然后他急忙将她送到了急诊室。米歇尔的抑郁症已经持续5年了，但似乎从未有所缓解。她非常伤心，胃口也不好，自尊心变低，注意力不集中，感到绝望。然而，米歇尔的症状从未严重到需要住院或治疗的程度。

此外，米歇尔还很难控制自己的情绪。她会随时变得极度悲伤、烦躁或焦虑。这些强烈的负面情绪往往起因于一些挫折或争吵，但很少持续超过5小时。米歇尔在冲动行为方面也有很长的病史，例如滥用药物、性生活混乱以及暴饮暴食等。

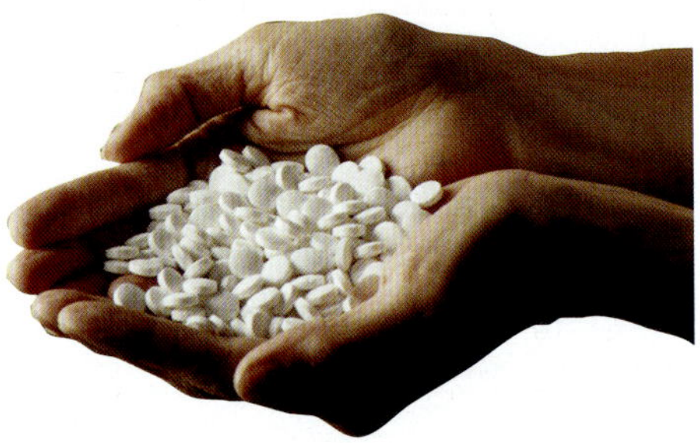

米歇尔的愤怒情绪也异常强烈，让人难以捉摸。有一次因考试成绩不好，她用锤子砸墙。米歇尔与她的朋友、男朋友以及父母之间的关系也非常紧张、不稳定。人们经常抱怨米歇尔对他们生气，并且无缘无故地批评他们。她还经常害怕其他人（包括她的父母）可能会离开或抛弃她。米歇尔曾经有些咄咄逼人地抓住一个朋友的腿，说服她留下来吃饭。显然，分离对于米歇尔而言是一件很困难的事情。她曾四次试图离开家去上大学，但总是在几周内返回家中。她在入院前告诉自己的前男友，"我想结束这一切""没有人爱我"。

思考问题

1. 米歇尔的哪种行为是一位不堪重负的23岁女孩的典型症状？哪种看起来又非常不同？
2. 米歇尔的问题可能是由什么外部事件和内部因素造成的？
3. 你对米歇尔的哪些方面感到好奇？
4. 米歇尔有没有让你想起自己或你认识的人的相关情况？原因是什么？
5. 米歇尔的异常行为会如何影响她未来的生活？

什么是人格特征、异常人格和人格障碍

我们所有人都有自己的人格特征。人格特征可以被视为以某种方式行事的倾向或准备。例如，非常正直和诚信的人。你知道这个人可以信任，因为她做事非常诚实可靠。你可能也会认识一个害羞的人，他回避社会交往，更愿意单独活动。每个人某种程度上都存在一些性格特征，常见的有以下几

图 10.1 正常人格与冲动型人格障碍特征

	正常	轻度
情感	情绪稳定，冲动程度较低。	情绪和冲动偶尔会有波动。
认知	偶尔会以社会适应的方式产生一些自发性想法。	偶尔会对诸如偷窃等自发活动产生一些想法。
行为	根据社会背景，在不同的情境下做出不同的行为。	偶尔在工作或社交场合会有行为不当的情况。

点（见图10.1）。

- 开放性：积极的想象力和敏感度，反之则为实用性和日常化；
- 责任心：自律，以成就为导向，反之则为目标导向较弱，更加懒散；
- 外向性：社交群居行为，反之则为内向；
- 随和性：富有同情心和有合作精神，反之则多疑与对抗；
- 神经质：倾向于表达负面情绪状态，反之则为情绪稳定。

有些人会表现出强烈的人格特征。也许你认识一些无法控制自己情绪的人，他们总是与家人打架，或者非常冲动或怀疑他人。然而，许多具有强烈人格特征的人仍然能够生活得相当不错，因为其他人能容忍他们的这些个性，或者因为他们的行为不会严重干扰他们的工作或生活。强烈的人格特征甚至具有适应性，因为过于强势的人在其销售生涯中往往会做得很好。

然而，像米歇尔这样人格特征如此极端的人会遇到许多问题。这些人在许多情景下经常会显示出异常、紧张和严重的人格特征。米歇尔表现出强烈的冲动性、愤怒和分离焦虑，这使她无法保持稳定的人际关系或者上大学。极端的人格特征会对人体机能，特别是社交和职业能力，造成严重的伤害，这样的人会患上人格障碍。人格障碍位于维谱的末尾（见表10.1）。

患有人格障碍的人在考虑自己和他人（认知特征）、体验和表达情感（情感特征）、与他人交往（人际关系特征）以及控制冲动（冲动控制，见表10.1）方面的方式有些异常。例如，有些人对自己或他人的疑心太重。多疑是一种具有认知（“其他人想要伤害我”）、情感（愤怒或敌意的爆发）和社交（与他人保持距离）的人格特征。一个多疑的人如果感受到威胁，也可能表现出一些冲动控制问题，例如向正在工作的其他人发送愤怒的电子邮件。

人格障碍具有稳定、长期且不灵活的特征。像米歇尔这样患有人格障碍的人，其人格障碍的特征往往可以追溯到童年或青春期。特征僵化是人格障碍的一个关键方面。在许多情景中，人们很难改变并显现这些特征。例如，某个人在派对上的冲动行为顺从本能，这看起来可能很正常。然而，在工作场所或参加葬礼时冲动和胡闹是不合适的，这是一种适应不良行为。患有人格障碍的人很难在不同的情景和人际环境中自由转换，并改变他们的行为。这种僵化特征会影响社交和工作。

人格障碍包括明显偏离文化期望的特征。这一点

中度	人格障碍——不严重	人格障碍——严重
情绪波动频繁，并有一些冲动，但很少会对工作或人际关系产生损害。	情绪波动和冲动性非常强烈，会影响工作或人际关系。	极度的情绪波动、冲动性或攻击性欲望，会导致自残、被捕或暴力。
频繁地产生一些奇怪的想法或一些关于危险活动的想法，如伤害自己或他人。	对自杀、偏执、抛弃、他人的关注、复仇或工作等有一些强烈的想法。	对自杀、偏执、抛弃、他人的关注、复仇或工作等经常会有一些极端的想法。
在许多情景下表现出有问题的人格特征，如冲动或情绪反应。	在大多数情景下表现出有问题的人格特征和危险行为。	在几乎所有具有强烈痛苦的情景下都会表现出有问题的人格特征和危险行为。

表10.1

《精神疾病诊断与统计手册》（第5版）（DSM-5）

一般人格障碍

A. 最明显偏离了个体文化被禁预期的内心体验和行为的持久模式。该模式表现为以下2个（或更多个）症状。
   1. 认知（对自我、他人和事件的感知和解释方式）；
   2. 情感（情绪反映的范围、强度、不稳定性和恰当性）；
   3. 人际关系功能；
   4. 冲动控制。

B. 这种持久的心理行为模式是缺乏弹性的，涉及个人和社交场合的诸多方面。

C. 这种持久的心理行为模式会引起痛苦，甚至影响社交和工作。

D. 这种持久的心理行为模式在长时间内是稳定不变的，可以追溯到青少年时期或成年早期。

E. 这种持久的心理行为模式不能用其他精神障碍的表现或结果来更好地解释。

F. 这种持久的心理行为模式不能归因于某种物质的生理效应或其他躯体疾病。

非常重要，因为从一种文化的角度看似乎很奇怪或不正常的东西在另一种文化中可能非常正常（Skodol, 2012; Wakefield, 2012）。一种文化中的“保守”或“害羞”，在另一种文化中可能被视为“礼貌”和“端庄”。临床医生在评估一个人是否存在人格障碍时必须考虑这个人的文化背景。下面将讨论基于不同群体特征的人格障碍的组织结构。

人格障碍的结构

《精神疾病诊断与统计手册》（第5版）根据特征的相似性将人格障碍分成了三个主要类别（见表10.2）。第一类是古怪/怪异型，包括偏执型、分裂样和分裂型人格障碍。古怪/怪异人格障碍者表现出一些对其他人而言怪异的特征。第二类是戏剧型组别，包括反社会型、边缘型、表演型和自恋型人格障碍。戏剧型人格障碍者表现出一些对其他人而言过于夸大的特征。第三类是焦虑/恐惧型，包括回避型、依赖型和强迫型人格障碍。焦虑/恐惧型人格障碍者表现出一些对其他人而言非常忧虑的特征。我们将在本章对这些组别中的每一种人格障碍进行探讨。

DSM-5还包含另一种基于功能维度的替代性人格障碍模型，这需要进一步研究（Skodol, 2012, 2014）。这种维度模型强调人格功能和特征的损伤，而不是特定的障碍类别。例如，一个人可能有一个或两个不灵活和适应不良的性格特征。这个人可以在许多情景下表现出这些特征，并且受到很大的损伤。例如，有的人在工作和个人关系层面经常对其他人做出冲动攻击性行为。

这种维度模型涉及可能受损的人格功能的四个关键要素：

- 身份（例如，与他人之间保持界限，并调节一个人的情绪）；
- 自我指导（例如，追求生活目标或自我反省）；
- 移情（例如，了解他人的观点以及自己的行为对他人的影响）；
- 亲密关系（例如，与他人亲近，并希望与其他人在一起）。

这个维度模型还涉及一些病态的人格特征：

- 负面情感（例如，存在许多负面情绪）；

表10.2

《精神疾病诊断与统计手册》（第5版）（DSM-5）

人格障碍

古怪/怪异型	戏剧型	焦虑/恐惧型
偏执型	反社会型	回避型
分裂样	边缘型	依赖型
分裂型	表演型	强迫型
	自恋型	

- 疏离（例如，回避他人，限制情绪）；
- 对抗（例如，对他人冷漠或标榜自我重要性）；
- 去抑制作用（例如，冲动行为和即时满足）；
- 精神病（例如，古怪的行为和想法）。

人格障碍的维度模型涉及人格功能的损伤和一种或多种病态性人格特征；因此，人们较少强调特定类型的人格障碍，而更多地强调人格结构的连续体。然而，人格障碍的分类方法在研究人员和治疗师中仍然很受欢迎。

古怪/怪异型人格障碍：特征与流行病学分析

古怪/怪异型人格障碍包括偏执型、分裂样和分裂型人格障碍。

偏执型人格障碍

我们都经历过这样一些时刻：我们不信任某些人或者因为我们害怕受到伤害而对其他人非常谨慎。猜疑时刻有时有一定的现实性和适应性，就像一个陌生人突然接近你时一样。然而，有一些人经常不信任并怀疑他人，即使对熟悉的人也是如此。偏执型人格障碍涉及对他人的一种普遍不信任和猜疑，参见表10.3，患有该种障碍的人经常从中性的相互作用或事件中解读出有害的意图，并做出最坏的打算。他们会因为自己的不幸而责怪他人，并且难以与他人合作。一些患有偏执型人格障碍的人可能非常僵硬、具有控制欲、吹毛求疵、常责备和嫉妒他人。这种人可能会牵扯一些难以解决的冗长和激烈的法律纠纷。偏执型人格障碍者有时不会是很好相处的同事或配偶，因为他们非常好辩、充满敌意，并且尖酸刻薄。

分裂样人格障碍

许多人喜欢独处，并且在他人旁边显得似乎有些尴尬。害羞是社会普遍接受的一种正常且可容忍的人格特征。此外，许多害羞的人仍然渴望与他人建立社交关系。然而，有一些人表现出极端的社会疏离和孤立，可能患有分裂样人格障碍，见表10.4。患有该种障碍的人对建立或维持与他人的关系几乎没有兴趣，并且很少表达自己的情绪。他们的朋友很少，很少结婚或发生性关系，并且往往不表达自己的喜悦、悲伤、温暖或亲密。分裂样人格障碍者一般不会像偏执型人格障碍者那样表现出猜疑或偏执的想法，但往往更愿意孤立工作，并且可能找那些只需要最小社交接触的工作。如果他们结了婚或成为父母，他们很少表现出温暖和情感支持，而是显得疏忽、冷淡和冷漠。

分裂型人格障碍

也许你认识一些在行为或穿着方面有些古怪和异常的人。然而，这并不一定就有问题，因为不同形式的行为和着装在社会中十分常见。然而，有一些人，如杰克逊（下文会介绍他的故事），却有一些能给他造成重大问题的极其异常的行为、观念和思想。

表10.3

《精神疾病诊断与统计手册》（第5版） （DSM–5）

偏执型人格障碍

A. 对他人存在普遍的不信任和猜疑，以至于将他人的动机解释为恶意；在成年前出现症状，存在于各种背景下，表现为下面其中4个（或更多个）症状：

1. 没有足够依据地猜测他人在剥削、伤害或欺骗自己；
2. 存在不公正地怀疑朋友或同事对他的忠诚和信任的先占观念；
3. 由于毫无根据地害怕一些信息会被恶意地用来对付自己，故而很难信任他人；
4. 善意的谈论或事件被视为隐含有贬低或威胁性的意义；
5. 持久地心怀怨恨；
6. 感到自己的人格或名誉受到打击，但在他人看来并不明显，且迅速做出愤怒的反应或做出反击；
7. 在无证据的情况下，对配偶的忠贞反复地表示猜疑。

B. 并非仅仅出现在精神分裂症、具有精神病性特征的抑郁障碍或其他精神病性障碍的病程之中，也不能归因于其他生理疾病的生理效应。

分裂型人格障碍涉及人际缺陷、认知和感知畸变以及行为怪癖等方面，见表10.5（APA, 2013; Chemerinski, Triebwasser, Roussos & Siever, 2013; Rosell, Futterman, McMaster & Siever, 2014）。分裂型人格障碍者具有极度的社会焦虑，甚至可能是偏执。他们的行为或外表奇怪、反常或比较怪异；显示出不恰当或受限制的情感；并且除他们的直系亲属外，几乎没有朋友或知己。分裂型人格障碍与偏执型和分裂样人格障碍的不同之处在于，分裂型人格障碍者通常在行为上更加古怪或反常，并且更多时候会出现感知和认知上的紊乱。

许多分裂型人格障碍者具有异常的观念、信念和思想。他们曲解或过度个性化一些事件，具有能影响他们行为的一些异常想法（例如，他们可能认为可以通过心灵感应进行交流），并且难以被他人理解。他们可能会展现一些关联性意念，认为日常事件会以某种方式与他们产生联系，而实际上这是不可能的事情（Hummelen, Pedersen & Karterud, 2012）。分裂型人格障碍者可能会转向那些支持他们异常思想和古怪信念的“边缘”群组。这些活动可以为一些分裂型人格障碍者提供支持，并且如果精神病性或解离性的体验得到鼓励，也会导致更大的恶化。

分裂型人格障碍者最有可能寻求治疗焦虑相关障碍或抑郁症。他们可能会出现短暂的精神病症状以应对压力。然而，这些症状持续时间相对较短，持续数分钟至数小时，并且通常并不表明属于精神病性障碍

偏执型人格障碍者容易产生怀疑，并且难以与他人合作。

表10.4

《精神疾病诊断与统计手册》（第5版）（DSM-5）

分裂样人格障碍

A. 是一种脱离社交关系、在人际交往时情感表达范围狭窄的普遍模式，这种情况从成年早期开始，产生的背景不一，表现为下面其中以下4个（或更多个）症状：

1. 没有与他人建立密切关系（包括成为家庭的一员）的愿望，也不能从中感到乐趣；
2. 几乎总是单独活动；
3. 几乎没有与他人发生性行为的兴趣；
4. 对任何活动不感兴趣；
5. 除了一级亲属，缺少亲密或知心的朋友；
6. 对别人的赞扬或批评无动于衷；
7. 表现情绪冷淡或情感平淡。

B. 不仅仅发生于精神分裂症、具有精神病性症状的心境障碍、其他精神病性障碍或全面发育障碍的病程中，也不是由身体直接生理效应所致的。

（第十二章）。只有一小部分分裂型人格障碍者会患上精神分裂症，但很多人会患上抑郁症。一些患有分裂型人格障碍的人在他们一生中的大部分时间里仍然处于边缘就业、孤僻和无常的状态。

古怪/怪异型人格障碍的流行病学分析

一般人群出现人格障碍的概率为4% ~ 15%，精神科门诊估计这一概率实际上要高得多。人格障碍与严重的社会和职业功能障碍、共病性精神病、较低的生活质量和自杀有关（Trull, Jahng, Tomko, Wood & Sher, 2010; Tyrer, Reed & Crawford, 2015）。许多重度精神障碍者也存在适应不良的人格特征（Crego & Widiger, 2016）。

研究人员估计，一般人群出现古怪/怪异型人格障碍的比例为2.1%。报告称，偏执型、分裂样和分裂症人格障碍的特定患病率分别为1.9%、0.6%和0.6%（Trull et al., 2010）。许多古怪/怪异型人格障碍者要么不治疗，要么针对其他问题就医。这些人格障碍与焦虑相

分裂型人格障碍者有强烈的独处愿望。

关障碍、抑郁症、双相情感障碍、物质使用障碍和精神病以及诸如注意力缺陷/多动障碍等破坏性行为障碍具有高度共病性。与古怪/怪异型人格障碍相关的性别差异方面的研究形形色色（Links&Eynan, 2013; Trull et al., 2010）。

人格障碍方面的种族和民族差异并不明显。然而，在对古怪/怪异型人格障碍进行评估时，应该慎重考虑其种族和民族背景。生气、沮丧和心存戒心的人并不一定患有偏执型人格障碍。例如，一名刚移民至美国的人自然不熟悉当地习俗。这个人会对其他人保持谨慎可以理解为谨慎和怀疑他人。当这些行为成为他们文化的一个自然组成部分时，有些人也可能显得内向、孤立或孤傲。当然，这并不适用于分裂样人格障碍者的诊断。临床医生还必须确保不要将分裂型人格障碍的症状与其宗教经历、民间信仰或某些文化群体所显示的语言特征混淆。例如，鬼舞是许多美国原住民的一种活动，他们认为这种仪式可以让他们探访那些已经逝去的亲人或朋友。这种信念不应该被误认为是人格障碍的证据。

表10.5
《精神疾病诊断与统计手册》（第5版） （DSM-5）

分裂型人格障碍

A. 一种社交与人际关系缺陷的普遍模式，表现为对亲密关系感到很不舒服，也没有能力建立这种关系，并且有认知或知觉歪曲，行为古怪，这种情况从成年早期开始，产生的背景不一。表现为以下其中5个（或更多个）症状：

1. 牵连观念（不包括关系妄想）；
2. 奇特的信念或思想，影响其行为并且与其所属文化不符；
3. 不寻常的知觉体验，包括躯体错觉；
4. 奇特的思想和言语；
5. 猜疑或偏执观念；
6. 情感不适或受限制；
7. 行为和外表奇特、古怪或特殊；
8. 除了一级亲属，没有亲密的朋友或知己；
9. 过分的社交焦虑，并不随熟识程度而减少，并且大多伴有偏执性害怕而不是对自己做否定的判断。

B. 不仅仅发生在精神分裂症、具有精神病性症状的心境障碍、其他精神病性障碍或全面发育障碍的病程中。

C 杰克逊 **案例探讨**

杰克逊是一名27岁的男子，在进行了一番“自我探索”之后，刚刚开始大学生活。杰克逊进入大学学习社会学、哲学、人类学和心理学，这样他就可以“解释人类种族”。杰克逊留着鸡冠头发型，将头发染成蓝色，穿着脏T恤和长裤来到学校上课。当老师授课时，他经常与同学交谈，他与他的大多数同龄人已经格格不入。杰克逊不讲卫生，朋友很少，而且有些怪癖。他有时会在课堂上站起来，并走到教室中间做笔记，提一些与课堂主题无关的问题，并以单调语调说话。杰克逊的老师在听到他的学生声称当地新闻中的事件与他有关时有些担忧。杰克逊说，他从一些与火灾、绑架以及车祸的故事中看到了那天发生在他自己身上的事情。他也非常难过，因为他的同学都不愿意和他一起合作完成小组项目。

戏剧型人格障碍：特征与流行病学分析

前文提到，第二类人格障碍涉及表演型、过于情绪化的行为，这些行为对于其他人而言显得过于夸张。该类人格障碍包括反社会型、边缘型、表演

患有分裂型人格障碍的人可能会寻找那些与他们一样持有古怪信念的人。虽然不清楚他们是否患有分裂型人格障碍，但天堂之门邪教组织成员表现出该种障碍的行为特征。39个天堂之门的成员大规模集体自杀，因为他们认为，在他们死后，一个隐藏在海尔-鲍普彗星（Hale-Bopp Comet）后面的不明飞行物会接走他们。他们的首领马歇尔·艾普怀特（Marshall Applewhite）（如图）声称自己是来自外太空的一个外星人。

型和自恋型人格障碍。例如，杜安（Duane）就是反社会型人格障碍的一个例子。

反社会型人格障碍

例如，杜安表现出了许多反社会型人格障碍的特征。反社会型人格障碍涉及一种反映极端无视和侵犯他人权利的行为模式，见表10.6（APA, 2013; Black, 2013; Glenn, Johnson & Raine, 2013）。反社会型人格障碍涉及欺骗、冲动性、易怒/攻击性、犯罪行为和不负责任等方面。然而，并非所有反社会型人格障碍者都有犯罪记录。患有该障碍的人经常做出鲁莽的行为，忽视他人的安全，他们对自己造成的伤害缺乏悔意。患有反社会型人格障碍的人的职业往往不太稳定。只要他们的违法行为和欺骗行为未被发现，一些患有该种障碍的人就可以在事业上获得不光彩的成功。然而，由于他们的冲动、疏忽和缺乏远见，他们的成功可能会在将来某个时刻瓦解。反社会型人格障碍者起初可能表现得很有魅力、有趣并有吸引力，但他们最终会因为缺乏同情心、不忠、缺乏责任心以及虐待、剥削和愤怒等行为的出现而失败。

反社会型人格障碍在儿童时期以行为障碍的形式出现（第十三章）。行为障碍涉及对侵犯人和动物、破坏财产、欺骗或盗窃等严重违反法律和规则的行为。反社会型人格障碍的诊断需要15岁以前行为障碍方面的证据。尽管有些患有行为障碍的儿童会符合反社会型人格障碍的诊断标准，但并非所有患有行为障碍的儿童都是如此（Jaffee & Odgers, 2014）。

精神病是一种与反社会型人格障碍相关的诊断构造。精神病包括极少悔恨或内疚、糟糕的行为控制、傲慢、流于表面的魅力、剥削性以及缺乏同情心等（Kiehl & SinnottArmstrong, 2013）。许多精神病人对金钱、性和地位都有强烈的目标导向。许多像杜安这样的反社会型人格障碍者都表现出精神病态症状（Anderson, Sellborn, Wygant, Salekin & Krueger, 2014）。反社会型人格障碍和精神病在反社会行为和冲动性方面存在重叠（Wygant et al., 2016; see Box 10.2 on page 292）。

C 杜安　　案例探讨

杜安，男，二十多岁。他的父亲在他还是个孩子的时候就已离家出走。在青少年时期，杜安经常遇到麻烦，这导致他在少年管教所待过很长一段时间。然而，由于他的无所畏惧、自信和智慧，他赢得了别人的尊重。他最终成为一名飞行员和商人，并且在建筑方面有所成就。杜安非常有魅力，对女性而言尤为如此。此外，杜安对他人咄咄逼人，并且容易冲动。他曾经闯入一位朋友的冷藏室，并与一名警察持枪交火。

杜安凭借自己的能力成为一名成功的建筑商人，但几乎没有什么爱心或同情心，对真相也不感兴趣。他过分夸大自己的狩猎和射击实力，但却没有意识到其他人可以发现他谎言。杜安很享受被别人钦佩和尊重的感觉，但那些熟悉他的人很清楚，他是一个操纵者，他有好的伙伴关系全是假的。杜安以自己的魅力骗取人们的钱财，并经常发生一些危险的情况。

Lykken, D.T. (1995). The antisocial personalities. Hillsdale, NJ: Erlbaum.

边缘型人格障碍

有些人的行为很有表演性，但仍然保持着良好的社交和职业关系。然而，像米歇尔（本章第一个案例）这样的人则具有边缘型人格障碍的特征，见表10.7（APA, 2013; Trull, 2015）。边缘型人格障碍是一种涉及冲动性、不稳定情感、人际关系以及自我形象的模式。“边缘”这个术语反映了一种传统观点，即认为该障碍处于神经衰弱症和精神病的“边缘”。患有边缘型人格障碍的人经常经历强烈、紧张的负面情绪，并且易发生自杀性威胁、姿态或尝试。他们对自我形象缺乏信心，对其他人的评价也不确定。

正如米歇尔那样，他们对遭受抛弃具有强烈的恐惧，并感到空虚。应激情境可能导致短暂的偏执意念或解离。相关特征包括自我毁灭行为，例如做出破坏良好关系的糟糕决定、抑郁或物质使用障碍，以及自杀导致的过早死亡等。大约10%的边缘型人格障碍者自杀，60% ~ 70%的人企图自杀（Carpenter, Tomko, Trull & Boomsma, 2013; see Box 10.2 on page 292）。

表10.6

《精神疾病诊断与统计手册》（第5版）（DSM-5）

反社会型人格障碍

A. 一种漠视或侵犯他人权利的普遍模式，始于15岁，表现为下列其中3个（或更多个）症状：

1. 不能遵守与合法行为有关的社会规范，表现为多次做出可遭拘捕的行动；
2. 欺诈，表现为为了个人利益或乐趣而多次说谎，使用假名或诈骗他人；
3. 冲动性或事先不制订计划；
4. 易激怒，具有攻击性，表现为重复性地斗殴或攻击；
5. 鲁莽，且不顾他人或自身的安全；
6. 一贯不负责任，表现为重复性地不坚持工作或不履行经济义务；
7. 缺乏懊悔之心，表现为做出伤害、虐待或偷窃他人的行为后显得不在乎。

B. 个体至少18岁。

C. 有证据表明品行障碍出现于15岁之前。

D. 反社会行为并非仅仅出现在精神分裂症或双相障碍的病程之中。

表演型人格障碍

你是否认识一些总想成为人们关注的中心的人？有些人十分有趣，他们的存在使派对充满活力，然而，有一些人则最大限度地寻求他人的注意。患有表演型人格障碍的人表现出普遍的、过度的情绪和引人注意的行为（见表10.8）。表演型人格障碍者的显著特征包括将自己置于注意的中心、挑衅或不恰当的亲密

影片《老无所依》中的人物安东·奇古尔（Anton Chigurh）表现出许多精神病特征。

自我伤害是边缘型人格障碍的一个常见特征。

表10.7

《精神疾病诊断与统计手册》（第5版） （DSM-5）

边缘型人格障碍

一种人际关系、自我形象和情感不稳定以及显著冲突的普遍心理行为模式，始于成年早期，存在于各种背景下，表现为下列其中5个（或更多个）症状：

1. 极力避免真正的或想象出来的被遗弃（注：不包括诊断标准第5项中的自杀或自残行为）；
2. 紧张的人际关系模式，以在极端理想化和极端贬低之间交替变动为特征；
3. 身份紊乱，显著的持续而不稳定的自我形象或自我感觉；
4. 至少在两个方面有潜在的自我损伤的冲动性；
5. 反复发生自杀行为、威胁或自残行为；
6. 由于显著的心境反应所致的情感不稳定；
7. 慢性的空虚感；
8. 不恰当的强烈愤怒或难以控制发怒；
9. 短暂的与应激有关的偏执观念或严重的解离症状。

行为、短暂和肤浅的情绪表达，以及暗示性行为等。表演型人格障碍与边缘型人格障碍不同，后者通常涉及自我毁灭行为、深度空虚和身份紊乱的感觉，以及亲密关系中的愤怒中断。

表演型人格障碍者在恋爱关系和友谊方面会遇到困难。他们难以在对注意力和亲密度的强烈需求与现实之间找到平衡。他们难以推迟自己的满足感，并倾向于鲁莽行事。患有该种障碍的人对爱和欲望有着强烈的需求，在亲密的基础上与他人交往，并会为此采用各种手段。他们可能会利用自己的外貌来吸引别人对自己的注意，并且情绪相当夸张或者表现出不适当的诱惑。由于他们对浪漫幻想的需求，他们可能会认为这种关系比原来更加亲密。

自恋型人格障碍

你是否认识喋喋不休、大肆谈论自己成就的人？有些人宣扬自己的自信与健康，这可能有些烦人，但并不是一种病。然而，另有一些人非常需要给别人留下深刻的印象，以至于他们会遭遇许多社会问题。自恋型人格障碍者会表现出夸大、赞赏需求以及缺乏对他人的同情心（见表10.9）。患有该种障碍的人有一

患有表演型人格障碍的人喜欢成为他人注意的中心。

表10.8

《精神疾病诊断与统计手册》（第5版）（DSM-5）

表演型人格障碍

一种过度情绪化的和追求他人注意的普遍模式，起始不晚于成年早期，存在于各种背景下，表现为以下5个及以上的特征，将被诊断为表演型人格障碍。

1. 在自己不能成为他人注意的中心时，感到不舒服；
2. 与他人交往的特点往往带有不恰当的性诱惑或挑逗行为；
3. 情绪表达变换迅速而肤浅；
4. 总是利用身体、外表等来吸引他人注意自己；
5. 言语风格缺乏细节；
6. 表现为自我戏剧化、舞台化或夸张的情绪表达；
7. 易受暗示（容易被他人或环境所影响）；
8. 认为与他人的关系比实际上更为亲密。

表10.9

《精神疾病诊断与统计手册》（第5版）（DSM-5）

自恋型人格障碍

一种需要他人赞扬且缺乏共情的自大（幻想或行为）的普遍心理行为模式；起自成年早期，存在于各种背景下，表现为下列其中5个（或更多个）症状：

1. 具有自我重要性的夸大感；
2. 幻想无限成功、权力、才华、美丽或理想爱情的先占观念；
3. 认为自己是“特殊”的，只能被其他特殊的或地位高的人（或机构）所理解或与之交往；
4. 要求过度的赞美；
5. 有一种权利感；
6. 在人际关系上剥削他人；
7. 缺乏共情：不愿识别或认同他人的感受和需求；
8. 常常妒忌他人，或认为他人妒忌自己；
9. 表现为高傲、傲慢的行为或态度。

种夸大自我重要性的意识，并认为他们如此独特，以至于只有同样“特殊”的人才能理解他们。这些观点会引发令人反感的人际行为，例如傲慢、剥削以及权力意识（Pincus, Cain & Wright, 2014）。自恋型人格障碍与边缘型人格障碍和表演型人格障碍的不同之处在于，那些患有自恋型人格障碍的人具有夸大行为，但很少会有自我毁灭、冲动或对遭受抛弃方面的担忧。

患有自恋型人格障碍的人似乎具有很高的自信心和自尊心，但实际上很容易受到对其身份的真实或感知威胁的影响（Pincus et al., 2014）。如果受到挑战，患有该种障碍的人可能会表达愤怒或进行报复。他们倾向于维持“连续的友谊”，即当别人不再表达对自己的赞美或嫉妒时，他们的关系就会结束。患有该障碍的人不能容忍批评或失败，这可能使他们无法获得高水平的成就。

戏剧型人格障碍的流行病学

研究人员估计，5.5%的一般人群会出现出戏剧型人格障碍。据报道，反社会型人格障碍和边缘型人格障碍的特定患病率分别为3.8%和2.7%（Trull et al., 2010）。边缘型人格障碍的特征也常见于大学生中（专栏10.1）。然而，许多研究人员认为，表演型人格障碍和自恋型人格障碍更为罕见。据报道，表演型和自恋型人格障碍的特定患病率分别为0.3%和1.0%（Trull et al., 2010）。

反社会型人格障碍者常见于物质使用治疗、司法鉴定和监狱等环境中（Zlodre, Yiend, Burns & Fazel, 2015）。一般而言，与其他人格障碍相比，反社会型人格障碍与各种刑事犯罪最为密切相关（Ogloff, Talevski, Lemphers, Wood & Simmons, 2015）。反社会型人格障碍在男性以及处于较低社会阶层的人群中更为常见。贫困可能会滋长他们的反社会特质。该诊断不适用于那些反社会行为代表其保护性生存策略的人，尤其是那些生活极端贫困的人。

边缘型人格障碍在门诊和住院治疗中是一种最经常被确诊的人格障碍。据报道，女性比男性更多地符合边缘型人格障碍的诊断标准，但这主要基于临床研究。男性和女性的边缘型人格障碍发生率在一般人群中似乎没什么差异（Busch, Balsis, Morey & Oltmanns, 2015）。在青少年中，边缘型人格障碍可能会被误诊，他们有时会生气，并与家人打架。许多青少年最终走向成熟，并成为负责任的成人。然而，具有真正边缘型人格障碍的人在成年期会表现出慢性和普遍的适应不良特征。

表演型人格障碍在女性中更为普遍（Trull et al., 2010），但在确定某种行为是否表明该种障碍时必须考虑文化、性别以及年龄。该种障碍的诊断标准与界定女性气质的特征非常相似，因此临床医生在诊断女性的表演型人格障碍时可能会出现误诊的情况（Boysen, Ebersole, Casner & Coston, 2014）。文化群体在情绪表达方面也有所不同（Ryder, Sunohara, Kirmayer, 2015）。只有当一个人的情感表达在其文化群体中过多并导致痛苦或损害时，才应考虑其是否患有表演型人格障碍。有些文化群体可能比其他文化群体更容易被诊断出表演型人格障碍。因为兴趣和诱惑的公开表达存在文化差异，该种障碍可能在亚洲文化中出现得不那么频繁，而在西班牙和拉丁美洲文化中更为频繁（Paniagua, 2014）。自恋型人格障碍似乎在男性中更为普遍（Roepke & Vater, 2014; Trull et al., 2010）。该障碍因以下几个点而备受争议。首先，理想主义是许多青少年和年轻人的特征，不应该被误解为自恋型人格障碍的特征和行为。只有当这种信念极不现实并导致严重的痛苦或损害时，才能诊断为该种障碍。其次，并非全世界所有的心理健康专业人士都能识别出自恋型人格障碍。病态性自恋可能是现代西方社会的一种表现形式，该表现形式以自我为中心，追求物质主义，而非以家庭或人际关系为中心（MacDonald, 2014）。

戏剧型人格障碍与心理问题及其他精神障碍具有高度的共病性。反社会型人格障碍者在失业、贫困、受伤、暴力死亡、过度酗酒及其他药物使用、监禁、累犯（无权保释）以及很大程度上的关系不稳定等方面存在重大风险（Black, 2013; Davison & Janca, 2012; Glenn et al., 2013）。边缘型人格障碍与物质使用障碍、抑郁和自杀密切相关（Trull, 2015; Wedig et al., 2012）。

焦虑/恐惧型人格障碍：特征与流行病学分析

前文曾提到，第三类人格障碍涉及焦虑或恐惧行为。该类人格障碍包括回避型、依赖型和强迫型人格障碍。

回避型人格障碍

你是否认识一些害羞并且在派对或其他社交活动中显得有些不舒服的人？我们之前提到，害羞在我们

10.1

专栏

聚焦大学生

人格障碍

大学生中一些共同的问题包括抑郁、自杀意念、非自杀性自我伤害以及边缘型人格障碍。大约15%的大学生具有边缘型人格障碍的显著特征，而约4%的人很可能或确切得出诊断（Pistorello, Fruzzetti, MacLane, Gallop & Iverson, 2012）。大学生边缘型人格障碍症状的一个关键指标是童年时期的性虐待历史。此外，主要看护人的普遍无效，可能包括排斥、敌意和忽视，往往会预测边缘型人格障碍（Hong & Lishner, 2016）。另有一些人也发现，拒绝敏感度、焦虑地预测和容易感知社会排斥的倾向有助于解释为什么边缘特征会导致一些大学生的社会支持减少（Zielinski & Veilleux, 2014）。

皮索罗（Pistorello）及其同事对具有非自杀性自我伤害和边缘型人格障碍特征的大学生进行了一个辩证治疗项目测试。该治疗包括针对痛苦耐受性、情绪调节、人际关系有效性和正念的个人和团体治疗。那些完成治疗的人在自杀、抑郁、社会适应和边缘型人格障碍症状方面有了改善。另有一些人发现，更简单的辩证行为疗法对于患有人格障碍的大学生也是有效的（Chugani, Ghali & Brunner, 2013）。因此，对自杀、抑郁和边缘型人格障碍方面的治疗对大学生而言是有效的，并且这种治疗方法也适用于校园咨询中心。

10.2

专栏

聚焦暴力

人格障碍与暴力

很多时候与暴力相关的人格障碍是戏剧型人格障碍，尤其是边缘型人格障碍和反社会型人格障碍（Howard, 2011; Paris, 2015）。这些人格障碍涉及较高程度的冲动性和冒险性。边缘型人格障碍者所犯的暴力通常以自残或自杀行为的形式针对自己。然而，反社会型人格障碍者所犯的暴力通常针对他人。反社会行为也可能以精神病态为特征。

对精神病态与暴力之间关系的研究已经产生了一些关于与这种情况相关的暴力行为性质方面的有趣发现（Blais, Solodukhin & Forth, 2014）。与未患精神病的罪犯相比，精神病人更有可能犯下掠夺性暴力行为（例如，纠缠行为）、冷酷无情、情绪低落以及有预谋的暴力等；此外，精神病也与反应性（情绪）暴力有关。然而，一些证据表明，具有某种精神疾病突出特征的人——包括慢性的反社会和偏离社会的生活方式——与未患精神疾病的同龄人相比，似乎更有可能激情犯罪，并参与反应性（情绪驱动）暴力（Blais et al., 2014）。

社会中非常常见，并且人们通常对此都能认同。许多害羞的人都有良好的自我形象。然而，一些人对自身能力不足和负面评价具有强烈的恐惧。这些人希望与他人建立关系，但很难开始接触。回避型人格障碍是指一种焦虑、自感能力不足和社交超敏感的普遍模式（见表10.10）。

回避型人格障碍者往往回避需要大量人际交往的工作或情景；他们被视为“害羞”或“独行者”。患有该种障碍的人会避开别人，因为他们认为自己无能、没有吸引力或者低人一等。此外，他们也害怕感到尴尬或受到他人的排斥。回避型人格障碍者只有在确信自己会被接受的情况下才会与他人交往。患有该种障碍的人想要构建密切关系，因此这一方面使他们与分裂样人格障碍者有所不同。回避型人格障碍的其他特征包括社交场合的过度警觉和低自尊。

只要能够回避有公共陈述或领导的场合，回避型人格障碍者就能在工作中表现得很好。然而，他们在社会功能和社交技能发展方面通常会受到严重影响。如果一个回避型人格障碍者确实有了一段亲密关系，他很可能会对这个人产生严重依赖。许多回避型人格障碍者也会有焦虑相关障碍，如社交恐惧症、抑郁症等。

依赖型人格障碍

你是否认识总愿意充当“追随者”的人？他们似乎总是遵照别人的想法。我们偶尔会屈服于朋友的意愿去某个地方或做一些我们并不感兴趣的事情，然而，在其他一些时候，我们会坦率拒绝，并说出自己的想法。然而，对于像贝蒂这样的人来说，依附是她的一种生活方式。依赖型人格障碍指一种普遍的过分需要被人照顾、顺从和依附行为，害怕离别（见表10.11）。

依赖型人格障碍者“将自己的生命寄托于他人身上”，即便最小的决定，他们也会寻求建议和指导，似乎非常无助，并且总是放弃对他们生活中大部分方面的责任。他们害怕别人可能会拒绝或离开他们，这种恐惧如此强烈，以至于他们不会表达与他人之间的分歧。他们甚至可能会自愿做一些自己讨厌的、降低人格的事情，以获得对方的认可。依赖型人格障碍者容易产生低自尊、自我怀疑、自我批评以及抑郁和焦虑相关障碍。他们的需求和绝望往往使他们无法慎重挑选一个能够保护他们并给予他们支持的人。这样的选择结果可能十分糟糕——他们可能会任意选择他们的伴侣，并迅速依附于一些不可靠的、对其漠不关心的虐待者。

强迫型人格障碍

你是否认识一些非常有条理并且热情高昂地关注任务所有细节的人？也许你认识一些属于A类人格的人，他们有竞争力和时间意识，急躁，并且沉迷于工

表10.10

《精神疾病诊断与统计手册》（第5版）（DSM-5）

回避型人格障碍

一种社交抑制、自感能力不足和对负面评价极其敏感的普遍模式；起始不晚于成年早期，存在于各种背景下，表现为以下4个（或更多个）症状：

1. 因为害怕批评、否定或排斥而回避涉及人际接触较多的职业；
2. 不愿意与人打交道，除非确定能被喜欢；
3. 因为害羞或怕被嘲笑而在亲密关系中表现拘谨；
4. 具有在社交场合被批评或被拒绝的先占观念；
5. 因为能力不足感而在新的人际关系情况中受抑制；
6. 认为自己在社交方面笨拙、缺乏个人吸引力或低人一等；
7. 因为可能令人困窘，非常不情愿冒个人风险参加任何新的活动。

C 贝蒂 **案例探讨**

依赖型人格障碍

贝蒂47岁，结婚27年，她有5个孩子，分别是8岁、12岁、16岁、20岁和24岁。她的丈夫坚持每4年生一个孩子，贝蒂答应了。贝蒂结婚后一直做家庭主妇，既要照顾孩子，又要承担丈夫所有的家务。贝蒂的几个朋友形容她温顺、安静、顺从。她不是那种会“搅局”的人，在家长会、教会聚会上，她通常会遵从别人的要求。贝蒂早上5点起床，晚上11点之前不会睡觉，除非她所有的任务都完成了。她最近因抑郁和疲惫而住院，但不顾医嘱留在家里为家人准备晚餐。

作。尽管A类人格的某些方面与心脏疾病有关，但在社会中，对细节和组织的关注被认为是积极特征。然而，有一些人在细节和组织上花费了过多的时间。强迫型人格障碍指沉湎于有秩序、完美和控制的行为（见表10.12）。尽管在名称上有些相似，但这种人格障碍与强迫症（第五章）的不同之处在于，强迫型人格障碍者一般不会有强迫观念或强迫行为。

表10.11

《精神疾病诊断与统计手册》（第5版）（DSM-5）

依赖型人格障碍

因为其顺从和依附的行为，他们过分需要被人照顾，害怕离别；起自成年早期，前后过程多种多样，具有下列5个以上表现：

1. 如果没有他人大量的劝告和保证，便难以做出日常决定；
2. 需要他人为其生活的主要方面承担责任；
3. 难以表示对他人意见的不同看法，害怕失去支持或赞成；
4. 难以开始一项事业或自己完成一件事情（对自己的判断缺乏信心，而非缺乏动机和精力）；
5. 愿意不遗余力地争取他人的照料和支持，甚至为此主动去做令自己不愉快的事情；
6. 独处时感到不舒服，十分害怕自己不会照顾自己；
7. 在一个亲密关系结束后，迫切寻求另一个作为支持的依靠；
8. 不现实地沉湎于害怕被人遗弃而不得不自己照料自己的恐惧中。

强迫型人格障碍者僵硬、顽固，他们追求完美，以至于任务永远完不成。他们沉湎于规则、细节和道德，这为他们在工作上和工作之外造成了很多麻烦。他们被认为不灵活、吝啬，并且可能被其他人描述成“控制狂”。该种人格障碍的其他特征包括囤积、优柔寡断、不愿委派任务、情绪低落、沉思以及愤怒爆发等。

许多强迫型人格障碍者在事业上取得了成功。他们可能成为优秀的员工，并为此付出不小的代价，为了工作他们可能会牺牲自己的社交和休闲活动、婚姻以及家庭。患有该种障碍的人往往与他们配偶和孩子之间的关系比较紧张，因为他们倾向于孤立，不介入别人的事情，而且还专制霸道。配偶可能会抱怨他们缺少爱心、柔情和热情。由于受到过度追求完美、支配、优柔寡断、担忧和愤怒的影响，他们在工作中与同事之间的关系也可能非常紧张。需要灵活性、开放性、创造力或交际能力的工作对有强迫型人格障碍的人来说可能特别困难。

强迫型人格障碍者可能因为担忧、优柔寡断和压力而容易出现焦虑相关障碍和躯体症状障碍。患有该种障碍且总是生气和充满敌意的人可能容易患心血管疾病。在认识到他们对工作和生产力的奉献所做出的牺牲之前，他们可能不会患上抑郁症，而这种情况一般在中年才会出现。大多数患有该种人格障碍的人会遭遇早期就业或职业困难，有的甚至会患上抑郁症。

焦虑/恐惧型人格障碍的流行病学分析

研究人员估计，一般人群出现焦虑/恐惧型人格障碍的比例为2.3%。报告称，回避型、依赖型和强迫型人格障碍的特定患病率分别为1.2%、0.3%和1.9%。

回避型人格障碍更常见于女性。宗教和文化的影响可能是造成某些个体顺从和谦卑行为的原因。具有极端激进主义宗教背景的人可能会“回避”与他人交往，在提供酒精饮料的活动中尤为如此。

依赖型人格障碍在女性中更为常见。然而，依赖型人格障碍的患病率和诊断也可能因文化而异，因为许多社会都非常重视与依赖相关的行为。西方社会更多地强调和重视自主和自力更生的表达，因此，这些文化中的人可能更容易被诊断为依赖型人格障碍（Mulder, 2012）。人与人之间的关系和相互依赖在日本和印度文化中受到高度重视，因此，依赖性可能较少被视为一种病态。

强迫型人格障碍在女性中发生的频率也很高（特鲁尔，2010）。心理健康专业人士必须小心谨慎，不要误诊这种障碍，因为许多人对待工作都是尽职尽责、非常专注、有条理，并且追求完美的。只有当这些特征使人产生明显的痛苦或伤害时，才能将其视为强迫型人格障碍的指标。焦虑/恐惧型人格障碍通常与焦虑相关障碍、抑郁症和躯体症状障碍同时发生。

与人格障碍相关的污名

许多患有人格障碍的人具有强烈的情感和冲动性行为。这种行为会增加他们蒙受侮辱的可能性。帕里斯强调了患有人格障碍的人可能蒙受侮辱的几个原因。首先，尽管我们都有自己的个性，但我们倾向于认为，那些有性格问题的人会随时彰显自己的个性，而我们则将自己的个性问题归因于挑战性的情境或事件。其次，尽管证据指向相反的结果，但许多心理健康专业人士（以及非专业人士）仍然认为，人格障碍是无法治愈的。有证据表明，一些心理健康专业人士认为，患有人格障碍的人比没有人格障碍的人更难以管理（Sansone & Sansone, 2013）。这种负面看法可能导致一些心理健康专业人士与那些具有强烈情绪状态的人保持情感距离，这些强烈的情绪状态包括愤怒及麻烦的行为，例如自我伤害或多次企图自杀等。最后，帕里斯认为，许多患有人格障碍的人被误诊，并经常接受无效的心理或药物治疗。

治疗结果往往是症状和障碍的延续，从而导致个

表10.12

《精神疾病诊断与统计手册》（第5版）（DSM-5）

强迫型人格障碍

一种沉湎于有秩序、完美以及对精神和人际关系的控制，而不惜牺牲灵活性、开放性和效率的普遍模式；起始不晚于成年早期，存在于各种背景之下，表现为下列4个或更多个症状：

1. 沉湎于细节、规则、条目、秩序、组织或日程，以至于忽略了活动的要点；
2. 表现为妨碍任务完成的完美主义；
3. 过度投入工作或追求业绩，以至于无法顾及娱乐活动和朋友关系（不能用明显的经济情况来解释）；
4. 对道德、伦理或价值观念过度在意、小心谨慎和缺乏弹性（不能用文化或宗教认同来解释）；
5. 不愿丢弃用坏的或无价值的物品，哪怕这些物品毫无情感纪念价值；
6. 不情愿将任务委托给他人或与他人共同工作，除非他人能精确地按照自己的方式行事；
7. 对自己和他人都采取吝啬的消费方式，把金钱视作可囤积起来应对未来灾难的东西；
8. 表现为僵化和固执。

强迫型人格障碍的特点是完美主义、对工作的过度投入和不灵活。

体产生自我耻辱性的想法，例如“我是无法治愈的”或“我永远也不会变好”。

试想一下，针对边缘型人格障碍者的负面看法实际上可能使他的症状恶化。当心理健康专业人员预计某个人难以变好时，这种情况可能就开始了。然后，治疗师可能会在情绪上退缩以避免被操纵，并认定他可以控制自己的行为，只是他选择不予控制而已。遗憾的是，治疗师的这种无反应性实际上可能会引发被治疗者的自我批评倾向，而这可能导致其自我毁灭行为。这种行为可能会诱导治疗师更大程度地退缩，从而可能使该被治疗者最终过早地脱离治疗（Richardson-Vejlgaard, Broudy, Brodsky, Fertuck & Stanley, 2013）。因此，针对心理健康专业人员的反污名干预措施，应侧重于对有人格障碍的人更大程度的认可和承诺以及在处理棘手行为和减少社交距离方面强化技能培训（Sheehan, Nieweglowski & Corrigan, 2016）。

人格障碍：病因与预防

下面讨论引发人格障碍的风险因素以及这些因素如何帮助我们预防人格障碍。人格障碍方面的研究人员通常关注生物学、家庭环境、认知和行为因素（见图10.2）。下面的讨论依据人格障碍的类别展开，探讨了每种人格障碍的生物学风险因素、环境风险因素及其病因。

古怪/怪异型人格障碍的生物学风险因素

前文提到，古怪/怪异型人格障碍包括偏执型、分裂样和分裂型人格障碍。遗传在古怪/怪异型人格障碍

10.3

专栏

聚焦性别

人格障碍的镜像

长期存在这样的争论：对于男性和女性而言，人格障碍是否主要出于同样的原因而发展方向却不同。有些障碍确实似乎特别多发生于男性，特别是偏执型、分裂样、分裂型、反社会型、自恋型、回避社会型和强迫型人格障碍。其他的人格障碍似乎特别多发生于女性，包括边缘型、表演型和依赖型人格障碍。

童年时期经历过一些创伤后，某些人格障碍会是彼此的“镜像”吗？对反社会型和边缘型人格障碍者的评估显示，这两类人在童年时期都比对照组遭受过更多的虐待。那些最终患上边缘型人格障碍的人往往会形成疏离他人、情感表达受限需要即时满足、无助和无能为力以及认为自己值得惩罚等认知模式。那些最终患上反社会型人格障碍的人往往会形成与攻击、欺凌以及侮辱他人的认知模式（Lobbestael & Arntz, 2015; Lobbestael, Cima & Arntz, 2013）。

某些人格障碍的前兆在孩子身上也可能表现得非常明显，其中一些可能与男孩或女孩更加相关。可能更多出现在男孩身上的人格障碍前兆包括情感表达受限、关系疏远、自我意识夸大以及对他人需求关心的缺失。可能更多出现在女孩身上的人格障碍前兆包括情感表达受限、过于亲密的关系、负面的自我意识以及对他人需求的过度关注。这些模式可能对预防和治疗人格障碍具有重要影响（De Fruyt & De Clercq, 2014）。

的形成与发展中的作用有限。据估计，遗传可能性仅为0.29至0.38（Kendler et al., 2011）。分裂型人格障碍可能与精神分裂症具有共同的遗传危险因素。这与精神分裂型人格障碍依赖于“精神分裂症谱”的理论是一致的，精神分裂症谱是一种类似于精神分裂综合征及其症状的连续体。分裂型人格障碍可能表现为一种不太严重且功能稍微失调的精神分裂症（Rosell et al., 2014）。

古怪/怪异型人格障碍（特别是分裂型人格障碍）中一些重要的认知和感知问题可能与遗传有关，这被称为人格障碍的心理生物学理论（Millon & Strack, 2015）。许多患有这些障碍的人难以专注于选择相应环境中的刺激隐私（Rosell et al., 2014）。这样的结果会导致误解、对他人的猜疑、极端的社会脱离以及无法将现实与想象区分开。这些问题似乎有点生物学基础。

有关双生子人格特征的研究也表明，遗传影响着古怪/怪异型人格障碍的形成与发展。诸如情感表达受限、猜疑以及认知偏差等人格特征似乎受到遗传因素的影响。这三个特征是古怪/怪异型人格障碍的核心（Perez-Rodriguez, New & Siever, 2013）。遗传也可能影响神经递质多巴胺的变化，这可能使人容易出现古怪或怪异的行为（Mohr & Ettinger, 2014）。

古怪/怪异型人格障碍的环境风险因素

家庭因素也会影响古怪/怪异型人格障碍的形成与发展。父母虐待、忽视和情感退缩与这些人格障碍以及我们在本书中介绍的其他精神障碍密切相关（Laulik, Chou, Browne & Allam, 2013）。古怪/怪异型人格障碍也明显受到认知偏差的影响（Rosell et al, 2014）。当一个人的偏执信念由于受到一系列认知因素的影响得到强化，并且这些认知因素会导致他专注于其他人的恶意意图时，他可能就患上了偏执型人格障碍（Triebwasser et al., 2013）。表10.13列出了一些认知观念方面的示例，这些认知观念是古怪/怪异型人格障碍的基础。

古怪/怪异型人格障碍的病因

古怪/怪异型人格障碍很可能是由一些遗传因素以及一个人生活中的一些应激因素造成的（见图10.4）。诸如精神分裂症家族史之类的遗传易感性可能影响后来的变化，这些变化会促使产生古怪/怪异型人格障碍。遗传因素可能会影响家庭环境因素——在情感上退缩的父母可能会在身体或情感上对孩子进行虐待。遗传因素也可能为多巴胺神经递质系统的功能障碍创造条件，从而导致与古怪/怪异型人格障碍相关的认知和感知缺陷。

神经生物学因素和家庭环境之间也相互影响。有些父母可能会不愿意融入认知或行为古怪的孩子的生活，这些古怪的认知或行为由多巴胺功能障碍造成。神经生物学易感性也会影响认知观念的形成与发展，例如不信任以及诸如猜疑、情感表达受限等这些古怪/

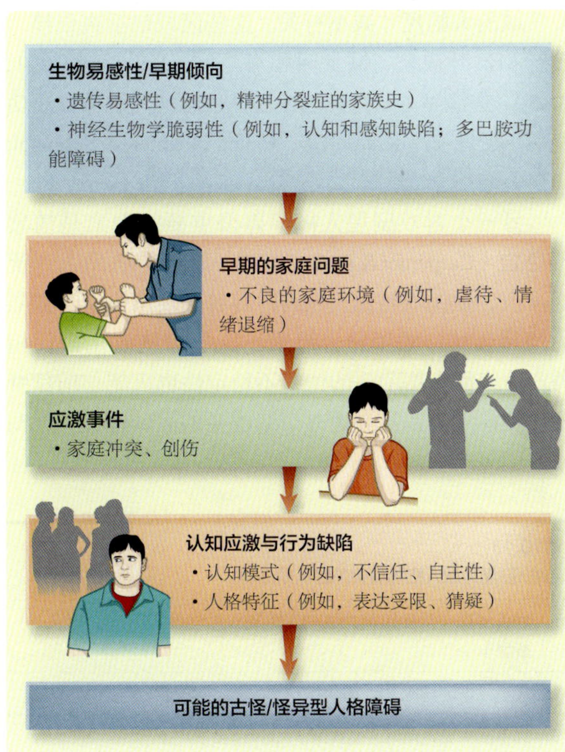

图10.2 古怪/怪异型人格障碍的因果模型样本。

怪异型人格障碍的人格特征。认知观念和人格特征之间也相互影响，例如，一个认为同事会伤害他的人一般会变得偏执和猜疑。

戏剧型人格障碍的生物学风险因素

前文提到，戏剧型人格障碍包括反社会型、边缘型、表演型和自恋型人格障碍。戏剧型人格障碍具有一定的遗传倾向，其遗传可能性预计在0.32 ~ 0.50（Kendler et al., 2011）。冲动、攻击与边缘型和反社会型人格障碍密切相关。患有反社会型人格障碍且热衷于冲动性/攻击性的人，行动门槛较低，并且经常在没有经过深思熟虑的情况下采取行动。他们无法预料他们行为可能带来的潜在不良后果，并且不能从过往经历或者不良后果中获益。冲动性攻击与5-羟色胺水平降低有关（Coccaro, Fanning, Phan & Lee, 2015）。

成人的精神病和行为障碍也可能与道德发展相关领域的大脑尺寸减小有关。这些区域包括杏仁核、额叶和颞叶皮质、颞上回和海马区（Del Casale et al., 2015）。边缘型人格障碍的冲动性也可能与眶额皮质功能障碍有关（Krause-Utz, Winter, Niedtfeld & Schmahl, 2014）。

另一个对戏剧型人格障碍很重要的因素是情感不稳定（Carpenter & Trull, 2013）。这种特质的人在遭受挫折、批评或与他人隔离时容易表现出快速、强烈的情绪变化。去甲肾上腺素与这些情绪变化密切相关。边缘型人格障碍的情绪不稳定性也可能与前额叶皮质功能不良以及其他对情绪重要的区域有关（见图10.3）。

表10.13
与古怪/怪异型人格障碍相关的认知示例

1. 对我而言，隐私比与其他人保持亲密关系更重要（分裂样、分裂型）
2. 我不应该向其他人吐露心声（分裂样、分裂型）
3. 我不能相信其他人（偏执型）
4. 其他人有隐藏的动机（偏执型）
5. 向其他人吐露心声是不安全的（偏执型）

反社会行为和不稳定情绪是戏剧型人格障碍的重要组成部分，似乎也具有显著的遗传倾向（Broome, He, Iftikhar, Eyden & Marwaha, 2015）。反社会行为尤其表现出一种强大的家族史（McCuish, Lussier & Corrado, 2015）。遗传易感性也存在于与这些病症相关的许多其他行为中。这些行为包括焦虑、快感缺失（严重抑郁）、去抑制作用和对位性（Kendler, Aggen & Patrick, 2012）。

戏剧型人格障碍的环境风险因素

儿童虐待与戏剧型人格障碍密切相关。反社会型人格障碍可能因为童年时期的创伤性经历而形成，例如身体或性虐待、攻击性父母、离婚和父母管教方法不一致等（Glenn et al., 2013; Shi, Bureau, Easterbrooks, Zhao & Lyons-Ruth, 2012）。边缘型人格障碍与儿童性虐待和糟糕的双亲教养态度有关，这归因于儿童感知到的遗弃或与父母实际的分离。

各种亲子关系可能会影响表演型人格障碍，包括父母的爱和关注取决于孩子的吸引力和性挑衅的情况（Sperry, 2015）。一种结果可能是，女儿的自我价值主要取决于她父亲对待她的方式，并且这种方式可能会在她成年期与其他男人之间重演。自恋型人格障碍的社会心理学理论主要关注潜在的自卑感，这会促使一个人寻求其他人的认可（Roepke & Vater, 2014）。

一些认知观念也构成了戏剧型人格障碍的基础（见表10.14）。有些人认为，欺骗、撒谎和诱惑对于确保一个人的需要来说是可以接受的方式。这些观念可能导致攻击性或挑衅性的人际风格和问题，这些都是反社会型及其他戏剧型人格障碍的特征。

戏剧型人格障碍的病因

戏剧型人格障碍很可能由遗传和家庭环境因素造成（见图10.4）。抑郁症、双相情感障碍、物质使用障碍或反社会型人格障碍很可能会遗传。这种遗传因素直接影响与戏剧型人格障碍相关的家庭环境因素（儿童虐待或糟糕的亲子关系）和神经生物学因素（冲动性攻击和不稳定情绪）。家庭环境因素会影响诸如“我

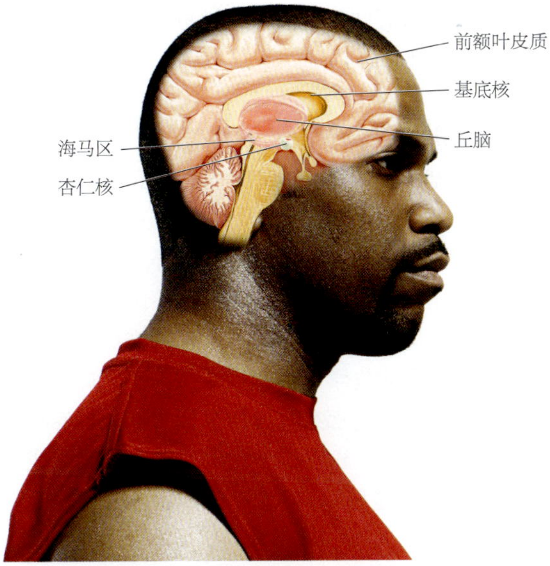

图10.3　与边缘型人格障碍密切相关的大脑区域。

需要我现在想要的东西”等认知信念及诸如构成戏剧型人格障碍的情绪失调等人格特征，反之亦然。诸如去甲肾上腺素功能障碍等神经生物学因素也会影响这些认知观念和人格特征。

焦虑/恐惧型人格障碍的生物学风险因素

前文提到，焦虑/恐惧型人格障碍包括回避型、依赖型和强迫性型人格障碍。遗传在焦虑/恐惧型人格障碍的形成中扮演一个温和的角色，遗传可能性预计为0.34 ~ 0.47（Kendler et al., 2011）。具有某些遗传基础的焦虑/恐惧型人格障碍的其他方面包括行为抑制、预见伤害或未来负面事件的倾向、对负面事件的过度敏感、高度兴奋以及将威胁或潜在危害解读为良性事件的倾向等（Ross, Keizer, Strong & Webb, 2013）。

患有焦虑/恐惧型人格障碍的人也可能遗传一些神经生物学的缺陷，尤其那些涉及去甲肾上腺素和r-氨基丁酸（GABA）的缺陷。这些缺陷会导致对潜在威胁的恐惧和敏感度升高。遗传性人格特征也可能促成这些障碍的形成。抑制（回避型人格障碍）、强迫行为（强迫型人格障碍）、焦虑、不安全依附、社会回避以及顺从是焦虑/恐惧型人格障碍的核心特征。研究表明，这些特征具有强烈的遗传成分（Balestri, Calati, Serretti & De Ronchi, 2014）。

表10.14
与戏剧型人格障碍相关的认知示例

1. 我应该成为众人瞩目的焦点（表演型）
2. 我无法忍受无聊（表演型）
3. 其他人应该满足我的需求（自恋型）
4. 只要没有被抓住现形，说谎和欺骗都是可以的（反社会型）
5. 如果我想要什么，我就应该尽一切努力去得到它（反社会型）

焦虑/恐惧型人格障碍的环境风险因素

当一个焦虑、内向和不自信的人在童年时期反复经历尴尬、被排斥或羞辱时，可能会出现回避型人格障碍（Lampe, 2016）。青春期对于这些人来说可能是一个更为困难的时期。气质特征和负面经历的相互作

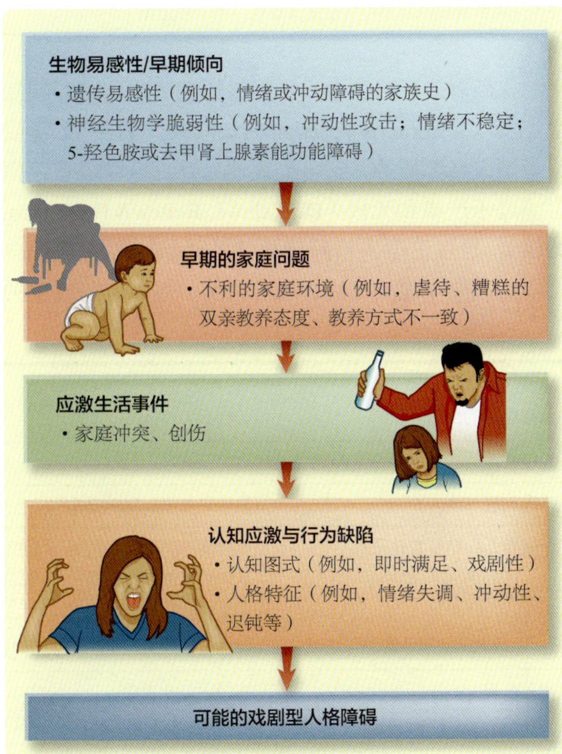

图10.4　戏剧性人格障碍的因果模型样本。

用可能导致产生一些认知模式，例如自我意识过剩或构成回避型人格障碍的不足或自卑感（Beck & Haigh, 2014）。

依赖型人格障碍可能源于焦虑/恐惧型气质与对父母的不安全依附之间的相互作用（Disney, 2013）。患有该种障碍的人，例如贝蒂，依赖他人以获得安慰、帮助和安全感，因为他们认为自己软弱无能。他们也陷入被抛弃的威胁中，并感到绝望。这些认知模式为那些患有依赖型人格障碍的人在面对人际关系丧失或冲突时变得沮丧奠定了基础（见表10.15）。

表10.15
与焦虑/恐惧型人格障碍相关的认知示例

1. 我需要关爱，我很软弱（依赖型）
2. 一个人时，我感到很无助（依赖型）
3. 在工作或社交场合，我不善于应酬，并且不受欢迎（回避型）
4. 重要的是一切要做得完美（强迫型）
5. 任何瑕疵或缺陷都可能造成灾难性后果（强迫型）

我们对关于强迫型人格障碍的家庭或环境影响知之甚少（Diedrich & Voderholzer, 2015）。最终发展成强迫型人格障碍的儿童可能表现良好且尽职尽责，但可能过于严肃和死板（De Caluwé, Rettew & De Clercq, 2014）。与强迫型人格障碍相关的认知模式包括对自己和他人的高度责任感、追求完美、对细节的过度关注以及在面对感知到的失败或挫折时的灾难性思考等（Beck & Haigh, 2014）。

焦虑/恐惧型人格障碍的病因

焦虑/恐惧型人格障碍很可能由遗传因素和家庭环境因素造成（见图10.5）。焦虑相关障碍的家族史充当了焦虑/恐惧型人格障碍的遗传因素，并影响家庭环境、神经生物学、认知以及人格风险因素的形成与发展。对父母的不安全依附或对父母的排斥与焦虑或抑制的潜在神经生物学的易感性有关。家庭环境和神经生物学因素会影响那些与低自尊或灾难性事件有关的认知观念的形成。这些因素也会影响诸如焦虑或抑制等人格特征，这些都是焦虑/恐惧型人格障碍的基本特征。

人格障碍的预防

针对人格障碍的预防措施比较罕见。然而，研究者已将重点放在人格障碍的三个主要风险因素上，这可能是未来人格障碍预防工作的重点。其中一个风险因素是儿童虐待（Chanen & McCutcheon, 2013）。儿童虐待预防工作可能会影响人格障碍的形成。成功预防虐待儿童的做法往往包括频繁家访、减少孕产妇压力、增加社会支持和对父母进行培训等（Selph, Bougatsos, Blazina & Nelson, 2013）。表10.16总结了通常教给父母减少虐待的一些技能。

表10.16
儿童虐待的预防

教授技能	
基本问题解决能力	教导父母识别和界定典型的生活问题，列出目标，制订选项和计划，并评估结果
积极育儿：享受育儿过程	教授父母关于孩子发展方面的知识以及如何享受孩子能力形成与发展的过程。此外，父母应尝试参与以孩子为主导的游戏，并通过孩子的眼睛来看待世界
育儿技巧	教授父母如何识别适合孩子发展的目标，如何以确保遵守的方式对孩子提出要求，如何减少孩子出现你不想看到的行为，以及如何通过奖励和表扬来增加你想看到的行为
育儿扩展	教授父母儿童安全方面的知识。这方面的指导包括有关纪律和虐待方面的材料，选择安全的护理人员，防护儿童受到伤害，以及对儿童进行监督
愤怒管理	该模块教导父母通过孩子的眼睛来看待自己，识别和控制愤怒，放松，并在他们感到自己即将发火时构建可以使用的选项（例如，分散自己的注意力、深呼吸、使自己从愤怒情景中走出来，等等）

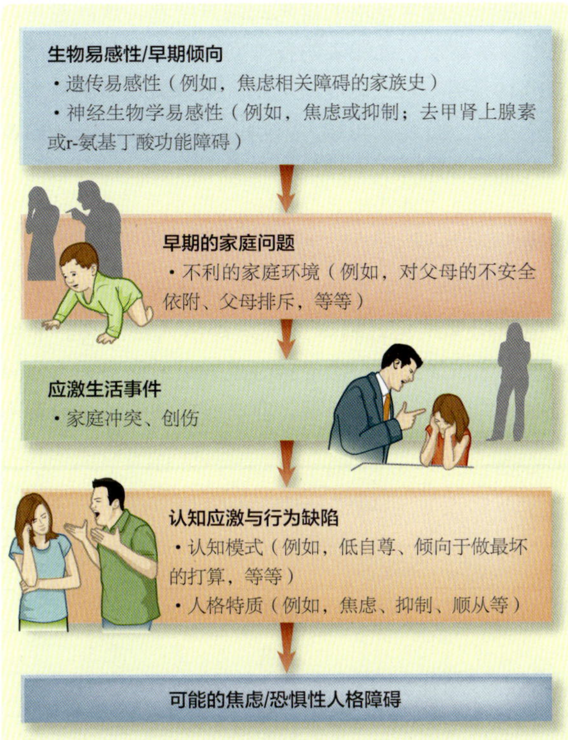

图10.5 焦虑/恐惧型人格障碍的因果模型样本。

人格障碍的另一个主要风险因素是人际交往能力较差。许多患有人格障碍的人在诸如家庭关系、友谊以及工作关系等人际关系方面存在很大困难（Lazarus, Cheavens, Festa & Rosenthal, 2014）。许多人不合群，具有攻击性，冲动，安全感缺乏，依赖他人，并且过于寻求他人的关注。努力提高一个人的社交技能有助于防止患有人格障碍的人际交往风格。

人际关系技能培训尤其与回避型人格障碍中出现的缺陷有关，例如极度羞怯、难以建立关系等。所教授的社交技能可以包括倾听和参与、移情、适当的自我表露以及尊重与自信（Weinbrecht, Schulze, Boettcher & Renneberg, 2016）。对这些技能的培训包括向回避型人格障碍者介绍技能、建立适当的社交互动模型、并要求他们练习这些技能等。

人格障碍的第三个主要风险因素是情绪失控。情感表达受限或情绪不稳定等情绪反应的问题是许多患有人格障碍的人的特征。做好预防工作可以帮助人们识别、应对、改变并控制负面情绪。边缘型人格障碍的治疗方法（在后面章节讨论）可能会针对预防工作进行改进（Chanen & McCutcheon, 2013）。人们可以尝试对情绪（例如爱、快乐、愤怒、悲伤、恐惧、羞耻等）进行描述，识别促成这些情绪发生的事件或解释，理解这些情绪出现或表达的方式，并关注这些情绪的后遗症。表10.17概述了愤怒情绪调节的培训计划。

旨在防止虐待儿童的项目可以降低这些儿童在长大后出现人格障碍症状的可能性。

人格障碍：评估与治疗

我们分三个主要类别来讨论人格障碍特征和风险因素。然而，对这三个类别的评估和治疗往往会跨越许多人格障碍，因此，我们对该部分作为一个总体概述。

人格障碍的评估

临床医生经常采用自陈式调查问卷、非结构式临床访谈、结构式临床访谈和知情人报告等方式来评估人格障碍。下面对这些方法以及它们的优点与缺点逐一进行探讨（见表10.18）。

自陈式调查问卷

自陈式调查问卷包括评估人格障碍症状的项目。人格障碍调查问卷易于管理，并且在时间和精力方面比较经济。自陈式调查问卷通常被用作筛查工具而不是诊断措施，因为它们不评估损伤或痛苦的程度。自陈式调查问卷通常也不会对成年早期以来的症状是否明显进行评估。

一种针对各种人格障碍的比较受欢迎的自陈式调查问卷是米隆临床多轴问卷（第4版）（Millon, Grossman & Millon, 2015）。该问卷包含24个与所有人格障碍相关的量表以及关于抑郁症、物质使用障碍等方面的问题。同时，该问卷也有针对儿童和青少年的版本。第四章曾提到，明尼苏达多相人格量表（第2版）是一个经常好用的自陈式调查问卷，该问卷可以提出诊断建议，也能表明各种问题行为和人格风格。表10.19是另一种比较受欢迎的人格障碍量表的样本项目，人格诊断调查问卷（第4版）（Bouvard, Vuachet & Marchand, 2011）。

访谈

尽管研究者更喜欢结构式临床访谈，但许多临床医生采用非结构式临床访谈来评估人格障碍。非结构式临床访谈允许心理健康专业人员询问有关人格障碍症状的任何问题。然而，非结构式临床访谈通常不

表10.17
情绪调节培训

表示“愤怒”的词——示例			
愤怒	厌恶	暴躁	狂怒
激怒	反感	憎恨	怨恨
骚动	嫉妒	敌意	嫌恶
烦躁	激怒	恼怒	轻蔑
怨恨	残暴	妒忌	怨恨
鄙视	挫败	憎恶	苦恼
残酷	暴怒	心胸狭隘	报复
破坏	怨恨	愤慨	勃然大怒

1. 促成愤怒的事件——示例
- 失去权利或尊重
- 受到侮辱
- 事情并没有朝你预期的方向发展
- 遭受身体或情感上的痛苦
- 受到某人身体或情感方面的威胁

2. 愤怒的诠释——示例
- 预计会感到痛苦
- 认为自己受到不公平的对待
- 认为事情不应该是这个样子
- 固执地认为“我是对的”
- 判断该情景是非法的、错误的或者不公平的

3. 出现愤怒情绪——示例
- 感到失去控制或极度情绪化
- 感到体内发紧、不透气
- 感觉脸部潮红或变热
- 咬紧牙关，嘴巴收紧
- 哭泣，无法忍住流泪
- 想要撞墙，扔东西，发脾气

4. 愤怒的表达与行动——示例
- 以不友好的方式咬牙切齿或露出牙齿
- 面部发红或泛红
- 口头或身体上攻击使你愤怒的原因；批评
- 猥亵或叫喊，尖叫或大喊大叫
- 握紧双手或拳头
- 摆出攻击性或威胁性姿势
- 敲打东西，扔东西，破坏东西
- 沉迷于或切断与他人的联系

5. 愤怒的后果——示例
- 注意狭窄
- 仅专注于那些使你生气并且无法想到任何其他事情的情景
- 记住并反思过去让你生气的其他情景
- 人格解体，解离症状，麻木

表10.18
四种主要人格障碍评估方法的优点与缺点

	自陈式调查问卷	非结构式临床访谈	结构式临床访谈	知情者报告
优点	快速，不耗费精力	能快速融入标准的临床实践	与诊断标准相关联	不受自我偏见的影响
	一种有用的筛选措施	自然“流动”	具有实证性支撑	能提供历史视角
缺点	诊断过度	不直接与诊断标准相关联	持续时间可能较长，单调乏味	经常与自陈式报告不符
	可能受到自我偏见的影响	受访谈者偏见或错误的影响	引入典型的临床阶段可能会显得尴尬	依赖知情者对目标的了解程度

表10.19
人格诊断调查问卷（第四版）的示例项目

障碍类型	示例
回避型	在过去的几年中，我回避与可能批评我的人一起工作
依赖型	在过去的几年中，在没有其他人建议或安慰的情况下，我无法做出决定
边缘型	在过去的几年中，我对某个人不是爱就是恨，没有折中的情况
反社会型	在过去的几年中，我做很多事情时都未曾考虑后果
偏执型	在过去的几年中，我非常警觉地想弄明白别人对我说的话的真正含义
分裂型	在过去的几年中，我从身边发生的事情上得到了一些特殊的信息

太可靠，而且与结构式临床访谈相比，更容易受到访谈者偏见的影响（Trull & Prinstein, 2013）。采用非结构式临床访谈或病例审查的心理健康专业人员也经常无法评估特定的人格障碍诊断标准或表达文化偏见（Paniagua, 2013）。

结构式临床访谈需要更多的时间，但更系统、全面、客观，并可以复现。针对人格障碍的结构式临床访谈为心理健康专业人员提供了一些关于各种症状问询的建议。其中一个例子是针对DSM-5人格障碍的结构式临床访谈（First, Williams, Benjamin & Spitzer, 2016）。然而，结构式临床访谈可能更多地关注人格障碍的诊断而非维度，因此，可以通过其他测量人格特征的工具加以补充（Westen, Waller, Shedler & Blagov, 2014）。

知情者报告

自陈式调查问卷和访谈的一个缺点是它们强调一个人的自陈式报告。这是一个问题，因为许多患有人格障碍的人的自我意象和自我表现已经扭曲，这可能在这些测量方面歪曲他们的答案。评估人格障碍的一种替代性方法是知情者报告（Busch, Balsis, Morey & Oltmanns, 2015）。诸如家庭成员或亲密朋友等知情者在有关一个人的特征方面可以提供一个重要的历史视角，如果知情者本人没有精神障碍，则尤为如此。然而，知情者报告确实存在一些缺点。

该类报告经常与自陈式报告产生冲突。因此，临床医生可能不确定该采信哪种观点（Busch et al., 2015）。亲戚和亲密朋友不会知道一个人的一切事情，而且还需要对这些事情提供有效的描述，他们可能会产生偏见，并可能会对一个人产生错误的假设或期望。然而，针对人格障碍特征的知情者报告仍然是一种具有应用前景的评估方法（Markon, Quilty, Bagby & Krueger, 2013）。

人格障碍的生物学治疗

患有人格障碍的人似乎在某种程度上会从各种药

物治疗中受益。药物使用一直“瞄准”那些边缘型人格障碍者。针对这一人群的药物包括抗抑郁药物、抗焦虑药和抗精神病药物。这些药物的效果通常限于某个功能，如冲动或情绪不稳定等。然而，并非所有研究都表明积极的结果，许多人退出了药物治疗。目前的实证性证据显示，有人甚至认为，患有人格障碍的人最好不要服用任何药物（Paris, 2015）。关于特定人格障碍的特定药物，无法得出确切的结论（Bateman, Gunderson & Mulder, 2015）。

药物治疗可能对于特定症状群更有效，而非适用于所有人格障碍。可能对药物有反应的三个主要症状群包括认知-感知症状、情感症状和冲动性攻击（Bateman et al., 2015）。古怪/怪异型人格障碍的认知-感知症状可以用诸如奋乃静、三氟吡啦嗪或氟哌啶醇等抗精神病药物进行治疗（第十二章）。戏剧型人格障碍的情感（情绪）症状可以用选择性5-羟色胺再摄取抑制剂（如氟西汀）或情绪稳定剂（如托吡酯或拉莫三嗪）等进行治疗（第七章）。戏剧型人格障碍者的冲动性攻击问题可以用选择性5-羟色胺再摄取抑制剂、情绪稳定剂（第七章）或抗精神病药物进行治疗。

结构式临床访谈是人格障碍评估的有效方法。

人格障碍的心理治疗

人格障碍是最难治疗的精神障碍之一，因为它们的症状非常严重，是慢性且长期存在的，并伴有强烈的功能障碍、痛苦和损伤。该领域的临床医生通常关注适应不良的人格特征。

并非所有患有人格障碍的人都会寻求治疗，但有些人却会。有些患有人格障碍的人，特别是那些边缘型人格障碍者，会寻求多种形式的治疗，例如个人治疗、团体治疗和家庭/夫妻治疗；日间治疗；住院治疗；中途之家治疗和药物治疗。边缘型人格障碍者也

10.4

专栏

聚焦法律与道德

人格与精神失常

一些患有人格障碍的人可能容易做出犯罪行为。他们是否可以以具有人格障碍为由声称自己患有精神失常呢？反社会型人格障碍者一般不能以该疾病作为认定精神失常的依据（Zlodre, Yiend, Burns & Fazel, 2015）。例如，连环杀手不能声称自己是一个“精神病患者”或“反社会者”，因为这些不能作为其精神失常的借口。但是，某种人格障碍的一些方面可以减轻犯罪者需要承担的责任。第三章曾提到，精神失常的一个共同标准是，一个人在犯罪时无法辨别是非。在某些人格障碍中发现的损伤和共病性障碍可能非常严重，以至于可以减轻这些患有人格障碍的人的刑事责任（Loveless，2014）。其中一个例子是，有边缘型人格障碍和严重虐待史的人伤害了某个人，但在伤人时其正处于创伤后应激障碍和偏执性精神病的发作期间。

因此，诸如此类的灰色地带导致一些州会对陪审团在被告宣称自己患有精神失常时可能给出的判决进行修改。一个替代判决是判定其有罪但患有精神病，即判定其有罪，应该因此受到惩罚。然而，法院在对其监禁之前或之后对其进行精神病的治疗方面有自由裁量权。另一种替代选择是判定其行为能力下降。这是指被告没有患能使其免于承担犯罪责任的精神障碍，但被告的心智能力减弱。例如，过度饮酒或创伤可能导致被告达到他不具备与犯罪相关的精神状态或意图的程度。行为能力下降可能意味着被告被判定为较轻的罪行（例如，判定为过失杀人而不是谋杀）或从轻处罚（Gardner & Anderson，2015）。

进行长期的治疗（Gunderson et al., 2014）。因此，许多关于人格障碍的治疗研究都集中于边缘型人格障碍方面；常用疗法包括短期心理动力疗法、认知行为疗法和辩证行为疗法等（Bateman et al., 2015; Paris, 2015）。

短期心理动力疗法

短期心理动力疗法包括经常与治疗师会面以建立紧密的联盟关系，并帮助来访者转移负面情绪。该种疗法关注阻碍一个人生活的冲突或主题，例如遗弃、空虚、嫉妒或攻击性等。心理动力学治疗师会探究一个人生活中可能导致问题人格特征的历史事件；还可能探讨儿童虐待或其他创伤问题，以帮助来访者深入了解其症状。人际冲突的解决、适当的情绪体验和较少的自我毁灭行为也是短期心理动力治疗的关键方面（Luyten&Fonagy, 2015）。

认知行为疗法

针对人格障碍的认知行为疗法通常侧重于缓解焦虑和抑郁的症状（第五章和第七章）。临床医生可能采用认知行为疗法来修正来访者不理性的想法，通过社交技能培训来改善人际关系，通过放松训练来缓解高水平的身体觉醒，并通过行为激活增加社会联系。婚姻和家庭治疗也可用于改善沟通和解决问题的能力（Ogrodniczuk, Uliaszek, Lebow&Piper, 2014）。

辩证行为疗法

辩证行为疗法对于边缘型人格障碍者非常有用（Linehan et al., 2015）。辩证行为疗法解决通常与该障碍相关的症状，包括自杀手势/企图、自我伤害和自残等。来访者学习各种技能来改变导致问题和极度痛苦的行为、情感和思维模式。治疗策略处理以下几个方面：

- 人际关系有效性技能培训：来访者学会管理人际冲突，适当地满足他们的欲望或需求，并拒绝其他人不必要的要求；
- 情绪调节技能培训：来访者学会识别不同的情绪状态，了解情绪如何影响他们和其他人，参与可能增加积极情绪的行为，并抵消负面情绪；
- 痛苦耐受技能培训：来访者通过分心练习（以最终获得更好的视角），例如听美妙的音乐等自我抚慰策略来学习耐受或“度过”应激情境；
- 正念技能培训：来访者学会在没有任何评判的情况下自我观察他们的注意力和思想。

临床医生经常以团体形式进行辩证行为疗法，并且来访者经常治疗长达数月，甚至一年。辩证行为疗法可有效减少自杀行为、过度物质使用、精神病住院治疗天数以及放弃治疗等情况。该疗法还可以改善一些人的抑郁和绝望情绪（Gutteling, Montagne, Nijs&van den Bosch, 2012）。米歇尔（本章一开始介绍的案例）因其自杀倾向以及悲伤和绝望情绪非常适合采用辩证行为疗法进行治疗。

阐明辩证行为疗法的一个很好的方法是呈现一次实际心理治疗的部分文字记录。在该情景中，来访者是一名30岁的女性，患有边缘型人格障碍，在过去2年内因饮用次氯酸钠漂白剂、割伤和烧伤自己等自杀意念、自我伤害及一次自杀未遂等原因，曾10次入院治疗。辩证行为治疗师（以下简称治疗师）在以下片段中向来访者解释了这个项目及其目标（Linehan&Kehrer, 1993, pp. 428-429）：

治疗师： 现在，最重要的是要了解我们这个项目并不是一个自杀预防项目，那不是我们的工作。我们是一个旨在改善生活质量的项目。我们看待这个项目的方式取决于来访者的生活质量，如果来访者生活得很痛苦，那么我们这个项目就没有达成目标。如果我们决定携手共进，我会帮助你改善你的生活，这样你就不会再有自杀或伤害自己的想法。你也应该知道，我把自杀行为（包括饮用次氯酸钠）视为一种解决问题的行为。我认为酗酒也是这个道理。唯一的区别是，割伤、烧伤的方法可能奏效了。如果这些方法不起作用，没有人会再次这样做。然而，这些方法只能在短期内有效，不适用长期使用。所以，放弃割伤和试图

家庭成员可以提供关于一个人性格特征和问题的相关信息。

伤害自己的做法和戒酒是完全一样的道理。你认为这会很难么？

来访者：戒酒并不那么难。

治疗师：嗯，根据我的经验，放弃自我伤害行为通常会很难。这需要我们双方的努力，但你必须更加努力。正如我刚才告诉你的，要是你能长期坚持，那应该坚持一年。每周和我见一次面进行个人治疗，每周进行一次团体技能训练。所以，问题在于，你愿意坚持一年吗？

来访者：我说过我已经受够了这些东西。这也是我来这儿的原因。

治疗师：所以你已经同意一年内不会退出治疗，对吗？

来访者：是的。

治疗师：思考一下，如果一年内你不会退出治疗，那么在这一年内就真的能排除自杀情况，你确实明白这点吗？

来访者：逻辑上来说，是这样的。

治疗师：所以，关于这一点我们需要绝对清楚，因为如果你中途退出，这种治疗方法就不会起作用了。在情绪方面我们必须努力达到的一个最基本目标是，无论你的心情如何，你都不会选择自杀，或者尝试自杀。

来访者：好的。

治疗师：所以我认为这是我们的头等大事，但并不是唯一目标，我们将继续努力实现这一点，并且让你真正打心底认可这一点，坚持活着，不伤害自己，不尝试自杀，无论你的心情如何。现在问题是，你是否同意这一点？

来访者：是的，我同意。

在接下来的片段中，治疗师拒绝了来访者服用止痛药的请求，治疗师向她强调，要使用痛苦耐受技能（Linehan & Kehrer, 1993, p. 433）：

治疗师：这个想法不错。在这个阶段，你要开始考虑这样做的利与弊。所以在这一阶段，情况变得更糟糕的优点远没有其引发的缺点重要。好的，这样的话你要保持良好的战斗力。除此之外，你还尝试了什么？

来访者：我曾试着和其他人谈论这件事。

治疗师：他们有说过什么吗？

来访者：他们说我应该服用止痛药。

治疗师：对的。但他们有没有说过，如果你得不到止痛药，你应该割伤或伤害自己呢？

来访者：没有。我试过通过听音乐或使用正念来让自己不去想疼痛这件事情。我还尝试过阅读和做字谜游戏。

治疗师：嗯嗯。你有没有试过全然接受？

来访者：那是什么？

治疗师：这是指你某种程度上放手去接受你不会得到止痛药的事实，而且你只能让自己适应这种情况。你只能接受不会有止痛药的事实，所以你将

辩证行为疗法的一个重要组成部分涉及各种情绪和人际关系技能的培训。

不得不采取其他方式应对这种情况。

来访者：昨天我就这么做过。我需要一点劳拉西泮以应对自己的疼痛，真的有效果。

治疗师：昨天？

来访者：是的。我打了个盹儿。当我醒来时，我大致是说，“嘿，它们不会有任何改变，所以你必须尽可能地处理这个问题。”

治疗师：这种接受有帮助吗？

来访者：我仍然对歧视边缘型人格障碍的做法感到愤怒。我对此仍然感到非常生气。

治疗师：好的，没关系。不过接受了这一事实对你有帮助吗？

来访者：是的。

治疗师：那就好，棒极了！这是一个非常了不起的技能，是一项很棒的练习。在最后的紧要关头，当你真正达到极限时，当事情到了最糟糕时，你就要练习全然接受这种技能。

如果我或我认识的人患上人格障碍，该怎么办

人们有时会接受人格障碍筛查，对一些基本问题的回答可能会表明一个人是否需要做进一步评估甚至治疗。表10.20列出了一些这样的问题。如果你发现自己对大多数问题都回答“是”，那么你可能需要咨询临床心理学家、精神病医生或其他心理健康专业人员（第十五章）。认知行为疗法或药物治疗可能是最好的治疗方法。

如果你对自己与他人的关系感到担忧，但这并不一定就是人格障碍，那么教自己更好地控制自己的情绪与冲动，更好地与他人沟通、相处，这样做对你可能会有帮助。此外，还可以与家人和朋友探讨一下你的担忧。

表10.20
筛查人格障碍的一些问题：

- 你是否经常难以与他人保持界限或控制自己的情绪
- 你是否经常在实现人生目标或自我反省方面遇到困难
- 你在理解他人的情绪以及你的行为对他人的影响方面有困难吗
- 你不能和别人亲近吗
- 你是否发现自己经常冲动、好斗、冷漠、无情或对他人很古怪

人格障碍的长期预后

人格障碍最好通过认知行为疗法以及一些可以减少症状和改善社交功能的心理动力学疗法来治疗（Ahmed et al., 2012; Paris, 2015）。然而，要实现人格结构的长期变化更加困难（Yeomans, Clarkin & Kernberg, 2015），尤其是反社会型人格障碍，治疗效果一直不是很好（Bateman et al., 2015）。此外，大约1/3患有人格障碍的人没有完成治疗（Clarke, Jinks, Huband & McMurran, 2014）。能预知治疗完成的因素包括恪守改变的承诺、良好的治疗关系以及较低的冲动性（Bedics, Atkins, Harned & Linehan, 2015; Gagnon, Leblanc & St-Amand, 2015）。

如果根据特定技能和行为量身定制特定的治疗方法，人格障碍的治疗效果可能会提高（帕里斯，2015）。旨在降低社交恐惧和提高人际交往能力的行为疗法对于回避型人格障碍最为有效。辩证行为疗法似乎对边缘型人格障碍尤为有效（Linehan et al., 2015）。其他人格障碍也可采用一些特定的治疗方法。这样的例子包括针对精神病人的移情训练、针对患有反社会型人格障碍的成年人的社交问题技能训练，以及针对依赖型人格障碍者的自信技能训练（Livesley, Dimaggio & Clarkin, 2016）。然而，在这些领域需要进行更多的研究。

人格障碍的症状通常会影响其他精神障碍的治疗效果（Tyrer et al., 2015）。与没有人格障碍症状的人相比，患有焦虑症、抑郁症和物质使用障碍的人，以及有人格障碍症状的人通常会有更糟糕的长期预后（Bateman et al., 2015; Crits-Christoph & Barber, 2015）。与人格障碍相关的一些基本信念，如表10.13、表10.14和表10.15中列出的一些信念，可能预示抑郁症认知疗法的负面结果（Newton-Howes et al., 2014）。

有关人格障碍长期预后方面的研究主要局限于反社会型和边缘型人格障碍。对于儿童而言，反社会行为会形成行为障碍，45%～75%具有行为障碍的青少年之后会患上反社会型人格障碍（Jaffee & Odgers,

2014）。具有反社会型人格障碍的人在死亡率、犯罪率、过度物质使用、失业、关系困难和监禁等方面具有较高的比例（Black, 2013）。许多患有反社会型人格障碍的人在四十多岁时表现出较少的症状；他们往往不那么冲动，并且很少具有可能导致被逮捕或监禁的行为（Black, 2013; Paris, 2015）。然而，有些具有反社会型人格障碍的人甚至在40岁之后仍然处于一种慢性模式，并继续做出一些犯罪行为或过早死亡。

边缘型人格障碍者的症状往往会表现出一种此消彼长的过程。随着时间的推移，大多数边缘型人格障碍者的情况会得到改善，但他们在学校和工作环境中仍然会受到伤害（McMain, Guimond, Streiner, Cardish & Links, 2012; Zanarini, Frankenburg, Reich, Conkey & Fitzmaurice, 2015）。没有儿童性虐待、没有物质使用障碍的家族史、具有良好的工作环境，久而久之，会让一个人具有更好的身体机能。相反，关系不稳定、抑郁以及自杀和自我伤害行为久而久之会让一个人身体机能变差。（Gunderson et al., 2014; Skodol, 2014）。遗憾的是，边缘型人格障碍者的自杀率是10%（Turnbull, Cox, Oleski & Katz, 2013）。这一人群中的自杀企图与抑郁症、过度使用物质、创伤后压力、性侵犯、情绪不稳定和解离等密切相关（Wedig et al., 2012）。

对其他人格障碍的长期预后，研究人员已经在更有限的基础上进行了研究。与其他类别的人格障碍相比，有些人格障碍，尤其是偏执型、分裂样、分裂型等古怪/怪异型人格障碍，久而久之会表现出更加稳定的问题。表演型、自恋型和依赖型人格障碍表现出的问题不太稳定。与这些障碍相关且往往最为持久稳固的人格特征包括僵化、脱离、对他人不信任、冲动、操控、自我伤害以及古怪的认知等（Debast et al., 2014; Hopwood et al., 2013）。一般来说，负面气质和神经质也会随着时间的推移而变得非常稳定，并且可以预示诸如焦虑症、抑郁症和认知能力下降等问题（Conway, Craske, Zinbarg & Mineka, 2016; NewtonHowes, Clark & Chanen, 2015）。

佚名 **个人叙述**

我是一名边缘型人格障碍者。没有精神障碍的人通常很难理解这一疾病对一个人的生活会产生怎样的影响，我希望以下叙述能够或多或少让大家对这件事有所了解。我想表达的最重要的一点是，患有精神障碍的个体与其他人非常相似——他们希望得到尊重和理解，并有机会分享他们的知识和才干，让这个世界变得更好。

与精神障碍为伴可能是我一生之中最困难也是最让我受益的一件事。尽管我在过去的几年中在学习管控我的疾病方面已经取得了很大的进步，但我不得不说，我的很多自我认知仍然取决于我的精神障碍。我希望，将来有一天我会超越这个关于自我的狭隘定义，能够更充分地在一些方面产生自我认同，但这些方面不包括我的精神障碍，并且更积极地识别我拥有的其他能力。

如果我没记错的话，我的这一疾病可以追溯到我人生中的第一个记忆。出于某种原因，我总是感觉生理上有些不对劲。我记得我有过一些“怪异”的感觉，但我至今仍无法确切地知道这是怎么一回事。我只知道，当我接受适当的药物治疗时，这些感觉会大大减少。17岁时我第一次去看了精神病医生。

现在我的父母会说，在我的整个童年时期，尤其是在我的青春期，肯定有某个地方出了问题，但他们却找不出是哪里。我承受了非常大的负面影响，而这对他们而言似乎是一种糟糕的“态度”。我从来没有向我的父母澄清什么是错的，而且因为我在大多数方面都倾向于成为一个相当顺从的孩子，并且不会跟别人唠叨我的困难，所以他们并不知道我有多么痛苦。

从我生命的最初时刻开始，我就是一个非常“敏感”的孩子。在气质上，我会因为很小的事情而受到伤害，需要帮助来处理非常强烈的情绪（尤其是负面情绪），需要帮助让自己平静，非常黏人，并会受到某些环境的过度刺激。我感觉到一些其他人领悟不到的微妙之处。我讨厌上学，因为我遇到的老师往往太过严厉，甚至很小的矫正对我来说都非常痛苦。我对其他人的看法（就像老师生气）因为我的高灵敏度被放大了，这些正常的童年事件让我苦不堪言，无法承受。

我不会说我的生活中发生了任何“创伤性”事件——至少没有发生过许多其他人没有经历过的事情。在我五岁时，我的父母就离婚了。我母亲在我十一岁时组建了新的家庭。我没有遭到虐待或忽视，尽管我只是在周末才能见到我父亲，他通常忙于工作以至于没有多少时间关心我。我难以适应和母亲、继父在一起的生活，感觉从未调整过来。我认为对我而言最困难的事情是，我和我家人的情感构成非常不同，而且我最重要的情感需求并没有得到满足，这对我的整体运转来说至关重要。我是一个富有表现力的孩子，而我的父母在很多方面都是相反的——他们更保守，感觉不到谈论感情的需要，并且他们认为我应该和他们一样能够“控制”自己的情绪。遗憾的是，由于我所患的疾病，这根本是不可能的。他们并没有发现我的痛苦，我的情况开始逐渐恶化。

最终，我看了治疗师和精神病医生，得到了一定程度的帮助，但最终并未得出恰当的诊断，因此也从未接受过适当的治疗。我的父母继续为我寻求帮助，带我看了很多治疗师，但仍然没有人能真正帮助我好转。直到多年以后（我25岁时），经过多年的住院治疗、一次自杀企图、一次不成功的电休克治疗以及一次失败的婚姻，我的病终于得到确诊。幸运的是，当时我入住的县心理卫生系统为我提供了我所需要的治疗。

离婚后，我符合附加社会保障收入（SSI）的申请资格，并进入县心理卫生护理系统接受治疗。我以前仅使用过私人保险。因此，现在必须去县心理卫生诊所治疗对我而言是一个相当大的改变——他们仅为精神严重失常以及经济窘迫的人提供治疗服务。我在一个受过良好教育的中产阶级环境中长大，对我而言，获得附加社会保障收入，并在县级机构接受治疗，需要努力调整自己的心态。具有讽刺意味的是，直到我达到这种经济需求水平时，我才最终得到了适当的治疗。任何私人保险都不提供这种治疗，并且对像我这种情况如何进行治疗知之甚少。遗憾的是，直到今天，我的精神障碍在治疗性社区仍然蒙受严重的污名，并且许多临床医生不会治疗像我这样的病人，因为他们觉得我们的问题会令人疲惫不堪，难以处理。

在我进入县级心理卫生系统时，我被诊断为患有边缘型人格障碍（BPD）。我以前看过的治疗师曾经认为我可能患有这种疾病，但很少有人愿意给我贴上这种看似非常残酷的诊断标签。（有些治疗师认为给某人贴上边缘型人格障碍的标签类似于宣判某人的死刑！）但是，这种情况对我十分不利。在我开始获得心理卫生系统的服务时，我被告知他们刚刚启动了一项专门针对患有该种障碍的人的一个新项目，并问我是否感兴趣。那时的我愿意尝试任何治疗方法，所以我回答“愿意”。这种治疗被称为辩证行为疗法（DBT），并且至今仍然是为数不多的具有实证性支撑的治疗方法之一，且适用于这一群体。我是参与该项目的三个人中的第一个，并且在接下来的四年里我继续接受了高强度治疗。

因为边缘型人格障碍者表现出的行为对于见识了这些行为的人来说似乎有些离谱，令人困惑，所以，类比可能有助于全面理解这些人的经历。与我自己的疾病经历最接近的类比与一个三度烧伤受害者的生活有关。因为被烧伤的人的皮肤已经几乎都被烧伤了，所以任何动作或触摸都可能产生令人难以忍受的痛苦——所有接触都需要非常小心。除了没有容易让人过于“情绪化”的皮肤，患有边缘型人格障碍的人与三度烧伤受害者非常相似。遗憾的是，因为没有人“理解”这种疾病，所以边缘型人格障碍者的极度敏感性和高度反应性在周围的人看来似乎有些不可理喻。因为很小的事情都会对这些人产生影响，这个充满压力和快节奏的社会往往不利于他们的特殊需求。

另一个有用的类比可以借助于望远镜的镜头进行描述。频繁、强烈的情绪状态使患有边缘型人格障碍的个体不断地与他们对现实的感知抗争，所以他们保持思想清晰的能力与透过焦点没有对准的望远镜镜头看到的情况十分相似。你可能已经意识到镜头模糊不清，尽管你在尽力尝试调整，但那些该死的情绪一直想要操控一切！因此，即使现实是“我遇到的大多数人都喜欢我”，而我的实际感知往往是非常不同的。大多数时候，我认为自己是有缺陷的，没有一点能力，并且应该受到惩罚，而其他人都会忽略我对现实的看法。这几乎就像是在感受到强烈情绪的时候（大部分时候都会如此），我必须接受，生活可能看起来毫无希望，但负面情绪最终都会逝去。

目前，我正在攻读“婚姻和家庭疗法”硕士学位。我在读书期间没有告诉任何人我患过边缘型人格障碍。遗憾的是，因为仍然存在很多关于边缘型人格障碍的污名，所以此时泄露我的病情对我没什么好处。由于目前研究界和临床执业医生的日常实践之间经常存在信息传递方面的差距，所以目前我仍然无法挺身而出，以正常的姿态出现在世人面前。然而，即使现在面对强烈的偏见，我也不相信总会如此。因为像我这样的人进入这一领域，并利用自己的成功来帮助处于类似情景的其他人，我认为会保证这些蒙受更少的偏见，并且会产生这样的认知，治疗师和他们一样，真的没什么不同。

在此，我想引用一句切实反映了我个人信念的话——“生活值得活下去”。

我认识到，成功的衡量标准不仅仅取决于人们在生活中所处的地位，也包括他在努力取得成功时所克服的障碍。——布克·T. 华盛顿

第十一章　性功能失调、性欲倒错障碍与性别焦虑症

11

- 什么是正常性行为与性功能失调
- 性功能失调：特征和流行病学分析
- 与性功能失调相关的污名
- 性功能失调：病因与预防
- 性功能失调：评估与治疗
- 什么是正常的性欲望、性欲倒错和性欲倒错障碍
- 性欲倒错障碍：特征和流行病学分析
- 性欲倒错障碍：病因与预防
- 性欲倒错障碍的评估与治疗
- 什么是正常的性别角色发展与性别焦虑症
- 性别焦虑症：特征与流行病学分析
- 性别焦虑症：病因与预防
- 性别焦虑症：评估与治疗

章节特色

- 专栏11.1　**聚焦性别**　性功能失调和障碍的性别差异
- 专栏11.2　**聚焦大学生**　性功能失调
- 专栏11.3　**聚焦大学生**　性幻想与性欲倒错
- 专栏11.4　**聚焦暴力**　强奸
- 专栏11.5　**聚焦法律与伦理**　性犯罪通知与监禁

图 11.1 性行为与性功能失调

	正常	轻度
情感	性唤起和性欲望正常，性行为有规律。	在性行为之前或期间性欲或性唤起降低。
认知	有发生性行为的想法。	偶尔对自己的性欲、性唤起、性高潮或性能力表示忧虑。
行为	性生活有规律。	偶尔会减少性生活或对性生活不满意。

什么是正常性行为与性功能失调

性是人类最基本的需求之一。几乎每个人都有性欲望，并且许多人经常幻想性行为。大多数人经常与配偶、男朋友或女朋友发生性行为。有规律的性生活通常是指有发生性行为的周期性意愿、在性交早期阶段唤起并达到性高潮。因此，性欲和性交是自然和正常的人类活动。

然而，在这种正常的性周期中，可能会出现各种问题。性功能失调是指在常规性活动中发生的各种问题。因此，性功能失调并不是指反常的性活动。性功能失调通常指的是性欲、性唤起或性高潮以及性交疼痛等方面的问题（图11.1）。如果性功能失调引起很多痛苦并干扰正常的性功能，那么性功能失调就被认为是一个问题。性功能失调可能是终生的或是近期的一种状况，适用于许多或仅仅一些性情景，并且严重程度分为轻度、中度或严重（美国精神病学会，2013）。

性功能失调：特征和流行病学分析

性功能失调是指正常性反应周期——欲望、唤起和高潮——或性交时疼痛引发的身体不适和紊乱。性

C 道格拉斯与斯特西　案例探讨

道格拉斯和斯特西夫妇去看了一位治疗师，治疗主要因缺乏性生活而引发的婚姻问题。这对夫妇表示，自几个月前第一个孩子出生，他们的性生活次数和质量都大幅下降。两人都对他们这种新的生活方式感到疲惫不堪——他们既要照顾孩子，又要工作。因此，他们对性生活的欲望很低，而现在尝试做爱时却遇到了问题。道格拉斯报告说，在前戏期间未能保持勃起，而斯特西说她在性爱期间感受不到任何兴奋。这对夫妇在情感上渐行渐远，很少进行长时间的谈话。道格拉斯私下向治疗师承认他曾想过找外遇，但他还是想修复他的婚姻。斯特西对于诸多新的要求感到不知所措，并且因为缺乏丈夫的支持而感到沮丧。

思考问题

1. 道格拉斯和史特西的问题与典型的拥有新生儿的夫妻有什么不同？哪些行为对他们的情况而言是正常的，哪些有些反常呢？
2. 道格拉斯和史特西的问题可能是由什么外部事件和内部因素造成的？
3. 你对道格拉斯和史特西的哪些方面感到好奇？
4. 道格拉斯和史特西有没有让你想起自己或你认识的人的相关情况？原因是什么？
5. 道格拉斯和史特西的行为会如何影响他们未来的生活？

中度	性功能失调——不严重	性功能失调——严重
在性行为之前或期间，性欲或性唤起大幅降低。	严重缺乏性欲或性唤起。	对性缺乏任何欲望或唤起。
更加担忧自己的性欲、性唤起、性高潮或性能力。	对性欲、性唤起、性高潮或引发痛苦的性能力非常担忧。	对性欲、性唤起、性高潮或引发极大痛苦的性能力具有强迫性担忧。
由于缺乏性欲或性唤起，或因为担忧性能力，有时会逃避性行为。	在性交过程中，性欲望、性唤起、性能力或疼痛问题导致性生活经常出现问题。	在性交过程中，逃避所有性行为或者经历剧烈疼痛。

功能失调可能是终生的，即该障碍自个体有性活动起持续存在，或者是获得性的，即该障碍开始于一段时间相对正常的性功能之后。道格拉斯和史特西的性问题开始于他们的孩子出生以后。性功能失调可能会泛化到几乎所有的性情景或仅限于特定的情景或伴侣。性功能失调症状根据严重程度也可分为轻度、中度或重度。最后，对于性功能失调，还必须考虑可能与病因和治疗相关的其他因素，这包括性伴侣、关系、个体脆弱性（例如，性虐待史、抑郁史等）、文化/宗教和医学因素等（美国精神病学会，2013）。我们接下来介绍一下主要的性精神障碍的特征。

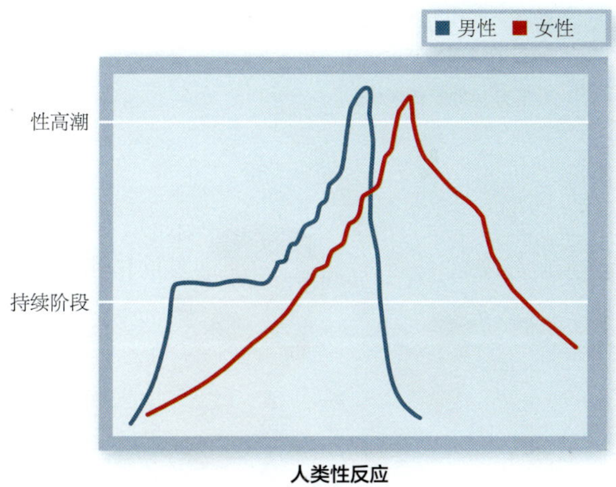

性功能失调是指人类的性反应周期或性交时疼痛的问题。

男性性欲低下障碍

有些性功能失调涉及性关系的欲望和唤起阶段的问题。男性性欲低下障碍是指缺乏发生性关系的幻想或欲望（见表11.1），因此，该障碍具有认知和动机的成分（McCabe et al., 2016）。如果一个人对这一情况并不感到十分痛苦，则不适用于该诊断。临床医生应考虑可能影响一个人性欲的几个因素，如年龄、生活环境、文化背景和应激水平等。如果一个人无法发生性行为或有其他妨碍充分性活动的问题，通常不会做出诊断。相反，该障碍是指根本不想发生性行为的人，这对该人的性伴侣可能是个问题。

女性性兴趣/唤起障碍

女性性兴趣/唤起障碍是指在大多数性接触中缺乏性兴趣或性唤起，这可能包括躯体感受的降低（见表11.2）。如果婚姻性关系受到影响，女性性兴趣/唤起障碍可能会有问题。如果某种物质或医学疾病（如怀孕或血流量减少）会影响女性的唤起程度，那么这种情况不适用于该障碍。

勃起障碍

有些男性患有勃起障碍或阳痿，这是指在性关系中难以获得和维持勃起的状态（见表11.3）。即使在手淫或快速眼动睡眠期间，有些男性也根本无法勃起。其他一些人则可以在手淫时勃起，但与性伴侣一起时则不能勃起（Shamloul & Ghanem, 2013）。另有一些男

表11.1

《精神疾病诊断与统计手册》（第5版）（DSM-5）

男性性欲低下障碍

A. 持续或反复地缺失（或缺乏）对性/情色的想法、幻想或对性活动的欲望。对于此缺少的判断由临床医生做出，且考虑到那些影响性功能的因素，如年龄、个体生活中总体的和社会文化的背景。

B. 诊断标准A的症状持续至少约6个月。

C. 诊断标准A的症状引起个体有临床意义的痛苦。

D. 该性功能失调不能用其他非性功能的精神障碍来更好地解释，或作为严重的关系困扰（例如性伴侣暴力）或其他显著的应激源的结果，也不能归因于某种物质/药物的效应或其他躯体疾病。

性功能障碍可能会给一对夫妇带来极大的痛苦。

表11.2

《精神疾病诊断与统计手册》（第5版）（DSM-5）

女性性兴趣/兴唤起障碍

A. 性兴趣/性唤起缺乏或显著降低，表现为下列至少3个症状：

1. 缺乏/减少对性活动的兴趣；
2. 缺乏/减少性/情色的想法或幻想；
3. 没有/减少性活动的启动，通常不接受伴侣启动性活动的尝试；
4. 在所有或几乎所有的性接触中缺乏/减少性兴奋/性愉悦；
5. 对任何内在或外在的性/情色的线索（例如书面的、口头的、视觉的）缺乏/减少性兴趣/性唤起；
6. 在所有或几乎所有（75%～100%）的性接触（在可确认的情况下，或广义而言，在所有情况下）中，缺乏/减少对生殖器或非生殖器的感觉。

B. 诊断标准A的症状持续至少约6个月。

C. 诊断标准A的症状引起个体有临床意义的痛苦。

D. 该性功能失调不能用其他非性功能的精神障碍来更好地解释，或作为严重的关系困扰（例如性伴侣暴力）或其他显著的应激源的结果，也不能归因于某种物质/药物的效应或其他躯体疾病。

性与性伴侣在一起时能够勃起，但不能持续很长时间或只能在插入前保持勃起，还有一些人只能部分勃起或者无法一直保持完全勃起（如道格拉斯）。勃起障碍只有在患有该障碍的人对病情感到非常困扰时才会得出诊断。

如果将该障碍归因于某种物质或医学疾病，则不能诊断为勃起障碍。

女性性高潮障碍

有些性功能失调与性关系的性高潮阶段有关。女性性高潮障碍是指发生性关系期间性高潮的延迟或缺失（见表11.4）。当然，人们对性高潮的体验具有主观性，即性高潮无法直接进行测量。患有性高潮障碍的

表11.3
《精神疾病诊断与统计手册》(第5版) (DSM-5)

勃起障碍

A. 在所有或几乎所有与性伴侣的性活动中，必须出现下列3个症状中的至少1个：
1. 性活动时勃起存在显著困难；
2. 持续勃起直到完成整个性活动存在显著困难；
3. 勃起的硬度显著降低。

B. 诊断标准A的症状持续至少6个月。

C. 诊断标准A的症状引起个体有临床意义的痛苦。

D. 此障碍不能用其他非性功能的精神障碍来更好地解释，不能解释为严重的关系困扰或其他显著的应激源的结果；也不能归因于某种物质/药物的效应或其他躯体情况。

表11.4
《精神疾病诊断与统计手册》(第5版) (DSM-5)

女性性高潮障碍

A. 在所有或几乎所有与性伴侣的性活动中，必须出现下列2个症状中的1个：
1. 显著地延迟、显著地减少或没有性高潮；
2. 性高潮感觉的强度显著地降低。

B. 诊断标准A的症状持续至少约6个月。

C. 诊断标准A的症状引起个体有临床意义的痛苦。

D. 该性功能失调不能用其他非性功能的精神障碍来更好地解释，不能解释为严重的关系困扰或其他显著的应激源的结果，也不能归因于某种物质/药物的效应或其他躯体疾病。

标注是否为：终身性或获得性，广泛性或情景性；标注严重程度：轻度、中度或重度。标注是否为：在任何情况下从未体验过性高潮。

女性的性高潮通常比普通女性的标准强度低一些，这一结果主要基于自陈式报告。女性性高潮障碍肯定会导致相当大的痛苦，并且肯定不会由某种物质或医学疾病造成。通过性交或手淫定期获得的性高潮通常足以排除女性性高潮障碍的诊断，除非该女性对该情景仍然感到痛苦（Laan, Rellini & Barnes, 2013）。

延迟射精

延迟射精是指与性伴侣发生性行为时男性性高潮的延迟或缺失（见表11.5）。性高潮的体验具有主观性，因此，该障碍的诊断必须看一个人是否有心理压力或者是否存在干扰性高潮的其他问题。延迟射精肯定会导致相当大的痛苦，并且肯定不会由某种物质或医学疾病造成。有些男性可以通过手淫获得性高潮，但与性伴侣却不能获得性高潮。

表11.5
《精神疾病诊断与统计手册》(第5版) (DSM-5)

延迟射精

A. 在所有或几乎所有与性伴侣的性活动中，个体没有延迟射精的欲望，且必须出现下列2个症状中的1个：
1. 显著地射精延迟；
2. 显著地减少或没有射精。

B. 诊断标准A的症状持续至少约6个月。

C. 诊断标准A的症状引起个体有临床意义的痛苦。

D. 性功能障碍不能通过其他与性无关的精神障碍得到更好的解释，不能解释为严重关系困扰或其他应激源的结果，并且不能归因于物质/药物或其他医学疾病的影响。

标注是否为：终身性或获得性，广泛性或情景性；标注严重程度：轻度、中度或重度。

早发性射精（早泄）

有性高潮问题的男性也可能有早发性射精（早泄）问题，这是指在个体的意愿之前出现的高潮射精，例如在插入之前或插入后不久（见表11.6）。当性伴侣对男性的反应不满意时，早发性射精（早泄）通常会被诊断出来（Rosen, Heiman, Long, Fisher & Sand, 2016）。对于该障碍，必须考虑男性的生活环境以及他的性经验和经历。早发性射精（早泄）在手淫期间通常不会出现，但在性交期间可能十分常见。如果该情况不会干扰性关系，并且不会引起痛苦，那么就没有必要进行诊断。如果该情况对于男性而言十分令人沮丧，那么可能有必要寻求帮助。早发性射精（早泄）不得归因于某种物质或医学疾病。

电视剧《衰姐们》（*Girls*）中展现了各种“性段子”，其中就包括一个早泄的“黄色”段子。

生殖器-盆腔痛/插入障碍

性功能失调也可能包括性交时的疼痛。生殖器-骨盆疼痛/插入障碍[该术语在《精神疾病诊断与统计手册》（第4版）中被称为“性交困难和阴道痉挛”]是指阴道插入期间的疼痛和/或在插入前对疼痛的恐惧（见表11.7）。疼痛的严重程度因人而异——有些女性

表11.6

《精神疾病诊断与统计手册》（第5版）（DSM-5）

早发性射精（早泄）

A. 在与伴侣的性活动中，在插入阴道约1分钟内，在个体的意愿之前出现的一种持续的或反复的射精模式。

注：尽管早泄的诊断可适用于非阴道性活动的个体，但尚未建立针对这些活动的特定病程的诊断标准。

B. 诊断标准A的症状必须持续至少6个月，且必须在所有或几乎所有的性活动中。

C. 诊断标准A的症状引起个体有临床意义的痛苦。

D. 该性功能失调不能用其他非性功能的精神障碍来更好地解释，或解释为严重的关系困扰（例如，性伴侣暴力）或其他显著的应激源的结果，也不能归因于某种物质/药物的效应或其他身体疾病。

标注是否是：终身性或获得性，广泛性或情景性；标注严重程度：轻度、中度或重度。

表11.7

《精神疾病诊断与统计手册》（第5版）（DSM-5）

生殖器-盆腔痛/插入障碍

A. 表现为下列至少一个持续的或反复的困难：

1. 性交时阴道插入；
2. 在阴道性交或企图插入时，有显著的外阴阴道或盆腔疼痛；
3. 在阴道插入之前、期间或之后，对外阴阴道或盆腔疼痛的害怕或焦虑；
4. 企图插入阴道时，明显的紧张或盆底肌肉紧缩。

B. 诊断标准A的症状持续至少约6个月。

C. 诊断标准A的症状引起个体有临床意义的痛苦。

D. 该性功能失调不能用其他非性功能的精神障碍来更好地解释，不能解释为严重的关系困扰或其他显著的应激源的结果，也不能归因于某种物质/药物的效应或其他躯体疾病。

标注是否为：广泛性或情境性。

11.1

专栏

聚焦性别

性功能失调和障碍的性别差异

性功能失调和障碍是最有争议的诊断之一。造成这种情况的部分原因是，人们对于患有这类障碍的男性和女性可能存在偏见。生殖器-盆腔痛/插入障碍就是一个例子。许多女性因为“性冷淡”或逃避性接触而受到性伴侣的“迁怒”。然而，一些研究者认为，像生殖器-骨盆疼痛/插入障碍等疾病可能与一些重要的心理因素有关，如抑郁症、焦虑症、婚姻问题以及过去的性创伤等（Meana, Maykut&Fertel, 2015）。这些女性的成功治疗需要她们性伴侣的积极参与。

相反，女性很少被诊断出患有异装癖（为实现性兴奋而穿异性服装，见后面的“性欲倒错障碍”章节），这或许是因为女性一般可以在公共场合穿男性或女性服装。然而，如果男性在公共场合穿女性服装，就会受到其他人的凝视或负面评论，他们一般会受到惩罚。关于暴露障碍（通过向陌生人展示生殖器实现性唤起，见后面的“性欲倒错障碍”章节），如果男性比女性展现出更多的肌肤，那么男性往往会受到更多的惩罚，而对于女性而言，这种行为通常被视为一种魅力。有些男人明显因为他们的性欲倒错障碍而犯罪，但另有一些人可能被视为不正常，仅仅因为他们选择以合法、双性化的方式来表达自己。

表11.8

基于人口统计学特征的性问题患病率（美国女性）

	缺乏性兴趣	无法达到性高潮	性交时疼痛	性生活不愉悦	对性能力感到焦虑	润滑困难
年龄/岁						
18～29	32%	26%	21%	27%	16%	19%
30～39	32%	28%	15%	24%	11%	18%
40～49	30%	22%	13%	17%	11%	21%
50～59	27%	23%	8%	17%	6%	27%
婚姻状况						
已婚	29%	22%	14%	21%	9%	22%
从未结婚	35%	30%	17%	25%	18%	17%
离异、分居或丧偶	34%	32%	16%	25%	15%	19%
教育程度						
高中以下	42%	34%	18%	28%	18%	15%
高中毕业	33%	29%	17%	23%	12%	20%
大专	30%	24%	16%	23%	12%	21%
本科毕业	24%	18%	10%	18%	10%	22%
种族或民族						
白种人	29%	24%	16%	21%	11%	22%
黑人	44%	32%	13%	32%	16%	15%
西班牙裔	30%	22%	14%	20%	12%	12%
其他	42%	34%	19%	23%	23%	17%

表11.9
基于人口统计学特征的性问题患病率（美国男性）

	缺乏性兴趣	无法达到性高潮	性高潮过早	性生活不愉悦	对性能力感到焦虑	无法保持或实现勃起
年龄/岁						
18～29	14%	7%	30%	10%	19%	7%
30～39	13%	7%	32%	8%	17%	9%
40～49	15%	9%	28%	9%	19%	11%
50～59	17%	9%	31%	6%	14%	18%
婚姻状况						
已婚	11%	7%	30%	6%	14%	9%
从未结婚	19%	8%	29%	11%	21%	10%
离异、分居或丧偶	18%	9%	32%	13%	26%	14%
教育程度						
高中以下	19%	11%	38%	14%	23%	13%
高中毕业	12%	7%	35%	6%	18%	9%
大专	16%	8%	26%	9%	19%	10%
本科毕业	14%	7%	27%	6%	13%	10%
种族或民族						
白种人	14%	7%	29%	7%	18%	10%
黑人	19%	9%	34%	16%	24%	13%
西班牙裔	13%	9%	27%	8%	5%	5%
其他	24%	19%	40%	9%	21%	12%

可以在有些不适的情况下发生性行为，而有一些女性则必须完全避免性生活。对插入的期望或恐惧可能会引起不适，并且许多患有该疾病的女性会逃避发生性行为或仅进行口交（Wrobel, Nowosielski, Sodowska & Sodowski, 2015）。该障碍肯定会引发严重的痛苦，例如，当一个女人想要怀孕而又怀不上，并且该障碍可能不是由某种物质或医学疾病造成的，她会感到很痛苦。然而，关于该障碍的性质方面仍存在争议（见专栏11.1）。

性功能失调的流行病学

一般的性问题在女性和男性中十分常见，并且患病率通常随着年龄的增长而升高（见表11.8和表11.9）。然而，我们很难获得正式的性功能失调的患病率，因为该问题的性质具有主观性，并且除非发生婚姻冲突或疼痛，否则患有性功能失调的人通常不会转介进行心理治疗。在一对夫妇有怀孕的意愿或寻求婚姻治疗之前，许多勃起障碍的病例不会选择治疗。患有生殖器-盆腔痛/插入障碍的女性通常会选择求助妇科医生而不是心理健康专业人员（Kottmel, Ruether-Wolf & Bitzer, 2014; Shamloul & Ghanem, 2013）。

正式的性功能失调的患病率差异悬殊。对女性而言，该障碍的患病率在性兴趣和性欲（33%～35%）、唤起（21%～28%）、性高潮（16%～25%）和疼痛（5%～22%）等方面不同。对男性而言，该障碍的患病率在性兴趣和性欲（15%～25%）、勃起障碍（年龄小于40岁的人为1%～10%，之后患病率稳定增加）、射精（1%～10%）、性高潮（2%～8%）和疼痛（16.8%）等方面不同（McCabe et al., 2016a）。由于文化差异和调查回应率等原因，患病率的差别也很大（见表11.10）。

尽管已经有了一些关于具体发现的报告，但美国在性功能失调上关于种族和民族差异方面的研究相对较少。据报道，与年龄较大的非洲裔美国女性相比，往往更多的年龄较大的欧洲裔美国女性对性生活缺乏兴趣（Hughes, Rostant & Pelon, 2015）。此外，年龄较大的非洲裔美国退伍军人的性功能失调风险往往高于其他种族群体（Hosain, Latini, Kauth, Goltz & Helmer, 2013）。然而，大多数人认为，性功能失调的种族和民族差异可以通过各种风险因素得到更好的解释，例如压力、创伤、健康等（McCabe et al.，2016b）。

性功能失调往往与另一种障碍共同发生，并伴有焦虑相关障碍、抑郁症等疾病（Forbes, Baillie & Schniering, 2015）。因此，这些障碍的区分可能会十分困难。一个人可能感到抑郁，如果他的情绪有所好转，那么他有可能对性行为更感兴趣。创伤相关经历和创伤后应激障碍也可能会影响性功能失调（Lehrner et al., 2016）。此外，性唤起、性欲望和性高潮问题的区分也十分具有挑战性（Sarin, Amsel & Binik, 2013）。

性功能失调也可能与身体状况密切相关。由于阴道润滑不良或弹性减弱、疤痕组织、感染或解剖问题以及影响性器官的一些疾病，女性可能会感到疼痛（Strassberg, Mackaronis & Perelman, 2015）。勃起障碍通常与糖尿病和高血压有关（Skeldon, Detsky, Goldenberg & Law, 2015）。性功能失调也可能与某些物质有关。这样的例子包括患有因抗抑郁药物引起的性唤起降低和因吸烟引起的勃起障碍的男性（Cao et al., 2013; Clayton, Croft & Handiwala, 2014）。

与性功能失调相关的污名

与性功能失调相关的污名可能非常强大（见专栏11.2）。与男性阳痿或勃起障碍有关的污名明显与对该问题的否认和未能寻求治疗有关（McGraw et al., 2015）。男性在讨论这个问题时常常会感到尴尬。因此，一些研究者提出，心理健康专业人员应该主动与男性谈论有关勃起障碍的话题，尤其是那些具有特定风险因素的男性（Jannini et al., 2014）。此外，大多

表11.10

基于性活跃参与者地理区域的性功能失调患病率

性功能失调	北欧	南欧	中/南美洲	中东地区	东亚	东南亚	合计
男性							
延迟射精	10%	13%	22%	8%	19%	25%	14%
勃起困难	8%	8%	9%	8%	15%	22%	10%
缺乏性兴趣	7%	6%	9%	13%	12%	20%	9%
没有性高潮	5%	7%	8%	7%	10%	15%	7%
性生活不愉悦	4%	5%	4%	8%	7%	12%	6%
女性							
缺乏性兴趣	17%	21%	20%	29%	27%	34%	21%
没有性高潮	10%	17%	16%	17%	23%	34%	16%
润滑困难	13%	12%	18%	12%	28%	28%	16%
性生活不愉悦	10%	15%	14%	22%	21%	28%	15%
性交疼痛	5%	8%	14%	14%	20%	22%	10%

数早泄男性并不与医生讨论延长性生活时间的替代性方案（Teloken & Mulhall, 2014）。

关于性功能失调的污名也同样适用于女性。经常的性交疼痛在女性当中并不少见。然而，许多女性最初对性交疼痛的原因感到困惑，试图寻求一些不起作用的缓解策略，并且不愿意寻求专业人员的帮助。此外，心理健康专业人员很少向来访者提到这个话题（Leeners, Hengartner, Ajdacic-Gross, Rössler & Angst, 2015）。一些人认为，性疼痛是一个经常出现的问题，不应被视为一种性功能失调（Farmer, Davis & Binik, 2015）。污名的另一个来源是由性疼痛引起的继发性问题。这些问题包括不孕、婚姻问题等。因此，生育专家在向夫妇提供咨询服务时应该考虑这些痛苦的情况（Peterson et al., 2012）。

性功能失调：病因与预防

性功能失调的风险因素尚未被详细探讨，但可能包括生物学和环境因素。接下来介绍一些风险因素以及性功能失调的预防。

性功能失调的生物学风险因素

我们之前提到过，生物学因素会影响一个人的性能力。性功能失调肯定不仅仅是由某种医学疾病或物质引起的；然而，研究人员经常调查一些与医学疾病或物质使用相关的性问题。能削弱男性性能力的医学疾病包括前列腺癌及心血管疾病。能削弱女性性能力的医学疾病包括宫颈癌及其他妇科癌症，以及更年期。无论男性还是女性，都可能出现一些影响性功能的医学疾病，例如糖尿病、全身疼痛、肾脏疾病、多发性硬化、脊髓损伤或瘫痪（Strassberg et al., 2015）。这些医学疾病可能导致性疼痛、性唤起或性高潮困难。

物质使用也会干扰正常的性功能。这样的例子包括诸如酒精、尼古丁、处方药和一些非法的物质，如阿片制剂和大麻。使用酒精会损伤男性和女性的性能力（Maisto, Galizio & Connors, 2015）。用于治疗抑郁症、精神分裂症等精神疾病的药物也会对一个人的性反应造成损害（de Boer, Castelein, Wiersma, Schoevers & Knegtering, 2015）。

性功能失调的心理风险因素

心理风险因素也会损害性反应周期。其中一个关键因素是对自己的性能力能否圆满地取悦自己和性伴侣表示焦虑或担忧。男性可能会担心勃起问题、过早射精或是否有足够的精力来完成性行为。道格拉斯就是这样一个例子。女性可能会担心性交时的疼痛

11.2

专栏

聚焦大学生

性功能失调

随着年龄的增长，性功能失调的患病率往往会升高，尤其是男性。因此，很多大学生可能没有过多考虑这些问题。如果一个年轻人确实出现了性问题，那么可能会因此而蒙受很大的污名。

研究人员通过调查美国和瑞典的大学生发现，性问题的自我污名与较少寻求专业治疗有很大关系。对于男性和有宗教信仰的参与者而言尤为如此。此外，男性更可能寻求家庭医生的帮助，而女性更可能寻求妇科医生或泌尿科医生的帮助（Bergvall Himelein, 2014）。

另有一些人发现，大学生的性功能失调往往与性受害经历有关。研究人员发现，与非受害者相比，遭受过性胁迫或被强奸的女大学生报告称经历了更多与性欲望、性唤起和性疼痛有关的性功能失调（Turchik & Hassija, 2014）。此外，遭受性侵害的男大学生也报告称经历了性功能障碍（Turchik，2012）。遭受性侵犯的男性幸存者尤其不太可能透露这一事件，他们也不太可能为后来的性功能失调寻求帮助（Allen, Ridgeway & Swan, 2015）。

及缺乏性高潮。对性能力的担忧可能导致性生活失败，从而产生更多的焦虑，并逃避性行为（Birnbaum, Mikulincer, Szepsenwol, Shaver & Mizrahi, 2014）。

男性和女性在进行性行为时也可能会转移注意力，以监控自己的性表现。观众角色是指更多地关注、评估自己的性表现而不是享受轻松的性生活。当一个人通过批评其性行为而分散自己的情色想法时，他的性体验会变得不那么愉悦，并且他不太可能产生令人满意的性反应。男性经常试图通过想起一些负向或正向的性经历或想起诸如棒球数据统计等一些不相关的项目来延迟射精，但这通常没什么效果（Berry, 2013）。

性生活的失败也可能是由于性伴侣之间的互动不良造成的。许多夫妇在进行性生活时不说话，而谈论一个人喜欢什么和不喜欢什么会大大增强彼此的性体验。男性可能希望得到更多的口头赞美，而女性可能更希望男性多用手来刺激阴蒂。

即使在性交时，这些性兴趣也应该彼此分享。婚姻或关系问题也会干扰充分的性活动（Bois, Bergeron, Rosen, McDuff & Grégoire, 2013）。这些问题可能包括打架、压力、性厌倦、性行为、生育困难或冲动行为。

历史心理因素对于确定性功能失调也十分重要。对于某些人来说，早期的性经历可能是创伤性的，例如，有的人在儿童或青少年时期受过性虐待，第一次性经历非常糟糕或者对怀孕的恐惧非常强烈（Zollman, Rellini & Desrocher, 2013），从而，未来的性经历可能造成身心痛苦。另一个早期因素是，针对性的家庭治疗是一种“肮脏”或令人厌恶的行为，这一行为不会进行讨论或实践。导致惩罚自慰或其他性活动的严格的宗教活动也可能是一个因素。这些家庭行为可能导致在尝试发生性行为时对正常性过程和性问题的无知，例如过快地尝试性交（Greenberg, Bruess & Oswalt, 2014）。

随着时间的推移，关于性的一般知识也很重要，因为许多老年男性需要更大的刺激才能勃起，而且许多老年女性的阴道也不再润滑（Hillman, 2012）。因此，承认这些正常的变化并对一个人的性活动进行调整以做些补偿是十分重要的。患有抑郁症或焦虑相关障碍等精神障碍的人通常也会出现性功能失调。

文化因素

性功能失调在不同文化中十分常见。如前所述（表11.10），勃起障碍在世界范围内非常普遍，尤其是在东亚和东南亚（Lewis, 2013）。之所以如此，是因为人们过于强调性生活在亲密关系中的重要性，缺乏关于性的口头交流（Liong, 2013; Woo, Fok-Trela & Brotto, 2014）。然而，总体而言，人们对于勃起障碍的态度在各种文化中非常相似——大多数男性认为，勃起障碍是悲伤情绪的根源，他们并非“因太老而不能进行性生活”，了解关于勃起障碍的知识十分重要，他们几乎会尝试针对这一疾病的任何治疗措施（Soni, Pastuszak & Khera, 2014）。

尽管人们认为造成性功能失调的原因可能有所不同，但不同文化中的女性都会出现性功能失调。就像韩国女性患心脏病的概率较高一样，患有糖尿病的摩洛哥和丹麦女性患性功能失调的概率往往也较高。此外，重视女性割礼或生殖器切割的文化会导致性功能失调的患病率升高（McCabe et al., 2016b）。在某些文化中，对女性更为常见的一些其他因素，如暴力、抑郁以及严厉的性态度，也会对性功能失调的患病率产生影响（Colucci & Hassan 2014）。

在美国，非洲裔美国女性比欧洲裔美国女性更有可能报告对阴道润滑、性感度、性传播疾病、外遇以及对性的思考的担忧。与欧洲裔美国女性相比，亚洲裔美国女性对缺乏性兴趣、性高潮困难、性感度、性需求不满足以及性伴侣的性顾虑等方面的顾虑较少。然而，亚洲裔美国女性可能更关心性传播疾病和插入困难方面的问题（见表11.11）。

性功能失调的病因

研究者已经提出了针对性功能失调的多种综合因果模型，图11.2列出了其中常见的一个模型（Wincze & Weisberg, 2015）。患有性功能失调的人会以几种负面方式对性需求做出回应。一个人可能会预料到会发生一些不好的事情，例如焦虑、阳痿或疼痛。然后，这个人可能会专注于性生活的失败而不是享受性体验，他们在性方面的情境下会感到无助或受到威胁，并回避许多性爱互动。回避性行为可能不会使一个人体验或实践积极的性爱互动。因此，这会产生一个恶性循环，从而导致焦虑、缺乏控制、性生活失败的预期以及更多的回避行为。

表11.11

白种女性、非洲裔美国女性亚洲裔美国女性的性担忧率/%

性担忧	白种女性	非洲裔美国女性	亚洲裔美国女性
缺乏性兴趣	89	84	72
难以达到性高潮	87	79	72
阴道润滑	76	63	74
缺乏性感	72	62	47
性疼痛	72	77	69
性需求得不到满足	69	73	54
需要性信息	65	70	55
欲望与伴侣不同	62	53	51
避孕、计划生育和生育	62	73	48
无法达到性高潮	61	60	61
艾滋病毒/艾滋病	52	76	54
安全性行为/性传播疾病	52	68	51
伴侣性交困难	49	41	41
阴茎插入困难	48	44	56
对性的思考过多	39	44	37
成人性胁迫	36	46	21
成人情绪/躯体虐待	36	32	22
童年情绪/躯体虐待	34	36	19
想要/已经有外遇	34	52	21
难以控制性冲动	30	32	25
性取向	25	28	29
对女性的性兴趣	20	23	20
童年性胁迫	17	20	12
希望成为异性	16	14	15
对他人性虐待	15	4	8

表中数字均为百分比。经美国家庭医学委员会许可转载。

性功能失调的因果关系要素也是沿着“平衡量表”进行安排的，该平衡量表偏向于成功或不正常的性表现（见图11.3）。该模型包括各种生物学和心理风险因素，这些风险因素可以使该量表“偏向”于一端或另一端。抑郁、与性伴侣之间的互动呈现负面、不喜欢性活动并且患有某种医学疾病的人可能会患有某种类型的性功能失调。道格拉斯和斯特西的性生活被一种新的、不舒服的环境主导，在这种环境中，看护孩子让他们疲惫不堪。

性功能失调的预防

性功能失调的预防主要集中在夫妇预防复发方面。

其中大部分涉及旨在帮助夫妇继续实施针对性功能失调的心理治疗技巧的辅助课程或其他方法，以及管理共病性躯体或心理问题。

性行为中后期问题的成功预防需要双方的共同努力以及良好的沟通。任何一方给对方施加压力都不会产生任何正向效果，并且应该避免这种情况（Wincze & Weisberg, 2015）。

性功能失调：评估与治疗

性功能失调的评估

性功能失调包括涉及许多心理和医学方面的因素，因此，这方面的综合评估非常重要。在进行心理评估之前，还应该进行一次全面的健康评估，以排除或从医学上解决任何生理问题。

访谈

对性功能失调的人的访谈必须细致。访谈中涉及的重要领域包括性史、知识、信仰、欲望、实践等方面。其他相关信息必定会涉及诸如婚姻冲突、病史和当前使用的药物、压力、生活方式的改变、抑郁症等共病性心理问题以及治疗目标等关系问题（Wincze & Weisberg, 2015）。访谈还应该有助于与可能认为该类讨论困难的来访者构建融洽的关系。

调查问卷

关于性功能失调方面的自陈式调查问卷通常包括性满足、性唤起、焦虑、偏好、态度、知识等方面的问题。这些措施十分有用，但由于自陈式报告可能具有一定的偏见，因此这些措施只能与其他评估措施结合使用。常见的性功能失调自陈式调查问卷包括女性性功能指数评价（表11.12）和国际勃起功能评分表（Rosen, 2015）。

自我监测

性伴侣双方也可以记录有关每日性史方面的信息。这可能包括对性活动、欲望或唤起程度、情感行为类型、性高潮频率和质量、对性生活的满意度以及关于性生活的情绪状态和想法等方面的描述。性伴侣双方最好都进行记录，这样如果存在较大差异，就可以进行比较。鉴于该类行为的敏感性，人们大多进行自我监测，而不是由其他人进行直接观察（Lupton, 2015）。然而，治疗师对其他相关因素（如婚姻交流）的观察非常重要（Weeks, Gambescia & Hertlein, 2016）。

生理评估

性功能失调的生理评估在某种程度上与我们后面提到的对于性欲倒错障碍（如阴茎体积描记器）的流程有些重叠。性功能失调的生理评估仍然相对滞后，但用于评估勃起障碍的一种常用策略是夜间阴茎测试。之所以要对睡眠期间的勃起进行生理监控，是因为在此期间不存在性焦虑或对性表现的要求。如果一个人在睡眠期间仍存在勃起困难，那么他可能会被诊断患有勃起障碍。如果在睡眠期间勃起没有困难，那么可能需要解决表现焦虑等心理因素。夜间阴茎测试可以在睡眠实验室或在家使用便携式设备进行（Lin et al., 2015）。

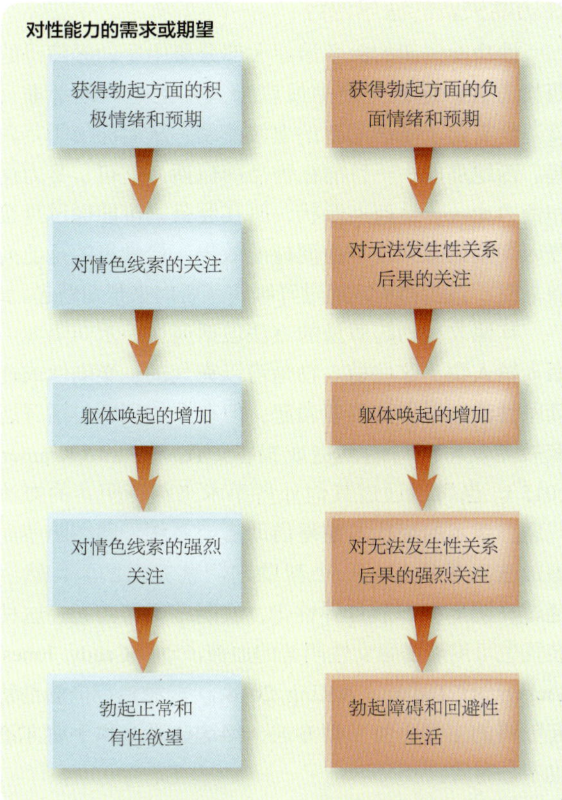

图11.2 勃起障碍综合因果模型。

	正常的性功能	不正常的性功能
心理因素	▶ 良好的健康情绪 ▶ 对伴侣的吸引力 ▶ 对伴侣的积极态度 ▶ 积极的性态度 ▶ 对愉悦的关注 ▶ 新鲜感 ▶ 良好的自尊 ▶ 舒适的性爱环境 ▶ 灵活的性爱态度	▶ 抑郁或创伤后应激障碍 ▶ 缺乏伴侣的吸引 ▶ 对伴侣的消极态度 ▶ 消极的性态度 ▶ 对性表现的关注 ▶ 常规性习惯 ▶ 自尊心差 ▶ 不舒适的性爱环境 ▶ 僵硬、狭隘的性爱态度
生理因素	▶ 不吸烟 ▶ 不过量饮酒 ▶ 不适用会影响性爱的药物 ▶ 身体健康 ▶ 定期适当运动 ▶ 良好的营养	▶ 吸烟 ▶ 大量饮酒 ▶ 抗高血压药物 ▶ 身体健康状况不佳 ▶ 心脏和血流问题 ▶ 糖尿病

图11.3 影响性功能失调的正向和负向因素。

表11.12
女性性功能指数评价

问题	回答选项
在过去4周中，您多久会感到性需要或对性感兴趣？	5=几乎总是或总是 4=多数时间（多半时间） 3=有时（约一半时间） 2=少数时间（少于一半时间） 1=几乎从不或从不
在过去4周中，您在性生活或性交时对于获得性冲动有多少信心？	5=信心很高 4=信心高 3=一般 2=信心低 1=信心很低或没有 0=没有性生活
在过去4周中，当您有性刺激或在性交时，达到性高潮困难吗？	5=没有困难 4=轻度困难 3=困难 2=非常困难 1=极为困难或几乎不可能 0=没有性生活
在过去4周中，在阴茎插入阴道时您经常感到不舒服或疼痛吗？	5=几乎没有或没有 4=少数时间（少于一半时间） 3=有时（约一半时间） 2=多数时间（多半时间） 1=几乎总是或总是 0=没有性生活

该指数评价由拜耳股份有限公司和目标健康公司开发。所有权利保留，本表经许可转载。

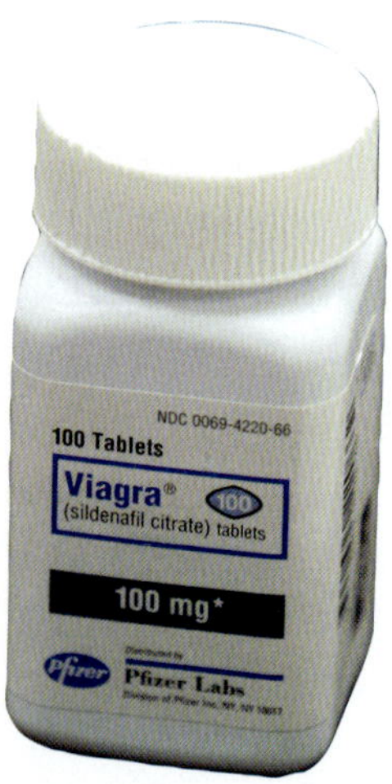

万艾可及相关药物帮助了许多患有勃起障碍的男性。

性功能失调的医学治疗

性功能失调的医学治疗大部分集中于勃起障碍的药物方面。这些药物中最广为人知的是西地那非，该药物有助于增加阴茎的血液流动，从而促使阴茎勃起。西地那非——目前在售品牌包括万艾可、艾力达和西力士——是药丸形状，而其他药物可能通过直接注入阴茎的方式以产生同样的效果。最常见的是前列腺素E1，该药物可以通过舒缓阴茎肌肉来帮助勃起。

其他改善勃起质量的方法包括通过手术向阴茎中插入植入物。这些植入物是可以充气的、半刚性或连续刚性的，以保持阴茎勃起，但存在的问题包括舒适度较差及可能对阴茎造成损害（Trost, Patil & Kramer, 2015）。也可以通过其他外科手术来纠正阴茎的血流问题。手术的替代方案是借助真空系统，即在阴茎周围放置一根管子及一个帮助向阴茎充血的泵，然后通过在阴茎根部放置弹性带，使阴茎保持勃起。这种装置也可用于增强女性阴蒂的血液流动（Candy, Jones, Vickerstaff, Tookman & King, 2016）。药物治疗仍然是勃起障碍的主要生物干预方式，但这些手术和手动方法也十分有效。

其他药物，特别是抗抑郁药物，已被用于早泄等性功能失调的治疗。阴道润滑剂和激素替代疗法可能对性交疼痛的女性十分有用。另外，还应该解决导致性交疼痛的医学问题。性欲低的人可能会接受睾酮、雌激素或雄激素等方面的治疗（Lowenstein, Shechter, Porst, Tripodi & Reisman, 2016）。氟立班丝氨是一种能增加多巴胺和去甲肾上腺素并降低5-羟色胺的药物，也被用于治疗女性性欲减退障碍（Jaspers et al., 2016）。

性功能失调的心理治疗

在治疗性功能失调时，除了医学方法，还伴有心理学方法或性疗法。性疗法包括旨在提高性生活能力的各种技术。启停程序是一种用于治疗早泄的常用技术。男性自己或其性伴侣刺激阴茎直到勃起并且临近射精，然后挤压阴茎顶部以抑制刺激，防止射精，并使阴茎勃起保持更长时间。随着男性越来越习惯控制自己的兴奋，性交缓慢开始，进一步延迟射精。通过

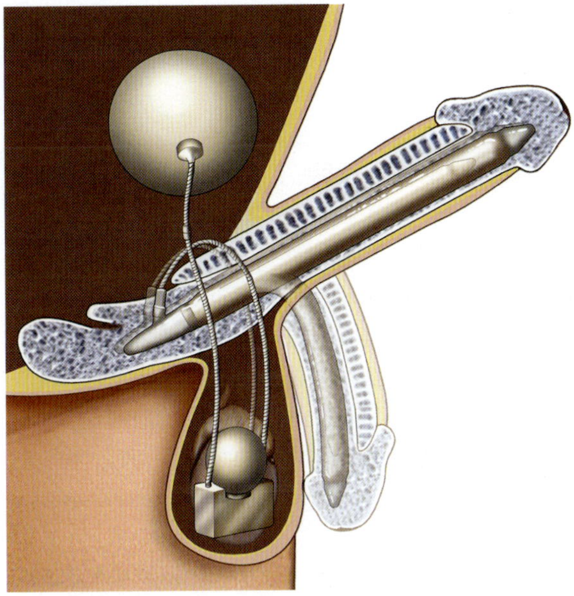

阴茎植入物可使男性器官在性交过程中变硬，以便于插入。

这种方式，性交可以保持更长的时间。

对于性欲低下的男性和女性，性疗法可能包括最初的禁止性接触和重新构建夫妻关系的活动。这被称为性感集中。夫妇可能会被要求避免性生活，仅仅爱抚和抚摸彼此一些非敏感部位——避开乳房和生殖器。因此，双方都可以得到更大程度的放松，专注于

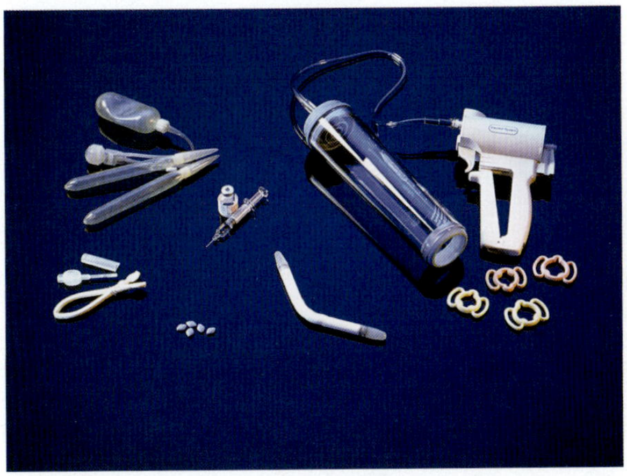

该图提供了治疗勃起障碍的各种方法，包括阴茎真空压力泵（右）。该装置能刺激血液流入阴茎，圆环用于保持血液进入。

性感集中训练是一种性治疗技术，可增强夫妻的性快感，并缓解性功能失调问题。

性生活的愉悦，并且性交过程中表现出的压力也会相应减轻。随着治疗的进行，双方引导对方的手抚摸身体的不同部位，以便为彼此提供最大程度的愉悦感。在此过程中关于喜欢和不喜欢方面的口头交流也很重要。

随着这对夫妇在性生活过程中日渐放松并能给对方带来更多的愉悦，性交逐渐被重新引入亲密过程。性感集中训练还可能包括一些能增加夫妇在性爱期间可能产生的性幻想范围的幻想训练以及色情材料的接触（Hertlein, Weeks & Gambescia, 2015）。

道格拉斯和斯特西对最初的性交禁令感到如释重负，而幻想训练帮助他们开启了一条更好的感官享受之路。

手淫训练对于有性高潮问题的人也可能十分有用。性伴侣之间进行有效的手淫和刺激，可以使性高潮来得更快和更猛（Frühauf, Gerger, Schmidt, Munder & Barth, 2013）。研究人员对有助于产生性高潮的特定部位的刺激（如阴蒂刺激）方面进行了探索，这方面的探索可以随后应用到与性伴侣的性交中。

生殖器-盆腔痛/插入障碍可以通过各种方式解决。心理治疗一般侧重于最初禁止性交，逐渐插入扩张器以增加阴道大小，进行放松训练，并练习凯格尔运动来加强阴道部位（Laan & van Lunsen, 2016）。凯格尔运动可能包括将一个手指插入阴道，然后系统性地挤压和释放阴道肌肉。在此过程中，也可以使用一些阴道润滑剂。

表11.13
性功能失调的筛查问题

您或您认识的人在与其他人发生性关系方面有障碍吗？
您或您认识的人对性交很少或根本没有欲望吗？
您或您认识的人因担忧性能力问题而逃避性生活（或与性有关的聊天）吗？
您或您认识的人在性交过程中难以达到高潮吗？
您或您认识的人会在性交时感到疼痛吗？

关于性问题的心理学方法也可以用于解决一些相关问题，例如婚姻冲突、疲惫、创伤、抑郁、焦虑、过度物质使用等。或许可以将性爱安排在放松和方便的时间和地点，例如清晨或者一家酒店，无须为孩子的事情忙来忙去。这对道格拉斯和斯特西来说特别受用。增加性伴侣之间的性知识，增强安全性行为，减少性神话和回避心理也很重要（Wincze & Weisberg, 2015）。双方可能知道，任何一方都可以发起性行为，可以接受使用安全套，并且性高潮并不总是性交的最终目的。

如果我或我认识的人性功能失调，该怎么办

如果你认为你或你认识的人可能有性功能失调，那么最好咨询专门研究这些问题的医生和临床心理学家。表11.13列出了一些筛查问题。对于性功能失调，最好进行全面体检以及可能的药物治疗和心理治疗来提高性能力。在寻求性解决方案之前，也有必要进行婚姻治疗。

性功能失调的长期预后

诸如勃起问题、性欲低下等一些与性有关的疾病常常会随着时间的推移而恶化。像早泄等其他问题可能会随着时间的推移而变好，并且随着夫妻关系的日渐成熟，性生活满意度往往会提高。另外一些问题，如生殖器-盆腔痛/插入障碍，如果不进行治疗，无论多长时间可能都不会有太大的变化。一般来说，男性往往会随着年龄的增长而出现更多的性问题，但女性不会这样（Angst, Hengartner, Rössler, Ajdacic-Gross & Leeners, 2015）。

然而，性功能失调的医学和心理治疗确实得到了许多人积极的响应。一些因性欲低下而服用氟立班丝氨的女性（37.6%）的情况有较大改善，并且服用睾酮的男性也有一定的效果（Isidori et al., 2014; Simon et al., 2014）。69% ~ 75%服用西地那非和相关口服药物治疗勃起障碍的男性也取得了积极的效果（Yuan et al., 2013）。性疗法可以增强药物治疗的效果（Schmidt, Munder, Gerger, Frühauf & Barth, 2014）。

对某些性功能失调者而言，心理干预往往比对患其他障碍的人更有效。这方面的治疗对女性性欲减退障碍和生殖器-盆腔痛/插入障碍往往效果很好，对勃

图 11.4 性行为与性欲倒错障碍

	正常	轻度
情感	性唤起和性欲望正常，性行为有规律。	在思考反常性行为时会产生轻度的生理唤醒。
认知	关于性行为的想法是正常的。	关于性行为的想法有些反常。
行为	性生活有规律。	浏览有关反常性行为的网站。

起障碍和女性性高潮障碍的治疗效果一般，而对早泄的治疗效果不佳（Frühauf et al., 2013）。专门用于早泄的心理疗法在某些情况下可能是有效的，但在与其他药物治疗结合使用时通常会产生更好的效果。然而，许多人最终退出了性功能失调的治疗。性疗法的积极结果可能与良好的关系品质、较高的性伴侣谋求进取的动力以及没有严重的共病性障碍（如抑郁症、伴侣之间的身体吸引力以及治疗依从性）有关。像道格拉斯和斯特西这样致力共同解决问题的夫妻，并且彼此温情脉脉，相互支持，他们似乎注定会在性生活方面取得成功。

什么是正常的性欲望、性欲倒错和性欲倒错障碍

许多有规律地过性生活的人不会出现什么问题，但会在进行性行为过程中产生异常的性幻想和欲望。这些幻想通常不会有什么危害，也不能表示临床上出现了问题。还一些人会产生一些古怪的性幻想，并会让其性伴侣帮助实现这些性幻想。虽然性行为有些古怪，但如果双方两相情愿、合法并且不会造成伤害或痛苦，那么这种行为就是正常的。许多夫妻双方都同意进行一些可能涉及支配、奇特服装、尽情戏耍、录像及其他一些非常规活动的“性游戏”（见图11.4）。其中一些活动可能非常频繁和强烈。性欲倒错是一种优先的、强烈的和/或持久的性兴趣，可能有些古怪，但并非一种精神障碍。

不过，有一些人出现了一些反常的性幻想和性行为，这消耗了他们大量的时间和精力。有人可能会花数个小时浏览性爱网站，在成人书店待上一整天，有做反常或非法事情的冲动，并一直困惑与不同的性伴侣发生性关系是什么感觉。这些性幻想和性行为并不一定是异常的，但如果其工作、人际关系或财务、法律地位受到威胁，那么它们很快就会成为一个问题。

对于其他一些人来说，性幻想可能非常令人苦恼，占据他们生活的中心地位，可能与会干扰他们工作、注意力或常规性生活的一些非法或有害行为有关。性欲倒错障碍包括性行为引起的问题或涉及极端的异常活动的幻想。一个人的网络角色扮演可能不一定会达到精神障碍的水平。然而，如果他花费大量时间来满足自己的冲动，因为非法活动被逮捕，或者因为强迫性幻想而感到痛苦，那么他可能患有性欲倒错障碍。

性欲倒错障碍：特征和流行病学分析

我们接下来总结一下几种性欲倒错障碍的一些主要特征。每一种性欲倒错障碍都有一个对性幻想、冲动、行为或特殊性癖好的特别关注点（表11.14）。

中度	性欲倒错障碍——不严重	性欲倒错障碍——严重
在幻想反常性行为时会产生较强的生理唤醒。	在幻想或发生反常性行为时会产生极度的生理唤醒。	在幻想或发生反常性行为时会产生极度的生理唤醒。
存在性幻想，会导致产生极端反常性行为的冲动。	存在关于反常性行为方面的性幻想，并且反常性行为充斥一个人的生活，并使人感到痛苦。	存在关于反常性行为方面的强迫性幻想，并会造成极大痛苦。
花费大量时间浏览有关反常性行为的网站或成人书店。	无法集中注意力或有规律地过性生活；进行有些反常的性行为。	进行极端反常的性行为（如与儿童的不当接触）或因此而被逮捕。

表11.14
主要的性欲倒错障碍

性欲倒错障碍	唤起关注点
露阴癖	将生殖器暴露给陌生人
恋物癖	无生命的对象或生殖器官以外的身体部位
摩擦障碍	与未征得同意的人进行身体接触
恋童癖	儿童
性受虐症与性施虐症	来自他人的或对他人的羞辱
异装癖	着装打扮成异性
窥阴癖	偷偷看别人脱衣服或发生性行为

露阴癖

露阴癖（或裸露癖，或有伤风化的暴露）的特别关注点是给毫无预料的陌生人暴露自己的生殖器。汤姆向毫无预料的青少年暴露自己的生殖器，以期得到强烈的性反应。诸如露阴癖等性欲倒错障碍通常是指按照自己的性幻想行事或因为该性幻想而产生巨大的痛苦或人际关系问题。汤姆按照自己的性幻想行事，并对此感到十分痛苦。

患有露阴癖的人经常会把自己的生殖器暴露给他人，然后迅速逃离现场。他们通常不会与他人发生实际的性接触。这些人经常会离开事发现场，然后按照有关引起其性唤起的陌生人的性幻想进行手淫，或者以某种方式享受这种裸露。患有露阴癖的人可能会将陌生人的震惊或惊讶错误地解读为性唤起（Kaser-Boyd, 2015）。然而，这种人被抓住后经常会被逮捕。露阴癖也可能以猥亵电话癖或者基于猥亵电子通信的性唤起的形式出现（Hopkins, Green, Carnes & Campling, 2016）。

表11.15
《精神疾病诊断与统计手册》（第5版）（DSM-5）

露阴癖

A. 至少6个月，通过暴露自己的生殖器给毫无预料的人，从而激起个体反复的、强烈的性唤起，表现为性幻想、性冲动或性行为。

B. 个体将其性冲动实施在未征得同意的人身上，或其性冲动或性幻想引起有临床意义的痛苦，或导致社交、职业或其他重要功能方面的损害。

恋物癖

恋物癖（或拜物主义）的特别关注点是通过使用无生命物体或聚焦于非生殖器的身体部位来激起或增强性唤起（见表11.16）。有恋物癖的人在自慰或性交时经常需要特定类型的衣服或其他物品。这些物品能使人在进行性活动期间变得兴奋，例如生殖器勃起和达到性高潮。许多有恋物癖的人更喜欢女性内衣、长袜、高跟鞋或靴子、内衣，或诸如橡胶、皮革、尼龙或丝绸等服装面料。有恋物癖的人通常在自慰期间拿着、看着或嗅闻恋物对象，以获得兴奋，或者可能会要求性伴侣穿戴恋物对象（Fay, Haddadi, Seto, Wang & Kling, 2016）。除非一个人对这种冲动或行为感到非常不安，或者该种行为对性或其他功能造成了干扰，否则恋物癖不被视为一种精神障碍。妻子开心地穿着高跟鞋上床睡觉，如果丈夫并不为此而感到烦恼，那就不能被诊断为恋物癖。然而，如果丈夫在商店偷窃某些鞋子用于自慰或者让他的妻子穿上睡觉，那么他可能会被诊断患有恋物癖。

表11.16
《精神疾病诊断与统计手册》（第5版）（DSM-5）

恋物癖

A. 至少6个月，通过使用无生命物体或高度特定的非生殖器的身体部位而激起个体反复的、强烈的性唤起，表现为性幻想、性冲动或性行为。

B. 这种性幻想、性冲动或性行为引起有临床意义上的痛苦或导致社交、职业或其他重要功能方面的损害。

C. 恋物癖的对象不限于用于变装的衣物或为达到生殖器刺激而专门设计的器具（例如振动棒）。

C 汤姆（Tom）

案例探讨

汤姆36岁，他因为露阴而被逮捕，之后被法院移送至心理机构进行治疗。该事件发生在2个月前，当时汤姆将车停在当地一所高中附近的街道上。三名青少年女性走过汤姆的车旁，看到他在前排座位上自慰。尽管汤姆迅速驾车离开，但还是被其中一名青少年用手机拍下了他的车牌照片。女孩报了警，警察根据车牌照片到汤姆的家中将他逮捕。经过抗辩请求，法庭允许汤姆免于坐牢，但他必须承担大量社区服务，在社区以性犯罪者的身份进行登记，并且接受法院委托安排的治疗。

汤姆的治疗师让他讲一下导致其被逮捕的这一行为的过程。汤姆最初说他总会有些“怪癖”的性想法，甚至自青春期开始就这样，但他从未付诸行动。他经常做白日梦，幻想自己成为一个强大的男性，对女性，尤其是青少年和年轻女性，非常有吸引力。他的性幻想延伸到许多不同的情景。有一种性幻想涉及观看年轻女性，包括青少年在他面前脱衣或穿着让她们看起来更加年轻的学生套装。另一种性幻想是其与年轻女性的施虐与受虐幻想，他控制着这些年轻女子的行为和着装。还有一种主要的性幻想涉及其在年轻女性面前裸露生殖器，然后（他幻想中的）这些年轻女子对其非常迷恋，并希望与其共度时光。

汤姆说，在他的性幻想中，他支配过许多女性，包括他的母亲和老师，并且他的性格实际上非常害羞和温顺。尽管汤姆看起来具有一定的社交技巧并且不容易被吓倒，但他认为自己的性幻想弥补了他经常产生的一种深深的不足感。汤姆说他与妻子有着正常的性生活，他们结婚8年，有一个孩子，但他的妻子以及其他任何人都不知道他在性幻想方面的秘密。汤姆报告称，大约4年前，他萌生了将自己的性幻想付诸实践的欲望。

当被问及4年前发生了什么变化时，汤姆说他当时非常迷恋网络聊天室。他发现了各种迎合其性幻想的聊天室。在这些聊天室里，他可以扮演各种角色，并了解其他人的性幻想，而这些性幻想很快就演变成了他自己的性幻想。他发现自己越来越多地做白日梦，梦中自己向年轻女性展示自己的身体，然后这些年轻女性会非常迷恋自己的性能力，并对他非常倾慕。他在网络聊天室中扮演了这一情景的多个版本，找到了一些很大程度上满足其性幻想的网站，订阅了与其性幻想有关的图片，甚至在他所在地区找到了一些与其“志同道合”的人，他们具有类似的性幻想，并带领他到过将

性幻想付诸实践的最佳场所。

汤姆最终承认，他曾多次偷偷摸摸地在年轻女性面前暴露自己的生殖器。这种裸露非常隐蔽，这些女子甚至都不知道汤姆做了什么。随后，汤姆会去一个隐秘的地方，根据看过其生殖器的年轻女子设计一个性幻想进行自慰，在这个性幻想中，这名年轻女子非常渴望和他待在一起。

在他被逮捕那天，汤姆做了一次危险更高的露阴尝试。他迫切地想看看其中一名青少年看到他生殖器之后的反应，他计划在她们面前暴露生殖器之后开车回家，设计一个性幻想，一名少女因为他的存在而达到了性高潮，然后根据这一情景进行自慰。

汤姆现在对所发生的事情感到十分羞愧，并担心他的被捕会对他的婚姻和事业产生影响。汤姆说他对自己的所作所为感到十分羞愧，并希望自己能够摆脱这些阴魂不散的性幻想。他抽泣着说他会做任何事情来确保这种事情再也不会发生。

思考问题

1. 汤姆的性幻想和行为与典型的成人有什么不同？如果有的话，他的哪种行为在某种情景下或对于处于某一年龄的某些人而言会是正常的？
2. 汤姆的性幻想和行为可能是由什么外部事件和内部因素造成的？
3. 你对汤姆的哪些方面感到好奇？
4. 汤姆有没有让你想起自己或你认识的人的相关情况？原因是什么？
5. 汤姆的性幻想和行为会如何影响他未来的生活？

摩擦障碍

摩擦障碍（或摩擦癖）的特别关注点是与未征得同意的人进行身体接触（见表11.17）。身体接触通常涉及在非常拥挤的地方（例如酒吧、地铁或人行道）与某个人产生摩擦。有摩擦癖的人可能会进行轻微接触，例如“意外地”使他的生殖器与另一个人产生摩擦，或者可能进行更广泛的接触，例如摸女性的乳房和臀部。这个人可能会迅速逃离现场，并根据与该受害者保持长期性关系的幻想进行自慰（Gunturu, Gonzalez, Korenis, Khadivi & Munoz, 2015）。除非他在事发时被抓住，否则这个人很可能不会再次见到这个受害者。

恋童癖

恋童癖（有时被称为恋童症）的特别关注点是对儿童的性诱惑（见表11.18）。恋童癖并不一定与猥亵儿童是一回事。对儿童进行性骚扰的人可能并非被儿童所吸引，但可能会与他们发生性接触，因为他缺乏与其年龄相仿的性伴侣，想借此伤害儿童的父母；他也可能醉酒或者具有认知或智力上的缺陷（LeVay & Baldwin, 2012）。然而，具有恋童癖的人在某种程度上确实与猥亵儿童的人有些重叠。例如，双方都将儿童性别与权力感联系在一起。“性犯罪者”一词是一个法律术语，是指被判犯有儿童性虐待罪名的人，无论其是否患有恋童癖（Seto, Harris & Lalumiere, 2016）。

恋童行为涉及诸如观察、裸露、微妙的身体接触、抚摸、口交和性交等行为。

某个人被认为患有恋童癖的确切年龄有一定的争议，但目前被定义为至少16岁以上且比受害者年龄至少大5岁的人。

恋童癖可能不适用于青少年后期那些与12 ~ 13岁的人发生性关系的人，但如果其性伴侣更年轻则可能适用于恋童癖的诊断。然而，关于这方面仍然存在争议，因为许多青少年被认定为性犯罪者（Stinson & Becker, 2016）。例如，一个20岁的人与他15岁的女友在双方自愿的情况下发生性关系，有些人可能会认为这种情况属于恋童癖，但还有一些人则可能认为这种情况不属于恋童癖。各个地方关于合法年龄方面的法律各不相同。

许多患有恋童癖或猥亵儿童的人都有一个首选目标，例如6 ~ 13岁尚未步入青春期的女孩。然而，许多患有恋童癖的人都会瞄准男孩和女孩（Blackman & Dring, 2016）。患有恋童癖的人认为性行为在某种程度上会有益于儿童的教育或感官，他们可能用这种

诸如虐待狂和受虐狂等性欲倒错兴趣有时会出现在电影中。

表11.17

《精神疾病诊断与统计手册》（第5版）（DSM-5）

摩擦障碍

A. 至少6个月，通过触碰或摩擦未征得同意的人从而激起个体反复的、强烈的性唤起，表现为性幻想、性冲动或性行为。

B. 个体将其性冲动实施在未征得同意的人身上，或其性冲动或性幻想引起有临床意义的痛苦，或导致社交、职业或其他重要功能方面的损害。

表11.18

《精神疾病诊断与统计手册》（第5版）（DSM-5）

恋童癖

A. 至少6个月，通过与青春期前的单个或多个儿童（通常年龄为13岁或更小）的性活动来激起个体反复的、强烈的性唤起，表现为性幻想、性冲动或性行为。

B. 个体实施了这些性冲动，或这些性冲动或性幻想引起显著的痛苦或人际交往困难。

C. 个体至少16岁，且比诊断标准A中提及的儿童至少年长5岁。

方式使他们的行为合理化（Rush Burkey & ten Bensel, 2015）。曾经声称杀死琼贝妮·拉姆齐（JonBenét Ramsey）的约翰·马克·卡尔也声称他爱上了这个孩子。

许多患有恋童癖的人并不会对自己的行为感到痛苦，而是专注于年轻的家庭成员，特别是女儿和侄女。那些患有恋童癖的人经常通过关注和礼物来"勾引"孩子，然后要求儿童以性的施惠作为回报。还有一些人甚至可能会绑架儿童。如果儿童向他人泄露其被虐待的事情，儿童往往会受到完全威胁（Elliott, 2015）。

恋童癖被分成许多类型（Fanetti, O'Donohue, Happel & Daly, 2015）：

- 首选受害者（男性、女性或两者都有）；
- 与受害者的关系（家庭成员/乱伦或非家庭成员/非乱伦）；
- 性唤起（仅限儿童或不同年龄的人）；
- 性趋向（同性恋、异性恋或双性恋）；
- 攻击性（在恋童癖行为中是否存在残酷行为）。

有摩擦癖的人更喜欢在地铁等拥挤的地方寻找受害者。

杰纳洛·威尔逊（Genarlow Wilson）在其17岁时因与其15岁女友进行双方自愿的口交而被判犯有严重猥亵儿童的罪行。在他服刑2年之后，格鲁吉亚最高法院推翻了之前判他服刑10年的判决，称他的罪行"没有达到猥亵儿童的成人的水平"。

性受虐与性施虐

性受虐与性施虐的特别关注点分别是被羞辱或遭受痛苦，以及羞辱或使另一个人遭受痛苦的欲望（见表11.19）。性受虐是指在性活动中遭受痛苦的欲望，通常表现为以下形式：被捆绑、遭受痛苦、被当成一个婴儿（幼稚症）、口头谩骂、缺氧的羞辱等。在自慰期间，受虐狂的欲望可以通过自我惩罚或通过他人来实现。受虐狂寻求的身体虐待可能非常严重和痛苦。性施虐是指在性活动期间使另一人遭受痛苦的欲望，虐待的表现形式通常与性受虐相同。性施虐者通常在性活动期间控制个体，有时会对有性受虐癖的人施行性虐待行为（Defrin, Arad, Ben-Sasson & Ginzburg, 2015）。

性施虐和性受虐可以发生在喜欢转换角色的人身上（施虐受虐狂）。施虐、受虐行为的严重程度不一，从轻微拍打或扭捏到中度羞辱，再到造成严重的痛苦或限制，甚至极端强奸、残害或谋杀。施虐、受虐行为也可能涉及儿童。奥地利的沃尔夫冈·普里科洛皮尔（Wolfgang Priklopil）绑架了10岁的娜塔莎·卡姆普什（Natascha Kampusch），并在一个临时地牢中将她囚禁了8年，其间娜塔莎称他为“主人”。

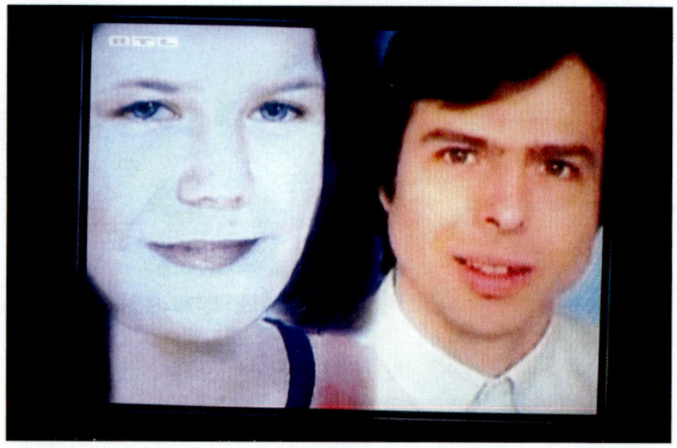

沃尔夫冈·普里科洛皮尔声称在娜塔莎·卡姆普什10岁时绑架了她，并在她被监禁8年期间对其实施了性施虐行为。

异装癖

异装癖（或称异性装扮癖）的特点是穿戴异性服饰（见表11.20）。这种疾病常见于男性，他们装扮成女性，并将自己想象成女性（幻想变性性兴奋）。异装癖不同于简单的恋物癖，因为女性的衣服并不是性唤起所必需的，而是帮助一个人进入成为女性的幻想中。异装癖中的变装可以是秘密的，例如在男性服装下穿女士内裤；也可以是显而易见的，例如穿着礼服和化着妆的“变装皇后”。变装最初是为了实现性兴奋，但随着时间的推移，其目的可能会变为减少焦虑或抑郁等负面情绪或增加吸引力（Murphy, Bradford & Fedoroff, 2014）。一些有异装癖的男性对自身性别感到更加不舒服，并且可能寻求在生理上成为一名女性（见后面的“性别焦虑症”章节）。

表11.19

《精神疾病诊断与统计手册》（第5版）（DSM-5）

性受虐与性施虐

性受虐

A. 至少6个月，通过被羞辱、被殴打、被捆绑或其他的方式来激起个体反复的、强烈的性唤起，表现为性幻想、性冲动或性行为。

B. 这种性幻想、性冲动或性行为引起有临床意义的痛苦，或导致社交、职业或其他重要功能方面的损害。

性受虐

A. 至少6个月，通过使另一个人遭受心理或躯体的痛苦来激起个体反复的、强烈的性唤起，表现为性幻想、性冲动或性行为。

B. 个体将其性冲动实施在未征得同意的人身上，或其性冲动或性幻想引起有临床意义的痛苦，或导致社交、职业或其他重要功能方面的损害。

窥阴癖

窥阴癖（或窥淫癖）的特点是窥视一个毫不知情的人脱衣或性活动过程（见表11.21）。有窥阴癖的人通常不想与被偷窥的人发生性接触。被偷窥的人置身于一种危险的境地以及偷窥者自身可能被抓住的事实可以激起偷窥者的性唤起，让偷窥者十分兴奋（Hopkins et al., 2016）。有窥阴癖的人经常在偷窥别人时进行自慰，或者稍后根据与被偷窥者发生性关系的幻想进行自慰。

非典型的性欲倒错障碍

性欲倒错障碍还包括其他一些非典型的性欲倒错障碍。非典型的性欲倒错障碍包括性活动期间一些反常的唤起关注点以及痛苦或损伤，但是非常罕见。表11.22列出了一些例子。

性欲倒错障碍的流行病学

涉及各种主题的性幻想在人类中十分常见（见专栏11.3）。未达到正式精神障碍水平的性欲倒错在一般人群中也很普遍，特别是窥阴癖和恋物癖（见表11.23）。一生中至少发生一次性欲倒错行为的情况也很普遍，该情况除主要发生在有窥阴癖和恋物癖的人身上外，还多出现于有露阴癖和摩擦障碍的人身上。然而，强烈或持续的性欲倒错欲望或经历在一般人群中的发生率不到10%（Joyal & Carpentier, 2016）。

确定性欲倒错障碍的确切患病率十分困难，因

表11.20

《精神疾病诊断与统计手册》（第5版）（DSM-5）

异装癖

A. 至少6个月，通过变装来激起个体反复的、强烈的性唤起，表现为性幻想、性冲动或性行为。

B. 这种性幻想、性冲动或性行为引起有临床意义的痛苦，或导致社交、职业或其他重要功能方面的损害。

表11.21

《精神疾病诊断与统计手册》（第5版）（DSM-5）

窥阴癖

A. 至少6个月，通过窥视一个毫不知情人的裸体、脱衣过程或性活动，来激起个体反复的、强烈的性唤起，表现为性幻想、性冲动或性行为。

B. 个体将其性冲动实施在未征得同意的人身上，或其性冲动或性幻想引起有临床意义的痛苦，或导致社交、职业或其他重要功能方面的损害。

C. 个体体验性唤起和/或实施性冲动时至少已18岁。

为了实现性兴奋，有异装癖的人有时会在公共场合变装。

表11.22
一些非典型的性欲倒错障碍

非典型的性欲倒错障碍	唤起关注点
慕残/恋残癖	截肢者或成为截肢者
露阴表演癖	被观察、拍摄或位于舞台上
返婴癖	假装自己是一个裹着尿布的婴儿
武力强暴	突然袭击另一个人
嗜雌癖	重新变性的性伴侣
窃盗癖	从他人身上偷窃
灌肠性欲倒错	灌肠剂
正常爱好	性伴侣之间的色情、“淫秽”对话
恋尸癖	接触尸体
恋味癖	来自某些身体部位的气味
部分体变	特定的身体部位，例如头发
恋灾癖	筹划一起事故，然后围观
三人性行为	第三个人参与性行为
恋尿癖和嗜粪症	尿液和粪便
嗜兽癖	动物

表11.23
希望体验各种性欲倒错行为的男性和女性的比例/%

	男性	女性
窥阴癖	60.0	34.7
恋物癖	40.4	47.9
露阴癖（广义）	35.0	26.9
摩擦障碍	34.2	20.7
性受虐	19.2	27.8
性施虐	9.5	5.1
异装癖	7.2	5.5
露阴癖（狭义）	5.9	3.4
恋童癖	1.1	0.2

为这些行为通常不为人知，并很少能引起治疗师的注意。针对反常性行为严酷的社会污名往往迫使有性欲倒错障碍的人进行网络活动（Wurtele, Simons & Moreno, 2014）。关于性幻想的调查数据通常没有什么帮助，因为人们可能以社会期望的方式回答问题，并且简单的幻想也不足以对患有性欲倒错障碍的人做出诊断。因此，只有当一个人被逮捕或者寻求医学或心理帮助时，才会确定该人患有性欲倒错障碍（Krueger & Kaplan, 2016）。

与女性相比，性欲倒错障碍在男性中更为常见，尤其是窥阴癖（男性12%，女性4%）、露阴癖（男性2% ~ 4%，女性比较罕见）、性受虐（男性2.2%，女性1.3%）、性施虐（2% ~ 3%，主要为男性）、恋童癖（男性3% ~ 5%，女性比较罕见）以及摩擦障碍（男性3%，女性比较罕见）。在男性中，摩擦障碍、恋物

11.3

专栏

聚焦大学生

性幻想与性欲倒错

典型和反常主题（性欲倒错）的性幻想在人类中十分普遍。研究人员对包括大学生在内的数千人进行了调查，收集了有关男性和女性经历的性幻想的详细信息。在女性中，常见的幻想包括在异国情调或公共场所享受性爱（27.2%）、顺从行为（18.8%）、陌生人（14.3%）、裸露癖（8.9%）、同性恋行为（8.2%）、群体性交（7.8）、权威人物或名人（7.1%）以及性对象（6.5%）等主题。

在男性中，常见的幻想包括窥阴癖（15.0%）、恋物癖（14.0%）、三人性交（12.6%）、口交（11.7%）、肛交（11.7%）、在有异国情调或公共场所享受性爱（11.3%）、同性恋行为（8.9%）、与熟人发生性关系（8.5%）和群体性交（8.1%）等主题。

然而，有趣的是，人们最强烈的幻想是在性关系中感受浪漫情感。作者指出，这些不同幻想的频率表明它们本身并不是精神病理学的良好指标（Joyal, Cossette & Lapierre, 2015）。相反，正如我们在本章中提到的，只有当问题起因于极为反常的性行为或性幻想时，性欲倒错障碍才能得以诊断。

癖和非典型的性欲倒错障碍可能更为常见，但与这些行为相关的疾病的总患病率尚不清楚（Beech et al., 2016）。世界各地的病例报告表明，性欲倒错障碍并不属于某种特定的文化，在男性中，性欲倒错活动可能普遍存在（Gross，2014）。

性欲倒错障碍通常在青春期和20岁出头的时候形成，并且大多数像汤姆那样患有该障碍的人都已结婚，或为异性恋，或为双性恋。性欲倒错障碍的另一个主要特征是一个人可能患有多种类型的性欲倒错障碍（Krueger＆Kaplan, 2016）。汤姆有露阴癖，但也有在少年和年轻女性不知情的情况下偷窥他们脱衣的幻想。性欲倒错障碍经常与许多其他精神障碍同时发生，例如焦虑相关障碍、抑郁症、物质使用障碍和人格障碍等。性欲倒错障碍有时与暴力行为有关。猥亵儿童行为和恋童癖明显会对儿童造成严重的伤害或造成儿童死亡。强奸有时也被认为是一种性施虐，如果施加痛苦能激起强奸犯的性唤起则尤为如此（Zinik＆Padilla, 2016; 见专栏11.4）。

一些研究人员声称，性欲倒错障碍偏离了常见的求爱行为。

性欲倒错障碍：病因与预防

性欲倒错障碍的确切原因，我们尚不清楚，但它可能受到一些生物学因素和环境因素的影响。

性欲倒错障碍的生物学风险因素

研究人员发现，在双胞胎中，某些性欲倒错行为（如露阴癖、性受虐、性施虐和窥阴癖）与性胁迫之间存在一定的关系（Baur et al., 2016）。此外，遗传可能会影响与有恋童癖的人有关的奖励缺陷综合征。奖励缺陷综合征是一系列冲动、强迫或成瘾行为，例如强烈的性冲动。具有额外Y染色体的男性也表现出性变态的行为

11.4

专栏

聚焦暴力

强奸

性施虐的行为可能涉及严重的暴力。强奸就是一种这样的行为，强奸犯往往分为几类。强奸不是一种精神障碍，但有些强奸犯的作案动机出自对女性的愤怒或一般性愤怒，并且可能有自恋或反社会型人格障碍等方面的因素。5% ~ 10%的强奸犯享受他们给受害者造成的痛苦，这可以被归类为虐待狂强奸。许多强奸犯的性欲都表现出控制的刺激唤起（Zinik＆Padilla, 2016）。

强奸也可以发生于婚姻或约会关系中。熟人或约会强奸对许多女大学生造成了影响，并且经常与男性对暴力的接受、酗酒或其他药物使用、偏僻场所和理解错误等因素有关。诸如氟硝西泮（洛喜普诺或“氟地西泮”）之类的药物也可能被秘密用于女性身上，以诱发其近乎无意识和易接受强奸的一种状态（见第九章）。一些做出这种胁迫性行为的男性最终可能会使一些他们不认识的人沦为受害者。

所有这些强奸案中仅有一小部分受害者会选择报警。有时，受害女性不确定这是否算犯罪，比如婚内或约会强奸。另有一些女性可能认为自己应为该行为承担一些责任（尽管很明显这并非她的过错），或者她害怕报警带来的后果。然而，无论是否向警方报告强奸，强奸造成的心理后遗症都是毁灭性的，可能包括抑郁症、创伤后应激和焦虑相关障碍、睡眠障碍以及各种性和人际关系问题。

（Re＆Birkhoff, 2015）。

诸如痴呆等神经心理问题也可能导致一定程度的抑制以及更具强迫性和异常的性行为（见第14章）。这可能是因为影响性欲的颞叶边缘脑区和影响性抑制的大脑前额叶区域受到损害导致的（见图11.5）。

一些患有性欲倒错障碍的人也可能存在激素变化，但研究人员仍然没有发现相关的证据（Holoyda＆Kellaher, 2016）。

对于患有性欲倒错障碍的人来说，一些人格特征似乎非常常见。这样的例子包括较低水平的移情以及不良的社交关系、亲密关系、自我调节和问题解决技能（尤其是女性）等。其他特征包括冲动性、精神病、依赖性、自卑感和不足感、愤怒、神经质、寻求刺激和自恋等。反社会特征和反社会型人格障碍（第十章）也描绘了一些对儿童有性兴趣的人的特征。然而，特定的人格特征并不完全适用于大多数患有恋童癖或其他性欲倒错障碍的人。

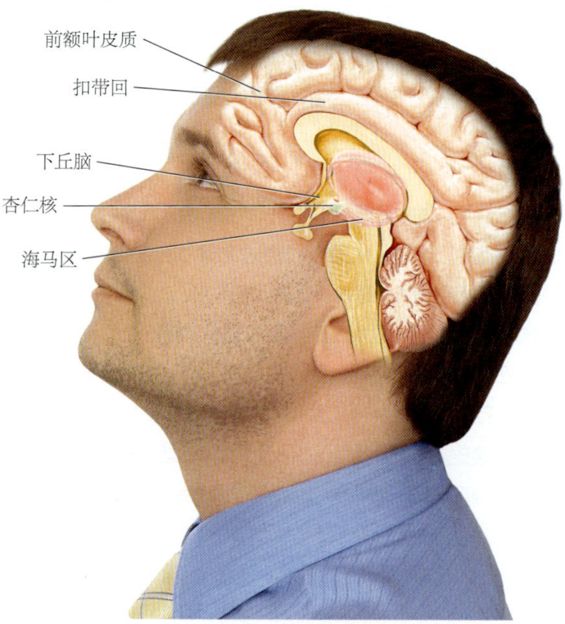

图11.5 与性欲倒错障碍相关的主要大脑区域。

性欲倒错障碍的环境风险因素

性欲倒错障碍的环境风险因素可能包括家庭因素、学习经历、认知偏差以及文化和进化因素。下面我们将讨论这些风险因素。

家庭因素

困难的家庭条件可能导致性欲倒错障碍的形成与发展。患有性欲倒错障碍的人经常将他们早期的家庭生活描述为情感虐待、不稳定或充满暴力（Ricks＆DiClemente, 2015）。由于没有得到适当的父母反馈，这些早期的问题可能导致社交、性和亲密技能发展不良。家庭因素也会导致恋童癖，并且家庭内部的不良依恋和频繁且激进的性行为可能使一些人容易发生性犯罪（diGiacomo＆Clerici, 2013）。事实上，与一般人群相比，让一个父亲或兄弟被定罪为性犯罪会大大增加一个人获得相同结果的风险（Långström, Babchishin, Fazel, Lichtenstein＆Frisell, 2015）。

学习经历

许多性欲倒错障碍都始于一种学习经历，其中一个人将性唤起或性高潮与一个不寻常的对象或情景联系起来。一个少年可能会无意中秘密地注意到有人脱衣服然后性欲被唤起。他的性唤起对偷窥行为形成经典条件反射，这种关联后来通过自慰和性高潮得以强化。学习经历或许很好地解释了某些性欲倒错障碍的形成，尤其是因为性欲倒错障碍多发生于男性身上（他们自慰的次数更多）。但是学习经历并不是性欲倒错障碍形成的唯一解释；如果那样的话，那么大多数人都会患有性欲倒错障碍（Brom, Both, Laan, Everaerd＆Spinhoven, 2014）。性欲倒错行为也可能因为受到家庭成员或其他人的影响而得到强化，或者这些行为的习得是为了减少焦虑或摆脱困难的生活条件。在某些情况下，性欲倒错障碍可能成为一种类似于强迫症的问题（Chapter 5; Real, Montejo, Alonso＆Menchón, 2013）。

没有正确地学习或表达求爱，也可能会导致性欲倒错障碍（Cantor＆Sutton, 2015）。两个人之间的求爱一般包括以下几个阶段：

- 寻找并评估潜在的性伴侣；
- 以微笑或聊天等非实体的方式与性伴侣交流；
- 诸如亲吻、爱抚等除性交外的身体接触；
- 性交。

窥阴癖、露阴癖、摩擦癖和男性主义和优先强奸（与伴侣同意发生性关系相比，男性更喜欢强奸）可能分别与这4个阶段中的中断有关。有窥阴癖的人可能难以找到潜在的性伴侣，因此选择进行秘密偷窥。该种中断可能是由错误的学习模式或生物变量引起的，但在这方面还没有明确的结论。

认知偏差

许多患有性欲倒错障碍的人或那些实施性犯罪行为的人对其独特的性行为有严重的认知偏差或非理性信念（Rush Burkey & ten Bensel, 2015）。这些信念会使一个人去证明自己的行为是正当的。汤姆认为，其他人对其暴露生殖器的惊讶反应恰恰反映了他们对其身体部位的性唤起或与他在一起的欲望。公开浏览含有非法图像网站的人通常声称自己与这些特定的行为保持了距离或者说是这些图像出现在了自己眼前，以此为他们的行为辩解（Winder, Gough和Seymour-Smith, 2015）。此外，那些有性欲倒错障碍的人通常会认为，没有人因为自己的行为受到伤害，因此他们的行为是合理的。患有恋童癖的人可能认为，他们控制不了自己的行为或者对自己的行为没有责任，性行为在某种程度上有利于儿童，儿童受害者对性行为实际上更感兴趣，并且儿童就是一个性存在（Vito & Maahs, 2017）。

文化和进化因素

全球各个地区都存在性欲倒错障碍，但在对性欲倒错更加包容的某些文化里，有些性欲倒错可能更为普遍。在发生性关系的合法年龄、新娘和新郎的年龄差异、未征得同意对女性的接触和性受虐方面，存在巨大的文化差异（Ayonrinde & Bhugra, 2015）。此外，变装行为在菲律宾和美国的电影中得到了充分的展示，这表明这两个国家对变装一定程度上的文化接受度。然而，研究者尚未得出关于文化与性欲倒错障碍的全方位概括。

从进化的角度来看，或许可以通过亲本育幼行为实验理解性欲倒错障碍。女性一般对自己的后代类型更为注重，因此她们在性关系方面可能更有辨识力，而且性生活不那么杂乱。相反，男性可能并不十分注重他们的后代类型。男性可能会选择更加多变的交配策略，并往往会滥交，因此，少数男性会出现非常异常的性行为。

性欲倒错障碍的病因

虽然研究者已经提出了针对恋童癖的特定模型，但是针对一般性欲倒错障碍的综合因果模型尚未得到高度发展。一些研究者专注于恋童癖的神经发育模型，该模型认为，早期风险因素为随后导致恋童癖的其他风险因素创造了条件。一个重要的早期风险因素是皮质发育异常，这会导致过度的性兴奋，并难以限制对成人的性唤起。其他早期风险因素还包括小时候的性虐待和对父母的不良依恋。

这些早期风险因素可能与后来的风险因素相互影响，例如社交和性技能发展不良、导致对儿童性唤起的学习经历、认知偏差、适应不良的人格模式等。后者可能包括防止恋童癖行为停止的反社会倾向。这些风险因素共同推动了性欲倒错障碍的产生（Mohnke et al., 2014; Stephens & Seto, 2016）。

对过度性兴奋和不良自我调节的生物学倾向或许在其他性欲倒错障碍中也十分明显（Cantor & Sutton, 2015; Cheng, Burke, Fedoroff & Dwyer, 2015）。该倾向可能与诸如反常的性学习经历、认知偏差、社交技能缺陷、自慰强化的性欲倒错幻想以及抑制性欲倒错幻想的尝试等一些主要的环境变量相互作用，具有讽刺意味的是，这会导致更多的幻想（见图11.6）。汤姆通过各种刺激激发自己的性唤起，并且有过几次“成功”的露阴经历，没有被对方抓住。随后的自慰和性高潮进一步强化了他的行为，他曾试图阻止自己的性幻想和行为，但是没有成功。关于像汤姆这样的特定性欲倒错障碍的形成与发展还需要进行更多的研究。

性欲倒错障碍的预防

尽管性欲倒错障碍的预防非常重要，但是关于这方面的信息却很少。造成这种情况的部分原因是，患有性欲倒错障碍的人往往有多个性欲目标，而且他们的性行为通常都是秘密进行的。然而，一些人针对制定性欲倒错障碍预防项目提出了一些指导方针。预防项目应侧重于在儿童和青少年时期发展适当的社交和性技能（Townsend, 2015），从而，使他们在青年时期可以更好地参与亲社会型的同性和跨性别互动，理解性欲和适应性性活动，并避免性别歧视和暴力。旨在改善家庭沟通和解决问题技能的干预措施也可能会有所帮助。

在一个人被逮捕或为自己的问题寻求帮助之后，性欲倒错障碍的预防通常表现为复发预防的形式。复发预防主要适用于患有恋癖（如恋童癖、恋物癖）的人或性犯罪者。复发预防培训的一个主要方面是帮助识别使其置身于性欲倒错行为高风险的情景。需要回避的地方可能包括高中（恋童癖）、大学宿舍（窥阴癖）、空旷的停车场（露阴癖）、拥挤的酒吧（摩擦障碍）以及有计算机且与外界隔离的地方（Proulx, 2014）。配偶或警察也可以对其进行追踪，并提醒他远离或避开某些地方。

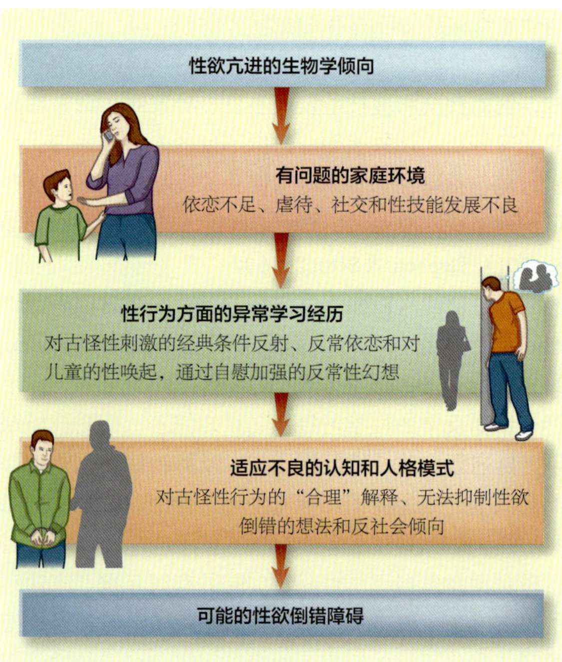

图11.6 性欲倒错障碍的发展路径样例。

性欲倒错障碍的复发预防还包括识别性欲倒错行为的情感和认知触发因素，包括焦虑、愤怒、抑郁、厌倦以及强烈的性思想（Seto & Ahmed, 2014）。

性欲倒错障碍的评估与治疗

性欲倒错障碍的评估

性欲和性唤起可能具有主观性，因此，性欲倒错障碍的评估通常取决于一个人的自陈式报告及侧重于性兴趣的调查问卷。生理测量也是一种评估方式。

访谈

在对可能患有性欲倒错障碍的人进行访谈时，临床医生可能会关注过去和现在的性兴趣和活动、性欲倒错行为、法律问题或性犯罪、与性伴侣的互动交流、家庭和病史，以及焦虑、抑郁等共病性问题。其他重要问题包括对受害者的同情和责任感、冲动和攻击性行为，以及对一个人行为不法性的认识程度。鉴于所涉及材料的微妙性质以及遇到法律纠纷的受访者（如性犯罪者）有时表现出的敌视性，所以访谈时必须小心谨慎进行。访谈信息通常需要得到法律工作者和性伴侣在书面文件或心理测试形式上的支持（Seto, Kingston & Bourget, 2014）。

调查问卷

调查问卷和筛查工具可能对评估患有性欲倒错障碍的人有用，但如果有人担心由此带来的法律后果或者想要得到社会的认可，那么这种方法可能会有问题。尽管如此，一些量表仍然对性史、一些反常兴趣、性欲亢进以及性侵犯和恋童癖行为进行了评估。常见的包括布拉德福（Bradford）的性史量表、克拉克（Clarke）的性史问卷、多维发育、性和攻击性量表、多相性量表、性犯罪者治疗干预和进展量表（McGrath, Lasher&Cumming, 2012; Seto et al., 2014）。

还有一些筛查工具侧重于性犯罪的历史。恋童兴趣筛查量表（SSPI）以先前的恋童行为为基础。SSPI用于识别可能伤害其他儿童的有恋童癖的人（Seto et al., 2014）。表11.24列出了恋童兴趣筛查量表中的一些项目。

生理评估

性欲倒错障碍的生理评估通常被称为阴茎测试，通常会向一个人出示幻灯片或其他刺激物，例如表现各种性行为或活动的录音带，然后通过阴茎体积描记器或阴茎应变仪（一种测量阴茎周长的橡胶环）评估男性的性唤起状态。女性的性反应是通过阴道光学体积描记器检查阴道部位的血流量或通过肌动描记器、会阴收缩力计检查会阴（阴道/肛门）肌肉功能等方法进行测量的。性兴趣也可以通过展示色情幻灯片或播放电影并测量一个人对这些材料的关注时间来调查（Knack, Murphy, Ranger, Meston&Fedoroff, 2015）。

体积描记术可以将儿童性犯罪者与非犯罪者区分开，也可能有助于分辨强奸犯与非犯罪者。生理评估的问题包括通过抑制性唤起或不关注某个性刺激物来帮助某个特定的人发现最佳的刺激以及个人虚假反应的能力。体积描记术的重测信度仍处于审查和检验阶段（Murphy et al., 2015）。

阴茎应变仪

阴道光学体积描记器

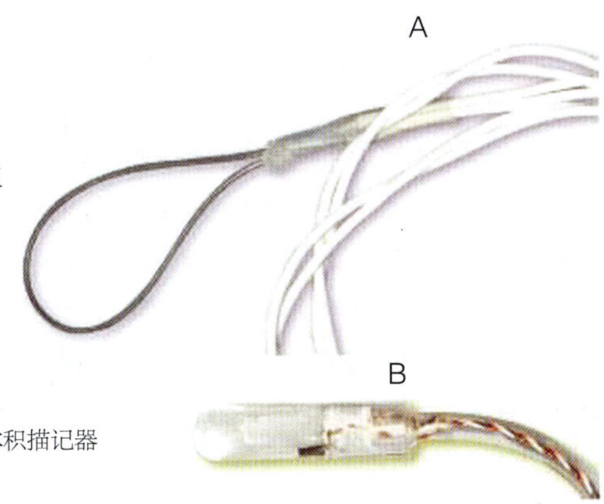

性反应的生理评估设备。

表11.24

恋童兴趣筛查量表中的项目

罪犯有男性受害者（是=2；否，仅有女性受害者=0）
罪犯有多个受害者（是=1；否，仅有1位受害者=0）
罪犯有年龄为11岁或以下的受害者（是=1；否，儿童受害者年龄为12岁或13岁=0）
罪犯有一个无关的受害者（是=1；否，仅有相关受害者=0）

注：分值越高表示对更多孩子造成伤害的风险越大。

资料来源：Seto, M.C.&Lalumiere, M.L. (2001). A brief screening scale to identify pedophilic interests among child molesters. Sexual Abuse: A Journal of Research and Treatment, 13, 15-25.

性欲倒错障碍的生物学治疗

对性欲倒错障碍的主要治疗是药物疗法，旨在降低男性的睾酮水平，从而降低其性欲、唤起，减少反常行为。该类药物主要包括醋酸甲羟孕酮（狄波）、醋酸亮丙瑞林（利普安）和醋酸环丙孕酮（环丙孕酮）。这些药物可以减少反常的性欲或危险的性活动，但严重的副作用和服用药物的不适应情况十分常见（Holoyda&Kellaher, 2016）。

抗抑郁药物，尤其是选择性5-羟色胺再摄取抑制剂，可能会减少性冲动，并降低性表现或减轻会引发性欲倒错行为的抑郁或强迫症状（Holoyda&Kellaher, 2016）。副作用和不适应情况可能会引发一些问题。有些人主张通过注射某些药物以消除睾丸激素的产生来进行化学阉割从而对有暴力性行为的人进行治疗，并且该方法似乎确实会降低（但不会消除）再次犯罪的概率（Nair, 2016）。然而，该方法显然有些激进，并且可能无法完全“治愈”一个人所有反常的性欲和行为。因此，监测性爱狂魔的项目变得更加普遍（见专栏11.5）。

性欲倒错障碍的心理治疗

研究者还探索了旨在减少性欲倒错活动的行为疗法。相关形式的行为疗法包括厌恶治疗、隐性致敏和性高潮修复。厌恶疗法最初是让被治疗者观看与其性欲倒错关注点相关的幻灯片或刺激物，例如迷恋的对象或儿童照片。然后该人产生勃起并进行自慰，但通过电击、恶臭或其他令人反感的方式对这种行为进行惩罚。对反常刺激物的性唤起可能最终会减少，但研究的结果会各有不同。治疗也可以采取羞耻厌恶的形式，例如一个人（通常是有露阴癖的人）在没有反应或大笑的医务人员面前从事性欲倒错行为。

与厌恶治疗相关的是隐性致敏，这可能涉及让一个人想象一些怪诞的场景，提醒其行为可能产生的一些负面后果，并惩罚这种性欲倒错冲动（Fisher & Maggi, 2014）。一个有露阴癖的男性可以想象自己在车里向别人裸露自己的生殖器以及后续的场景，如他的车子发动不了，人们开始大笑并报警，而他感到完全被羞辱。汤姆参与了这项研究，并取得了一定的成效。然而，隐性致敏的一个问题是，该方法需要有人想象生动的场景，并且有足够的动机遵照治疗师的指令去做。因此，该疗法也可以引入成功控制冲动的积极场景，例如一个人可以想象在下午坚守工作岗位，从而避开高中生。

性高潮修复或自慰修复还涉及对反常性刺激物或想象场景的首次自慰，但是该人在性高潮之前要立刻切换到更适当的刺激物或场景，例如与他的性伴侣性交，因此，愉悦的性高潮与适当的色情内容有关。在后期治疗中，这个人可以更早地切换到更合适的场景，并远离性高潮。如此一来，该人就可以实现对适当刺激更完整的性唤起。性高潮修复也可能与自慰过度有关，即一个人在达到性高潮后继续对着性欲倒错刺激物进行自慰。因此，这种活动的刺激性和无聊性与性欲倒错障碍有关，这是一种温和的惩罚（Fisher & Maggi, 2014）。

治疗师也可以使用认知疗法来帮助患有性欲倒错障碍的人改变非理性的想法。治疗师可以质疑并改变他们可能用于为自己非法性行为辩解的不合逻辑的想法。此外，治疗还可以包括教育他们识别和回避游乐场等高风险情景，教授他社交及其他技能来控制冲动，减少焦虑和抑郁，并通过让他们认同受害者并了解他对受害者造成的伤害来增加他的同情心。对于性成瘾的人而言，这些治疗方法可用于个人和群体环境以及“十二步疗法”项目（类似于第九章讨论的针对物质使用障碍的治疗方法）（Garcia et al., 2016; Grant & Raymond, 2016）。

如果我或我认识的人患上性欲倒错障碍，该怎么办

如果你认为或认识的人可能患有性欲倒错障碍，那么最好咨询临床心理学家或其他理解这些问题的心理健康专业人员。表11.25列出了一些筛查问题。性欲倒错障碍最好通过认知行为疗法来解决。

11.5

专栏

聚焦法律与伦理

性犯罪通知与监禁

梅根·坎卡（Megan Kanka），一名7岁的新泽西女孩，于1994年遭到一名先前已被定罪的性犯罪者的强奸和谋杀。该罪犯居住在梅根家的街对面，但梅根一家并不了解他过去的犯罪历史。在梅根去世后，政府通过了法律，“性爱狂魔”或那些有针对儿童的性犯罪历史的人必须向相关部门进行登记（所谓的“梅根法律”）。这些法律赋予了社区人员关于这些人来历的知情权，即便是在他们长期服刑之后。人们可以在自己所在地的警察局网站上找到登记的性犯罪者的信息。

关于性犯罪者的另一项有争议的做法是在完整的刑期结束后将其移送精神病院。有几个州甚至在违背性犯罪者意愿的情况下允许当局无限期地将被定罪的性犯罪者转移到精神健康机构。性犯罪者身不由己地待在一些环境中（通常与监狱相连），直到他被确定不会对社区再造成威胁为止。这些法律提出了一个重要的道德困境——谁拥有更多的权利，因为所犯罪行而受到社会惩罚的人，还是希望免受潜在暴力罪犯伤害的社区成员？（Harris, 2015）

性欲倒错障碍的长期预后

对性欲倒错障碍的长期预后很大程度上是未知的，部分原因是许多这样的人从未被发现或者他们退出了治疗。虽然认知行为疗法对于有露阴癖、恋物癖或性受虐的人或许十分有用，但是针对不同性欲倒错障碍的治疗方法仍有待进一步研究（Beech et al., 2016）。然而，许多患有性欲倒错障碍的人的长期预后可能会有所改善，因为随着年龄的增长和与治疗师的定期接触，性唤起会逐渐减少（Marshall & Marshall, 2015）。汤姆治疗时间的延长和逮捕造成的羞愧使其成功地摆脱了露阴癖。

性欲倒错障碍的许多长期预后数据集中在有恋童癖的人或那些对儿童进行性犯罪的人身上。研究者一般会调查累犯率或者第二次因恋童行为而被逮捕的人数。恋童癖的累犯率为5% ~ 42%。那些累犯或表现出不良治疗反应的人更有可能对儿童表现出强烈的性唤起、实施性犯罪暴力、情绪和愤怒调节较差、不配合监督及有更多的性欲倒错兴趣和反社会人格特质。

什么是正常的性别角色发展与性别焦虑症

其他问题与性没有太大关系，而更多地与性别有关。大多数儿童和青少年具有强烈的自我意识和性别意识。

试想一下，在一个小学操场上——男孩们经常凑在一起玩耍，而把女孩排除在外。同样，女孩们也聚在一块，并远离男孩。这是正常的发育行为，因为这可以防止过早的性接触，并帮助孩子学习某些性别角色。

有时性别学习过程会出现差错。性别焦虑症包括想成为异性的强烈欲望及对自己当前性别强烈的反感。该问题更多的是一个性别问题，而不是性问题，因为许多有性别焦虑症的人都能享受正常的性关系。有性别焦虑症的人希望成为异性，该疾病的诊断需要他们在日常生活中经历相当大的痛苦或问题。一个患性别焦虑症的男孩可能会表现得像个女孩，受到同龄人的嘲笑，随后便拒绝上学。性别焦虑症之前被称为性别认同障碍。

表11.25
性欲倒错障碍的筛查问题

你知道有人的性行为经常围绕反常的欲望或是非法的行为吗
你知道有人因为性欲和欲望而无法集中注意力或完成日常任务吗
你知道有人对孩子进行性吸引吗
你知道有人因为反常的性活动而被逮捕吗

性别焦虑症：特征与流行病学分析

奥斯汀可能具有性别焦虑症（有时被称为易性症）的特征，即强烈渴望成为异性并认为自己是一个相反性别的人。奥斯汀坚持认为他是一个女孩，而不仅仅只是角色扮演。性别焦虑症通常以变装为特征，但并不是像异装癖那样为了追求性兴奋。患有性别焦虑症的人通常更喜欢与异性人群凑在一起，表现得像他们一样，并坚持让其他人将他们视为相反性别的人。

患有性别焦虑症的人对他们自身的性别也感到不舒服，认为自己生错了性别，甚至可能在青春期或成年后试图改变他们的性别。患有性别焦虑症的人可

C 奥斯汀 **案例探讨**

奥斯汀是一名7岁的男孩。他的父母对他目前的一些行为有些担心，于是送他去治疗。几个月以来，奥斯汀一直坚持认为自己实际上是个女孩。奥斯汀的父母一开始对这种行为并不怎么担心，因为许多孩子喜欢模仿其他人，比如他们最喜爱的超级英雄。然而，在过去的几个月里，奥斯汀坚持认为他是一个女孩，这一点并没有发生改变，而且还导致了其他一些古怪的行为。奥斯汀一次次地翻开他母亲的衣柜和抽屉，穿上妈妈的衣服，并用她的化妆品化妆，在玩耍时经常想扮演“妈妈”或其他女性角色，并且在学校里通常更喜欢和女孩凑在一起，而不是男孩。因为他在学校总凑在女孩堆里，也不参加体育运动，所以经常遭到同学们的嘲笑。此外，奥斯汀的行为也有点女性化，并且在走路和上厕所方面也经常表现得像其他女孩一样。在奥斯汀最近跟他的父母说希望“切断我的阴茎”之后，他的父母便开始为他寻求治疗。

能是异性恋或同性恋，这种疾病可能与危险应力、抑郁和社交孤立有关（Zucker, Lawrence & Kreukels, 2016）。如果出生时孩子的生殖器不明，其父母被迫选择孩子的性别，那么孩子可能会患性别焦虑症，但通常不会得到确诊。

然而，性别焦虑症的诊断类别存在争议。对儿童的诊断可以通过默认假设哪种玩具和衣服适合每种性别来强化对男性气质和女性气质的固有印象。变性人也会遭受严重的歧视和污名（Hughto, Reisner & Pachankis, 2015）。然而，研究者认为，许多患有性别焦虑症的年轻人承受了极大的痛苦，并且在步入青春期以及成年以后仍然对他们的性别感到不满意（Fuss, Auer & Briken, 2015）。

性别焦虑十分罕见，影响了0.005% ~ 0.014%的

表11.26

《精神疾病诊断与统计手册》（第5版）（DSM-5）

性别焦虑症

儿童的性别焦虑症

A. 个体体验/表达的性别与生理性别之间明显不一致，持续至少6个月，表现为下列至少6个症状（其中第一个为必选项）：

1. 有强烈的成为另一种性别的欲望或坚持他就是另一种性别的人（或与生理性别不同的某种替代性别）；
2. 男孩（生理性别）对变装有强烈偏好或模仿女性装扮；女孩（生理性别）强烈偏好典型的男性服装，而强烈抵制穿典型的女性服装；
3. 在假装游戏或幻想游戏中对异性角色有强烈偏好；
4. 对异性通常使用的玩具或参与的游戏、活动有强烈偏好；
5. 对异性玩伴有强烈偏好；
6. 男孩（生理性别）强烈地排斥典型的男性化玩具、游戏和活动，并强烈地回避打斗游戏；女孩（生理性别）强烈地排斥典型的女性化玩具、游戏和活动；
7. 对自己的性生理特征强烈厌恶；
8. 具有希望第一和/或第二性特征与自己体验的性别相匹配的强烈欲望。

B. 该疾病与临床上明显的焦虑、社交、学习或其他重要功能方面的损害有关。

青少年和成人的性别焦虑

A. 个体体验/表达的性别与生理性别之间显著地不一致，持续至少6个月，表现为下列至少2个症状：

1. 体验/表达的性别与第一和/或第二性特征之间显著地不一致（或在青少年早期，则为预期的第二性特征）；
2. 由于体验/表达的性别显著地不一致，从而产生去除自己第一和/或第二性特征的强烈欲望（或在青少年早期，防止预期的第二性特征发育的欲望）；
3. 对拥有另一种性别的第一和/或第二性特征的强烈欲望；
4. 成为另一种性别的强烈欲望（或与生理性别不同的某种替代性别）；
5. 希望被视为另一种性别的人的强烈欲望（或与生理性别不同的某种替代性别）；
6. 深信自己拥有另一种性别的典型感觉和反应（或与生理性别不同的某种替代性别）。

B. 该疾病与有临床意义的焦虑、社交、职业或其他重要功能方面的损害有关。

男性和0.002% ~ 0.003%的女性。然而，患病率往往是基于介入治疗的人得出的，而不是一般人群。0.9% ~ 1.7%的幼儿希望成为异性，尽管这些数字可能无法反映出其真正的性别焦虑，并且这一数据随着年龄的增长似乎有所下降（Becker&Perkins, 2014）。此外，一些青少年和成人（4.0%的女性和5.7%的男性）并不明确地感觉自己属于某一个性别。性别焦虑症的发病年龄可能在童年或青春期，但通常来说，发病越早，强度越大（Cohen-Kettenis&Klink, 2015）。

年轻男孩和女孩通常分开玩耍，但患有性别焦虑症的孩子可能会更认同异性孩子。

性别焦虑症：病因与预防

关于性别焦虑症风险因素方面的数据非常稀少。包括遗传、家族史和身体问题等强大的生物学风险因素无一得到支撑。有些人指出，产前性激素与这种疾病存在某种联系。接触睾酮等异性激素有时会与跨性别行为有关。此外，研究者认为该疾病也可能与遗传易感性有关。激素和遗传因素可能有助于造成与性别认同相关的许多大脑变化（Zucker et al., 2016）。

此外，心理风险因素至今也仍不明确。患有性别焦虑症的儿童通常与父母（57%）和同龄人（52%）之间的关系并不和谐，并且存在家庭心理健康问题（38%）。此外，这些孩子也会遭受来自他人的困扰（33%）（Di Ceglie, 2014）。患有性别焦虑症的儿童的父母通常被描述为具有排斥性、缺乏温暖，并且与对照组儿童的父母相比，更加过分溺爱孩子（Zucker et al., 2016）。

性别焦虑症是一种正式的诊断疾病，但性别的变化在世界许多地方都很常见。塔菲亚·托莱法是一名波利尼西亚男孩，出生在一个有太多男孩的家庭，他自愿被当作一名女孩养育。这些男孩中的许多人在步入成年后仍然认为自己是一名女性，并得到其他人的认可。法卡莱蒂是一名来自汤加的男孩，他打扮成女孩的模样，帮助家里做家务，并且可能在成年后继续选择像女人一样生活。在许多其他文化中，男性也以雌雄同体和社会可接受的方式坚持女性的特征。

在波利尼西亚，如果一个家庭有太多男孩，男孩有时被当成女孩抚养，甚至直至成年。该图中，塔菲亚·托莱法出生时是一个男孩，但被当成女孩抚养，在家庭聚会上帮助上菜。

性别焦虑症的病因依然不明，但早期的生物学倾向和某些育儿因素有关（Zucker et al., 2016）。有一段时间奥斯汀的父母容忍了奥斯汀的古怪行为。此外，其他变量，例如对某一特定父母的依恋（例如男孩对母亲）、儿童和父母的不安全感以及同伴和兄弟姐妹的反应也可能十分重要。由于在性别焦虑症病因方面知识的匮乏，我们除在生命早期解决一些症状以外，几乎没有关于预防该疾病方面的信息。

性别焦虑症：评估与治疗

性别焦虑症的评估

对患有性别焦虑症的青少年的评估方式包括访谈、跨性别行为的观察及对自己和他人的画像。重要的访谈问题包括：关于一个人性别的当前和未来的

凯特琳·詹纳（Caitlyn Jenner）因为最近的变性上了新闻头条。

信念（例如，你是男孩还是女孩？你长大后会做什么？），关于两性的积极和消极的信念，关于成为异性的幻想及一个人是否对作为男孩或女孩感到困惑。对跨性别行为的观察也很重要，包括变装、对跨性别玩具的喜爱（和对同性玩具的排斥）及想要成为异性方面的声明。

对有性别焦虑症的成人，尤其是那些考虑进行变性手术的人（见下一章节），通常会根据人格、投射、智力及其他心理测试对其进行评估，以排除人格障碍等严重问题（第十章），并确保一个人真正准备好迎接改变人生的经历。此外，还应获得有关患有性别焦虑症的人的患病史、同龄人关系、医疗状况、家庭功能以及性兴趣等方面的信息（Wylie et al., 2014）。

性别焦虑症的生物学治疗

针对患有性别焦虑症的成人的主要生物学治疗是变性手术。对于男性来说，需要移除外生殖器和面部毛发、造一个阴道、用激素造两个乳房，并软化更为粗犷的男性化特征。对于女性来说，需要造一个外部阴茎、移除身体内部的性器官，也可能会移除乳房，并且用激素培养更加传统的男性化特征。变性手术只有在经过相当长时间（可能几年）的心理治疗或以相反性别角色的实际生活之后才可进行（Wylie et al., 2014）。

性别焦虑症的心理治疗

性别焦虑症的心理治疗可能侧重于行为技巧以减少儿童和青少年的跨性别行为，并鼓励同性认同。父母或许可以奖励同性别行为，例如穿传统的性别服装或者阻止跨性别行为。父母也可以告诉孩子他们认为他或她是男孩或女孩，并帮助孩子发展同性友谊和社交活动（Becker & Perkins, 2014）。相反，有些侧重于家长的干预措施旨在为有性别焦虑症的儿童提供教育和支持，减少污名，并帮助父母接受孩子公开肯定的性别。青少年和年轻人的心理治疗可能包括对其行为进行录像，并提供有关如何改变跨性别行为方面的反馈。例如，可以向男性提供关于其女性化声音方面的反馈。然而，许多人认为，一旦患有严重的性别焦虑症的人步入青春期，该方法就会不太令人满意（Vance, Ehrensaft & Rosenthal, 2014）。

如果我或我认识的人有关于性别焦虑症方面的问题，该怎么办

你或你认识的人可能对孩子的游戏、着装和性别相关的行为有疑问，或者你担心孩子可能会有性别焦虑。在这方面，有以下两个重要的筛选问题：①儿童是否从事了大量跨性别行为？②儿童是否对自己的性别不满意？如果你认为儿童确实对自己的性别感到非常苦恼，那么最好咨询临床心理学家或其他理解这些问题的心理健康专业人员。然而，请记住，跨性别行为十分常见，但性别焦虑症则很少见。

性别焦虑症的长期预后

研究人员认为，患有性别焦虑症的儿童对行为疗

法的反应优于患有该疾病的青少年，因为身为小孩，他们的性别取向感更加灵活。患有性别焦虑症的青少年和成人通过变性手术或许可以得到更成功的治疗。大约80%进行变性手术的人对其转变通常非常满意，但其余的人并没有获得实质性的好处，而且有些人还有些后悔（Zucker et al., 2016）。对变性这一过程的满意度可能与良好的手术效果、焦虑和抑郁情绪的减少及家人和朋友的大力支持有关（De Vries et al., 2014）。

在整个童年时期继续表现出强烈的跨性别行为的青少年（尤其是女孩）可能更容易出现性别焦虑。另有一些患有性别焦虑症的人在青春期症状有所缓解，后来在追求同性关系或者在没有进行外科手术的情况下可能做出大量的跨性别和变装行为（Cantor & Sutton, 2015）。

第十二章　精神分裂症及其他精神病性障碍

12

什么是异常情感、认知、行为和精神病性障碍
精神病性障碍：特征与流行病学分析
与精神分裂症相关的污名
精神病性障碍：病因与预防
精神病性障碍：评估与治疗

章节特色

- 专栏12.1　**聚焦多元性**　患有精神分裂症的人的种族与收入水平
- 专栏12.2　**聚焦大学生**　精神病性障碍的症状
- 专栏12.3　**聚焦暴力**　患有精神分裂症的人更具暴力倾向吗?
- 专栏12.4　**聚焦法律与伦理**　抗精神病药物的选择

C 詹姆斯

案例探讨

詹姆斯29岁时被转介至一家市立医院的精神科病房进行住院治疗。前一天晚上，警察发现他试图非法进入位于市中心的联邦调查局大厦，他被警察带到急诊室。因为是第一次面对两名警察，他沿着街道歇斯底里地大声尖叫着逃跑。随后，他冲入交通洪流，险些酿成事故，接着他进入一家便利店。警察进入便利店后发现詹姆斯蜷缩在一个角落里，不住地抽泣。他们试着对詹姆斯进行问话，但詹姆斯十分害怕，没有任何回应。经过一番哄骗，詹姆斯最终被带入巡逻车。詹姆斯告诉警察，他知道他们会杀了他，并要求他们动作快一点。警察告诉詹姆斯；他们无意伤害他，但詹姆斯始终不相信。

詹姆斯被送往医院接受评估。之所以这样做，是因为他做出了横闯马路这种自毁行为，并且他表现出醉酒或非常困惑的样子。一位急诊室医生检查了詹姆斯的身体状况。詹姆斯似乎没有受伤，也没有外伤的迹象。后来，毒理学测试显示詹姆斯长期以来一直饮酒，但这并不足以解释他的怪异行为。因此，急诊室医生向精神科医生进行了咨询。

精神科医生发现，詹姆斯害怕他周围的环境及身边的其他人。在经过大量讨论及各种镇静药物治疗之后，詹姆斯开始相信自己不会受到伤害。精神科医生询问詹姆斯是否记得自己之前的行为，并将那天发生的事情拼凑在一块儿。詹姆斯记不清完整的一天，但确实传达了一些重要的信息。

詹姆斯说他最近因为忧虑而感到不知所措，并确信他和某个重要人物即将受到伤害。他无法解释自己为什么会有这种想法，但他确信他有特殊的情报，也确信自己会因为知道这一情报而受到伤害。这些想法最终变得非常强烈以至于詹姆斯觉得他不得不离开自己的公寓并前往联邦调查局办公室向工作人员发出警告。詹姆斯说他认为警察会杀了他，因为他们就是负责伤害重要人物和他的特工。尽管注射了大剂量的镇静剂，詹姆斯还是觉得心烦意乱，并为自己的生活感到担忧。不过他确实向精神科医生提供了与他亲近的人的名字。

詹姆斯被转介到精神病科，并进行住院观察和药物治疗。第二天早上，精神科医生再次与詹姆斯交谈，并告诉他，他的妻子和父母这几天要来看他。之后，精神科医生与詹姆斯的每位家庭成员交谈，综合了解了詹姆斯的个人经历。他们说詹姆斯在童年和青春期期间一直比较反常，并且在他20多岁上了大学以后，情况严重恶化。如果他、其家人或某位重要人物受到伤害，他就会变得闷闷不乐，表现出一副病态的样子，并对可能发生的事情非常专注。在大学期间，每当詹姆斯感到压力特别大时，这些行为就会逐步升级，他也没有完成自己的学业。

在过去的四年里，詹姆斯断断续续地为一位财务顾问担任助理，并因为重度抑郁和反常行为住过两次院。最后一次住院治疗发生在一年以前，当时詹姆斯因为试图说服一位重要客户相信她将有生命危险而受到谴责。这一谴责引发了詹姆斯一系列的怪异反应，包括躁动、躲藏在自家的地下室等。詹姆斯接受了各种不同的药物治疗，这些治疗缓解了他的躁动情绪，但他的妻子说他“并不总是按时服药”。他的妻子说詹姆斯因他在工作时无意中听到的一次谈话感到不安，其中一位客户吹嘘自己遇到了一位重要的人物。也许詹姆斯把这句话误解为对这个重要人物的威胁，这引发了他目前的行为。詹姆斯一直待在医院以进行进一步的评估和治疗。

思考问题

1. 你认为詹姆斯为什么会如此心烦意乱并害怕?
2. 詹姆斯的问题可能是由什么外部事件和内部因素造成的?
3. 你对詹姆斯的哪些方面感到好奇?
4. 詹姆斯会不会让你想起你在电影中看过的角色? 为什么?
5. 詹姆斯的异常行为会如何影响他未来的生活?

什么是异常情感、认知、行为和精神病性障碍

我们在整本书中探讨了影响特定功能区域的精神障碍。例如，焦虑相关障碍和抑郁症影响有限的功能区域，有时被称为神经症性障碍或神经症。患有社交恐惧症的人可能难以有效地应对各种社交场合，但可以很好地完成如照顾自己或独立工作等其他任务。

在强迫症、焦虑相关障碍或精神分裂型人格障碍的患病过程中，许多人也会出现一些古怪的情感、认知和行为。患有这些疾病的人往往有古怪的想法，但这些想法通常貌似有些道理或可信性。患有强迫症的人可能会对手上滋生的细菌感到困扰，而这都是可能发生的事情。患有疾病焦虑障碍的人担心自己患有严重的疾病，这可能是对他们的身体症状的一个看似合理却不真实的解释。诸如焦虑、抑郁等通常与这些疾病相关的一些情绪状态也是可以理解的。与这些想法和情绪相关的行为，例如过度洗手、频繁看医生等，也是异常的，但很大程度上这是许多人会做的正常事情的扩展版。

还有一些精神障碍也会影响许多功能区域，这涉及一些非常怪异的情感、认知和行为，从而使一个人在生活的大多数领域都无法正常运转。其中一些疾病是精神病性障碍或精神病（图12.1）。患有精神病性障碍的人可能会有异常的情绪状态或情感。淡漠情感是指即使在需要极大的快乐或悲伤的情景下仍然缺乏情感。不适当情感是指与既定情境背景不匹配的情感。一个人可能因为有人讲述了一个悲伤的故事而歇斯底里地大笑，在几乎没有任何理由的情况下发火或者在看完一个真人秀电视节目之后而失声痛哭。显然，这些情绪反应会阻碍一个人与他人的正常交往。

患有精神病性障碍的人也有极端死板或怪异的想法，即妄想。詹姆斯异常坚定地认为有人要伤害他就是一个妄想的例子。患有精神病性障碍的人也难以组织他们的想法来形成表意清晰的语句或与他人进行良好的交流。

患有精神病性障碍的人也表现出高度异常的行为。有些人会听到一些其他任何人都不曾听到的让他们做某些事情的声音。这些声音是听觉幻觉的例子或没有真实环境刺激的感官体验。患有精神病性障碍的人也可以保持紧张的姿势数小时。那些患有精神病性障碍的人往往无法工作或从事诸如洗衣或穿衣等日常的自理行为。这被称为意志力缺乏。

精神病性障碍仅影响一小部分人，但它们对患有这些疾病的人的整体影响则是毁灭性的。患有精神病性障碍的人，特别是那些处于该疾病活跃期的人，不能工作，不能与他人交流，不能理性地思考或照顾自己。詹姆斯确信其他人要伤害他，并且从事一些可能非常严重的自毁行为，他的症状已经发展到使他无法工作的程度。

精神病性障碍：特征与流行病学分析

精神分裂症在众多精神病中最广为人知，也是我们在本章中聚焦的一种精神病。我们还囊括了与精神分裂症有关的其他精神病性障碍，包括类精神分裂症、分裂情感性障碍、妄想症和短暂性精神障碍（见表12.1）。每种疾病的共同点是患该病的人具有衰弱和悲痛的精神状态，基本人格可被剥夺。许多像詹姆斯这样患有精神病性障碍的人，每天都被可怕且非理性的恐惧、图像、思想和信念所困扰，而这些恐惧、图像、思想和信念似乎都不是他们自己的。

精神分裂症

你可能在《美丽心灵》《闪灵》《蜘蛛侠》等电影

表12.1
精神病性障碍的类型

精神病性障碍	主要特征
精神分裂症	妄想、幻觉等阳性症状，缺乏言语或情绪、无法照顾自己等阴性症状
类精神分裂症	持续1～6个月表现出精神分裂症的特征，但并不一定对日常功能造成很大损伤
分裂情感性障碍	精神分裂症的属性特征和抑郁或躁狂发作
妄想症	除一个或多个妄想，没有其他精神病症状
短暂性精神障碍	精神分裂症的几个主要特征持续1天至1个月

图 12.1 异常情感、认知、行为和精神病性障碍

	正常	轻度
情感	听到一则笑话而开怀大笑或在葬礼上哭泣。	在各种情绪方面稍微受限，例如对笑话或悲伤故事没有反应。
认知	能够整理自己的思绪和语句，并进行良好沟通。	思维稍微有些古怪，例如认为已经去世的亲人在房间里。
行为	在工作和与他人交往方面非常恰当。	行为稍微有些古怪，例如几天不洗漱或不刷牙。

中看到过类似詹姆斯这样的行为。在这些电影以及像詹姆斯这样的人身上，精神分裂症的症状非常明显。精神分裂症通常包括两组主要症状：阳性和阴性。精神分裂症的阳性症状是指过度或外显症状；精神分裂症的阴性症状是指缺陷或隐藏症状（见表12.2）。精神分裂症的阳性症状包括妄想、幻觉、言语和行为紊乱等。精神分裂症的阴性症状包括缺乏言语或情绪以及无法照顾自己（美国精神病学会，2013）。接下来我们将更详细地介绍不同的阳性症状和阴性症状。

表12.2
精神分裂症的阳性症状和阴性症状

阳性症状	阴性症状
• 妄想（死板、怪异、非理性信念）	• 失语症（很少跟别人说话）
• 幻觉（没有实际刺激的感官体验）	• 意志力缺失（无法或不愿意参与目标导向的活动）
• 言语紊乱（言语讷吃或言语传达的信息很少）	• 快感缺失（几乎对任何生活中的活动都缺乏乐趣或兴趣）
• 不适当情感（表现出不适合某种特定情景的情绪）	• 淡漠情感（在不同情景下表现出很少的情绪）
• 紧张症（异常症状部分表现为运动严重受限或极度兴奋）	• 自知力缺失（对一个人精神状况的意识不强）

妄想

精神分裂症的一个主要阳性症状是妄想。妄想是一种非理性的信念，涉及对生活经历的误解。妄想通常是一些非常固定的信念，即这些信念对他人说服其自身的企图具有很强的抵抗力，而且往往难以理解且根本不真实。詹姆斯强烈而又奇怪的信念，即他在工作中无意中听到的对话意味着一个重要的人物即将受到伤害，就是一种妄想。在电影《美丽心灵》中，主角约翰·纳什认为他可以在杂志和报纸上找到苏联的秘密代码。妄想可以表现为多种形式，包括迫害妄想、控制妄想、自大妄想、指涉妄想和躯体妄想等。

迫害妄想是患有精神分裂症的人最常见的妄想形式；这些妄想代表了一种非理性的信念，即一个人在某种程度上受到伤害或骚扰（Freeman & Garety, 2014）。一个有迫害妄想的人可能会认为，政府特工正在跟踪他，并很快会对他做些可怕的事情。迫害妄想可能与控制妄想相互交叉，一个人可能认为其他人故意做出以下行为：

- 未经许可将想法植入他的脑海（思维插入）；
- 传播他的想法以便每个人都能了解这些想法（思维播散）；
- 窃取他的想法，导致他记忆丧失（思想退缩；Frith，2015）。

中度	精神病性障碍——不严重	精神病性障碍——严重
在某种情景的情绪或古怪的情感方面有较大的限制，例如没有什么理由就会感到不安。	情绪受到较大限制或对无伤大雅的事（如不立即回复电子邮件等）的强烈愤怒。	无论什么情况都没有任何情绪变化或有极端不恰当的情感，例如没有任何原因地大笑或听到快乐故事时大声抽泣。
思维更加古怪，例如认为一个人的生活类似于电视新闻节目中的片段，或者在形成清晰的想法方面有些困难。	有一些看似可能的妄想或非常古怪的信念，例如认为同事故意在一个人的午餐中下毒，或者很难形成清晰的想法。	有一些看似不可能的妄想或极其古怪的想法，例如认为一个人被外星人绑架，或完全无法形成清晰的想法。
有更大程度的古怪行为，例如因为与自己的生活可能相似而不看所有电视节目，或者一两周都不洗漱。	行为非常怪异，例如由于担心受到伤害而连续几周不去上班或不能照顾自己。	行为极其怪异，例如听到声音、在街道上疯狂奔跑、连续几个小时一动不动或者对照顾自己失去兴趣。

自大妄想代表了一种非理性的信念，即认为一个人是一个特别强大或重要的人，而实际上并非如此（Boyden, Knowles, Corcoran, Hamilton & Rowse, 2015）。对于患有双相情感障碍或自恋型人格障碍的人来说，自大妄想与人们简单的自大信念相比，更为特殊（第七章和第十章）。患有双相情感障碍或自恋型人格障碍的人可能错误地认为自己是一位伟大的作家，而一个患有自大妄想的人可能错误地认为自己是一名政府高级官员、公司首席执行官或者认为自己是拿破仑！查尔斯·卡伦（Charles Cullen），一名因杀死多达40名患者而被判处连续11次终身监禁的护士，可能曾患有自大妄想，因为他一度声称自己是个"慈悲天使"。

指涉妄想（或关系妄想）是一种非理性的信念，即认为日常生活中的事件与自己有某种特殊关系。一个人可能正在观看当地的电视新闻，并且认为新闻中的每个故事都是自己当天生活的某些方面（Menon, Addington & Remington, 2013）。躯体妄想是一种非理性的信念，即一个人的身体受到的影响，通常是阴性影响并由外部因素引起（Spalletta, Prias, Rubino, Caltagirone & Fagioli, 2013）。一个人可能认为无法入睡是由房屋外的微波辐射过多造成的。

幻觉

幻觉是一个人笃信的真实的感官体验，而实际上并非如此。精神分裂症中最常见的幻觉是听觉，即一个人可能听到重复其想法的声音、评论她的外表或行为的声音、争论或命令她做某件事情的声音（Docherty et al., 2015）。然而，与许多媒体的描述不同的是，此人听到的并不总是具有威胁性或带有暴力行为方面要求的声音。一个人或许可以识别一个或多个声音，并且不会对这个或这些声音感到不舒适，又或者这就是此人自己的声音。后者可能与思维被播散妄想有关，即一个人听到他的想法被大声重复，并认定其他人也能听到这些想法。这该有多痛苦啊！

幻觉也可以是视觉或触觉方面的，例如一个人看到其他人看不到的图像或者感到自己皮肤上有种怪异的感觉。在电影《美丽心灵》中，约翰·纳什看到一个实际上并不存在的室友。有时，视觉和触觉幻觉以一种特别痛苦的方式联系在一起，就像一个人"看到"和"感觉到"一些大的虫子和蛇爬上她的手臂一样（Ford et al., 2015）。显然幻觉可能会让人非常苦恼，并会干扰其与他人交往的能力。

幻觉甚至可以表现在嗅觉方面。以下是本书作者之一在住院精神科病房看到的对一位女性被治疗者描述的简短文字记录。

治疗师： 能告诉我你都有哪些变化吗？

被治疗者： 我最近一直闻到一些很奇怪的气味。简直

在《蜘蛛侠》（左）等影片中描绘了有妄想症或精神病性障碍的人的生活。电影《美丽心灵》（右）中的角色约翰·纳什认为他可以在报纸和杂志上找到苏联的秘密代码。

糟糕透顶。

治疗师： 是什么样的气味？你能描述一下吗？

被治疗者： 好吧……我知道这听起来有点怪异，我知道的……我想我……也许有些疯狂，但是所有东西的气味对我而言都像是……垃圾的味儿。

治疗师： 垃圾？真的吗？

被治疗者： 是的，我的食物、衣服……甚至连你也是！

治疗师：（找来一个香气扑鼻的热苹果派）好的，让我们来个小测试。这种味道对你来说怎么样？

被治疗者：（快速转过头）呃，难受死了，像臭鸡蛋的气味。我最近甚至都不能吃东西了……哦……好恶心啊！

言语紊乱

许多患有精神分裂症的人也表现出言语紊乱的症状。言语可能会非常紊乱以至于一个人无法与他人进行正常的对话。语言表达可能会不连贯、混乱、中断、话说了一半儿忘记该说什么或者措辞混乱（联想松弛）。一个人可能会说“商店—我去—必须去”，而不是“我必须去商店”。一个人也可能简单地编造一些别人听不懂的词语（新语症），不停地重复相同的话语，将一些押韵的词语一起说出来，或者干脆不说话。一位患有精神分裂症的女性曾经称呼本书的一位作者为“bifalugel”，她似乎想表达一些愤怒的含义，但倾听者对此毫不理解。

也有一些患有精神分裂症的人说话非常清晰，在没有警告的情况下会突然停止，然后谈论一个完全不同的话题。这种现象被称为接触性离题，要求倾听者不断地引导说话者回到原先的话题。你可能会猜到，对患有精神分裂症的人的访谈有时可能会持续数小时，并且可能只会产生少量的有用信息。我们来看下精神科医生对一位刚刚接受入院治疗的人的访谈。

精神科医生： 你知道自己在哪儿吗？

被治疗者： 在一个房间里，是在……（声音渐渐低下来）

精神科医生： 是的，继续说。

被治疗者：（经过很长一段时间的沉默）到公园区域的房间……我看到了。

精神科医生： 你看到了什么？

被治疗者： 巧克力蛋糕的气味。

精神科医生： 你看到或闻到了什么？

被治疗者：（更长一段时间的沉默过后）不，我能做。

精神科医生： 你能做什么？

被治疗者： 到放松时间了。

行为障碍或紧张症行为

许多患有精神分裂症的人不仅出现言语紊乱症状，还会有行为上的紊乱。一个人可能无法照顾自己，也不能保持适当的卫生、着装，甚至不能进食。这样的人也可能会高度激动兴奋（如詹姆斯）或在特定情景下表现出不适当的情感或情绪（Marder & Kirkpatrick, 2014）。他在听到一则悲伤故事时可能会大笑。这种行为对他人而言往往难以捉摸、让人害怕，就像詹姆斯被警方追捕时的行为一样。

更怪异的可能是异常的运动症状（Hirjak et al., 2015）。患有精神分裂症的人可能不会对诸如别人打招呼等环境事件做出反应，或者对周围环境完全没有意识（紧张性木僵）。一个人的手臂等身体部位可以摆出不同的姿势，并且可以长时间地保持这种姿势。这是蜡样屈曲或僵住症。还有一些患有精神分裂症的人可能：

- 表现出狂野或不受控制的运动活动（刻板行为或兴奋激动）；
- 重复别人的话（模仿言语）或动作（模仿动作）；
- 保持难以改变的僵硬姿势。

阴性症状

妄想、幻觉、言语和行为紊乱是精神分裂症的阳性症状。精神分裂症的阴性症状是指行为的病理性缺陷或者某种行为过少。精神分裂症常见的阴性症状包括：

- 淡漠情感，或者即使在看似需要很多情感的情景下，例如在婚礼或葬礼上，也会表现平淡，流露出极少的情绪。一个人经常以单一、没有起伏的语调说话，并且面部表情几乎没有变化。
- 失语症，或者很少跟其他人说话，看上去十分内敛。患有精神分裂症的人即使说话，其语言也往往非常基础，也很简短。
- 意志力缺失，无法或不愿意参与目标导向的活动，例如照顾自己、工作或与他人交谈等。患有这些阴性症状的人可能会显得抑郁。
- 快感缺失，对几乎任何活动都缺乏兴趣。

自知力缺失或认识不足是精神分裂症常见的一种情况，这有时也与阴性症状有关（McCormack, Tierney, Brennan, Lawlor & Clarke, 2014）。阴性症状并不像妄想、幻觉等阳性症状那样剧烈或明显，但仍然是精神分裂症至关重要的一些方面，具有破坏性，并且往往更难以治疗（Millan, Fone, Steckler & Horan, 2014）。精神分裂症的阳性症状可能与适合药物治疗的神经化学变化有关，但阴性症状可能与结构性大脑变化有关，而这些变化很大程度上并未受到药物的影响（我们将在后面的章节做进一步讨论）。

其他标准

精神分裂症的诊断还必须借助其他标准。精神分裂症的症状会显著干扰一个人日常运作的能力，例如詹姆斯无法工作或与他人进行适当的交往。一个人的症状不得归因于某种物质或医学疾病（见表12.3）。除非出现明显的妄想和幻觉，否则精神分裂症不得被诊断为分裂性情感障碍（见后面章节）、抑郁症或双相情感障碍（第七章）或孤独症谱系障碍（第十三章）。

精神分裂症的各个阶段

患有精神分裂症的人经常（但并非总是）经历几个阶段（图12.2）。许多人先会经历一个前驱期，该阶段可能会持续几天、数周、数月甚至数年。通常这一阶段表现出一些怪异的行为特征，例如言语和思维过程的轻微紊乱、古怪或内敛的社交互动、感知扭曲、注意力和记忆力问题以及一些抑郁和焦虑症状（Modinos & McGuire, 2015）。前驱期通常主要表现出一些阴性症状，这使准确判断一个人的问题所在变得有些困难。这个阶段可能类似于重度抑郁症。在前驱

艺术家路易斯·韦恩（Louis Wain）的画作。长期以来，他经历着强烈的精神病的折磨，猫是其艺术作品的主题。

患有紧张症的人可能会表现出怪异的动作和姿势。

期，也可能存在减弱或不完备形式的阳性症状，例如异常的感知经历或信念。

前驱期之后，一个人可能进入精神病前期，表现出精神分裂症的第一个典型的阳性症状，例如幻觉。特定的应激源可能引发精神病前期的一些症状，例如詹姆斯无意中听到的谈话。精神病前期通常持续不到2个月。这时候，阳性症状通常会增加，并且他通常会开始接受治疗。对于精神分裂症的诊断，阳性或阴性症状必须持续至少6个月，这可能涉及前驱期和精神病前期（Rajji, Miranda & Mulsant, 2014）。

在这6个月（或更长）的时间中，必须有1个月症状特别严重或者处于症状的活跃期（美国精神病学会，2013）。正如詹姆斯一样，处于活跃期的人通常会经历许多典型的阳性和阴性症状，他们需要住院治疗以保护自己和他人。在接受治疗后，许多患有精神分裂症的人会进入残留期，这时通常会出现与前驱期非

表12.3

《精神疾病诊断与统计手册》（第5版）（DSM-5）

精神分裂症

A. 存在2个（或更多个）下列症状，每一个症状均在1个月相当显著的一段时间里存在（如经成功治疗，则时间可以更短），至少其中有1、2、3中的1个：

1. 妄想；
2. 幻觉；
3. 言语紊乱（例如频繁地离题或不连贯）；
4. 很异常的行为，例如紧张症木僵；
5. 阴性症状（情绪表达减少或动力缺乏）。

B. 在障碍发生以来的明显时间段内，1个或更多个重要方面的功能水平，如工作、人际关系、自我照顾等，明显低于障碍发生前具有的水平（若障碍发生在童年或青少年时期，则人际关系、学业或职业功能未能达到预期的发展水平）。

C. 这种障碍的体征至少持续6个月。此6个月应包括至少1个月（如经成功治疗，则时间可以更短）符合诊断标准A的症状（活动期症状），可包括前驱期或残留期症状。在前驱期或残留期中，该障碍的体征可表现为仅有阴性症状或轻微的诊断标准A所列的2个或更多个症状（例如奇特的信念、不寻常的知觉体验）。

D. 分裂情感性障碍和抑郁或双相障碍伴精神病性特征已经被排除，因为①重度抑郁或躁狂发作没有与活动期症状同时出现；②如果心境发作出现在症状活动期，则它们只存在于此疾病的活动期和残留期整个病程的小部分时间内。

E. 这种障碍不能归因于某种物质的生理效应或其他躯体疾病。

F. 如有孤独症谱系障碍或儿童期发生的交流障碍的病史，除了精神分裂症的其他症状，还需有显著的妄想或幻觉，且至少存在1个月（如经成功治疗，则时间可以更短），才能做出精神分裂症的额外诊断。

标注是否为：初次发作，多次发作，持续型或未指明；标注是否为：伴紧张症；标注目前的严重程度。

常相似的症状（Schennach et al., 2015）。许多患有精神分裂症的人大部分时间都处于这个残留期。

许多患有精神分裂症的人表现出各种不同的行为，这意味着他们的症状存在不同的组合，严重程度也不一样。因此，《精神疾病诊断与统计手册》（第5版）提供了精神分裂症维度的评定量表，这些维度不固定，并且可能更适用于具有精神分裂症混合症状的人群。这些维度代表了一个人可能具有的不同症状的连续体，范围从不存在和疑似到轻度、中度和严重等。这些维度包括幻觉、妄想、言语紊乱、精神运动性活动异常（例如紧张症）、阴性症状、认知障碍、抑郁和躁狂（图12.3）。

精神分裂症的另一个可能的维度与社交障碍有关（Hooley, 2015）。所有这些维度使治疗师得以更具体地对患有精神障碍的人进行描述。詹姆斯表现出中度到重度的妄想，以及轻度的言语紊乱和阴性症状。基于这种维度，患有精神分裂症的人可能具有任何程度的这些问题的不同组合。

类精神分裂症

那些出现精神病症状不到6个月的人的情况如何呢？在1 ~ 6个月内表现出精神分裂症特征并且其日常生活功能可能尚未严重受损的人也许患有类精神分裂症（见表12.4）。该疾病有时在首发精神病的背景下进行研究（Drake et al., 2016）。

詹姆斯在他的生活中就有多次这样的经历，例如，大学时，他在不到6个月的时间里曾表现出一些精神病特征，并且做过一些基本的活动。如果患有类精神分裂症的人的精神病症状持续时间超过6个月，那么就可能被诊断为精神分裂症。患有类精神分裂症的人可能是那些有或没有良好预后特征的人（美国精神病学会，2013）。像詹姆斯等具有良好预后特征的人在精神病症状出现之前能够胜任一些基本的日常活动，在精神病症状最活跃期间出现混乱，没有情感淡漠的情况，并且在他们的行为变得明显不同之后精神病症状就会快速发作（Compton, Berez & Walker, 2014）。

分裂情感性障碍

你可能已经注意到，患有精神分裂症的人通常会出现类似抑郁症的一些症状，例如对事物丧失兴趣以及运动和说话减少等。符合精神分裂症诊断标准的人也可能符合抑郁症的诊断标准。因此，她可能符合分裂情感障碍的诊断要求（见表12.5）。

分裂情感性障碍包括精神分裂症和抑郁或躁狂发作的属性特征。然而，精神分裂症的症状被认为是原发性的——妄想或幻觉必须持续至少2周，并且没有情绪障碍的显著症状。人们容易患上精神分裂症之后会出现抑郁。分裂情感性障碍的两种亚型包括抑郁型和双相型，后者是指伴有躁狂发作的精神分裂症的主要特征同时出现。第七章曾提到，患有抑郁症和双相情

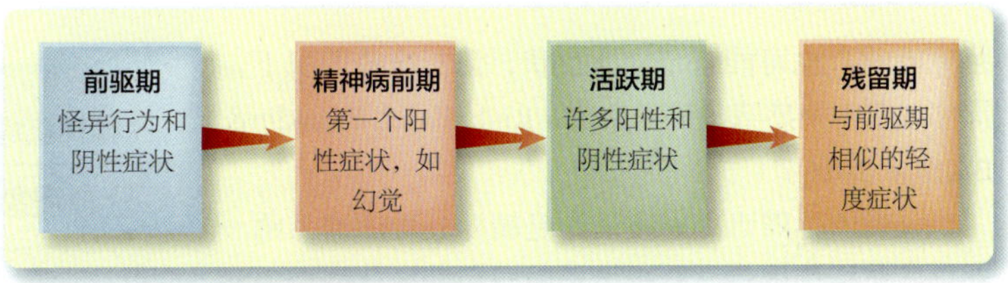

图12.2　精神分裂症的各个阶段。

图12.3　《精神疾病诊断与统计手册》（第5版）关于精神分裂症维度的描述。

表12.4
《精神疾病诊断与统计手册》（第5版） （DSM-5）

类精神分裂症

A. 存在2个（或更多个）下列症状，每一个症状均在1个月相当显著的一段时间里存在（如经成功治疗，则时间可以更短），至少有1、2或3中的一个：
1. 妄想；
2. 幻觉；
3. 言语紊乱（例如频繁地离题或不连贯）；
4. 很异常的行为，例如紧张症；
5. 阴性症状（情绪表达减少或动力缺乏）。

B. 该障碍的发作持续至少1个月但不到6个月。如果必须在不等待恢复的情况下进行诊断，则应将其定性为“临时的”。

C. 分裂情感性障碍和抑郁或双相障碍伴精神病性特征已经被排除，因为①重度抑郁或躁狂发作没有与活动期症状同时出现；②如果心境发作出现在症状活动期，则它们只存在于此疾病的活动期和残留期整个病程的小部分时间内。

D. 这种障碍不能归因于某种物质（例如，滥用的毒品、药品）的生理效应或其他躯体疾病。

标注是否为：伴有良好的预后特征；标注是否为：伴紧张症；标注目前的严重程度。

感障碍的人也可能有精神病症状，但在这些情况下，抑郁或双相情感障碍最为突出（Rink, Pagel, Franklin & Baethge, 2016）。

分裂情感障碍有时被认为是精神分裂症谱系的一部分，包括抑郁症、双相情感障碍和精神分裂型人格障碍（MacDonald, 2015）。临床医生通常难以区分重度抑郁发作或双相情感障碍的症状与精神分裂症的症状。假如一个人极度孤僻，有时几个小时动也不动，并且思想扭曲——这可能表明该人有严重抑郁症或精神分裂症的症状，或者两者兼而有之。

妄想症

患有精神分裂症、类精神分裂症或分裂情感障碍的人具有诸如妄想、幻觉、言语紊乱或紧张性精神症行为等精神病性症状和阴性症状。然而，有一些患有精神病性障碍的人，例如患有妄想症的人，除了有一种或多种妄想，没有其他精神病性症状（见表12.6）。妄想可分为涉及自我的妄想或怪异的妄想，后者是指不合理的妄想。在本书乔迪的案例中，乔迪认为同事

表12.5
《精神疾病诊断与统计手册》（第5版） （DSM-5）

分裂情感性障碍

A. 在一个不间断的疾病周期中，有主要心境发作（重度抑郁或躁狂发作），同时存在符合精神分裂症诊断标准A的症状。
注：重度抑郁发作必须包括标准A1：抑郁情绪。

B. 在此疾病的全过程中的缺少主要心境发作（抑郁或躁狂）的情况下，存在持续两周或更长时间的妄想或幻觉。

C. 在此疾病的活动期和残留期的大部分时间内，存在符合主要心境发作诊断标准的症状。

D. 这种障碍不能归因于某种物质（例如，滥用的毒品、药物）的生理效应或其他躯体疾病。

约翰·卡迪根

个人叙述

约翰·卡迪根（John Cadigan）在他为HBO旗下的网络平台Cinemax拍摄的一部名为《人们说我疯了》的电影中，描述了一名患有精神分裂症的人的生活（www.peoplesayimcrazy.org）。他的木版画在全国各地的博物馆和画廊展出。

我最糟糕的症状是妄想。很多时候，仅仅基于人们看我的眼神、他们的手势或是他们说的或未曾说的一些话，我就认为人们讨厌我。在我的寄宿公寓里，我可以通过他们给我整理床铺的方式来判断他们是否喜欢我。如果是不光滑的旧床单，上面有些小疙瘩——所有这些都是在向我传递一种信息，即他们不喜欢我正在做的事情，他们试图摆脱我，因为他们不喜欢我。如果床单都是新的，并且很光滑——这就意味着我做得很好。

当我在卡内基梅隆大学（Carnegie Mellon University）读书时，我的这种障碍发作了。在毕业前的6个月，我第一次出现了精神崩溃的状态，自那以后，我便一直备受精神分裂症的折磨。成长的过程中，运动和艺术一直是我生活中最重要的事情。我有时会幻想自己成为一名专业的足球运动员。五年级时，我被选为最受欢迎、最具有运动天分和最具艺术性的人。在大四的时候，我被选为最安静的人，这几乎没什么差错。我当时确实那样。我想我的症状就是从那时开始显现出来的。

在患上这一障碍的头三年，我一直生病。市面上能买到的各种抗精神病药物、精神稳定剂和抗抑郁剂，我都尝试过了。然而，没有一种对我有效。我已经好几年无法正常读书了。精神分裂症影响了我的逻辑和理解能力。我理解不了那些文字的意思，看电视更加困难。我整天能做的就是走来走去、喝喝咖啡。后来，我开始借酒消愁，每天都喝得烂醉如泥。

终于，市面上出现了新一代的药物——几十年来第一批抗精神分裂症的新药。我开始服用其中的一种。慢慢地，这种药物开始有了效果。另外，我又认识了一位新医生，他非常棒。

当我的家人意识到我的精神分裂症不会消失时，母亲从波士顿搬到了加利福尼亚（我住的地方）。我的病让家里每个人都聚在了一起。自从父母离婚后，我的家庭便支离破碎。但在我生病后，他们都团结起来尝试用各种方法来帮助我。

我和我的大姐凯蒂非常亲近，她是一名电影制作人。每当我的偏执或抑郁发作时，我都会去找她或我的母亲。在我患病初期，我们真的不知道是什么原因引发了我的病症，凯蒂和她的丈夫就让我和他们住在一起。因为病得很厉害，所以我不怎么好相处。现在我经常待在母亲的家里看电视。在那里我独自一人也很有安全感。我很幸运，有这样一个支持我的家庭。

其他家庭并不了解精神分裂症是一种脑部疾病。我最好的朋友之一，安，被她的家人抛弃了。她的孩子不和她说话，不想和她扯上任何关系，因为他们认为她疯了。她也见不到她的孙子、孙女。我母亲和我把她带到了我们家。她把我称作她的养子，并称我母亲为她的姐妹。

当我问我的家人，我的疾病让他们最难以承受的方面是什么时，他们给出了一些答案。

母亲："最难以承受的方面？只挑出一个来我还真做不到。难以承受的方面太多了。仅瞧瞧你所承受的痛苦我就受不了……一旦我知道这种脑部疾病对你造成的伤害、你所遭受的煎熬以及承受的痛苦——我无法接受这些事实，而且对此我也无能为力，不能为你做任何真正有帮助的事情。"

我的兄弟史蒂夫："曾经有一段时间，我们去医院看你，你说不了话。你的眼神里流露出这样一种困惑的神情——你囿于自身的皮囊，眼中充满了极度的恐惧。那种感觉让人心痛。真的难以接受。"

我姐姐凯蒂："最让我难以承受的方面是你开始有自杀的念头。那是你患病大约2年后。太可怕了。我不想让你死去。"

人们认为精神分裂症就是人格分裂或多重人格，但他们犯了一个很大的错误。前缀"schizo-"并不是指人格分裂，而是指与现实的脱离。我不知道现实是什么，我无法相信自己的感觉。最煎熬的是知道什么是真实的，什么是不真实的。而这种煎熬对我来说是家常便饭。

身边有人时，我会感到很难受。有时我会感到焦躁不安，并且觉得我必须加快步伐。我猜自己一直害怕人们故意把我逼疯或者让我胡思乱想，就好像他们有不可告人的目的，好像每个人都是相互联系的，他们在不知不觉中缓慢地留下一些线索。我左右顾盼，是恶魔作祟，而且恶魔就尾随在我身后。这使我在与他人沟通并鼓起勇气与他人接触和结交朋友变得非常困难。

这些想法只是在我的脑海中闪过，然后在脑中腐烂。我告诉自己，"这不是真的。这不是真的。这不是真的。这不是真的。这不是

真的。这不是真的。”我试着一遍又一遍地重复着同样的话。“这不是真的。这不是真的。这不是真的。”

我的医生帮助我学习如何来检验现实。当我产生一些可怕的想法并认为可能是妄想时，我试着鼓起勇气去找一个能给我安全感的人。可能是我的某个兄弟姐妹或者是我的妈妈，甚至是我的医生。我会告诉他们我的那些可怕的想法，而他们每次都会告诉我，“约翰，你错了。你的感知和想法并非基于现实。”这并没有消除我的妄想，但有助于减轻妄想的强度。

有时我可以工作，有时我无法工作。当我的想法快速涌动或当我变得极其多疑时，我就无法工作。这种感觉糟透了，非常可怕。我没有什么希望，但我会尝试不断告诉自己事情会过去的。

我一直和朋友帕特里克在一个食品柜做志愿者。他最先报名参加，后来我决定一起去帮忙。顾客每周可以光顾两次。那儿有一台小电脑，帕特里克为顾客办理登记手续。他们每周要搬运大约一吨食物。很多人帮助过我，我得到了他们的大力支持。因此，我觉得帮助他们对我自己的灵魂会有好处。做这件事让我感觉很好。我很享受这个过程。我真的很喜欢做这些事情。

在食品柜工作的那段时间里，我一切都挺好的，直到我的妄想再次发作。这一切都因名牌而起。我的朋友帕特里克有名牌，雪莉也有，莫里斯也有，格洛丽亚也有。他们所有人都有名牌，就我没有。我认为这是向我传递一种秘密信息：“我们讨厌你，约翰。我们不想你待在这儿，约翰。我们认为你是一个糟糕的人，约翰。”这些话听起来非常愚蠢，但确实让我很沮丧。这种事在我身上时有发生。

我想知道自己能否康复，能否变得更好。我知道我已经好多了，但我想知道我是否会有更大程度的好转或者完全好转。我现在已经30岁了，已经与这种疾病斗争了将近9年。9年！我记得我的朋友艾德曾跟我说过，“当你50岁时，这些症状会得到稍微缓解。”我还得再等20年。

在她的午餐中下毒似乎是可信的，尽管这不是真的，但这是可能发生的。患有妄想症的人除了妄想的影响，在日常功能方面不会出现明显的损伤，但可能会感到非常痛苦。

患有妄想症的人可能有以下一种或多种妄想：

- 情爱妄想，如妄想一个特别的人（如一个名人）远远地爱着自己；
- 自大妄想，如妄想自己是一个特别强大、有名或知识渊博的人；
- 嫉妒妄想，如妄想自己的配偶有外遇；
- 被害妄想，如乔迪妄想另一个人企图伤害她；
- 躯体型妄想或关于自己身体的妄想，如妄想患上某种严重的疾病（Hui et al., 2015）。

有些人之所以会产生妄想，是因为他与另一个同样有妄想症的人保持亲密的关系。这有时被称为二联性精神病。两个人在非理性信念方面经常有着相似的观点。这一过程可以解释为什么旺达·巴吉，即犹他州伊丽莎白·斯马特绑架案涉事男子的妻子，承认参与了这一可怕的罪行。和她的丈夫布莱恩·米切尔一样，她似乎认为绑架斯马特是“接受了上帝的启示”，并且认为一夫多妻（多个配偶）是可以接受的。在儿童虐待相关案例中，有时也很明显，这些父母都认为他们的不适应行为会使孩子受益（Erickson, 2014）。当与更具支配性的妄想型伙伴分开时，她的妄想症状可能会缓解。

短暂性精神障碍

那些出现精神病性症状不到1个月的人的情况如何呢？有该症状的人可能符合短暂性精神障碍的诊断标准，包括精神分裂症的几个关键特征，发生时间为1天至1个月（见表12.7）。这些特征包括妄想、幻觉、严重紊乱或杂乱无章的或紧张性精神症行为。短暂性精神障碍的症状通常在受到环境应激源或创伤事件的影响之后发生（Sher, 2015）。

女性在分娩后可能出现精神病性症状，即产后抑郁症（O’Hara＆McCabe, 2013）。第七章曾提到，有些女性会出现产后忧郁症；有些女性会出现产后抑郁症和精神失常。来自得克萨斯州的一名女子安德里·亚耶茨（Andrea Yates）在她家的浴缸里淹死了她的五个孩子。在她刚生下最小的孩子不久，她的父亲便撒手人寰，这些似乎令她出现了妄想和抑郁症状。她的病情使人们开始重视产后精神病和抑郁症的知识以及预防工作。随着一个人应对应激源的能力越来越强，其

C 乔迪

案例探讨

乔迪是一位38岁的办公室主管，曾在一家大型律师事务所工作。她与律师和他们的私人秘书打交道，开展事务所有效运转所必需的财务工作及其他业务。事务所的工作环境充满了竞争，为了争夺更好的职务，职员经常进行内幕交易，尔虞我诈。乔迪是一位有能力的管理者，但她一直怀疑她的同事觊觎她的职位，故意给她使坏。

多年来，乔迪与其法律合伙人就这些问题进行了多次讨论，但她的这些担忧基本没有事实依据。然而，最近问题愈演愈烈，一位律师晋升为合伙人，他的私人秘书被任命为乔迪的助手。乔迪感受到这种组织变动对她带来的威胁，并对她的这位新助手雷切尔产生了怀疑。当雷切尔将自己的办公桌搬到乔迪的办公桌附近并主动帮助她做些日常工作时，乔迪的这些怀疑加剧了。

乔迪的怀疑变得更加反常——她认为雷切尔故意在她的午餐中下毒以使她生病。乔迪认为，雷切尔这么做是为了最终取代自己的位置。乔迪多次指责雷切尔偷窃、在她的午餐里下药或吐痰。雷切尔坚决地否认所有指责，但是乔迪争取到办公室其他同事的帮助来监视雷切尔，甚至让其中一位律师代理她对雷切尔提起法律诉讼。律师事务所合伙人最终不得不介入，他们告诉乔迪，如果她继续这些指控，她将丢掉自己的工作，并告诉她，她需要专业的帮助。

表12.6

《精神疾病诊断与统计手册》（第5版）（DSM-5）

妄想症

A. 存在1个（或多个）妄想，时间持续一个月或更长。

B. 从不符合精神分裂症的诊断标准A。

C. 除了受妄想或其结果的影响，功能没有明显损害，行为没有明显的离奇或古怪。

D. 如果出现躁狂或重度抑郁发作，则这些发作对于妄想的病程而言是短暂的。

E. 这种障碍不能归因于某种物质的生理效应或其他躯体疾病，且不能用其他精神障碍来更好地解释，如躯体症状障碍或强迫症。

标注是否为：钟情型妄想、夸大型妄想、嫉妒型妄想、被害型妄想、躯体型妄想、混合型妄想或未特定型妄想；标注是否为：初次发作、多次发作、持续型或未特定型；标注是否为：伴离奇的内容；标注目前的严重程度。

短暂性精神障碍的症状通常会消失。然而，在其他情况下，这些症状会持续存在，并可能导致灾难性的后果或发展为类精神分裂症或精神分裂症。

布莱恩·米切尔和他的妻子可能有同样的妄想，这也是她同意绑架伊丽莎白·斯玛特的原因。

精神病性障碍的流行病学

精神分裂症在一般人群中的发病率在0.40%至1%。男性的平均发病年龄在20～24岁，女性在25～29岁（尽管该疾病可能发生在任何年龄阶段）。与女性相比，精神分裂症在男性中出现得更为频繁（Chong et al., 2016; MacDonald, 2015）。与患有精神分裂症的女性相比，患有精神分裂症男性往往在年轻的时候表现出各种症状。这意味着男性通常也会有更严重的症状（Eranti, MacCabe, Bundy&Murray, 2013）。

为什么男性的精神分裂症症状比女性的更严重呢？一个可能的原因是，女性有某些生物性因素，例如保护性激素或不太严重的大脑变化，这些都有助于预防严重症状的发展与蔓延。另一个可能的原因是，

表12.7

《精神疾病诊断与统计手册》（第5版）（DSM-5）

短暂性精神障碍

A. 存在1个（或更多个）下列症状，至少有1、2或3中的1个：
1. 妄想；
2. 幻觉；
3. 言语紊乱（例如频繁的思维脱轨或联想松弛）；
4. 明显紊乱的或紧张症的行为。

B. 这种障碍的发作持续至少1天，但少于1月，最终能完全恢复到发病前的功能水平。

C. 这种障碍不能更好地使用重度抑郁障碍、双相障碍伴精神病性特征或其他精神病性障碍，如精神分裂症或紧张症来解释，也不能归因于某种物质（例如滥用的毒品、药物）的生理效应或其他躯体疾病。

一名得克萨斯州的女子安德里·亚耶茨淹死了自己的五个孩子（图片中是其中四个）。该女子可能患上了产后抑郁症。

女性在工作和社交环境中比男性表现更为出色，这使精神分裂症症状的发作得以大大推迟（Falkenburg & Tracy, 2014）。种族和收入水平也可能与精神分裂症有关（见专栏12.1及后面关于文化影响的章节）。精神障碍的症状有时在高校学生中也很常见（见专栏12.2）。

由于其复杂而毁灭性的症状，精神分裂症可能与许多其他精神障碍都有关系。回想一下，对某些人来说，精神分裂症可能是精神病谱的最后阶段，该病谱最初包括短暂性精神障碍（少于1个月）和类精神分裂症（1 ~ 6个月）。与精神分裂症相关的古怪行为，如反常的知觉经验和被害思维，也可能意味着精神分裂症是一系列疾病的一部分，包括精神分裂症、精神分裂样障碍和偏执型人格障碍（图12.4）。这些疾病通常涉及古怪和可疑的行为以及与思想相关的问题，这些问题极大地干扰了一个人生活的诸多方面。

与精神分裂症相关的最常见的精神障碍是焦虑相关障碍、抑郁症、双相情感障碍和物质使用障碍（Castle & Buckley, 2015）。抑郁症可能先于精神分裂症发生，并会引发各种精神病性症状，或者精神病性症状的发展可能导致困难事件的恶性循环，如失业会导致某人后来变得抑郁（Fusar-Poli, Nelson, Valmaggia, Yung & McGuire, 2014）。

患有精神分裂症的人的自杀率（4% ~ 6%）也高于一般人群（0.01% ~ 0.03%）。患有精神分裂症的人的自杀与疾病的发作、抑郁、过量使用药物、近期的损失、躁动以及治疗依从性差有密切关系。患有精神分裂症的人中，最容易自杀的往往是年轻、单身、失业和社交孤立的男性（Popovic et al., 2014）。对他人有暴力倾向有时也是精神分裂症的一个特征，但并不总是如此（见专栏12.3）。

类精神分裂症与精神分裂症十分相似，尤其是精神分裂症的前驱期。大多数患有该疾病的人尚未开始接受治疗，因此，类精神分裂症的患病率可能远低于精神分裂症的患病率。多达半数至三分之二患有类精神分裂症的人最终可能会被诊断为精神分裂症或分裂情感障碍（Hill et al., 2012; Pope, Joober & Malla, 2013）。

分裂情感障碍的患病率也可能低于精神分裂症的患病率（0.32%）。与患有精神分裂症和抑郁症的人相

12.1

专栏

聚焦多元性

患有精神分裂症的人的种族与收入水平

一个有争议的问题是种族和收入水平是否会对精神分裂症产生影响。对不同国家的分析通常表明精神分裂症的患病率没有太大的差异（MacDonald, 2015）。然而，某些人群患精神病性障碍的风险可能会加大。精神分裂症在某些移民群体中更为常见。生活在城市的人患精神分裂症的风险也可能高于生活在农村地区的人（Vilain et al., 2013）。

这些原因可能包括接触污染和噪声更多、过量使用物质概率更高、传染病和营养不良的风险增加、贫困和失业引发的压力、种族主义、社会隔离、治疗服务的可及性差以及这些疾病与精神病性障碍的遗传因素之间的相互作用（Mura, Petretto, Bhat&Carta, 2012）。然而，精神分裂症中可能存在的种族差异似乎并不能归结于某一个单一因素。

精神分裂症还与较低的收入水平有关。然而，了解这种因果关系并不容易。有些人可能会因为贫困而患上精神分裂症，但是有些人可能会先患上精神分裂症，然后随着病情的发展以及收入的下降（如失业后）沦落至较低的社会经济层级。收入较高的人可以获得早期的治疗从而表现出较少的精神分裂症的阳性症状。收入较少的人更有可能认为他们的疾病会引发他人对自己的侮辱和歧视（Brooke-Sumner et al., 2015; Broussard, Goulding, Talley & Compton, 2012）。

比，那些患有精神分裂症和双相情感障碍的人往往会在更早的时候表现出症状。分裂情感障碍往往在女性中更为普遍。这可能与分裂情感障碍经常会伴有抑郁症有关（Lawrence, First&Lieberman, 2015）。

关于人或事件的反常信念在一般人群中非常常见，但正式的妄想症则很少见。许多患有妄想症的人存在迫害妄想（59.3%）、嫉妒妄想（22.1%）、情爱妄想（4.7%）和自大妄想（4.7%）。妄想症在女性中可能比在男性中略加常见，但患有妄想症的男性的症状往往更严重，机能更差（de Portugal et al., 2013）。

我们对关于短暂性精神障碍方面的信息知之甚少，因为该疾病的持续时间和范围往往很短，而且很多人很快就会康复。因此，短暂性精神障碍被认为是一种急性短暂性精神病。急性短暂性精神病与精神分裂症的不同之处在于，前者涉及更多的女性、发病年龄更晚、焦虑程度和症状波动程度更大以及社交退缩现象更轻（Castagnini, Laursen, Mortensen& Bertelsen, 2013）。产后抑郁症的发病率为千分之一或千分之二，该疾病通常与社交孤立、困惑、行为杂乱无章、睡眠不足以及抑郁症和双相情感障碍的严重症状有关（Blackmore et al., 2013; Essali, Alabed, Guul&Essali, 2013）。与安德里·亚耶茨一案一样，自杀或对新生儿的伤害在极端

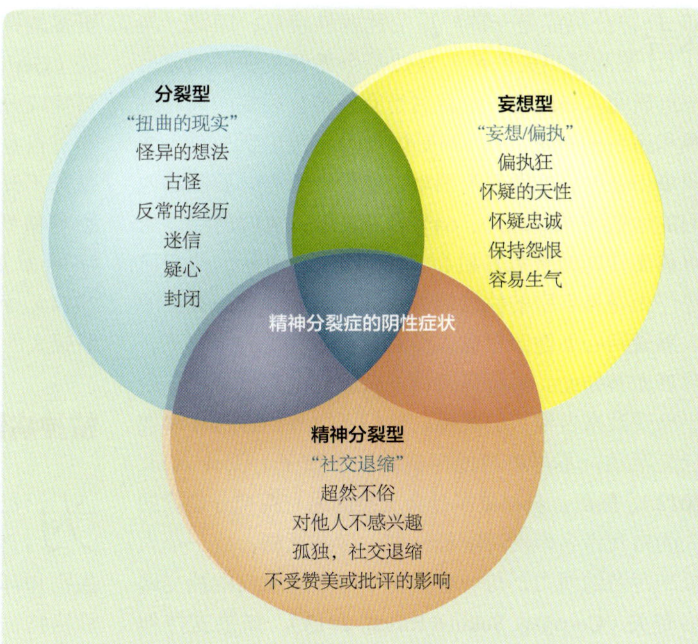

图12.4　精神分裂症谱系障碍。

12.2

专栏

聚焦大学生

精神病性障碍的症状

你可能会认为本章所描述的疾病并不适用于高校学生，但研究人员已经开始专注于所谓的轻微精神病性症状。轻微症状是指精神病发作并引发病人痛苦的轻微或微妙迹象，包括知觉异常、妄想观念或阴性症状。一群研究人员对高校学生的轻微精神病性症状进行了评估。绝大多数学生（84%）认可一种或多种早期的精神病性症状，而57%的学生表示至少有一种症状引发他们的担忧或给他们造成各种问题。许多学生自我污名过自己遭遇的症状，因此，他们面对这些症状并没有寻求朋友的支持（Denenny, Thompson, Pitts, Dixon&Schiffman, 2015）。

还有一些人也发现，与其他精神障碍相比，精神分裂症会引发更多的大学生社交孤立并使他们不愿意给予他人帮助（Yang et al., 2013）。

另有一些人对大学生的轻微精神病性症状进行了更详细的研究。一个关键的发现是，这些症状通常与某个人先前人生经历中的创伤事件有关，这也是我们在大学生的其他心理问题方面关注的一个主题。特别是，研究者发现，应激敏感性与创伤事件和轻微精神病性症状之间密切相关。应激敏感性是指在一个人的身体或心理健康方面感知到的威胁（Gibson et al., 2014）。研究发现，大学生的轻微精神病性症状与抑郁和自杀意念有关（Chen et al., 2014; DeVylder, Thompson, Reeves&Schiffman, 2015）。这些研究表明，尽管本章所述的症状经常伴随着严重的污名，但寻求帮助必须成为重中之重。

情况下也可能发生。

与精神分裂症相关的污名

精神分裂症是一种严重的耗弱性疾病，因此，与该问题相关的污名显然是个需要关注的问题。一群研究人员调查了数百名患有精神分裂症的人对歧视和污名的看法。72%的受访者表示，想到与家人或同事相处时可能遇到的困难，他们认为有必要隐瞒他们的诊断结果。此外，64%的人表示，他们已经停止申请工作或放弃教育机会，而58%的人表示，他们已经停止寻觅亲密的性伴侣关系。在患有精神分裂症的人感受到心理健康专业人员对自己不尊重的情况下，后者尤其如此。另有患有精神分裂症的人报告说，由于感受到来自他人的歧视，他们不再外出旅行和参加社交活动，不再申请抵押贷款和要孩子（Üçok et al., 2012）。然而，获得更多社会支持的患有精神分裂症的人的自我污名程度可能低一些。污名抵制，或一个人抵制污名的能力，与一个拥有足够数量朋友的社交网络有关（Corrigan, Sokol&Rusch, 2013）。如果支持他的朋友和家人对精神病性障碍有所了解，那么拥有这样的社交网络尤其重要（Smith, Reddy, Foster, Asbury &Brooks, 2011）。

与精神分裂症及其他精神病性障碍相关的污名非常重要，因为它会影响精神病性障碍的症状和治疗。对患有精神分裂症的人而言，更高程度的自我污名与更多的抑郁、社交焦虑、退缩以及较差的治疗结果有关（Gerlinger et al., 2013）。相反，对于患有精神分裂症或分裂情感障碍的人而言，较低程度的自我污名和对自身症状的深入了解与其好好配合治疗师的治疗是分不开的（Kvrgic et al., 2013）。另有人发现，帮助患有精神分裂症的人积极抵制污名的态度可能是治疗的重要组成部分（Campellone, Caponigro&Kring, 2014）。污名可能是患有精神病性障碍的人生活中的一股强大的力量，因此直接解决这个问题非常重要。

精神病性障碍：病因与预防

为什么像詹姆斯这样的人会有如此怪异的想法和行为呢？前文曾提到，许多精神障碍是由各种生物和环境变量共同促成的。许多人生来就具有某些性格特征或精神疾病的遗传或生物学因素。这些生物学因素有时强烈，有时微弱，但在精神分裂症方面似乎相当强烈。因此，我们主要关注精神分裂症的生物学风险因素，但也涵盖可能产生一些影响的环境因素。

精神分裂症的生物学风险因素

患有精神分裂症的人的生物学因素可能包括遗传、大脑特征、神经化学特征以及认知缺陷。

遗传

关于家庭、双胞胎和收养方面的研究表明，精神分裂症有很强的基因因素。图12.5总结了精神分裂症在亲属中的患病率研究。前文曾提到，精神分裂症在一般人群中的患病率少于1%。然而，患有精神分裂症的人的孩子患该病的概率大约是一般人群的孩子患该病概率的12倍。患有精神分裂症的人的孙子辈患精神分裂症的可能性是普通人群的3倍左右。数据还表明，在类精神分裂症、情感分裂障碍以及分裂型和回避型人格障碍方面，近亲患病风险增加（Bolinskey et al., 2015; Ettinger, Meyhofer, Steffens & Wagner, 2014; Rasic, Hajek, Alda & Uher, 2013）。

双生子研究也表明，精神分裂症具有遗传成分。同卵双胞胎中精神分裂症的共患率（50%）通常远高于异卵双胞胎的共患率（6% ~ 17%）（MacDonald, 2015）。收养研究揭示了类似的发现。由患有精神分裂症的母亲生育，但由未患精神分裂症的父母抚养的孩子患精神分裂症的可能性仍然比对照组更大，前者和

12.3

专栏

聚焦暴力

患有精神分裂症的人更具暴力倾向吗?

媒体往往偏向于将患有精神分裂症等精神病性障碍的人描述为指挥某个人实施暴力行为的形象。20世纪70年代，纽约市的一个连环杀手用一把手枪谋杀女性和年轻恋人。凶手在一封信中声称“山姆爸爸”命令他出去杀人——凶手后来被称为“山姆之子”。大卫·伯克威茨（David Berkowitz），这个精神失常的凶手坚信恶魔的存在，是恶魔要他出去杀人的，最终他因为这些可怕的罪行被逮捕。刚开始报纸几乎每天都跟踪报道伯克威茨的信息，后来又跟踪报道他的精神状态。广泛密集的报道给人的印象是，精神病病人必然是危险的。患有精神分裂症的人听到的许多声音并不是命令他们去杀人，但媒体对某些如伯克威茨等类似案件的密集报道确实引发了这一人群是否更具暴力倾向的问题。

患有精神分裂症的人因为暴力行为而被捕的频率远高于一般人群（Nederlof, Muris & Hovens, 2013）。这一人群中暴力的强烈风险因素包括敌对行为、冲动控制障碍、过度使用物质以及不遵从医嘱进行治疗等（Witt, van Dorn & Fazel, 2013）。此外，在世界各国被监禁的人中，3.6%的男性和3.9%的女性患有精神分裂症，该比例远高于一般人群（不到1%）（Fazel & Seewald, 2012）。

然而，我们还要考虑有关暴力和精神分裂症的其他证据。第一，监狱中绝大多数的犯人没有精神分裂症，更多的只是患有抑郁症（Fazel & Seewald, 2012）。第二，因犯罪而被逮捕的人患有精神分裂症的人只有不到2%，这一数字与该疾病的一般患病率差别不大（1%）（Morgan et al., 2013）。第三，在患有精神分裂症的人开始接受治疗后，其暴力发生率与一般人群的暴力发生率十分相近（Langeveld et al., 2014）。第四，有患精神分裂症风险的人更有可能成为暴力犯罪的受害者，而不是施害者（Purcell, Harrigan, Glozier, Amminger & Yung, 2015）。第五，精神失常首次发作的人比其他人更可能伤害自己（Nielssen, Malhi, McGorry & Large, 2012）。有些患有精神分裂症的人有从事暴力犯罪的风险，但绝大多数不会这么做，而且如上所述，他们更可能会伤害自己。

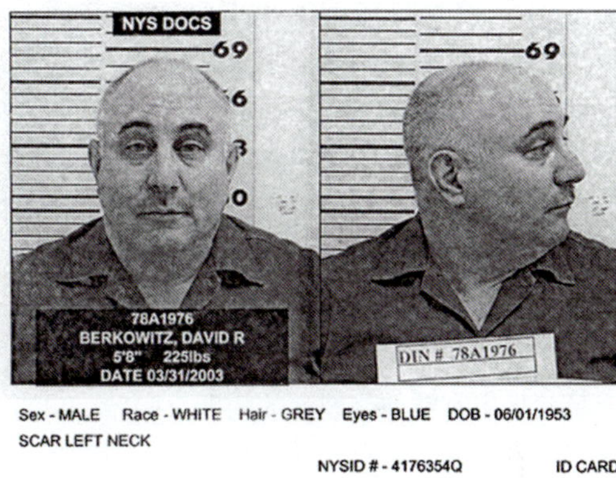

各大报纸将“山姆之子”大卫·伯克威茨的暴力犯罪行为在其醒目的头条位置进行了报道，这可能会歪曲公众对患有精神分裂症的人的看法，从而使公众认为他们过于危险。

后者的患病率分别为5.6% ~ 9.1%和0.9% ~ 1.1%。如果生母患有精神分裂症的孩子与其养父母在交流上存在问题，那么这种情况似乎尤其突出（Lawrence, First &Lieberman, 2015）。据估计，精神分裂症的遗传率为70% ~ 90%。

一些研究人员发现，不同染色体上的遗传基因与精神分裂症之间存在联系，尤其是第1、第2、第3、第7、第15、第16、第17和第22号染色体（Kotlar, Mercer, Zwick&Mulle, 2015）。然而，这些数据不太稳定，因为许多患有精神分裂症的人并没有表现出这些遗传标记。因此，目前的研究开始关注可能导致精神分裂症的基因突变（特别是22号染色体上的）（Malherbe, Roos, Ehlers, Karayiorgou&Roos, 2015）。

许多患有精神分裂症的人可能拥有能共同导致该种障碍的多种基因。这被称为多基因座模型（Hatzimanolis et al., 2015）。一些患有精神分裂症的人可能有能导致精神分裂症的足够强的单个基因，这些单个基因也因而被研究人员所辨识，但即便这些基因也很可能与其他基因一起导致这一疾病。

然而，基因数据并未描绘出人们为何会患上精神分裂症的整个画面。大多数患有精神分裂症的人的亲属，甚至是父母患有精神分裂症的同卵双胞胎，自身也不会患上这种疾病。患有精神分裂症的人通常也不会生育孩子，因为这会引发遗传的问题。遗传因素对某些类型的精神分裂症或与该疾病相关的一些特定行为起的作用可能更大一些，当然也可能受到许多其他生物因素和环境因素的影响（Seidman et al., 2015）。

热南四胞胎是指患有精神分裂症的同卵四胞胎姐妹。国家心理健康研究所的研究人员对他们进行了深入研究以了解更多有关精神病的遗传因素。

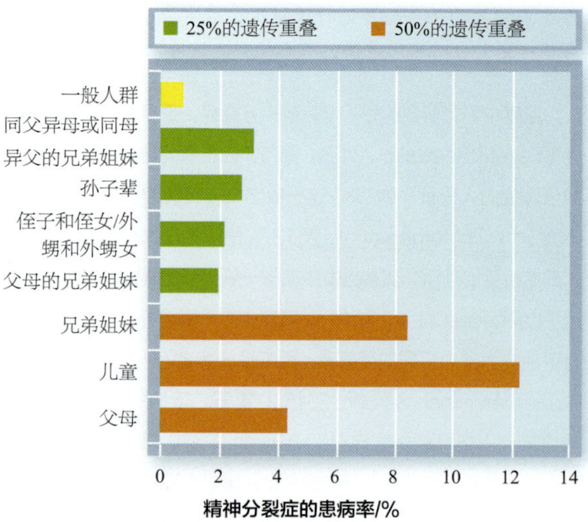

图12.5 精神分裂症的患病率与患有精神分裂症的人的关系程度。

大脑特征

一些患有精神分裂症的人具有某些可能有助于产生这种疾病的大脑特征。一个关键特征是脑室扩大，或者大脑中存在空间或缝隙（图12.6）。当然，这一发现并非精神分裂症所特有，因为一些患有神经认知障碍的人（第十四章）也有扩大的脑室。然而，这一大脑特征在患有精神分裂症的人中是一个出现率很高的生物学发现（del Re et al., 2015）。

脑室扩大是如何导致精神分裂症的？一种可能性是脑室扩大意味着正常大脑发育的一个一般性故障或从大脑的一个区域到另一个区域之间通路的分裂。一个重要的分裂可能涉及影响认知和语言的大脑区域之间的神经连接。精神分裂症越来越被视为一种大脑皮质连接障碍（Jiang et al., 2015）。另一种可能性是，增加的空间意味着关键的脑区没有发育到应有的程度。这引出了该领域的另一个重大发现：脑叶的差异。

精神分裂症研究人员特别关注了大脑颞叶的发育不良情况，该区域一定程度上掌管听觉信息处理和语言（图12.7）。患有精神分裂症的人在听觉处理和语言方面经常存在一些关键问题，因此这些问题可能是由于颞叶区域的差异造成的。患有精神分裂症的人的内

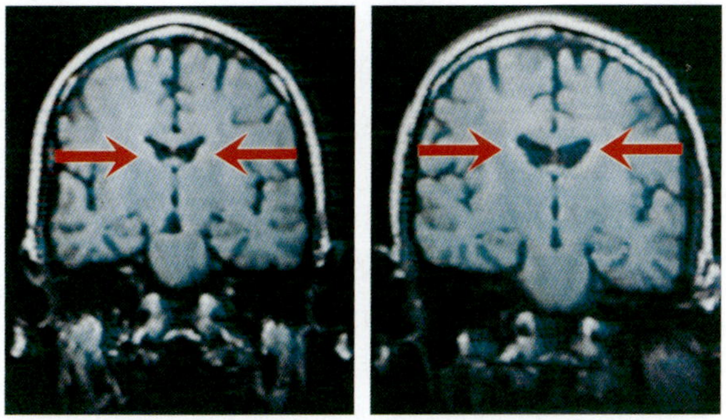

图12.6 未患精神分裂症的人（左）和患有精神分裂症的人（右）的大脑的对比图。注意受到影响的大脑中脑室的扩大情况。

侧颞叶，尤其是杏仁体和海马区，比对照组人群的内侧颞叶较小（Seidman et al., 2014）。这些区域部分掌管语言与空间记忆处理和情绪，这对于患有精神分裂症的人来说也是有问题的。颞上回和颞中回的体积减小可能会影响听觉记忆和语言处理，这也与精神分裂症有关（van Tol et al., 2014）。

研究人员还发现，整个大脑体积的减小和灰质的萎缩会影响不同脑叶的大小，从而影响人的认知（图12.8）（Lee et al., 2015）。有些人指出了大脑额叶方面的一些更具体的缺陷，主要涉及复杂信息处理和功能组织，这可能导致幻听现象出现（Watanabe, Urakami, Hongo & Ohtsubo, 2015）。与精神分裂症有关的其他特定脑区的差异（通常也涉及体积萎缩）包括以下几个方面：

- 丘脑和顶叶/枕叶，其差异可能影响感觉信息和视觉注意力的整合（Buchmann et al., 2014）；
- 基底核和小脑，其差异可能影响运动行为和通往高阶脑区的输出（Hirjak et al., 2015）；
- 胼胝体，其差异可能影响大脑半球之间的语言和沟通（del Re et al., 2015）。

如大脑额叶等区域的脑室扩大和大脑体积的减小可能有助于解释精神分裂症的阴性症状（Bijanki, Hodis, Magnotta, Zeien & Andreasen, 2015）。如颞叶等其他区域的差异可能有助于解释精神分裂症的阳性症状。大脑灰质的损失可能从顶叶开始，甚至在青春期可能就已经开始了，后来逐渐扩散到额叶和颞叶（Haut et al., 2015）。这种损失如何扩散以及扩散的程度也许有助于确定患有精神分裂症的人的一些特定症状。

关于大脑变化和精神分裂症的另一个主要发现是某些区域不对称性的缺失。一些患有精神分裂症的人可能在异形关联皮质方面存在差异，这包括语言处理的两个关键大脑区域：布罗卡区和颞平面。

颞平面不对称性的缺失对于学习障碍而言是一个可能的风险因素（第十三章），并且这在患有精神分裂症的人身上也有类似的发现（Atagun et al., 2015）。其他脑区不对称性的缺失也与精神分裂症有关，包括前扣带回（Salgado-Pineda et al., 2014），该区域部分掌管决策类型。

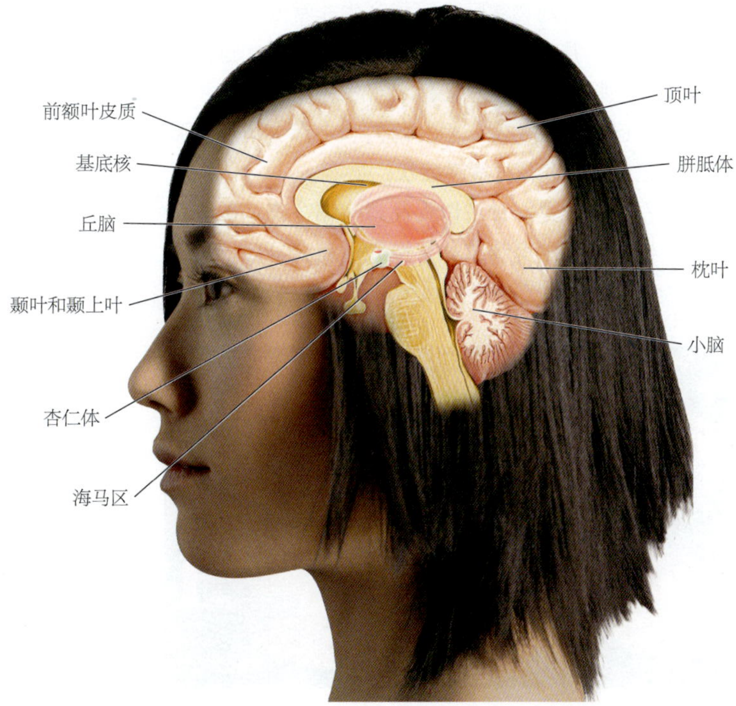

图12.7 精神分裂症主要涉及的大脑区域。

大脑特征方面的研究代表了该领域取得的一些重大进展，但请记住，研究发现往往并非最终结论。我们对这些大脑变化如何导致精神分裂症的特定症状还无法完全得知。这些大脑变化可能是由遗传因素、一般人群中简单的解剖学差异、大脑的自然退化、环境因素或其他一些变量造成的。并非所有患有精神分裂症的人都会表现出可以测量的大脑差异，这意味着可能存在其他一些原因，例如我们接下来要讨论的神经化学特征。

神经化学特征

关于精神分裂症最突出的理论之一是其症状是由大脑中某些神经递质的过量引起的，尤其是多巴胺（图12.9）。一直以来，过量多巴胺假说非常受欢迎，主要是因为：

- 许多有精神分裂症阳性症状的人使用降低其多巴胺水平的药物得到了很好的治疗效果（在下文“治疗”章节将进行讨论）；
- 抗精神病药物实际上可能产生非常低水平的多巴胺，并产生类似帕金森病的副作用，这是由多巴胺水平不足造成的；
- 多巴胺过量（例如甲基苯丙胺中毒）可能导致运动问题和精神病性症状；
- 左旋多巴是一种可以提高患有帕金森病的人多巴胺水平的药物，如果摄入过量会导致出现精神病性症状，并会加重精神分裂症的症状；
- 多巴胺受体（特别是D2受体）在部分患有精神分裂症的人大脑中的密度可能更高（Howes & Murray, 2014; Larulle, 2014）。

关于多巴胺的修订理论是，神经递质本身不如其在帮助控制大脑皮质的信息处理中的作用重要（Belujon, Patton & Grace, 2014）。前文曾提到，脑叶的变化与精神分裂症有关，其中许多区域包含大量的多巴胺受体。与大脑皮质相连的大脑区域，如基底核或杏仁核，也有大量的多巴胺受体。多巴胺水平的变化和大脑的关键区域可能相互作用从而引发精神分裂症的症状，但这种可能性的确切性质仍有待研究。

其他神经递质也与精神分裂症有关，包括5-羟色胺、γ-氨基丁酸和谷氨酸等（Tamminga & Ivleva, 2013）。也许是这些神经递质，尤其是5-羟色胺，与关键脑区的多巴胺和功能缺陷相互作用从而引发了精神分裂症症状的出现。额叶皮质中5-羟色胺较少可能导致该脑区的活动增多，从而导致多巴胺的水平提高（Selvaraj, Arnone, Cappai & Howes, 2014）。

认知缺陷

大脑变化及其他生物因素可能有助于解释为什么许多患有精神分裂症的人会有几个关键的认知缺陷。这些关键的认知缺陷包括记忆力、注意力、学习、语言，以及诸如解决问题和决策能力等执行功能。对许多患有精神分裂症的人而言，记忆力和注意力是个问题。在记忆力方面，许多患有精神分裂症的人在

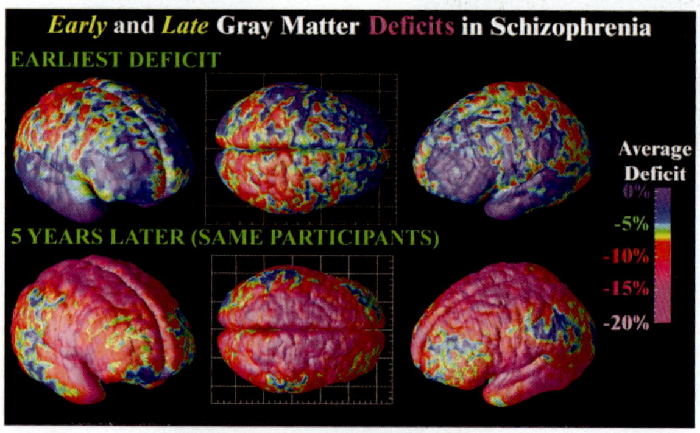

图12.8 患有精神分裂症的人早期阶段（上）和后期阶段（下）大脑的对比图。注意：大脑灰质逐渐丧失。

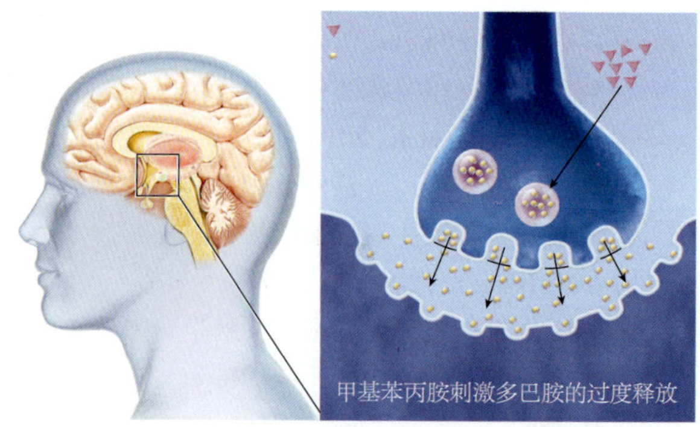

图12.9 使用甲基苯丙胺会提高多巴胺的水平，从而可能导致出现精神病性症状。

回忆和记忆信息方面存在很大困难（Lett, Voineskos, Kennedy, Levine & Daskalakis, 2014）。

许多患有精神分裂症的人也会出现持续性的注意力问题，这些问题可能在童年或青春期就出现了。患有精神分裂症的人的许多近亲也存在注意力问题（Larsson et al., 2013）。此外，许多患有精神分裂症的人在处理快速视觉信息、用眼睛追踪物体以及专注于一个对象等方面存在问题（Tibber et al., 2015）。信息处理方面的困难可能导致感观超载，而这可能有助于解释诸如幻觉和妄想等阳性症状。阴性症状可能是回避这种感官超载的结果。信息处理方面的困难也可能是导致许多患有精神分裂症的人出现言语紊乱的核心原因（Holshausen, Harvey, Elvevåg, Foltz & Bowie, 2014）。

一些研究人员认为，精神分裂症亚型可能基于认知功能。许多患有精神分裂症的人的认知功能受损很小，但另有一些人受到类似于痴呆的严重和广泛性损害（第十四章）。患有精神分裂症的人的主要认知集群可能包括以下几个方面：

- 语言流畅性较差（构词与表达能力）；
- 言语记忆和运动控制较差；
- 信息处理速度较慢；
- 智力功能减退。

这些集群中的每一个都可能与某个特定的大脑变化相关联（Geisler et al., 2015）。精神分裂症的严重级别和症状非常广泛。然而，对这些严重级别和症状进行分类却并不容易（Gilbert et al., 2014）。此外，认知甄别对于精神分裂症的评估和治疗非常重要。

精神分裂症的环境风险因素

早期和后来的环境因素也会影响精神分裂症的发展。这些环境因素包括产前并发症、不良生活事件、过度使用精神活性物质以及文化和进化的影响。

产前并发症

患有精神分裂症的人如果存在一些发育迟缓表现，他们往往比一般人群会有更多的产前并发症（Walder, Faraone, Glatt, Tsuang & Seidman, 2014）。一种似乎与精神分裂症密切相关的产前并发症是缺氧、缺血或大脑供血、供氧不足。这可能导致脑室扩大（见之前的“大脑特征”章节）。出生时体重较轻和头围较小对这一人群而言也非常普遍（Fineberg, Ellman, Buka, Yolken & Cannon, 2013）。

产前并发症也会以病毒和感染的形式出现。患有精神分裂症的人不成比例地在冬末或春季出生；因此，在这一时期出生的胎儿患流感及其他疾病的风险较高（图12.10）。如果孩子出生在大城市或者他的家人最近刚移民到另一个国家，那么这种风险可能会更大。在饥荒时期出生的胎儿患精神分裂症的概率也可能更高（Miller, Culpepper, Rapaport & Buckley, 2013）。受到风疹、病毒性脑炎或严重营养不良影响的胎儿患精神分裂症及其他疾病的风险增加（Fraile, Ruiz & Peinado, 2015）。

不良生活事件和过度使用精神活性物质

产前的母体应激可能导致重要的大脑变化以及后来的精神障碍，包括精神分裂症（Fineberg et al., 2016）。不良生活事件和过度使用精神活性物质等后来的环境因素也会影响精神分裂症的发展。许多患有精神分裂症的人在精神病性症状出现之前的数周或数月内经历过应激性生活事件，若这些事件引发他们的情绪化反应便更是如此（Barrantes-Vidal, Dominguez, Cristobal-Narvaez & Kwapil, 2014）。詹姆斯就是这种情况。像身体虐待等创伤事件对患有精神分裂症的人而言也很常见（O'Hare, Shen & Sherrer, 2013）。然而，尚不清楚的是，应激性生活事件是否会引发精神病性症状或者精神病性症状是否会使人处于可能被他人利用的弱势地位。

此外，与一般人群相比，患有精神分裂症的人更有可能吸食过量大麻（Solowij et al., 2013）。其他药物也可能引发精神病性症状。过度使用精神活性物质在患有精神分裂症的人中也很常见（见表12.8）。应激性生活事件和过度使用精神活性物质是否会引发精神病性症状或者这些症状之后是否会出现尚不清楚。有些人可能会用酒精或其他药物来应对精神病性症状，但物质使用障碍和精神分裂症也有共同的风险因素，例如多巴胺水平提高（Thoma & Daum, 2013）。

文化和进化的影响

其他与精神分裂症相关的因素可能包括文化和进化的影响。与发达国家和当地居民相比，精神分裂症在发展中国家及移民、流动人群中似乎更常见。据报道，与当地居民样本相比，英格兰加勒比黑人样本的精神分裂症患病率增加（Tortelli et al., 2015）。流动工人面临的社会隔离和缺乏社会支持可能是精神分裂症的一个主要风险因素。

精神分裂症的社会文化模型也关注标记或者认定某人被诊断出严重精神障碍的问题。将某个人标记为患有如精神分裂症等疾病的过程可能确实会使此人容易表现出符合该障碍的症状。一个刚被诊断患有精神分裂症的人可能会回避他人以避免遭到歧视，经历自尊心和生活质量的降低，变得愤怒或抑郁，并且行事古怪（Imhoff, 2015）。

标记也会影响其他人看待一个人的方式。罗森汉（1973）进行了一项著名的研究，在该研究中，没有精神障碍的人去各家医院，并妄称自己出现幻听问题。尽管这些“伪患者”刻意在医院表现出正常的行为，但他们都住院接受治疗。医院记录显示，工作人员经常将诸如记笔记等正常行为诊断为病理行为，其诊断仅仅基于此人正在接受住院治疗。该研究强调，一旦被确诊患有严重的心理疾病，与之而来的污名可能非常强烈且令人难以应对。

关于精神分裂症的进化假说也有人提出了社会功能的相关问题。一种理论认为，随着人们的社会生活愈加复杂，生活模式进一步脱离了我们远古祖先基本的“狩猎—采集”状态，人类也越来越能容忍更大程度的正常功能偏离。早期的人类不能容忍有精神病性症状的人，但今天具有这些症状的人们可以更容易地融入社会并为社会做出贡献。另一种进化假说是，一些人在很久之前从其他灵长类动物中分离出来时发生了基因突变。这种基因突变可能影响了将我们与其他灵长类动物区分开来的功能区域——最突出的就是语言。当然，语言缺陷通常是精神分裂症的核心问题（van Dongen & Boomsma, 2013）。

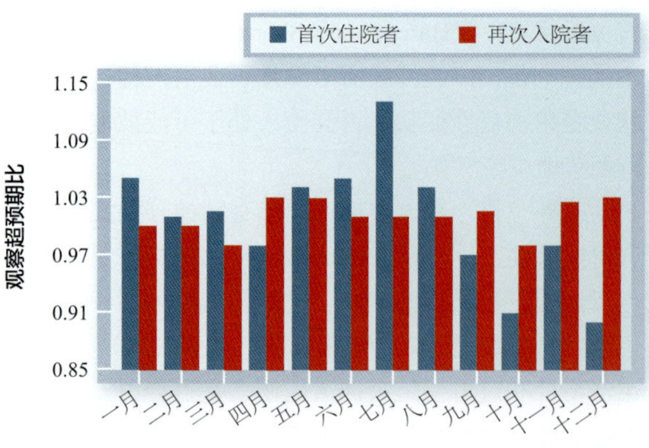

图12.10 不同出生月份的患有精神分裂症的人首次住院和再次住院的概率。注：在春季和夏季出生的人中，首次住院的概率一般较高。

精神分裂症的病因

所有这些风险因素是如何相互作用从而引发精神分裂症的呢？关于精神分裂症及其他精神病性障碍可能如何形成的一个非常流行的综合模型是神经发育假说（Howes & Murray, 2014）。该模型的支持者认为，一个微妙的疾病过程在生命早期（可能早在产前的孕中期）就会对大脑区域造成影响，并逐渐发展到症状全面发作的程度（图12.11）（Miller et al., 2013）。早期的大脑变化可能源于疾病、饥荒或出生体重过低等变量。遗传易感性也可能影响胎儿和儿童的大脑发育，这可能引发精神分裂症后期的症状。

一些理论家认为，在青少年的大脑经历重大重组和广泛使用时，这些早期的大脑变化就特别重要。

表12.8

物质使用障碍和精神分裂症的共病

物质	物质使用障碍和精神分裂症
印度大麻	27.0%
酒精	20.6%
可卡因	15% ~ 50%
安非他命	8.9%
阿片制剂	4.1%

物质使用障碍和精神分裂症终生患病率或累积患病率的诊断分布。有些人可能有不止一项物质使用障碍。

一种可能性是，此时神经元尚未进行充分修剪，这意味着旧的突触连接不会像大多数人那样被丢弃。这可能导致诸如海马区等大脑关键区域中无用神经元的累积。这种异常可能会导致精神分裂症症状的全面发展（Cocchi, Drago & Serretti, 2015）。另一种可能性是，发育不良的大脑无法应对青春期和成年期日益复杂的生活。

如果神经发育假说成立，那么随着孩子的成长，人们可能会发现早期问题的迹象和大脑的变化。一些现象为此提供了佐证。患有精神分裂症的人通常会有其他身体问题，这些身体问题很可能与关键的大脑变化发生在同一时间，并且其中一些问题可能在儿童和青少年中十分明显。这些身体问题包括耳部、头部、面部、舌头、上颚和手脚功能的紊乱（Gassab, Aissi, Slama, Gaha & Mechri, 2013）。一些功能紊乱与精神分裂症中的脑室大小有关（Tenyi et al., 2015）。然而，许多患有精神分裂症的人并没有出现这些功能紊乱，同样，许多有这些功能紊乱的人并未患上精神分裂症。

关于神经发育假说的更有力的证据来自父母为患有精神分裂症的人的儿童或最终患上精神分裂症的儿童身上常见的奇怪的运动行为。在父母患有精神分裂症的儿童的家庭电影和录像带中发现了一些奇怪的运动行为。这些奇怪的运动行为可能是产前并发症或影响大脑发育的遗传因素的结果，抑或可能与多巴胺水平过高有关。其中许多孩子表现出以下特点：

- 运动发育不规律或滞后，例如走路延迟；
- 头部和身体发育缓慢；
- 精细运动和大运动协调和感知能力较差；
- 过度活跃；
- 古怪的手部动作及其他无意识的动作；
- 抽搐和扮鬼脸。

然而，请记住，这些古怪的行为有时会预示其他疾病，例如抑郁症和双相情感障碍。并非所有患有精神分裂症的人在儿童期都会出现这些症状，并且有这些症状也并不一定意味着这个人最终会患上精神分裂症（Laurens et al., 2015）。

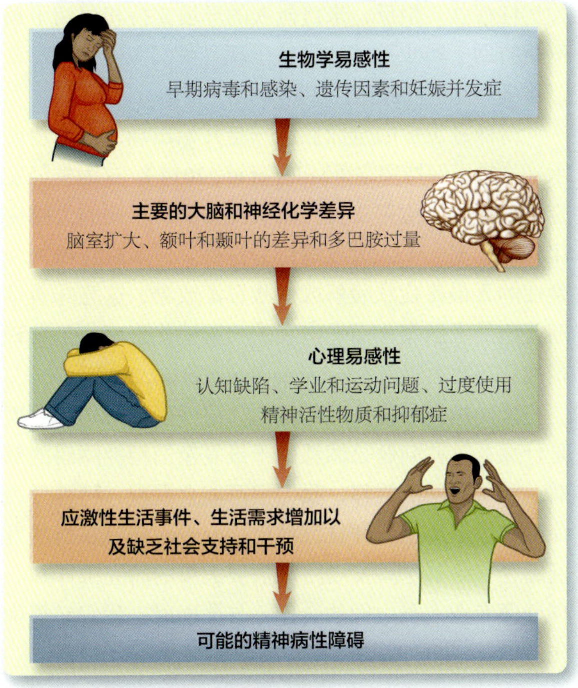

图12.11 精神病性障碍的发展路径样本

其他可能为神经发育假说提供支持的童年时期的变化包括认知和社会行为方面的变化。与对照组儿童相比，存在患精神分裂症风险的儿童往往有智力日渐下降、智力测试分数较低、反复留级以及注意力不集中等问题（Laurens et al., 2015）。最终患上精神分裂症的一些儿童还会表现出精神分裂性人格特质（古怪的行为和言语）和反常的感知体验（Nelson, Seal, Pantelis & Phillips, 2013）。患有精神分裂症的人往往会产生不良的社会认知和心理或对其他人思想和信念不良的理解（Ventura et al., 2015）。詹姆斯不太能完全领会或理解别人的观点。然而，这些认知变化无常，并不总能对精神分裂症做出预测。

随着孩子的成长，环境事件必定会对他的发育产生影响，并可能会加速或者预防后期精神分裂症全面症状的发作。我们曾提到，应激性事件和过度使用精神活性物质与精神分裂症有关。年轻时表现出问题行为的孩子可能会因丧失亲人、学业要求不达标、家庭冲突和同辈压力等而感到有压力。这可能会导致各种后果，例如抑郁症、过度使用精神活性物质或引发精神病性症状。相反，来自他人的环境支持和早期干预可能有助于防止严重的症状出现。我们在“预防”章节将会对此进行探讨。

精神分裂症的全面症状一旦开始出现，人的功能水平将趋于保持稳定（Miles et al., 2014）。这为神经发育假说提供了更多支持。该假说预测，早期的大脑变化将勾勒出一个人大致的行为过程。许多患有精神分裂症的人最终症状缓解或症状日渐改善，这意味着早期稳定的大脑变化而非持续的大脑退化更可能是导致精神分裂症的原因（Rabanea-Souza et al., 2016）。

无论精神分裂症及其他精神病性障碍的实际原因是什么，这些问题显然都属于最复杂的精神障碍的范畴。随着时间的推移，我们很可能会发现，精神分裂症存在很多类型，并且每种精神分裂症都有各自的发展路径。绘制这些发展路径需要大量的研究工作和心理健康专业人员之间的合作。与此同时，我们必须优先考虑对这些疾病进行预防。

精神分裂症的预防

鉴于我们已经了解精神分裂症的风险因素，那么我们要怎么来预防呢？精神分裂症的早期症状可能出现于青春期或成年早期，因此，在童年和青少年时期应考虑疾病的预防。我们知道，遗传在精神分裂症中起着重要作用，因此，我们应关注那些父母患有精神分裂症的儿童，并寻找应激性事件，以及运动、认知和社会问题的早期迹象；然后，帮助被认定为存在患精神分裂症风险的儿童改善其功能并教给他们可能延迟精神分裂症症状发作的方法。

一些研究人员讨论了一种可能有助于指导精神分裂症预防工作的两次打击模型（Selemon & Zecevic, 2015）。如果一名儿童的近亲患有精神分裂症（第一次打击），并且如果他经历过诸如产前并发症、机构监管或家庭冲突等严重的应激性事件，那么研究人员认为这名儿童特别容易患上精神分裂症。一种特殊的“第二次打击”涉及早期育儿的问题。存在患精神分裂症风险的儿童经常会经历一些消极的生活事件、受到虐待或失去父母等（Davis et al., 2016）。

这一模型可用于实施精神分裂症的预防工作

对家族史、早期环境应激因素、轻微身体异常和早期问题行为进行评估，可以帮助确定有患精神分裂症风险的儿童。我们很难预防“第一次打击”，但可以瞄准“第二次打击”。应对“第二次打击”可能的做法包含以下几个方面：

- 以寄养家庭代替寄宿式安置机构；
- 采用家庭治疗来解决问题和提高沟通能力；
- 通过学术技能培训提高持续性注意力、语言能力和智力；
- 通过社交技能培训提高与他人交往的能力；
- 通过运动技能培训提高协调能力；
- 教导关于精神分裂症及识别其症状方面的知识；
- 通过心理社会治疗帮助孩子应对日常性应激源；
- 早期使用抗精神病药物（见“治疗”章节）。

聚焦于这些想法的预防研究是十分必要的。然而，一些研究人员已经为在首次精神病发作方面存在高风险的青少年提供干预。这通常涉及一种支持性方法，除了认知行为疗法和药物治疗，该方法侧重于帮助这些人解决社会、职业和家庭问题（见“治疗”章节）。这些程序可以延迟精神分裂症全面症状的发作（Piskulic, Nelson, Alvarez-Jimenez & McGorry, 2015）。

一般预防和复发预防（尤其后者）的另一个目标是情绪表达。第七章曾提到，情绪表达是指家庭成员彼此之间的情感过度参与和敌意以及无法应对一个人的精神障碍，就本章而言，就是精神分裂症。患有精神分裂症的人常常因其精神障碍而受到指责，并因其高情绪表达而受到家人的严厉批评（Cechnicki, Bielanska, Hanuszkiewicz & Daren, 2013）。

高情绪表达会使患有精神分裂症的人的症状得到更大程度上的复发，因此，情绪表达可能是预防复发的一个很好的目标（Bogojevic, Ziravac & Zigmund, 2015）。情绪表达与药物依从性有关，可能与文化相互影响。有些人声称，如果患有精神分裂症的人偏离了社会的核心文化价值观及规范，那么家人就很难与其很好地沟通（Wiguna et al., 2015）。家庭动态领域及其与精神分裂症发作之间的关系仍然是一个令人感兴趣的研究领域。

精神病性障碍：评估与治疗

精神病性障碍通常包括多种严重的缺陷，因此评估起来可能非常困难。关于患有精神病性障碍的人的信息通常来自配偶、孩子、其他家人及朋友，他们拼凑起其症状和行为模式的病史。道格拉斯就是这样一个例子。具有该人群工作经验的心理健康专业人员进行的临床观察也是非常宝贵的。我们对这些方法逐一进行探讨。

在进行心理评估之前，患有精神病性障碍的人应进行一次全面的体检，因为某些疾病也可能会产生一些精神病性症状。这样的例子包括癫痫症、颅脑损伤（如脑卒中）、中枢神经系统感染（如艾滋病）、内分泌和代谢紊乱、维生素缺乏症和自身免疫失调。安非他命、大麻、苯环利定（PCP）和麦角酸二乙基酰胺（LSD）等精神活性物质也会产生精神病性症状。酒精和镇静剂戒断也会导致类似精神病样的症状（Jordaan &Emsley, 2014; Oldham&Desan, 2015）。

访谈

由于存在妄想、幻觉、猜疑以及思想和行为紊乱等因素，很多针对患有精神病性障碍的人的访谈十分困难。尽管如此，研究人员可能仍会进行一些非结构式访谈以获取尽可能多的有用信息。以下领域的信息应该给予优先关注：

- 目前的机能水平及具体的问题行为和缺陷；
- 最近的生活事件和个人经历；
- 用药与治疗历史和依从程度；
- 医学和心理疾病的共病性疾病；
- 来自他人的财务资源和支持。

一种通常用于患有严重精神障碍的人的半结构式访谈是情感障碍和精神分裂症评分表。该访谈主要关注背景、人口统计学特征以及包括精神病在内的各种疾病的过去和现在的症状。访谈及其他类似的形式可能要花费很长时间才能付诸实施，它需要很多专业知识，并且对于思维极其紊乱的人可能还不能发挥作用。另外一些访谈更多地关注被访谈者当前的机能水平，例如独立生活、就业、友谊和浪漫的伴侣关系等（Joseph et al., 2015）。

因此，简明评定量表有时会采用半结构式访谈的方式。这些量表主要侧重于精神分裂症的阴性和阳性症状以及思维受损情况。这些量表通常由心理健康专业人员完成，他们从病例回顾、观察或与患有精神分裂症的人的讨论、重要他人以及其他专业人士那里获取信息。如果可能，也会要求个体完成某些量表。例如，精神病性症状评定量表测量妄想和幻听的频率及与之相关的痛苦（Woodward et al., 2014）。表12.9包含了一个精神病分量表的模拟项目。

行为观察

对患有精神病性障碍的人的行为观察有助于评估其社交和自我护理技能。需要观察的内容包括开始并保持对话的能力、问题解决能力、管控压力及自身症状的能力、服用药物和个人基本卫生情况、与他人良好合作的能力以及保持适当面部表情和情绪的能力等；此外还应该密切观察药物的副作用。人们还可以对可能表明一些大脑变化的“神经软体征”进行评估（Bachmann, Degen, Geider&Schroder, 2014）。这些体征包括平衡和协调能力差、运动和反应笨拙、震颤以及言语和睡眠问题。

评估这些行为最常用方法是对患有精神病性障碍的人进行仔细监控，并从其家人和朋友那里获取信息。如果行为观察发生于多种环境中，尤其是在家庭、工作中和进行娱乐活动时，那么这样的行为观察非常有用。衡量社交和自我护理技能的角色扮演或评定量表也可能对这些方面的观察有所帮助（Kurtz, Mueser, Thime, Corbera&Wexler, 2015）。思考以下治疗师和患有精神分裂症的人（残留型）（以下简称“被治疗者”）之间的对话：

治疗师：今天过得怎么样？

被治疗者：（低着头，喃喃耳语）

治疗师：你说话的时候能看着我吗？还有，你声音能大一点吗？这样我可以听得更清楚些。

被治疗者：（说得更清楚）我刚才说很好（声音慢慢减弱）。

治疗师：很好！这次好多了。

被治疗者：（沉默）

治疗师：能回答下我刚才的问题吗？你会怎么回答呢？

被治疗者：嗯，哦……啊……谢谢？

治疗师：是的，很好！不客气！我们继续聊聊。

认知评估

许多患有精神分裂症及其他精神病性障碍的人在语言和语言能力、注意力与专注力、记忆、问题解决、决策和感知觉功能方面存在困难。因此，对这一人群认知功能的测验通常是至关重要的。

语言和语言能力测验通常源自某些智力和成就测试的分测验。这包括韦克斯勒成人智力测验（第4版；WAIS-IV）的口语分测验和广度成就测验（第4版；WRAT-4）的阅读分测验。人们应该寻找语言流畅性、感知、输出和句法方面的问题及其在这些测验中的得分差异。即使在患上严重的精神障碍或脑功能障碍之后，WRAT-4的阅读分数可能也不会有太大起伏，因此，这些分数可用于衡量他们病前（患该疾病之前）的功能水平。然后，可以将这些分数与表示当前功能的WAIS-IV语言分测验分数进行比较以查看发生了哪些变化。然而，对于有严重紊乱症状或严重阅读问题的人来说，这种评估策略可能没什么帮助。我们可以使用库氏持续性操作表现测验（第3版）来评估专注力或注意力缺陷问题，这需要一个人对定期呈现的一系列刺激做出反应（Conners, 2014）。

将对象按照颜色进行分类等其他神经心理学任务也可用于评估精神分裂症的大脑前额叶皮质问题，尤其是决策、问题解决和言语记忆方面的问题。患有精神病性障碍的人通常会有运动问题，因此，用于评估惯用手和非惯用手的手指敲击和握力的神经心理测验的一些具体的分测验也可能是有用的。另有其他一些分测验可用于评估视觉、听觉或触觉中的感知觉问题。其中一个例子是霍尔斯特德-雷坦神经心理测验的指尖触认数字分测验。在该测验中，一个人闭上眼睛，并识别由测试者在他的指尖上写下的数字。该测验可以将有脑功能障碍的人和正常的人区分开来。

生理评估

患有精神病性障碍的人通常会有强烈的症状，这些症状可能具有强烈的生物学基础，因此应首先排除与该疾病相互抵触的医学解释，此外还可以进行如尿液和血液分析等实验室测试，以检查神经递质的过量问题和合法及非法药物的使用问题。这样的测试通常用来监测一个人对处方药的依从性及与其他药物之间有潜在危险的相互作用。然而，这些测试并非万无一

表12.9

精神病分量表的模拟项目

以下几个方面给您造成痛苦的程度	无症状（0）	很轻（1）	中度（2）	严重（3）	极重（4）
其他人可以控制你的思维					
听到别人听不到的声音					
其他人了解你的隐私想法					
存在不属于你自己的想法					
你应该为自己的罪而受到惩罚的想法					
你的身体出现了严重问题的想法					
你的思维出现问题的想法					

失，因此，行为观察和评定量表可用于实验室测试。磁共振成像的使用对于患有精神病性障碍的人也变得越来越普遍（Fusar-Poli et al., 2013）。

精神病性障碍的生物学治疗

像詹姆斯这样严重的患有精神病性障碍的人显然需要对这些怪异、复杂的症状进行高强度治疗。精神分裂症及其他精神病性障碍具有很强的生物学因素，因此，这方面的治疗通常从药物治疗开始（见专栏12.4）。针对精神病性症状的药物有时被称为抗精神病药物或精神安定药物。这些药物通常分为典型抗精神病药和非典型抗精神病药（见表12.10）。

像吩噻嗪等典型抗精神病药传统上用于这一人群，并且主要专注于解决大脑中多巴胺的过量问题。这些药物于20世纪50年代被引入精神病性障碍的治疗中，这使因精神分裂症等严重精神障碍而住院治疗的患者人数得到普遍下降（图12.12）。典型抗精神病药是有效果的，但也存在几个问题：

- 许多患有精神病性障碍的人应用这些药物治疗的效果不太好；
- 这些药物可用于治疗精神病性障碍的阳性症状，如妄想和幻听，但不适用于阴性症状；
- 在某些情况下，这些药物引发的副作用可能让他们非常不舒服或者产生不可逆转的后果（下文会做进一步的讨论）。

非典型抗精神病药是新型（或第二代）药物，用于治疗更多患有精神病性障碍的人，解决抑郁和阴性症状，并使副作用减少到最小程度。这些新药影响各种多巴胺受体以及其他诸如血清素等神经递质系统（Meltzer, 2013）。

典型和非典型抗精神病药物确实比不进行药物治疗效果更好。典型和非典型抗精神病药物在再次住院率方面的效果相似，但非典型抗精神病药物对于严重的精神分裂症病例似乎更有效（Stan & Tamminga, 2014）。另有数据表明，非典型抗精神病药的长期有效性优于典型抗精神病药（Meltzer, 2013）。

抗精神病药物对于精神分裂症患者是有效的，并且通常甚至是某个人完成基本的自理任务所必需的。尽管如此，仍然还有一些关键问题尚未解决。首先，这些药物并非对所有患有精神病性障碍的人都有效。其次，许多人在使用抗精神病药物时出现明显的副作用。典型抗精神病药物的常见副作用包括肌肉痉挛和僵硬、烦躁不安、来回踱步、面部表情固定、镇静和癫痫发作。身体不自主运动或锥体外系反应也很常见。迟发性运动障碍是典型抗精神病药物的另一个副作用，这是一种潜在的不可逆转的病症，其特征是面部、口腔、舌头和上半身的无意识抽搐（Kim, MacMaster & Schwartz, 2014）。非典型抗精神病药的副作用往往不那么严重，但可能包括低血压、糖尿病、镇静、体重增加、专注力降低和癫痫发作等（Owens, 2014）。

药物治疗的另一个问题是，要想药物起作用，就必须服下药物。对于患有精神病性障碍的人而言，用药依从率并不高（Haddad, Brain & Scott, 2014）。他们经常为各种药物、记忆和思维困难、应激性事件、副作用、过度使用精神活性物质以及往返于药房和医生办公室等事情而备受煎熬。非典型抗精神病药物的成本也远高于典型抗精神病药物（Meltzer, 2013）。如果延迟或停止服用处方药，那么他们就很有可能会复发（Higashi et al., 2013）。提高用药依从性是精神病性障碍心理治疗方法的一部分。

精神病性障碍的心理治疗

药物治疗是许多精神病性障碍治疗计划的一个主要组成成分，但通常辅以心理治疗。心理治疗通常旨在改善用药依从性、社交和自理技能、就业持续时间、相关人士的支持、情绪和认知能力。针对这一人群的心理治疗旨在提高他们的生活质量，并防止病症的复发。

环境疗法与代币法

患有急性精神病性症状的人在精神病院接受治疗时采用的两种心理学技术是环境疗法和代币法。环境疗法是指构建一个鼓励亲社会和自理技能的环境。心

12.4

专栏

聚焦法律与伦理

抗精神病药物的选择

自主选择用药是许多患有精神障碍的人通往康复的关键一步。然而，对于抗精神病药物以及当一个人在法律上不具备做出治疗选择的能力时该怎么办的问题，出现了一些争议。例如，那些被警方移送至精神病院住院治疗的患有急性妄想症和幻想的人。如果他理解现实的能力受损，又不具备就抗精神病药物表达同意意愿的能力，这种情况下该怎么办呢？

大多数司法管辖区允许医生在紧急或突发事件、个体明显不具备做出相关选择的能力和/或对自己或他人造成危险（例如詹姆斯）等情况下，在未取得个体同意的情况下对其使用抗精神病药物。然而，即使在这些情况下，也应尽一切努力将该人纳入知情同意的过程中来，与其家人商讨治疗方案，并提供足够的治疗来帮助其就后续治疗做出合理的决定。

一个更严重的问题是强制服药。为了达到提高法律权能和监禁可能性的目的，政府是否应该强制要求那些因犯罪而被逮捕的人以及患有重度精神病的人在违背其个人意愿的情况下接受抗精神病药物呢？

有人在一些法庭案件中已经提出了这一问题，这对其他司法实践产生了深刻的影响。政府机构最终是否可以强制要求患有某些精神障碍的儿童和成人服用药物？另外，它如何与其他类型的治疗方式划清界限？目前，这些问题只能由法院结合个案具体分析进行解答。

表12.10
美国在售的抗精神病药物

典型的抗精神病药物	非典型抗精神病药物
氯普马嗪（氯丙嗪）	阿立哌唑（安律凡）
羟哌氟丙嗪（氟奋乃静）	马来酸氯氧平（阿塞那平）
氟哌啶醇（氟哌丁苯）	氯氮平（可致律）
丁二酸洛沙平（克塞平）	伊潘立酮（伊洛培酮）
硫利达嗪（硫醚嗪）	鲁拉西酮（卢拉西酮）
甲哌硫丙硫蒽（替沃噻吨）	奥氮平（再普乐）
三氟甲哌氧丙嗪（三氟拉嗪）	帕利哌酮（芮达）
	喹硫平（思瑞康）
	利培酮（维思通）
	齐拉西酮（卓乐定）

理健康专业人员、医生、护士以及其他工作人员不断赞扬和鼓励有精神病性症状的人穿衣、吃饭、梳妆打扮、参与治疗、与他人进行适当的互动，及参与其他一些积极的行为（Borge, Angel & Rossberg, 2013）。

环境疗法有时与代币法联系起来，在这一模式下，有精神病性症状的人的亲社会和自理技能通过积分（或其他物品）的形式得到具体的奖励，这些积分或物品以后可用于兑换医院外出一日游等特权。代币法可能包括奖励刷牙或与他人共进晚餐等活动。在詹姆斯参与住院团体治疗之后，他有了更多外出的时间。这些住院治疗策略有助于减轻有精神病性症状的人的症状，改善其社交行为，并有利于其早期康复（Kokaridas et al., 2013）。

认知行为疗法与支持性心理疗法

您可能认为针对有强烈精神病性症状的人进行心理治疗没什么效果，然而，请再认真想一想，真的是这样吗？认知行为疗法和支持性心理疗法确实有助于预防病症的复发（Jones, Hacker, Cormac, Meaden & Irving, 2012）。认知行为疗法通常优于患有精神分裂症的人的普通医疗服务，该疗法旨在实现以下目标：

- 与接受、支持和合作的人构建强大的治疗同盟；
- 教育他们了解自己所患的精神疾病，并减少对与精神病性症状相关污名的羞耻感；
- 减少与精神病性症状相关的压力；
- 减少妄想和幻觉，并改变这方面错误的预期和想法；
- 应对诸如过度使用精神活性物质、焦虑相关障碍和抑郁症等并发症；
- 通过识别和消除诸如压力、家庭冲突、遗忘药物等诱因，降低复发的可能性（Kurtz, 2015）。

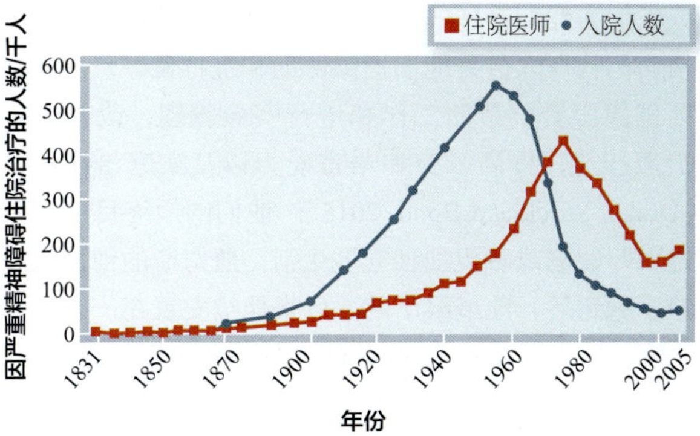

图12.12 美国州立医院和县级医院因严重精神障碍住院治疗的人数。1960年以后，因为精神分裂症等严重精神障碍住院治疗的人数大幅下降。资料来源：Manderscheid, R. W., Atay, J. E.&Crider, R. A. (2009). Changing trends in state psychiatric hospital use from 2002 to 2005. Psychiatric Services, 60, 29–34.

前文曾提到，乔迪存在她的同事想要伤害她这样的妄想，而她的老板要求她寻求专家帮助。为预防乔迪的疑心病，乔迪的治疗师帮助她将更现实的想法与不太现实的想法区分开来，并减少她的生活压力。乔迪学会了检查支持和反对自己想法的证据，在社交场合以适当的方式与他人谈论自己的想法，并在工作之余进行有趣的活动。

用药依从性

患有精神分裂症及其他精神病性障碍的人通常每天都要服药，因此，提高他们的用药依从性非常重要。这方面的行为策略包括关于服用药物的好处和不服用药物的缺点方面的讨论，有关药物治疗方面及其主要效果和副作用的教育，将服药与吃饭等日常生活中必不可少的部分结合以来，将药物放在显眼的位置以免忘记服药，以及可能采用代币法等方式奖励适当的药物使用。在他们住院治疗之后或者感到压力特别大的时候，也可通过至亲或电子设备对他们进行密切监控，甚至为其数好药片（Stauffer, Baygani, Kinon&Krikke-Workel, 2014）。

社交技能训练

或者因为他们自身的发育史，或者因为他们当前的症状，许多患有精神分裂症的人在与他人交往方面存在很多困难。因此，他们面临社交退缩、抑郁及其他问题的风险。社交技能训练已被用于加强他们与其他人之间的联系、减少痛苦，并防止病症的复发方面。社交技能训练通常包括有关小行为先行方面的重复建模、实践和反馈。患有精神分裂症的人可以观看两个人之间的简短的对话，然后与治疗师尝试同样的任务。治疗师密切关注诸如缺乏目光接触、听不清或语无伦次、打断、情绪不易控制等关键行为及其他重要问题。

让他们了解这些缺陷的反馈至关重要。患者应该继续练习，直到这方面的技能得到充分发展。患者应在自然情景中与不同的人一起练习她的技能，她会因为自己的努力而得到奖励，然后挑战诸如自我介绍、参与长谈等更困难的任务。社交技能训练可以单独完成，但与一群人一起完成会更有效。这种训练在治疗情景中非常有用，但将这些技能推广至更自然的情景则需要广泛和持续的实践（Rus-Calafell et al., 2013）。

认知与职业康复

患有精神病性障碍的人的心理治疗还包括认知和职业康复。许多患有精神病性障碍的人在注意力、记忆力、决策能力和解决问题能力方面存在很大问题。认知康复的主要目标是改善其在这些方面的表现，并将表现融入社会互动过程。有关认知康复技术方面的例子包括神经心理学测试的重复指导和练习、计算机练习、使用自我教导语言保持专注并指导自己在社交场合中的表现、仔细聆听他人的陈述、训练需要注意力和记忆力的特定任务，以及持续保持警惕并对重要信息进行编码。这些任务的强化也很重要。这些技术一般对改善认知技能有效，但是它们能否带来长期且广泛的变化仍不明确（Kluwe-Schiavon, Sanvicente-Vieira, Kristensen&Grassi-Oliveira, 2013）。

职业康复旨在使患有精神病性障碍的人重新融入卓有成效的职业环境之中。职业康复主要侧重其在工作领域的职业培训、支持和就业。职业康复的其他领域包括在工作环境中练习语言和认知技能、详尽的工作表现反馈及解决与工作相关的困难。这些工作成功

医生常常采用环境疗法鼓励因患精神病性障碍而住院的人一起培养社交技能、相互支持、减少孤立。

地提升了这一人群的工作表现（Tsang & Man, 2013）。

家庭治疗

前文曾提到，情绪表达或来自家人的敌意、批评和过度介入是精神病性障碍及复发的风险因素。许多患有精神分裂症的人也选择回到他们的家人那儿寻求关爱。因此，家庭治疗是针对该人群治疗的一个重要组成部分。治疗通常侧重于教导家人关于精神病性方面的知识、提供支持、减少家庭内部高度情绪化交流、减轻压力和抑郁、帮助家人应对照顾患有精神病性障碍的亲属、管控危机和改善解决问题的技能。

家庭治疗可以针对单个家庭进行，还可以在一个包括许多人的支持团体内进行。家庭治疗还可以在患上精神病性障碍的早期或晚期阶段进行。任何阶段的家庭治疗都应与其他心理和药物治疗密切协调。家庭治疗确实有助于降低患有精神分裂症的人的复发率（Caqueo-Urízar, Rus-Calafell, Urzúa, Escudero & Gutiérrez-Maldonado, 2015）。

社区护理

患有精神病性障碍的人出现急性症状时通常在医院接受治疗，但之后直接出院并不是一种合适的护理策略尤其是在其家庭最初就难以承受护理其的任务的情况下。因此，可以通过社区或寄托治疗的方式为患有精神病性障碍的人提供广泛的支持（图12.13）。对于患有严重精神病性障碍的人来说，他们可以在社区或其他为他们这样的人安排的地方生活。这种方法包括病例管理人员为他们提供协助和进行监督，提供心理健康服务，帮助工作和进行资金管理，改善自我护理技能，提高社交和语言能力以及家庭治疗水平（Drake, Strickler & Bond, 2015）。他们的最终目标往往是回归家庭或者更加独立地生活。詹姆斯的精神状态趋于稳定后，他最终出院。后来他被安置在一个团体之家，这里还有其他5名患有严重精神障碍的人以及一些管理人员。

另一种社区护理模式是主动式社区治疗。患有精神分裂症的人可以独立生活，但要接受精神病医生及其他心理健康专业人员的频繁（主动）接触。治疗通常在其家中或诸如公园等附近的区域进行。重点是社区融合、家庭支持、就业以及长期的身心健康服务项目。主动式社区治疗可有效维持其社会接触，减少住院和无家可归的情况（Meuser, Deavers, Penn & Cassisi, 2013）。

如果我或我认识的人患上精神病性障碍，该怎么办

了解某个人是否患有精神病性障碍可能很难，但一些迹象可能表明该人需要进行进一步的评估或治疗。表12.11列出了一些筛查问题。如果你或你认识的人对其中的大多数问题都回答“是”，那么你或你认识的人可能需要咨询临床心理医生、精神病医生或其他心理健康专业人员（第十五章）。希望你为患有严重精

家庭治疗通常是患有精神病性障碍的人改善沟通和药物依从性以及有效解决问题的一种关键治疗方法。

神障碍的人联系当地精神病院的心理健康专业人员或社区护理机构对其进行治疗和护理，并提供有关他的思维模式、行为和诸如妄想、幻觉等阳性症状的详细信息。此外，你还应密切监测他抑郁症和过度使用精神活性物质的迹象。早期症状识别和干预通常是预防潜在生命危险行为的最佳方法。

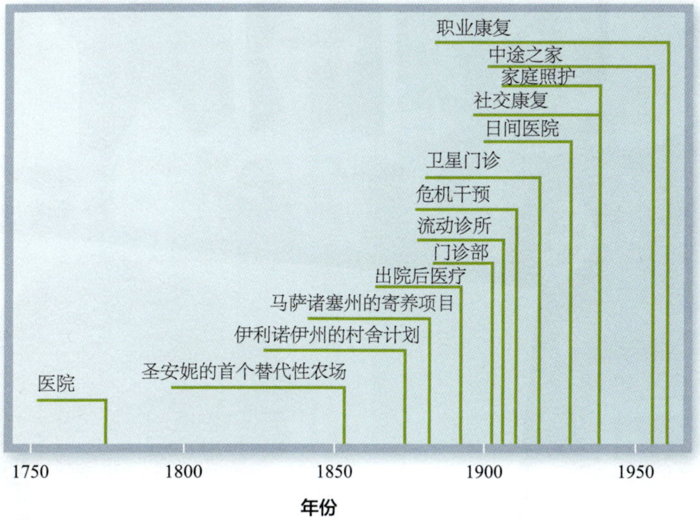

图12.13　精神分裂症的社区干预。过去曾有过针对患有精神分裂症的人住院治疗的基于社区的替代措施，这些措施旨在帮助预防复发和再次入院。

精神病性障碍的长期预后

对于詹姆斯和乔迪等患有精神病性障碍的人而言，他们的长期预后或预后如何呢？许多人曾认为患有精神分裂症的人的长期预后一般比较渺茫，但最近的证据表明，这一过程也充满了很大的变数。45% ~ 67%患有精神分裂症的人会显示出显著的病情改善，7% ~ 52%其症状得到完全缓解（Lawrence et al., 2015）。以下因素有助于产生更好的结果：脑容量减少程度降低、减少物质使用、未治疗症状持续时间变短、保持认知功能、良好的社交和工作技能、家庭支持、对抗精神病药物的反应良好、治疗依从性以及女性性别。

有人发现，随着时间的推移，患有精神分裂症的人会逐渐表现出多个行为路径。大多数人（57%）在成年早期患上这种疾病，并在寻求治疗和主要症状缓解之前的几年间病情恶化。另有一些人在青春期（16%）或成年早期（15%）患上这种疾病，并随着时间的推移步入一个慢性但稳定的病程。还有一些人（12%）在青春期患上这种疾病，并长期住院治疗（Levine, Lurie, Kohn & Levav, 2011）。那些经历更多慢性病程的人往往家境困难，药物依从性较差，阴性症状较多，存在自杀意念，并且经常需要额外住院治疗（Juola, Miettunen, Veijola, Isohanni & Jääskeläinen, 2013; Lang, Kosters, Lang, Becker & Jager, 2013）。认知度对于长期预后也很重要。例如，一个人在精神病发作后重返工作或学校的能力通常取决于其工作记忆力、专注力和处理速度（Nuechterlein et al., 2011）。在精神病发作之前的高等智力似乎也是长期预后的一个保护性因素（Khandaker, Clarke, Cannon & Jones, 2014）。

詹姆斯的长期预后被认为还不错，因为他确实在每次出现奇怪行为后不久很快就接受了治疗，因为他有广泛的社会支持，因为他的认知功能仍然相对较好（即便有些怪异），还因为他的每一次病症发作都是由特定事件触发的，例如无意中听到的对话。乔迪的长期预后很好，因为她聪明，具有良好的认知功能，并且进行了有效的治疗。在任何年龄段，应对精神病性障碍的最佳方法是尽早进行系统的、完整的治疗。

表12.11
精神病性障碍的筛查问题

你是否认为本章所述的任意精神病性症状更适用于你认识的人，而他的表现与你这个年龄的大多数人不同
你认识的人中是否有人表现出一些非常奇怪的能削弱其日常生活能力的行为（例如去上班、在学校表现良好）
你认识的人中是否有人总是怀疑他人，并对其他人有偏执想法
你认识的人中是否有人会受到专注力受损、注意力不集中或其他高阶思维过程等症状的困扰
你认识的人中是否有人在组织和表达思想方面存在更大的问题
你认识的人中是否有人在初次做某件事情时看起来有些孤僻
你认识的人中是否有人最近经历过引发其怪异行为的创伤事件
你关注的人中是否有人具有严重精神障碍的家族史

第十三章 发育与破坏性行为障碍

13

章节特色

图 13.1 **正常发育与发育障碍**

	正常	轻度
情感	情绪控制良好，情感体验适当。	在冲动、愤怒或其他情绪控制方面有一些轻度发育迟缓。
认知	智力与思维正常。	智力低于平均水平，但对日常功能的干扰很小。
行为	自理技能和学业成绩都很好。	学业成绩较差，并且在一些自理技能方面可能发育迟缓。

什么是发育障碍和破坏性行为障碍

我们在本书中讨论了许多主要多发于成年期的疾病，如躯体症状障碍、人格障碍和精神病性障碍。然而，其他一些精神障碍更多发于儿童和青少年时代，尽管这些疾病通常会持续到成年期。这样的例子包括发育障碍（或发育性残疾）和破坏性行为障碍。我们在本章中将侧重于探讨这些疾病。

发育障碍涉及正常成熟的延迟，特别是在智力、认知、学习和自理方面（图13.1）。发育障碍的例子包括智力障碍、孤独症和学习障碍。破坏性行为障碍涉及外化或明显的行为问题，包括过度活跃、冲动、注意力不集中、攻击性、不服从及其他方面的困扰。破坏性行为障碍的例子包括注意力缺陷/多动障碍和对立违抗性与行为障碍。

发育障碍和破坏性行为障碍可能具有共病性，即在某一特定儿童身上同时发生。患有孤独症的青少年有时具有攻击性和冲动性，并且无法密切关注他人。

C 罗伯特　　案例探讨

罗伯特是一名17岁的男性，最近被转介到一个专门针对患有严重发育障碍的人的小型疗养所（团体之家）。他在家中与家人或在一家大型发育中心与同龄人一起生活了几年之后被转介到这个疗养所。当他过于咄咄逼人或情绪化时，当他的父母害怕他可能会对自己或他人造成伤害时，他经常会被安置在哪家发育中心。在过去的一年里，他的行为总体上有所改善，但是，罗伯特的父母说他们已经不能身体力行照顾他们的儿子了。他们同意将罗伯特转介至一个团体之家，在那儿经过培训的工作人员可以对他进行监督并为他提供帮助。

罗伯特童年时在语言、社交和运动技能以及认知能力方面有一些发育迟缓。他很少和别人互动，宁愿独自玩耍。他在学校教育方面存在很大的困难，在被诊断出患有孤独症后他被安排在特殊教育学校上学。青少年时期，罗伯特曾殴打他人，并服用药物来控制自己的暴躁脾气。之所以将他转介至一家较小的团体之家，是为了模拟家庭式生活，而且在这儿他的行为可以得到团体之家的监控。

思考问题

1. 罗伯特的行为与典型的儿童或青少年有什么不同？对于儿童或青少年来说，他的哪些行为看起来是正常的吗？
2. 罗伯特的行为可能是由什么外部事件和内部因素造成的？
3. 你对罗伯特的哪些方面感到好奇？
4. 罗伯特有没有让你想起你认识的人的相关情况？原因是什么？
5. 罗伯特的行为会如何影响他未来的生活？

中度	发育障碍——不严重	发育障碍——严重
在冲动、愤怒或其他情绪控制方面有一些中度发育迟缓。	在情绪控制方面有很大程度的发育迟缓，可能导致攻击性或自我伤害事件。	情绪控制能力极差，可能导致频繁的攻击性或自我伤害事件。
智力低于平均水平，在语言方面有一些困难。	智力严重受损，在形成和表达思想方面相当困难。	智力极度受损，在形成和表达思想方面极其困难
在学校考试不及格，并且在照顾自己方面存在较大困难。	无法在普通的教室中学习，在日常生活中需要大量协助。	功能发育极度迟缓，无法进食、穿衣和洗漱，在日常生活中需要全程协助。

患有注意力缺陷/多动障碍的青少年通常具有阅读困难等学习问题。然而，研究人员通常将发育障碍和破坏性行为障碍作为单独的实体进行研究，因此，我们在这里也分开进行介绍。在本章中，我们在某些地方会发现发育障碍和破坏性行为障碍相互交叉的情况。例如，本章开篇的罗伯特的案例就是如此。

正常发育和发育障碍

我们在童年时期获得了许多必要的技能，这使我们变得独立并且能够从容应对各种情景。我们学习如何清晰吐字、穿衣、吃饭、与人交流、看时间、阅读、运算、开车以及平衡支票账户等。我们现在认为这些技能中有许多是理所当然的，因为我们从小就学会了这些技能并在我们的生活中反复练习。想想你早晨为一天所做的那些准备。你通常无意识地或者连想都不想就做了这些事情。

然而，有些孩子在某个特定的发育方面“陷入了困境”。这些孩子在学习运用正确语法说话或阅读方面可能比同龄孩子慢。这些儿童可能患上局限性发育障碍，因为他们只有一个功能区域受到影响。学习障碍就是一个例子。阅读困难儿童通常具有正常的智力，拥有朋友，并且在其他科目中表现良好。有局限性发育障碍的人通常可以独立生活，并能像成人一样完全自理。

对于其他儿童而言，许多正常发育的领域都发育迟缓。这些领域包括智力与认知、语言、社交互动，甚至身体发育。与同龄人相比，他们有许多技能可能无法开发或者可能开发得非常缓慢。这些发育迟缓往往非常严重以至于这些青少年无法自理。罗伯特无法学会阅读，多年来他的语言发展非常缓慢。他与其他人交流的能力也受到严重损害，有时他对自己和其他人具有攻击性。

罗伯特患有一种广泛性发育障碍。他的发育迟缓在许多方面都非常明显，并影响了他与其他人交流或自己独立运作的能力。罗伯特也因此无法独立生活。有广泛性发育障碍的人往往具有独特的才能，但几乎所有这些人都在认知能力或智力方面有缺陷。广泛性发育障碍的例子包括严重类型的智力障碍和孤独症。我们将在下一章节讨论这些广泛性和局限性发育障碍。

发育障碍：特征与流行病学分析

本节总结一下最常见的发育障碍的一些主要特征，探讨智力障碍、孤独症和学习障碍的各种症状。

智力障碍

你听说过无法定期参加课堂活动或学不会系鞋带、穿夹克等事情的人吗？也许你看过一些描绘无法

我们许多人都认为社交和工作技能是理所当然的能力，而这些技能对于患有发育障碍的人来说往往是一种煎熬。

理解生活基本方面的人的电视节目或影片。存在这些问题的人通常患有被称为智力障碍（以前称为精神发育迟缓）的广泛性发育障碍。智力障碍是给予儿童的唯一诊断，尽管这种疾病通常是其他如孤独症等广泛性发育障碍的一部分。因此，我们首先探讨智力障碍的主要特征。

智力障碍有三个主要特征（见表13.1）。第一个主要特征是认知（思维）发育不良，有时在智力测验中的界定为低于70分。临床诊断或替代测试可用于评估认知发育迟缓。第二个主要特征是适应功能缺陷，适应功能指一个人完成使其独立的日常任务的能力（Tasse et al., 2012）。鉴于适应功能在这些方面的重要性，如果无法做到这些方面，想想你的生活会多么艰难：

- 语言：陈述自己的欲望，理解他人，并寻求帮助；
- 社会交流：交谈、发起活动、表现鉴定而有自信；
- 学业：学习、参加考试、阅读和运用数字；
- 自理：饮食、洗涤、穿衣、如厕、开车和看时间；
- 家居生活：支付账单、整理院子、清扫屋子和照顾孩子；
- 社区：购物、乘坐公共汽车以及使用邮件或金钱；
- 自我指导：选定职业、婚姻或是否生子；
- 休闲：看电影或做运动、玩游戏或弹奏乐器；
- 健康：知道何时该去看医生、服用药物并实施急救；
- 安全：防止火灾和盗窃，知道在紧急情况下该做什么；
- 工作：提交申请、兑现支票和委派任务。

智力障碍的第三个主要特征是，该疾病必须始于发育期，并且通常在18岁之前，但有些人除外。如果一个人在30岁时头部受伤导致现在思考和穿着方面存在困难，则不能被诊断为患有智力障碍。患有阿尔茨海默病（第十四章）的65岁老人，可能会首次出现认知和适应功能障碍，他们也不会被诊断为患有智力障碍。

必须同时具备智力迟滞、适应功能缺陷和发育期

表13.1

《精神疾病诊断与统计手册》（第5版）（DSM-5）

智力障碍

智力障碍起始于发育时期，是在概念、社交和实用领域中的智力和适应功能的缺陷。必须符合以下三个诊断标准：

A. 经临床评估和个体化、标准化的智力评测确认的智力功能障碍，如推理、问题解决、计划、抽象思维、判断、学业学习和基于经验的学习。

B. 适应功能缺陷造成未能达到发育及社会文化相称的个人独立性及社会责任标准。在没有持续帮助的情况下，该适应功能缺陷限制了其在如家庭、学校、工作和社区等多个环境中的一个或多个日常生活功能，如交流、社会参与和独立生活。

C. 智力和适应缺陷起始于发育时期。

标注疾病的严重程度：轻度、中度、重度或显著。

与其他人一样，有智力障碍的人也能欣赏和享受人际关系。

发作这三个条件，才能诊断为患有智力障碍。这点非常重要，因为低分的智力测试并不一定意味着一个人患有智力障碍。一个人可能在智力测试中得分较低，但可以找到一份低薪工作，靠独立工作来谋生，并找到栖居的住所。当然，这并不适用于智力障碍的诊断。只有在对认识能力和适应功能进行全面评估之后，才能做出智力障碍的诊断。

智力障碍可以根据轻度、中度、重度和显著等严重程度进一步分成几个亚型。这些亚型的划分以前基于智力测试分数，但这种划分并不完全正确。在智力测试中得52分的人可能比得60分的人有更好的适应能力。相比得分的标准，根据他们在日常生活中需要多少帮助来分组更为可取，界定为以下几个类别（APA, 2013; Luckasson & Schalock, 2013）：

- 间歇性或轻度：在需要时提供帮助，例如搬家、采购杂货或寻找新工作等；
- 有限性或中度：一直需要帮助，例如交通、就业培训或帮助支付账单等；
- 广泛性或重度：定期需要日常帮助，例如做饭、穿衣或洗澡等；
- 普遍性或显著：经常需要高强度的帮助，例如持续的医疗看护或全面护理等。

孤独症谱系障碍

你有没有和患有发育障碍的人一起共事过？也许你会注意到这样一个群组，这一群组的人看起来总是特立独行，比如罗伯特。也许你看过诸如《雨人》《飞逝》等一些展现这些人奇怪行为的影片。这些人患有另一种与多重认知和社会缺陷相关的广泛性发育障碍：孤独症谱系障碍（有时被称为孤独症、自闭性

孤独症是一种毁灭性的发育障碍，但是有些患有该种疾病的人却书写了感人的成就故事，例如，杰森·麦克尔韦恩（Jason McElwain）在他高中阶段的篮球比赛中进了6个三分球。

障碍或婴儿期孤独症）。患有孤独症的人往往有智力障碍，但孤独症在某些关键方面是一种截然不同的疾病。

孤独症主要有三大症状（见表13.2）。第一种症状涉及社会互动方面的重度受损。患有孤独症的人通常不与他人互动，宁愿选择独自一人。罗伯特经常躲开他人，并且没能培养良好的人际关系。这是患有孤独症的人和患有智力障碍的人之间的重要区别——后者喜欢有趣的社会互动（Boddy, Downs, Knowles & Fairclough, 2015）。

患有孤独症的人通常会避免与他人目光接触，很少表现出面部表情和身体姿势，并且在发展友情方面是一个失败者（Gordon, Pierce, Bartlett & Tanaka, 2014）。患有孤独症的人不会与他人分享自身经历，也不会互换喜悦等情感。患有孤独症的儿童通常不会向父母展示新的手指画（许多孩子会这样做），也不会对赞美或批评有强烈的反应。对于许多患有孤独症的人来说，社会互动是一个痛苦的过程。

孤独症的第二种症状是与他人交流方面的重度受损。患有孤独症的人的语言缺陷往往更加极端和怪异，这一点在某种程度上与智力障碍有些重叠（Benítez-Burraco & Murphy, 2016）。许多像罗伯特一样患有孤独症的人都沉默不语，或者说在语言方面表现出长时间的迟钝。即便患有孤独症的人确实有一定的语言能力，但这种语言能力往往有些反常。

一些患有孤独症的人会模仿语言，或者重复自己刚刚听到的话（Neely, Gerow, Rispoli, Lang & Pullen, 2016）。本书作者之一曾从事过与孤独症儿童相关的工作。他每天到公共汽车站接上孩子，然后护送他们去上课。一个名叫霍普的7岁女孩每天下车后都会收到“嘿，霍普！”的问候，每次她也都回应“嘿，霍普！”尽管每天都尽力纠正她的这一错误，但这一即时的语言模仿仍然持续了几个月之久。当一个人脱口而出几天前的一些事情时，模仿语言也可能有些迟缓。其他奇怪的语言模式包括代词反转，例如将“你”换成“我”，句子不连贯，或以荒谬的方式将杂

表13.2

《精神疾病诊断与统计手册》（第5版）（DSM-5）

孤独症谱系障碍

A. 在多种环境中持续性地显示出社会沟通和社会交往的缺陷，包括在现在或过去有以下表现：
   1. 社交与情感的交互性的缺陷；
   2. 社会交往中非言语交流行为的缺陷；
   3. 发展、维持和理解人际关系的缺陷。

   严重程度基于社交沟通障碍以及受限制的重复行为模式。

B. 局限的、重复的行为、兴趣或活动，包括在现在或过去有以下表现中的至少两项：
   1. 动作、使用物体、说话有刻板或重复的行为；
   2. 坚持同样的模式、僵化地遵守同样的做事顺序、语言或非语言行为有仪式化的模式；
   3. 非常局限的、执着的兴趣，且其强度或专注对象异乎寻常；
   4. 对感官刺激反应过度或反应过低，对环境中的某些感官刺激有不寻常的兴趣。

   严重程度基于社交沟通障碍以及受限制的重复行为模式。

C. 这些症状一定在发育早期就有显示。

D. 这些症状带来了社交、职业或目前其他重要功能方面临床上的障碍。

E. 这些症状不能更好地用智力发育缺陷或整体发育迟缓解释。

许多患有孤独症的儿童都会有被称为自我刺激的奇怪的重复性运动行为。

表13.3

孤独症谱系障碍的严重程度　　（DSM-5）

严重程度	社会交流	局限重复行为
3级："需要大量的帮助"	言语和非言语社会交流能力有严重缺陷，造成严重的功能障碍；主动发起社会交往非常有限，极少回应他人的社交接近。例如，只会说很少几个别人听得懂的词，很少主动发起社交行为，并且即使在有社交行为的时候，也只是用不寻常的方式来满足其需求、只对非常直接的社交接触有所回应	行为刻板、适应变化极度困难或者其他的局限重复行为明显地干扰各方面的正常功能。非常困难/难以改变焦点或行动
2级："需要较多的帮助"	言语和非言语社会交流能力有明显缺陷；即使在被帮助的情况下也表现出社交障碍；主动发起的社会交往有限；对他人的社交接近回应不够或异常。例如，只会说简单句子、其社会交往只局限于狭窄的特殊兴趣、有明显怪异的非言语交流行为	行为刻板、适应变化困难，或者其他的局限重复行为出现的频率高到能引起旁观者的注意，干扰了多个情形下的功能。改变注意点或行动难受和困难
1级："需要帮助"	如果没有帮助，其社会交流的缺陷会带来可被察觉到的障碍。主动发起社交有困难，对他人的主动接近有不寻常或不成功的回应。可能表现出对社会交往兴趣低。例如，可以说完整的句子，可以交流，但无法进行你来我往的对话，试图交朋友的方式怪异，且往往不成功	行为刻板，干扰了一个或几个情形下的功能。难以从一个活动转换到另一个。组织和计划方面的障碍影响其独立性

乱的单词糅合在一起（Gernsbacher, Morson & Grace, 2016）。

患有孤独症的人有时对他们自己或他人具有攻击性。自我伤害行为可能包括咬或击打自己，或用头撞墙（Adler et al., 2015）。大约31%的孤独症儿童患有智力障碍，另有23%的儿童的智力低于平均水平（疾病控制和预防中心，2014）。然而，患有孤独症的人在某些情况下会表现出一些特殊的学者技能，例如超常记忆、日历计算、数学或艺术才能等（De Marco, Iavarone, Santoro & Carlomagno, 2016）。达斯汀·霍夫曼（Dustin Hoffman）在《雨人》中饰演的角色展现了这些技能。学者技能似乎与大脑中发育良好的记忆系统有关，这使患有孤独症的人具有狭窄但异常出众的能力（Bouvet et al., 2014）。

孤独症谱系障碍的严重程度取决于社会交流中的缺陷程度和局限的、重复的行为（见表13.3）。亚斯

C 艾莉森　　案例探讨

艾莉森是一个8岁的女孩，她在学业方面遇到了很大的麻烦。尽管付出了巨大的努力，但她始终无法完成阅读和拼写作业。据她的老师说，艾莉森的作业几乎无法辨认，并且经常包含一些基本的书写错误，例如拼错单词、字母不完整等。这些错误也开始影响她的算术，因为许多数学题目都包含一些故事叙述和符号。艾莉森在三年级中期时仍然处于一年级水平。

当被要求在一群人面前阅读故事时，艾莉森往往非常被动，感到极其不舒服。她读得很慢，经常停顿，并且在读完后也无法回答关于所读故事的一些基本问题。她的老师对艾莉森的表现感到特别困惑，因为这个女孩看起来聪明能干，积极活泼。艾莉森在科学、音乐、艺术和体育等其他学科表现良好。基本的自理技能也没有任何问题，并且在课堂上没有表现出任何行为问题。然而，艾莉森的老师确实注意到，她的这个学生在家庭作业方面一塌糊涂，很少按时提交作业。

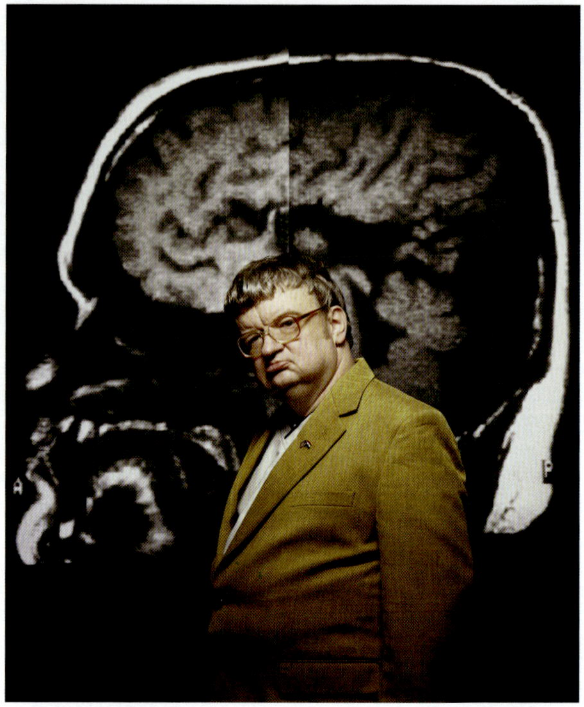

达斯汀·霍夫曼在影片《雨人》中饰演的角色（左）展现了一个患有孤独症但具有学者技能的人。金姆·皮克（Kim Peek）（右）是《雨人》中角色的原型。

伯格症（Asperger's Disorder）是以前诊断中的一种疾病，患有该疾病的人有社交障碍以及一些反常行为，但在语言、认知发展或适应功能方面没有主要的缺陷。以前被诊断患有亚斯伯格症的人现在很可能会被诊断为孤独症谱系障碍1级（表13.3）。患有亚斯伯格症的人或患有孤独症谱系障碍1级的人以后可能比有严重智力障碍或患有孤独症的人更能独立地生活（Magiati, Tay & Howlin, 2014）。

学习障碍

到目前为止，我们讨论的发育障碍涉及多个功能区域的发育迟缓或其他问题。然而，发育障碍的范围也有局限性，可能仅影响一个或两个功能区域。有局限性发育障碍的人的功能通常比有广泛性发育障碍的人的功能要好很多，但在一些关键区域仍然存在很大困难。学习障碍是一种局限性发育障碍。

你或你认识的人在上学时是否曾对诸如阅读、拼写或数学等某一特定科目感到煎熬？对于像艾莉森这样的人来说，学习某种技能是一种痛苦且徒劳的经历。许多青少年无法正确阅读或拼写单词，不能解决基本的算术问题，或者不能写一个段落，即便他们的智力是正常的。这些孩子可能患有学习障碍。

学习障碍（或特定学习障碍）的特点是在阅读、拼写、数学或书面表达方面存在困难，这可能意味着学生会在特定科目中挂科（见表13.4）。然而，学习障碍不能通过智力障碍来解释，因为患有学习障碍的人的智力通常是正常的（Moll, Kunze, Neuhoff, Bruder & SchulteKörne, 2014）。他们的实际学业成绩（低于正常水平）与其学习潜力（正常水平）之间可能存在较大的差异。

学习障碍并不是由视力或听力损伤等感觉方面的问题引起的，尽管存在这些问题的孩子仍然会被诊断为患有学习障碍。学习障碍并非是由于缺乏学习动机或者诸如教学质量差等环境劣势造成的。真正的学习障碍很可能与人脑的变化有关（Boros et al., 2016）。

我们有时将阅读和拼写方面的学习问题称为阅读障碍。有些存在阅读障碍的人会将字母按照反向顺序排列，但并非所有人都会这样做。阅读障碍是一个广义的术语，阅读或拼写困难仅是其中的两个方面（Peterson & Pennington, 2015）。计算困难有时被用来指数学学习方面的问题，并可能与阅读障碍有关，因为一个人可能在阅读数学符号或问题时存在困难（Rubinsten, 2015）。下面是一些与学习障碍相关的术语：

书写困难是指与书写有关的一种学习问题。

- 书写困难：书写表达问题，例如写得非常慢或不工整；
- 命名困难：不能指出或记起一些事物的名称，例如在看到“勺子”时说成“叉子”；
- 言语困难：在以固有顺序理解或表达文字时存在问题，例如无法理解其他人所说的话或者跟其他人说话时没有逻辑；
- 运动障碍：精细运动问题，例如无法扣上衬衫上的扣子；
- 构音困难：在发音清晰方面存在问题，或者说话不清楚，不容易被听懂。

发育障碍的流行病学

有智力障碍的人在有发育障碍的人中的占比为1.04%（Tomlinson et al., 2014）。这种疾病在男孩中比在女孩中更为常见，并且通过儿童及其同龄人的学业对比发现，该疾病通常在学龄前和小学阶段得到确诊（Moeschler et al., 2014）。智力障碍可能与孤独症同时发生，且通常与焦虑相关障碍、抑郁症、痴呆和精神病性障碍有关（Matson&Cervantes, 2013）。智力障碍的发作通常是渐进性的，因为早期的发育迟缓有时难以发现或者与听力损伤等其他可能的问题相混淆。

智力障碍在欠发达国家比在发达国家更为普遍，并且多发生在社会经济地位较低的人群中（Tomlinson et al., 2014）。智力障碍在非洲裔美国人中比在其他种族群体中更加常见。有人推测，这可能与种族隔离、经济劣势、文化上不恰当的检测或母体患糖尿病及其他疾病的比例较高有关（Bershadsky, Hiersteiner, Fay&Bradley, 2014; Jasper&Bouck, 2013）。

表13.4
《精神疾病诊断与统计手册》（第5版）（DSM-5）

学习障碍

A. 学习困难和使用学习技能困难，尽管已经采取针对性的干预措施，仍在至少持续6个月的时间里存在以下至少1个症状：
1. 阅读速度慢、费力或者不准确；
2. 难以理解所阅读的文字的意思；
3. 拼写困难；
4. 书面表达困难；
5. 掌握数字概念、计数或计算困难；
6. 数学推理困难。

B. 通过标准化的成就测试和结合临床综合评估确认个体学习技能在质和量上均低于其生理年龄预期水平，并明显影响学业或职业功能或日常生活。年龄大于17岁的青少年，其学习困难病史可代替标准化评估。

C. 学习困难始于学龄时期，但直到学业对能力要求高于个体水平时，才充分显示出来（例如限时测验、在短时间内阅读或撰写长篇复杂报告、学习负担过重）。

D. 学习困难并不能用智力障碍、未予矫正的视听障碍、其他精神或神经障碍、心理社会不良因素、缺乏语言熟练的学习辅导或不当教育来进行解释。

标注是否为：阅读障碍、书面表达障碍或数学障碍；标注严重程度：轻度、中度或重度。

孤独症谱系障碍的患病率为14.7/1000，或者说每68名8岁儿童中约有1人患有孤独症谱系障碍。孤独症的患病率逐渐增加，并且男孩患病率约为女孩患病率的4倍。欧洲裔美国儿童的患病率比非洲裔美国儿童的患病率高30%，并且欧洲裔美国儿童的患病率比西班牙裔儿童的患病率高出50%（疾病控制和预防中心，2014）。孤独症男孩往往比孤独症女孩表现出更多重复性的刻板行为，但在社交行为或沟通问题方面并没有表现出性别差异（Van Wijngaarden-Cremers et al., 2014）。

可能因为表现出来的情绪有限，患有孤独症的人通常不会被诊断为共病性精神病性障碍，但患有孤独症的人的焦虑和抑郁症状十分常见（Ozsivadjian, Hibberd & Hollocks, 2014）。然而，孤独症与诸如癫痫发作、听觉和视觉问题等医学问题有关（van Dooren, McPherson & Lennox, 2016）。孤独症的发作往往比智力障碍更突然，因为自我刺激行为、社交退缩等倾向在幼儿学步期更为明显。

大约5%的学生受到学习障碍的影响，尽管在像阅读或数学等某些特定领域的问题中可能更为常见。另有15%的学生可能存在不明或未经处理的学习问题。学习障碍在男孩中比在女孩中更为常见，在加工缺陷严重的情况下尤为如此。非洲裔美国学生和西班牙裔学生比欧洲裔美国学生和亚洲裔美国学生往往更多地被诊断为患有学习障碍（国家学习障碍中心，2014）。学习障碍可能与任何其他障碍同时发生，但在许多情况下（45.1%）与注意力缺陷/多动障碍有关（DuPaul, Gormley & Laracy, 2013; see later section on disruptive behavior disorders）。社交技能、攻击性和物质使用方面的问题对于有学习障碍的青少年也十分常见。学习障碍的发作是渐进式的，并且早期往往伴有语言发育迟缓和医学疾病的特征（Leonard, 2014）。

与发育障碍相关的污名

儿童对污名尤其敏感，因为他们比成人更加脆弱和无助。这尤其适用于患有发育障碍的儿童及其父母。孤独症儿童的父母经常称他们因为自己孩子的行为受到他人的责备，与家人和朋友隔离，并对他人的愤怒和怜悯感到苦恼。部分原因可能是孤独症儿童的身体状况正常，但可能会表现出严重的行为问题。一些父母因为自己孩子患上孤独症而自责或将之归因于他们的育儿方式，因此，也可能会出现自我污名（DePape & Lindsay, 2015; Kinnear, Link, Ballan & Fischbach, 2016）。一些教师也可能对孤独症儿童缺少同情心，有些教师可能会认为这些儿童是有缺陷的孩子（Lalvani, 2015）。污名也可能影响患有孤独症的大学生（见专栏13.1）。这些观念说明了向公众宣传广泛性发育障碍的重要性。

发育障碍：病因与预防

我们接下来看一下造成发育障碍的因素。此外，我们还要讨论了解这些因素如何有助于预防发育障碍。

发育障碍的生物学风险因素

许多精神障碍是由各种生物和环境变量共同造成的。对于发育障碍来说也是如此，尽管发育障碍的生物易感性往往非常强烈。这些易感性包括遗传影响、染色体畸变及导致大脑变化的产前和围生期问题。

遗传影响：基因损伤

基因是位于染色体上的个体单位，包含了关于人的特质和特征的重要信息。成千上万的基因是一个人身上典型的46条染色体的一部分。基因决定了我们成为什么样的人，但也可能会受损并导致发育障碍。许多严重智力障碍的案例都与基因及其他器官的缺陷有关。

脆性X染色体综合征是当X染色体的FMR1基因变窄、破裂或以其他方式发生突变时产生的一种疾病。1.4/10000的男性受到脆性X染色体综合征的影响，但该疾病在女性中较为少见（0.9/10000），因为女性体内有两条X染色体，其中一条受损时，另外一条X染色体可以弥补其功能。然而，女性可能受到脆性X染色体综合征的影响或者成为这一病症的载体——她们可能会有基因突变，但病症不会完全发作。基因突变导致

13.1

专栏

聚焦大学生

孤独症

越来越多患有孤独症的年轻人步入大学，但很长一段时间以来对这一人群的研究并不是很充分。然而，最近的研究结果表明，进入大学的孤独症青少年在这一结构松散且更为复杂的学习环境中往往举步维艰，并很可能最终无法顺利毕业。患有孤独症的大学生必须经常应对来自他人对其疾病的恐惧和误解，甚至是同学的欺凌和社交排斥。因此，患有孤独症的大学生在校园里会感受到极大的耻辱（Gillespie-Lynch et al., 2015）。

因此，一些研究人员已经在尝试解决大学生中关于孤独症的概念。在一项研究中，数百名大学生观看了一个在线视频，该视频介绍了孤独症在不同发展阶段的研究现状。项目伊始，首先向参与者介绍孤独症是一种谱系障碍，并介绍孤独症的定义和患病率以及该疾病的主要病因。随后关注孤独症成人所面临的挑战，例如人际关系、心境和独立性方面的困难以及移情障碍。结果显示，尽管与患有孤独症的人拥有一段浪漫的感情所引发的污名仍然居高不下，但是在观看完视频之后，参与者对患有孤独症的人保持社交距离的态度有了显著转变（Gillespie-Lynch et al., 2015）。该研究结果证实了本书多次提出的一个观点，即精神障碍方面的适当教育可以减少污名，这对于患有像孤独症这样严重精神障碍的人来说尤为重要。

了大脑的某些变化（见“大脑变化”章节）。患有脆性X染色体综合征的人表现出多动、攻击性、自我刺激和自我伤害行为，社交能力差，有持续动作（一遍又一遍地做同样的事情）和语言怪异等症状。其中大多数人都有智力障碍（Hunter et al., 2014）。

另一个关于遗传影响智力障碍的例子是苯丙酮尿症（PKU）。PKU也是由基因突变引起的，这发生在第12号染色体上。PKU是一种常染色体隐性遗传疾病，即缺陷基因必须遗传自父母双方才会产生这一病症。这种缺陷基因会导致身体无法分解体内的苯丙氨酸（一种氨基酸）。体内苯丙氨酸过量会损害肝脏和大脑。查看一下无糖苏打水瓶罐上的标签——上面会提示该产品是否含有苯丙氨酸。

PKU不加以治疗可能会造成步态笨拙、痉挛等身体问题和严重的语言发育迟缓、学习障碍、智力障碍等认知问题。然而，幸运的是，通过早期筛查可以检测出患有PKU的新生儿，并且选择限制苯丙氨酸摄入量的特定饮食可以预防许多这样的问题。遵循该特定饮食的人通常须避免吃肉、鱼、蛋类、乳制品、坚果和玉米等食品。新生儿PKU的患病率为1/10000，当然更多的人可能是该疾病缺陷基因的携带者。携带者只携有父母其中一方的缺陷基因，因此不会显现症状（Al Hafid&Christodoulou, 2015）。

遗传因素也会通过其他方式导致智力障碍。患有镰状细胞疾病（新生儿患病率为1/600）的人，尤其是其中的非洲裔美国人，会出现红细胞受损、血液流动缓慢、身体供氧不足等症状。这一问题与基因突变（HbS）有关，并且可能导致严重的脑损伤和智力障碍，特别是在生命早期阶段（Steinberg, 2016）。患有泰-萨二氏病（新生儿患病率为1/300000）的人，尤其是其中的德系犹太人，在2 ~ 4岁时会出现严重的运动和感觉障碍、智力障碍，甚至会死亡。该疾病也与几种基因突变有关（另见专栏13.2）。

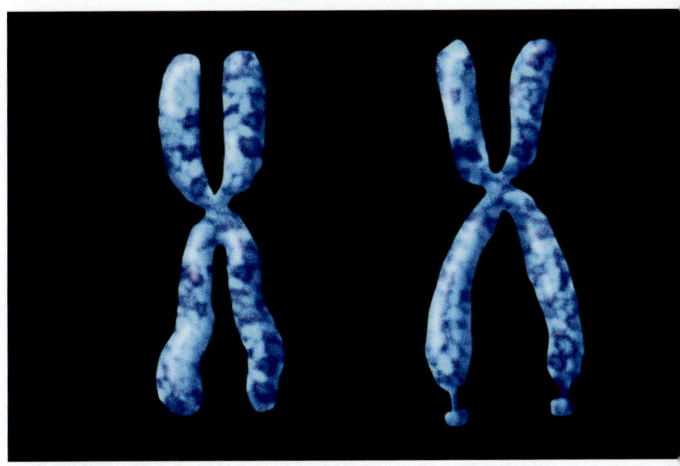

患有脆性X染色体综合征的人的X染色体上狭窄或破裂。

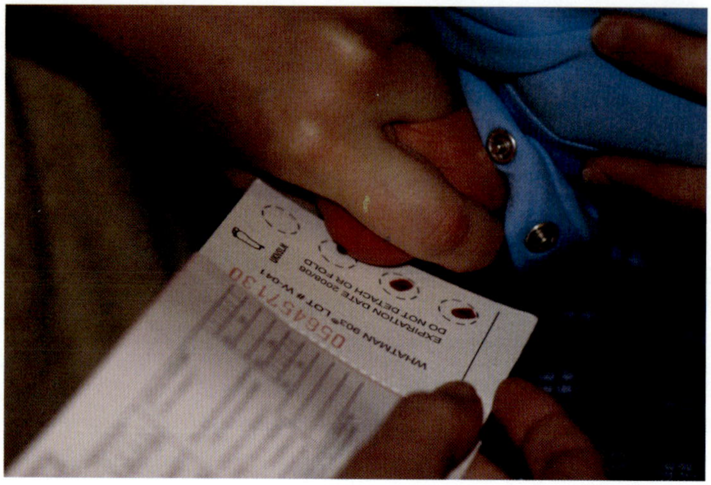

通过足跟采血对新生儿进行PKU检测，如果检测结果呈阳性，则给予特定饮食。

遗传影响：一致性

孤独症至少部分是由遗传因素引起的。同卵双胞胎中孤独症的同患者为82% ~ 92%，而异卵双胞胎的则为1% ~ 10%。孤独症也具有家族遗传性——孤独症儿童的兄弟姐妹患有孤独症的概率高达20%。第2、7、15、16和22号染色体的异常与孤独症有关。然而，孤独症儿童的父母并不比一般人群更可能患孤独症。由于同卵双胞胎孤独症的同患率并不是100%，因此，除遗传以外的其他因素的影响也可能发挥一定的作用。

在导致学习障碍（尤其是阅读障碍）的因素中，40% ~ 80%的比例与遗传有关。双生子研究显示，同卵双胞胎学习障碍的同患率为68%或更高，而异卵双胞胎的为20% ~ 38%。对于证明阅读障碍的家族遗传性来说，这些数据是有益的补充。35% ~ 45%的有阅读障碍的儿童可能有存在阅读障碍的一级亲属。导致学习障碍（特别是阅读障碍）的遗传缺陷可能在第2、3、6、15和18号染色体上（Frank, 2014）。

染色体畸变

染色体切片或整条染色体的畸变也影响了大约22%的严重发育问题（Battaglia et al., 2013）。几乎所有（95%）唐氏综合征病例都是由额外的第21条染色体引起的。因此，大部分患有唐氏综合征的人的细胞中都有47条染色体。这种“额外的”基因信息会产生几种截然不同的特征，尤其是诸如大舌头、眼睛向上斜视、手指短小、头发焦枯以及视觉、听觉和心脏问题等身体特征（Jorde, 2017）。

13.2

专栏

聚焦法律与伦理

主要的伦理问题与发育障碍

患有发育障碍的人通常是儿童或那些讲话有困难的人，因此，在这一人群中出现了许多道德困境。眼下他们就面临一个困境，如果父母通过基因检测发现他们的胎儿患有严重且可能致命的发育障碍，他们应该怎么办。如果人们知道发育障碍很可能有基因遗传性，那么一个相关的问题就是，他们该不该生孩子。在这种情况下，你会怎么做呢？

有关这一人群的另一个关键问题包括生活质量、控制水平以及有广泛性发育障碍的人应该拥有的选择（Kåhlin, Kjellberg & Hagberg, 2015）。罗伯特在他的生活环境中应该有多少选择？他拥有太多自由会造成对他人的伤害或使他的教育目标止步不前吗？所有人都有权利得到对自由程度限制最少的有效治疗（第十五章）。对于罗伯特来说，就是将他安置于一个模拟家庭生活的团体之家，而不是一个缺乏人间冷暖的发育中心。

针对有发育障碍的人的伦理方面的考虑也体现在药物治疗和惩罚方面，这两方面经常在未经病人明确同意（而通常是经过他人同意）的情况下发生。在未经病人同意的情况下，针对其错误行为进行治疗、限制或进行严厉惩罚是否公允呢？要是像撞头这样的行为危及生命怎么办呢？诸如此类的道德困境将个体的话语权与预防伤害的社会权利放在了一起。在这种情况下，你会怎么做呢？

患有唐氏综合征的人经常在40 ~ 50岁以后出现阿尔茨海默病的症状（第十四章）。随着产妇年龄的增长，生下患有该病孩子的概率会大大增加。25岁的母亲生育患有唐氏综合征孩子的概率为1/1350，35岁的母亲的这一概率为1/350，而44岁的母亲的这一概率则高达1/40。这很可能是由受孕时染色体分离所致的（Ward, Hisley & Kennedy, 2016）。表13.5列出了一些与智力障碍相关的其他综合征和染色体畸变。

围生期问题

基因和染色体变化显然非常重要，但其他生物学；因素也可能导致发育障碍。致畸胎原是在围生期对胎儿的身体发育产生负面影响的疾病。妊娠早期出现的致畸胎原可导致胎儿的许多结构变化，因为这是胎儿器官发育的一个关键时期。妊娠后期甚至分娩时出现的致畸胎原也会影响大脑发育，并可能与染色体问题共同导致发育障碍（Ellison, Rosenfeld & Shaffer, 2013）。

表13.5

可能导致智力障碍的其他综合征和染色体畸变

综合征	可能的病因	患病率
普拉德-威利综合征	15号染色体缺失	1/10000 ~ 25000的新生儿
克林费特综合征（先天性睾丸发育不全）	男性多出X染色体	1/500 ~ 1000的男性新生儿
特纳综合征	女性有一条X染色体	1/2000 ~ 3000的女性新生儿
努南综合征	可能与特纳综合征类似	1/1000 ~ 2500的新生儿
多发性神经纤维瘤	第17或22号染色体缺失	1/3000的新生儿
威廉姆斯综合征	第7号染色体缺失	1/7500 ~ 20000的新生儿
史密斯-马吉利综合征	第17号染色体缺失	1/25000的新生儿
天使人综合征	第15号染色体缺失	1/10000 ~ 20000的新生儿
雷氏综合征	X染色体上MECP2基因的突变	1/10000 ~ 15000的新生儿

资料来源：Dulac, Lassonde & Sarnat (2013); Kelly (2013); Nelson & Trussler (2016)。

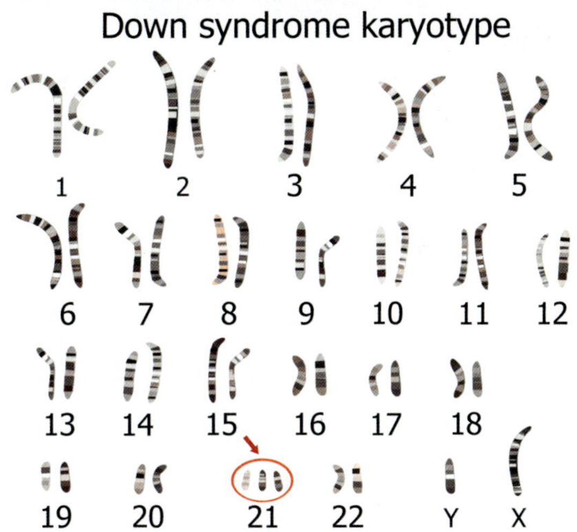

患有唐氏综合征的儿童往往有一条额外的21号染色体。这些儿童有智力障碍，但仍然可以参加许多典型的童年活动。

一个主要的致畸胎原是产妇在怀孕期间饮酒或服用其他药物。产前受到酒精影响的儿童可能会患上胎儿酒精综合征（FAS；见第九章）或广泛的胎儿酒精效应（Williams & Smith, 2015）。患有胎儿酒精效应的儿童往往头部较小，面部和心脏存在缺陷，智力较低。这些孩子在学习、记忆、多动、冲动、沟通和社交技能方面也存在问题（Lewis et al., 2015; Popova et al., 2016）。母亲服用诸如尼古丁、麻醉剂、兴奋剂等其他药物也可导致婴儿早产、出生体重偏低、行为问题、注意力不集中和发育障碍（Behnke et al., 2013）。

过度母体应激会增加肾上腺素从而使胎儿氧气不足。营养不良的胎儿特别容易死亡或出现畸形、出生体重偏低或早产等问题。有些孩子在分娩时因产道延迟或脐带阻塞而缺乏氧气，这被称为缺氧症或组织缺氧（Smith, Alexander, Rosenkrantz, Sadek & Fitch, 2014）。所有这些经历都可能导致脑损伤从而出现严重的发育迟缓。我们接下来探讨一下受到遗传、染色体和致畸因素影响的特定大脑区域。

大脑特征

研究人员关注了智力障碍方面关键的大脑变化，包括严重畸形和脑损伤的细微标记。严重畸形包括诱导缺陷和迁移缺陷。诱导缺陷是神经管闭合（连接脊椎与大脑）、前脑正常发育和胼胝体（大脑中连接左右半球的部分）发育不全等方面的问题（见图13.2）。迁移缺陷是指怀孕第二个月到第五个月期间细胞生长和分布方面的问题，这可能导致脑区发育不良（Maeda, 2015）。

脑损伤的细微标记通常涉及某些脑区的大小和形状的微小变化。在发育迟缓的年轻人中发现了比正常小脑更大的小脑，并且在患有脆性X染色体综合征的成人中发现了较小的小脑（Nguyen et al.，2016；Schneider, Ligsay & Hagerman, 2013）。本书第十二章在介绍精神分裂症时曾提到过脑室扩大这一现象，发育障碍同样与该现象有关（Williams et al., 2015）。

其他发育障碍甚至有更具体类型的大脑变化。在某些情况下，孤独症似乎与整个大脑的扩大有关，特别是中间矢状区、边缘系统、杏仁核以及枕叶、顶叶和颞叶。大脑扩大与神经元连接不良有关（Lainhart, 2015）。这可能有助于解释像罗伯特这样的人身上所看到的异常情绪和社交行为。

患有孤独症的人的胼胝体往往较小，这可能会影响运动协调和情绪调节（Wolff et al., 2015）。患有孤独症的人的浦肯野细胞也可能较少，这与行为抑制有关（Chen, Peñagarikano, Belgard, Swarup & Geschwind, 2015）。孤独症也与5-羟色胺水平较高有关，5-羟色胺是与运动活动相关的一种神经递质（Muller, Anacker & VeenstraVanderWeele, 2016）。患有孤独症的人的杏仁核-前额叶皮质通路可能会发生变化从而影响其面部情绪表达（Tottenham et al., 2014）。

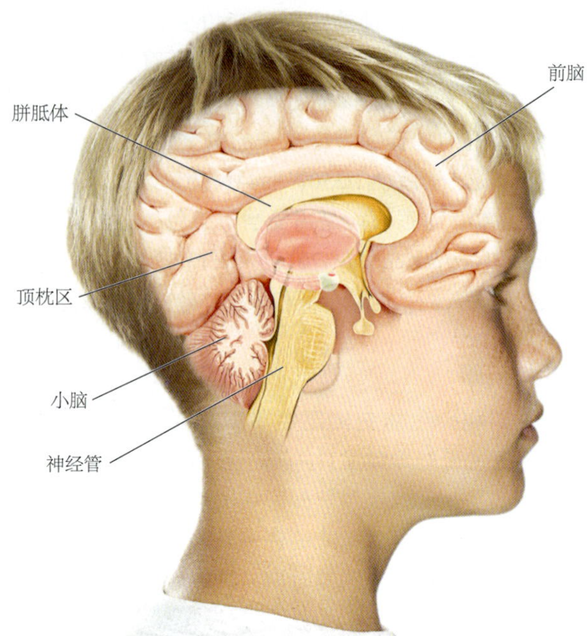

图13.2 **与发育障碍相关的主要脑区。**

患有学习障碍的儿童通常会表现出大脑的对称性，其中大脑相对两侧的大小几乎相同。大多数人的脑区具有不对称性，即脑区的一侧比另一侧大。与学习障碍特别是阅读和语言问题有关的大脑区域，是颞平面和顶叶。有学习障碍的人的这些大脑区域可能不如正常人发育得好。左半球后部区域的分裂与学习障碍密切相关。

发育障碍的环境风险因素

环境和文化因素对于发育障碍的形成也很重要。这主要适用于轻度智力障碍的情况，这种智力障碍由诸如语言刺激不足、忽视了孩子的教育需求或育儿方式前后不一等家庭变量造成。这有时被称为文化家族型智力障碍，患有该疾病的人可能占有智力障碍的人的50%。这一群体中的儿童往往生活贫困，父母的智力水平较低（Hodapp, Griffin, Burke & Fisher, 2011）。对教育缺乏重视也会导致发育障碍等其他一些发育问题的。孤独症在很大程度上与文化无关，但有些人注意到，该病在移民人群中的患病率较高（Crafa & Warfa, 2015）。前面在介绍精神分裂症时也有同样的发现（第十二章）。

发育障碍也可能由导致脑损伤的事故或其他创伤引起。每年每10000名婴儿中有15 ~ 29名可能因被人剧烈摇晃导致死亡或永久性脑损伤（Nadarasa, Deck, Meyer, Willinger & Raul, 2014）。摇晃婴儿的大多是婴儿的父亲，其中一些是因为孩子哭闹或如厕困难而感到沮丧才去摇晃婴儿的（Scribano, Makoroff, Feldman & Berger, 2013）。其他形式的身体虐待也能对儿童造成脑损伤。从自行车上摔下来造成的头部撞击、近乎溺死、车祸、铅或清洁剂中毒或脸部受到重击等也会导致脑损伤。神经损伤也可能源自脑膜炎等疾病（Khandaker, Stochl, Zammit, Lewis & Jones, 2015）。这些问题中的大多数都是可以预防的，并且关于保护儿童免受脑损伤的方法方面的教育至关重要。

发育障碍的病因

这些风险因素是如何相互作用从而引发发育障碍的呢？一些高强度的生物学因素显然使某些人易患智力障碍和/或孤独症。这些生物学因素会使大脑发生变化，导致思考、推理、决策、判断以及其他高阶认知过程方面出现问题或延迟。然后，这些问题会引发自理、学业、沟通及其他关键技能方面的严重缺陷。环境因素也能引起大脑的重要变化或使患有发育障碍的人长时间地患有发育障碍。

你可能会觉得难以厘清与发育障碍相关的所有生物学因素。为此，我们可以尝试利用一个被称为最后共同通路的模型（图13.3）（Tye, Varcin, Bolton & Jeste, 2016）。在该模型中，各种生物学因素以不同的方式相互结合或作用从而导致儿童患上不同的疾病。除5-羟色胺等导致孤独症的关键神经递质发生变化以外，有的孩子还可能具有某种遗传倾向。除了出生时缺氧导致中度智力障碍，还有一些孩子可能出现某种染色体畸变。另外，还有的孩子可能在产前受到酒精的影响导致早产，这可能引发孩子的学习障碍。在最后共同通路模型中，生物学因素的各种组合可能导致某些关键的大脑区域变化，然后引发特定类型的发育障碍。

发育障碍的预防

发育障碍始于生命早期，因此在出生前后立即考虑预防是非常有意义的。预防可能包括基因检测与咨询、胎儿护理、新生儿筛查和婴儿早期医疗护理等方面。防止事故及其他可能导致脑损伤的因素也是必不可少的。向高危儿童提供教育服务也可能会有所帮助。

产前基因检测可以通过不同方式进行，最常见的是绒毛检查或羊膜穿刺术。这些方法涉及胎儿发育时的DNA提取。孩子出生后也可以通过毛发、皮肤或血液检查轻松进行DNA检测。这些方法用于检查染色体数量或进行更彻底的DNA评估以发现缺失或有缺陷的基因。在存在某种疾病家族史或孩子出现遗传性疾病的迹象时，通常需要对青少年和高龄产妇进行基因检测（Vissers, Gilissen & Veltman, 2015）。如果胎儿患有遗传性疾病或有染色体畸变，那么随后将进行遗传咨询以探索父母所有可能的选择。

胎儿的产前护理对于预防发育障碍也是至关重要的，这包括合理膳食（尤其是叶酸的服用）、定期随访、避免药物及毒素的摄入、避免压力过高及各种疾病等。合理膳食包括限制咖啡因的摄入量，多摄入谷物、水果、蔬菜、水以及坚果、豆类等富含蛋白质的食物。补充维生素也很重要。孕妇在服用药物或做剧烈运动之前也应该咨询医生（Richards, Brady & Taylor, 2015）。

新生儿筛查是另一项重要的预防技术，而且不仅仅针对PKU。如HIV等许多可能与发育障碍有关的疾病可在孩子出生后发现。婴儿的早期医疗护理和出生后最低住院时间的保险范围也很重要。坚持免疫接种、合理膳食和持续检查也十分重要。

同样，事故预防也是儿科心理学的一个重要组成部分。这包括防止头部受伤，例如儿童骑自行车时要戴头盔、使用适当的汽车座椅和婴儿床以及提供安全的玩具等。预防还必须包括拒绝接触有毒物品，杜绝可能造成儿童窒息的物品，给橱柜、厕所和游泳池上锁，在楼梯前设置安全门，以及确保小孩不到炉灶、不推倒电视机、不进入冰箱或不将手指伸入电源插座中等（Cusimano & Parker, 2016）。

对发育障碍高危儿童进行相关知识的教育可能有助于预防疾病的发作或降低其严重程度。这方面的服务包括对易患学习障碍及其他发育障碍的儿童进行学前干预。家长还可以了解儿童开发语言功能的重要性，对早期的发育迟缓进行监控，避免摇晃儿童或击打头部。另外，早期筛查也十分重要。越早发现，就可以越早地为患有发育障碍的儿童提供相应适当的服务，并且产生的长期预后结果可能会越好（Catts, Nielsen, Bridges, Liu & Bontempo, 2015）。

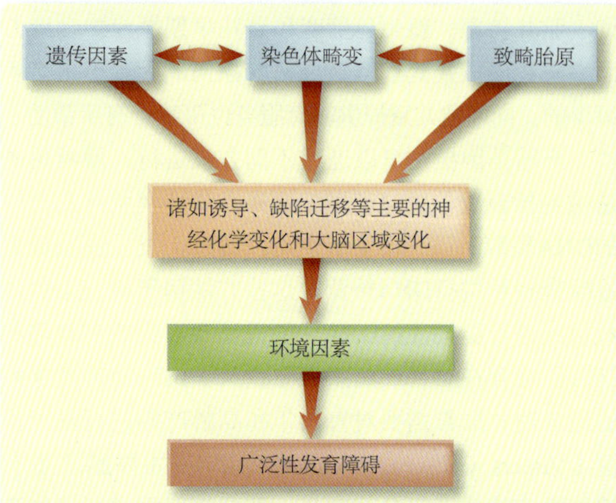

图13.3　广泛性发育障碍的最后共同通路模型。

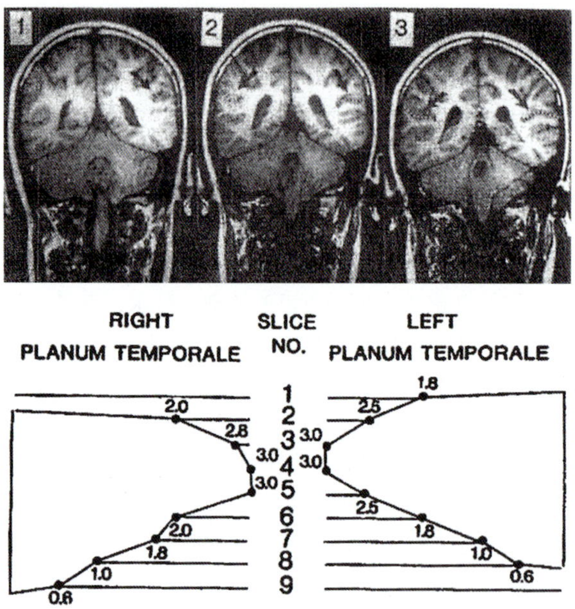

存在阅读障碍的儿童的颞平面的这一关键大脑区域表现出对称性。上面图像显示了颞平面的位置，下面图像以图形方式显示了学习障碍儿童的颞平面大小的相似性或对称性。

预防可能导致脑部损伤的事故是减少发育障碍的关键。

发育障碍：评估与治疗

心理健康专业人员会使用各种方法对有发育障碍的人进行检查。这些方法包括认知、成就及其他方面的测试、访谈、评定量表及行为观察等。

认知测试

有发育障碍的人经常会出现严重的认知和智力缺陷，因此基本的评估策略是使用测试来评估其整体智力和解决问题的能力。我们在第四章介绍了常用的几种智力测试。智力测试通常评估两种类型的认知能力：言语和表现。智力测试所涉及的言语任务包括一般信息和词汇方面的知识、对言语材料的理解以及比较。表现任务包括项目排序、安排设计、汇编组合、识别遗失信息以及信息回溯等。总体来说，这些任务用于评估注意力、专注力、焦虑、短期和长期记忆、实践知识、社会判断、动机和坚持、视觉辨别、心理反应速度、注意力分散度、视觉关联、概念思维、排序和计划能力、感知和空间能力等方面。

许多智力测试都是常模参照型测试，即将测试分数与之前参加该测试的成千上万的人的分数进行比较。这些常模是分年龄段的，所以可以将罗伯特的表现与他这个年龄段的人进行比较。大多数智力测试的平均数为100，标准差为15。前文曾提到，智力障碍可能包含部分标准化智力测试中低于70分（低于平均值2个标准差）的情况。罗伯特在其中一项测试中的早期得分为55分。

智力测试对于收集有关认知能力和未来学业成就潜力方面的信息来说非常有用。然而，它们并不能用来测量一个人“聪明”的程度。这些测试可以用来测量一个人的整体问题解决能力，而不是其所知道的具体信息（Sattler, Dumont & Coalson, 2016）。智力测试必须谨慎使用（见专栏13.3）。我们永远不应该仅根据智力测试得分来诊断发育障碍，而应将测试结果与其他信息（如下文所述）结合起来来诊断该病及其功能等级。

如果怀疑有发育障碍的人存在脑损伤，也可以对其进行神经心理测试。神经心理测试比智力测试更加具体，并对感觉、运动速度和力量、感知能力、记忆、语言、注意力、抽象灵活的思维过程及时间、人和地点方面的定位或知识进行评估。我们在本书第四章介绍了一些常见的神经心理测试。

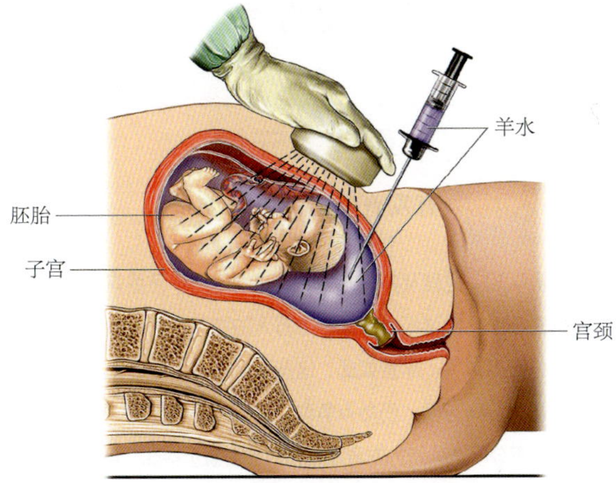

羊膜穿刺术是指获取羊水样本以对胎儿可能的遗传缺陷进行检测。

有些孩子可能太年轻，无法接受正式的测试。因此，治疗者可以依赖诸如贝利婴幼儿发育量表（第3版）等成长发育方面的测试。贝利婴幼儿发育量表通过比较某些任务的表现与正常的发育标志来对1 ~ 42个月的孩子进行评估。例如，孩子通常在12个月时具有自我识别能力（一种认知能力），并且在21 ~ 25个月时可以单独上楼梯（一种运动能力）。该测试涵盖认知、语言、运动、适应以及社会和情绪能力。

新生儿也可以进行发育测试，例如，新生儿重症监护室网络神经行为量表。这些测试可以评估新生儿的肌肉张力、运动活性和压力（Pineda et al., 2014）。发育测试分数与智力测试分数有关，但并不完全相同。然而，孩子在这些测试中的表现可能有助于识别发育迟缓问题，并预测孩子今后的功能运转情况。

成就测试

智力测试是测量一般的问题解决能力，但成就测试测量更为具体的知识类型。成就测试通常基于标准参照进行，即该测试可以根据某一表现水平对儿童进行测量。例如，根据广度成就测试（第4版）可以对儿

13.3

专栏

聚焦多元性

有发育障碍的人的测试

许多认知、成就及其他方面的测试均可用于评估有发育障碍的人。这些标准化测试经过了成千上万人的临床验证，并表现出极佳的可靠性和有效性。尽管如此，这些测试在多大程度上适用于少数群体和弱势群体方面，仍然有争议。人们担心这些测试会使某些群体容易被不公平地诊断为发育障碍，并被安置于特殊教育环境之中。

根据美国教育研究协会和美国精神病学会（2014）制定的测试道德准则，使用测试的人必须认识到，基于性别、年龄、种族、宗教、性取向、残疾、语言社会经济地位以及其他关键区别，评估技术可能并不适用于某些人。使用测试的人必须始终注意，某些测试可能并不是收集特定儿童信息的最佳方法。例如，许多儿童的父母在家只说西班牙语，这些孩子在须具备良好英语口语能力的智力测试中会处于不利地位。

评估有发育障碍的人的最佳方法是依靠基于多源数据的多元评估方法。这意味着，除了测试，还应该依靠诸如评定量表、访谈、观察等其他评估方法；还应该与他的父母、兄弟姐妹、同龄人、老师及其他熟悉他的人了解相关情况，这样才能了解他在其所处环境中的表现及是否真有必要给出发育障碍的诊断。

童在阅读、拼写和算术任务方面进行评估，以确定他们的成绩水平（Wilkinson & Robertson, 2006）。因此，得分处于2.5级水平的四年级学生将被视为成绩不佳。成就测试在评估儿童学习障碍方面非常受欢迎，但其分数并不总与学业表现相符。

访谈

访谈也用于评估有发育障碍的人，当然对于不能或不会沟通的人来说，这些措施显然有其局限性。有些访谈是专门为使用图片的有发育障碍的人设计的（Stancliffe, Tichá, Larson, Hewitt & Nord, 2015）。另外，针对患有孤独症的人的访谈也已经被设计了出来，例如孤独症诊断访谈量表（修订版）。采访有发育障碍的人的问题通常围绕其精神状态、对个人环境的担忧、个人选择和生活质量、沟通能力、与他人的关系、焦虑和抑郁以及所需的支持展开。

访谈还可以清楚地表明一个人自理和自我适应的能力。一种常见的访谈工具是文兰适应行为量表（第3版）[以下简称文兰（第3版）]（Sparrow, Cicchetti & Saulnier, 2016）。文兰（第3版）涵盖了适应性功能的四个主要领域：沟通、日常生活技能、社交和运动技能。与智力测试一样，该方法也采用100的平均数和15的标准差。父母、兄弟姐妹等也可以就有发育障碍的人的相关情况接受采访。

评定量表

评定量表也可用于评估有发育障碍的人。在无法进行测试和访谈的情况下，评定量表十分有用。许多量表专注于适应性和问题行为方面，由心理健康专业人员或护理人员完成。其中一个例子是适应行为评估量表（第3版）（Harrison & Oakland, 2015）。其他评定量表更多是针对某种疾病（如孤独症）设计的。一个常见的例子是儿童期孤独症评定量表（第2版）（Schopler, Van Bourgondien, Wellman & Love, 2010），表13.6列出了该量表的一些样本项目。评定量表具有快捷地提供信息的优点，但通常搭配行为观察一起使用。

行为观察

在检查特定的行为问题时，对有发育障碍的人进行直接行为观察是非常重要的。行为观察通常用于测量自我伤害和自我刺激行为、攻击性和发脾气的频率和严重程度。人们还可以观察其社交互动和语言方面的适应性行为（Neal, Matson & Belva, 2013）。

对于学习障碍儿童来说，行为观察可用于测量注意力不集中、擅自离开座位的行为，以及任务型测试行为、组织和学习技巧等实际的学业行为。对孩子的

表13.6

儿童期孤独症评定量表（第2版）（CARS2）样本项目，“与他人的关系”评定表

与他人的关系
1．没有证据表明在与他人的关系上有困难或异常。儿童的行为就其年龄而言是恰当的。在被告知做什么时，可能会观察到儿童有某种害羞、担忧或烦恼的反应，但是尚不至于超出同龄儿童很多
2．轻微异常。儿童可能回避与成人的眼睛接触，可能回避成人或在被迫与成人互动时烦躁不安，可能过度害羞，可能不像正常同龄儿童一样对成人做出反应，或比多数同龄儿童更依附父母
3．中等异常。儿童有时显得冷漠（似乎无视成人的存在）。有时为了引起儿童的注意，必须付出持续而有效的努力。儿童引发的身体接触极少；身体接触可能没有感情色彩
4．严重异常。儿童始终十分冷淡或无视成人的所作所为。他几乎从不对成人做出反应或不发起与成人的接触。在引发儿童的注意方面，只有最持久稳固的努力才可能有些许效果

以上样本项目节选自CARS2-ST《标准版评级手册》。

学业和家庭行为进行审查也很重要（Frank, 2014）。行为观察可以是正式结构式的，但更常见的是评定者仅对有学习障碍的人进行观察，并在较短的时间间隔内记录某些行为的发生情况和严重程度。

发育障碍的生物学治疗

药物可用于治疗发育障碍的一些特定层面。癫痫发作在患有孤独症的人中非常常见，因此医生经常为患有孤独症的人开具抗癫痫药物。镇静和精神安定药物可用于控制激动或带有攻击性和自我伤害等危险行为（Buck et al., 2014）。芬氟拉明会导致5-羟色胺水平降低，并且在用于治疗患有孤独症的人的危险运动行为方面成效有限（Farmer, Thurm & Grant, 2013）。药物也可用于缓解注意力缺陷/多动障碍、焦虑相关障碍、抑郁症、双相情感障碍及睡眠障碍的共病症状（Spencer et al., 2013）。针对这一人群的用药必须谨慎，因为许多服用药物的人无能力自主决定同意或准确报告药物的副作用。

基因治疗也可能是未来针对有发育障碍的人的一种关键的生物学治疗方法（第十四章）。这样的例子包括用健康基因替换有问题的基因及其他突变的基因，以逆转或阻止发育迟缓。早期基于老鼠的研究非常顺利，应用前景广阔，但针对人类的基因治疗仍然希望渺茫（Vissers et al., 2015）。

发育障碍的心理治疗

对像罗伯特一样有发育障碍的人的心理治疗通常围绕个别功能区域进行。我们接下来将介绍一下治疗方法以改善语言、社会关系、自理技能、学业技能及问题行为。这些治疗主要基于行为原则和学习模型展开（第二章），并且对于有发育障碍的人十分有效。

语言培训

许多发育障碍均涉及语言问题，而语言技是这一人群长期运作的一个良好预测器。但是，孩子必须首先注意学习语言及其他技能，这对孤独症儿童尤其重要，他们中的许多人都极力避免与他人进行社交接触和眼神交流。行为分解训练法可用于增加眼神交流。老师发出指令（“看着我”），如果孩子按照指令照做，就对孩子进行奖励。如果孩子没有遵从指令，老师就拿着小甜点等令人垂涎的东西在自己眼前晃来晃去以诱导孩子与其进行眼神交流。这种培训最终必须摆脱甜点，但该培训成功增加了有发育障碍的儿童的目光接触和注意力（Shillingsburg, Bowen & Shapiro, 2014）。

一旦有了良好的专注力，就可以开始语言培训。这种培训首先侧重于建立针对各种对象的接受标记能力。可以向孩子展示四张图片，其中一张是椅子，然后向他们发出指令“指向椅子”。对能够给出正确答案的孩子进行奖励；对未给出正确答案的孩子给出引向正确答案的提示。图片通常包括儿童平时常用的餐具、各种类型的食物或饮品、厕所或衣服等对日常生活非常重要的物品。主要目标是增强之后的表达性言语，并给孩子提供一种表达自己需求的方式。这对于减少问题行为也很重要——指着厕所来表明自己有如厕需求的孩子不太可能像什么话也不说的孩子那样咄咄逼人（Eikeseth, Smith & Klintwall, 2014）。

其次，语言培训需要更多的表达能力。早期的表达性语言课程通常专注于塑造或奖励类似讲话的一些方面。孩子只要发出声音，哪怕是类似婴儿发出的咿哑声、大喊大叫或哭泣，都可能首先获得奖励。当孩子发出更多声音时，这些声音就形成了基本的语音。

孩子的嘴唇紧闭，可以发出字母“m”的音。首先训练相对简单的语音，然后训练像字母“j”“q”等较难的发音。这些声音最终可能构成单词和句子。遗憾的是，这样的培训可能会持续数年，并且往往缺乏完整性（Tek, Mesite, Fein&Naigles, 2014）。

语言训练还包括言语模仿，即教师向孩子展示某一目标对象，并说出该对象的名称，然后要求孩子重复这一名称，最终可能会要求孩子在没有外界帮助的情况下说出该对象的名称。如此一来，孩子有望学会独立索要不同的物品，并归纳概括自己的语言以索要其他物品。随着孩子语言的进一步发展，可采用自然附带训练，以更自然的方式教授扩展语言（Lane, LiebermanBetz&Gast, 2015）。教师可以将目光投向孩子，并等待几秒钟以获得孩子对某一物品的请求。然后，对于适当的请求给予奖励，或者教师提示一下孩子，他需要说出自己想要的物品。

如果孩子在5岁之前已经习得一些语言（即便是模仿语言），并且进行密集的语言干预，那么语言培训可取得最佳的效果。如果正式的语言培训不起作用，那么可以教授手语（Eikeseth et al., 2014）。对于患有孤独症的孩子来说，手语是一种特别理想的选择，他们通常具有出色的运动技能，但却会抵制语言培训。罗伯特学会了15个对象的手语。手语很有用但有其局限性，因为其他人并不懂手语。因此，帮助沟通的技术援助可能有用（Lofland, 2016）。

社会化培训

治疗有发育障碍的人的另一个关键方面是社会化培训。训练他们发挥自己的能力，使用社交技能，例如保持目光接触、适当交谈、与他人一起玩耍和合作以及表达爱意等。基础的社会化培训包括模仿和观察学习。教师为孩子示范某些社会行为，孩子在观看后进行模仿。最初的社会行为包括基本的游戏动作（堆积木）、小组活动（如与他人传球）以及操作对象（如开门）等。高级培训包括其他情景的推广、语言运用以及对他人的快速模仿等（Otero, Schatz, Merrill&Bellini, 2015）。此外，父母的参与也十分重要。

另一种社会化培训方法涉及社交游戏小组，即如果儿童与同伴一起玩耍而不是单独游戏就会获得奖励。也可以教孩子模仿表演不同的虚拟场景来假装游戏，使用适当的面部表情和言语表达情感，并与他人合作（Wolfberg, DeWitt, Young&Nguyen, 2015）。另一种社会化培训方法是同伴辅导干预，即没有发育障碍的儿童向发育障碍儿童教授不同的社会技能（Kasari et al., 2016）。同伴或兄弟姐妹可以让孤独症儿童分享一个物品，参加小组活动，给一个拥抱，进行简短的对话或进行眼神交流。教孩子自己展开社交联系和学习社会认知能力，比如了解他人的情绪，这也是社会化训练的一个重要组成部分（Russo-Ponsaran, EvansSmith, Johnson, Russo&McKown, 2016）。

自理技能培训

有严重发育障碍的人通常需要提高自理技能。这些技能是一个人的适应功能和独立能力的核心，因此，培养这些技能通常是首要任务。自理技能培训项目对于如厕、进食、穿衣和梳理等方面非常有效。

自我护理技能培训项目通常包括任务分析、连锁动作、反馈和强化。一项技能可以分解为任务分析中的各个步骤。如果一个人想要穿夹克，那么相应的步骤可能包括拿起夹克，将一只手臂伸进相应的袖子里，将另一只手臂伸进另一只袖子里，将夹克拉到肩膀上，然后拉上夹克的拉链。在像这样的正向链接过程中，要从头到尾将每一个步骤逐一教给他。他只要正确完成一个步骤，就会频繁地得到反馈和奖励（Allen&Cowdery, 2015）。

在反向链接过程中，要从尾到头将每一个步骤逐一教给他。以穿夹克为例，除了拉拉链这最后一个步骤需要自己完成之外，教师可以帮助他完成其他所有步骤。当掌握了这一步骤后，教师会逆序进行，直到每个步骤他都能独立完成。当然，有些适应性行为只能按照从前向后的顺序进行——你在刷牙或使用体香剂的时候不能倒着来吧！

学业技能培训

学业技能培训项目对于学习障碍儿童最为重要，尽管这些项目确实也适用于有广泛性发育障碍的人。

针对患有发育障碍（尤其是孤独症）的儿童的一个主要治疗是社会化培训。

学业技能包括拿铅笔、使用剪刀、坐在座位上、举手发言等一些准备技巧。然而，对于有学习障碍的人来说，学业技能培训还必须包括定向提高阅读、拼写、写作和数学能力等方面特定缺陷的详细教育项目（Lerner & Johns, 2015）。

阅读教育项目通常侧重于帮助儿童识别和解码延迟阅读的单词。这通常涉及阅读的语音方法，要求儿童"分解"难以理解单词的语音。教师可能会向孩子提供书上的一段文章，并要求孩子标出对他来说可能较难的单词。然后孩子每读出一个单词，就会进行多次书写，并且可能还会查字典。随后老师给孩子示范朗读这段文章，孩子跟读。接着要求孩子阅读这段文章，并且要特别注意那些难以理解的单词。针对学习障碍儿童的阅读项目侧重于了解基本的语音、理解语音与符号之间的关系、将语音混合在一起以及阅读和书写某些文本等（Lovett, Barron & Frijters, 2013）。

解决写作问题的教师关注正确使用铅笔、描摹字母、默写以及让孩子描述她正在写的东西，例如字母"Q"是一个圆圈带一个尾巴。此外，还要关注写作任务，并制作连贯的书面产品。计算机也可用于提高写作效率（Berninger, Nagy, Tanimoto, Thompson & Abbott, 2015）。

针对拼写问题的项目可以包括覆盖、抄写和比较的方法，这包括让孩子看一下要拼写的单词，盖住，拼写该单词，然后将自己拼写的单词与原单词进行比较，并根据需要进行更正（McLaughlin, Weber & Derby, 2013）。解决数学问题的教师专注于培养学生阅读符号能力，不依靠手指就能高效计数能力，记得基本的算术事实以及如"除"等字眼的能力，以及按照逻辑步骤解决问题的能力（Fuchs, Fuchs, Schumacher & Seethaler, 2013）。

解决问题行为

前文曾提到，有发育障碍的人经常表现出诸如自我刺激、自我伤害、攻击性、发脾气和不顺从等问题行为。因此，可以采用以下几种行为程序来减少这些不良行为：

- 暂停，或将这个人孤立起来以消除寻求关注的不良行为；
- 建立一套针对适当行为的积分或代币系统，所得积分或代币以后可以用于兑换特殊食物或娱乐时间等奖励。这有时也可能包括响应成本或者因为行为不当而被积分代币；
- 互斥行为的区别性强化，或对那些不能与不良行为同时进行的行为进行奖励。人们可以在一张纸上写字，这一行为与拍打某人并不"兼容"。其他行为的区别性强化包括对比如在5分钟的时间间隔内没有出现某一不良行

学习障碍儿童往往会在特殊教育中的个性化教学中受益。

科技可以帮助学习障碍儿童，更好地培养他们的学习、拼写、数字和写作能力。

为进行奖励；

- 恢复和践行积极的矫正措施，或要求这个人在做出一些破坏性行为之后践行适当的行为，例如清扫自己故意溅出来的东西以及整理弄乱的东西；
- 在做出不良行为之后，对其进行惩罚或采用约束和其他厌恶程序。惩罚通常与其他程序结合使用，因为惩罚只能压制但不能消除不良行为。

如果我认识的某个人患有发育障碍，该怎么办

儿童经常在学校接受发育障碍（特别是学习障碍）方面的筛查。如果你认为你认识的孩子在学习方面备受煎熬或在语言、社会技能方面存在困难，那么你可以向临床医生或学校的心理专家、特殊教育老师、其他心理健康专业人员进行咨询（第十五章）。

发育障碍的长期预后

对像罗伯特这样的人来说，长期预后如何呢？那些患有严重发育障碍（比如严重智力障碍或孤独症）的人通常预后不良。几乎所有患有孤独症谱系障碍的人在进入成年期以后都会继续表现出至少该病的几种症状。智力水平相对稳定或者会随着时间的推移而下降，但有时会出现日常生活和交流方面改善的情况。语言技能也可能会有所提高，但社会沟通和社交技能仍然较差。即便患有孤独症的人的症状不太严重，他们也常常存在社交尴尬、思维障碍以及渴望独处的欲望（Magiati, Tay & Howlin, 2014; Robinson, Curwen & Ryan, 2012）。对于许多患有孤独症的人来说，在监督环境中接受终生护理是必要的。

其他有发育障碍的人表现出明显的改善，并能相对独立地生活。患有唐氏综合征的人在别人的帮助下往往可以独立生活和工作，但许多人后来会患上阿尔茨海默病（McCarron, McCallion, Reilly & Mulryan, 2014）。有广泛性发育障碍的人的良好预后与5岁之前的语言、早期的强化干预、更高的智力、更好的适应能力、关注他人、主要发育标志方面的发育迟缓较少、神经损伤和癫痫较少以及遗传/染色体问题较少等方面有关（Bresnahan, Brugha & Susser, 2014; Eapen, Cmcec & Walter, 2013）。

学习障碍儿童在步入青春期和成年期以后会继续经历一些磨难。存在阅读困难的儿童在快速命名单词、识别基本语音、拼写和识别符号方面通常会一直存在问题。许多人最终会出现焦虑和反社会行为问题，很少有人能考入大学（Gregg, 2013）。然而，现在许多学校的配备更为齐全，可以为学习障碍学生提供各种帮助，在更长的考试时间、计算机写作设备等方面经常提供方便。这一人群的长期积极结果通常与更高的智力、父母良好的阅读能力、早期诊断与干预、早期语言能力、较少的并发症（如注意力缺陷/多动障碍）以及障碍的程度较轻有关（Bonifacci, Montuschi, Lami & Snowling, 2014; Helland & Morken, 2016; Lyytinen, Erskine, Hämäläinen, Torppa & Ronimus, 2015）。

发育障碍并不是唯一的主要发生在儿童和青少年中的精神障碍。我们在本章开头的讨论部分曾提到，青少年也可能存在涉及注意力涣散、性格冲动、过度活跃、不顺从或攻击性等方面的破坏性行为障碍。

什么是正常的失控行为和破坏性行为障碍

你是否有过照料高度活跃的学龄前儿童的经历？又或许你的孩子是否在不断考验你的耐心？照看和养育幼儿是一项艰巨而令人筋疲力尽的任务，以至于许多父母都非常期待周一早上的到来。许多孩子天生对自己的生活环境感到好奇，并以自我为中心，这意味着他们无法理解他人的需求。他们更多地关注自身的需求，经常会打断别人，乱发脾气，为了得到自己想要的东西甚至不惜动手打人。孩子最终会学会更好地控制自己的情绪，抑制自己的冲动，并以社会认可的方式获得他们想要的东西。有些孩子可能知道，要想观看自己喜欢的电视节目，他首先需要把玩具收拾起来或者好好地吃完晚餐（图13.4）。

有些孩子则需要更长的时间来控制自己的情绪和冲动，这些孩子可能被称作失控的孩子。他们不断尝试突破父母和老师对他们的限制。即使步入学龄期，他们仍然会乱发脾气，或者在自己不喜欢的事情发生时变得惊慌失措。或者他们可能仍然精力旺盛，总是爬上家具或四处乱跑。这些孩子中的许多都难以控制，但他们在诸如吃晚餐等必要的时候却能够做到专心并遵守他人的要求。这些孩子最终会学会以适当的方式来“发泄”他们多余的能量，例如在休息时踢足球或拼命地跑步。

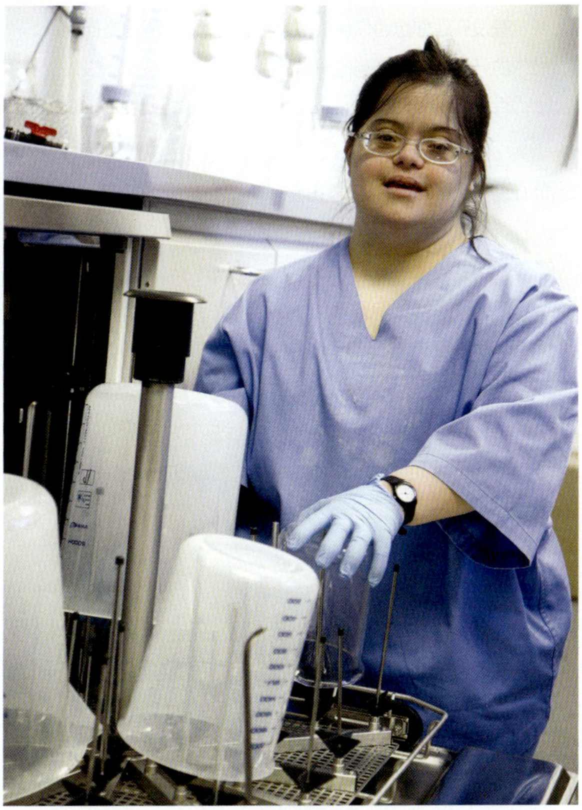

许多有发育障碍的人仍然过着丰富多彩的生活。

对于像威尔一样的孩子来说，性格冲动、过度活跃和注意力不集中等严重的问题会持续很长一段时间。因为他们无法控制自己的行为，缺乏专注力，这些问题会极大地干扰他们的日常生活能力。从课间休息（喧闹嬉戏）到回教室上课（安静地坐在桌前），许多孩子能够在几分钟内调整好自己的行为。然而，像威尔这样的孩子做不到这一点，他们不仅不能严于律己，还会扰乱课堂秩序。因此，他们无法遵守课堂规则并专注于学习任务。这些儿童可能患有注意力缺陷/多动障碍。

其他的孩子在小学期间和之后的时间里会继续表现出不服从和攻击性行为。严重的不服从问题会构成对立违抗性障碍，而严重的攻击性问题则会构成品行障碍。注意力缺陷/多动障碍、对立违抗性障碍和品行障碍都属于破坏性行为障碍。这些疾病可以单独发生，但有时会同时发生在一个孩子身上，比如威尔。我们接下来探讨一下破坏性行为障碍的主要特征。

破坏性行为障碍：特征和流行病学

注意力缺陷/多动障碍（ADHD）

患有注意力缺陷/多动障碍的儿童有三个主要的行为问题：注意力不集中、过度活跃和性格冲动（见表13.7）。注意力不集中是指孩子在倾听他人、对待学习作业及如清扫杂物等其他任务和组织工作等方面存在问题。这些孩子经常因一些无关紧要的刺激因素而分散注意力——在老师讲话时，他们可能会突然跑到窗边往外看。患有注意力缺陷/多动障碍的儿童，也十分健忘，他们不愿意学习，粗心大意，还有些心不在焉，这意味着他们会丢三落四且不知道周围发生的事

C 威尔

案例探讨

威尔是一名8岁男孩，他因严重破坏性行为而被转介至一位心理医生和精神病医生处进行治疗。他的行为问题从幼儿园开始就有了，包括在教室里四处乱跑，不遵守家长和老师的规定，并且对其他孩子有攻击性行为。他的问题非常严重，以至于他被两所幼儿园劝退。威尔的问题在幼儿园期间相对比较稳定，但在他进入一年级以后，问题就变大了。他在教室里跑来跑去，经常打扰其他同学，并且经常被扭送到校长办公室。有一次，威尔朝一个孩子的头扔了一个金属物体，他因此被停学三日。在老师的眼里，他是一个非常冲动的孩子，无法控制自己的行为。对于威尔而言，他似乎想干什么就干什么。他很少完成课堂作业，无组织、无纪律。他很难理解其他人对他说的话，也许是因为他根本就没怎么认真听。

升入二年级之后，威尔的破坏性行为严重升级。他的老师说威尔很难控制，因为相对于他的年龄而言，他身体非常强壮。威尔的老师和校长多次尝试让威尔的父母介入，以解决他们儿子的行为问题，但每次均徒劳无功。威尔的父母似乎对学校反映的问题十分淡定，并将威尔的行为归咎于缺乏纪律。他们说他们对自己儿子的不良行为已经见怪不怪了，并且意识到最好的做法就是“满足他的需求”。

威尔冲动、过度活跃和不顺从的行为变得非常严重，以至于他在二年级结束后就失学了。他毫无顾忌地攻击别人，经常对他人恶语相向，利用欺凌手段得到他想要的东西。威尔的最后一根稻草终于被他自己亲手“扔掉”——他携带剃须刀片到学校，并被发现。威尔被无限期停学，他的父母被告知，只有他们为他们儿子的不良行为进行专业治疗之后，威尔才会被允许返回课堂。

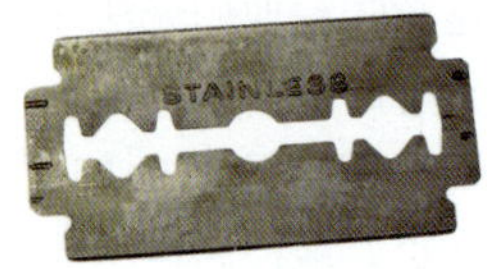

思考问题

1. 威尔的行为与典型的儿童有何不同？对于儿童来说，他的哪些行为看起来是正常的？
2. 威尔的行为可能是由什么外部事件和内部因素造成的？
3. 你对威尔的哪些方面感到好奇？
4. 威尔有没有让你想起你认识的人的相关情况？原因是什么？
5. 威尔的行为会如何影响他未来的生活？

情。这些儿童可能会被诊断为患有以注意力缺陷为主型的注意力缺陷/多动障碍。

此外，儿童也可能被诊断为患有以多动、冲动为主型的注意力缺陷/多动障碍。这意味着这些儿童总是坐立不安，在学校总是离开自己的座位或餐桌，总是在家具或书桌上爬来爬去，并且话多。这些儿童通常被认为“没有‘关闭’开关”，即他们从早上醒来到晚上睡觉总是动来动去。他们也不能安静地玩耍。性格冲动是指儿童经常打断别人，总想在提问者结束提问之前回答问题，并且在玩游戏时，不能按照顺序依次进行。

患有注意力缺陷/多动障碍的儿童可能会同时出现三种症状：注意力不集中、多动和性格冲动，这是以混合型为主型的注意力缺陷/多动障碍。威尔具备所有这些特征。只有当儿童的行为在至少两种环境下（比如家和学校）对其生活能力造成损害，才能做出注意力缺陷/多动障碍的诊断。这就排除了在学校表现良好而在家中表现较差的儿童。此外，要做出这样的诊断，注意力缺陷/多动障碍的症状必须在12岁之前就已经显现出来，威尔就属于这种情况。注意力缺陷/多动障碍的诊断颇受争议，因为许多真正患有该疾病的儿童经常被误诊为对立违抗性障碍或品行障碍（见下一章节）。然而，与此同时，针对注意力缺陷/多动障碍的用药可能会过量。因此，注意力缺陷/多动障碍既可能诊断不足，也可能诊断过度（Thomas, Sanders, Doust, Beller&Glasziou, 2015）。

对立违抗性障碍和品行障碍

对立违抗性障碍儿童经常拒绝遵守他人的指令（见表13.8）。他们常常对其他人充满敌意和愤怒，好争辩，欺凌他人，心存恶意并过于敏感，容易发脾气。这些行为对他们的日常生活造成了严重损害。威尔对他人刻薄的态度导致很少有孩子想要接近他，更不用说和他玩耍了。

对立违抗性障碍可能会持续一段时间，并最终发展成一种更严重的疾病：品行障碍。品行障碍，有时等同于青少年犯罪，是一种侵犯他人权利的行为模式（见表13.9）。品行障碍的症状可分为四大类。首先，这些青少年可能对其他人或动物具有攻击性，经常做出残酷的举动，例如使用武器或折磨某个人（或动物）、袭击和盗窃他人财物或参与强奸（Lahey & Waldman, 2012）。其次，这些青少年可能会破坏财物，例如纵火或毁坏学校建筑。再次，许多有品行障碍的青少年会欺骗他人以达到自己的目的或逃避惩罚。他们也可能以偷偷摸摸的方式盗窃他人财物，例如入店行窃和强行闯入某人的房子或汽车。最后，许多有品行障碍的青少年违反适合他们这一年龄群组的法律或法规，例如逃学、违反宵禁或离家出走等。总体来说，这些行为必然会对他们的生活造成严重的损害，例如被学校开除或因犯罪被逮捕。品行障碍可能始于儿童期或青春期，其症状的严重程度从轻度、中度到重度不等。

破坏性行为障碍的流行病学

ADHD在青少年中的患病率为3.4% ~ 7.2%，在成人中的患病率为3.6%。许多一般性问题都与该障碍有关，包括学业和社交技能缺陷、学业失败、自卑和过度使用精神活性物质等等（见专栏13.4）。与ADHD相关的特定精神障碍包括对立违抗性障碍、品行障碍、焦虑相关障碍、抑郁症和学习障碍。相对于女孩来说，ADHD在男孩中更加普遍。患有ADHD的女孩往往有较少的破坏性行为问题，但是与患有ADHD的男孩相比，她们的内化性问题更为严重，例如抑郁症。ADHD似乎是一种全球性现象，一般与文化因素无关（Matte et al., 2015; Polanczyk, Salum, Sugaya, Caye & Rohde, 2015; Polanczyk, Willcutt, Salum, Kieling & Rohde, 2014; Thomas, Sanders, Doust, Beller & Glasziou, 2015）。

对立违抗性障碍在青少年中的患病率为7.8% ~ 8.3%，并且相对于女孩而言，该障碍在男孩中更为常见。该障碍通常与其他破坏性行为和学习问题有关。如果儿童很早就表现出严重的破坏性行为，那么对立违抗性障碍往往会发展成品行障碍。然而，只有约25%的有对立违抗性障碍的青少年的病情会继续恶化成品行障碍（Barkley & Robin, 2014; Kessler et al., 2012; Merikangas & He, 2014）。

品行障碍在青少年中的患病率为5.4% ~ 11.2%，和对立违抗性障碍一样，该障碍在男孩中更为常见。品行障碍女孩通常比品行障碍男孩表现出更少的攻击性行为，但她们的攻击性行为更为隐蔽，并且往往在青春期后期才得到确诊。品行障碍通常与其他精神障碍共同发生，特别是焦虑相关障碍、抑郁症、学习障碍和物质使用障碍（Kessler et al., 2012; Merikangas & He, 2014）。

世界各地的青少年均存在品行障碍的症状。在被关押在少管所的美国青少年中，符合品行障碍标准的占38%（Washburn et al., 2015）。在未成年人法庭受到指控的美国青少年中，少数族裔占62%。非洲裔美国青少年被拘留的可能性是欧洲裔美国青少年的5倍，而西班牙裔美国青少年被拘留的可能性是欧洲裔美国青少年的2.5倍。对于那些无法获得心理健康治疗的贫困社区的青少年来说尤为如此，但与逮捕和监禁方面的司法裁决相关的因素可以解释其中的一些影响（Desai, Falzer, Chapman & Borum, 2012）。ADHD、品行障碍和对立违抗性障碍在儿童中总的患病率不到17%，但在移交至精神卫生机构的所有人中，这些障碍的占比为71% ~ 74%（Costello, He, Sampson, Kessler & Merikangas, 2014）。这是因为这些障碍的症状通常会让父母和老师感到非常不安。

与破坏性行为障碍相关的污名

污名会影响到有破坏性行为障碍的儿童。研究表明，成人往往对患有ADHD的儿童持有负面看法。儿童期ADHD症状往往被成人贴上“严重”的标签，但不太可能构成精神障碍，这些症状也不足以引发需要进行治疗的疾病。此外，这些症状有时被认为是危险、暴力且有害的。另有研究表明，一些成人支持采取强制措施强迫有ADHD症状的儿童去看医生、服用药物或住院治疗。相当数量的家长表示，他们不

图 13.4 破坏性行为与破坏性行为障碍

	正常	轻度
情感	情绪控制良好，情感体验适当。	在冲动、愤怒或其他情绪控制方面存在轻度问题。
认知	对社交环境和与父母互动方面具有理性思维。	偶尔会有不服从或攻击他人的想法。
行为	良好的行为自控和服从权威。	偶尔会出现行为失控和对权威人士不服从的行为。

许多孩子偶尔会在公共场合做出破坏性行为，但有些孩子因患有破坏性行为障碍而频繁地做出严重的不当行为。

希望ADHD儿童住在自己家的隔壁，不会让自己的朋友去帮助ADHD儿童，不会与ADHD儿童或他的家人共度时光，或者不想让ADHD儿童在自己孩子的班级里。教师也倾向于认为ADHD儿童在学业上不怎么成功（Lebowitz, 2016）。

污名也适用于有品行障碍的青少年，特别是那些有未成年人犯罪记录的青少年。带有“犯罪”标签的青少年在学业和就业机遇方面经常会面临一些限制（Ray&Childs, 2015）。此外，许多未成年人在陷入司法系统之后会感受到别人的侮辱，并回避心理健康治疗（Samuel, 2015）。对于在被拘留之前或期间经历过创伤的青少年来说尤为如此（Ford&Blaustein, 2013）。因此，一些人认为，法律及其他专业人士不应将身份犯罪视为一种犯罪行为，而应将其理解为许多未成年人都存在的尚未解决的精神障碍问题（Taylor&Fritsch, 2015）。

破坏性行为障碍：病因及预防

破坏性行为障碍的产生涉及生物学风险因素和环境风险因素。ADHD尤其与生物学风险因素有关，而对立违抗性障碍和品行障碍明显与许多环境风险因素有关。

中度	破坏性行为障碍——不严重	破坏性行为障碍——严重
在冲动、愤怒或其他情绪控制方面存在适度问题。	在调节自己的冲动和情绪方面存在大量问题，会扰乱课堂秩序。	在情绪控制方面表现极差或缺少感情，会导致攻击性或情绪的爆发。
频繁激怒他人，并有挑衅或攻击他人的想法。	即便在情况不明的情况下，仍然认为其他人对自己充满敌意，而且这种想法非常强烈。	频繁出现攻击他人、对他人充满敌意和违规等方面的想法。
在家或学校行为明显失控，不服从父母或老师的管理。	在家和学校做出高度破坏性的行为和/或毁坏财物以及严重不服从管理。	做出具有极度破坏性的行为和/或攻击人和动物。

破坏性行为障碍的生物学风险因素

遗传影响

关于ADHD的遗传基础，研究人员提供了有力的证据支持。首先，这种疾病具有遗传性：ADHD儿童的一级亲属患ADHD的可能性是一般人群的2 ~ 6倍。其次，国内外的双生子研究表明，在解释ADHD的发病原因时，遗传因素约占75%。再次，领养研究方面的结果显示，与一般人群相比，ADHD儿童有血缘关系的亲属的ADHD发病率升高（Franke et al., 2012; Schachar, 2014）。

品行障碍生物学方面的研究表明，该障碍受到中等强度或非常强烈的遗传影响。然而，这方面的许多解释都将此归因于该疾病与ADHD和对立违抗性障碍的遗传重叠（Lahey & Waldman, 2012）。

此外，一些遗传基础可能与品行障碍的某些方面更加相关，例如攻击性、情绪性和冲动性。儿童的主动性攻击往往比反应性攻击具有更强的遗传基础（Waltes, Chiocchetti & Freitag, 2015）。此外，冷酷无情的特征（见后面关于“人格因素”的章节）似乎具有很强的遗传基础，这通常是严重品行障碍的一部分（Hawes, Price & Dadds, 2014）。

负面情绪是指持续的紧张、悲伤和愤怒，并且通常与品行障碍有关。负面情绪也有一定的遗传基础（Mikolajewski, Allan, Hart, Lonigan & Taylor, 2013）。冲动的反社会行为和与此相关的神经化学特征（见下一章节）也受到遗传因素的影响（Blair, 2013）。

神经化学特征

与ADHD儿童相关的神经化学变化包括多巴胺和去甲肾上腺素的缺失或失衡，尤其是在前额叶皮质区域。这些变化可能有助于解释运动控制、行为抑制和认知方面的问题。ADHD儿童可能无法调控自己的行为，因此旨在改善ADHD症状的药物治疗专注于提高这些神经递质的水平（Sharma & Couture, 2014）。

研究者发现，具有攻击性和品行障碍的青少年的5-羟色胺水平较低。此外，患有破坏性行为障碍的青少年似乎也有较低水平的皮质醇和较高水平的睾酮，这与这些青少年心率较低和生理唤醒较少是

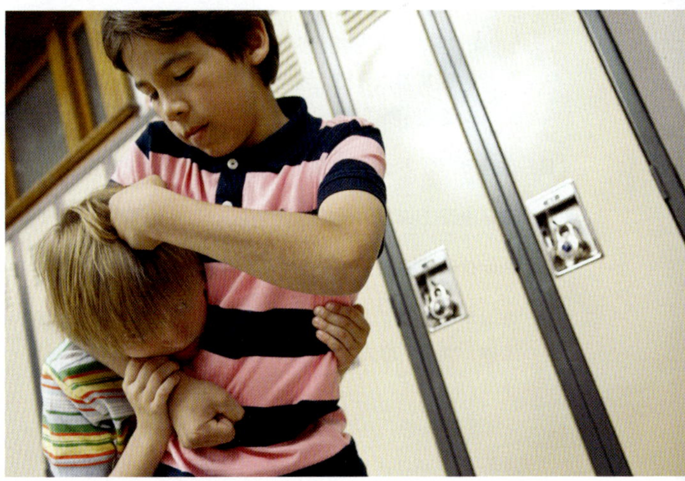

品行障碍儿童往往具有攻击性，经常欺负他人。

表13.7

《精神疾病诊断与统计手册》（第5版）（DSM-5）

注意力缺陷/多动障碍

A. 注意力缺陷/多动障碍是一种持续的注意缺陷和/或多动-冲动状态，干扰了功能或发育，以下列1或者2为特征：

1. 注意障碍：至少有6个（或更多个）下列症状，持续至少6个月，且达到了与发育水平不相符的程度，并直接负面地影响了社会和学业/职业活动：
   注：这些症状不仅仅是对立行为、违拗、敌意的表现，或不能理解任务或指令。年龄较大（17岁及以上）的青少年和成人，至少需要有下列症状中的5个；
   a. 经常不能密切关注细节或在作业、工作或其他活动中犯粗心大意的错误；
   b. 在任务或游戏活动中经常难以维持注意力；
   c. 当别人对其直接讲话时，经常看起来像没有在听；
   d. 通常不遵循指示，不能完成工作场所的功课、家务或职责；
   e. 经常难以组织任务和活动；
   f. 经常回避、厌恶或不情愿从事那些需要精神上持续努力的任务；
   g. 经常丢失任务或活动所需的物品；
   h. 经常容易被外界的刺激分神；
   i. 经常在日常活动中忘记事情。
2. 多动和冲动：有至少6个（或更多个）下列症状，持续至少6个月，且达到了与发育水平不相符的程度，并直接负面地影响了社会和学业/职业活动。
   注：这些症状不仅仅是对立行为、违拗、敌意的表现，或不能理解任务或指令。也包括蔑视，敌意、不理解任务或指示。年龄较大（17岁及以上）的青少年和成人，至少需要下列症状中的5个。
   a. 经常手脚动个不停或在座位上扭动；
   b. 当被期待坐在座位上时却经常离座；
   c. 经常在不适当的场合跑来跑去或爬上爬下；
   d. 经常无法安静地玩耍或从事休闲活动；
   e. 经常“忙个不停”，好像“被发动机驱动着”；
   f. 经常讲话过多；
   g. 经常在提问者还没有讲完之前就脱口而出答案；
   h. 经常难以等待轮到自己的顺序；
   i. 经常打断或干扰他人。

B. 注意障碍或多动-冲动的症状在12岁之前就已存在。

C. 注意障碍或多动-冲动的症状存在于2个或更多的场合中（例如在家里、学校或工作中；与朋友或亲属互动中；其他活动中）。

D. 有明确的证据显示这些症状干扰或降低了社交、学业或职业功能的质量。

E. 排除精神分裂症或其他精神病性障碍，也不能用其他精神障碍来更好地解释（例如心境障碍、焦虑相关障碍、分离障碍、人格障碍、物质中毒或戒断）。

表13.8

《精神疾病诊断与统计手册》（第5版） （DSM-5）

对立违抗性障碍

A. 至少6个月里在与至少一个自己兄弟姐妹以外的个体交往时持续表现出消极的、故意的和挑衅的行为模式，包括以下4个（或更多个）的行为表现：

易怒/易激怒的情绪

1. 经常发脾气；
2. 容易生气或被人惹恼；
3. 常常发怒或怨恨；

争辩/叛逆的行为

4. 常常与权威人物发生争执,或者因为其他儿童和青少年而与成人发生争执；
5. 常常公然反对或拒绝遵守成人的要求或规则；
6. 常常故意惹烦别人；
7. 常常由于自己的过错或不良行为而责怪他人；

怀恨在心

8. 在过去6个月内至少两次怀恨在心或恶意十足。

B. 行为紊乱与本人或其他人在其直接社会背景下的痛苦有关，或者对社会、教育、职业或其他重要的功能领域产生负面的影响。

C. 这些行为不仅仅出现在精神病性障碍、物质使用障碍、抑郁症或双相情感障碍的病程中。此外，该标准不符合破坏性情绪失调障碍的诊断标准。

标注疾病的严重程度：轻度（在一种环境下表现出症状）、中度（在两种环境下表现出症状）或重度（在三种或以上环境下表现出症状）。

表13.9

《精神疾病诊断与统计手册》（第5版） （DSM-5）

品行障碍

A. 是一种反复持久地侵犯他人基本权利或违反适龄社会准则的行为模式，在过去12个月里至少明显表现出以下15条行为标准中的3条（或更多条），在过去6个月里至少出现以下1条标准：

攻击他人和动物

1. 经常欺负、威胁或恐吓他人；
2. 经常挑起打架；
3. 用过能致他人身体受到严重伤害的武器（比如球棒、砖头、破瓶子、刀或者枪）；
4. 曾经对他人进行身体伤害；
5. 曾经虐待动物；
6. 曾经偷窃或抢劫；
7. 曾强迫他人发生性行为；

破坏财物

8. 故意放火，目的是造成财产损失；
9. 故意损坏他人财产（除放火外）；

欺骗或偷窃

10. 擅自闯入他人房屋、建筑物、车辆中；
11. 经常骗取物品或好处而逃避义务；
12. 偷窃价值不菲的财物，但不造成人身伤害；

严重违反规定

13. 在13岁之前，经常不顾父母反对而夜不归宿；
14. 住在父母家或父母委托人家的时候，至少两次离家出走在外过夜（或至少一次很久没有回家）；
15. 在13岁之前，就开始经常逃学。

B. 这种行为紊乱会在社交、学业或职业功能方面造成临床上显著的伤害。

C. 如果年满18周岁或以上，该标准不符合反社会型人格障碍的诊断标准。

标注发病时期：童年、青春期或发病期不明；标注是否为：亲社会情绪有限、缺乏悔恨或内疚、冷漠—缺乏同情心、不关心自己的表现、肤浅或影响不足；标注疾病严重程度：轻度、中度或重度。

13.4

专栏

聚焦大学生

注意力缺陷/多动障碍

许多患有ADHD的青少年刚刚步入大学，2% ~ 5%的大学生报告患有ADHD或者具有显著的ADHD症状。此外，在大学校园接受残疾服务的学生中约有25%报告了自己的ADHD症状。平均而言，患有ADHD或有显著ADHD症状的大学生的平均积点分往往较低，更可能受到学业观察，并且相比未患ADHD的同学而言，其毕业的可能性较低。患有ADHD的大学生在社交技能、适应能力、自尊、情绪症状、物质使用以及与父母和同伴的关系方面也存在更多的困难（Weyandt et al., 2013）。

有些人对这些问题做了更深入的研究。与对照组相比，患有ADHD的大学生有更多的强迫性行为、抑郁、焦虑和敌意。此外，患有ADHD的大学生在特定课程作业中的成绩较低，组织能力较弱，并且存在更多与社会适应相关的问题。最后，与对照组参与者相比，更多患有ADHD的大学生报告了与情绪控制、工作记忆以及任务管理相关的特定认知问题。本书作者认为，应对患有ADHD的大学生在损伤和症状方面进行评估，放宽治疗范围，将学业、认知和社会功能方面的问题涵盖在内（Weyandt et al., 2013）。

相符合的。因此，这些青少年中有些可能缺乏参与到攻击或其他反社会行为方面的焦虑抑制（Matthys, Vanderschuren & Schutter, 2013; Portnoy & Farrington, 2015）。

大脑特征

患有破坏性行为障碍的儿童具有典型的大脑变化，其中一些可能与遗传易感性有关，并可能与神经化学变化相互作用。患有ADHD的青少年的关键脑区的体积较小或大小不一，尤其是前额叶皮质、前扣带回、基底神经节、尾状核、壳核、苍白球、胼胝体和小脑。此外，关键的额叶纹状体区域血流量较少，连通性较差。这些变化有助于解释这一人群注意力不集中、过度活跃和冲动的问题（Jun & Castellanos, 2015; Weyandt, Swentosky & Gudmundsdottir, 2013）。

尽管已经有了一些专注于攻击行为和反社会行为的研究，但关于患有对立违抗性障碍和品行障碍的青少年的神经影像学研究却很少。最可靠的发现是前额皮质体积较小，这一结果与ADHD重叠（图13.5）。另有人指出了杏仁核、基底神经节和脑干的变化。这些大脑区域的缺陷可能有助于解释无法控制过度情绪和攻击性行为方面的问题（Fairchild et al., 2015; Noordermeer, Luman & Oosterlaan, 2016）。

人格因素

对于患有破坏性行为障碍（特别是对立违抗性障碍或品行障碍）的青少年而言，人格因素也发挥了一定的作用。这些人格因素可能与前面提出的性情问题有关，并包括冷酷无情这一特征。具有这些特征的青少年往往对自己给其他人造成的伤害缺乏内疚或悔恨，很少表现出情感，对其他人无动于衷，并操纵他人以获得满足感。具有这种人格特征的青少年可能与反社会型人格障碍者有些类似（第十章）。他会利用其他人来满足自己在诸如性或获得物品、服务等方面的私欲，在这一过程中，他很少关注他人的感受。这种人格特征似乎与患有严重品行障碍的青少年尤其相关（Ray, Thornton, Frick, Steinberg & Cauffman, 2015）。

破坏性行为障碍的环境风险因素

致畸胎原

前文曾提到，致畸胎原是指诸如母体吸毒、接触有毒物质等产前风险因素。与一般人群相比，患有破坏性行为障碍的青少年可能更多地接触了各种产前致畸胎原。与后来的破坏性行为障碍（尤其是ADHD）相关的关键致畸胎原包括母体吸烟和饮酒，这与注意力、认知和学习问题密切相关。孕期压力增加、怀孕和分娩并发症、早产和低出生体重也是重要的风险因素（Doyle & Mattson, 2015; Gard, Owens & Hinshaw,

2015; Graham, Glass & Mattson, 2016）。

家庭冲突与育儿行为

婚姻和家庭成员之间的冲突与青少年的破坏性行为问题密切相关。与看着父母打架相关的恐惧可能会导致依附性问题，并使孩子无法控制自己的情绪。另外，青少年还可能会效仿父母，将攻击他人作为解决问题的一种方式。还有一些青少年可能因为攻击行为或过于活跃而受到奖励，他们父母也不愿意纠正这种行为（Karriker-Jaffe, Foshee, Ennett & Suchindran, 2013; Martel, Nikolas, Jernigan, Friderici & Nigg, 2012）。

糟糕的育儿方式与破坏性行为问题有着密切的联系。这样的例子包括通过提供积极后果或消除负面影响来奖励儿童的不良行为。孩子可能会非常好斗，过度活跃，而父母会贿赂他以使其停止这种行为。或者孩子可能变得调皮捣蛋来回应父母的指令，从而不用做家务。胁迫模式早在幼年时期就开始了，它可以升级为极端形式的不良行为，并且无效的父母管教会使情况迅速恶化（Snyder, 2016; Smith et al., 2014）。

与破坏性行为障碍相关的其他育儿问题包括对儿童行为的监控不力、沟通过于严厉和心不在焉、过度控制、过度体罚以及指令不明确等。有些家长以问题的形式向孩子发出指令（“你能去上学吗？”）、在发出指令时打断或先训斥他们的孩子一番，或者发出的指令过于模糊，留给孩子很大的解读空间（“去打扫一下你的房间”）。这往往会使孩子不顺从或反抗父母的指令（Eisenberg, Taylor, Widaman & Spinrad, 2015; Tolan, Dodge & Rutter, 2013）。

不良同伴

患有破坏性行为障碍（尤其是品行障碍）的青少年更多地与不良同伴混在一块，而受到正常的同龄人的排斥，他们的人际关系充满了敌意。在这些青少年中，许多人的社会和语言技能较差，这使他们无法建立积极的友谊。通常，这种来自他人的排斥会使孩子与同样因为攻击他人而遭到排斥的人混在一块。因此，敌对和攻击行为可能会得到同伴的奖励（Vitaro, Brendgen & Lacourse, 2015）。

与不良同伴混在一块有时与欺凌行为有关。欺凌是指通过攻击以及诸如吼叫、口头威胁等其他敌对行为使某人受害。欺凌行为似乎比较稳定——许多欺凌他人的孩子在进入青春期后仍会欺凌他人。与持续欺凌相关的因素包括破坏性行为问题、社交能力差和男性社会性别等（Camodeca, Caravita & Coppola, 2015; Fergusson, Boden & Horwood, 2014）。

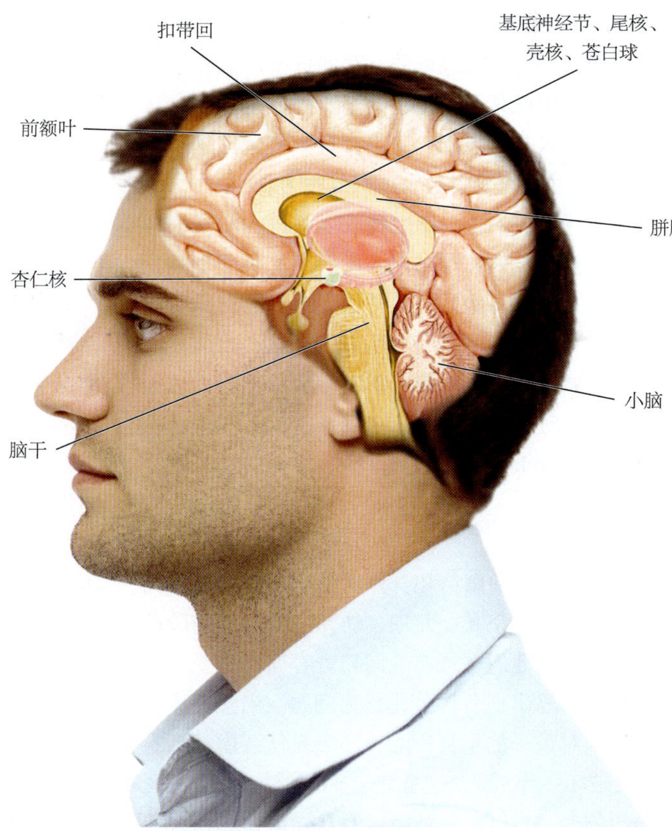

图13.5　与破坏性行为障碍相关的主要大脑区域。

婚姻冲突是行为问题儿童的一个关键风险因素。

认知因素

患有破坏性行为障碍（特别是品行障碍）的年龄较大的儿童和青少年具有关键的信息处理差异。在不存在真正的威胁时，这些青少年中的许多人也会将其他人的行为误解为敌意或威胁。有的孩子可能在学校的走廊里无意中被某个人撞了一下，而他马上就会认定这个撞他的人是故意的，并且有意伤害他。这种假定可能有助于引发恶意的想法或报复行为。

患有品行障碍的青少年也赞成以激进的方式来解决问题，不能完全理解攻击他人所引发的负面影响，他们以敌对方式来界定问题，并认为自己的自我价值很低。袭击其他孩子的孩子之所以这么做，可能是因为想得到某些东西，并且他可能不知道这一行为可能造成的不良后果（Dodge, Godwin & Conduct Problems Prevention Research Group, 2013; Dodge et al., 2015）。

虐待

早期对儿童的性虐待和身体虐待也与破坏性行为问题有关。如果孩子在婴儿期、幼儿期或学龄前阶段受到虐待，那么他们在童年晚期和青春期比未受到虐待的孩子更容易出现各种外化行为问题。当然，虐待也可能只针对孩子的不良行为。那么为什么虐待会有助于引发破坏性行为呢？这里有许多可能性，比如缺乏对父母的依恋、难以控制情绪以及认知偏差和自卑等（Narayan, Cicchetti, Rogosch & Toth, 2015; VanZomeren-Dohm, Xu, Thibodeau & Cicchetti, 2016）。

贫困

贫困和社会经济地位的低下与青少年的破坏性行为障碍密切相关。这部分归因于有问题的育儿方式、社区混乱和暴力等因素。

然而，至于社区暴力是否会引发攻击行为，或者青少年是否就是引发社区纠纷的始作俑者这些问题，目前尚不清楚（Evans & Cassels, 2014; Jennings & Fox, 2016）。

文化因素

种族在破坏性行为障碍方面确实具有一定的作用。欧洲裔美国儿童比非洲裔、西班牙裔或其他种族的美国儿童更可能被诊断为ADHD（Collins & Cleary, 2016）。这一差异在孩子4 ~ 5岁时并不存在，但在5岁以后变得非常明显（Pastor, Reuben, Duran & Hawkins, 2015）。然而，与欧洲裔美国儿童的母亲相比，非洲裔美国儿童的母亲往往会更多地对自己的孩子身上表现出来的注意力不集中、过度活跃和冲动的症状表示认可（Barrett & DuPaul, 2015）。这些差异导致一些人声称，ADHD可能在某些群体中被过度诊断而在另一些群体中则诊断不足，但这方面仍有待进一步的研究（Morgan, Staff, Hillemeier, Farkas & Maczuga, 2013）。

在青少年逮捕记录方面，非洲裔美国青少年通常高于欧洲裔美国青少年和美国土著青少年，而亚洲裔美国青少年的被逮捕记录则是最低的（Office of Juvenile Justice and Delinquency Prevention, 2015）。这一差异有时被归因于产前问题等某些风险因素的频繁出现。然而，这种一般形态掩盖了一些更细微的层面的发现。例如，在违反禁酒令引起的逮捕案例中，美国土著青少年和欧洲裔美国青少年人数远高于非洲裔和亚洲裔美国青少年。此外，离家出走比例的民族差异也不大。移民人口较多的社区的犯罪率也往往较低。在厘清种族、民族、犯罪或反社会行为之间的关系方面需要进行更多的研究（Leiber & Peck, 2015）。

破坏性行为障碍的病因

研究人员专注于破坏性行为障碍的多因素或生物心理社会模型，这些模型囊括许多风险因素。ADHD

的多因素模型包括生物学和环境因素，这些因素相互作用从而导致了这一疾病。研究者已经提出了许多风险因素，其他的风险因素仍有待发现；因此，有人认为，多重途径可以导致ADHD。这些途径可能主要是遗传性的，一部分主要是由妊娠和分娩并发症引起的，另一部分主要是压力及其他致畸因素引起的，还有一些在很大程度上是所有这些因素的综合作用。ADHD的早期情况最有可能是最后一种途径。然后，这些途径可能引起关键的大脑区域变化和神经化学变化，尤其是影响自我调控行为能力方面的变化。在与无效育儿等某些环境因素结合起来时，这些大脑变化有助于引发注意力不集中、冲动和过度活动的症状（Molina＆Pelham, 2014; Pham, 2015, 图13.6）。

多因子方法也可能适用于对立违抗性障碍和品行障碍，尽管导致这些疾病的途径可能更多地取决于环境因素。一般的生物学倾向会为某些执拗、敌对的性格以及攻击和冲动倾向创造条件。这种倾向在ADHD儿童中似乎非常强烈，但在有品行问题的儿童中则较弱。然而，易怒性格和反社会行为倾向会为孩子对父母的不良依恋、无效育儿以及社会和学业问题创造条件。遗传了父母挑剔和易怒性格的孩子很难照顾，并且可能遭到同属易怒性格的父母的排斥（Pardini＆Frick, 2013; Tolan et al., 2013; 图13.7）。

如果父母对孩子的行为进行有效监管，并给予适当的干预，那么这些问题有一些是可以在孩子很小的时候就解决的。然而，有些孩子可能会抵制父母的这些努力，或者父母的这些努力可能付诸东流，如此一来，这会引发父母对孩子更严厉的管教、家庭冲突、同伴排斥和学业失败等。与不良同伴混在一块、接触社区暴力以及诸如过度使用精神活性物质或抑郁等其他因素也会使情况恶化（Brook, Lee, Finch & Brook, 2015; Kaltiala-Heino, Fröjd＆Marttunen, 2015）。

破坏性行为障碍的预防

破坏性行为障碍的预防项目主要以学校为基础，旨在帮助青少年提高社会和学业技能。针对这些疾病最全面的预防项目之一涉及基于课堂行为的管理。该项目侧重于与学生一起制定班级规则，将学生分配至破坏性成员和非破坏性成员的小组，并为小组提供强化支持，鼓励孩子管理自己及小组成员的行为。

如果违反了班级规则，教师会拿走课程开始时分配的几张卡片中的一张。经过一段时间之后，如果手中仍然剩下卡片（至少一张），则给予一定的奖励。随着时间的推移，组合这些队伍的频率逐渐增加到每周三次，一次周期为1个小时。预防的后期阶段包括关注孩子的亲社会行为。这一过程有助于防止一般的破坏性行为，特别是具有中度破坏性行为问题的青少年（Spilt, Koot＆van Lier, 2013）。

然而，鉴于许多破坏性行为障碍的严重性，有效的预防项目可能必须涉及培养适当的育儿技能，提高儿童的社会认知技能以及提供学业技能培训、小组干预和课堂管理（Sandler et al., 2014; Villodas, Pfiffner＆McBurnett, 2012）。例如，针对行为问题高风险幼儿的快速通道模型。该模型包括社交技能和愤怒控制培训、学习问题辅导、家长培训和家访。在一项研究中，37%的干预组儿童在三年级以后没有再出现行为问题，而对照组儿童的这一数字为27%。长达10年的预防使专业服务和严厉的父母管教普遍减少，但这并

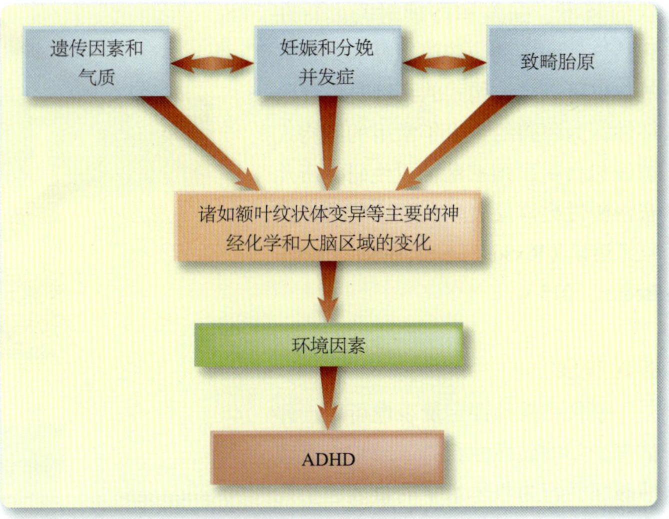

图13.6　ADHD的多因素模型样本。

不会阻止青春期的反社会行为出现。这些结果鼓舞人心，但也表明严重的行为问题是很难改变的。你认为威尔对这样的预防项目可能会有什么反应？

破坏性行为障碍：评估与治疗

心理健康专业人士会使用各种方法对患有破坏性行为障碍的孩子进行诊察。这些方法主要包括访谈、评定量表和行为观察。

访谈

在对可能患有破坏性行为障碍的孩子进行评估时，对孩子及其父母和学校官员的访谈至关重要。访谈问题应围绕孩子认知、情感和社会发展的各个方面进行设置，还应确定本章中提到的几个风险因素。此外，还应该对孩子日常环境中正在发生的风险因素进行评估，包括亲子互动、育儿方式和训练、婚姻和家庭互动，以及在学校与同龄人和教师的互动等。另外，还应对孩子的医疗状况和学校表现进行评估（Sparrow & Erhardt, 2014）。

同时，还必须获得孩子症状的详尽病史，特别是过度活跃、冲动、注意力不集中、不服从和攻击行为等症状的频率、强度和持续时间。旨在评估这些问题的访谈可以是非结构式的，也可以是结构式的。针对患有破坏性行为障碍的青少年常用的结构式访谈包括美国国家精神卫生研究所儿童诊断性会谈量表和儿童诊断结构式临床访谈（Roelofs, Muris, Braet, Arntz & Beelen, 2015）。

评定量表

家长和教师评定量表也可用于评估青少年的破坏性行为。通常用于评估破坏性行为整体水平的量表包括儿童行为量表、教师报告表、康纳斯行为评定量表（第3版）和儿童行为评估系统（第3版）（Achenbach & Rescorla, 2001; Conners, 2008; Reynolds & Kamphaus, 2015）。对于ADHD青少年而言，常用的衡量标准是ADHD等级量表（第5版）（DuPaul, Power, Anastopoulos & Reid, 2016）。对于品行障碍而言，常用的评定量表是家庭和学校情况调查表（Barkley, 2013）。表13.10列出了这一调查问卷的一些示例项目。

行为观察

在学校和家庭等自然环境对具有破坏性行为的儿童行为进行观察是评估的一个重要组成部分。行为观察有助于添加信息，澄清访谈与评定量表所获得数据之间的差异，并有助于对一些行为的具体方面进行调查（DuPaul & Stoner, 2014）。此外，还可以通过行为观察来确定儿童长期存在行为问题的原因。这些原因可能包括父母的关注和逃离教室等情景或获得玩具等有形奖励的欲望。治疗师有时会将行为观察与ADHD症状的特异性试验联系起来。连续作业测验可以衡量

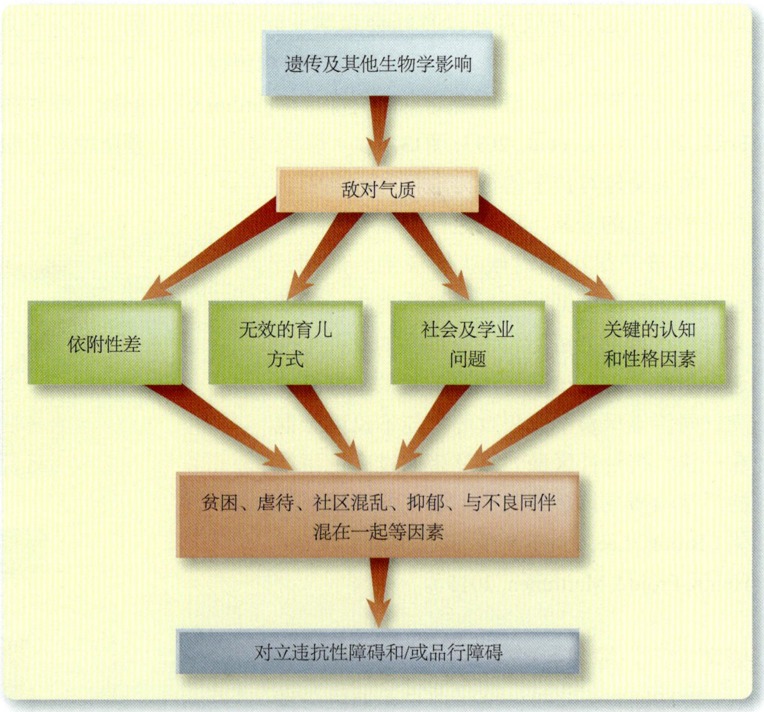

图13.7 对立违抗性障碍和品行障碍的多因素模型样本。

儿童持续关注的能力，并限制儿童对各种任务的冲动（Conners, 2014）。

破坏性行为障碍的生物学治疗

针对患有破坏性行为障碍的青少年的主要生物学治疗是服用兴奋剂药物。考虑到ADHD以及过度的攻击性行为，这可能看起来有些奇怪——为什么还要刺激这些症状呢？前面曾提到，破坏性行为障碍的一个主要问题是一个人难以调控自己的行为。自我调控缺陷可能是由于前额皮叶质、扣带回等关键脑区的诸如多巴胺、去甲肾上腺素等神经递质的水平较低造成的（Arnsten & Berridge, 2015; Bedard et al., 2015）。刺激大脑的抑制中枢实际上可以帮助孩子调控他们的行为，变得不那么活跃和冲动。

适用于ADHD的主要兴奋剂药物是哌甲酯（利他林或哌甲酯制剂）。与许多成人一样，55% ~ 75%患有ADHD的青少年因为服用该药物而受益。尽管兴奋剂药物对注意力和学习表现没有强烈的效果，但该种药物可以帮助儿童降低过度活跃和冲动的程度（Kass, Posner & Greenhill, 2015; Storebo et al., 2015）。兴奋剂药物的一个问题是会产生副作用，包括头痛、胃痛、抽搐、烦躁不安、体重减轻、食欲减退和失眠等（Craig, Davies, Schibuk, Weiss & Hechtman, 2015）。对于那些服用兴奋剂有严重副作用、无效或患有抽搐运动障碍的人来说，服用非兴奋剂药物——阿托莫西汀（择思达）——也有助于提高去甲肾上腺素水平，改善ADHD症状（Clemow et al., 2015）。兴奋剂药物的另一个问题是，大学生非法使用该药物以提高自己的专注力，保持清醒，控制食欲或改变情绪等（Bavarian, Flay, Ketcham & Smit, 2015）。

兴奋剂药物也被用于治疗患有品行障碍的青少年，如果该青少年伴有ADHD症状，那么这种药物往往会更有效。这些药物有助于减少课堂干扰、攻击他人、毁坏财物及其他行为问题。诸如抗焦虑、情绪稳定、抗精神病药物等其他药物有时也被用于控制诸如强烈的愤怒爆发等爆发性症状。然而，对于对立违抗性障碍和品行障碍而言，通常建议将心理治疗作为第一手段对对抗挑衅和行为障碍进行心理治疗（Kass et al., 2015; Pringsheim, Hirsch, Gardner & Gorman, 2015）。

表13.10

家庭和学校情境下调查问卷的示例项目

你的孩子在以下任何情境中是否在遵从你发出的指令、命令或设定的规则方面表现出任何问题
与其他孩子玩耍
用餐时间
你在打电话的时候
公共场所
在车里

注：项目评分为是/否，然后评分等级为1至9，其中1 = 轻度，9 = 重度

破坏性行为障碍的心理治疗

破坏性行为障碍的心理治疗主要侧重于通过以家庭、学校和社区为基础的项目来减少问题症状，并发展学业、社交和自我调控技能。我们接下来介绍一下这些治疗方式。

家长培训

无效的育儿方式是破坏性行为障碍的一个关键风险因素，基于家庭的不良行为最适合由父母来解决。因此，家长培训项目是针对这一人群的一个关键治疗方法。研究者已经提出了许多家长培训项目，并且这些项目也有充分的证据证明对患有破坏性行为障碍的青少年的治疗有效果。父母培训项目通常包括以下一些方面：

- 教育父母有关孩子的行为问题以及如何最好地解决这些问题；
- 教导父母识别并明确界定问题行为，例如“我儿子不听从我让他洗碗的指令”，并制定明确的行为规则；
- 当孩子从事诸如完成家庭作业、做家务、安静就餐等亲社会行为时，给予孩子适当的关注和有形奖励；

- 忽略诸如发牢骚等轻微的不恰当行为；
- 当孩子从事严重不当行为时，给予适当的惩戒，例如暂停或剥夺孩子的特权；
- 给出明确、简短且与效果相关的有效命令；
- 对亲社会和反社会行为使用代币法等行为疗法；
- 加强对儿童的日常监控和监管；
- 教导父母有效地解决问题，并避免冲突；
- 增加与学校人员的日常接触以协调治疗，例如让教师将日常行为报告卡寄回家中（Barkley & Robin, 2014; Jones et al., 2013）。

校本行为管理

破坏性行为障碍儿童对努力维持课堂秩序的教师构成了挑战，因此，校本行为管理也是针对这一人群的一种关键治疗方法。校本治疗确实与基于父母的培训有些重叠，并且这两个治疗过程经常相互配合，因此儿童总会面对明确的指导原则以及有关其行为方面的后果（Schultz & Evans, 2015）。对于威尔在学校的违规行为，应使其承担基于学校和家庭的后果，例如剥夺他的特权。针对ADHD儿童的校本策略还可以包括循环奖励以保持这些策略的新颖性和趣味性，对规则和自我调控给予频繁的反馈，培养社交技能，并鼓励同伴帮助儿童改变他的行为（DuPaul, Eckert & Vilardo, 2012; Evans et al., 2016）。

社会和学业技能培训

由于破坏性行为障碍儿童存在会导致进一步攻击行为及其他不良行为的社会和学业问题，因此，旨在提高这些关键方面的技能培训项目非常重要和有效。这些项目的重点是帮助青少年控制冲动和愤怒，培养社交技能和解决问题的能力，与他人更好地合作以及提高学业能力。这可以通过挑战和修正非理性的想法，识别和解决肌肉紧张等愤怒和冲动的早期预警信号，对他人的行为考虑替代性解释，对适当参与亲社会团体活动进行奖励，以及针对学习缺陷接受额外的辅导和教育支持（Fabiano, Schatz & Pelham, 2014; Villodas, McBurnett, Kaiser, Rooney & Pfiffner, 2014）。

寄托治疗

如果孩子的破坏性行为比较严重，那么必须使其暂时离开他的家人，将其安置于寄托式或社区治疗场所进行治疗，直到他可以重新融入自己的家庭。这些治疗项目包括训练营、团体之家或其他针对青少年的治疗机构。寄托治疗通常包括团体治疗（培养社交和自理技能）、家庭治疗（减少冲突和构建解决问题的策略）、监督亲社会行为与不当行为的系统性后果等方面。经证明，寄托治疗可以使破坏性行为出现短期改善，但其长期效果并不显著。许多参加过这些项目的青少年最终犯下更多罪行或者需要额外的社区安置（Lee et al., 2014; Lockwood & Harris, 2015）。

多系统治疗

一种解决儿童和青少年严重破坏性行为的新方法是提供广泛的家庭服务，这些服务包括许多心理层面的治疗。多系统治疗是一种基于家庭的治疗方法，包括我们介绍过的诸多程序以及以下方面：父母精神病理学和物质使用问题的治疗、适当的同伴干预、社会支持、学校和职业成就以及与能够提供财务、住房和就业支持的机构保持联系。

虽然很可能有必要长期治疗，但从长远看，该方法可以有效减少主动的犯罪活动。该方法有时被用作针对因犯罪被逮捕青少年的转移项目（见专栏13.5）。

如果我认为的儿童患有破坏性行为障碍，该怎么办

如果你怀疑你的孩子或你认识的某个人患有ADHD或其他破坏性行为障碍，请参考表13.11中列出的筛查问题。如果你的孩子或你认识的某个人对大多数问题都回答“是”，那么他们可能需要咨询临床儿童心理学家和专门研究这些问题的精神病医生（第十五章）。咨询这两种专业人员对ADHD尤其重要，因为药物治疗配合行为管理可能是针对该类人群最好的治疗方法。许多表现出ADHD症状的成人也可以采用这些治疗方法。如果对这些问题的答案大多数都是“否”，但你仍认为孩子的不当行为导致了相当多的家庭冲突，那么最好寻求家庭治疗师的帮助。

自由州挑战学院（Freestate Challenge Academy）是针对高危高中生的寄托治疗项目，参与该项目的学生过去曾有过破坏性行为问题。

破坏性行为障碍儿童的长期预后

破坏性行为障碍儿童今后表现出攻击性行为和患其他精神障碍的风险很高。幼儿在过度活跃和冲动方面表现出严重的症状，这通常预示该幼儿今后会患上对立违抗性障碍。对立违抗性障碍也是后期品行障碍的一个良好预测因素。如果存在强大的遗传因素，那么最终很可能会出现所有这三种疾病的合并症（Danforth, Connor & Doerfler, 2016）。

随着时间的推移，ADHD儿童的症状一般会趋于稳定，尽管这些症状可能会发生改变。患有ADHD的学龄前儿童有时会有睡眠障碍，并且可能难以控制、过度活跃、注意力不集中并且过于执拗。这些孩子上小学以后，注意力不集中、过度活跃和冲动的症状会得到充分的表现。许多ADHD儿童之后会遭遇社交和学业问题，例如被他人排斥、社交技能较差以及学业失败等。威尔就存在很多这些问题（Cherkasova, Sulla, Dalena, Ponde & Hechtman, 2013; Holbrook et al., 2016）。

当ADHD儿童步入青春期以后，其过度活跃和冲动的严重程度会有所改善。尽管如此，大约67%的人仍然会表现出注意力不集中、烦躁不安和冲动控制困难的症状。这些青少年在品行障碍、过度使用精神活性物质、抑郁和辍学等方面也存在严重的风险。父母疏忽、ADHD家族史、强烈的家庭冲突和社会弱势常常预示这些症状会持续存在。大约15%患有ADHD的青少年在步入成年以后，其疾病症状没有丝毫弱化（Agnew-Blais & Seidman, 2014; Holbrook et al., 2016）。然而，对于大多数成人来说，诸如注意力不集中、冲动等ADHD的症状往往表现为注意力差或工作成绩不佳、持续健忘与工作记忆问题、挫折容忍度较低、脾气暴躁以及难以完成大学学位等形式（Moffitt et al., 2015; Shaw, Stringaris, Nigg & Leibenluft, 2014;

13.5

专栏

聚焦暴力

青少年的逮捕与转移

患有破坏性行为障碍的青少年有时会对其他人表现出攻击性行为及诸如毁坏财物或偷窃等反社会行为。青少年的被逮捕率仍然很高。20世纪90年代，人们对青少年暴力及其他反社会行为问题进行了广泛的讨论，美国的许多州降低了青少年因各种罪行而被逮捕并作为成人受审的年龄。这些青少年中的许多人同成年囚犯一起被收监，因为年轻和缺乏经验而面临严重被剥削的风险。

后来，一些州重新评估了这种做法，并制定了“转移”项目以使初犯者避免被监禁（Vries, Hoeve, Assink, Stams & Asscher, 2015）。

这样的例子包括荒野和新兵训练营、法庭调解和冲突解决及转介至咨询服务或团体之家。转移项目通常专注于对某一特定青少年的详细评估、抹掉逮捕和定罪记录、家庭治疗以及与社区机构的联系。

一个突出的例子是迈阿密-戴德青少年评估中心的逮捕后转移项目。

该项目通过提供治疗服务作为监禁的一种替代方案来对青少年初犯者进行评估并解决相关问题。在经过强力监督并完成对物质使用及家庭相关问题的治疗之后，可以解除对青少年的指控。

这种做法有助于减少与“违法犯罪”相关的污名，并在不损害逮捕记录的情况下给予青少年第二次迈入社会的机会。

表13.11
破坏性行为障碍的筛查问题

无论在家里还是在学校，某一特定儿童是否总是不断惹麻烦
即便在就餐和就寝时间，某一特定儿童是否总是看起来“忙个不停”
某一特定儿童是否比与其同龄的大多数儿童看起来更加注意力不集中、过度活跃或冲动
某一特定儿童可以集中注意力完成家庭作业或家务吗
某一特定儿童是否比大多数与其同龄的儿童更经常不听从成人的要求
某一特定儿童是否比与其同龄的大多数儿童更为频繁地攻击他人、盗窃、欺诈和做出违规行为
该问题儿童已经被逮捕了吗
某一特定儿童是否总是怀有敌意、好辩并且过度敏感

Williamson & Johnston, 2015）。

三种发展途径可能能够适用于患有对立违抗性障碍或品行障碍的青少年。其中，两种途径始于童年期，另一种始于青春期。第一个童年期途径主要与ADHD的症状相关，尤其是冲动和严重的家庭功能失调。该种发展途径可能最适合威尔。第二个童年期途径与冷酷无情的人格和困难型气质有关。大约一半青少年的行为问题始于这些早期的途径，这表明儿童的反社会行为在其步入青春期和成年以后会持续存在。最后，青少年发病模式具有普遍叛逆的特点，青春期与不良同伴混在一块儿，并且通常不会导致成年后严重的适应问题（Jaffe & Odgers, 2014; Pardini & Frick, 2013）。

持续性ADHD和对立违抗障碍、品行障碍的症状似乎可以通过严重程度和复杂性得到最佳的预测。特别严重的症状、更大的损伤和大量的合并症预示着整个青春期和成年后都会存在问题。其他高危因素包括发病年龄早、攻击性行为、抑郁、多种环境中的行为问题、智力低下、过度使用精神活性物质、父母精神病史以及社会经济地位低下等（Agnew-Blais & Seidman, 2014; Jaffe & Odgers, 2014）。

托尼·伍德 **个人叙述**

我坐在成堆的、没有折叠的、要洗的衣物之间，整理着垃圾邮件和未支付的账单，并游走在这杂乱的房子里。所有这一切使我对自己最近被诊断为ADHD并没有感到丝毫惊讶。然而，让我感到惊讶的是，直到38岁我才被诊断出患有这种病。早在几年前，大儿子被诊断出患有注意力缺陷型ADHD，小儿子被诊断出患有混合型ADHD。两个儿子都是先去看了育儿发展儿科医生，在排除了可能与ADHD症状类似的身体疾病之后才做出了诊断。他们在当地儿童医院的保健医生那儿做了心理教育测试，接受了全面的评估。但是作为一个成人，我是无法享用他们用过的这些资源的。

我开始和其他成人谈论这种曾经被认为只有童年时期才能得的疾病，看看他们的反应，并寻求一些建议。大多数情况下，我遭遇的不是冷嘲热讽，就是满脸的猜疑。然而，成人ADHD正在进入我们的视界，这似乎是合理的。让我惊讶的是，我竟然找到了一位最近也被确诊患有该病的朋友。我之所以感到吃惊，是因为当时人们并没有公开地谈论ADHD。从很多方面看，它仍然没有被认为是一种病。

正式接受诊断对我产生了很大的影响。过去我的诸多疑问得到了解答，双肩上的重担终于卸下，这让我轻松不少。但随后另一个问题开启了我内心一个更大的裂痕：“如果我不是我曾认为的那个人，那么我到底是谁？”当我试图探寻这些问题的答案时，这个诊断让我感到困惑。

不久，我就去咨询了一位治疗师，人们肯定以为我“疯了”，但是我没有，我非常清楚自己在做什么。当时我被诊断患有抑郁症，这是成人ADHD常见的一种并发症。我现在的治疗包括服用抗抑郁药物和治疗ADHD需要的兴奋剂药物，同时通过心理治疗学习如何将这个新的“我”融入自己的人生观。在4年左右的时间里，我的抑郁情绪就像坐过山车一样，大起大落。它带我进出山谷，穿过隧道，越过山脉，那里的景色令人惊叹，然而最终通过一条长长的漆黑隧道再次回到山谷。我退出了生活，不再相信生活能够带给我什么。我曾记得，我的孩子们从我身边走过时，他们看到我看电视时表现出来的木然表情，大声喊道："妈妈又抑郁了。"

我对离开山谷的那最后一段旅程已没什么印象了，也不记得它与其他旅程有什么区别。我只知道那就是我走出山谷的最后一段人生旅程。我再次开启了全新的人生。成堆的事情似乎又有了自己的生命力，各种账单堆积在一块儿，电话响个不停，电话另一头响起了收账人的声音。接受药物治疗，并掌握了自己的情况，我开始长途跋涉，走出深渊，一次着力解决一个问题，并创建适合我的处理方式的系统。我的家人对我抱有谨慎的乐观态度，他们简直不敢相信自己看到的这一切。

我最大的变化是我产生了帮助他人的欲望。由于我的小儿子也被诊断出ADHD，因此我在他的学校附近住下来，去学校为他打气，尽力使其保持自己的竞争力。我了解了他面对的挑战，找到了他的优势，然后征得他的同意利用他的优势来迎接挑战。关于我自己以及我能为其他人做些什么方面，我学到了很多。药物治疗使我能够保持专注并能对项目进行全程跟进。我想把这些新技能用于帮助其他人度过他们的困难时期。

虽然我想马上开始工作，但我认识到自己需要继续进修。回首往昔，尽管毕业证书上烙有浮雕的金色印章，但我明白学习对我来说并不是一件容易的事。我记得，我长时间地阅读课文，然后重新阅读，课堂上记大量的笔记，感觉每位老师都讲得太快，而我写字又太慢，后来整理笔记的时候又用不同的颜色将各个部分区分开来。有关考试焦虑方面的回忆再次触动了自己内心的焦虑感；我又如何能忍受再来一轮呢？

此外，还有房子的问题——我要赚钱养家，支付各种账单，抚养孩子，洗衣服……所有这些对其他人而言似乎再"正常不过"的事情，我又将如何应对？对于这些问题，我没有任何解决办法；我只知道自己会如何运用自己的经验。然而，我确定这一困境不会束缚住我的手脚，相反，我会成为自己的主宰。一旦我下定决心，我的人生就发生了改变。

我明白了每个人都需要学会的一个关键概念：经历不会成就或塑造一个人……影响一个人的是他利用这些经历所做的事情。我重返大学，使用我第一学位的通识教育学分去申请我的第二个理学学士学位。在大学残疾人服务办公室的帮助下，我于18个月之后顺利毕业，感觉比我第一次大学毕业时更有成就感。自那以后，我又接受了另一项挑战——报名参加了一个为期11个月的远程课程，完成该课程。我将获得教练资格，实现我帮助其他人的目标。这次没有残疾人服务办公室的帮助，但我知道自己完成得相当不错，并且现在我已经获得了教练资格，可以在我家以外的任何地方工作，去帮助其他患有ADHD的人。

第十四章　神经认知障碍

14

章节特色

C 威廉和劳拉

案例探讨

威廉·庞德和他的妻子劳拉都已经83岁了。他们已经结婚58年，并且一生的大部分时光都在农村度过。在他们的存款账户出现严重透支之后，庞德夫妇被捕了。银行经理表示，这对夫妇在过去几个月里开出了价值超过22000美元的空头支票。警探向庞德夫妇的两个成年儿子寻求帮助，并发现每当需要支付账单时，这位庞德先生就会随意地更改他的支票簿余额，在后面添上几个零。比如，在需要的时候，他会将100美元的余额更改成1000美元。然而，他的存款账户已经有一阵子没有实际款项存入了。

警探发现，这对夫妇容易激动、争吵和糊涂。庞德夫妇坚持认为自己的存款账户不存在任何问题，警探不应该来打扰他们，并声称："我们老了，你们就是想得到我们的钱。"他们有时会记不起自己的住址，但其他一些时候似乎非常清醒。庞德先生的记忆力比他妻子还要糟糕，而且由于运动技能较差及记不清自己的住址等原因，他开不了车。因此，这对夫妇外出时都由庞德夫人和他们的两个儿子开车，他们的儿子们会时不时地来看望一下他们。

在法庭听证会上，负责这桩空头支票案的主审法官要求这对夫妇接受神经心理测试。测试的目的是确定庞德夫妇神经受损的程度，并且是否已经无法照顾彼此或管理他们的财务。庞德夫人存在中度记忆问题，并且似乎有些孤僻，偶尔会变得糊里糊涂，她在测试中的得分低于正常值。庞德先生对测试中的许多项目，特别是那些与感觉运动功能和记忆有关的项目，备感挣扎。他无法忍受这样的测试，开始对测试员大喊大叫，并拒绝完成测试。

神经心理学家还向这对夫妇的两个儿子了解了相关情况，他们对最近发生的这些事情感到十分震惊。据他们透露，他们父母的头脑确实不如过去几年那么"敏锐"了，并且也已经与其他人不怎么来往了。两个儿子都特别担忧他们的父亲，他在过去的两年中表现出了巨大的性格变化。在他们的眼里，父亲曾经是一个成熟稳重、脾气随和的人，而现在变得好斗、脾气暴躁和紧张。儿子们曾试着询问父母是否想要在辅助护理机构生活，以及是否有可能住在辅助护理机构，但是他们的父亲威胁说这个问题以后连提都不要提。

庞德先生拒绝接受神经心理学家的第二次访谈，但庞德夫人同意了。她证实了儿子们的说法，并承认她有时会害怕与丈夫住在一起。他变得非常激进好斗，甚至打过她两次，而在他们婚姻的早些时候，他从来没有对她动过手。他每天大部分时间都在喝酒、看电视和睡觉。她还担心丈夫会四处游荡而迷路。

庞德夫人承认，她在照顾丈夫和家庭方面感觉有些力不从心。她仍然让丈夫掌管他俩的财务，但她担心他们的退休账户迟早会发生一些"可怕的事情"。庞德夫人变得更加抑郁和困惑，难以进食和入睡。当她意识到自己丈夫的变化时，她的心境变得忧郁，她不再像以前那样爱他，而且他们可能会陷入严重的法律纠纷或者被迫卖掉他们的房子。庞德夫人知道，她的未来肯定会发生巨大的变化。她担心自己以后会住在哪儿，还会剩下多少钱，但她最担心的还是她丈夫每况愈下的身体状况精神状况。

神经心理学家得出结论，庞德先生很可能处于神经认知障碍的中期阶段，这可能起因于阿尔茨海默病。而庞德夫人相对于她的年龄而言，表现出了正常的记忆变化，但她的情绪也很低落，并且偶尔会有些糊涂，这可能导致轻微的思维和记忆问题。神经心理学家向法庭报告了他的调查结果，在不产生额外法律纠纷的情况下，庞德夫妇对各个相关企业进行适当的赔偿。然而，正如他们几十年前所知道的那样，庞德夫妇的生活即将发生巨大的变化。

思考问题

1. 庞德夫妇的哪些症状对于生命晚期的老人而言比较典型，哪些症状非常不同？
2. 庞德先生思想和行为方面的剧烈变化可能是由什么外部事件和内部因素造成的？
3. 你对庞德夫妇的哪些方面感到好奇？
4. 庞德夫妇有没有让你想起你认识的人的相关情况？原因是什么？
5. 庞德夫妇的记忆问题会如何影响他们未来的生活？

衰老过程中的正常变化与神经认知障碍

随着年龄的增长，我们大多数人在记忆及其他思维过程方面都会出现细微的变化。三四十岁以后，我们的短期记忆方面就会出现稍微大一点的问题。中年人可能就会经常纳闷儿：他们为什么上楼（“我在找什么？”），他们是不是把什么东西放错了位置（“我刚才用那些钥匙干什么了？”），或者他们昨晚刚见过的那个人叫什么名字（“那个家伙是谁？”）。另有一些人会出现长期记忆方面的变化，比如忘记了5年前是谁获得了世界职业棒球大赛的冠军。还有一些人在情景记忆方面会遇到更多问题，或者记不起很久以前的个人经历，比如记不清他们五年级老师的名字（El Haj et al., 2016）。

这些正常变化可能与主管记忆脑区的变化有关。海马区和前额叶皮质可能会失去脑细胞或受到诸如多巴胺流失等神经化学变化的影响（Rolls & Deco, 2015）。然而，这些变化通常发展缓慢，程度轻微，并且不会对日常生活造成显著干扰。一旦给出一些暗示（比如“你上楼找钥匙”），他就会想起来。尽管如此，人们通常会发现他们记忆事情不如过去那么“快”了。人们可能会经历更多所谓的舌尖现象，或者感觉他们知道一些他们不能马上记住的东西。

随着时间的推移，前额叶皮质及其他脑区会发生一些变化，这些变化是正常的，因此，在其他认知领域，人们也可能会经历一些细微的困难。这些困难通常涉及处理和推理速度、决策、活动策划、专注力和判断能力等方面（Resnick & Boltz, 2016）。一个人可能会发现，他在决定买哪辆车方面需要花费比往常更多的时间，难以厘清组织一场婚礼的所有细节，或者无法专心地听完一场时间较长的讲座，抑或无法在陌生城市复杂的路况下驾驶汽车。在计算数学问题、对象分类和识别模式方面也可能会发生细微的变化。一个人在理解复杂难懂的音乐时可能会有更多的麻烦。然而，之所以说所有这些变化是正常的，是因为大多数人都是某种程度上经历了这些变化，并且这些经历不会明显干扰人的日常生活。

对于有些老人来说，记忆和思维方面的变化可能非常严重。

一般记忆、学习或注意力问题确实会随着时间的推移而增加。在60 ~ 69岁这一阶段，经历轻度认知障碍的人占总人口的比例为4.5%，70 ~ 79岁的这一数字为5.8%，80 ~ 89岁的这一数字高达7.1%（Sachdev et al., 2015）。这些数字非常重要，但这也告诉我们，绝大多数老年人并没有实质性的认知问题。65岁及以上的老人往往已婚，住在自己的家中，这些事实消除了大多数老年人必须依赖他人维持生活的观念。

然而，对于某些人来说，在某些情况下，记忆和思维的变化确实会非常严重（见图14.1）。在长期酗酒、刚刚在全身麻醉的情况下动了手术或正在发高烧时，一个人记住信息和密切关注他人的能力很可能会受到损伤。处于这些状态的人往往有些糊涂，难以保持清醒。这种认知方面的损伤是暂时的和可逆的，这通常被称为谵妄。

对于其他人来说，随着年龄的增长，记忆和思维

图 14.1 思维与记忆问题和神经认知障碍

	正常	轻度
情感	思考和回忆时情绪稳定。	短暂失忆后表现出轻微的沮丧与担忧。
认知	思维和记忆过程表现良好。	偶尔会出现注意力不集中、失忆或舌尖现象。
行为	工作和社会行为表现良好。	在工作或重复某人所说的事情方面稍微有些迟钝。

的变化会变得更加严重。即使在给出提醒之后，某个人记忆信息的能力仍可能受损，或者一个人的健忘可能会变得非常频繁。一个人可能会开始忘记如何做一些简单的事情，比如系鞋带或使用微波炉。他也可能无法学习新任务，尤其是复杂的任务，并且很难与其他人交谈。其他问题可能包括需要不断重复或不断问同样的问题来获取信息并记住。这种情况的人，比如庞德先生，也可能会发生性格方面的变化，丧失社交技能，对日常活动失去兴趣，并出现诸如对认知变化感到担忧和悲伤等心理问题。这些认知变化是巨大的，通常是不可逆转的，并且会显著干扰日常生活。在记忆和认知方面发生如此巨大变化的人会表现出痴呆的症状。

患有谵妄的人往往难以理解时间和地点。

神经认知障碍：特征和流行病学分析

谵妄

你是否经历过这样一种心境，即你感觉周围的事物似乎变得模糊或混乱？也许你刚刚做了全身麻醉手术，非常疲倦，或者开心兴奋的时间有些太久，那么你清晰思考甚至保持清醒的能力可能会受到影响。当某个人正常的思维状态受损时，这个人就会出现谵妄（见表14.1）。谵妄造成的损伤通常是短暂的，并且患有谵妄的人通常会完全康复。这样的例子包括全身麻醉或其他药物药效的消退、退烧、压力或疲劳缓解等。

处于谵妄状态的人往往难以与他人互动，并且不清楚周围发生的事件。他可能无法在谈话中保持注意力或将注意力从一个人身上转移到另一个人身上。在这些情况下，集中注意力或专注力也非常困难。其他更高阶的认知过程也受到损害，包括记住信息、讲话清晰或诸如拼图等整合信息的能力。谵妄有时与方向障碍有关，即一个人难以记住个人的信息、他在哪儿甚至现在是什么时间等。某个人可能因为经历车祸从而暂时无法识别自己，意识不到自己是在医院，或者对白天或晚上没有概念。庞德夫人有时会表现出谵妄

中度	**神经认知障碍——不严重**	**神经认知障碍——严重**
注意力不集中和失忆时，挫折感增强或者容易对别人发火。	对注意力不集中和失忆表现出强烈的焦虑和担忧。	情绪性行为显著下降，包括对一个人状况的无动于衷。
经常出现注意力不集中或失忆的情况，出现丧失短时记忆的情况。	注意力、记忆力、处理速度、计划能力和判断力均大幅下降。	注意力和记忆力极差，出现丧失长期记忆的情况。
在组织和完成工作及参与对话方面存在更大的困难。	无法持续地与他人愉快交谈；经常迷路，精神恍惚。	身体行为大幅减少；言语活动很少，睡眠过多。

表14.1

《精神疾病诊断与统计手册》（第5版）（DSM-5）

谵妄

A. 注意和意识（对环境的定向减弱）障碍。

B. 该障碍在较短时间内发生（通常为数小时或数天），表现为与基线注意和意识相比的变化及在一天的病程中严重程度的波动。

C. 额外的认知障碍。

D. 诊断标准A和C中的障碍不能用其他已患的、已经确立的或正在进行的神经认知障碍来更好地解释，也并非出现在觉醒水平严重降低的背景下，例如，昏迷。

E. 病史、体检或实验室发现的证据表明，该障碍是其他躯体疾病、物质中毒或戒断、接触毒素或多种病因的直接的生理性结果。

标注病因：物质中毒、物质戒断、药物治疗、其他医学疾病或多种病因；标注是否为：急性发作或持续性且伴症状波动；标注是否为：高活性、低活性或混合型活性。

的症状，她会感到非常困惑或存有疑虑。这些症状可能是由于睡眠不足或压力过大造成的。

谵妄的另一个关键方面是，该问题在数小时和数天内反复出现。处于谵妄状态的人有时神志清醒，有时迷迷糊糊。他们的情绪也可能说变就变，在很短的时间内由愤怒到冷漠再到眩晕。运动行为也可能迅速发生变化，例如，有的会变得焦躁不安，随后变得非常迟钝或难以入睡；也有的可能会表现出妄想和幻觉的精神病性症状，这使谵妄状态具有潜在的危险。处于该种状态中的人绝不能开车或无人看管。

谵妄通常由一般的医学疾病、物质中毒或戒断引起，但许多其他因素也可能导致这一问题（见表14.2）。谵妄的诊断通常需要特定的医学证据，但有时直接观察就足够了。如果引发谵妄的原因是电解质不平衡，那么很可能需要进行医学评估。然而，如果谵妄是由于最近的酒精摄入所致的，那么仅仅对处于谵妄状态的人进行观察或找其身边的人了解下情况就可以了。当一个人已经处于痴呆状态时，就不应认定

谵妄通常是由使用酒精或其他药物引起的。

他处于谵妄状态，关于这点我们接下来会进行探讨。

痴呆和重度与轻度神经认知障碍

谵妄涉及严重的认知缺陷，发病迅速，病情起伏，并且通常是可逆的。相反，痴呆涉及的认知缺陷则具有以下特点：

- 慢性，即该缺陷会持续很长时间；
- 发展缓慢，即该缺陷的发作是渐进式的；
- 病程呈渐进式发展，即该缺陷几乎没有起伏；
- 通常是不可逆转的，即该缺陷不会随时间推移而改善。

痴呆的认知缺陷还包括学习、记忆、注意力、语言、识别、计划、决策、解决问题、专注力、判断和感知-运动能力（如驾驶）等方面的问题。庞德先生在数学能力、记忆力和专注力方面存在许多问题。谵妄和痴呆经常一起发生，并且具有一些共同的病因，例如一般医学疾病、物质使用或这些因素的一些组合，并且两者的症状通常也与抑郁症和精神分裂症的症状类似（见表14.3）。然而，谵妄通常是可逆的，所以我们在本章中集中探讨痴呆或伴有痴呆的谵妄。

表14.2
可能引起谵妄的原因

可能引起谵妄的原因
物质中毒
物质戒断
内分泌和代谢性疾病
创伤性脑损伤
癫痫
肿瘤疾病
颅内感染
系统性感染
脑血管疾病
器官功能不全
其他中枢神经系统的病因
其他系统性病因：
中暑
低温症
辐射
触电
手术
免疫抑制
骨裂

痴呆可能被认为是一种严重程度不同的神经认知障碍（见表14.4）。重度神经认知障碍涉及显著的认知衰退，会对日常活动造成明显干扰，例如支付账单，庞德先生就属于这种情况。轻度神经认知障碍涉及适度的认知衰退，但不干扰日常活动，庞德夫人就属于这种情况。轻度神经认知障碍可能最终会发展为重度神经认知障碍。尽管痴呆有时特指具有多种认知问题的老年人，但痴呆和重度神经认知障碍一般是一回事。

痴呆也可能表现为未老先衰或老态龙钟。你可能知道“老态龙钟”这个词，多数时候用来指老年人。该词并不是一个临床术语，而仅指随着年龄的增长而失去一些心理能力。然而，早老性（早发生）痴呆通常是指在65岁之前出现痴呆状，而老年痴呆通常是指65岁以后出现痴呆状（Vieira et al., 2013）。患有早老性痴呆的人通常表现出更严重的症状，并且通常比患有老年痴呆的人更快地死于这些疾病。由于比老年痴呆存在更强烈的遗传或其他生物学联系，因此早老性痴呆的病程可能更具有侵袭性（Shrestha, Wuerz & Appleby, 2015）。

我们在本章中将介绍最常见的神经认知障碍。然而，你应该知道，神经认知障碍还存在许多其他类型。这样的例子包括由艾滋病引起的神经认知障碍、朊病毒病、亨廷顿病、脑肿瘤、甲状腺问题、营养不良、感染、代谢紊乱及晚期多发性硬化等。克罗伊茨费尔特-雅各布病是一种导致神经功能快速紊乱的疾病，也会引发神经认知障碍和死亡。摄入各种物质或毒素时间较长，也会导致神经认知障碍，例如摄入一氧化碳、吸入剂、铅和汞等。

阿尔茨海默病

阿尔茨海默病是本书探讨的最悲惨、最严重的心

表14.3
谵妄、痴呆、抑郁症和精神分裂症的鉴别诊断

	谵妄	痴呆	抑郁症	精神分裂症
发病	急性	潜伏[a]	可变	可变
病程	波动	往往具有渐进性	日变化	可变
可逆性	经常[b]	不经常	经常，但会复发	不可逆，但可能恶化
意识水平	受损	在晚期之前不会受损	一般不会受损	未受损（急性发作期比较复杂）
注意力和记忆力	注意力不集中，初期表现为记忆力差	记忆力差，但注意力不集中症状不显著	有轻微的注意力问题，形式具有不连续性，记忆力完好无损	注意力差，记忆力完好无损
幻觉	通常表现在视觉方面；也可表现在听觉、触觉、味觉和嗅觉方面	可表现在视觉或听觉方面	通常表现在听觉方面	通常表现在听觉方面
妄想	转瞬即逝，支离破碎，通常是被害妄想	偏执型，经常是固定的	复杂，心境一致	频繁，复杂，系统化，往往是偏执型的

a：严重脑卒中除外；
b：可能是慢性的。

理问题之一（见表14.5）。有些读者朋友可能读过患有该病的名人（如罗纳德·里根或查尔顿·赫斯顿）的一些事迹。阿尔茨海默病是一种缓慢和不可逆的痴呆。阿尔茨海默病必然涉及多种认知缺陷，尤其是那些与记忆有关的缺陷。在所有痴呆病例中，该疾病的比例大为60% ~ 78%（Mielke, Vemuri & Rocca, 2014; Tom et al., 2015）。

患有阿尔茨海默病的人可能会出现以下认知缺陷：

- 失语症：使用或理解口语的能力受损，例如一个人说话有困难或无法理解别人对他说的话；
- 失用症：尽管有足够的感觉和肌肉功能，但自主运动受损，如已无法自己系鞋带；
- 失认症：认识别人或普通物体的能力受损，如无法识别亲人或诸如勺子等基本物品；
- 执行功能缺陷：包括计划或组织日常活动、参与抽象思维或理解事件先后顺序（例如驾驶机动车往返杂货店）的能力受损。

这些认知缺陷发展缓慢，在5 ~ 9年的时间内会逐渐恶化。在患病的早期，患有阿尔茨海默病的人在与他人交谈时可能会显得健忘或分心。他们可能会不清楚自己所处的位置，在日常活动中不积极主动，并且逻辑思维会有问题。然而，这些细微的损伤最终会恶化，因为患有阿尔茨海默病的人通常需要更长的时间才能完成诸如制作三明治等简单的任务，或者在处理更复杂的任务时会存在更大的困难。庞德先生已经无法自行驾车外出或计算复杂的数学问题。

83岁的赫布·威诺克（Herb Winokur）患有痴呆和帕金森病。他的女儿必须决定如何为他提供最好的护理，因为他的病情已经使他几乎不可能说出完整的句子，并且无法独立生活。

表14.4
《精神疾病诊断与统计手册》（第5版）（DSM-5）

重度和轻度神经认知障碍

重度神经认知障碍

A. 至少一个领域中存在原有认知水平明显下降的证据，根据：
1. 患者或知情者诉说，或临床医生观察明确认知领域下降；
2. 有认知领域明确缺陷客观评定依据。

B. 认知障碍足以妨碍日常生活的独立性。

C. 认知障碍并非只发生于谵妄的病程中。

D. 认知障碍不能完全或主要归因于另一种精神障碍。

标注该疾病的病因：阿尔茨海默病、额颞叶变性、路易体病、血管疾病、创伤性脑损伤，物质/药物使用、HIV感染、朊病毒病、帕金森病、亨廷顿病或其他疾病。

轻度神经认知障碍

A. 至少一个领域中存在原有认知水平轻微下降的证据，根据：
1. 患者或知情者诉说，或临床医生观察明确认知领域轻度下降；
2. 有认知领域轻度障碍客观评定依据。

B. 认知障碍未严重到妨碍日常生活的独立性。

C. 认知障碍并非只发生于谵妄的病程中。

D. 认知障碍不能完全或主要归因于另一种精神障碍。

随着阿尔茨海默病的进一步发展，患该病的人会表现出性格方面的变化，并且诸如阅读、写作等多年来习得的技能开始出现问题。庞德先生变得更加好斗和紧张，显然已经无法管理自己的支票簿。此外，患有阿尔茨海默病的人在与他人互动和完成诸如系鞋带等基本运动任务方面也开始出现严重的问题。其长期记忆及其他认知功能区域的受损最终会变得更加严重，甚至达到无法识别他人或自理的程度（Bortolon, Louche, GelyNargeot＆Raffard, 2015）。庞德先生需要他人帮助才能完成诸如穿衣等日常活动，并且可能会认不出与他结婚近60年的妻子。在阿尔茨海默病的晚期，语言、行走、喂饭和如厕等基本能力严重受损。患有该种疾病的人通常会被安置于监管护理机构，通常死于肺炎或其他疾病（Weuve, Hebert, Scherr＆Evans, 2014）。

表14.5
《精神疾病诊断与统计手册》（第5版）（DSM-5）

阿尔茨海默病（AD）所致的重度或轻度神经认知障碍

A. 该标准适用于重度或轻度神经认知障碍；

B. 至少在一个认知领域出现渐进性下降；

C. 符合以下很可能或可能的阿尔茨海默病的标准：

重度神经认知障碍

如果符合以下标准之一，则可诊断为很可能的阿尔茨海默病；否则，则应诊断为可能阿尔茨海默病。
1. 有来自家族史或基因检测的诱发阿尔茨海默病基因突变的证据；
2. 必须符合以下所有标准：
   a. 在记忆力、学习能力以及至少一个其他认知领域存在下降的明显证据；
   b. 渐进性和持续性认知下降，不存在长期的稳定期；
   c. 没有混合病因的证据。

轻度神经认知障碍

如果有来自家族史或基因检测的诱发阿尔茨海默病基因突变的证据，则可诊断为很可能的阿尔茨海默病。

如果没有来自家族史或基因检测的诱发阿尔茨海默病基因突变的证据，并且符合以下所有标准，则诊断为可能的阿尔茨海默病：
1. 在记忆力和学习能力领域存在下降的明显证据；
2. 渐进性和持续性认知下降，不存在长期的稳定期；
3. 没有混合病因的证据。

D. 该紊乱不能通过脑血管疾病、其他神经退行性疾病、某种物质的影响或其他精神、神经或系统性疾病得到更好的解释。

路易体病

另一种与阿尔茨海默病类似的神经认知障碍是路易体病（见表14.6）。路易体病包括阿尔茨海默病的大部分关键特征，但也可能包括视幻觉、肌肉震颤以及症状反复出现等特征（Urwyler et al., 2015）。晚期路易体病患者可能在一天中的某个时间可以正常说话，但在其余时间与其他人互动时会存在很大困难。该问题主要与大脑皮质、黑质及其他脑区有关（Donaghy, Thomas&O'Brien, 2015）。在所有痴呆病例中，路易体病可能占4% ~ 5%，但经常会出现该病与阿尔茨海默病重叠的情况（Jones&O'Brien, 2014）。

血管性神经认知障碍

血管性神经认知障碍是神经认知障碍的另一种常见形式，该病是由向大脑供氧及其他营养物质的血管的问题引起的（见表14.7）。导致血管性神经认知障碍（有时被称为血管性痴呆）的最常见的血管问题是脑卒中。血管被阻塞或爆裂时，会发生脑卒中，这会使部分大脑区域停止供氧；大脑的各个区域，尤其是大脑皮质，都可能受到严重的损伤。导致血管性痴呆的血管疾病也可能只影响大脑的皮质下区域。这种情况可能发生在患高血压、糖尿病或心脏病等疾病时（Smith, 2016）。

脑卒中通常是由阻塞脑部关键动脉的血栓引起的，即缺血性脑卒中。更不寻常的是，脑卒中可能由血管破裂引起，即出血性脑卒中。如果卒中患者得到迅速救治，则造成的损伤可能比较有限，可能仅会造成轻度的记忆问题。当然，脑卒中也能造成严重的损

表14.6

《精神疾病诊断与统计手册》（第5版）（DSM-5）

路易体病所致的重度或轻度神经认知障碍

A. 该标准适用于重度或轻度神经认知障碍。

B. 该类型神经认知障碍以隐匿性起病、渐进性发展为特点。

C. 该类型神经认知障碍满足一个核心和提示性特征即可诊断为很可能或者可能的路易体神经认知障碍。

很可能的重度或轻度路易体神经认知障碍具备两个核心特征，或一个提示性特征和一个或多个核心特征。

可能的重度或轻度路易体神经认知障碍具备一个核心特征，或者一个或多个提示性特征。

1. 核心特征：
   a. 波动性认知功能障碍，以注意力和警觉性为主要特征；
   b. 反复发作的内容形象生动的视幻觉；
   c. 自发性帕金森病，在渐进性认知能力下降后发病。
2. 提示性特征：
   a. 符合快速眼动期睡眠行为障碍标准；
   b. 对神经安定剂异常敏感。

D. 上述损害不能用其他疾病更好地解释，比如脑血管疾病、其他神经退行性疾病、物质作用，或者其他的精神、神经或系统性疾病。

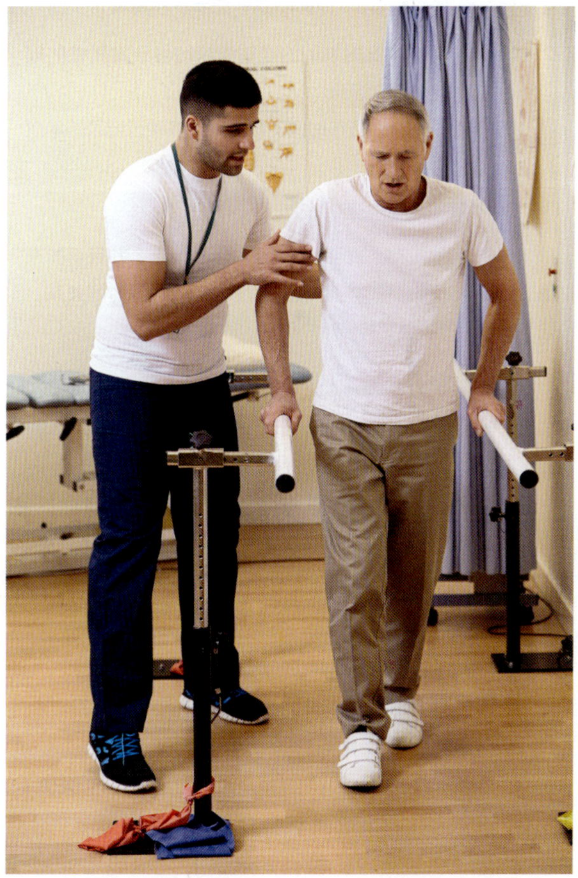

脑卒中往往会导致血管性神经认知障碍和部分瘫痪。

表14.7

《精神疾病诊断与统计手册》（第5版） （DSM-5）

重度或轻度血管性神经认知障碍

A. 符合重度或轻度神经认知障碍的标准。

B. 临床特征与脑血管疾病病因一致，如下：

1. 认知缺陷的发作在时间上与一种或多种脑血管事件有关；
2. 综合注意力（包括处理速度）和执行功能下降明显。

C. 从病史、体格检查和被认为足以解释神经认知缺陷的神经影像来看，有脑血管疾病存在的证据。

D. 症状不能由另一种脑部疾病或系统性疾病来解释。

如果存在以下情况之一，则可能被诊断为血管性神经认知障碍；否则，应诊断为可能的血管神经认知障碍：

1. 神经影像学证据表明脑血管疾病可导致实质性的损伤，支持临床标准；
2. 神经认知综合征在时间上与一种或多种已记录的脑血管事件有关；
3. 存在脑血管疾病的临床和遗传证据。

如果符合临床标准但尚无神经影像学检查，并且可能未建立神经认知综合征与一种或多种脑血管事件的时间关系，则诊断为可能的血管神经认知障碍。

害，导致类似阿尔茨海默病症状的瘫痪和痴呆（Chen et al., 2015）。严重损害通常是多次脑卒中导致的结果。

血管性神经认知障碍与阿尔茨海默病有什么区别呢？这两种疾病的一般症状都非常相似，但有血管性神经认知障碍的人往往会表现为以下几个方面：

- 有脑卒中史；
- 痴呆状的发作更快，甚至突然发作，例如脑卒中后；
- 整体认知功能（特别是记忆力）更好地保留；
- 逐步恶化，即痴呆状会有反复；
- 神经系统定位体征，即通过某些缺陷（如写作困难）即可得知受到影响最严重的大脑区域（如顶叶）；
- 缺陷分布不均，即负责认知功能的某些大脑区域完好无损，而其他区域则严重受损。

迈克·丁. 福克斯患有帕金森病，但尚未发展成痴呆。

缺陷分布不均的人可能会保持行走和识别他人的能力，但已经无法说话或理解别人对他说的话。

血管性神经认知障碍占所有痴呆病例的15%左右，但是许多患有血管性神经认知障碍的人也同时患有阿尔茨海默病（O'Brien＆Thomas, 2015），这被称作混合型痴呆。有血管性神经认知障碍的人和患有阿尔茨海默病的人一样，他们的身心健康通常会逐渐恶化，但有血管性神经认知障碍的人的死亡可能会更快一些（Roehr et al., 2015）。

帕金森病

帕金森病是一种进行性神经系统疾病，其特征表现为可能导致神经认知障碍的异常运动（见表14.8）。异常运动包括静止性震颤，即患有该病的人的手会出现随意的抖动或手指做“搓丸样”行为。之所以称为静止性震颤，是因为在他闲暇时，他往往会抖动得更厉害。这一人群还会表现出其他一些异常运动，包括以下方面：

- 僵硬，或肌肉运动困难和感觉僵硬；
- 运动迟缓，或运动非常缓慢，甚至无法运动，例如停下来后尝试继续行走；
- 运动功能减退和运动不能，或运动质量差和缺乏运动；
- 姿态不稳，或坐下后难以站立，无法保持一个姿势、保持平衡或站立；
- 表情呆板，或缺乏面部表情；
- 其他异常动作，例如无法眨眼、不能保持适当的眼球运动、无法摆动手臂或走路拖拉等。

表14.8

《精神疾病诊断与统计手册》(第5版) (DSM-5)

帕金森病所致的重度或轻度神经认知障碍

A. 该标准适用于重度或轻度神经认知障碍。

B. 认知障碍足以妨碍日常生活的独立性。

C. 该病特征为隐匿性起病,渐进性认知下降。

D. 神经认知障碍不能归因于其他医学疾病,并且不能通过其他精神障碍得到更好的解释。

如果同时符合标准1和标准2,则可诊断为很可能的帕金森病重度或轻度神经认知障碍。如果符合标准1或标准2其中一项,则可诊断为可能的帕金森病重度或轻度神经认知障碍。

1. 不存在混合病因方面的证据;
2. 帕金森病明显发生于神经认知障碍发病之前。

25%～30%患有帕金森病(尤其是晚期)的人会出现痴呆。患有帕金森病的人较少表现出发生于患有阿尔茨海默病的人身上的皮质痴呆的典型特征。相反,他们经常表现出皮质下痴呆,即他们主要的认知问题包括思维迟钝和运用新获得知识以及从记忆中检索信息方面的困难。患有帕金森病的晚期患者可能难以处理别人所说的话,无法抽象地思考新生事物,不能将视觉信息整合到驾驶等任务中。对于患有帕金森病的人来说,语言也存在问题——许多人存在语言单调、含糊和重复的问题。抑郁和冷淡在帕金森病引起的皮质下痴呆的人中非常常见。帕金森病具有慢性的进行性病程,最终会导致严重的运动问题和死亡(Macleod, Taylor & Counsell, 2014)。

皮克氏病

皮克氏病的特征主要表现为大脑前额叶和颞叶的恶化。患有皮克氏病的人表现出的许多主要特征与患有阿尔茨海默病的人表现出的类似,但通常会经历痴呆发病的早期阶段以及出现性格和行为方面的变化。皮克氏病可能是最为人所知的一种所谓的额颞叶痴呆,其中额叶和颞叶受到影响。额颞叶痴呆占所有痴呆病例的10%～20%,尤其是早发病例(Ferrari et al., 2014)。这些痴呆的特征是严重的人格变化,可能导致抑制解除、社交技能差、对自己的行为缺乏洞察力等。表14.9列出了额颞叶问题导致的神经认知障碍的主要特征。皮克氏病和阿尔茨海默病的外在症状很难区分,很多时候只能在尸检时才能做出准确诊断。

其他疾病

神经认知障碍也可能来自其他疾病,例如创伤性脑损伤(APA, 2013)。此外,长期过量使用精神活性物质的人有时会出现严重的记忆问题。记忆问题可能是顺行性的,即人难以形成新的记忆,也可能是逆行性的,即人对过去事件和经历的记忆会受到影响(Gervais, Barrett-Bernstein, Sutherland & Mumby, 2014)。长期过量使用精神活性物质的人可能在记住别人的名字和最近发生的事件时存在困难,例如他们昨天晚餐吃了什么。患者被要求当场记住某些事情(例如她的住址)的自发回忆也可能会受到损伤。该问题可能严重到患者持续走失、无法进行有效沟通或难以找到工作的程度。

科尔萨科夫综合征是与长期酗酒相关的一种疾病。患有该种综合征的人的记忆问题可能十分严重,并且与糊涂和迷失方向有关。许多患有科尔萨科夫综合征的人会虚构事实或编造瞎话和故事来填补自己的记忆空白,并隐藏自己的记忆问题。科尔萨科夫综合征是由硫胺素缺乏引起的,因此,可能发生血管出血、神经元损伤等问题(Kopelman, 2015)。当患有该综合征的人戒酒并恢复适当的营养时,其症状可能会出现一些改善,但不会完全恢复(Rossi, Conte & Massironi, 2015)。

神经认知障碍的流行病学

美国卫生与公众服务部报告称,2011年,年龄在65岁及以上的人占美国总人口的13.3%,但到2040年,这一比例预计将上升至21.0%。85岁以上人口的比例将增加1倍以上,从2011年的1.8%增加到2040年的3.7%,或从570万增加到1410万。这个最老的年龄群体将是美国人数增长最快的年龄群体之一!这种老龄化趋势在其他许多国家上演。神经认知障碍的患病率随

表14.9

《精神疾病诊断与统计手册》（第5版）（DSM-5）

重度和轻度额颞叶神经认知障碍

A. 该标准适用于重度或轻度神经认知障碍。

B. 该类型神经认知障碍以隐匿性起病、渐进性发展为特点。

C. 符合以下第1条或第2条标准：

1. 行为改变
   a. 表现出以下3个或更多个方面的行为症状：
      i. 行为抑制解除；
      ii. 冷漠或懒惰；
      iii. 丧失同情心或同感；
      iv. 持续性、刻板或强迫性/仪式化行为；
      v. 过度活跃和饮食改变。
   b. 社会认知和/或执行能力显著下降。
2. 语言改变
   语言能力显著下降，表现为语音生成、单词查找、对象命名、语法或单词理解等形式。

D. 学习、记忆以及感知-运动功能相对保持。

E. 上述损害不能用其他疾病更好地解释，比如脑血管疾病、其他神经退行性疾病、物质作用，或者其他的精神、神经或系统性疾病。

如果符合以下标准之一，则可诊断为很可能会额颞叶神经认知障碍；否则，则应诊断为可能的额颞叶神经认知障碍：

1. 有来自家族史或基因检测的诱发额颞叶神经认知障碍基因突变的证据；
2. 神经影像学显示，额叶和/或颞叶出现不成比例的受累。

如果没有基因突变的证据，并且尚未进行神经影像学检查，则诊断为可能的额颞叶神经认知障碍。

着年龄的增长而递增，因此，在接下来的几十年中，我们会看到更多的人出现谵妄和痴呆的问题。

谵妄是任何人都可能得的一种疾病，因为该病可能起因于各种医学疾病、物质及其他因素（专栏14.1）。然而，谵妄的患病率确实会随着年龄的增长而递增：65岁以上人群的患病率为1% ~ 2%，而85岁以上人群的患病率为10%（de Lange, Verhaak & van der Meer, 2013）。药物治疗是导致谵妄的一个常见可变因素。因脑卒中相关疾病接受治疗的人经常会出现谵妄（Perez-Protto, Harinstein, Makarova, Hata & Popovich, 2015）。医院中大约20%的人，尤其是那些刚做过手术的人，会出现谵妄（Ryan et al., 2013）。生活在老年医院和疗养院的人也可能有相对较高的谵妄患病率。

痴呆的患病率也会随着年龄的增长而递增，尤其是80岁以上的人群（图14.2）。然而，大多数老年人仍未受到影响，只有5% ~ 7% 60岁以上的老人患有痴呆（Prince et al., 2013）。然而，对长期在护理机构生活的人而言，痴呆的患病率急剧上升。2015年，美国用于治疗痴呆患者的费用为2260亿美元，估计到2050年，该数字将达到1.1万亿美元。阿尔茨海默病的患病率紧跟一般痴呆的患病率，因为阿尔茨海默病包含了大多数的痴呆病例。大约67%患有阿尔茨海默病的人是女性，并且大多数年龄在75岁及以上（图14.3）。

痴呆（尤其是阿尔茨海默病）的患病率在不同文化中确实有所不同。发达国家痴呆的患病率往往很高，约占所有病例的60%。预计这一趋势将随着时间而变化，欠发达国家将会出现更多痴呆病例。一般来说，痴呆的患病率在美洲和欧洲最高，在非洲、中东和亚洲则较低。然而，欠发达国家的血管性痴呆的患病率往往较高。这种差异可能是由遗传、诊断或文化差异造成的。在某些文化中，人们觉得明显的身体问题是精神障碍的病因，这一说法对这些文化中的人们而言更容易被接受。在美国，非洲裔和西班牙裔美国

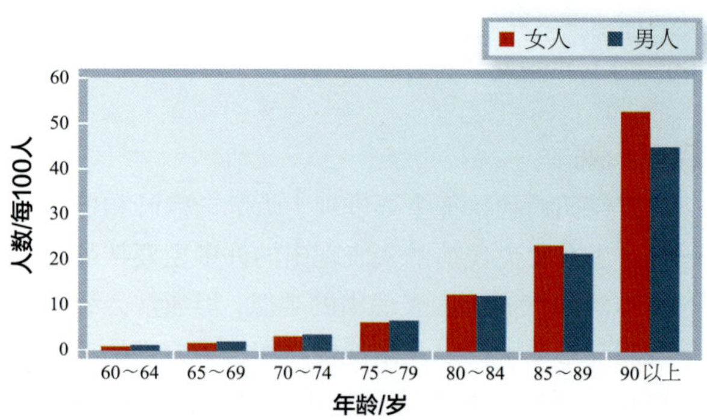

图14.2 根据性别和年龄划分的痴呆患病率。

14.1

专栏

聚焦大学生

谵妄

研究人员曾调查过大学生的谵妄问题，包括与意识变化相关的一些因素。当然，第九章探讨过的物质相关障碍可能会引发大学生的谵妄。其他重点领域包括兴奋剂药物使用和睡眠不足，对于那些面临严格的学习课程和频繁的项目、论文和考试的人来说非常常见。大学生滥用兴奋剂药物的比例为17%，他们常用的药物包括阿德拉、哌甲酯、右旋苯异丙胺、脱氧麻黄碱、偏硼酸盐、匹莫林和右哌甲酯。最有可能滥用兴奋剂药物的学生是那些患有注意力缺陷/多动障碍（第十三章）、酗酒、吸食大麻及加入兄弟会或姐妹会的人。这些学生之所以使用这些药物，通常是因为他们想获得更好的专注力、学习技能和保持清醒。然而，具有讽刺意味的是，未服用兴奋剂药物的学生在学业上似乎比那些滥用该类药物的人更成功。

睡眠不足是大学生谵妄的另一个常见原因。据估计，50%的大学生存在白天嗜睡的现象（一般人群为36%），70%的大学生睡眠不足。过度嗜睡的后果包括平均成绩较低、学业失败和发生交通事故的风险增加、学习困难及诸如抑郁等情绪变化。影响大学生睡眠不足的因素包括:（1）饮酒，会导致片段睡眠;（2）饮用咖啡因和能量饮料，其效果可持续5 ~ 8小时;（3）使用兴奋剂药物;（4）使用科技设备。就最后一个而言，大约57%的年轻人在睡眠期间开着手机，但这些设备的光照可以降低褪黑激素，并延迟睡眠。睡眠剥夺会影响学习和学业成绩，但与学习成绩较差的学生相比，学习成绩较高的学生在白天更可能会小睡一会儿。表面上看，兴奋剂药物和熬夜似乎是好的学习策略，但调查数据却给出了相反的结果。

人患阿尔茨海默病的风险高于欧洲裔和亚洲裔美国人。

血管性痴呆患病率也随着年龄的增长而递增，但通常情况下，男性比女性更容易患血管性痴呆。老年人血管性痴呆的一般患病率为1.5% ~ 4.8%，25% ~ 30%的脑卒中患者最终会患上痴呆。非洲裔美国人血管性痴呆的患病率往往高于欧洲裔美国人。造成这一差异的原因尚不清楚，但可能包括遗传因素、心血管疾病、对正常衰老和非正常衰老的认识、缺乏医疗保健，以及少数群体与医疗机构之间的信任问题。

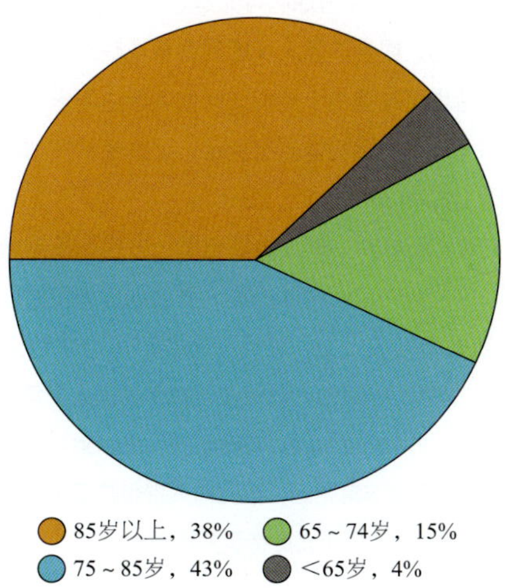

图14.3 美国老年痴呆患者的年龄分布情况。

帕金森病引起的痴呆对男性和女性的影响没有什么不同，但神经认知障碍的患病率确实会随着年龄增长而递增。在65岁以上的人群中，帕金森病引起的痴呆的患病率为0.3% ~ 0.5%（Aarsland & Bernadotte, 2015）。帕金森病引起的痴呆的患病率在男性和女性中是相同的，但该疾病本身在男性中更加常见。这一差异可能部分归因于性激素或X染色体，但关于这点尚不清楚（Cereda et al., 2016）。人们也注意到了帕金森病的种族差异，西班牙裔美国人和欧洲裔美国人的患病率略高于非洲裔美国人。亚洲和非洲患帕金森病的人的数量普遍少于欧洲和北美洲（Lo & Tanner, 2013）。

包括皮克氏病在内的额颞叶痴呆属于过早衰老的问题，该疾病的发病年龄通常早于其他痴呆的发病年龄，尤其是在涉及创伤性脑损伤的病例中（LoBue et al., 2015）。和女性相比，男性更容易患上该疾病，但其他研究表明，该病并没有性别差异。额颞叶痴呆的患病率为每10万人中有15 ~ 22例。关于文化差异方面的数据很少，但额颞叶痴呆在日本可能不像西方国家那么常见（Onyike & Diehl-Schmid, 2013）。

我们在此介绍的神经认知障碍彼此高度共存，并且通常很难得出确凿的诊断。许多患有显著神经认知障碍的人也有共病性问题，如冷漠、精神病、情绪激动、攻击性、抑郁和焦虑等（Stewart et al., 2014）。饮食和睡眠模式的变化、神志恍惚及与他人沟通的问题也很常见。家庭成员和临床医生通常很难将有严重情绪问题的人与患有显著神经认知障碍的人区分开来。人们也关心这一人群的虐待问题（见专栏14.2）。

与神经认知障碍相关的污名

污名常常会对那些护理患有诸如阿尔茨海默病等神经认知障碍的人造成影响。沃纳（Werner）及其同事发现，与阿尔茨海默病相关的家庭污名涉及护理人员、公众和结构性污名等。护理人员的污名包括护理人员对患有阿尔茨海默病的人无法记住信息或进行诸如如厕等自理方面的担忧。护理人员也经常会感到羞耻、尴尬和厌恶。公众污名涉及家人关注其他人会如何侮辱患有阿尔茨海默病的人，例如仅关注他的困惑或凌乱的外表、担心被传染或害怕疾病等。结构性污名包括家人对诸如医疗保健服务等社会形态的关注。参与者报告称，医生往往对阿尔茨海默病的认识不足，而且也没有为痴呆的人提供充分的服务。

鉴于患有帕金森病的人有时会表现出广泛而明显的身体症状，污名对他们也会造成明显的影响。相反，一些患有帕金森病的人表现出面具脸或面部表情不明显等症状，这可能造成这些人的人际关系冷漠或社会性脱离。与面具脸程度较轻的人相比，面具脸严重的人（尤其是女性）可能被人们认为更加抑郁、社交和认知能力更差（Hemmesch, 2014）。这种负面判断可能会使一些患有帕金森病的人回避他人或很少寻求治疗。

神经认知障碍：病因与预防

我们在本书中介绍的大多数疾病通常既涉及生物学风险因素，又涉及环境风险因素，非常复杂。然而，就神经认知障碍而言，生物学风险因素起主导作用。因此，我们专注于遗传、神经化学变化以及与神经认知障碍相关的显著的大脑变化。然而，我们确实会探讨一些环境风险因素方面的证据，对这些因素的认识可能对预防神经认知障碍有所帮助。

神经认知障碍的生物学风险因素

遗传

在早发病例中，神经认知障碍的遗传联系似乎更

14.2

专栏

聚焦暴力

虐待老年人

许多媒体和研究的注意力都集中在儿童虐待和家庭暴力方面。然而，一种较少受到关注的虐待是对老年人的虐待。对老年人的虐待涉及对老年人的心理或身体伤害、忽视或剥削。这样的例子包括身体和性侵犯、对基本需求的忽视和偷盗财务。2% ~ 10%的老年人在某种程度上受到过虐待。其中一些虐待发生在疗养院及相关场所，但很多虐待是家庭成员在家中实施的。老年人受虐待的最重要风险因素是残疾、共同生活状况、家人的社会孤立和施虐者精神状态等（Corbi et al., 2015）。

如果老人患有痴呆，那么他就更有可能受到虐待（Roberto, 2016）。造成这种情况的部分原因可能是老年人的焦躁不安或对护理人员有攻击行为，或是护理人员感到疲惫或缺乏耐心。对老年痴呆患者的虐待也可能是由于他们在向他人传达需求或痛苦时存在问题，他们无法就生活安排做出决定，因此感到抑郁和有压力（Dong, 2015; Lachs & Pillemer, 2015）。

一些研究者已经针对护理人员提出了一些旨在抵制虐待痴呆患者的策略。这些策略包括帮助护理人员识别应激情景以及他们自己为虐待创造条件的行为，并且在需要时可寻求他人的帮助（Anetzberger, 2012）。其他人则专注于减少护理人员焦虑和抑郁的应对技能（Cooper, Barber, Griffin, Rapaport & Livingston, 2016）。护理痴呆患者非常困难，因此对其提供广泛的支持和并保证其有充分的休息时间对于防止虐待至关重要。

清楚。温格（Wingo）及其同事（2012）研究了数千名患有很可能的阿尔茨海默病的人。患有晚发性阿尔茨海默病的人的遗传率预计为64.6% ~ 75.0%，但患有早发性阿尔茨海默病的人（发病年龄小于61岁）的遗传率预计为92% ~ 100%。因此，本书作者得出结论，晚发性阿尔茨海默病可能包含一些环境要素，但早发性阿尔茨海默病几乎纯粹是一种生物学问题。家庭和双生子方面的研究也显示，阿尔茨海默病的患病风险增加，并且阿尔茨海默病具有遗传基础（Fogel & Geschwind, 2016）。

似乎与阿尔茨海默病有关的四种主要遗传因素：

- 淀粉样前体蛋白和21号染色体；
- 载脂蛋白E（APOE）和19号染色体；
- 早老素1和14号染色体；
- 早老素2和1号染色体。

淀粉样前体蛋白是与21号染色体上的特定基因相关的一种正常的大脑物质。对于有些人而言，该基因会发生突变（Weick, Kang, Bonadurer & Bhattacharyya, 2016）。基因突变的发生，可能会导致破坏性的大脑变化发生，这是因为产生了大量易造成破坏性大脑变化的蛋白质。阿尔茨海默病在患有唐氏综合征的人群中的患病率较高（第十三章）。患有唐氏综合征的人通常有3条21号染色体，因此该种蛋白质的产量过高（Shaw, Zhang & Chang, 2015）。

载脂蛋白E是与19号染色体上的特定基因相关的一种蛋白质。一种叫作APOE-4的拷贝基因，一般对阿尔茨海默病具有高度的预测性，特别是情景记忆能力下降的情况。

没有APOE-4的人患阿尔茨海默病的风险预计为9% ~ 20%，但有一个该基因的拷贝基因的人患该病的风险为25% ~ 60%，有两个该基因的拷贝基因的人有50% ~ 90%的风险（Fuller, Demarch & Winkler, 2015）。与淀粉样前体蛋白一样，APOE-4会导致严重的脑部变化，并且这两种物质可能会以某种方式相互作用（Musiek & Holtzman, 2015）。

其他对阿尔茨海默病产生关键影响的因素还包括14号染色体上的早老素1基因和1号染色体上的早老素2基因（Weick et al., 2016）。一些人身上的这些基因也会发生变异，导致大脑发生巨大变化。仅在早老素1基因上就已经发生了大量突变（Zahs & Ashe, 2015）。早老素/基因的突变可能与早期发病和更多阿尔茨海默病的家族类型有关（Muchnik et al., 2015）。许多其他的基因也与阿尔茨海默病有关，该种疾病的真正病因可能与这些不同基因的相互作用有关（Harrison & Bookheimer，2016）。

那么其他形式的痴呆呢？诸如镰状细胞病等许多单基因疾病会使人易患脑卒中，这是血管性痴呆的一个主要原因。研究者还确定了使人易患脑卒中的基因（Rivera, Veneziani, Ware & Platt, 2016）。家族史和双生子研究也表明了脑卒中的遗传联系。另有人认为，包括APOE-4在内的与阿尔茨海默病相关的遗传因素也可能适用于血管性痴呆。这可能有助于解释混合型痴呆或阿尔茨海默病和血管性痴呆同时发生在一个人身上的情况（Rohn, 2014）。

其他神经认知障碍也有一些遗传基础。早期形式的帕金森病可能与某些被称为帕金基因的基因突变有关，该基因会导致神经元丢失及大脑黑质区域蛋白质的有害积累。诸如皮克氏病等额颞叶痴呆可能与17号染色体上的tau基因问题有关。该基因负责生产一种有助于防止神经元分裂的蛋白质，因此该基因的突变可导致神经元的分裂。像科尔萨科夫综合征这样的问题也可能有一定的遗传基础，但在这方面仍然没有发现确凿的证据（Higuchi, Matsushita & Matsui, 2015）。

神经化学特征

神经化学变化也会影响不同神经认知障碍的发展。痴呆的特征通常为低水平的神经递质，尤其是乙酰胆碱、5-羟色胺和去甲肾上腺素。这些神经递质的缺少可能和大脑的关键区域（如边缘系统）以及前额叶皮质与其他大脑区域之间的连接尤其相关（Kumar & Ekavali, 2015）。这可能有助于解释痴呆的一些主要特征，包括记忆及其他认知功能、运动行为以及情绪和性格变化的问题。这些低水平的神经递质也有助于解释包括冷漠和抑郁在内的痴呆常见的症状。

在患有痴呆（尤其是帕金森病和路易体痴呆）的人中，多巴胺是另一种较低水平的神经递质。患有帕金森病的人的黑质及大脑其他区域的多巴胺水平表现出逐渐降低的趋势（Kansara, Trivedi, Chen, Jankovic &Le, 2013）。多巴胺水平的降低明显与帕金森病的运动症状有关，并可能影响与帕金森病相关的痴呆（Gratwicke, Jahanshahi & Foltynie, 2015）。路易体痴呆患者的多巴胺水平也有所降低，但可能与帕金森病有一些重叠（Siepel et al., 2016）。

痴呆患者体内的其他神经化学物质可能会超过可接受水平。其中一种物质是谷氨酸，该物质是大脑中的一种兴奋性神经递质。患有阿尔茨海默病的人体内存在高水平的活性谷氨酸，并且在缺血性发作后活性谷氨酸水平会升高，这可能会导致血管性痴呆。活性谷氨酸对于正常的学习和记忆非常重要，但水平过高就会损伤神经元。

大脑特征

遗传易感性和神经化学变化很可能会导致痴呆患者大量的脑部变化，尤其是以下情况：

- 神经元纤维缠结或大脑神经系统细胞内的扭曲纤维；
- 衰老或神经炎斑块，死神经细胞簇，大脑中淀粉样蛋白的累积；
- 路易体或脑神经细胞内 α -突触核蛋白的沉积；
- 萎缩或不同脑区逐渐恶化；
- 氧化应激和自由基，或通过氧气暴露对脑细胞的损害。

神经元纤维缠结是一般痴呆（尤其是阿尔茨海默病）的一个重要原因。神经元由一种微管或称为tau蛋白质的物质的骨架结构构成。我们可以将神经元微管视为火车轨道的铁轨，将tau蛋白视为将铁轨连接在一起的枕木。tau蛋白可能会发生化学变化，因此各个“铁路枕木”会相互扭曲并且最终坍塌，导致神经元的“轨道”也会坍塌，并且所有这些碎片最终都会形成神经元纤维缠结。大脑中的神经元开始分崩离析，这些碎片最终以球状体及其他形状聚在一起。

由于神经元纤维缠结发生得越来越频繁并会影响多个区域，因此大脑协调行为的能力会严重受损。有神经元纤维缠结的人将会出现诸如思维和记忆等高阶行为方面的重大问题，因为大脑皮质和海马区对这一过程非常敏感（Yu, Boyle, Leurgans, Schneider & Bennett, 2014）。诸如运动技能等低阶行为以及生命支持功能最终也会受到损伤。这个过程是一个缓慢渐进但不可逆转的过程，该过程有助于解释像庞德先生这样的痴呆患者功能逐渐退化的原因。

痴呆患者的另一种常见的大脑变化是衰老或神经炎斑块。这些斑块由某些 β -淀粉样蛋白构成，这些蛋白质积聚在大脑神经元之间的空间中。大脑中的许多蛋白质都是可溶的，这意味着它们可以被大脑中的酶分解，但 β -淀粉样蛋白是不可溶的。因此，蛋白质

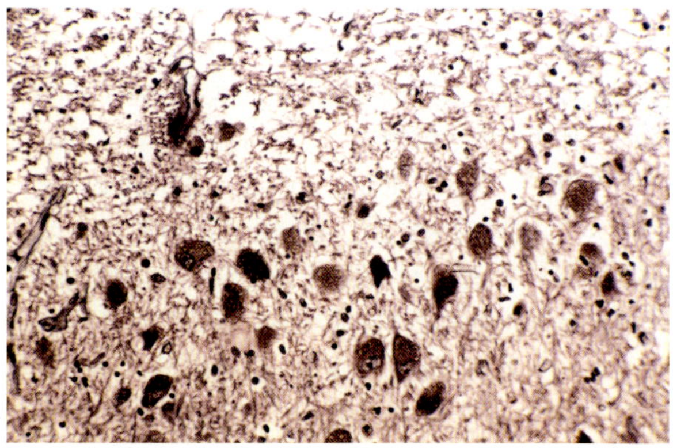

神经元纤维缠结（一般涉及神经认知障碍，尤其是阿尔茨海默病）会损害各种脑功能。

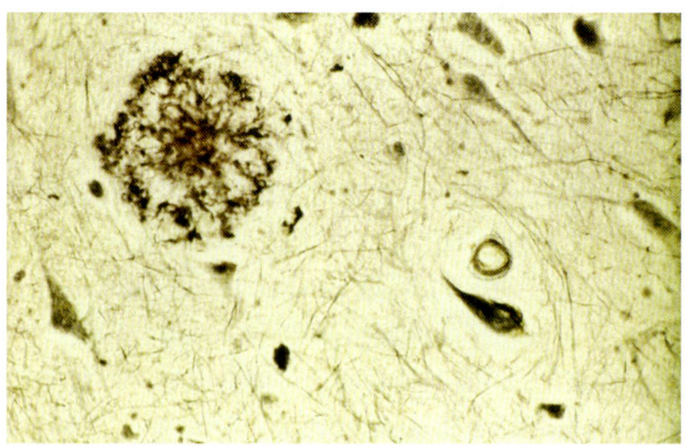

神经炎斑块是阿尔兹海默病的一个显著表现。

逐渐积聚成球状体，最终通过与脑中的其他免疫和支持细胞结合而变厚。这个过程最终会造成巨大的破坏，无法处理信息甚至抵抗轻微的感染。

β-淀粉样蛋白由被称为淀粉样前体蛋白的较大蛋白质构成。前文曾提到，大量的淀粉样前体蛋白与21号染色体的突变有关。对于大脑颞叶和枕叶而言，老年斑或神经炎斑块是最常见的，并且有些在顶叶中也很常见（Nelson et al., 2013）。在阿尔茨海默病患者的大脑中经常发现的另一个斑块是弥漫性斑块，其通过淀粉样蛋白积聚而显著减少，并且这在许多老年人和唐氏综合征患者中很常见。弥漫性斑块可能是老年斑或神经炎斑块的前兆，但仍需要更多的研究予以证实（Gouras, Olsson&Hansson, 2015）。

路易体也相当于大脑中导致损伤的蛋白质集合，并且该种蛋白质集合被发现存在于许多痴呆患者的体内。路易体不是β-淀粉样蛋白，而是α-突触核蛋白（Winslow et al., 2014）。α-突触核蛋白也可以变得不可溶，在神经元的突触上累积，并阻止信息的有效传递。路易体累积可能是由遗传的变化引起的（Bras, 2015）。这种累积最常见于阿尔茨海默病、帕金森病和路易体痴呆患者（Morra&Donovick, 2014）。

痴呆患者的其他大脑变化包括一些关键大脑区域的逐渐萎缩，这些区域与思维、记忆、性格以及其他重要功能有关。在患有额颞叶痴呆的人中（例如皮克氏病），可以看到额叶和颞叶在逐渐萎缩。该种萎缩可能是显著遗传变化的结果，尤其是在17号染色体上，并且涉及这些区域中神经元的严重恶化（Heetveld, Rizzu&Heutink, 2015）。皮克体也可能会感染这些区域，并包含与神经元纤维缠结中发生的类似的各种tau原纤维（Hodges, 2015）。

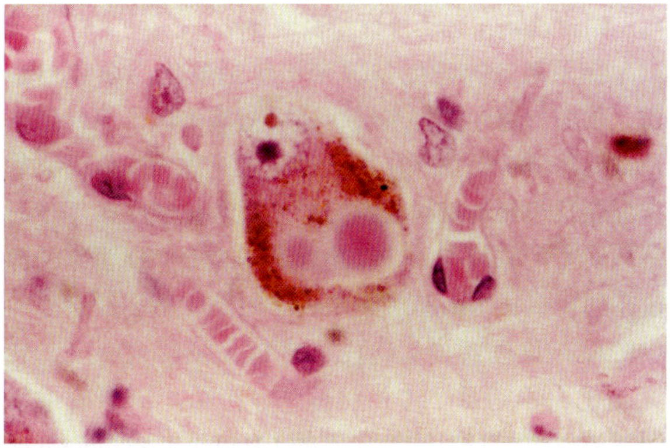

许多神经认知障碍病例涉及路易体以及大脑中积聚的蛋白质。

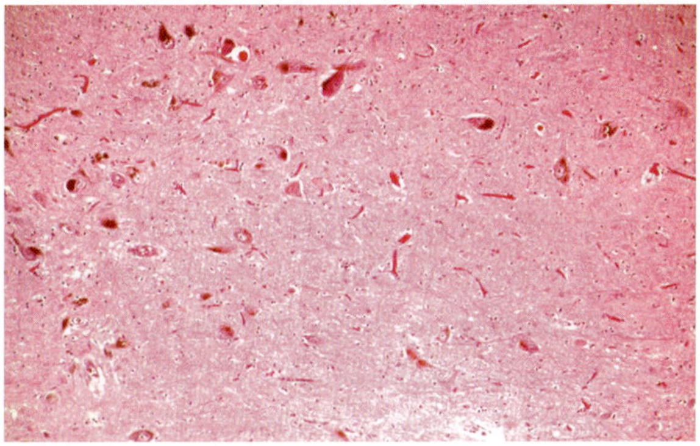

黑质中神经元的缺失是帕金森病的一个主要特征。

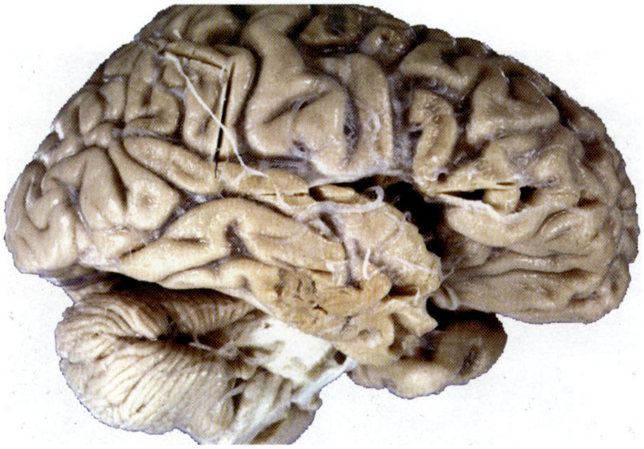

皮克氏病患者的大脑额颞区发生萎缩，如果是健康的大脑，则不会出现如这张照片中发现的大的间隙。

脑萎缩也会影响帕金森病患者的黑质，它是控制运动行为的主要多巴胺路径（O'Callaghan et al., 2016）。神经元会随着时间变得更少。我们之前提到，帕金森病患者体内也可能有路易体。帕金森病引起的萎缩可能与我们前面提到的特定染色体的变化有关。

脑卒中或其他脑血管疾病与血管性痴呆对人们的影响可能存在很大差异。这些影响可能涵盖大脑皮质和皮质下区域。除了大脑皮质，可能受影响的关键脑区包括角回、尾状核、丘脑、基底神经节和白质（Iadecola, 2013）。这些区域对于协调视觉和听觉信息、语言理解和运动行为尤为重要。

痴呆患者的其他脑部变化包括氧化应激和自由基。脑细胞通常接触氧气，这会损害细胞，但维生素及其他物质中的抗氧化剂有助于防止重大损伤。氧化应激包括一般的细胞或组织损伤和当抗氧化剂不足时可能发生的脑部炎症。氧化应激与大脑中自由基的释放密切相关；自由基可能是由于对抗病毒和细菌而产生的侵蚀性物质。氧化应激来自大量的自由基，它可能是由包括脑卒中、脑损伤、污染、吸烟或过量饮酒在内的多种因素引起的（Halliwell & Gutteridge, 2015）。氧化应激会导致脑损伤，这似乎是痴呆患者的一个重要风险因素（Pohanka, 2014）。想要了解与痴呆有关的主要大脑区域，请见图14.4。

神经认知障碍的环境风险因素

饮食

饮食可能是某些阿尔茨海默病或其他痴呆病例的一个风险因素。痴呆很可能与不同的营养素有关（Chen, Brodaty & Oleary, 2015）。富含抗氧化剂的药物或维生素有助于减缓痴呆的进程。我们每天接触诸如臭氧（O_3）等各种氧化剂，但随着时间的推移，这些氧化剂会导致脑内β-淀粉样蛋白的积聚和神经系统的细胞的损伤（Newton, Naiberg & Goldstein, 2015）。因此，从像哈密瓜这样的黄橙色水果和绿色蔬菜中摄取抗氧化剂及服用具有抗氧化性的维生素C和维生素E就尤为重要了。

尽管数据喜忧参半，但高水平的抗氧化剂可能会减缓（尽管不会完全阻止）阿尔茨海默病的发展，可能会降低患上痴呆的风险或者防止认知能力的下降（Crichton, Bryan & Murphy, 2013）。此外，补充维生素C和维生素E可以为人们提供一些防护，使人们避免患上血管性痴呆及其他痴呆。研究人员还研究了其他营养素（尤其是维生素B_6、B_{12}和叶酸）对认知功能的影响。然而，关于这些物质的水平是否与阿尔茨海默病的存在有关以及这些营养素的补充是否有助于改善痴呆症状等方面的数据，仍然喜忧参半。

人们有时会发现饱和脂肪和胆固醇摄入的增加与认知能力的下降有关，但情况并非总是如此（Barnard, Bunner & Agarwal, 2014）。在一些研究中，鱼类或海鲜摄入量的增加似乎与痴呆风险的降低相关（Kroger & Laforce, 2016）。富含水果、蔬菜和鱼类的健康饮食也有助于预防可能导致血管性痴呆和心血管疾病。这些病症包括糖尿病、高血压、肥胖症、脑卒中和冠状动脉疾病（van de Rest, Berendsen, Haveman-Nies & de Groot, 2015）。有助于心脏健康的饮食似乎也对大脑健康有用。

烟酒使用

与戒酒者相比，适量饮酒的人患痴呆的可能性较小。然而，大量饮酒的人会具有记忆和认知缺陷的危险性。适量饮酒可以保护一些人的血管免受损伤，减轻压力，增强海马区内乙酰胆碱的释放，改善记忆，并增加老年人之间的社交互动（Di Marco et al.,

“地中海饮食”是一种包含大量鱼类、水果和蔬菜的饮食，该饮食可能会降低神经认知障碍的风险。

红葡萄酒中的黄酮类化合物可以起到抵抗神经认知障碍的作用。

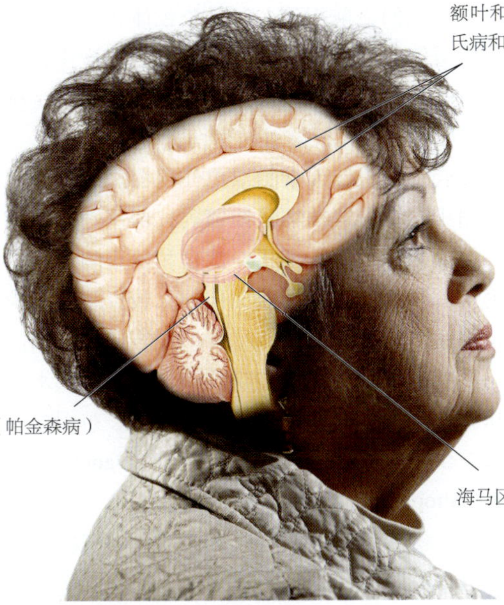

图14.4 与神经认知障碍相关的主要大脑区域。

2014）。黄酮类化合物是酒的一种重要成分，也具有极好的抗氧化性能。黄酮类化合物常见于某些种类的酒，例如红葡萄酒。另外，烟草使用是痴呆的一个重要风险因素。

铝

导致痴呆的另一个可能的环境风险因素是接触各种毒素。一些研究人员专注于铝（一种可从空气、食物或水中摄取的普通金属方案）对痴呆的影响。铝的毒性会产生氧化效应，增加β-淀粉样蛋白和自由基，可能导致脑组织损伤，出现与年龄相关的认知能力下降的症状。铝可来自饮食、饮用水、药物和抗酸剂。铝也存在于神经元纤维缠结中。有些人建议，可以通过摄取咖喱来减轻铝的影响，但也有人声称铝接触与阿尔茨海默病之间尚无确定的关系（Ohyagi & Miyoshi, 2013）。

文化因素

前文曾提到，阿尔茨海默病在西方国家可能更为普遍，血管性痴呆可能在亚洲及其他非西方国家更常见。这或许可以部分解释为，在不同文化背景下如何看待痴呆以及羞耻和污名是否与严重的认知功能障碍相关。美国原住民倾向于将痴呆视为一种衰老的正常现象，并将其看作一个人步入“下一个世界”的一个可预见的过渡期（Cipriani & Borin, 2015）。亚洲人强调用更多社会可接受的物理因素来解释痴呆，这可能导致血管性痴呆的病例比阿尔茨海默病的更多。尼日利亚人认为，痴呆是一种令人衰弱的疾病，患上该病的人无法完成祷告及需要高级认知的工作。因此，报告的痴呆病例非常少（Botsford & Dening, 2015）。如此一来，污名就可能是报告痴呆病例数量差异的一个关键原因。此外，遗传因素和世界各地饮食习惯的巨大差异也有助于解释痴呆的文化差异（Scull, 2014）。

文化因素或许也适用于痴呆患者的护理人员。少数护理人员经常称，自己患有痴呆的家庭成员没有享受到令人满意的服务。这可能是由于缺乏有关诊断和治疗服务信息、诊断不准确、医生反馈不佳及支援小组人员不足造成的，其他原因如包括评估对认知文化差异的不敏感性（见本章后面章节论述）、不愿意使用被认为不符合人文环境的医疗和社会服务以及语言障碍（Sun, Mutlu & Coon, 2014），也可解释这一现象。另外，相比欧洲裔美国人而言，非洲裔美国人普遍认为，护理人员这一角色的压力及负担较小，这可能与他们能过多地依赖宗教并得到家人的支持有关（Roth, Dilworth-Anderson, Huang, Gross & Gitlin, 2015）。

其他因素

许多其他环境因素也可能导致痴呆，包括诸如艾滋病等病毒感染和造成脑损伤的事故等。其他重要的环境因素还包括贫困、营养不良、父母教育不当以及社会经济地位低下等。然而，相比上述各类因素，痴呆的家族史似乎更能准确预测一个人是否会患上痴呆（Medway & Morgan, 2014）。

人们通常认为，受教育程度越高的人越不容易患上痴呆，这可能是因为他们认知能力的下降难以被发现。在进行神经心理学测试时，受过高等教育的人可能有更多的认知储备，能更好地运用解决问题的策略。一些人提出，加强教育可以强化新的神经元连接，进而也许有助于减少痴呆的发作。所以，努力学习吧！

神经认知障碍的病因

许多致病因素似乎对一般的神经认知障碍，尤其是严重的痴呆，有很大影响。对于研究人员来说，将这些致病因素整理上升至一个通用的理论是一项艰巨的任务。淀粉样蛋白级联假说这一认知障碍理论受到了各界（尤其是阿尔茨海默病研究领域）的极大关注。该假说聚焦于从各种遗传和环境因素中级联或产生的主要大脑变化，这些变化最终会导致痴呆状态（Musiek & Holtzman, 2015）。图14.5展示了淀粉样蛋白级联假说的一种形式。

淀粉样蛋白级联假说的核心理论为：进行性痴呆至少部分是由β-淀粉样蛋白的毒性累积引起的。该蛋白会导致神经元损伤及老年斑的产生。淀粉样前体蛋白是一种正常的蛋白质，这种蛋白质在我们体内被拼接成较短的片段。该过程由不同的酶完成，这种酶被称为分泌酶，如α-分泌酶、β-分泌酶和γ-分泌酶（Nhan, Chiang & Koo, 2015）。这是人体内的一个正常过程。

由于某些原因，β-分泌酶和γ-分泌酶经常结合起来，并产生蛋白质A-β或β-淀粉样蛋白。同样，这个过程是正常的，对人体无害，因为β-淀粉样蛋白通常是可溶的，并且溶解得很快。然而，β-淀粉样蛋白在一些人体内是不可溶的。因此，β-淀粉样蛋白大量沉积并形成老年斑，导致神经元纤维缠结、神经递质改变，并且可能迫使生成过量的自由基（Kamat et al., 2016）。这些毒素会造成脑损伤，并最终导致痴呆。

该模型中的一个关键问题是：哪些因素最初导致了淀粉样前体蛋白剪接的变化和β-淀粉样蛋白的毒性累积。尽管结论尚不确定，但推测可能是由遗传、饮食或其他环境因素的组合影响造成的。我们之前提到，21号染色体和早老蛋白基因的变化可能导致淀粉样前体蛋白的过量产生，从而产生大量的β-淀粉样蛋白。APOE-4基因也与淀粉样蛋白的沉积和神经元纤维缠结密切相关。

饮食与遗传因素的双重作用会造成毒性淀粉样蛋白的积聚，引发神经认知障碍，但这一作用也可作为高抗氧化剂的保护因子。饮食和基因的相互作用可能用来解释，为什么某些文化的人较少患阿尔茨海默病及其他神经认知障碍。尽管研究方向各不相同，但我们从中不难发现，那些饮食中富含鱼类、水果、蔬菜和咖喱的人可能比饮食中含高脂肪、胆固醇或者铝的人更少出现认知问题（Safouris, Tsivgoulis, Sergentanis & Psaltopoulou, 2015）。

淀粉样蛋白级联假说主要是对阿尔茨海默病的一种解释。然而，某些导致身体和大脑改变的基因变化也或许是其他神经认知障碍的主要特征。从遗传角度来看，许多人本身就易患高血压、糖尿病、肥胖症、脑卒中以及血管性痴呆等疾病。遗传的改变对诸如皮克氏病等侵蚀性神经认知障碍以及能导致科尔萨科夫

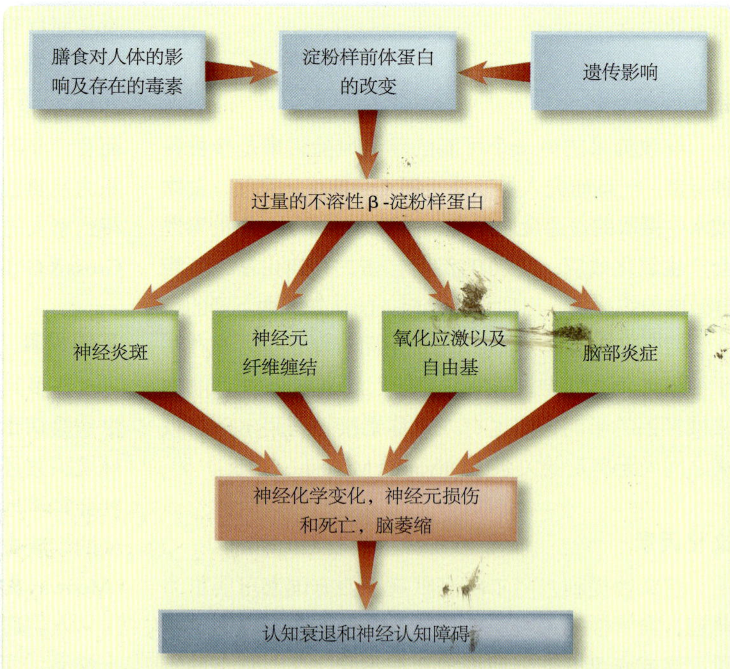

图14.5 淀粉样蛋白级联假说的样本。

综合征的酒精中毒也有重大影响。帕金森病的一些病例可能与帕金基因的突变有关，这些突变会造成神经元损伤和大脑区域（如黑质）的萎缩。

鉴于大多数人的寿命会越来越长，未来研究人员的一个首要任务就是发现这些灾难性疾病的起因。神经认知障碍的衰弱症状意味着我们要对其采取高度优先的预防措施，这是我们接下来要探讨的一个主题。

神经认知障碍的预防

我们之前提到过一个可能对预防阿尔茨海默病及其他神经认知障碍十分重要的因素：饮食。饮食健康的人患上可导致痴呆的脑血管疾病的风险较低。在饮食方面，一般建议限制卡路里，多吃富含抗氧化剂、叶酸和鱼油的食物，摄入谷物，饮用适量的红葡萄酒——所谓的“地中海饮食”法。饮食可能降低患痴呆的风险，但对那些从遗传角度来看易患神经认知障碍的人来说，饮食因素或许影响不大（Feart, Samieri & BarbergerGateau, 2015）。

汀类药物可作用于高胆固醇饮食或遗传性高胆固醇水平的人群。该类药物有助于降低胆固醇水平，但不能预防阿尔茨海默病或其他形式的痴呆发作。运动对胆固醇水平高的人也有益处。一些数据表明，运动可以增加一种被称为脑源性神经营养因子的保护性物质，可以增强海马区的活动和记忆。锻炼有助于防止认知能力的下降，但对痴呆的效果可能不大（Duzel, van Praag & Sendtner, 2016）。

预防的另一个关键是建立对认知有帮助的刺激性环境，以此不断挑战大脑并帮助创造有利于神经元的连接的环境。与他人的社交互动和新的智力刺激对于防止认知衰退似乎尤为重要（Ellwardt, Van Tilburg & Aartsen, 2015）。为防止认知衰退，必须做到以下几点：

- 尽可能保持社交活动，结识新朋友；
- 保持阅读和写作习惯，可以尝试读、写新的出版物，如侦探小说；
- 选修一门新的课程以学习新技能，如学习木工或技工等技能；
- 学习一种乐器或一门外语；
- 玩一些有挑战性的智力游戏，比如国际象棋和拼图；
- 旅游，去体验不同的风土人情；
- 进行有关压力、心理和医疗问题的治疗；
- 定期列出要做的事情，制订详细的日程计划；
- 通过定期回忆近期发生的事来挑战你的记忆力，例如你在三天前吃的晚餐或昨天遇到的新朋友的名字。

各种药物也有助于减少β-淀粉样蛋白的积累，并预防导致痴呆的一系列问题。其中一种药物——克伦珠单抗——在这方面可能有效（Bateman, 2014）。少吸烟并且减少服用抗中风的药物，如抗高血压药和抗凝血药，对预防痴呆也很重要。基因治疗可能是彻底预防阿尔茨海默病及其他痴呆的方法，我们将在后面的治疗章节对此进行更多讨论。

神经认知障碍：评估与治疗

我们已经讨论了神经认知障碍的一些主要特征和原因，接下来我们会讨论评估和治疗这些破坏性问题的不同策略。

神经认知障碍的评估

访谈

收集关于可能患有神经认知障碍的人的信息，访谈对象可能包括受访者本人，也可能包括其亲密的家庭成员和朋友。如果一个人目前处于神志不清的状态，应对其他与其关系相近的人进行访谈。对可能患有痴呆的人进行访谈，旨在确定是否为正常衰老的结果，还是早期形式的严重神经认知障碍的结果。

对可能患有阿尔茨海默病或其他痴呆的人的访谈通常会涉及以下主题（见表14.10）。评估员需要找出受访者近期行为、思维和记忆以及长期技能的变化，例如语言能力或识别他人的能力。根据庞德先生与其夫人的访谈结果，神经心理学家得出初步结论：鉴于他们对某些问题的疑惑和记忆问题，他们可能患有某种形式的神经认知障碍。访谈也常用于评估抑郁症、焦虑相关障碍等伴发疾病。

对可能患有神经认知障碍的人进行访谈，通常是为了对其进行心理状态的检查。精神状况检查包括询问细节问题和观察某些重要机能，如外表、情绪、定位、古怪行为、言语或思想等（Mitchell & Atri, 2014）。临床医生可能会密切关注受访者服装是否整洁、言语是否有逻辑、情绪是否激动、思维模式是否正常、是否患有失语症、有无运动障碍以及情感是否淡漠等方面。一个人面对他人、地点和时间时的反应能力也在评估范围之内。临床医生可能会要求受访者说出他的姓名、他所在的位置以及当前的日期和年份。如果不能正确回答这些基本问题，可能表明受访者患有神经认知障碍。

采访神经认知障碍患者的护理人员也是评估极其重要的一部分。这里涉及的关键主题包括认知障碍的家族史、个人在各方面所需的帮助（如着装）、财务及其他护理资源的获取、所了解的痴呆知识，以及护理人员的身体和情感健康、社会支持情况和家庭的生活质量。庞德夫人在采访中曾说她的生活质量正在下降，因为她的身体状况不如从前，她无力照顾她的丈夫。

调查问卷

心理状态检查和认知功能评估也可以通过问卷进行，问卷可以采用访谈的形式进行。简易精神状况检查表（MMSE-2）是筛查神经认知障碍的一种常用方法，这是一个包含30个问题的调查问卷，涵盖了个人定位、语言与书面理解、注意力、学习、写作与抄写、记忆等几个方面（见图14.6）。简易精神状况检查表只需10 ~ 15分钟即可完成，可以判断填表人是否患有痴呆。其他常用的筛查测试还包括简易智力状态评估量表（Fage et al., 2015）、痴呆严重程度评定量表（Moelter et al., 2015）、谵妄分级量表（Thurber et al., 2015）和谵妄评估法。其中，谵妄评估法即使对于难以评估的患者也能做出评估（DiLibero et al., 2016）。

痴呆的筛查测试也非常简单，如要求被测试者在给定时间内画一个钟面（图14.7），告诉检测人员时间或者兑换1美元的零钱，然后拼写各种单词（Yokomizo, Simon & de Campos Bottino, 2014）。还有许多调查问卷可用来评估我们在前几章中介绍的与谵妄和痴呆相关的病症。这些调查问卷也可评估其他严重的疾病，如焦虑相关障碍、抑郁症和适应性行为。

认知评估

当筛查问卷显示谵妄、痴呆、记忆问题非常明显时，可采用更多正式的测试来评估神经认知障碍的症状。例如，韦氏记忆量表就是其中常见的一种（WMS-

表14.10
痴呆可能的早期征兆和症状

征兆	症状
健忘	通常表现为对最近知道的名字、约会、活动目的、谈话要点以及完成的任务或差事的短期记忆丧失。患者可能会重复问题或要求。不同程度的健忘开始对日常活动和个人责任产生影响
困惑	对确切的日期、位置等混乱不清
无法完成日常活动	难以完成诸如准备饭菜、使用家电、打扫和保持个人卫生（如洗澡、如厕、刷牙等）等日常任务
语言能力受损	选择和使用单词的难度增加，使用的句子可能变得简单或分散
认知功能受损	记忆或识别熟悉的面孔、物体、声音和位置的能力下降
抽象思维能力受损	清晰思考问题，讨论复杂问题并在它们之间建立逻辑联系，或完全理解以前所理解的事物的能力下降
判断功能受损	组织、计划和做出适当决定的能力受损。可能以之前被认为不可取或不恰当的方式行事
情绪或行为的变化	可能有多种形式的情绪和行为的改变，如易怒、情绪失控（例如强烈的愤怒感、沮丧和流泪）、辱骂他人或使用不恰当的语言、在活动中无法获得快乐感以及态度冷漠等
性格的改变	患者可能看起来不善于交际或更加以自我为中心，并且可能以破坏性或不加限制的方式行事，患者也可能更多疑、更害怕或更容易被别人打扰，并且对日常压力的反应过大

工作时间
"什么时候可以进行注册？"

注册
"请认真听。下面我要说出3个词。请你在我停顿后跟读。准备好了吗？下面开始……苹果（停顿）、便士（停顿）、桌子（停顿）。现在请重复这些词语。"（重复5次，但只对第一次跟读进行评分。）

命名
"这是什么？"（指着一支铅笔或钢笔。）

阅读
"请阅读下面的文字，并按照要求去做。"（向接受检查者展示刺激量表上的文字。）
请闭上眼睛。

图14.6 简易精神状况检查表（MMSE）样本项目

IV; Wechsler, 2009）。韦氏记忆量表由各种子测试组成，这些子测试用于测量视觉和听觉刺激以及工作记忆和延迟记忆。它可能会要求被测试者立即记忆不同的词语（如树、桌子、硬币），然后在测试后期再次要求他们进行回忆。医学研究和调查临床情况时经常使用韦氏记忆量表来评估阿尔茨海默病和其他痴呆的程度，并用其治疗如庞德先生那样的病症（Baldock, Miller, Leger & Banks, 2016）。

在前面的章节中，我们已经介绍了其他认知功能的正式测试。我们在这里再提一下。

这些测试主要包括智力测试，如韦氏成人智力量表和神经心理学测试，如霍尔斯泰德-瑞坦神经心理成套测验（第十二章和第十三章）。

这些测试可用于绘制认知能力随时间发生的改变，以确定这些变化是正常的还是神经认知障碍的早期症状。这些量表的某些分测验也可用于确定中风后人体的损伤程度。临床医生可以进行某些"稳定"测试，例如即使在脑损伤后仍然保持稳定的词汇量。其他方法包括检查可能患有阿尔茨海默病的人的具体程度。

医学与实验室评估

可能患有神经认知障碍的人通常需要首先让医生进行评估。医学检查包括进行心血管和甲状腺问题、物质中毒、HIV及其他病毒感染、脱水及其他可以解释谵妄或痴呆的基本因素的测试（Inouye, Westendorp & Saczynski, 2014）。医学检查还可以包括我们在第四章和第十二章中讨论的更广泛的实验室程序：计算机断层扫描（CT）、磁共振成像（MRI）、正电子发射断层成像（PET）和单光子发射计算机体层摄像（SPECT）。MRI和PET通常被推荐为诊断阿尔茨海默病及其他痴呆的更精准的方法（见图14.8）。

神经认知障碍的生物学治疗

药物治疗

显然，神经认知障碍受到许多生物学变量的影响，并且鉴于全球人口的迅速老龄化，神经认知障碍肯定会变得更加普遍。因此，寻求神经认知障碍的医疗方法仍然是研究人员的首要任务。我们在本文中介绍的许多其他精神障碍患者的药物适用于痴呆患者。这些药物包括抗抑郁药、情绪稳定剂（第七章）和抗精神病药物（第十二章）。这些药物有助于缓解与痴呆、抑郁症或谵妄相关的行为问题（如妄想/幻觉），但对于改变阿尔茨海默氏病及其他痴呆引起的严重认知和记忆缺陷的作用并不明显（Maust, Langa, Blow & Kales, 2016）。

因此，研究人员专注于研究胆碱酯酶抑制剂。这些药物可以增加神经递质乙酰胆碱，患有痴呆和记忆问题的人缺乏该种神经递质。这些药物抑制大脑中的酶对乙酰胆碱的分解，因此可以产生更多的神经递质。已经研究过的主要的胆碱酯酶抑制剂包括毒扁豆碱、他克林、甲硝酸甲酯、多奈哌齐、利瓦斯他明和加兰他明，最后三种尤为典型（Hyde et al., 2013）。然而，对于轻度至中度神经认知障碍患者来说，这些药物对功能的改善是有限的，如果在病程中尽早用药，会取得更好的效果（Wang et al., 2014）。

美金刚是另一种有助于抑制过量的L-谷氨酸的活性的药物。美金刚对中度至重度神经认知障碍患者有一些有益的认知效应（Molino, Colucci, Fasanaro, Traini & Amenta, 2013）。帕金森病是一种可能导致痴呆的疾病，该疾病患者经常服用左旋多巴（L-dopa）来提高大脑中的多巴胺水平，这有时与外科手术策略一

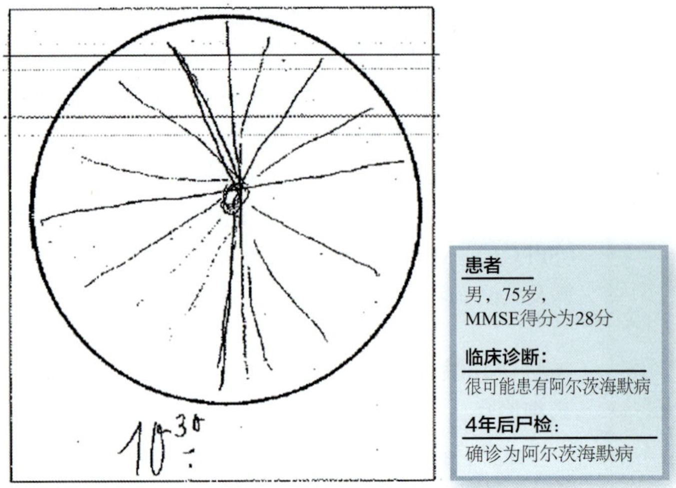

图14.7　一名75岁的男性（很可能是阿尔茨海默病患者）进行的画钟测验。

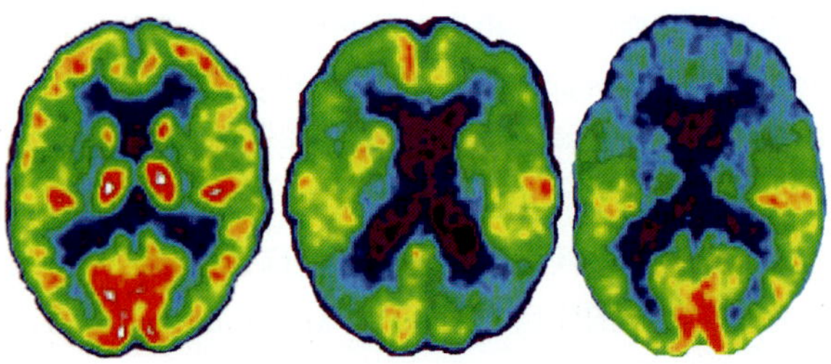

图14.8　正常老年人（左）、阿尔茨海默病患者（中）和额颞叶变性患者（右）大脑的PET扫描图像。

致（Huot, Johnston, Koprich, Fox & Brotchie, 2013）。总体而言，人们通常联合用药来治疗痴呆（Maust et al., 2016）。

基因治疗

未来治疗神经认知障碍的革新性方法可能包括基因疗法，或将基因引入人体以帮助人体增强神经元的生长能力和再生能力。健康基因的引入通常不是为了替代，而是为了弥补问题基因的功能失调。基因治疗现在是高度实验性的，但有可能会解决人类一些最具破坏性的心理和身体疾病。基因治疗在基于动物的研究中已经取得了一些成功，但该方法需要极高的精确度以防止产生不良影响（Combs, Kneynsberg & Kanaan, 2016）。

住宅式护理与疗养院护理

许多针对痴呆患者的生物学治疗都在医院、住宅性临终关怀医院和疗养院进行。这些环境中的精神病学护理通常包括管理行为问题（如性欲亢进）、缓解情绪问题（如抑郁症）及减少感染和疼痛（Kales, Gitlin & Lyketsos, 2014）。临终关怀对于晚期痴呆患者尤其有益。然而，决定把亲人送去临终关怀院或疗养院是一件非常痛苦的事，正如庞德一家人所经历的那样。对于处于这种困难境地的家庭成员来说，需要考虑下列问题（adapted from Mittelman et al., 2003）：

- 痴呆患者想要什么？
- 患者医生的建议是什么？
- 进入临终关怀院或疗养院是否有助于减轻患者的痛苦？
- 家庭护理与临终关怀院或养老院护理的财务和情感负担孰轻孰重？
- 多数家庭成员都觉得应该这样做吗？
- 家庭成员是否愿意把某个家人的监管权交给别人？
- 临终关怀院或疗养院提供哪些服务？
- 临终关怀院或疗养院都有哪些规定可以最大限度地保证患者的安全？

神经认知障碍的心理治疗

神经认知障碍的生物学治疗是一个研究热点，但在这一阶段，它们的普遍无效性意味着提高一个人生活质量的心理治疗仍然非常重要。心理治疗可分为两组：一组针对神经认知障碍患者；另一组针对患者的护理人员。

神经认知障碍的心理治疗

针对神经认知障碍患者的心理治疗通常在患病的早期阶段进行，因为此时患者的精神失常和定向障碍尚不严重。这些方法旨在提高其生活质量，增强其认知能力以延缓更严重症状的发作。我们在本书中介绍了其中一些方法，包括回忆疗法（第七章）。回忆疗法包括对一个人的生活进行全面的回忆以传递某种意义，并解决剩余的人际冲突或遗憾。痴呆患者可能会失去与他人互动的能力，因此这种反思有望提高现有的幸福感，并为自己的生活带来有积极意义的解脱（Huang et al., 2015）。

针对神经认知障碍患者的另一种流行的心理疗法是实物定位。这是一种降低痴呆患者精神紊乱的方法，通常涉及对时间、地点、人和最近事件的持续反馈（Mitchell & Agnelli, 2015）。使用该疗法，可能会对患者的日常生活事件、背景和身份等方面不断地进行提醒。这通常包括在生活环境周围放置时钟和日历，在冰箱等地方放置方向箭头和亲人的照片以作提醒。实物定位可由疗养院的工作人员或家庭成员来完成。实物定位可能对认知功能有一些初步的好处，甚至可能会延迟被安置于疗养院的时间，但这些好处可能最适合于神经认知障碍的早期患者和中期患者（Camargo, Justus & Retzlaff, 2015）。

此外，记忆训练对于神经认知障碍患者也有效。患者被教导通过反复练习各种技能（例如使用微波炉）、依靠外部提示和记忆策略来唤起记忆、增加社交互动和简化生活环境来减少需要记住的内容，达到减

实物定位装备通常用于引导中度阿尔茨海默病患者。图中，女人拿着的实物定位时钟包括时间和日期，在与其交谈时经常会指向并用到该时钟。

少记忆负担的目的。常用的策略包括“记忆钱包”，其中包含一个人失忆时可以参考的亲人的备忘录和照片，并以明亮、不同的颜色和提示对不同房间进行粉刷以便于识别（例如，“蓝色”表示带有床的照片的卧室）。记忆训练还解决了诸如抑郁、冷漠或认知偏差等干扰记忆的障碍（Lohman et al., 2013）。记忆训练可能最适用于神经认知障碍早期阶段的患者。

行为疗法是神经认知障碍患者的另一种常见的治疗方式，但其重点是减少行为问题，提高自理能力。

14.3

专栏

聚焦性别

配偶护理者的悲痛

治疗痴呆患者的重担通常落在爱他们的配偶身上——大多数痴呆患者都住在家里。关于治疗该类疾病的困难以及支持和喘息服务重要程度方面的文章已经有很多了，但关于配偶在遭遇这种凄惨情况时所经受的悲痛情绪的文章却很少。这种悲痛通常包括与生活伴侣的逐渐疏远、生活的短促意识越来越强，以及对现状的无意义感和绝望感。这种性质的悲痛通常伴随着强烈的焦虑、愤怒、悲伤和内疚感，对于丈夫患有痴呆的妻子而言尤为如此。

配偶护理者和儿女护理者在应对悲痛方面有所不同。照顾患有痴呆父母的孩子们倾向于否认痴呆的存在，并关注父母的痴呆会如何影响父母的生活。然而，配偶护理者往往更愿意接受配偶的痴呆及即将来临的照顾重担。配偶护理者也倾向于关注患者的痴呆会如何影响配偶而不是他们自己。配偶护理者为伴侣失去认知和记忆能力而感到担忧和悲伤，并为最终失去伴侣而感到悲痛。儿女护理者将他们患有痴呆的父母安置在养老院之后会有一种释然的感觉，但是配偶护理者会对此感到悲伤、愤怒和沮丧。在任何一种情况下，在患者死亡之前关注护理者的悲痛情绪可能是干预该人群的一个重要方面（Ashwill, Mulhall, Johnson & Galvin, 2015; Reed et al., 2014）。

神经认知障碍患者这一人群通常涉及的行为问题包括独自游荡、性欲亢进、抑郁、言语和身体攻击和激动等。这一人群通常涉及的自理能养包括喂养、穿衣、如厕和梳理等（Boltz & Galvin, 2016）。教育家庭成员积极奖励适当的行为，（如果可能的话）重新引导或忽略不适当的行为。该种疗法通常与实物定位、记忆训练以及音乐、艺术和运动疗法结合使用以增加认知刺激（Aguirre, Woods, Spector & Orrell, 2013）。

神经认知障碍患者护理人员的心理治疗

治疗神经认知障碍患者的其他心理疗法更多地关注配偶及其他家庭成员等护理人员。解决护理人员的问题，关键的第一步是提供有关痴呆性质的信息，并提供广泛的社会支持及其他资源（Boltz & Galvin, 2016）。有关痴呆的信息应包括其主要症状、病因以及病程。护理人员应该知道未来几周和几个月对患者病情的预期（例如严重的认知能力下降），并开始制订相应的计划。这通常包括起草生前遗嘱和律师文件及解决当前或过去的冲突。

另外，还应配备资源以减轻护理人员照顾痴呆患者的日常负担。可以轮岗或增加家庭成员，提供专业喘息服务，并考虑何时最适合将老人安置在疗养院或临终关怀院（Heller, Gibbons & Fisher, 2015）。痴呆患者的配偶和护理人员特别容易出现有压力、倦怠及其他心理和生理问题，因此减轻护理负担对于他们的长期健康来说至关重要（Reuben et al., 2015）。

对于神经认知障碍患者的护理人员而言，支持团体也是至关重要的。这些团体允许成员分享有关日常护理的信息，并表达对他们当前情况的沮丧和悲伤。在线支持团队也是可用的，对主要限于家庭护理的护理人员可能尤为重要（Boots, Vugt, Knippenberg, Kempen & Verhey, 2014）。如果护理人员有严重的抑郁症或其他心理问题，那么最好将患者转介至精神科医生和心理医生进行更正式的干预。

与阿尔茨海默病患者或其他形式的严重神经认知障碍患者共同生活可能非常困难。在这种情况下，梅奥诊所为护理人员提供了一些实用技巧（见表14.11）。这些技巧侧重于评估痴呆患者的独立性、创造安全的环境、调整预期、限制干扰和促进沟通。这种日常策略的一个关键方面是经常重新思考痴呆患者仍然可以做什么以及不能做什么。对于我们之前提到的痴呆患者来说，加入心理干预措施在这一过程中也非常重要。

如果我认识的人患有神经认知障碍，该怎么办

如果你怀疑你认识的人可能有神经认知障碍的症

表14.11
痴呆患者护理者实用技巧

独立性评估	尽可能让患者的至亲参与到任务中来。给患者两件衣服让其选择，而不是让他自己在整个衣柜里选择。 对日常所需的援助层次进行重新评估。如果准备好日用品，患者可以自己刮胡子吗？或者如果你打开电动剃须刀并把它放在他手里，他可以自己刮胡子吗？或者他是否需要你为整个活动提供帮助
营造安全的氛围	移除小地毯、延长接线及其他杂物。避免重新摆放家具。 给橱柜上锁。 确保有急救箱、灭火器和有效的烟雾报警器；如果患者是个烟民，不要让他独自吸烟。 拆除插入式设备。热水器的温度不要设置过高，以防烫伤
调整你的预期	留出更多时间来完成日常任务。 尽量不要担心事情该如何完成，如果患者行为不会造成危险，就请不要纠正他。 尽量保持轻松，如果患者拒绝做某件事情，那就退后一步，稍后用其他的方法再试一次
限制分心的事情	关闭电视并限制背景噪声。 鼓励访客在拜访前打电话
促进沟通	要理解一种行为，考虑一下你的至亲做这件事情可能有什么感受；如果患者正在来回踱步，这可能意味着他累了、饿了或者需要如厕

状，那么进行全面的医学和神经心理学检查是非常重要的。尽早发现这些症状可能有助于逆转谵妄或减缓痴呆的发展，并尽可能提高生活质量。如果你认识的人患有阿尔茨海默病或其他严重的神经认知障碍，那么与这个人共度和享受剩余的时间至关重要。尽可能解决与患者之间的冲突，并尝试完全理解患者在其患病后期希望你能为他做些什么（见专栏14.4）。神经认知障碍是我们在本书中讨论的最严重的疾病之一。追求宝贵的生活质量至关重要。

神经认知障碍的长期预后

您可能已经从本章的基调中猜到，阿尔茨海默病患者及其他主要神经认知障碍患者的长期预后是不乐观的。患者在痴呆（主要是阿尔茨海默病或额颞叶痴呆）发作后，其寿命通常还能维持3 ~ 12年（Onyike & Diehl-Schmid, 2013; Todd, Barr, Roberts & Passmore, 2013）。帕金森病痴呆患者的寿命为4 ~ 6年（Emre, 2015）。血管性或混合型痴呆患者的寿命整体较短，通常不到4年（Roehr et al., 2015）。痴呆患者早期死亡率的预测因素包括更严重的认知问题或残疾、年龄较大、男性、抑郁症、心血管疾病以及生活在城市等（Aikins, Sanuade & Anie, 2016; Oesterhus et al., 2014）。

许多轻度认知障碍患者最终会患上痴呆。纵向研究表明，每年有6.7%的轻度认知障碍患者患上痴呆。尽管每年约1.6%转化为血管性痴呆，但是其中大部分转化为阿尔茨海默病（Duff, 2015）。几位研究人员试图准确地确定哪些认知障碍最有可能预测阿尔茨海默病及其他主要的神经认知障碍。与情景记忆（近期个人事件的记忆）和听觉言语学习相关的初始问题可能与痴呆的晚期发作有关（Li et al., 2015; Ramanan et al., 2016）。在注意力、命名、精神运动和视觉空间任务方面存在问题的人似乎也有患痴呆的风险（Jacobs et al., 2015; Stokholm et al., 2013）。

另有人指出，严重的神经认知障碍，特别是阿尔茨海默病发病的有力预测因素包括年龄、受教育程度较低、抑郁、中风、健康状况不佳、APOE-4以及脑血流量不足等（Agronin, 2014; Haji et al., 2015）。

谵妄也是老年人患痴呆的一个风险因素。脑卒中并最终发展为血管性痴呆的人，通常认知和记忆能力较低、抑郁程度较高及具有高血压和糖尿病等心血管危险因素（Sahathevan, Brodtmann & Donnan, 2012）。帕金森病患者最终患上痴呆的预测因素包括年龄、严重的姿势和步态问题、轻度认知障碍和幻视等（Aarsland & Bernadotte, 2015）。

14.4

专栏

聚焦法律与伦理

处方药问题与痴呆

你可能会猜到，在解决认知能力下降和痴呆时会出现严重的伦理问题。一个关键问题是，被诊断为神经认知障碍的人是否应该被告知病情。支持这样做的理由包括尊重此人，他在仍有能力的情况下可以参与护理决策以及接受限制。反对这样做的理由包括治疗选择很少，患者可能不了解诊断情况，对诊断的了解可能会导致抑郁及其他心理问题，并且可能会丢失保险资格（van den Dungen et al., 2014）。如果你是病人，你想知道自己的病情吗？

在进行相关研究时，另一组伦理问题会在这一人群中出现。关键问题包括干细胞的使用、一个人给予知情同意的能力、对APOE-4等痴呆危险因素的基因检测及拒绝该类帮助的痴呆患者的治疗与喂养（Strech, Mertz, Knüppel, Neitzke & Schmidhuber, 2013）。你想知道自己有APOE-4拷贝基因吗？尽管这并不一定意味着你会患上阿尔茨海默病。一般人群是否应该检测这种基因是否存在？

痴呆患者最终的能力丧失为诸如生前遗嘱等预先医疗指示领域带来了新的曙光。在这些指示中，患者提前说明应该在什么条件下被给予营养和医疗。例如，这个人可能会指示，如果他最终病情恶化，他将不再想用呼吸机等广泛的救生措施。追求生活质量也有助于减轻家庭成员的压力，否则他们可能会承受这些决定所带来的负担。

第十五章　异常心理学消费者指南 15

章节特色

消费者指南概述

我们在本书中介绍了很多反常、有害和令人痛苦的行为。此外，我们还探讨了针对不同类型的精神障碍患者的各种治疗策略。你可能还想知道更多关于进行治疗的人的一些情况及帮助他们改变这些行为的治疗方法。

本章更多地关注治疗过程，特别强调与消费者相关度最高、最密切相关的信息。我们首先讨论不同类型的心理健康专业人员应该要考虑哪些方面。此外，本章还回顾了个人和社区层面的治疗、治疗注意事项以及伦理方面的一些重要组成部分。

成为一名心理健康专业人员

或许你对本书中的材料非常感兴趣，你正在考虑成为一名心理健康专业人员。那我想对你说：好样的，那就对了！在本节中，我们将讨论不同类型的治疗师及其任职资格，并为你成为一名心理健康专业人员提供一些建议。

治疗师的类型和任职资格

评估和治疗精神障碍患者的专业人员包括心理健康专业人员、精神科医生、精神科护士、婚姻和家庭治疗师、社会工作者和特殊教育教师。各类心理健康专业人员（例如临床、咨询、教育和学校方面的心理学工作者）对精障碍神病患者进行诊疗（见表15.1）。临床心理健康专业人员通常拥有博士学位，他们既是科学家，可以进行异常行为方面的研究，又是从业者，可以进行各种心理测试并为精神障碍患者提供诊断和治疗。一些临床心理健康专业人员参加了心理学博士研究项目，可能较少侧重于研究，而更多关注发展临床技能。临床心理健康专业人员必须通过资格考试才能独立执业。

临床和咨询心理健康专业人员通常在私人诊所执业工作。

临床心理健康专业人员通常要获得心理学方向的本科学位，然后至少读4年（通常是5年）研究生，外加1年的实习。许多临床心理健康专业人员在实习后也会在博士后研究岗位上工作以进一步专注于某一特定领域的研究，比如神经心理学或物质使用障碍用药紊乱。许多心理健康专业人员也成为在大学授课的教授。

临床心理健康专业人员经常会接受训练，从而可以与有严重行为问题的人相处，并且为了达到行为改变这一首要目标，他们经常采用以改变为导向的方法（O’Donohue & Fisher，2012）。临床心理健康专业人员常通过口头治疗策略来转变人们的问题情感、认知和行为。目前在大多数地区，他们均没有开药方的资格，但在某些州是可以的，其他司法管辖区也正在考虑是否给予临床心理健康专业人员开药的权限（McGrath，2012）。

咨询心理健康专业人员倾向于关注那些问题较轻的患者，例如需要进行职业咨询或者婚姻与家庭问题治疗的人（Neukrug, 2012）。咨询心理健康专业人员通常拥有博士学位，并且有执业许可证。许多咨询心理健康专业人员采用选择导向方法，其首要目标是帮助来访者在其生活中做出正确的选择。例如，来访者可能需要帮忙决定从事什么职业或者是否应该离婚。

教育和学校心理健康专业人员关注儿童和与学习相关的问题。这些心理健康专业人员通常拥有硕士或博士学位。教育心理健康专业人员更倾向于以研究为基础，并致力制定有效的策略来教给孩子（和成人）不同的概念，例如阅读或算术。学校心理健康专业人员通常与小学、初中和高中保持紧密联系，并经常对

学校心理健康专业人员经常评估有学习问题的青少年。

学习障碍、发育障碍及其他精神障碍高危儿童进行评估，这些疾病可能会影响孩子的学习成绩。

精神科医生是可以为精神障碍患者开药的医生。他们的训练和背景一般基于生物学视角，因此精神科医生通常依靠寻找合适的药物治疗或诸如电休克疗法（第七章）等其他躯体治疗方法来减少痛苦。精神科医生一般要接受至少11年的预科、医疗和住院医师培训。心理健康专业人员和精神科医生经常合作以便对精神障碍的不同方面，特别是精神分裂症或抑郁症等严重的精神障碍进行治疗。对许多人来说，心理治疗和药物治疗相结合是最好的治疗方法。接受过弗洛伊德精神分析专业培训的心理健康专业人员或精神科医生可称为精神分析师。

精神科护士（R.N.s）是指那些接受过专门培训以满足精神分裂症等严重精神障碍患者需求的人。这些专业人员通常在医院的住院精神病科工作，负责该单位的日常管理以及药物管理。

精神科医生通常从生物学视角看待精神障碍。

婚姻和家庭治疗师在一些州（可以看看你所在的州是否如此）可以作为一个单独的实体获得执业许可证，并且他们通常拥有临床或咨询心理学方向的硕士学位。这些治疗师专注治疗婚姻或者关系存在问题的夫妻以及在沟通或解决问题方面存在困难的家庭。社会工作者通常拥有硕士学位，并有执业许可证。该专业的传统作用是关注精神病理学的社会和文化因素，并将患有精神障碍的弱势群体与社区资源联系起来，例如住宿项目或失业救济金，这些都可以改善患者的生活质量。因此，许多社会工作者被发现在监狱、医院、学校和社会服务机构工作。社会工作者的角色已经扩大，许多人与心理健康专业人员和精神科医生密切合作或者独立进行治疗（Sue, Jackson, Rasheed & Rasheed, 2016）。

特殊教育教师通常拥有硕士学位，他们经常与患有严重智力障碍或孤独症等发育障碍的人密切配合。这些教师负责为这些儿童设计和实施专门的教育计划，他们多见于特殊的学校或常规学校的隔离单位。

许多人还以其他方式与精神障碍患者合作。辅助性专业人员一般是指那些没有高等学历的人，他们在心理健康专业人员的监督下对精神障碍患者进行评估和干预。本书的一位作者拥有一个校内研究型诊所，由本科生和研究生组成，他们协助进行评估和治疗。拥有心理学学士学位的学生也可以在医院及其他社区组织担任精神障碍患者的辅助性专业人员。此外，心理治疗师有时也被当作心理健康专业人员，他们在监管下实施治疗但尚未获得执业许可证。

成为一名心理健康专业人员

如果你想成为一名心理健康专业人员，你应该怎么做？第一步就是和学校不同部门的教授谈一谈，例如心理学、咨询和社会工作方面。做这些事情时，不要有任何顾虑！教授的工作内容包括为学生提供有关职业选择方面的咨询，并帮助他们确定最适合他们的选择。想想诸如孩子或抑郁症等你可能最感兴趣的方面，和教授谈谈你将来希望上什么样的课程来进一步

表15.1

常见的心理健康专业人员类型

常见的心理健康专业人员类型
临床心理健康专业人员评估和治疗心理、情绪和行为障碍，包括从诸如青少年叛逆造成的问题等短期危机到诸如精神分裂症等更为严重的慢性疾病。一些临床心理健康专业人员专门治疗特定的病症，例如恐惧症或抑郁症。还有一些临床心理学作者则关注特定群体，例如年轻人、少数族裔群体、男女同性恋者和老年人。他们还关注有潜在心理原因的身体问题
认知和感知心理健康专业人员研究人类的感知、思维和记忆。认知心理健康专业人员对以下问题比较感兴趣，例如，思想如何反映现实？人们如何学习？人们如何理解和产生语言？认知心理健康专业人员也研究推理、判断和决策。认知和感知心理健康专业人员经常与行为神经科学家合作，以了解感知或认知的生物学基础，或与其他心理学领域的研究人员合作，以更好地理解比如抑郁症患者思维中的认知偏差
咨询心理健康专业人员能帮助人们认识到他们的优势和拥有的资源以便解决他们的问题。咨询心理健康专业人员对各个年龄群体、家庭和组织（例如学校、医院、企业）的人进行咨询/心理治疗、教学和科学研究。咨询心理健康专业人员帮助人们理解职业和工作上的问题，并采取行动帮助解决这些职业上和工作上的问题。他们关注人生各个阶段的问题和人们之间的差异。咨询心理健康专业人员非常尊重人们之间的差异（如种族、性别、性取向、宗教、残疾状况）对心理健康的影响。他们认为，行为受到许多事物的影响，包括个人品质（例如心理、身体或精神因素）和环境因素（例如家庭、社会和文化群体）
发展心理健康专业人员研究整个生命历程中人类的心理发展。最近，他们主要关注童年和青春期，因为这是性格形成的关键期。但随着人们预期寿命接近80岁，发展心理健康专业人员对老龄化越来越感兴趣，特别是对研究和开发帮助老年人尽可能保持独立的方法方面感兴趣
教育心理健康专业人员专注于研究教学和学习的有效性。他们考虑了各种因素，例如人类的能力、学生的学习动机以及种族、民族和文化多样性对课堂的影响
工程心理健康专业人员对人们如何最好地利用机器进行了研究。例如，如何设计电脑才能以防止精神疲劳和视觉疲劳？如何布置组装线才能实现最高的生产效率？什么是合理的工作量？大多数工程心理健康专业人员在企业工作，但也有些受雇于政府，特别是国防部。他们通常被称为人因学专家
进化心理健康专业人员研究诸如突变、适应和选择性适应等进化原则如何影响人类的思想、情感和行为。由于他们专注于影响生物体生存机会的基因型行为，因此进化心理健康专业人员研究交配、攻击、帮助行为和沟通等方面。进化心理健康专业人员对悖论和进化问题特别感兴趣。例如，在我们过去的进化过程中具有高度适应性的一些行为在现代生活中可能不再具有适应性
实验心理健康专业人员对各种各样的心理现象感兴趣，包括认知过程、比较心理学（跨物种比较）、学习与调节，以及心理物理学（例如光的物理亮度与光的亮度之间的关系）。实验心理健康专业人员研究人类和非人类动物在检测特定环境中发生的事情以及获取与维持对正在发生的事情的反应方面的能力。实验心理健康专业人员使用经验方法（收集数据）和实验室内变量的操作来理解某些现象并推进科学知识的发现。除了在学术环境中工作，实验心理健康专业人员还在制造环境、动物园和工程公司等各种工作场所工作
法医心理健康专业人员将心理学原理应用于法律问题。他们的专业知识往往在法庭上非常重要。例如，他们可以帮助法官决定哪个父母应该享有孩子的监护权或评估被告接受审判的心理能力。法医心理健康专业人员还对陪审团行为或目击者证词领域进行了研究。一些法医心理健康专业人员接受过心理学和法律方面的培训
健康心理健康专业人员专注于研究生理、心理和社会因素如何影响健康和疾病。他们研究患者如何应对疾病，为什么有些人不遵医嘱，以及控制疼痛或改变不良健康习惯的最有效方法。他们还制定了促进情绪和身体健康的医疗保健策略。健康心理健康专业人员与私人诊所和医院的医务人员合作，为患者提供全面的医疗保健。他们在关于疾病的疼痛和压力引起的心理问题以及可能看上去像是身体不适但实际上是心理性原因引起的症状方面对医务人员进行培训。健康心理健康专业人员还研究影响广泛的社会问题，并制订和实施相关方案以解决这些问题。这样的例子包括少女怀孕、过度使用精神活性物质、危险性行为、吸烟、缺乏运动和饮食不良等
工业/组织心理健康专业人员将心理学原理和研究方法应用于工作场所，以提高生产效率和工作质量。许多人担任人力资源专家，帮助机构团体进行人员配置、培训和员工发展。还有人则在战略规划、质量管理以及应对组织变革等领域担任管理顾问
神经心理健康专业人员（和行为神经心理健康专业人员）探索大脑系统和行为之间的关系。例如，行为神经心理健康专业人员可以研究大脑创建与存储记忆的方式或者大脑的各种疾病和损伤如何会影响人的情感、认知和行为。他们设计了使用新的成像技术研究正常大脑功能的任务，例如正电子发射断层成像（PET）、单光子发射计算机体层摄影（SPECT）和功能磁共振成像（fMRI）。临床神经心理健康专业人员也对人们进行评估和治疗；许多人与医疗团队合作，帮助脑损伤的人恢复正常的生活
定量和测量心理健康专业人员专注于设计实验和分析心理数据的方法和技术。一些人研发了新的分析方法；还有些人通过制定研究策略来评估社会和教育项目以及心理治疗的效果。他们开发并评估心理测试的数学模型。此外，他们还提出了评价测试质量和公平性的方法

资料来源：改编自梅奥医学教育与研究基金会，版权所有©2013。

续表

表15.1

常见的心理健康专业人员类型

康复心理健康专业人员与脑卒中和意外事故受害者、智力障碍和孤独症患者以及因脑瘫等疾病引起的发育障碍患者打交道。他们帮助患者适应他们自身的情况，并经常与其他医疗保健专业人员合作。他们解决个人适应、人际关系、工作领域以及疼痛管理治疗等问题。康复心理健康专业人员还参与公共卫生项目以预防残疾，包括暴力和过度使用精神活性物质等引起的残疾。他们还作为专家证人出庭作证以证实残疾的原因和影响以及一个人的康复需求
学校心理健康专业人员直接与公立和私立学校合作。他们对学生进行测试并提供专业建议，与家长和学校员工协商，并适当进行行为干预。大多数学校都聘用全职的心理健康专业人员
社会心理健康专业人员研究一个人与他人的交往是如何影响他的精神生活和行为的。他们对包括个人和群体影响在内的人际关系的各个方面都感兴趣，并寻求改善这种交往方式的方法。例如，他们的研究帮助我们理解人们对他人的态度是如何形成的，哪些情况下是不利的——比如偏见——提出了改变这种不利情况的方法。社会心理健康专业人员存在于各种环境中，从学术机构（进行教学和研究）到广告公司（研究消费者的态度和偏好），再到企业和政府机构（帮助解决各种组织和管理方面的问题）
运动心理健康专业人员帮助运动员提高他们对比赛目标的关注度，变得更有动力，并帮助他们学会应对伴随竞争而来的失败引起的焦虑和恐惧。随着各种体育竞争越来越激烈，越来越多年轻的孩子对这个领域感兴趣，这领域正在蓬勃发展

资料来源：精神病学会网址。

发展你的兴趣。

接下来，调查一下这些领域内的不同课程，看看哪些课程最吸引你。学习这些不同的课程，看看内容是否和你想象的相符。与每门课程的讲师讨论下他们的背景经历、培训以及对未来工作上的建议。在你做这些的时候，你可能会发现自己被某个特定领域所吸引。如果没有，也没关系。继续寻找！

另外，还要看看不同部门的哪些教授比较积极地参与临床研究。你目前的讲师或许能成为你咨询的第一选择。要想进入研究生院成为心理健康专业人员，一般需要有不同的临床和研究经验或者实习经验。在你的本科学习生涯中，要尽早与不同的人进行这种研究——不要等到大四才想起这件事情！除了获得宝贵的临床和研究经验，你还会找到愿意为你写未来推荐信的人。请记住，好成绩和标准考试成绩只是步入研究生院所必需的一部分。其他建议：

- 参与国际心理学荣誉学会，该学会是一个针对心理学学生的全国性学生心理荣誉学会。
- 与心理学俱乐部等某些相关的校内社团建立联系。
- 与社区精神卫生机构的主管讨论关于志愿者和辅助专职人员的空缺情况。您可以花时间进行评估、研究治疗课程、从事电话咨询工作，例如开设关注类似自杀的热线电话。
- 持续从一位或多位导师那里获得关于决定职业选择、撰写意向书和选择感兴趣的研究生院等方面的持续性建议。
- 参与一些临床研究，如果可能的话，可以在心理学会议上发表论文。
- 事先做足功课。找出你可能最感兴趣的学校，面向一到两个最能与你的兴趣相匹配的老师量身定制你的申请书。
- 审核美国精神病学会为学生提供的信息，例如“心理学研究生读物”和“心理学职业生涯规划手册”。
- 读读雪莉奥哈拉·奥哈拉的《心理学专业的你可以做什么：真正的人、真正的工作、真正的奖励》（纽约：威利出版社）以及特雷西·梅恩、约翰·诺克洛斯和米歇尔·萨耶特的《临床和咨询心理学研究生课程内部指南》（纽约：吉尔福德出版社）。
- 最重要的是，提出问题并尽可能多地获取信息。

成为一名心理健康专业人员是一件让人筋疲力尽但又兴奋不已的事。仔细考虑你将要做出的承诺以及这会如何影响你的生活。最重要的一点是，这份工作有时候可能看起来充满挑战，但请不要气馁！心理健

如果你对心理学职业感兴趣，与导师交流不失为一个开始收集信息的好渠道。

康专业人员是我们所了解的最有价值的职业之一，我们向所有那些认为自己有该类职业召唤的人强烈推荐这一职业。

成为一名来访者

与提供健康服务相比，也许你对享受该类心理健康服务比提供此类服务更感兴趣。如果因心理问题要寻求治疗，你或者你认识的人应该怎么做呢？寻求治疗时需要考虑的一个重要方面是在治疗中你想要达到的目标。你是否正在经历一场需要得到立即关注的危机？你是否正在进入人生中一个重要的转折阶段并需要一些建议？你是否有需要改变的比较麻烦的想法或行为？你是否有看似毫无由来的问题，并且想要服用药物？这些问题的答案可能会帮你决定选择哪种类型的心理健康专业人员，例如危机干预顾问、咨询或临床心理健康专业人员或精神科医生。

在寻求治疗时，我们还应该从有见地的人那里寻求推荐，例如社区里的心理健康专业人员。大多数心理健康专业人员将他们的实践重点放在焦虑相关障碍或婚姻治疗等重要领域，因此要在你所在社区找出哪些人专门研究某一特定领域。如有必要，找一找提供价格低廉服务的机构。许多大学提供基于社区的、费用浮动的治疗。在此之后，在安排首次预约之前，询问心理健康专业人员你正在考虑的几个问题：

- 您的收费标准多少？我购买的保险能否涵盖此次费用或部分费用？治疗一共有几个疗程？
- 您是否为那些经济能力有限且有多个家属需要抚养的人提供浮动费用（基于个人支付能力）？
- 在首次治疗期间，我应该期待的目标是什么？您使用的是何种评估程序？
- 您所做的治疗类型的本质是什么？其局限性是什么？
- 您的知情同意和密保程序是什么？（本章后面章节会有介绍。）
- 您专注于解决何种问题？
- 您的理论取向和教育背景是什么？
- 您作为服务提供者的地位如何？例如，您是持有执照的临床心理健康专业人员、董事会认证的精神病学家，还是研究生？
- 您的工作地点在哪里？您的工作时间是什么？
- 正常工作时间之外，您在与来访者沟通方面有什么要求？

请记住，你是享受治疗服务的消费者，因此有权知道这些问题及其他相关问题的具体答案。不要害怕提这些问题，去找一个符合你条件的治疗师。

个体层面的治疗

无论提供心理健康服务，还是享受心理健康服务，你都会发现你有众多选择。其中一些选择包含个体层面的治疗，因为许多心理健康专业人员在私人诊所中坐诊进行一对一治疗。还有一些选择是在更大的社区机构内进行治疗，例如团体之家、医院、监狱或学校等。接下来，我们将讨论一下与一对一治疗及社区机构治疗相关的一些重要因素。

我们从主要适用于个体层面治疗的方面开始，讨论一下促进治疗成功的共同因素。这些因素通常也被称为治疗的有效成分和过程变量。此外，我们还讨论治疗本身对人们的有效性。

15.1

专栏

聚焦性别

研究生院与导师

在过去的20年里，心理学研究生项目录取的女生人数激增，在临床或咨询博士项目的人中，约有77.5%的学生是女生。然而，在临床博士项目中，只有约45%的教师是女性（美国心理学协会，2012）。这一差异引发了一个问题，即女研究生在受教育过程中是否获得了充分或有效的指导。这个问题非常重要，因为与受指导较少的学生相比，受到充分指导的学生在以后的职业生涯中往往会取得更高的成就。

威廉姆斯-尼克森（Williams-Nickelson）以研究生院的女生为对象进行了调查，以确定她们是否有导师及导师是否对她们进行了指导，他还为她们提供了几个有效的指导案例。好的导师会为学生提供发展空间，例如与其他专业人士进行交流，并邀请学生参与特定项目。此外，好的导师也会为学生提供支持，并帮助学生树立自信，尤其是在承受压力时或过渡时期。导师帮助学生专注于自己的目标及对未来的憧憬，并就学生的发展和进步给予富有建设性的反馈。导师鼓励学生独立思考，并帮助学生尝试不同的专业角色（例如担任治疗师或研究员）。好的导师也是正面的榜样，特别是在维持生活平衡（家庭与工作）和进行适当的自理方面。导师帮助学生认识到他们的潜力，并允许他们有充分的自主权来挑战导师的观点。如果你正在选择研究生院，就和你所在学科的教授谈一谈，他们可以帮到你。进入研究生院后，寻找具备上述特征的导师。

治疗的有效成分

我们在本书中已经介绍了各种精神障碍的不同治疗方法，但是什么样的治疗才是有效的呢？你已经看到，精神障碍包括三个方面：令人不安的身体感受或情绪、烦乱的思想和适应不良行为。因此，有效的治疗策略必须以积极的方式去影响这些方面。治疗的有效成分之一是增强自制力（Kottler，2014）。精神障碍患者在治疗中学习控制自己的适应不良：（1）身体反应，例如为缓解恐慌症状而进行的放松训练（第五章）；（2）思想，例如治疗抑郁症的认知疗法（第七章）；（3）行为，例如治疗早泄的停止—启动程序（第十一章）。自我控制能让他们掌控自己的某些症状并减少痛苦（Rohde, Stein, Pascual-Leone & Caspar, 2015）。

有效的治疗方法及治疗师还要求来访者不断练习新技能。例如，患有学习障碍的孩子练习阅读或写作技能，社交焦虑症患者在聚会上尝试与人对话。练习新技能也意味着患者必须承担风险，可能要放弃寻求安全的行为或做一些以前没有做过的事情。治疗师通常会鼓励来访者大胆尝试不同的行为方式，并通过在现实生活中练习课程中所学到的东西，朝着治疗目标继续努力（Hayes, Strosahl & Wilson, 2012）。

在来访者接受治疗期间，一个关键目标是帮助他更深入地了解他为什么仍然不能以正常的方式行事（Lehmann et al., 2015）。当性格特征干扰不同生活领域的成功时，这一点尤为重要。来访者应该更多地了解自己以及他的行为会如何影响他人。此外，如果他的行为看起来有问题，那么来访者还应该更多地了解如何控制自己的行为或者应该做些什么。如果来访者发现自己变得抑郁，她可能想要咨询朋友，更加积极地

治疗师与来访者之间拥有温馨且相互支持的关系对于治疗的成功至关重要。

参与社交活动，并练习认知技能以减少不当的想法。

来访者还应该不断进行自我探索或反省，以挑战内心的设想，并享受积极的生活经历。治疗师还将帮助来访者采用更具适应性的策略来解决假设的和现实生活中的问题（Bresler & Starr, 2015）。例如，治疗师可能会帮助精神分裂型人格障碍患者以更为社会接受的方式与他人交往，并更有效地解决问题。

随着来访者在治疗方面的进步，持续的成功将有希望并自然而然地引发其他积极、自我强化的事件。学习新的面试技巧的人可能会找到一份好工作。或者，学习社交技能以及如何遵守规则的孩子可以更好地结交新朋友，并在学校取得好成绩。来自治疗师及其他对自己重要的人的持续反馈也会有所帮助（Schuman, Slone, Reese & Duncan, 2015）。治疗和生活中的成功通常源自一个人在生活中有效行事、解决或直面过往负面经历、具有改变的现实期望、控制极端情绪与行为、就恰当的人生选择寻求他人建议并做出正确选择的能力。

治疗的过程变量

过程变量，也被称为非特异性因素，是所有治疗中常见的因素，也有助于治疗的成功。一个强大的过程变量可以产生安慰剂效应，即由于来访者对受助的期望而改善治疗（Bystad, Bystad & Wynn, 2015）。许多来访者一旦得知治疗师已经诊断出他们的问题并且有了潜在的解决方案，他们就会更加积极地接受治疗，并期待取得好的进展，这能提高治疗效果。安慰剂效应非常稳定：安慰剂控制组成员各项指标的改善有时好于无治疗组的相关情况（Wampold & Budge, 2012）。

另有一些过程变量还明确将治疗师涵盖在内。这些变量包括治疗师的经验及其将治疗变得温馨且令人尊敬的能力。经验丰富的治疗师提供的治疗方法并不一定比经验不足的治疗师提供的好，但通常来说，专门研究诸如物质使用障碍等某一特定领域的治疗师就如何对有该特定问题的来访者实施最好的治疗有更多的见地。对于症状更严重的来访者，更有经验的治疗师的治疗效果也往往更好（Mason, Grey & Veale, 2015）。

如果治疗师营造一个基于尊重、同情和完全接纳来访者表达的治疗环境，那么来访者也会轻松随意地表达自己内心深处的私密想法，而不会担心受到排斥或嘲笑（Miller, Colloca, Crouch & Kaptchuk, 2013）。另一个重要的治疗师变量是使来访者安心，或定期向来访者表明，如果他提出了要做的工作，就会有解决问题的方案。向来访者解释为什么某种治疗很重要以及该种治疗会如何起作用，通常也是至关重要的。例如，对于必须“正视自身恐惧”的焦虑相关障碍患者来说，必须向他们充分解释这么做的缘由（Arch, Twohig, Deacon, Landy & Bluett, 2015）。

其他的过程变量还包括治疗师与来访者之间的关系。治疗师与来访者之间的互动，或者说是治疗同盟，便是其中一个重要的变量，这应是一种富有成效、畅通无阻并坦诚相待的关系。该种关系应该是一种建立在信任基础上的正向关系，对来访者毫无保留，全力实现治疗的目标。在其他情况下，来访者愿意接受治疗并与人交流这一事实非常重要。对于这些可能在一周内感到孤独或者受到他人排斥的患者而言，治疗通常是减轻自身负担或缓解孤立压力的一种极好的方法。治疗同盟能较好地预测治疗结果（Cooper et al., 2016）。

治疗同盟也是婚姻和家庭治疗中的一个重要过程变量，即治疗师如何支持婚姻或家庭中的某些成员来

一个人自我反省思想和行为的能力是治疗的一个关键方面。

茱莉娅·马丁内斯，临床心理学研究生

个人叙述

我是家里第一个上大学的人，所以我一直觉得读研究生是一个非常特别的挑战和机遇。在整体知识水平层面，我将它视为一个学习或思考永无止境之地。你的工作就是批判性地思考一切，并制定可能推动我们前进的思想。临床心理学似乎是一个相对较新的领域，在这方面还有很多工作要做。我觉得这一研究领域既令人深受鼓舞，又令人望而却步。最后，我永远不会否认，读研究生确实非常困难。无论是工作，还是个人发展方面，你都会投入大量的情感。失意和得意都是家常便饭。平衡、坚韧，也许还有幽默感，都非常重要。

在我上研究生之前，我预想了很多事情。事实上，我预料的很多可怕的事情并没有发生，也许是因为我做了一些准备。例如，我知道上研究生要做许多艰难的工作，但是我坚决反对开夜车，这样会让我感到很糟糕（这是我大学时代的熟悉经历）。我思考如何改善自己的工作方式，这样我就可以睡个好觉。另外，一位智者，凯伦·吉洛克（Karen Gillock）博士告诉我，读研究生时会有很多机会——但是如果你不分主次，你可能很容易发现自己会不知所措，做成的事情少之又少（真正重要的事情，比如你的硕士毕业论文）。结果证明，这个建议是完全正确的，如果一开始就明白这一点，你会受益匪浅。对我而言，出乎我意料的最大好处是我学到了这么多“无与伦比”的专业知识。一开始，我根本不知道我会学到些什么。例如，我以前对统计数据感到恐惧，但我现在已经爱上了统计数据。我没想到我会变得这么快。

我的确变了。我曾经对被称为“伪科学”或“软科学”的心理学非常敏感，但我在这一领域没有足够的知识来质疑这种说法。随着时间的推移，我已经了解了执行良好的心理学研究可能对公众产生良好的影响，这显然是非常重要的。我个人也发生了改变。我希望自己能在研究生院获得全面的学术体验。虽然我大部分时间都待在实验室，但我也寻求其他方式来拓宽自己的视野。我读过很多经典小说，参加击剑课，与朋友练习外语，去西班牙旅行，录制自己的音乐，爱上班卓琴，学习爱尔兰吉格舞和弗拉门戈舞。对我而言，这些并不是无关紧要的东西——它们帮助我更好地理解并热爱我的工作。

我想跟那些准备考研的人分享4个秘诀：

1. 知道你想要的是什么。说得更具体一点，有些人想要从导师那儿得到很多指导；有的人希望在他们真正需要咨询导师之前一个人独自思考。此外，一些导师喜欢密集地指导学生，而其他导师希望学生更加独立。这样可以节省大量的时间和精力来确定你是哪种类型的学习者，哪种类型的导师最适合你的行为方式，以及你希望如何开始你的研究生学习之旅。
2. （以建设性的方式）让人了解你的文化差异。有时我们在文化上有所不同，这并没有什么问题。理解心理学中的文化差异，并保持这方面的敏感性尤为重要。然而，思维方式、工作习惯和人际交往有时会被误认为是消极的，或者不被认为与文化差异有关。如果你认为情况确实如此，不要害怕巧妙地和建设性地分享你对相关文化差异的看法。这将有助于每一个参与者更多地了解并成为更好的心理健康专业人员。
3. 了解“闪亮之星”综合征。也就是说，许多学生在进入研究生院之前曾是他们高中和大学里的“闪亮之星”。突然间，他们会发现，研究生院似乎是一个恐怖之地，因为这儿的每个人都非常出色。有些人真的会感到非常沮丧，认为他们已经失去了“聪明人”的身份。但事实并非如此。我们能从别人的能力中得到成长。是时候去了解每个人的技能及我们如何携手努力使世界变得更加美好。出于这种考虑，也请记住下一点。
4. 你不是一个伪装者。我对此感到过恐惧，感觉好像我的同龄人比我更清楚在研究生阶段应如何行事或者如何生活。事实是，每个人都有很多的东西要学。永远不要害怕去弄清楚你不完全理解的事情。只要不顾虑太多，你就会学习和成长。

“平衡”权力差异。治疗师自己可能会站在受抚养的配偶或受到惊吓的孩子的立场，以便于沟通和解决问题。然而，关于这点必须谨慎，以免在治疗中疏远某人（Tuerk, McCart & Henggeler, 2012）。

有些过程变量还涵盖来访者。许多来访者在体验释放情绪或宣泄时都会向治疗师报告自己的治疗进展（Greenberg, 2012）。对于有些来访者而言，这可能包括极度悲伤或愤怒的反应，而对于其他来访者来说，这可能意味着承认他们长期保密的事情，例如虐待儿童或之前的强奸。来访者的某些性格特征也非常重要。当治疗师提供更多的结构时，依赖型和防御性较差的来访者可能在小组治疗情景中表现得更好，但是对于独立思考的人来说，治疗师引导得越少，他们可能会受益越多。人们能够容忍的一系列社会关系的程度，无论该种关系是幼稚的还是成熟的，似乎也是小组治疗的一个关键结果因素（Piper, Ogrodniczuk & Hernandez, 2014）。

治疗有效吗

治疗对来访者真的有用吗？总体而言，答案是肯定的——许多类型的心理疗法看起来都有效果，而且肯定比完全不治疗要好得多。一种类型的疗法并不会始终如一地明显优于其他类型的疗法（Gold，2015）。然而，判断治疗是否有效的一个方法是检查适用于特定类型疾病的特定治疗类型。我们在本书中指出，认知行为疗法对于许多类型的障碍患者均有效，包括焦虑、抑郁、进食障碍、性功能障碍和精神分裂症等。如果匹配良好，其他疗法对其他障碍也特别有用。例如，适用于边缘型人格障碍的辩证行为疗法、针对孤独症的行为矫正以及针对双相情感障碍的药物治疗（Nathan & Gorman, 2015）。

强烈情绪的恰当表达有时是成功治疗的一部分。

评估治疗效果的另一个方法是开发临床医生手册。手册为诊治有某一特定问题的来访者以及应采用何种技术提供了详细的说明。研究人员通常为患有诸如强迫症等某种精神障碍的人设计手册化治疗方案（Foa, Yadin & Lichner, 2012）。手册化治疗具有一些优势，包括经验基础、良好的效度与效果，以及逐期评估和治疗程序的具体建议等。手册通常比较简短，大概4 ~ 8个部分不等，是许多来访者和保险公司的首选。然而，手册化治疗可能并不适用于所有存在某种障碍的人，因为他们无法对所有的个体差异做出解释（O’Donohue & Fisher, 2012）。此外，有些来访者有多种精神障碍，这可能会对针对一种障碍的手册化治疗方案的实施方式产生影响。

处方治疗

手册一直被批是一种“一刀切”的方法，因此今天临床工作（以及新手册开发）的一个重要趋势是找到哪些治疗方法最适合患有某种精神障碍的人群。研究人员对临床人群的不同亚型进行了评估，并提供最适合该亚型需求的特定治疗方法。这有时被称为处方治疗或个性化治疗（Schneider, Arch & Wolitzky-Taylor, 2015）。一个抑郁症患者可能会因为一个负面环境事件而感到难过，例如亲人的死亡或破产。由于神经化学变化，还有的人可能会毫无缘由地变得抑郁。针对第一种人好的处方治疗可能是悲伤辅导或认知行为疗法。针对第二种人好的处方治疗可能是药物治疗。处方治疗的理念是，对于所有患有某种精神障碍的人来说，一种疗法或“唯一的灵丹妙药”是不够的。在为特定来访者设计最佳的治疗方案时，必须考虑错综复杂的个体差异。处方治疗有时基于行为的形式，有时基于行为的功能或强化，有时基于行为的原因。

在寻求治疗时，处方治疗非常重要。来访者应期望治疗师对他们的疾病进行全面评估以确定最佳治疗方案。在提供重要的个人信息时，来访者也要向治疗师敞开心扉，并且就许多关于潜在治疗方法的问题向治疗师咨询。因此，治疗师和来访者可以共同设计出一种有效且高效的治疗方案。我们接下来讨论一下寻求治疗的一些更具体的建议。

社区层面的治疗

我们之前提到，精神障碍的治疗通常涉及治疗师与来访者之间的一对一互动。此外，治疗也可以在更大的社区层面进行。该种治疗的各种形式有时属于社区心理学的范畴，其重点是提高人们的生活质量，并专注于他们与不同社会结构之间的关系。这种结构包括家庭、工作、学校、教堂、社区和文化（Moritsugu, Vera, Wong & Duffy, 2014）。接下来，我们将重点关注通常涉及各种人群和社区结构的干预领域。

自助小组

自助小组是一个有着共同问题或精神障碍的人们组成的一种协会（Rosner, 2013）。这样的例子包括匿名戒酒会和戒毒互助所，其目标是减少诸如成员过度使用精神活性物质等适应不良行为。自助小组也可以呈现为简单的邻里组织或教会，或者为悲伤或孤立的人、残疾人或那些知道别人患有诸如抑郁症等特定障碍的人的线上会议。此外，小组的成立也为了保护成员的文化、价值观念或倡导社会资源的支持。后者的

自助小组为那些患有类似疾病的人提供支持与指导。

一个例子是美国国家精神疾病联盟。

自助小组的一个主要优势是可以帮助很多有问题的人。这种帮助通常来自小组成员情感上的支持和反馈、成功恢复的榜样作用、相关问题的信息、解决问题方面的新理念、情感表达的机会、经济援助、自我授权、增强精神诉求、小组归属感及意识到自己的问题并非是唯一的（Kurtz, 2015）。人们经常通过倾听那些“过来人”或者那些能够感同身受且对该障碍有经验的人来寻求帮助。参与自助小组可以提高不同群体的治疗效果，包括那些有药物滥用问题的群体（第九章）。

一种针对自助小组的批评在于，并非所有人都有（或希望有）心理健康专业人员在场。因此，关于如何治疗或应对某一障碍方面的错误信息就会得以散布开来。自助小组的其他潜在问题包括高辍学率和针对复杂问题方面的帮助不够充分。尽管如此，许多人报告称，自助小组成员的生活质量有了显著改善。除了专业的个体干预，参与自助小组也是一种可以接受的治疗策略（Donovan, Ingalsbe, Benbow & Daley, 2013）。

严重精神障碍者的康复服务

我们在本书中介绍了住院患者中严重精神障碍患者的各种治疗程序。这样的例子包括适用于抑郁症的电休克疗法、治疗物质使用障碍的脱毒法以及针对精神分裂症的抗精神病药物。在过去，许多患有这些疾病的人在医院里接受治疗，一旦症状缓解，他们就会自行交上保证金出院。遗憾的是，这导致许多人最终复发，并重返医院接受治疗——这一现象被称为“旋转门”（Frick et al., 2013）。

港湾过渡教习所的居住者凯尔·利奇（Kyle Leach）和莫里斯·凯拉姆（Maurice Kellam）在其中一间活动室下棋。

因此，许多社区设立了康复服务机构以帮助严重精神障碍患者在住院环境和独立生活期间进行过渡。你可能听说过“过渡教习所”这一术语，是指在受限制的医院或康复机构与完全独立的生活环境之间提供的一种“中途”干预。患者生活在一个接受监管的环境中，通常是一个小地方，和其他严重精神障碍患者住在一起。工作人员提供支持和治疗服务，但与在医院相比，患者在这儿可以享受更大的个人空间、更多的选择和独立性。康复服务机构还包括日间医院（患者晚上和家人住在一起）、受到监管的工作和职业培训中心等（James, Stams, Asscher, De Roo & van der Laan, 2013）。

对于患有诸如抑郁症、物质使用障碍、精神分裂症等严重精神障碍的人而言，康复服务收效甚微。对于青少年来说，治疗成效也不大。其中很大一部分可能归因于症状的严重性和复杂性、拒绝药物治疗、需求未得到满足、家庭功能障碍等。至于多少人使用或能够享受康复服务，这方面仍然存在争议。另外，关于社区居民是否愿意接受在他们的社区设立这种康复服务机构，也始终存在担忧。许多慢性精神障碍患者从医院出院，继而复发（再次犯病），最终落个入狱或者无家可归的下场（Braet, Weltens & Vleugels, 2012; Burra, Hwang, Rourke & Stergiopoulos, 2012）。

发育障碍者的居住设施

另一个基于社区的干预领域涵盖患有诸如严重智力障碍等广泛性发育障碍的人。按照惯例，广泛性发育障碍患者被安置在发展中心等大型居住设施中，但许多人已经转向以社区为导向的、通常较小的住所，这种住所也更接近正常生活（Racino, 2015）。这些小型的居住设施通常是团体之家或寄养安置中心，患者在这些地方也拥有更多日常生活方面的选择，例如穿什么。工作培训和以工作为导向的环境通常也与之密不可分。

转向较小的、基于社区的住所是基于标准化的理念的，人们认为，生活在更正常环境下的人的反常行为会少一些，会被别人看得更重一些。这种转向导致自理技能和一般适应性行为有了显著改善（Larson, Lakin & Hill, 2012）。有些人将这些改善归功于更好的物质生活、员工服务、与他人和社区之间的融合以及与家人的关系。此外，日常活动方面的个人选择也普遍偏高（Ticha et al., 2012）。然而，有些团体之家具有与大型居住设施同等程度的限制性，这可能会妨碍某些能力的提高。因此，我们应该对广泛性发育障碍患者在居住环境方面的可选择水平进行评估。

法医心理健康专业人员凯瑟琳·豪（Catherine Howe）在对克里斯蒂安·卡尔·格哈特雷特（Christian Karl Gerhartsreiter）的审判中使用了一张图表，后者被指控绑架并拘禁了他的女儿。

刑事司法体系

刑事司法体系中也存在其他一些基于社区的干预形式。法医心理学是一个令人兴奋的领域，涉及心理和法律原则之间的相互作用。法医心理健康专业人员通常参与和法院、刑事司法系统相交叉的评估和治疗的许多方面。许多法医心理健康专业人员在监狱工作，治疗因某种罪行而被监禁的患有严重精神障碍的犯人（Bartol & Bartol, 2014）。

另有一些法医心理健康专业人员对儿童监护案件、犯罪描述、目击者证词，警方讯问、人际暴力、性骚扰和陪审团选择进行评估或研究。法医心理健康专业人员经常担任特定案件的专家证人或法院的一般顾问。法医工作通常基于对个人的评估，但也研究了大量人群以确定重要的行为模式。这样的例子包括囚犯、强奸和虐待受害者以及未成年罪犯。法医工作的其他关键方面包括准确地确定某人是否会危害他人以及是否会害别人住院（第二章）。

公共卫生政策与心理健康

基于社区的干预还包括有关精神障碍患者的公共卫生政策。该项政策通常以全面的政府立法形式提出，旨在改善个体的生活质量。这样的例子包括所有青少年均可免费接受教育的立法、为严重精神障碍患者提供服务、健康提升与教育、产前护理、儿童和配偶保护性服务、对精神障碍患者的歧视、心理健康专业人员的责任等。公共卫生政策也可能受到心理健康专业人士个体或团体的影响，他们对政治家进行游说，作为专家证人进行作证，或提交简报以告知法官各种心理健康问题（Pirog & Good，2013）。关于心理健康方面的公共卫生政策在美国历史悠久，并赋予了精神障碍住院患者重要的法律权利（见专栏15.2）。

治疗的局限性与说明

个体和社区层面的治疗适用于许多精神障碍患者，但并非适用于每一个人。为什么呢？一种可能性是，最有效的治疗方法并不是为某一特定的来访者而选定的。这涉及我们之前提到的处方治疗问题，换言之，治疗师应该根据来访者的个人需求，为其量身定制治疗方法。如果治疗师对所有抑郁症患者

蒂芙尼·S.博斯特，咨询心理学硕士，执业心理咨询师 **个人叙述**

我不记得我有不想成为一名心理健康专业人员的时候。早在中学时，我就梦想着有一家自己的诊所，在人们需要的时候为他们提供治疗。我对人类心智非常着迷，人们的行为、情感和思想之间的相互影响总是那么有趣。我阅读了我能找到的关于这一主题的所有内容，甚至订阅了《今日心理学》这份非常流行的心理学杂志。我还记得儿时自己坐在客厅的椅子上，幻想着未来拥有自己的办公室和自己的客户，那会是一种什么样的感觉。

从读本科开始，我就确定了我的职业道路，我搜集一切可以帮助我实现目标的信息。有人一再地告诉我，要从事这一行业，我必须获得博士学位，“没有博士学位，在心理学领域你什么也做不了。”对于所有建议，我都采纳了，包括研究、发表文章和在当地的心理健康机构做志愿者。我要确保自己取得很高的分数，并尽我所能取得我自己能达到的GRE最高分。我知道，心理学博士竞争激烈，但我愿意尽一切努力去实现自己的梦想。当我得知自己仅取得两个博士研究生项目的候补资格时，我感到备受打击。虽然我被录取为咨询心理学方向的硕士研究生，但我为自己要做出何种选择以及如何获得博士学位而感到焦虑。我对自己将来需要博士学位感到深信不疑。然而，我最终却没有获得博士学位。事实证明，我研究生阶段的学习使我掌握了扎实的基本咨询技巧，很快我就发现自己不需要接受更高层次的教育也能够实现成为治疗师的梦想。

令我惊讶的是，作为心理学领域一名硕士级别的咨询顾问，我有很多机会。我很幸运能够体验各种心理健康的职位，每一个职位都为我目前所从事的工作奠定了基础。首先，在研究生院期间，我在当地一家精神病医院担任初级顾问。在这个岗位上，我负责接听紧急电话，进行初步评估，为到精神科求医的人提出建议。此外，我还与营业部密切合作，学会了如何开具保险费、核对收益，并为获得授权而证明治疗的合理性。事实证明，这一经历是非常宝贵的。关于诊所的经营方面，我在读研究生期间并没有涉猎，但这却是我现在每天在工作中要用到的东西。

完成硕士课程后，作为一名初入门的治疗师，我在各种团体机构工作。我最初在一家针对女性的寄宿式戒赌戒酒治疗中心担任治疗师。我为该中心的女性提供个体、家庭和团体治疗，并为她们的孩子提供治疗。后来我加盟了一个集体私人诊所，为寄养儿童提供游戏治疗以及为成人和青少年提供传统的门诊治疗。在这两个地方，我接受监管，参加有关患者的内部会议，并经常与同行一起商讨。我觉得处理目前我正在做的工作、检查我对患者的治疗构想以及与更有经验的治疗师交流意见是至关重要的。如果让我为有抱负的治疗师提供一条建议，那就是在整个职业生涯中要寻求良好的监督和同伴咨询。

现在我是一名执业心理咨询师（L.P.C.），拥有咨询心理学方向的硕士学位。我有了自己的诊所，我的客户和我坐在我儿时梦寐以求的那些椅子上。我为各个年龄阶段患有各种各样心理健康问题的人提供治疗，包括抑郁症、强迫症、广泛性焦虑症、恐慌症、创伤后应激障碍和悲伤。虽然我的大部分时间都花在提供个人或家庭治疗上，但我也加入了各种各样的团体，包括表现性艺术团体、教育团体和支持团体。作为一名执业心理咨询师，在密苏里州工作，我能够独立执业和开具保险费。这让我有了充分的灵活性和自由性，否则我可能无法支配自己的时间，选择我所选择的案例。

多年来，我的诊所已经迈入成功的行列，接收医生、学校辅导员、神职人员和以前客户推荐的患者。我继续为我帮助过的那些人深深吸引，并为他们追求自我康复的力量感到惊讶。虽然我走的路并不像我最初设想的那样，但我现在做的正是我梦寐以求的事情，而这份工作也如我想象的那样让我受益匪浅。

本文获得使用许可。

均采用一种通用的治疗方法，那么一些存在其他人格障碍或家庭冲突等更广泛问题的人可能无法对此做出反应。如果治疗师采用的治疗方法不恰当，也会延缓治疗进程。由于之前提到的一些因素变化，治疗可能对某些人不起作用；此外，一些来访者可能没指望会发生什么改变，这是另一个危及治疗成功的因素。

治疗过程中的另一个局限因素是不服从治疗，即来访者未能将治疗师制订的治疗计划付诸实施

15.2

专栏

聚焦法律与伦理

精神障碍住院患者的权利

公共卫生政策的一个关键方面涉及因精神障碍或严重危险行为而住院治疗的人的权利（Cohen&Galea，2011）。其中一项基本权利就是治疗的权利，要求在心理健康机构接受治疗的人能够得到适当的护理，并尽可能使其症状得到改善。一个人也有权拒绝接受治疗，这意味着他不必经受危险的心理或医疗程序，例如未经同意的手术。这些权利经常互相冲突，例如某人想要继续伤害自己，或是保护人们免受危险人物伤害的社会权利。

对精神障碍患者的干预基于最少限制性治疗的法律原则，这意味着应该以尽可能少限制其自由的方式对患者进行有效的治疗。广泛性发育障碍患者在大型限制性发育中心和团体之家中均可得到有效的治疗。然而，后者的限制性较小，因而值得被选择。有些人可能患有需要住院治疗的严重精神障碍，但这并不意味着他们失去了受人尊重和维护尊严的基本权利。

这些权利对你来说意味着什么？如果你或你认识的某个人因心理疾病而住院，那么就应该询问都有哪些治疗方案、需要住多长时间以及出院条件。如果你或你认识的某个人住院，还要询问手术是否有副作用，例如药物治疗和电休克疗法。如果你或你认识的某个人正在考虑安排某个慢性精神疾病患者住院治疗，那么要将患者的自由、选择和生活质量考虑在内，探索多种选择。

（Chapman&Rosenthal, 2015）。治疗师可能会让一个家庭订立一份书面合同来解决他们的问题或向一对夫妇表明要如何进行良好的沟通。但是，如果这些措施没有在一周内付诸实施，那么将很难取得进展。治疗师经常会反思来访者不服从治疗的原因，并尽力消除那些干扰治疗的障碍。我们接下来介绍治疗中的一些具体障碍。

来访者与治疗师的差异

如果来访者和治疗师之间存在明显的个人差异，那么这将会成为治疗成功的一个障碍。如果来访者的价值观与其治疗师迥然不同，那么治疗效率可能也不会高（Proctor, 2014）。一位欲接受治疗的来访者对政治、育儿、与配偶相处或堕胎有着非常明确的见解，然后遇到一位在这些方面与其持有完全相反观点的治疗师，你可以想象一下会是什么样子。治疗师应避免将自己的价值观强加到来访者身上，有些案例就是牵涉太多的摩擦，以至于无法产生效果。治疗师和来访者之间也可能存在严重的人格冲突。如果由于这些冲突导致治疗过程无法取得进展，那么建议将患者转介至其他治疗师。

文化差异

文化是影响治疗的另一个重要差异。治疗师可能无法完全理解来访者世界观方面的一些变化，也无法对此产生适当的共鸣或者做出相应的调整。语言与沟通方式、对精神障碍的认识与症状表达、宗教和文化适应等方面的差异也会让治疗更加复杂化（Paniagua & Yamada, 2013）。治疗师和来访者在地理、教育背景以及收入水平方面往往也有所差异。这些差异不一定与治疗结果有关，但可能会影响来访者治疗时间的长短（Sue, Cheng, Saad&Chu, 2012）。因此，治疗师应该在治疗一开始就承认与来访者之间的差异，并询问来访者是否介意这些差异。为从多个层面了解来访者而付出的特别努力也会推动治疗进程（见专栏15.3）。

管理式医疗

管理式医疗是一种医疗保健服务体系，该体系会影响医疗和心理程序的使用和成本。采用管理式医疗体系会限制来访者在某些保险计划书下所获得的服务，因为保险公司对客户可以接受的评估和治疗类型已经定下了基本标准。根据许多保险计划书的规定，患者仅能见治疗师数次，有时不超过8次。这迫使治

15.3

专栏

聚焦多元性

研究多样性的缺失

种族与治疗过程极为相关，但对某些精神障碍方面的研究仍然很少。哈特曼（Hartmann）及其同事（2013）调查了一线心理学期刊中的数百篇文章，他们发现只有2%的文章涉及跨文化问题，仅有4%涉及少数民族问题。此外，大多数以这些问题为特色的期刊往往读者人数较少。这可能是因为用于研究的各种样本难以获得，研究人员对于关注敏感问题也有些犹豫不决，并且研究人员偏向于更多地关注一般人群而不是在治疗过程中可能比较重要的个体差异。

研究人员必须在民族、种族和性别问题的研究方面付出更大努力。这对你来说意味着什么呢？作为一名未来可能成为心理健康专业人员及可能正在进行这方面研究的人，要考虑个体差异会如何影响评估和治疗程序。思考你的研究如何包含有关多样性的问题，考虑设计一个专门关注个体差异的研究项目，并回顾你感兴趣的研究领域中有关文化差异方面的研究。这么做将使你在评估和治疗不同背景的精神障碍患者方面做好更充分的准备。

疗师在对来访者进行诊疗时采用简短疗法，但是如果来访者病情严重或复杂，该种疗法可能没什么用（Strosahl, Robinson & Gustavsson, 2012）。治疗师也可能会敦促来访者尽快实施治疗计划——也许是太快了。

其他保险计划书仅涵盖看精神科医生或其他医生产生的相关费用，而不包括看其他的心理健康专业人员所产生的费用。如果心理社会或家庭治疗能成为更好的长期替代治疗方案，这可能会使来访者倾向于药物治疗或住院治疗（Sadock, Sadock & Ruiz, 2015）。治疗师可能也不愿意治疗诸如社交戒断或拒绝上学行为等未经正式诊断的疾病，因为保险公司通常需要诊断证明以进行报销。

管理式医疗另一个可能的后果是，一旦他们的保险公司停止报销，一些来访者可能会终止治疗。这会导致治疗进展不完整，更多来访者可能会转介至一些低成本机构，更多地参与支持团体和相关社区服务，或者更大程度地接受“快速修复”（见后面章节）。保险公司倾向于降低医生的成本，因此更加重视未接受过博士阶段教育的治疗师，如硕士级别的治疗师或辅助专业人员（Bray, 2010）。

对管理式医疗的关注也引发了其他伦理问题。在寻求第三方支付时，治疗师应向保险公司提供多少信息？（Morrison & Furlong, 2014）诸如来访者姓名及诊断结果等信息通常是需要提供的，并且来访者必须允许发布该类信息（见后面的“伦理”章节）。诸如治疗师与来访者之间的对话等非常私人的信息则不能被披露。

临床医生和研究人员的差异

管理式治疗的另一个局限性就是私人诊所的临床医生和专业诊所的研究人员之间的差异。私人执业医生往往是折中主义者或多面手（Neukrug，2015），也就是说他们对不同的患者采用不同的治疗方法，这取决于当时哪一种治疗方法最有效。然而，研究人员通常关注具体类型的患者所采用的具体疗法以提高他们研究的内在效度。但问题是，许多临床医生并不采用研发出来的技术，即使这些技术十分有效（Bernstein, Chorpita, Daleiden, Ebesutani & Rosenblatt, 2015）。这是为什么呢？

部分原因是，研究人员往往将临床医生在临床中遇到的案例排除在外。为了提高实验的内在效度，研究人员可能会将具有多种或严重诊断、缺乏英语口语技能、智力低下、药物处方或治疗依从性问题的人排除在外。因此，仅有诸如强迫症等某一特定障碍的人往往成为他们的研究对象。然而，私人执业医生通常会见到有多种行为问题及其他复杂问题的人——他们说许多已发表的研究结果与他们日常的临床实践关系不大。这也是对治疗手册的一种普遍的抱怨。因此，研究人员开始关注更广泛的人群以确定他们的治疗方法在一般社区环境中能够行得通。

快速修复

管理式医疗及其他治疗限制导致一些人寻求耗费较少的时间或精力即可解决问题的方法。许多人都容易被快速修复的方法所吸引，但对于给定的问题其实并没有什么效果。20世纪70年代，治疗注意力缺陷/多动障碍青少年患者的一种普遍方法是改变患者的饮食以减少糖分或添加剂的摄入。随后的研究发现，改变饮食对治疗该种疾病是无效的（Stevenson et al., 2014）。

时至今日，我们仍然使用快速修复的方法来解决各种行为问题。例如，针对肥胖症的药物疗法、用于治疗抑郁症的圣约翰草及治疗孤独症的辅助沟通训练。辅助沟通训练需要打字员的参与，他们将不说话的孤独症儿童想要和父母及他人表达的内容翻译出来。然而，对照研究表明，如果没有打字员有所偏颇的翻译，就不会有所谓的沟通（Schlosser et al., 2014）。这种错误的治疗粉碎了父母渴望与孩子交谈的愿望。

研究成果的滥用

与“快速修复”这一概念相关的是对合法研究出于不光彩目的滥用。这是指扭曲研究结果的真正意义，或者也可能是引用一个断章取义的孤立的结果。例如，媒体对不同种族群体的智力、免疫接种、发育障碍的潜在联系，以及与心理健康有关的维生素和饮食等诸多方面的有限和存在争议的报道，可能会夸大其词，并对消费者产生严重误导。此外，使用精心选择的统计数据和对某些研究的格外关注也会产生错误的结论（Coolican, 2014）。你是媒体及其他渠道所提供信息的消费者，因此始终考虑原创的整个背景，不要认为某一方的描述一定是准确的。

无用的研究及如何评价研究论文

一些研究的另一个问题是弱质性（质量低下），所以临床医生将其应用于临床实践的能力也很弱。关于治疗过程的研究论文可能在许多方面存在缺陷，这限制了临床医生使用这些研究结果帮助患者的方式。一项研究可能包括了特定年龄、性别或种族群体的患者，这限制了整体人群的普遍适用性（第四章）。或者该研究也可能包括反常的、昂贵的或大多数临床医生无法使用的实验性程序。

你应该以什么样的标准来评价一篇有关治疗方面的研究论文的质量呢？你可以考虑以下几个问题：

- 研究样本是否具有多样性，能否代表一般人群？
- 是否有足够的研究参与者取得了有益的效果？
- 研究的因变量是否具有多样性，并且具有良好的信度和效度？
- 研究人员是否选取了从诸如来访者、父母、教师、配偶、子女、同龄人等不同来源获取的信息？
- 治疗程序是否良好，是否可以理解，是否可以应用于不同的临床环境？
- 治疗师的训练怎么样，有没有选择不同的治疗师？
- 来访者对于治疗有何反应，是否接受治疗方法？
- 来访者接受治疗的长期效果如何？

治疗师的负面特征

治疗的另一个局限性可能源自治疗师的负面特征。同任何职业的一些从业者一样，有些治疗师脾气暴躁，可能不适合某些来访者。来访者如果觉得不舒服，就可能会不接受治疗。还应该避开有不道德行为的治疗师，尤其那些寻求与来访者肢体接触的治疗师。此外，那些对诸如治疗费用或程序等问题避实就虚、在治疗目标方面经常与来访者产生分歧及看起来对来访者不上心的治疗师也应该予以回避。

克里斯托弗·A. 卡尼，博士 **个人叙述**

那一天，我之前的一位导师在我本科的心理发展课上做了一次讲座。自那时起，我就知道我想要成为一名临床儿童心理健康专业人员。他在大学校园内的一所特殊教育学校与孤独症儿童打交道，他给我们讲述了一个孤独症男孩的案例。当有人在孤独症男孩玩耍的大型游戏室里掀翻一块积木时，男孩就会大发脾气，尖叫着在房间里跑来跑去；而当将积木被恢复原位时，男孩就会马上停止发脾气，并继续沉浸在自己的世界里玩耍，好像什么事都没发生一样。在接下来的两年里，我在那所孤独症儿童学校工作了很多时间。

此外，我在研究生院也学习了很长时间，我建议你也这么做。我在研究生院学到的最重要的东西就是尽可能地与人交谈，并持之以恒。考虑一下心理学的不同领域以及你希望与哪些人打交道。参与不同的研究机构，务必让人们了解你在对待患者方面是诚实可信的。如有必要，可以在美国研究生入学考试（GRE）上寻求帮助，重修你学得不好的课程。最好在毕业前多花些时间弥补自己的任何不足，而不是匆匆毕业，到头来在申请研究生院方面遇上困难。

我很高兴自己能够进入研究生院学习，那时的我满怀信心，认为自己能学到有关发育障碍患者的一切（第十三章）。然而，后来我才发现，研究生院存在许多不同的研究路径和人群，最终我将自己的临床和研究工作扩展到患有焦虑相关障碍的儿童（第五章）。许多来到我执业诊所的焦虑相关障碍儿童也有拒绝上学的行为。似乎没有人知道该怎么应对这些孩子，因此我选择接纳了这些孩子，并围绕他们展开我的博士论文研究工作。从那以后，我就一直研究患有拒学症和焦虑相关障碍的孩子！

今天，作为一名大学教授，我的生活过得很充实。我有本科生和研究生帮助我进行不同阶段的研究。有些学生在我的校内诊所为患有拒学症和焦虑相关障碍的儿童工作，有些学生在当地的儿童保护服务部门工作，还有些学生在医院、逃学法庭和学校工作。我的学生在他们的论文中涉及了许多不同的主题，包括创伤后应激障碍、完美主义、选择性缄默（拒绝在公共场合发言）、旷课和临床儿童心理学中的种族变量等。

此外，我还授课，见过有不同心理问题的患者，在学术期刊上发表文章，出版著作，并为全国乃至全世界范围内的学者和心理健康专业人士提供咨询。我指导研究生诊治患有各种精神障碍的人，担任学校心理学系主任，并为临床学术期刊审稿。我在各种委员会担任职务，为尝试申请研究生项目和开启职业生涯的学生提供指导。我觉得在大学担任教授是世界上最好的工作！

我之所以写这本书，主要是想把我跟自己学生说过的话付诸文字——心理问题是我们普通人都存在的一种非常特别的问题，并且我们所有人都或多或少地涉及本书中探讨的各种疾病的方方面面。我想要表达的是，我们都会时而不时地感到焦虑、悲伤和担忧，甚至会迷失方向。我教育我的学生要尊重精神障碍者，不要将他们称为精神分裂症患者或暴食症患者，而是患有精神分裂症或暴食症的人。此外，我还想与大家分享有多少患精神障碍的人忍受这些痛苦。希望你会喜欢本书提供的许多真实故事，并对异常心理学及其在生活中的角色有更深的领悟。

治疗服务的匮乏

一些人没有从治疗中受益的另一个原因就是缺乏获得医疗服务的机会。很多人负担不起医疗费用，没有用于支付治疗费用的保险，无法接受治疗，或者很难找到适合他们的低成本服务（Campo, Bridge & Fontanella, 2015）。那些少数民族成员或低收入国家的人更难获得心理健康保健服务（Patel et al., 2013）。

在农村找一个治疗师非常困难，在小城镇寻找一个治疗师可能会泄露个人隐私。有些人也可能一直等到某个特定问题非常严重时才会寻求帮助，而在精神障碍的晚期阶段进行治疗则非常困难。某些疾病的晚期患者也可能身体极度衰弱以至于无法联系他人寻求帮助。例如精神病、物质中毒以及严重的抑郁症。

以上这些情景告诉我们，不仅要制定良好的治疗策略，还要确保人们能够获得治疗，这非常重要。建立家访、营销低成本和自助服务、提供交通服务、开展预防工作和在线治疗，以及整合社区、心理治疗和药理服务，可能会成为治疗中越来越重要的一部分

（Prochaska & Norcross, 2013）。

伦理

所有心理健康专业人员均应严格遵循伦理原则。在本节中，我们概述了指导与来访者一起工作时的一些一般伦理原则，以及在与治疗师打交道时应注意的事项。

一般原则

进行治疗的心理健康专业人员应遵循美国精神病学会心理健康专业人员的伦理原则和行为规范（美国精神病学会，2002）。这些原则和规范代表了在实践中应该遵循的行为，但有些州已经将这些指导方针纳入了心理健康专业人员的法律要求中。这些伦理原则一般基于以下几个主题：

- 行善，不为害，或保护他人福祉；
- 忠诚与责任，或待人以专；
- 诚信，或在工作中采用高道德水准；
- 公正，或进行公平、合理的判断；
- 尊重他人的权利和尊严，或重视他人，尽可能减少冲突。

接下来我们将讨论这些主题在评估、治疗及其他变量方面是如何具体实施的。这些章节涉及“心理健康专业人员的伦理原则和行为规范”的特定领域。

评估

在对来访者进行评估时，心理健康专业人员应采用适当的方式，加深对特定来访者的了解，同时保护来访者隐私。通过测试对来访者进行评估的心理健康专业人员必须有能力为来访者提供特定的测试，并

在小城镇寻求心理帮助会非常困难，并可能引起违反保密规定方面的担忧。

为来访者解释测试结果。另外，这些测试也应保证安全，并且基于职业关系只提供给来访者。例如，在派对场合进行人格测试是不符合伦理原则的。心理健康专业人员还应该熟悉支持给定测试的信度、效度和文化适用性的数据，并且应该设计在这些领域强度较高的测试。心理健康专业人员不得使用过时的测试或过时的测试信息对来访者做出临床决策。相反，应该对来访者几年前的测试信息认真审核，因为他自上次测试至今可能已经发生了巨大的变化。

在向他人解释评估结果时，心理健康专业人员应基于测试对其结论进行说明，阐明测试的局限性。患有阿尔茨海默病的人对于智力测试中给出的项目可能很难集中注意力，所以测试人员应该在他的报告中明确指出这一点。心理健康专业人员也必须仅根据他们收到的信息做出陈述或得出结论。这尤其适用于儿童监护权评估，即评估父母抚养孩子的能力。如果父母一方拒绝参与评估而另一方同意，那么心理健康专业人员只能对参与评估者的适合度做出结论。拒绝参与评估并不一定意味着该人不适合抚养孩子或患有精神障碍。心理健康专业人员还应该在评估之前明确他们的角色，以便所有参加测试的人知道这是怎么一回事。

治疗

心理治疗是最微妙的领域之一，经常涉及与来访者讨论敏感和私人的问题，并与诸如医生、教育工作者等其他专业人员打交道。重要的伦理原则会影响治疗过程。

知情同意与保密

一些最重要的伦理原则涉及知情同意与保密。知情同意是指向潜在来访者告知治疗的相关情况，尤其是可能影响他们寻求治疗决定的变量。需要了解的重要变量包括治疗性质、成本、治疗提供者的地位、风险和保密性（稍后讨论）。如果来访者无能力自主决定同意，那么心理健康专业人员仍必须对将要发生的事情解释清楚，如果可能，与来访者达成口头协议或寻求来访者的口头同意，考虑来访者的最大利益，并获得合法授权人的同意（Houser & Thoma, 2013）。父母可以为孩子表达同意，但许多心理健康专业人员也会让孩子口头同意参与评估和治疗程序。知情同意应被记录在案，对于参与研究项目或大多数测试的参与者来说也是如此。

保密是相对于特许保密通信而言的，即除非得到同意，否则治疗师与来访者之间的讨论不应泄露给他人。许多关系享有这种特权，包括丈夫与妻子、医生与患者、律师与客户以及神职人员与教区居民等。心理健康专业人员应该保护其客户的隐私，甚至不能承认该来访者正在接受治疗。心理健康专业人员通常从来访者那儿获得一份知情同意书以便与他人谈论某一特定病例。这份知情同意书允许他们与教师、医务人员或其他相关人员进行联系（Houser & Thoma, 2013）。

然而，保密也不是绝对的。在某些特殊情况下，心理健康专业人员无论在伦理上还是在法律上都可以打破保密协定。当来访者对其自身或他人构成明显威胁时，心理健康专业人员应采取必要措施保护生命；这些措施甚至包括联系警察和/或受到威胁的其他人。保密原则并不适用于虐待儿童和老人，心理健康专业人员有向儿童或老年人保护机构报告的法律义务。当法官发布法庭命令要求记录或作证时，当来访者指控医疗事故时，当来访者试图寻求治疗师帮助其犯罪时，或者当心理健康专业人员寻求服务补偿时，保密原则也可能被打破。然而，即使在这些情况下，心理健康专业人员也应提供有关来访者的最低限度的必要信息，并且应该咨询法律代表。在治疗一开始，来访者应被告知有关保密的局限性。

谁是来访者

夫妻治疗和家庭治疗中经常出现的一个重要问题是：“谁是来访者？”在婚姻案例中，配偶其中一方可能为双方寻求治疗，并为此支付费用。在家庭案例中，尽管是青少年存在行为问题并需要接受治疗，但父母通常自己进行咨询治疗并支付相关费用。在这些情况下，谁是来访者呢？配偶或父母有权知道另一方所说的话吗？从伦理学上讲，心理健康专业人员从治疗一开始就应该澄清其与每个人之间的关系。

心理健康专业人员可能会说，这对夫妇是他的来访者，他会尽量做到公平，不公开治疗师和其中一方之间的私密对话。心理健康专业人员在处理家庭案例时可能会说，除非孩子对其自身或他人构成威胁，或者如果孩子允许治疗师向其父母传达某些信息，否则所有孩子提供的私密信息都将保密。如果来访者不同意这些条件，那么可能需要转介给其他治疗师。心理健康专业人员也不应该透露比保险公司等第三方支付者所需信息更多的信息。

性亲密

与来访者之间的性亲密是心理健康专业人员面临的另一个重要的伦理问题。相关伦理守则和法律法规明确指出，这种与当前来访者之间的亲密关系是不可接受的。心理健康专业人员也不应该接受任何过去与其有过性关系的人作为她的来访者。心理健康专业人员应该避免双重关系，即他们不应该同时扮演心理健康专业人员和朋友、情人、重要他人或商业伙伴的角色。心理健康专业人员在帮助来访者时应该做到不偏不倚和客观公正，而当涉及情感时，这是很难做到的。

那么和以前的来访者存在性亲密关系呢？伦理守则规定，心理健康专业人员必须在治疗结束至少两年以后才能与来访者发展这种亲密关系。即使出现这种情况，心理健康专业人员也必须表明她并没有利用来访者。心理健康专业人员通常应该避免与以前的来访者发生性接触甚至社交联系。大多数渎职案件均涉及不当的性接触，这种接触充满了潜在的利益冲突和对来访者的伤害（见专栏15.4）。

结束治疗

当来访者的治疗接近尾声时，重要的伦理原则仍然适用。当来访者没有能力继续支付服务费用时，心理健康专业人员也应该为其提供帮助。心理健康专业人员可以降低费用，减少与来访者的见面次数，为她介绍一位服务费较低的治疗师，或者另行安排付款事

夫妻之间的沟通是特许私密的，同样，治疗师和来访者之间的沟通也是如此。

宜。当来访者明显不再从治疗过程受益时，治疗师应结束治疗，但不应突然结束治疗，而应该提前与来访者商讨，让其为结束治疗做好准备。

公共声明

心理健康专业人员经常通过广告、印刷材料、访谈、讲座、法律诉讼和与媒体的互动来发表公共声明。他们必须确保公共声明是真实可信的。这包括有关他们的培训、资质证书、服务及其他公共知识等方面的信息。通过诸如广播节目等媒体提供建议的心理健康专业人员应该以现有的科学文献和临床实践为基础，或许可以提醒听众，他们的建议并不一定能取代正规的治疗。当你听到像菲尔博士这样的公众人物讲话并且提出建议时，这些原则至关重要。要密切留意他们引用科学文献来支持自己观点的频率。

研究

诸如知情同意这样的伦理原则也适用于研究和临床实践。心理健康专业人员应该避免从事带有任何欺骗性的研究，除非从科学的角度证明该项研究是合理的，并且参与者了解该研究的重要和有害方面可能影响他们做出是否参与的决定。从事研究的心理健康专业人员还必须对动物给予人道关爱，如实报告结果，并对信息来源和出版物作者给予适当的信任。

菲尔（Phil）博士是一名备受欢迎的媒体心理健康专业人员。通过媒体发声的心理健康专业人员也要遵守伦理原则。

解决伦理问题

如果心理健康专业人员意识到同事违反了伦理原则，她应该怎么办呢？心理健康专业人员应该首先与其同事沟通，争取以非正式的方式解决这个问题。这可能适用于这样一种情况：同事不慎将有关来访者的文件落在了接待员的桌子上。然而，如果该问题非常严重，或者不能通过非正式的方式得到圆满解决，那么心理健康专业人员应该将这一问题反映给国家许可委员会或国家伦理委员会。然而，在这些情况下，心理健康专业人员仍有义务保护来访者的隐私。如果来访者揭露其之前治疗师有严重违反伦理原则的行为，但坚持保密，那么一般必须尊重来访者的要求。此外，心理健康专业人员在涉及自己或他人的道德诉讼案件中应给予充分配合。

15.4

专栏

聚焦法律与伦理

性亲密与治疗关系

心理健康专业人员在专业实践中要严格遵循伦理原则。几乎所有的心理健康专业人员都是如此，但你也许想知道，哪些类型的违背伦理的行为会被移交至美国精神病学会。每年，美国精神病学会会公布一份关于违反伦理的报告。2014年，美国精神病学会伦理委员会公开了10个案例。据称，大多数案例是由于性行为不检点和无性双重关系引起的。

绝大多数心理健康专业人员严格遵守了伦理原则。然而，有些心理健康专业人员却跨过红线，做出了严重的不当行为，实在令人费解。大多数伦理学家都认为，与来访者有肢体接触——包括拥抱、触摸手和握手——可能会被误解。如果来访者对治疗师是专业人士还是朋友的问题感到困惑，那么治疗师与来访者之间的这种职业关系会受到损害。这种行为也是一个“滑坡”，可能导致更危险的行为，例如在办公室以外的地方会面或发送与治疗无关的私人信息。心理健康专业人员可以同情并关心来访者，但通常要避免产生肢体接触。

致谢

Producing this book required the joint efforts of Cengage and Graphic World Publishing Services. We thank our editors, Tim Matray and Carly McJunkin, and our content developer, Tangelique Williams-Grayer. We thank Cassie Carey at Graphic World for management of the book's production. We are grateful for Kimiya Hojjat and Katie Chen, product assistants; Ruth Sakata Corley, content production manager; and Vernon Boes, art director. We also appreciate the work of Jennifer Levanduski, marketing director; and James Findlay, marketing manager.

We would like to recognize and thank Ileana Arias, Marianne Taflinger, Jaime Perkins, and Kate Barnes for their help with this text's initial development.

We also thank those who agreed to contribute their personal stories for this book. Their narratives were essential to this book and helped bring the material to life.

The feedback and comments from the reviewers were extremely helpful. First, we thank the instructors who responded to the Third Edition survey:

Nicole Brandt, Columbus State Community College
Andrew Blair, Palm Beach State College
Acacia Parks, Hiram College
Elizabeth DenDekker, Silver Lake College
Andrea Phronebarger, York Technical College
Nina Slota, Northern State University
Jennifer Spychalski, College of Charleston
Bettina Veigel, College of Charleston
Sherry Molock, George Washington University
Patti Lou Watkins, Oregon State University
Marie D. Sjoberg, University of West Florida
Anna Ciao, Western Washington University
Brenda Ingram-Wallace, Albright College
Angela Spaniolo-DePouw, Muskegon Community College
David M. Feldman, Barry University

We also thank the following First and Second Editions reviewers, as well as those who wished to remain anonymous:

Craig Abrahamson, James Madison University; Dave Alfano, Community College of Rhode Island; Randolph Arnau, University of Southern Mississippi; Stephen Balsis, Texas A&M University; Kira Banks, St. Louis University; Ollie Barrier, Park University at Parkville; Lee Ann Bartolini, Dominican University of California; Evelyn Behar, University of Illinois–Chicago; Kathryn Bell, Northern Illinois University–Dekalb; Laurie Berkshire, Erie Community College; James Bexendale, Cayuga Community College; Amy Badura Brack, Creighton University; Nicole Bragg, Mount Hood Community College; Jo Anne Brewster, James Madison University; Seth Brown, University of Northern Iowa; Emily Bullock, University of Southern Mississippi; David Carpenter, Texas State University; Sherri Chandler, Muskegon Community College; Bryan Chochran, University of Montana; Brian Cowley, Park University–Parkville; Trina Cyterski, University of Georgia; Dale Doty, Monroe Community College; Anthony Drago, East Stroudsburgh University; Wendy Dunn, Coe College; Christopher Echkhardt, Purdue University at West Lafayette; Georg Eifert, Chapman University; Carlos A. Escoto, Eastern Connecticut State University; Joe Etherton, Texas State University; Gabriel Feldmar, Nassau Community College; Meredyth Fellows, West Chester University; David Fresco, Kent State University; Gina Golden-Tangalakis, California State University, Long Beach; Barry Greenwald, University of Illinois–Chicago; Ron Hallman, Emmanuel Bible College; Julie Hanauer, Suffolk Community College at Ammerman; Kevin Handley, Germanna Community College; April Hess, Southwest Virginia Community College; Cecil Hutto, University of Louisiana–Monroe; Robert Rex Johnson, Delaware Community College; Samuel Joseph, Luzerne County Community College; Guadalupe King, Milwaukee Area Technical College–Downtown; Laura Knight, Indiana University of Pennsylvania; Victor Koop, Goshen College; Martha Lally, College of Lake County; Steve Lee, University of California, Los Angeles; David Lester, The Richard Stockton College of New Jersey; Don Lucas, Northwest Vista College; Polly McMahon, Spokane Falls Community College; Susan Meeks, University of Louisville; Rafael Mendez, Bronx Community College; Paul Moore, Quinnipiac University; Regan Murray, Briar Cliff University; Francis P. O'Neill, Montgomery County Community College–West Campus; Leanne Parker, Lewis-Clark State College; Deborah S. Podwika, Kankakee Community College; Skip Pollack, Mesa Community College; Jay Pope, Fresno Pacific University; Frank J. Provenzano, Greenville Technical College; Kelly Quinn, East Texas Baptist University; Barry Ries, Minnesota State University at Mankato; Eric Rogers, College of Lake County; John Roop, North Georgia College & State University; Patricia Sawyer, Middlesex Community College; Kerry Schwanz, Coastal Carolina University; Norman A. Scott, Iowa State University; William Scott, Liberty University; Laura Seligman, University of Toledo; Nancy Simpson, Trident Technical College; Ashlea Smith, Paradise Valley Community College; Randyl Smith, Metropolitan State College of Denver; Scott Stehouwer, Calvin College; Stephanie Stein, Central Washington University; Betsy Stern, Milwaukee Area Technical College–Downtown; Joanne Hoven Stohs, California State University, Fullerton; Diane Tarricone, Eastern Connecticut State University; Ronald Theobald, SUNY–Jefferson Community College; Ayme Turnbull, Hofstra University; Michelle Vanbuskirk, Monroe Community College; Fabian Vega, Baltimore City Community College at Liberty Campus; J. Celeste Walley-Jean, Clayton State University; Stephen Weiss, Adams State College; Adam Wenzel, Saint Anselm College; Gene White, Salisbury University; Fred Whitford, Montana State University at Bozeman; Beth Wiediger, Lincoln Land Community College; Amy Williamson, Moraine Valley Community College.

In addition, we thank those who helped us create the supplements for this text, including the Instructor's Manual, Test Bank, and PowerPoint preparers.

Finally, we thank all of the instructors who use this textbook, as well as the students who take their courses. As always, we welcome your comments and suggestions regarding the book.

CENGAGE Learning

Supplements Request Form (教辅材料申请表)

Lecturer's Details（教师信息）			
Name: (姓名)		**Title:** (职务)	
Department: (系科)		**School/University:** (学院/大学)	
Official E-mail: (学校邮箱)		**Lecturer's Address / Post Code:** (教师通讯地址/邮编)	
Tel: (电话)			
Mobile: (手机)			

Adoption Details（教材信息） 原版☐ 翻译版☐ 影印版 ☐			
Title: (英文书名) **Edition:** (版次) **Author:** (作者)			
Local Publisher: (中国出版社)			
Enrolment: (学生人数)		**Semester:** (学期起止日期时间)	
Contact Person & Phone/E-Mail/Subject: (系科/学院教学负责人电话/邮件/研究方向) （我公司要求在此处标明系科/学院教学负责人电话/传真及电话和传真号码并在此加盖公章.） 教材购买由 我☐ 我作为委员会的一部份☐ 其他人☐[姓名：] 决定。			

Please fax or post the complete form to

（请将此表格传真至）：

CENGAGE LEARNING BEIJING
ATTN : Higher Education Division
TEL: (86) 10-83435000
FAX : (86) 10 82862089
EMAIL: asia.infochina@cengage.com
www. cengageasia.com
ADD: 北京市海淀区科学院南路 2 号
融科资讯中心 C 座南楼 707 室 100190

You can also scan the QR code,
您也可以通过微信搜索，
Apply for teaching materials online through our public account
关注我们的公众号 线上申请教辅资料

微信搜一搜

圣智教育服务中心

Note: Thomson Learning has changed its name to CENGAGE Learning